实用计算机基础

吴晓志　杨　振　编

石　油　工　业　出　版　社

内 容 提 要

本书详细介绍了企业职工需要掌握的计算机基础知识、Office 软件的使用方法和操作步骤等内容。全书共分 8 章，书中附有习题，便于读者全面掌握书本内容。本书内容通俗易懂、图文并茂，注重实用性，以实例贯穿对计算机各项功能的介绍，对企业职工提高自身的计算机操作水平具有辅助作用。

图书在版编目（CIP）数据

实用计算机基础/吴晓志，杨振编.
北京：石油工业出版社，2011.11
ISBN 978-7-5021-8762-0

Ⅰ. 实…
Ⅱ. ①吴…②杨…
Ⅲ. 电子计算机-基本知识
Ⅳ. TP3

中国版本图书馆 CIP 数据核字（2011）第 216668 号

出版发行：石油工业出版社
（北京安定门外安华里 2 区 1 号　100011）
网　址：www.petropub.com.cn
编辑部：（010）64253017　发行部：（010）64523620
经　销：全国新华书店
印　刷：北京晨旭印刷厂

2011 年 11 月第 1 版　2013 年 8 月第 2 次印刷
787×1092 毫米　开本：1/16　印张：32.25
字数：799 千字　印数：5001—6000 册

定价：40.00 元
（如出现印装质量问题，我社发行部负责调换）

目　　录

1　计算机概述 ······ 1

1.1　计算机的发展历程 ······ 1

1.1.1　计算机的发展 ······ 1

1.1.2　中国计算机发展史 ······ 7

1.1.3　计算机语言的发展 ······ 8

1.1.4　计算机的发展趋势 ······ 10

1.2　计算机的特点、应用与分类 ······ 13

1.2.1　计算机的特点 ······ 13

1.2.2　计算机的主要应用领域 ······ 14

1.2.3　计算机的分类 ······ 15

1.3　计算机系统的组成及工作原理 ······ 16

1.3.1　计算机系统的组成 ······ 16

1.3.2　计算机基本工作原理 ······ 21

1.3.3　指令和指令系统 ······ 23

1.3.4　微型计算机的硬件基础 ······ 25

1.3.5　微型计算机的性能指标 ······ 47

1.4　计算机中信息的表示 ······ 48

1.4.1　数制及其转换 ······ 48

1.4.2　数据在计算机中的表示 ······ 51

1.4.3　计算机中数据的运算 ······ 56

习题一 ······ 58

2　Windows XP 简介以及操作 ······ 62

2.1　安装 Windows XP ······ 62

2.1.1　Windows 发展历程 ······ 62

2.1.2　安装 Windows XP ······ 62

2.1.3　激活 Windows XP ······ 63

2.2　Windows XP 基本操作 ······ 64

2.2.1　Windows XP 的用户界面 ······ 64

2.2.2　Windows 中的基本操作 ······ 70

2.2.3　常见 Windows 程序菜单 ······ 72

2.3　管理文件 ······ 74

2.3.1　如何管理文件 ······ 74

2.3.2 设置文件管理器 …… 77
2.3.3 管理文件 …… 84
2.4 管理计算机 …… 86
2.4.1 定制 Windows XP 界面 …… 86
2.4.2 定制任务栏 …… 90
2.4.3 添加删除程序 …… 92
2.4.4 系统属性 …… 94
2.4.5 用户管理 …… 100
2.4.6 磁盘管理工具 …… 102
2.4.7 文件和设置转移向导 …… 102
2.4.8 备份 …… 104
2.5 Windows XP 的多媒体功能 …… 110
2.5.1 图片工具 …… 110
2.5.2 媒体播放机 …… 111
2.6 使用网络资源 …… 113
2.6.1 配置网络 …… 113
2.6.2 共享文件/文件夹 …… 115
2.6.3 远程桌面连接 …… 117
2.7 访问互联网 …… 119
2.7.1 网上会议工具——NetMeeting …… 119
2.7.2 实时通信——MSN Messenger …… 124
2.8 计算机安全基础知识 …… 127
2.8.1 计算机病毒的本质 …… 127
2.8.2 计算机病毒的主要特征 …… 127
2.8.3 计算机病毒的类型 …… 128
习题二 …… 130

3 文字编辑软件 Word 2003 …… 137
3.1 Word 2003 概述 …… 137
3.1.1 Word 2003 的最新功能 …… 137
3.1.2 Word 2003 的安装、启动和退出 …… 138
3.1.3 Word 2003 界面简介 …… 142
3.1.4 Word 的各种视图模式 …… 144
3.1.5 Word 帮助系统 …… 144
3.2 文档的基本操作和编辑 …… 144
3.2.1 文档的基本操作 …… 144
3.2.2 文字处理 …… 149
3.2.3 文本的编辑 …… 155

3.3 格式化文本 …… 161
3.3.1 设置字符格式 …… 161
3.3.2 设置段落格式 …… 165
3.3.3 添加边框和底纹 …… 171
3.3.4 添加项目符号和编号 …… 174
3.3.5 设置水印 …… 177
3.3.6 设置中文版式 …… 179
3.4 图文混排 …… 182
3.4.1 图片的使用 …… 182
3.4.2 自选图形的使用 …… 188
3.4.3 图表、图示的使用 …… 192
3.4.4 艺术字的使用 …… 196
3.4.5 文本框的使用 …… 199
3.5 使用表格 …… 201
3.5.1 插入表格 …… 201
3.5.2 编辑表格 …… 204
3.5.3 格式化表格 …… 213
3.5.4 数据处理 …… 220
3.6 文档的高级应用 …… 222
3.6.1 邮件合并 …… 222
3.6.2 目录的使用 …… 227
3.6.3 宏的使用 …… 228
3.6.4 域的使用 …… 231
3.7 页面设置和打印 …… 233
3.7.1 页面设置 …… 233
3.7.2 页眉和页脚 …… 238
3.7.3 打印输出 …… 240
习题三 …… 241
4 表格编辑软件 Excel 2003 …… 246
4.1 Excel 2003 基础入门 …… 246
4.1.1 Excel 2003 与电子表格 …… 246
4.1.2 Excel 2003 的操作界面 …… 247
4.1.3 掌握 Excel 2003 的基本对象 …… 247
4.2 Excel 2003 基本操作 …… 249
4.2.1 工作簿的基本操作 …… 249
4.2.2 工作表的基本操作 …… 251
4.2.3 单元格的基本操作 …… 255

4.3 在电子表格中输入数据 …… 257
4.3.1 选定要输入数据的单元格 …… 257
4.3.2 输入数据 …… 257
4.3.3 更改电子表格中的数据 …… 259
4.3.4 删除电子表格中的数据 …… 259
4.3.5 复制与移动电子表格中的数据 …… 260
4.3.6 自动填充数据 …… 261
4.3.7 查找与替换电子表格中的数据 …… 263
4.4 美化电子表格 …… 264
4.4.1 设置单元格格式 …… 265
4.4.2 调整行高和列宽 …… 272
4.4.3 使用“格式刷”和自动套用格式 …… 272
4.5 处理电子表格中的数据 …… 273
4.5.1 公式的运算符 …… 273
4.5.2 在表格中使用公式 …… 275
4.5.3 输入函数 …… 278
4.5.4 常用函数介绍 …… 279
4.5.5 添加求和数据 …… 286
4.6 管理电子表格中的数据 …… 287
4.6.1 数据清单 …… 287
4.6.2 排序电子表格中的数据 …… 290
4.6.3 筛选电子表格中的数据 …… 292
4.6.4 分类汇总表格中的数据 …… 296
4.6.5 建立数据透视表 …… 298
4.7 插入图表 …… 301
4.7.1 认识图表 …… 302
4.7.2 图表设计 …… 305
4.7.3 图表格式化 …… 309
4.7.4 趋势线 …… 311
4.8 管理工作簿 …… 312
4.8.1 限制工作簿改动 …… 312
4.8.2 设置工作簿密码 …… 313
4.9 工作簿的打印及共享 …… 314
4.9.1 设置页面 …… 314
4.9.2 设置页眉和页脚 …… 316
4.9.3 设置分页 …… 321
4.9.4 打印工作簿 …… 323
4.9.5 共享工作簿 …… 324

习题四 …… 327

5 幻灯片制作软件 PowerPoint 2003 …… 333

5.1 PowerPoint 2003 基础 …… 333

5.1.1 PowerPoint 2003 简介 …… 333

5.1.2 启动 PowerPoint 2003 …… 333

5.1.3 PowerPoint 2003 的界面组成 …… 334

5.1.4 视图简介 …… 335

5.2 使用 PowerPoint 创建演示文稿 …… 340

5.2.1 快速建立空演示文稿 …… 340

5.2.2 用现有演示文稿新建演示文稿 …… 341

5.2.3 保存演示文稿 …… 343

5.3 文本处理功能 …… 344

5.3.1 文本的编辑 …… 344

5.3.2 文本的插入 …… 348

5.3.3 设置文本的基本属性 …… 350

5.3.4 插入符号和公式 …… 351

5.4 幻灯片处理功能 …… 354

5.4.1 编辑幻灯片 …… 354

5.4.2 设置幻灯片 …… 357

5.4.3 设置配色方案 …… 364

5.4.4 应用母版 …… 369

5.5 编辑图形图像 …… 374

5.5.1 在幻灯片中插入图片及艺术字 …… 374

5.5.2 编辑图形 …… 378

5.5.3 美化图形 …… 379

5.6 PowerPoint 的辅助功能 …… 382

5.6.1 Microsoft Graph …… 382

5.6.2 在 PowerPoint 中编辑图表 …… 383

5.6.3 在 PowerPoint 中编辑表格及组织结构图 …… 388

5.7 PowerPoint 的动画功能 …… 393

5.7.1 设置幻灯片的放映效果 …… 393

5.7.2 设置动画效果 …… 397

5.8 幻灯片放映 …… 400

5.8.1 演示文稿的放映 …… 400

5.8.2 设置演示文稿的放映方式 …… 405

5.8.3 幻灯片放映工具的应用 …… 409

5.9 打印和输出演示文稿 …… 412

5.9.1 演示文稿的页面设置 …… 412
5.9.2 打印演示文稿 …… 413
习题五 …… 415
6 计算机网络基础知识 …… 419
6.1 计算机网络概述 …… 419
6.1.1 计算机网络的形成与发展 …… 419
6.1.2 计算机网络的定义和组成 …… 420
6.1.3 计算机网络的分类 …… 422
6.2 计算机网络的体系结构（OSI）和网络协议（TCP/IP 体系结构） …… 426
6.2.1 计算机网络体系结构的基本概念 …… 426
6.2.2 OSI/RM 开放系统互连参考模型 …… 427
6.2.3 网络协议（TCP/IP 体系结构） …… 429
6.3 计算机网络的通信传输介质和通信设备 …… 431
6.3.1 通信传输介质 …… 431
6.3.2 通信设备 …… 432
6.4 Internet 服务及配置 …… 433
6.4.1 Internet 简介 …… 433
6.4.2 IP 地址 …… 435
6.4.3 域名系统 DNS 原理 …… 438
6.4.4 Internet 服务 …… 440
6.4.5 网络配置 …… 443
6.5 网络浏览器 IE6.0 的应用 …… 447
6.5.1 IE6.0 简介 …… 447
6.5.2 用户界面 …… 447
6.5.3 属性设置 …… 447
6.5.4 浏览 WEB 页和浏览资源的保存 …… 449
6.5.5 添加、查看、整理收藏夹 …… 450
6.5.6 IE 的其他功能 …… 451
6.6 电子邮件应用基础 …… 452
6.6.1 电子邮件的基本知识 …… 452
6.6.2 申请免费电子邮箱（演示） …… 453
6.6.3 用 Outlook Express 管理电子邮件（演示） …… 454
6.6.4 基于 WWW 的电子邮件的接收（演示） …… 457
6.7 网上冲浪 …… 459
6.7.1 搜索网上资源——搜索引擎的介绍和使用 …… 459
6.7.2 下载工具下载软件 …… 460
6.7.3 在线交易、在线学习和娱乐 …… 465

6.8 网络安全 …… 465
6.8.1 网络安全概述 …… 465
6.8.2 危害网络安全的因素 …… 466
6.8.3 网络安全技术 …… 466
习题六 …… 471

7 常用电脑办公设备的使用 …… 478
7.1 打印机 …… 478
7.1.1 打印机的安装 …… 478
7.1.2 打印机的使用 …… 480
7.2 扫描仪 …… 480
7.2.1 扫描仪的安装 …… 480
7.2.2 扫描仪的使用 …… 482
7.3 投影仪 …… 483
7.3.1 投影仪的连接 …… 483
7.3.2 投影仪的使用 …… 483

8 常用工具软件 …… 485
8.1 常用杀毒软件 …… 485
8.1.1 瑞星杀毒软件概述 …… 485
8.1.2 瑞星杀毒软件使用方法 …… 486
8.1.3 金山毒霸 …… 487
8.1.4 卡巴斯基 …… 488
8.2 压缩软件——WinRAR …… 488
8.2.1 WinRAR 概述 …… 488
8.2.2 WinRAR 的安装 …… 489
8.2.3 WinRAR 使用（压缩和解压） …… 490
8.2.4 WinRAR 的卸载 …… 493
8.3 ACDSee …… 493
8.3.1 安装卸载 …… 493
8.3.2 ACDSee 的功能 …… 493
8.4 RealPlayer …… 496
8.4.1 RealPlayer 下载和安装 …… 496
8.4.2 RealPlayer 的使用 …… 497
8.5 Windows 优化大师 …… 500

参考文献 …… 503

1 计算机概述

电子计算机诞生于20世纪40年代，它的出现对人类社会产生了巨大的影响。计算机的广泛应用推动了社会的发展与进步，对人类社会生产、生活的各个领域产生了极其深刻的影响。可以说，当今世界是一个丰富多彩的计算机世界，计算机文化被赋予了更深刻的内涵。在进入信息社会的今天，学习和应用计算机知识、掌握和使用计算机已成为每一个人的迫切需求。

1.1 计算机的发展历程

历史是未来的一面镜子。关注计算机的人都希望了解计算机产生和发展的过程。在此，用户追溯到60年前第一台电子计算机ENIAC诞生的日子，由此回顾和感受计算机网络“爆炸”般的冲击波。

1.1.1 计算机的发展

1.1.1.1 第一台计算机的诞生

举世公认的第一台电子计算机ENIAC诞生在第二次世界大战期间，它的“出生地”是美国马里兰州的陆军试炮场。阿贝丁试炮场研制电子计算机的最初设想是出自于“控制论之父”维纳（L. Wiener）教授的一封信。早在第一次世界大战期间，维纳就曾来过阿贝丁试炮场。当时弹道实验室负责人著名数学家韦伯伦（O. Veblen）请他为高射炮编制射程表。在这里，他不仅萌生了控制论的思想，而且第一次看到了高速计算机存在的必要性。

多年来，维纳与模拟计算机发明人布什一直在麻省理工学院共事，两人结下了深厚的友谊。1940年，在给布什的信中，维纳写道“现代计算机应该是数字式，由电子元件构成，采用二进制，并在内部储存数据”。维纳提出的这些想法为电子计算机产生指引了正确的方向。

1943年是第二次世界大战的关键时期，战争的需要像一双有力的巨手，给电子计算机的诞生铺平了道路。当时阿贝丁试炮场再次承担美国陆军新式火炮的试验任务，陆军军械部派青年军官戈德斯坦（H. Glodstine）中尉，从宾夕法尼亚大学莫尔电气工程学院召集了一批研究人员帮助计算弹道表。戈德斯坦本人就是数学家，战前在密歇根大学任数学助理教授。他从陆军抽调了100多名姑娘做辅助性人工计算，不仅效率低还经常出错。莫尔学院的两位青年学者——36岁的副教授莫契利（J. Mauchiy）和24岁的工程师埃克特（P. Eckert），向戈德斯坦提交了一份研制电子计算机的设计方案——“高速电子管计算装置的使用”。他们建议用电子管作为主要元件，制造一台前所未有的计算机，把弹道计算的效率提高成百上千倍。同年4月9日，陆军军械部召集会议审议这份报告。会议即将结束时，身为军械部科学顾问的韦伯伦教授一言九鼎，他猛然起身，“砰”的一声推开身后的椅子，对阿贝丁试炮场负责人大声说：“西蒙，给戈德斯坦这笔经费!”说完这句话，他立即转身向大门外走去，戏剧性地决定了第一台电子计算机的命运。军方与莫尔学院签订的协议是提供 14 万美元的研制经费，但后来合同被修改了 12 次，经费一直追加到了 48 万，相当于现在 1000 多万美元。电子计算机研制项目由莫尔学院资深教授勃雷纳德（J. Brainerd）负责，小组成员包括物理学家、数学家和工程师共 30 余名。

然而，为支援战争而赶制的机器没能在战争期间完成。直到 1946 年 2 月 14 日，世界上第一台电子计算机才研制成功。这台机器的名字叫 ENIAC（Electronic Numerical Integrator And Calculator，埃尼阿克)，即电子数值积分计算机，如图 1 -1 -1 所示。

图 1 -1 -1　世界上第一台通用数字电子计算机 ENIAC

它采用穿孔卡输入输出数据，每分钟可以输入 125 张卡片，输出 100 张卡片。在 ENIAC 内部，总共安装了 17468 只电子管，7200 只二极管，70000 多只电阻器，10000 多只电容器和 6000 只继电器，电路的焊接点多达 50 万个。在机器表面则布满了电表、电线和指示灯。机器被安装在一排 2. 75m 高的金属柜里，占地面积为 170m^2 左右，总重量达 30t。这台机器还非常不完善，比如，它的耗电量超过 174kW；电子管平均每隔 7min 就要被烧坏一只，必须不停地更换。尽管如此，ENIAC 的运算速度达到每秒钟做 5000 次加法运算，可以在 3/1000s时间内做完两个 10 位数乘法，其运算速度超出电磁式计算机 Mark Ⅰ至少 1000 倍。一条炮弹的轨迹 20s 就能被算完，比炮弹本身的飞行速度还要快。ENIAC 标志着电子计算机的问世，人类社会从此大步迈进了计算机时代的门槛。

1996 年 2 月 15 日，在 ENIAC 问世 50 周年之际，美国副总统戈尔在宾夕法尼亚大学举行的隆重纪念仪式上，再次按下了这台已沉睡了 40 年的庞大电子计算机的启动电钮。戈尔在发表讲话时说：“我谨向当年研制这台计算机的先驱者们表示祝贺。”ENIAC 上的两排灯以准确的节奏闪烁到 46，意味着它于 1946 年问世，然后又闪烁到 96，标志着自计算机时代开始以来的 50 年。

1. 1. 1. 2　第一家计算机公司的诞生

世界上第一家以制造计算机为主的公司叫埃克特与莫契利计算机公司（EMCC)，公司创始人正是第一台电子计算机的发明者莫契利与埃克特。1946 年 3 月，莫契利和埃克斯准备创办自己的公司。莫契利认为，上次人口普查已过去了 4 年，他们可以研制一台计算机卖给人口普查局。由于战后复苏计划的推动，人口普查局欣然接受了这项提议，于 1948 年正式与他们签订了合同，埃克特与莫契利计算机公司由此诞生在美国费城一个临街的小楼里。

经营不到2年，他们的主要资助者在空难里丧生，两位发明家不得不把公司卖给雷明顿·兰德公司，但二人仍然密切合作，为雷明顿·兰德公司研制更新式的计算机。莫契利和埃克特再次联袂制造的计算机全称为通用自动计算机（UNIVAC），这台机器使用了5000只电子管，是第一代电子管计算机趋于成熟的标志，共服役了7万多个小时才隐退。

1952年下半年，美国朝野为翌年大选做准备，共和党候选人是62岁的艾森豪威尔。但新闻媒体普遍看好民主党候选人史蒂文森，舆论几乎一边倒。但雷明顿·兰德公司用UNIVAC对部分选民抽样分析后，预测艾森豪威尔可能获胜。哥伦比亚广播电台拒绝报导预测结果，雷明顿·兰德公司只得命令工程师删改UNIVAC中的数据，以便与电视网保持一致。谁知第二年大选揭晓，艾森豪威尔大获全胜，得票数超过对手五六倍，尤其奇妙的是，UNIVAC预测他将获得438票，而他实际得票为442票，仅有不到1/100的误差，顿时轰动了整个美国。哥伦比亚广播电台一反常态，在晚间新闻里，著名节目主持人声称UNIVAC是“无与伦比的电子大脑”。成功预测出大选结果把计算机推向万众瞩目的地位，雷明顿·兰德公司亦成为美国早期计算机制造业中最有实力的公司之一。

UNIVAC于1951年6月14日正式移交给美国人口统计局使用，这一极其普通的日子被隆重载入了计算机史册。国际舆论普遍认为这一天标志着人类社会进入计算机时代，计算机最终走出了实验室，并直接为大众事业服务。

1.1.1.3　IBM——计算机的代名词

赫尔曼·赫勒里特（图1－1－2）生于1860年，1879年毕业于哥伦比亚大学，他对数学和机械方面有浓厚的兴趣，并有显著的才能。赫勒里特毕业后，参加了美国人口普查工作。赫勒里特认为，人口普查统计资料的处理应该实现机械化，于是他用穿孔卡和电气控制技术创造了一种数据分析处理机。1888年，他制造出一台制表机，并送往巴黎国际博览会展览。这台制表机采用机电式的自动计数装置取代纯机械的计数装置，加快了数据处理的速度，避免手工操作引起的差错。于是，美国1890年人口普查的统计制表工作就全部采用了赫勒里特的制表机。赫勒里特的制表机除了用于美国的人口普查外，还在奥地利、加拿大、挪威等许多国家的人口普查中得到应用。

图1－1－2　赫尔曼·赫勒里特

1900年的美国人口普查由于采用了制表机，全部统计处理工作只用了1年7个月的时间，如果采用原来的方法，仅进行性别、民族和职业3项的统计工作就需要100名职工做7年11个月。据估计，一台制表机可以代替500个人的劳动。

1896年，赫尔曼·赫勒里特创办了当时著名的制表机公司。1911年，赫勒里特又组建了一家计算制表记录公司，并在1924年更名为“国际商用机器公司”，也就是举世闻名的美国IBM公司。

1951年，雷明顿·兰德公司首次在世界上出售商业计算机，凭借先进的UNIVAC计算机威胁着IBM公司的地位。此外，那时至少还有6种其他公司生产的电子计算机，这令IBM总裁老沃森如坐针毡。在协助艾肯完成Mark Ⅰ计算机后，老沃森曾要求IBM的工程师于

1947 年研制出一种“最好、最新、最大的超级计算机”。然而，这台花了 100 万美元的机器却是传统与创新的“大杂烩”，名叫选择顺序控制计算机，由 12500 只电子管和 21400 只继电器不协调地组装在一起，全长足有 120 英尺。它虽然代表着 IBM 从制表机行业迈向计算机领域，但它甚至不是储存程序的计算机，业界称它是“巨大的科技恐龙”。

老沃森的长子小托马斯·沃森临危受命，在公司发展方向上实施根本性的改革，使 IBM 开始跨越传统。童年时期的小沃森曾是典型的纨绔子弟，但在第二次世界大战期间，他驾驶着轰炸机顶着枪林弹雨飞行长达 2500 小时，官至空军中校。战争使他学会了勇往直前和运筹帷幄，学会了如何组织和团结部属。

小沃森大胆启用年轻人，为 IBM 招聘了近 4 千名朝气蓬勃的青年工程师和技师。他们提出了一项大胆的计划：制造一种具有全用途的科学计算机。仅设计和制造样机就需要 300 万美元，整个计划费用是这个数目的三四倍，这台机器就是 IBM701 大型计算机。IBM701 是第一代电子管计算机的标志产品，同时也标志着 IBM 公司从此放弃穿孔卡制表机，代之以电子管逻辑电路、磁芯存储器和磁带机。

IBM701 大型机一炮打响后，小沃森继续着手开发价格较低的中型计算机 IMB650。1954 年，IBM650 一上市就立即成为工业标准，第一个 5 年卖出 180 台，后来的销售量竟达到千台。1955 年，IBM 推出另一款科学计算用的大型机 IBM704，首次配备了 Fortran 程序设计高级语言。在这段期间，还有 IBM702、IBM705 等一系列计算机面世，刮起了强劲的 IBM 旋风。1958 年 11 月，IBM 再次推出 IBM709 大型计算机，这是性能最好的，也是 IBM 公司最后一款上市的电子管计算机产品。至此，计算机业第一轮激烈的争夺战，已被 IBM 扭转局势，一些早期涉足计算机的公司纷纷撤退，美国本土只留下以雷明顿·兰德公司为首的 7 家小公司，新闻媒体称美国计算机业是“IBM 和七个小矮人”的童话故事。

图 1-1-3　托马斯·沃森父子

1956 年，老沃森宣布退休，把 IBM 公司的管理权正式移交给 42 岁的小沃森（图 1-1-3）。

从此 IBM 进入了它的黄金季节：登上美国《财富》杂志 500 家企业排行榜的榜首；创造出年销售额数十亿美元的天文数字；霸占了美国计算机 2/3 以上的市场。它的员工一律着深蓝色西装，以衬托 IBM 的公司形象。人们开始叫它“蓝色巨人”（Big Blue）。长久以来，IBM 就是计算机的代名词，IBM 的历史就是一部计算机的历史。

1.1.1.4　晶体管的发明和第二代电子计算机

1997 年，《时代》周刊记者在评选年度风云人物的文章里写道：“新泽西州，50 年前的这个星期，1947 年 12 月 23 日一个细雨蒙蒙的星期二午后，当贝尔实验室两位科学家［布拉顿（W. Brattain）和巴丁（J. Bardeen）］用一些金箔、一些半导体材料和一个弯曲的别针来展示他们的新发现时，数字化革命诞生了。同事们怀着好奇和羡慕，看着他们两个演示这个被命名为晶体管的能使电流放大并能控制电流开关的东西。”晶体管的发明在计算机领域引起了一场晶体管革命，电子计算机从此大步跨进了第二代门槛。在晶体管发明过程中起到关键作用的还有另外一位科学家——肖克利（W. Shockley）。

1955 年，美国贝尔实验室研制出的世界上第一台全晶体管计算机 TRADIC 共有 800 余只晶体管，功率为 100W，占地 0.28m^2，如图 1-1-4 所示。

图 1-1-4 TRADIC 晶体管计算机

晶体管先声夺人，闯进了传统的电子管计算机领域。IBM 公司小沃森满腔热情地策划了该公司计算机换代的重大举措。他向各地 IBM 工厂和实验室发出指令："从 1956 年 10 月 1 日起，我们将不再设计使用电子管的机器，所有的计算机和打卡机都要实现晶体管化。" 3 年后，IBM 公司在它的计算机产品 700 系列后加上了一个 0，全面推出晶体管的 7000 系列计算机。以晶体管为主要器件的 IBM7090 型计算机，替代了诞生不过一年的 IBM709 电子管计算机。从 1960—1964 年一直统治着科学计算的领域，并作为第二代电子计算机典型代表，被永远地载入计算机的史册。

1973 年，IBM 公司首次提出"温彻斯特技术"——在硬盘高速旋转的过程中，磁头与磁盘表面形成一层极薄的气泡间隙，能在 100μs 内读写数据。用这种技术制造的硬盘即今天各种计算机仍在使用的温氏硬盘。

1974 年，舒加特首次创办的公司倒闭。5 年后，舒加特重返计算机行业，在著名的硅谷腹地与过去的几个同事共同创建了希捷（Seagate）技术公司，专门为个人计算机研制高性能的磁盘。1980 年，希捷公司研制出第一台 5 英寸温氏硬盘，容量达 5~10MB。舒加特领导的这家公司目前已是资产数十亿、员工 10 余万人的世界著名硬盘生产厂商。

1.1.1.5 集成电路的发明和第三代电子计算机

1954 年，成就了"本世纪最伟大发明"的晶体管之父肖克利离开贝尔实验室返回故乡寻求发展，他的故乡恰好就在现在的硅谷。在硅谷瞭望山，肖克利宣布成立半导体实验室。1956 年，以罗伯特·诺依斯（N. Noyce）为首的 8 位来自美国东部的年轻科学家陆续加盟肖克利的实验室。他们的年龄都在 30 岁以下，学有所成，有获得双博士学位者，有来自大公司的工程师，有著名大学的研究员和教授，都处在创造能力的巅峰时期。肖克利是天才科学家，却缺乏经营能力，对管理一窍不通，特曼评论说：肖克利在才华横溢的年轻人眼里是一个非常有吸引力的人物，但他们又很难跟他共事。1957 年，在诺依斯的带领下，8 位青年一起"叛逃"，决心自行创办公司，这就是电脑史中 8 个天才"叛逆"的趣闻。肖克利的实验室最终因经营不善，被另一公司收购。

1957 年 10 月，地处美国东部的仙童照相器材和设备公司为"八叛逆"投资了 3500 美元种子资金，组建起一家以诺依斯为首的仙童（Fairchild）半导体公司。他们在瞭望山租下一间小屋，着手制造一种双扩散基型晶体管，以便用硅来取代传统的锗材料。在诺依斯精心运筹下，仙童的业务逐渐有了较大发展，员工增加到 100 多人，同时，一整套制造晶体管的平面处理技术也日趋成熟，成功地制造出金属氧化物半导体（MOS）等器件。

半导体平面处理技术为仙童打开了一扇奇妙的大门。他们突然看到了一个充满希望的前景，用这种方法完全可以在硅芯片上集成几百个，乃至成千上万个晶体管。1959 年 1 月 23

日，诺依斯在日记里详细地记录了这一闪光的设想。

达默早在1952年就指出，可以把由半导体构成的晶体管组装在一块平板上去掉它们之间的连线。根据这种想法，基尔比在笔记本上画出了设计草图。基尔比那年35岁，刚到TI公司工作不久。趁公司其他人员休假的时机，他独自实验这种“微模组件”，成功地把晶体管、电阻和电容等集成在一块微小的平板上，用热焊的方式把元件以极细的导线相连，在不超过$4mm^2$的面积上，大约集成了20多个元件。1959年2月6日，基尔比向美国专利局申报专利，这种由半导体元件构成的微型固体组合件从此被命名为“集成电路”。

在基尔比发明集成电路的消息传到硅谷后，仙童半导体公司当即召集会议商议对策。诺依斯提出可以用平面处理技术来实现集成电路的大批量生产，仙童半导体公司开始奋起疾追。1959年7月30日，他们采用先进的平面处理技术研制出集成电路，也申请到一项发明专利。

1966年，基尔比被誉为“第一块集成电路的发明家”，而诺依斯被誉为“提出了适合于工业生产的集成电路理论”的人。1969年，美国联邦法院最后从法律上承认了集成电路是一项“同时的发明”。

在基尔比和诺依斯发明集成电路不久的1961年，得州仪器公司仅用不到9个月时间，研制出第一台用集成电路组装的计算机，标志着计算机从此进入它的第三个历史时代。该机共有587块集成电路，重不过300g，体积不到$100cm^3$，功率只有16W。

到了1964年，仙童公司“八叛逆”之一的摩尔（G. Moore）博士以3页纸的短小篇幅，发表了一个奇特的理论：集成电路上能被集成的晶体管数目，将会以每18个月翻一番的速度稳定增长，并在今后数十年内保持着这种势头。摩尔的这个预言，被集成电路芯片后来的发展曲线证实，并在较长时期保持着有效性，被人誉为“摩尔定律”。从此，集成电路把计算机推上了高速成长的快车道。

1.1.1.6 大规模、超大规模集成电路和巨型机

集成电路的发明为研制高速运行的超级计算机创造了条件。1960年，刚成立3年的控制数据公司（CDC）接受美国原子能委员会的委托，涉足有万难之险的巨型机领域。CDC公司由威廉·诺瑞斯（W. Norris）创建，计算机总设计师是西蒙·克雷（S. Cray）博士。克雷年仅31岁，曾经是UNIVAC设计小组的成员，是一位性格内向的隐士般人物，也是一个念念不忘建造心目中的巨型机，甚至想“隐退”回家去独自研究的人。诺瑞斯慷慨地满足了克雷的愿望，在距离总部80mile❶的密林深处为他建立了一个实验室。克雷带领的研究小组仅有34人，包括克雷本人在内，也只有2位博士。1963年8月，克雷终于从密林深处复出，把一台被他亲切称作“简单的蠢东西”的CDC6600巨型机公布于世。CDC6600仍属于第二代计算机，共安装了35万只晶体管。至1969年，克雷研制的CDC6600以及改进型CDC7600巨型机共售出150余台。

1972年，克雷告别CDC公司，创建了一家以自己名字命名的克雷研究公司，专攻巨型机。1975年，享誉全球的超级计算机克雷1号（Cray-1）完成，实现了当时绝无仅有的超高速——持续保持每秒1亿次运算。然而，巨型机的体积却并不巨大，就像一套开口的沙发

❶ 1mile = 1.609km。

圈椅，靠背处立着12个一人高的“大衣橱”，占地不到7m^2，重量不超过5t，共安装了约35万块集成电路，标志着巨型机也跨进了第三代计算机的行列。

从1985—1988年，经过改进的克雷2号（Cray－2）和克雷3号（Cray－3）巨型机相继问世，并行结构使运算速度分别达到每秒12亿次和每秒160亿次。克雷的助手美籍华人陈世卿博士开发了另一种多处理器的巨型机克雷XMP，但与克雷的风格不同。20世纪80年代，克雷公司售出的巨型机占到全世界巨型机总数的70%。到了20世纪90年代初，克雷公司陆续推出高性能巨型计算机，运算速度已超过每秒240亿次。1996年12月，就在克雷1号来到洛斯阿拉莫斯20周年之际，该公司与图形电脑企业——硅图像公司（SGI）合并，集两家公司的技术实力研制出一台具有256台处理器的巨型机，再次安装在美国国家实验室。这个系统的处理器还将增加到4096台，运算速度达到30000亿次。美国能源部则宣布，下一个10年目标是研制出每秒钟1000000亿次运算速度的巨型计算机。

在ENIAC诞生后短短60多年中，计算机所采用的基本电子元器件经历了电子管、晶体管、中小规模集成电路、大规模和超大规模集成电路4个发展阶段，通常称为计算机发展进程中的4个时代（如表1－1－1所示）。

表1－1－1　计算机发展的4个时代

时代	年份	电路	特　点
第一代	1946—1953年	电子管	磁鼓和磁带；使用机器语言和汇编语言
第二代	1954—1964年	晶体管	磁芯和磁盘；使用高级语言
第三代	1965—1970年	集成电路	可由远程终端上多个用户访问的小型计算机
第四代	1971年至今	大规模和超大规模集成电路	个人计算机和友好的程序界面；面向对象的程序设计语言（OOP）

随着集成电路的产生，集成度朝着中规模方向发展，使得计算机也朝着小型化、微型化的方向发展。1971年，Intel公司发布了具有4位并行处理能力的微处理器4004，标志着人类史上第一块微处理器诞生。它内部集成了约2000只晶体管，采用P－MOS工艺技术制造，虽然它的面积不足1cm^2，但它却具有比ENIAC要强大的计算能力，同时开创了集成电路计算机的新时代。虽然在中规模集成电路单片上的4004还不能算是完善的电子计算机芯片，但它集成了作为中央处理单元的大量逻辑电路，一块集成芯片代替了电子管或晶体管时代构成计算机的几千个单元电路。4004虽然是一个只包含了46条基本指令的简单系统，但由于不需要太复杂的算术运算，也不容易找到可编程的逻辑器件，所以只进行简单的控制是合适的。

1.1.2　中国计算机发展史

1958年，中国科学院（以下简称中科院）计算所研制成功了中国第一台小型电子管通用计算机103机（八一型），标志着中国第一台电子计算机的诞生。

1965年，中科院计算所研制成功第一台大型晶体管计算机109乙。之后推出109丙机，该机在两弹试验中发挥了重要作用。

1974年，清华大学等单位联合设计、研制成功采用集成电路的DJS－130小型计算机，运算速度达每秒100万次。

1983年，国防科技大学研制成功运算速度每秒上亿次的银河－I巨型机，这是中国高速计算机研制的一个重要里程碑。

1985 年，电子工业部计算机管理局研制成功与 IBM PC 机兼容的长城 0520CH 微机。

1992 年，国防科技大学研制出银河 - II 通用并行巨型机，峰值速度达每秒 4 亿次浮点运算（相当于每秒 10 亿次基本运算操作），是共享主存储器的四处理机向量机，其向量中央处理机是采用中小规模集成电路并由中国自行设计的，总体上达到 20 世纪 80 年代中后期国际先进水平。它主要用于中期天气预报。

1993 年，国家智能计算机研究开发中心（后成立北京市曙光计算机公司）研制成功曙光一号全对称共享存储多处理机。这是国内首次以基于超大规模集成电路的通用微处理器芯片和标准 UNIX 操作系统设计开发的并行计算机。

1995 年，曙光公司又推出了国内第一台具有大规模并行处理机（MPP）结构的并行机曙光 1000（含 36 个处理机），峰值速度每秒 25 亿次浮点运算，实际运算速度上了每秒 10 亿次浮点运算这一高性能台阶。曙光 1000 的实现技术与美国 Intel 公司 1990 年推出的大规模并行机体系结构的实现技术相近，与国外的差距缩小到了 5 年左右。

1997 年，国防科技大学研制成功银河 - III 百亿次并行巨型计算机系统，采用可扩展分布式共享存储并行处理体系结构，由 130 多个处理节点组成，峰值速度为每秒 130 亿次浮点运算，系统综合技术达到 20 世纪 90 年代中期国际先进水平。

1997—1999 年，曙光公司先后在市场上推出具有机群结构（Cluster）的曙光 1000A、曙光 2000 - Ⅰ、曙光 2000 - Ⅱ超级服务器，峰值速度已突破每秒 1000 亿次浮点运算，机器规模已超过 160 个处理机。

1999 年，国家并行计算机工程技术研究中心研制的神威 I 计算机通过了国家级验收，并在国家气象中心投入运行。系统有 384 个运算处理单元，峰值运算速度达每秒 3840 亿次。

2000 年，曙光公司推出每秒 3000 亿次浮点运算的曙光 3000 超级服务器。

2001 年，中科院计算所研制成功中国第一款通用 CPU——龙芯芯片。

图 1 - 1 - 5　曙光 4000A

2002 年，曙光公司推出完全自主知识产权的龙腾服务器，龙腾服务器采用了龙芯 - 1CPU，曙光公司和中科院计算所联合研发的服务器专用主板，曙光 Linux 操作系统。该服务器是国内第一台完全实现自有产权的产品，在国防、安全等部门将发挥重大作用。

2003 年，百万亿次数据处理超级服务器曙光 4000L 通过国家验收，再一次刷新国产超级服务器的历史记录，使得国产高性能产业再上新台阶。曙光 4000A 超级服务器如图1 - 1 - 5所示。

1.1.3　计算机语言的发展

计算机语言也叫程序语言（Program Lauguage），是人与计算机交流和沟通的工具。早期的计算机都直接采用机器语言，即用“0”和“1”为指令代码来编写程序，难写难读，编程效率极低。为了方便编程，出现了汇编语言，虽然提高了效率，但仍然不够直观简便。从 1954 年起，计算机界逐步开发了一批高级语言，采用英文词汇、符号和数字，遵照一定的规则来编写程序。高级语言诞生后，软件业得到了突飞猛进的发展。

1953 年 12 月，IBM 公司程序师约翰·巴科斯（J. Backus）写了一份备忘录，建议为 IBM 704 设计一种全新的程序设计语言。巴科斯曾在选择顺序控制计算机（SSEC）方面工作过 3 年，深深体会到编写程序的困难性。他说："每个人都看到程序设计有多昂贵，租借机器要花去好几百万，而程序设计的费用却只会多不会少。"巴科斯的目标是设计一种用于科学计算的公式翻译语言（FORmula TRANslator）。他带领一个由 13 人组成的小组，包括有经验的程序员和刚从学校毕业的青年人，在 IBM 704 计算机上设计编译器软件，于 1954 年完成了第一个计算机高级语言——Fortran 语言。图 1－1－6 所示为 Fortran 语言的标志。

图 1－1－6　Fortran 语言标志

1959 年 5 月，五角大楼委托格雷斯·霍波博士领导一个委员会，开始设计面向商业的通用语言（Common Business Oriented Language），即 COBOL 语言。COBOL 语言最重要的特征是语法与英文接近，让不懂计算机的人也能看懂程序。1963 年，美国国家标准局将它进行标准化。

1958 年，一个由国际商业和学术计算机科学家组成的委员会在瑞士苏黎世开会，探讨如何改进 Fortran 语言，并且设计一种标准化的计算机语言，巴科斯也参加了这个委员会。1960 年，该委员会在 1958 年设计的基础上，定义了一种新的语言版本——国际代数语言 ALGOL 60，首次引进了局部变量和递归的概念。ALGOL 语言没有被广泛运用，但它演变成了其他程序语言的概念基础。

20 世纪 60 年代中期，美国达特默斯学院约翰·凯梅尼（J. Kemeny）和托马斯·卡茨（T. Kurtz）认为，像 Fortran 那样的语言都是为专业人员设计的，而他们希望能为无经验的人提供一种简单的语言，特别希望那些非计算机专业的学生也能通过这种语言学会使用计算机。于是，他们在简化 Fortran 的基础上，研制出一种初学者通用符号指令代码（Beginners' All－purpose Symbolic Intruction Code，BASIC）。由于 BASIC 语言易学易用，它很快就成为最流行的计算机语言之一，几乎所有小型计算机和个人计算机都在使用它。经过不断改进后，一直沿用至今，出现了像 QBASIC、VB 等新一代 BASIC 版本。

1967 年，麻省理工学院人工智能实验室希摩尔·帕伯特（S. Papert），为孩子设计出一种叫 LOGO 的计算机语言。帕伯特曾与著名瑞士心理学家皮亚杰一起学习，他发明的 LOGO 语言最初是个绘图程序，能控制一个海龟图标，在屏幕上描绘爬行路径的轨迹，从而完成各种图形的绘制。

1971 年，瑞士联邦技术学院尼克劳斯·沃尔斯（N. Wirth）教授发明了另一种简单明晰的计算机语言，那就是以帕斯卡的名字命名的 Pascal 语言。Pascal 语言语法严谨、层次分明、程序易写、具有很强的可读性，是第一个结构化的编程语言，一出世就受到广泛欢迎，迅速地从欧洲传到美国。沃尔斯一生还写了大量有关程序设计、算法和数据结构的著作，因此，他获得了 1984 年度"图林奖"。

1983 年度的"图林奖"则授予了 AT&T 贝尔实验室的两位科学家邓尼斯·里奇

(D. Ritchie) 和他的协作者肯·汤姆森（K. Thompson），以表彰他们共同发明的著名的计算机语言——C 语言。C 语言现在是当今软件工程师最宠爱的语言之一，它结合了汇编语言和高级语言的优点，大受程序设计师的青睐。

1983 年，贝尔实验室另一研究人员比加尼·斯楚士舒普（B. Stroustrup）把 C 语言扩展成一种面向对象的程序设计语言 C++ 。如今，数以万计的程序员用它来编写各种数据处理、实时控制、系统仿真和网络通信等软件。斯楚士舒普说："过去所有的编程语言对网络编程实在太慢，所以我开发 C++ ，以便快速实现自己的想法，也容易写出更好的软件。" 1995 年，《BYTE》杂志将他列入 "计算机行业 20 个最有影响力的人" 行列。

1.1.4 计算机的发展趋势

从 20 世纪 80 年代开始，日本、美国、欧洲等发达国家都宣布开始新一代计算机的研发，并普遍认为新一代计算机应该是智能型的，它能模拟人的智能行为，理解人类自然语言，并继续向着巨型化、微型化、网络化、智能化及多媒体化的方向发展。

巨型化是指速度更快、存储容量更大和功能更强的巨型计算机。巨型计算机代表了一个国家科学技术和工业发展的水平。目前每秒几百亿次的巨型计算机已经投入使用，每秒上千亿次的巨型计算机在日本也研制成功。巨型计算机主要应用在天文、气象、地质、航空和航天等尖端的科学技术领域。

微型化是指体积更小、价格更低、功能更强的微型计算机。各种便携式和手提式计算机已大量投入使用。

网络化是指计算机组成更广泛的网络，以实现资源共享及信息交换。

智能化是指使计算机可模拟人的感觉并具有类似人的思维能力，如推理、判断等。对智能化的研究包括模式识别、自然语言的生成与理解、定理自动证明、自动程序设计、学习系统和智能机器人等内容。

多媒体化是指计算机可同时处理数字、文字、图像、图形、视频及音频等多种信息。多媒体计算机将真正改善人机界面，可使计算机向接受和处理信息的最自然方式发展。

随着新的元器件及其技术的发展，新型的超导计算机、量子计算机、光子计算机、神经计算机、生物计算机和纳米计算机等在 21 世纪会走进人们的生活，遍布各个领域。

1.1.4.1 超导计算机

当电子开关元件的速度达到纳秒级时，整个计算机必须容纳在边长小于 3cm 的立方体中，才不会因信号传输而降低整机速度。可是，芯片的集成度越高，计算机的体积越小，机器发热的后果就越严重。解决问题的出路是研制超导计算机。

所谓超导是指在接近绝对零度的温度下，电流在某些介质中传输时所受阻力为零的现象。1962 年，英国物理学家约瑟夫逊提出了 "超导隧道效应"，即由超导体—绝缘体—超导体组成的器件（约瑟夫逊器件）。当对其两端加电压时，电子就会像通过隧道一样无阻挡地从绝缘介质中穿过，形成微小电流，而该器件两端的电压为零。

与传统的半导体计算机相比，使用约瑟夫逊器件的超导计算机的耗电量仅为半导体计算机的几千分之一，而执行一条指令所需时间却是前者的 1/100。

1.1.4.2 量子计算机

量子计算机遵循量子力学规律进行高速数学和逻辑运算、存储及处理量子信息，而传统计算机遵循众所周知的经典物理定律。

量子计算机利用一种链状分子聚合物的特性来表示开与关的状态，利用激光脉冲来改变分子的状态，使信息沿着聚合物移动，从而进行运算。

电子和光子一样具有波粒二象性，当半导体集成电路线宽小于 0.1μm 时，其波动性不能忽略，量子效应开始干涉电子的正常运动，量子计算机就是基于量子效应基础上开发的。与现有计算机类似，量子计算机同样由存储元件和逻辑门构成，但它们又与现在计算机上使用的这类元件不一样。在现有计算机中，数据用二进制位存储，每位只能存储一个数据，非0即1。而量子计算机中数据用量子位存储（叫做量子比特或昆比特）。由于量子叠加效应，一个量子位可以是0或1，也可以既存储0又存储1。一个二进制位只能存储一个数据，而一个量子位可以存储2个数据，就是说同样数量的存储位，量子计算机的存储量比通常计算机的存储量大许多。现在计算机中基本的逻辑门是“与”门和“非”门。对量子计算机来说，所有操作必须是可逆的，也就是从输出要能反推出其输入，量子计算机上使用的“控制非”门就是能实现这种可逆操作的逻辑门。

量子计算机的优点有4个：一是能够实行量子并行计算，加快解题速度，它的运算速度可以比个人计算机的 Pentium Ⅲ晶片快上10亿倍，可以在一瞬间搜寻整个互联网；二是用量子位存储可以大大提高存储能力；三是可以对任意物理系统进行高效率的模拟；四是能实现发热量极小。它的弱点有两个：一是受环境影响大，二是纠错较复杂。目前正在开发中的量子计算机有3种类型：核磁共振（NMR）量子计算机、硅基半导体量子计算机和离子阱量子计算机。

1.1.4.3 光子计算机

所谓光子计算机即全光数字计算机，以光子代替电子、光互联代替导线互联、光硬件代替计算机中的电子硬件、光运算代替电运算。光子计算机的各级都能并行处理大量数据，其系统的互联数和每秒互联数远远高于电子计算机，接近于人脑。

和电子相比，光子的速度等于光速，具备电子所不具备的频率和偏振等，从而使它的载息能力得以扩大。就所有各项参数而言，光子流都可以方便地利用自有的光学和光电装置进行调节，利用反射镜、棱镜和光导向装置，可随意调整光子流的方向。此外，还有极为理想的光辐射源——激光器可供使用。最主要的一点是光子不需要导线，即使在光线相交的情况下，它们之间也丝毫不会相互影响。

与电子计算机相比，光子计算机的“无导线计算机”传递信息的平行通道的密度实际上是极大的。一枚直径为5分硬币大小的棱镜，它的通过能力超过全世界现有电话电缆的许多倍。世界上有许多科学家都在研究光子计算机，一些科学家正试验将传统的电子转换器和光子结合起来，制造一种“杂交”计算机。这种计算机既能更快地处理信息，又可克服目前巨型机的一大痼疾——内部过热。因为一台光子计算机的驱动只需要一台电子计算机所需能量的一小部分，从而大大减少了热的产生。光子计算机的许多关键技术，如光存储技术、光互联技术、光电子集成电路等都已取得突破。

光子计算机的优点是并行处理能力强，具有超高速运算速度。电子的传播速度为593km/s，而光子的速度为300000km/s，是电子速度的500倍。超高速电子计算机只能在低温下工作，而光子计算机在室温下即可开展工作。和现在计算机相比，光子计算机信息存储量大，抗干扰能力强。专家们指出，光子计算机具有与人脑相似的容错性。系统中某一元件损坏或出错时，并不影响最终的计算结果。目前，科研人员面临的迫切任务是最大幅度地增加光子计算机的运算能力，即光开关的数量。在今后的研制过程中，专家们所面临的困难在以下几个方面：一是随着无导线计算机能力的提高，要求有更强的光源；二是由于光线射到微反射上是严格对准的，所以结构中全部元件和装配精度应达到亚微米级；三是继续研制新的具有完备功能的光子计算机基础元件开关。

目前，世界上第一台光子计算机已由欧共体的英国、法国、比利时、德国、意大利等国的70多名科学家研制成功，其运算速度比一般计算机快1000倍。科学家们预计，光子计算机的进一步研制将成为21世纪高科技课题之一，21世纪将是光子计算机时代。

1.1.4.4 生物计算机

生物计算机又称仿生计算机，是以生物芯片取代在半导体硅片上集成效以万计的晶体管制成的计算机。生物计算机的运算过程就是蛋白质分子与周围物理化学介质的相互作用的过程。由酶来充当计算机的转换开关，而程序则在酶合成系统本身和蛋白质的结构中极其明显地表示出来。生物计算机信息存储量大，模拟人脑思维，因此有关专家预言，未来人类将获得智能的解放。

科学家正在利用蛋白质技术制造生物芯片，从而实现人脑和生物计算机的连接。20世纪70年代，人们发现脱氧核糖核酸（DNA）处于不同状态时可以代表有信息或无信息，这一发现激起了科学家们研制生物电子元件的灵感和热情。一些科学家投入到对生物电子元件的研究当中，并相继有一些简单的生物元件问世，如生物开关元件、生物记忆元件等。随着微电子技术和蛋白质工程这两种高技术的相互渗透，生物计算机的时代即将到来。

在用蛋白质工程技术生产的生物芯片中，信息以波的形式沿着蛋白质分子链中单键、双键结构顺序的改变来传递。蛋白质分子比硅晶片上的电子元件要小得多，彼此相距甚近。生物计算机完成一项运算所需的时间仅为1×10^{-11}秒，比人的思维速度还快100万倍。由于生物芯片的原材料是蛋白质分子，所以生物计算机既有自我修复的功能，又可直接与生物活体相连。

科学家们已经在探索实现人脑和生物计算机进行脑机连接的各种可能性。生物计算机即将登上21世纪的科技舞台，并对未来世界产生不可估量的深刻影响。

1.1.4.5 神经计算机

神经计算机是模仿人脑的判断能力和适应能力、并具有可并行处理多种数据功能的神经网络计算机。它本身可以判断对象的性质与状态，并能采取相应的行动，而且它可同时并行处理实时变化的大量数据，并得出结论。以往的信息处理系统只能处理条理清晰、经络分明的数据，而人的大脑却具有处理支离破碎、含糊不清的信息的灵活性，神经计算机将类似人脑的智慧和灵活性。

人脑有140亿神经元及10亿多神经键，每个神经元都与数千个神经元交叉相连，它的作用相当于一台微型计算机，运行速度相当于每秒1000万亿次的计算机。用许多微处理机模仿人脑的神经元结构，采用大量的并行分布式网络就构成了神经计算机。神经计算机除有许多处理器外，还有类似神经的节点，每个节点与许多点相连，若把每一步运算分配给每台微处理器，它们同时运算，其信息处理速度和智能会大大提高。

神经计算机的信息不是存储在存储器中，而是存储在神经元之间的网络中。若有节点断裂，仍有重建资料的能力。它还具有联想记忆、视觉和声音识别能力。日本科学家已开发出神经计算机的大规模集成电路芯片，在 1.5cm^2 的硅片上设置 400 个神经元和 40000 个神经键，这种芯片能实现每秒 2 亿次的运算速度。1990 年，日本理光公司宣布研制出一种具有学习功能的大规模集成电路神经 LST，这是依照人脑的神经细胞研制成功的一种芯片。它利用生物的神经信息传送方式，在一块芯片上载有一个神经元，然后把所有芯片连接起来，形成神经网络。它处理信息的速度为每秒 90 亿次。富士通研究所开发的神经计算机，更新数据的速度每秒近千亿次。日本电气公司推出一种神经网络声音识别系统，能够识别出任何人的声音，正确率达 99.8%。美国研究出左脑和右脑两个神经块连接而成的神经计算机。右脑为经验功能部分，有 1 万多个神经元，适于图像识别；左脑为识别功能部分，含有 100 万个神经元，用于存储单词和语法规则。现在，纽约、迈阿密和伦敦的飞机场已经用神经计算机来检查爆炸物，每小时可查 600 ~ 700 件行李，检出率为 95%，误差率为 2%。神经计算机将会广泛应用于各领域。它能识别文字、符号、图形、语言以及声呐和雷达信号，判读支票，对市场进行估计，分析新产品，进行医学诊断，控制智能机器人，实现汽车和飞行器的自动驾驶，识别军事目标，进行智能决策和智能指挥等。

神经计算机的研究目标是通过建立并实现神经网络的工程模型来模拟生物大脑的信息处理功能。

1.2 计算机的特点、应用与分类

1.2.1 计算机的特点

计算机是现代社会最高级的计算工具，具有任何其他计算工具无法比拟的功能和特点。主要表现在以下几个方面。

1. 运算速度快。

计算机速度较快，从最初的几千次/秒到现在已达上百亿次/秒，并且还会越来越快，这不仅大大加快问题求解的速度，极大地提高工作效率，而且使某些过去靠人工根本无法完成的工作有了完成的可能。

2. 存储容量大。

计算机的“外存储器”（磁盘、光盘等）可以长期保存和记忆大量的信息，以备调用。目前，一台普通的微型计算机内存容量可达几十甚至几百光字节，硬盘容量可达几十甚至上百千光字节。一套重量达 62kg，共 20 卷的《牛津英语辞典》，其全部内容（字数达 6000 万字）都可存入计算机光盘。

3. 计算精度高。

一般的计算工具（如计算器）都只有几位有效数字，而一般微型计算机的有效数字位数可达十几位，必要时借助相应软件还可提高精度。

4. 逻辑判断力强。

逻辑判断是计算机的又一项基本功能，也是计算机能实现信息处理自动化的重要原因。计算机可以对字母、符号、汉字、数字的大小和异同进行判断、比较，从而确定如何处理这些信息。另外计算机还可以根据已知的条件进行判断和分析，确定要进行的工作。因此计算机可以广泛地应用到非数值数据处理领域，如信息检索、图形识别以及多媒体应用等。

5. 自动化程度高。

冯·诺依曼结构计算机的思想是将程序预先存储在计算机中，计算机就会依次取出指令，执行指令规定的动作，直到得出需要的结果，不需人工干预。

另外计算机还具有可靠性高、通用性强等特点。

1.2.2 计算机的主要应用领域

目前计算机已广泛应用于人类社会的各个领域，不仅在自然科学领域得到了广泛的应用，而且已经进入社会科学的各个领域以及人们的日常生活中。计算机的应用大致分为以下几个方面。

1. 科学计算。

科学计算即数值计算，是计算机最早、最重要的应用领域。该领域对计算机的要求是速度快、精度高、存储容量大。

在科学研究和工程设计中，对于复杂的数学计算问题，如核反应方程式、卫星运行轨道、材料的受力分析、天气预报等的计算，航天飞机、汽车、桥梁等的设计，它们当中有的计算是人工难以完成甚至无法完成的，而使用计算机则可快速、及时、准确地获得所需结果。

2. 数据处理。

数据处理，是指利用计算机对各种数据进行的收集、储存、分类、检索、排序、统计、报表打印输出等的一系列处理过程。数据处理也称事务管理，包括办公自动化（Office Automation，OA）和管理信息系统（Management Information System，MIS），如人事管理、财务管理、教务管理、设备管理、情报信息检索、人口普查等，目的是为各职能部门提供决策的依据。计算机数据处理与信息加工已深入社会的各个方面，节省了大量的人力，提高了管理质量和管理效率。

3. 过程控制。

由于计算机具有一定的逻辑判断能力，从 20 世纪 60 年代起，它就在机械、电力、交通、石油化工及军事等领域中使用计算机进行监视和控制，从而提高了生产的安全性和自动化水平，提高了产品的质量，降低了成本，缩短了生产周期。

4. 计算机辅助系统。

计算机辅助是指利用计算机代替人工进行一些复杂、繁重的劳动，以减少劳动强度，提高劳动效率。计算机辅助系统包括以下几个方面。

（1）计算机辅助设计（Computer－Aided Design，CAD）：利用计算机来辅助设计人员进行设计工作，如建筑设计、规划设计、工程设计、电路设计等。利用 CAD 技术可以提高设计质量，缩短设计周期，提高设计自动化水平。

（2）计算机辅助制造（Computer－Aided Manufacturing，CAM）：利用计算机进行生产设备的管理、控制和操作。

（3）计算机辅助教育（Computer－Based Education，CBE）：包括计算机辅助教学（Computer－Assisted Instruction，CAI）、计算机辅助测试（Computer－Aided Test，CAT）和计算机管理教学（Computer－Assisted Instruction，CMI）。计算机辅助教学（Computer－

Aided Instruction，CAI），利用计算机帮助学习的系统，将教学内容、教学方法和学生的学习情况等存储在计算机中，使学生在轻松自如的环境中完成课程的学习；计算机辅助测试（Computer－Aided Test，CAT），利用计算机来进行复杂、大量的测试工作；计算机管理教学（Computer Managed Instruction，CMI），以计算机为主要处理手段所进行的教学管理活动，包括用计算机帮助教师监测和评价学生的学习进展情况，收集反映学生学习情况的各种信息，提供帮助教学决策的信息，指导学生的学习过程，存放和管理教学材料、教学计划及学生成绩记录，并向教师做出报告等。

5. 人工智能。

人工智能（Artificial Intelligence，AI）的主要目的是用计算机来模拟人的智能，目前的主要应用方面有：机器人（Robots）、专家系统（Expert System，ES）、模式识别（Pattern Recognition）及智能检索（Intelligent Retrieval）等。

6. 网络通信。

计算机网络是计算机应用的一个重要领域。计算机网络的发展为计算机的应用提供了更为广阔的前景。如电子商务通过计算机网络技术，以电子交易为手段完成金融、物品、管理、服务、信息等价值的交换，快速而有效地进行各种商务或事务活动。

计算机的应用已经渗透到科学技术的各个领域，并扩展到工业、农业、军事、商业以及家庭生活之中，但随着科学的飞速发展和全球范围内的新技术革命的不断兴起，现有的计算机性能已经显得无法满足社会的需要，许多科学家认为以半导体材料为基础的集成技术已达到了无法突破的物理极限。要解决这个矛盾，必须开发新的材料，采用新的技术，于是人们正在积极探索和研制新一代的计算机，如生物计算机、模糊计算机、光计算机、量子计算机、超导计算机等。可以说，21 世纪将是历史上最激动人心和最有希望的时代。

1.2.3 计算机的分类

计算机的分类方法有多种。按功能与用途可分为通用计算机与专用计算机；按组成原理可分为数字电子计算机、模拟电子计算机和混合电子计算机；按性能和规律可分为巨型机、大型机、中小型机、微型机和工作站。

当前，较普遍的分类方法是按性能分为 5 类，它们的功能及特点如表 1－2－1 所示。

表 1－2－1 计算机按性能分类特征表

类别＼特点	主要特点	主要应用领域	代表机型
巨型机	性能最好，功能最强，运算速度最快，存储容量最大，价格昂贵	航天、气象、军事	如美国 CDC 公司的 Cray 系列机、中国的银河系列机、曙光 3000 等
大型机	通用性、综合处理能力强、性能覆盖面广	大公司、大银行、大科研机构、高等院校	美国 Convex 公司的 C 系列计算机
中小型机	与大型机相比，结构简单、成本较低，经短期培训就可维护和使用，易于推广和普及	广大中小用户	美国 DEC 公司的 PDP 系列计算机、VAX 系列计算机

续表

特点 类别	主要特点	主要应用领域	代表机型
微型机	也称个人计算机，更新速度快，性能/价格比最高，功能齐全，使用方便	应用于家庭、社会各领域	PC 系列
工作站	介于小型机和微型机之间的一种高档微型，具有较强的数据处理能力、高性能的图形功能和网络功能	科学计算、软件工程、CAD/CAM 和人工智能等领域	—

1.3 计算机系统的组成及工作原理

微型计算机（简称微机）有时又叫 PC（Personal Computer），是大规模或超大规模集成电路和计算机技术结合的产物。IBM 公司于 1981 年推出它的微型计算机——PC 后，在短短的 20 多年内，微型机以其体积小、功能强、价格低、使用方便等优点迅猛发展，现在已成为国内外应用最广泛、最普及的一类计算机。

1.3.1 计算机系统的组成

计算机系统由硬件系统和软件系统两大部分组成。硬件系统通常是指计算机的物理系统，是看得见摸得着的物理器件，包括计算机主机及其外围设备。

硬件系统主要由中央处理器、内存储器、输入/输出设备（包括外存储器、多媒体配套设备）等组成。

软件系统则是指管理计算机软件和硬件资源，控制计算机运行的程序、指令、数据及文档的集合。广义地说，软件系统还包括电子和非电子的有关说明资料、说明书、用户指南、操作手册等。

通常把不装备任何软件的计算机称为裸机。

硬件是计算机系统的物质基础，软件是它的灵魂。计算机系统的组成结构如图 1－3－1 所示。

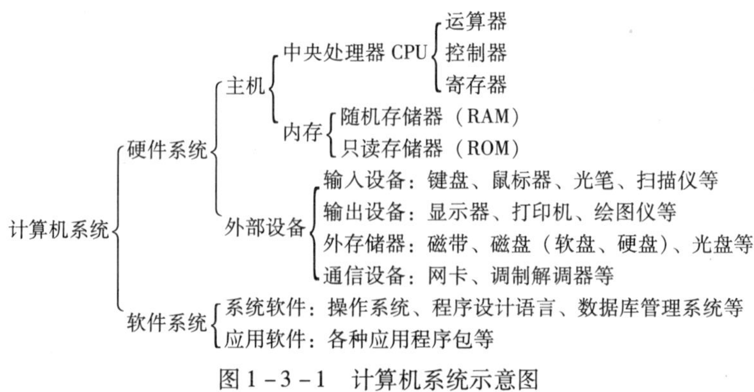

图 1－3－1 计算机系统示意图

1.3.1.1 计算机的硬件系统

计算机硬件系统是指计算机系统中由电子、机械、磁性和光电元件组成的各种计算机部件和设备。虽然目前计算机的种类很多，但从功能上都可以划分为5大基本组成部分，它们是：运算器、控制器、存储器、输入设备和输出设备。它们之间的关系如图1-3-2所示。其中黑线箭头表示由控制器发出的控制信息流向，灰线箭头为数据信息流向。

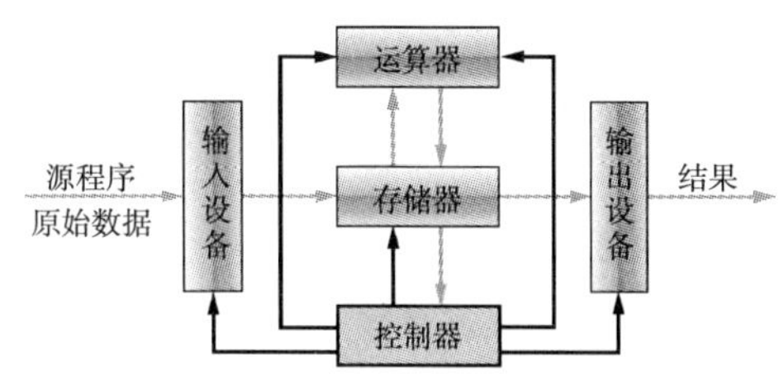

图1-3-2 计算机硬件组成

计算机5大硬件部件的基本功能如下：

1. 运算器。

运算器又称算术逻辑单元（Arithmetic and Logic Unit，ALU），是进行算术运算和逻辑运算的功能部件。算术、逻辑运算包括加、减、乘、除四则运算及“与”、“或”、“非”等逻辑运算以及数据的传送、移位等操作。在控制器的控制下，运算器从内存中取出数据进行运算，并将运算结果送回内存。

2. 控制器。

控制器是整个计算机系统的控制中心，它指挥计算机各部分协调的工作，保证计算机按照预先规定的目标和步骤有条不紊地进行操作及处理。控制器由程序计数器（PC）、指令寄存器（IR）、指令译码器（ID）和操作控制器所组成。控制器从内存中逐条取出指令，分析每条指令规定的是什么操作（操作码），以及进行该操作的数据在存储器中的位置（地址码），然后，根据分析结果，向计算机其他部分发出控制信号。控制过程为：根据地址码从存储器中取出数据，对这些数据进行操作码规定的操作，根据操作的结果、运算器及其他部件要向控制器回报信息，以便控制器决定下一步工作。

因此，计算机执行由人编制的程序，就是执行一系列有序的指令。计算机自动工作的过程实质上是自动执行程序的过程。

3. 存储器。

存储器（Memory）的主要功能是用来存储程序和各种数据信息，并在计算机运行中高速自动完成指令和数据的存取。

存储器是具有“记忆”功能的设备，具有两种稳定状态的物理器件来存放数据。这些器件也被称为记忆元件。

存储器按其在计算机中的作用可分为主存储器（Main Memory，主存）、辅助存储器（Auxiliary Memory/Secondary Memory，辅存）和高速缓冲存储器（Cache，缓存）。中央处理器能直接访问的存储器称为内存储器（Internal Memory，内存/主存），它包括高速缓冲存储器和主存储器。中央处理器不能直接访问辅助存储器，辅助存储器的信息必须调入内存储器后才能被中央处理器进行处理。所以，内存存取速度比辅存快。相对于辅存而言，内存的存取速度快，但容量较小，且价格较高。辅存的特点是存储容量大、价格低，但存取速度较慢。由于辅存设置在主机外部，故又称为外存储器（External Memory，外存）。存储器与CPU（中央处理器）的关系如图1-3-3所示，其中M1为高速缓冲存储器，M2为主存储器，M3为外存储器。

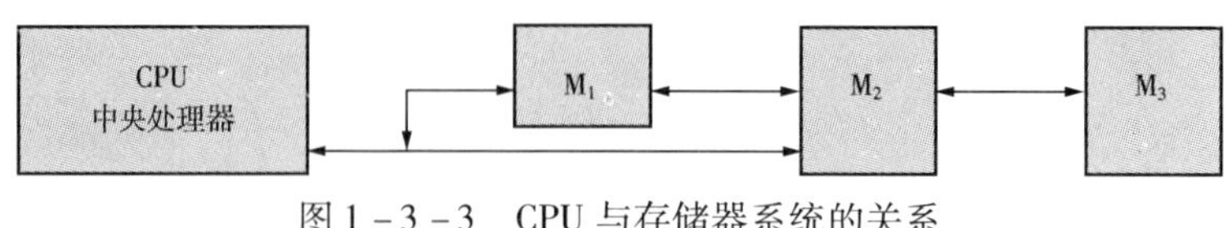

图 1-3-3　CPU 与存储器系统的关系

4. 输入设备。

输入设备是用来输入计算程序和原始数据的设备。常见的输入设备有键盘、图形扫描仪、鼠标、手写输入板、光电笔、摄像头以及模/数转换器等。

5. 输出设备。

输出设备是用来输出计算结果的设备。常见的输出设备有显示器、打印机、数字绘图仪等。

在计算机硬件系统的 5 个组成部分中，通常将运算器、控制器和内存储器合称为主机，而把运算器和控制器合称为中央处理器（Central Processing Unit，CPU），输入/输出设备以及外部存储器合称为外部设备。

1.3.1.2　计算机软件系统

软件系统是为了方便用户使用计算机和充分发挥计算机效率，以及解决各类具体应用问题的各种程序的总称。软件系统分为系统软件和应用软件两大类。

1. 系统软件。

系统软件是为提高计算机效率和方便用户使用计算机而设计的各种软件，一般是由计算机厂家或专业软件公司研制的。系统软件又分为操作系统、支撑软件、编译系统和数据库管理系统等。

（1）操作系统。

操作系统是为了合理、方便地利用计算机系统，而对其硬件资源和软件资源进行管理和控制的软件。操作系统具有处理机管理（进程管理）、存储管理、设备管理、文件管理和作业管理等 5 大管理功能，由它来负责对计算机的全部软件和硬件资源进行分配、控制、调度和回收，合理地组织计算机的工作流程，使计算机系统能够协调一致，高效率地完成处理任务。操作系统是计算机的最基本的系统软件，对计算机的所有操作都要在操作系统的支持下才能进行。

从操作上可以说操作系统是一台比裸机（不包含任何软件的硬件机器）功能更强、服务质量更高、使用户感觉更方便友好的虚拟机器。因此，也可以说它是介于用户与裸机之间的一个界面，是计算机的操作平台。用户通过它来使用计算机。

（2）支撑软件。

支撑软件是支持其他软件的编制和维护的软件，是为了对计算机系统进行测试、诊断和排除故障，进行文件的编辑、传送、装配、显示、调试，以及进行计算机病毒检测、防治等的程序，是软件开发过程中进行管理和实施而使用的软件工具。在软件开发的各个阶段选用合适的软件工具可以大大提高工作效率和软件质量。在计算机系统中，常见的支撑软件有编辑程序 Edlin、Edit，连接程序 Link，调试程序 Debug，工具程序 Pctools，系统检测程序 Qaplus，计算机病毒防治程序如瑞星杀毒软件、CPAV、KILL、KV 3000、AV95 等。

（3）编译系统。

要使计算机能够按照人的意图去工作，就必须使计算机能接受人向它发出的各种命令和信息，这就需要有用来进行人和计算机交换信息的“语言”。计算机语言有计算机机器语言、计算机汇编语言和计算机高级程序设计语言 3 个发展阶段。

计算机机器语言。机器语言是用二进制代码表示的语言，是计算机唯一可以直接识别和执行的语言。由于计算机并不懂得人类的语言，只能识别 0 和 1 两种代码，所以人要和机器进行通信，就要编出由 0 和 1 组成的数字代码。这种计算机所能接受的代码，称为机器指令。一条机器指令用来控制计算机进行一个具体的操作，一般包括操作码和地址码（操作数）两部分。它告诉计算机应进行什么运算，哪些数参加运算，这些数存放在哪里，计算结果将送到哪里等。这些都需要用户了解计算机内部结构和计算机原理。机器语言（又称低级语言）就是以二进制代码形式表示的机器基本指令的集合。操作码和地址码各由二进制代码组成，它们的结构与组合形式构成了指令格式。最基本的格式可表示为：

操作码 OP	地址码 AD

指挥计算机完成具体处理任务的计算操作序列叫做计算机程序，编写程序的过程叫做程序设计。用机器语言进行程序设计就是要编写出由一条条机器指令组成的程序。

机器语言程序具有计算机可以直接执行、简洁、运算速度快等优点。但是，用机器语言编写程序也是一件十分繁琐的工作，要对计算机的结构、操作有相当的了解，要记住各种规定代码和它的含义，而且编写出的程序全是 0 和 1 所组成的代码，直观性差，非常容易出错，程序的检查和调试都比较困难。此外，各种计算机都有自己的机器指令系统，也就是说对机器的依赖性很强，用户的程序难以相互交流。由于机器语言可读性很差，程序容易出错又不易于检查和修改，而且不具备通用性，这就给计算机的推广使用造成了很大的障碍。

计算机汇编语言。汇编语言是为了解决机器语言难以理解和记忆的缺点，用易于理解和记忆的名称和符号（指令助记符）表示机器指令中的操作码，用十六进制或八进制形式表示操作数。例如用“ADD”表示加法，用“SUB”表示减法，用“MOV”表示数据传输等。由于指令助记符的含义和功能十分接近人类语言，这就提高了程序的可读性，便于程序的编写、检查和修改。这种用指令助记符组成的语言叫做汇编语言，用汇编语言编写的程序就是汇编语言程序。

然而，由于汇编语言使用了计算机不能识别的指令助记符和十六进制或八进制数据，计算机并不能直接执行用汇编语言编写的程序，这就需要一个用机器语言编写的程序把汇编语言程序“翻译”成机器目标程序，这个“翻译”程序就是汇编程序。

用汇编语言编写的程序与机器语言编写的程序相比有了很大的进步，但是汇编语言仍然是依赖于机器的。因此，汇编语言是一种面向机器的语言。其缺点在于，为一种机器编制好的汇编语言程序，难以移植成为其他机器的汇编语言程序。

计算机高级语言。为了解决机器语言和汇编语言的种种缺陷，人们又创造了许多计算机高级语言。这些计算机高级语言为用户提供了一种既接近于自然语言，又可以使用数学表达式，还相对独立于机器的工作方式。用户就在这种方式下按照给定的规则编写自己的程序。

例如，在 BASIC 语言中的语句：

```
IF  B*B-4*A*C>=0  THEN PRINT  (-B+SQR(B*B-4*A*C))/(2*A)
```

表示要在判别式△≥0 时打印输出一元二次方程 $ax^2+bx+c=0$ 的一个实根。

与汇编语言一样，由于计算机只能识别 0 和 1 组成的机器代码，并不能直接执行用高级语言编写的程序，因此也必须要有一个能将高级语言程序“翻译”成计算机所能识别的机器语言目标程序的翻译程序。被编译的程序称为源程序或源代码，经过翻译程序“翻译”出来的结果程序称为目标程序。翻译程序通常有编译和解释两种典型的实现途径。

编译方式是用编译程序把用户高级语言源程序整个地翻译成机器指令表示的目标程序，然后再执行这个目标程序，最后得到计算结果。编译方式“翻译”的总体效果比较好，如图 1 –3 –4 所示。

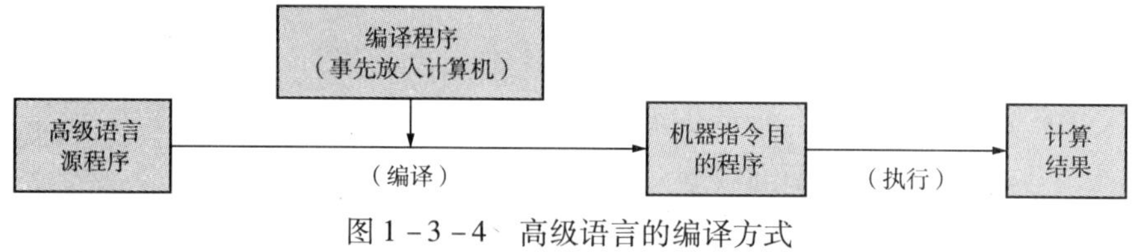

图 1 –3 –4　高级语言的编译方式

解释方式是用解释程序把用户高级语言源程序逐句地翻译，译出一句立即执行一句，边解释边执行。这种方式较浪费机器时间，但可少占计算机内存，而且使用比较灵活，如图 1 –3 –5所示。

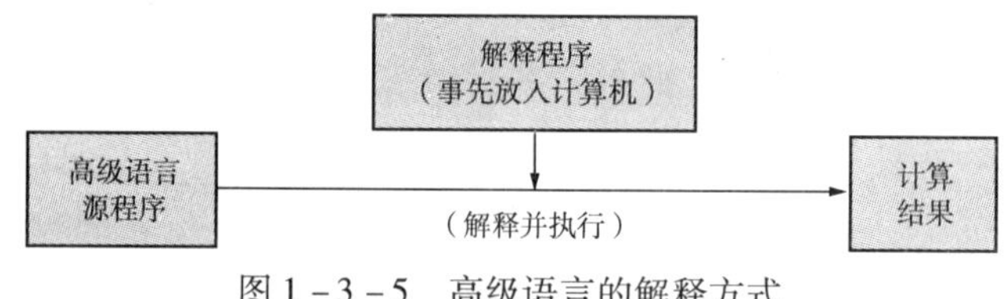

图 1 –3 –5　高级语言的解释方式

目前，比较流行的计算机高级语言有以下几种。

Fortran（Formula Translator，公式翻译）用于科学与工程计算；COBOL（Common Business Orieted Language，数据处理语言）用于事务处理；Pascal 结构程序设计语言，用于教学、科学计算、数据处理等；BASIC 小型会话式语言，简单易学；C 通用程序设计语言，适于编写系统软件；PROLOG 逻辑程序设计语言，使用于人工智能领域。

近几年来，随着面向对象和可视化技术的发展，出现了 C++ 、Java 等面向对象程序设计语言和 Visual Basic、Visual C++ 、Delphi 等语言。

由于编译（或解释）程序代替了人工把高级语言源程序翻译为机器指令的目标程序，这就大大减少了用户编制程序的难度和工作量。使用高级语言后，一般用户可以不去顾及什么机器指令，也可以不必深入了解计算机的内部结构和工作原理，就能方便地使用计算机进行各种科学计算或事务管理等，这就为计算机的广泛应用提供了可能。因此有人说，高级语言的出现是计算机发展中“最惊人的成就”。

高级语言还有一个很大的优点，就是它不依赖于具体的机器类型，可以适用于不同的计算机，即具有通用性。用某一种高级语言编写的源程序几乎可以不加修改或稍做修改就能用于不同的计算机上，这给用户带来了极大的方便。

从语言的级别上可以把程序设计语言分为低级语言（包括机器语言和汇编语言）和高

级语言。从语言的特点、应用范围上可以把程序设计语言分为面向机器的语言（包括机器语言和汇编语言）、面向过程的语言（即过程化语言，如 FORTRAN、COBOL、Pascal、C 等语言）和面向对象的语言（即非过程化语言或陈述性语言，在使用时只要提出问题，计算机就能给出计算结果）。

（4）数据库管理系统。

数据库是以一定组织方式存储起来且具有相关性的数据的集合。它具有冗余度小、独立于任何应用程序而存在、可以为多种不同的应用程序共享的特点。也就是说，数据库的数据是结构化的，对数据库输入、输出及修改均可按一种公用的可控制的方式进行，使用十分方便，大大提高了数据的利用率和灵活性。数据库管理系统（Data Base Management System，DBMS）是对数据库中的资源进行统一管理和控制的软件。数据库管理系统是数据库系统的核心，是进行数据处理的有利工具。目前，被广泛使用的数据库管理系统有 FoxBASE、FoxPro、SQL Server、Visual FoxPro 等。

2. 应用软件。

应用软件是为计算机在特定领域中的应用而开发的专用软件。应用软件由各种应用系统、软件包和用户程序组成。各种应用系统和软件包是提供给用户使用的针对某一类应用而开发的独立软件系统，如科学计算软件包（IMSL）、文字处理系统（WPS）、办公自动化系统（OAS）、管理信息系统（MIS）、决策支持系统（DSS）、计算机辅助设计系统（CAD）等。应用软件不同于系统软件，系统软件是以利用计算机本身的逻辑功能，合理地组织用户使用计算机的硬件和软件资源，以充分利用计算机的资源，最大限度地发挥计算机效率，便于用户使用、管理为目的，而应用软件是用户利用计算机和它所提供的系统软件，为解决自身的、特定的实际问题而编制的程序和文档。

电子计算机系统的硬件和软件是相辅相成的两个部分。硬件是组成计算机系统的基础，而软件是硬件功能的扩充与完善。离开硬件，软件无处栖身，也无法工作。没有软件的支持，硬件仅是一堆废铁。如果把硬件比作是计算机系统的躯体，那么软件就是计算机系统的灵魂。

1.3.2　计算机基本工作原理

目前，计算机基本工作原理都采用以“存储程序”（将解题程序存放到存储器）和“程序控制”（控制程序顺序执行）为基础的设计思想。这个思想是美籍匈牙利数学家冯·诺依曼（Von Neumann）于 1945 年提出的。根据这个思想，使用计算机前要把处理的信息（数据）和处理的步骤（程序）事先编排好，并以二进制数的形式输入到计算机内存中，然后由计算机严格地按照程序的逻辑顺序逐条执行，完成对信息的加工处理。这种基于“存储程序”和“程序控制”原理的计算机，称为冯·诺依曼型计算机。1945 年，冯·诺依曼发表了离散变量自动电子计算机埃德伐克（EDVAC）的设计方案，提出了重大革新措施。1946 年，他与巴克斯等合作，提出了更加完善的计算机设计报告《电子计算机逻辑设计初探》，它是以二进制、程序内存以及指令和数据统一存储为基础，对于现代计算机的发展具有重要的意义。50 多年过去了，虽然现在计算机的设计及制造技术都有了很大的发展，但计算机的基本结构仍属于冯·诺依曼体系范畴。其思想可概括为如下 3 点。

1. 用二进制形式表示数据和指令。

指令是人对计算机发出的用来完成一个最基本操作的工作命令，是由计算机硬件来执行的。指令和数据在代码的外形上并无区别，都是由 0 和 1 组成的代码序列，只是各自约定的含义不同。采用二进制，使信息的数字化容易实现，并可以用二值逻辑元件对信息进行表示和处理。

2. 采用存储程序方式。

这是冯·诺依曼思想的核心内容。程序是人为解决某一实际问题而写出的有序的一条条指令的集合，存储程序意味着事先编制程序并将程序（包含指令和数据）存入主存储器中，计算机在运行程序时就能自动地、连续地从存储器中依次取出指令并执行。计算机的工作体现为执行程序，计算机功能的扩展很大程度上体现为所存储程序的扩展。

3. 计算机由运算器、控制器、存储器、输入设备和输出设备 5 部分组成。

（1）运算器。

运算器也称算术逻辑单元（Arithmetic and Logic Unit，ALU），是进行算术运算和逻辑运算的部件。算术运算是指按算术运算规则进行运算，如加、减、乘、除等。逻辑运算泛指非算术运算，如比较、移位、布尔逻辑运算（与、或、非）等。在控制器的控制下，它从内存中取出数据进行运算，再将运算结果送回内存。

（2）控制器。

控制器是计算机的控制中心。它由程序计数器（PC）、指令寄存器（IR）、指令译码器（ID）和操作控制器所组成。工作时，控制器根据 PC 中的地址，从存储器中取出指令，送到 IR 中，经 ID 译码后，再由操作控制器发出一系列命令信号送到有关硬件部位，引起相应动作，完成指令所规定的操作。然后执行下一条指令，重复上述过程。

运算器和控制器一起称为中央处理器（CPU），在微型机上中央处理器通常是一块超大规模集成电路芯片，如 8086、80286、80386、80486 及 Pentium 系列都是微型机上的 CPU 芯片。

（3）存储器。

存储器（Memory）的主要功能是存储程序和数据。它可分为内存储器和外存储器。一个存储器有成千上万个存储单元，每个单元存放一组二进制信息。对存储器的基本操作是信息的写入或读出，统称为“内存访问”。为了便于写入、读出信息，存储器所有单元均按顺序依次编号，每个单元的编号称为“内存地址”，当要从存储器某单元读取数据或写入数据时，必须提供所访问单元的内存地址。

（4）输入设备。

输入设备的功能是将程序、数据及其他信息，转换成计算机能接收的信息形式，输入计算机内部。常见的输入设备有键盘、鼠标、数字化仪、扫描仪、光笔等。

（5）输出设备。

输出设备的功能是将计算机内部的运算结果，转换成人或其他设备能接受和识别的信息形式。常见的输出设备有显示器、打印机、绘图仪、声音输出设备等。硬盘、软盘驱动器既是输入设备，又是输出设备。

1.3.3 指令和指令系统

计算机运行程序的过程实际上就是执行指令的过程。

1.3.3.1 指令

指令是指能被计算机识别并执行的二进制代码，它规定了计算机能完成的某一种操作。简单地说，指令就是指挥计算机的命令。

一条指令通常由操作码字段和操作数字段两个部分组成。

1. 操作码字段指明该指令要完成的操作。操作码的位数决定了一个机器操作指令的条数。当使用定长操作码格式时，若操作码位数为 n，则指令条数可有 2^n 条。

2. 操作数字段指明指令执行操作的过程中所需要的操作数。操作数字段可以是操作数本身，也可以是操作数地址或是地址的一部分，还可以是指向操作数地址的指针或其他有关操作数的信息。操作数可以有一个、二个或三个，通常称为一地址、二地址或三地址指令。

1.3.3.2 指令系统

计算机是通过执行指令序列来解决问题的，因此每种计算机都有一组指令集供给用户使用，这组指令集就称为计算机的指令系统。不同类型的计算机，指令系统的指令条数有所不同。但无论是哪种类型的计算机，指令系统一般都应具有以下指令。

1. 数据传送指令。

数据传送指令负责把数据、地址或立即数传送到寄存器或存储单元中。它一般可分为通用数据传送指令、累加器专用传送指令、地址传送指令和标志寄存器传送指令。

2. 数据处理指令。

数据处理指令主要是对操作数进行算术运算和逻辑运算。常用的算术运算指令有加、减、乘、除指令，逻辑运算指令有“与”、“或”、“非”、“异或”等逻辑指令。

3. 程序控制转移指令。

程序控制转移指令是用来控制程序中指令的执行顺序，如条件转移、无条件转移、循环、子程序调用、子程序返回、中断、停机等。

4. 输入/输出指令。

用来实现外部设备与主机之间的数据传输。

5. 其他指令。

对计算机的硬件进行管理。

1.3.3.3 指令的执行过程

冯·诺依曼思想下的计算机的工作过程为：人们预先编制程序，利用输入设备将程序输入到计算机内，同时转换成二进制代码，计算机在控制器的控制下，从内存中逐条取出程序中的每一指令交给运算器去执行，并将运算结果送回存储器指定的单元中，当所有的运算任务完成后，程序将执行结果利用输出设备输出。

计算机的工作过程实际上是快速地执行指令的过程。从图 1－3－6 可知，当计算机在工作时，有两种信息在执行指令的过程中流动：数据流和控制流。

数据流是指原始数据、中间结果、结果数据、源程序等。控制流是由控制器对指令进行分析、解释后向各部件发出的控制命令，指挥各部件协调的工作。

现以指令 070740H（累加器加法指令）的执行过程为例来了解计算机的基本工作原理。指令 070740H 的功能是取 0740H 存储单元内的数据与累加器中的数据相加，并将结果存储在累加器中。图 1－3－6 显示了指令的执行过程，分为以下 3 个步骤。

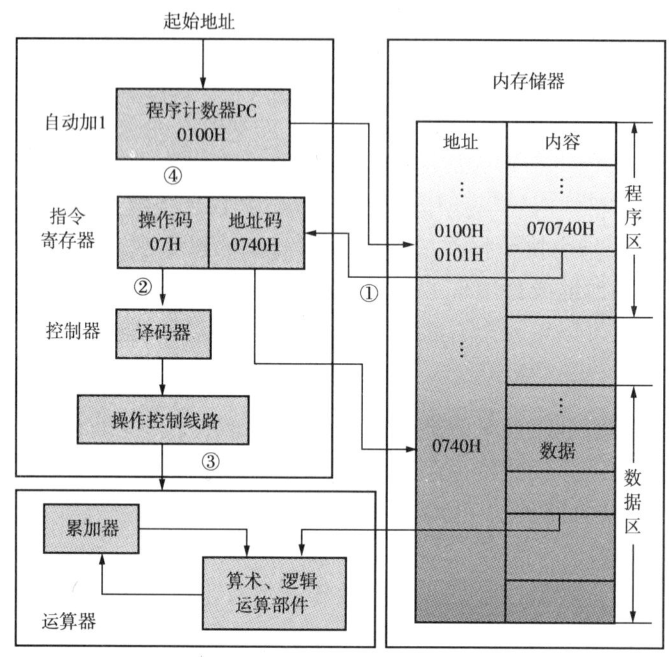

图 1－3－6　指令的执行过程

1. 取指令。

假设程序计数器 PC 的地址为 0100H，从内存储器中取出指令 070740H，并送往指令寄存器。

2. 分析指令。

对指令寄存器中存放的指令 070740H 进行分析，由译码器对操作码 07H 进行译码，将指令的操作码转换成相应的控制电位信号，由地址码 0740H 确定操作数地址。

3. 执行指令。

由操作控制线路发出完成该操作所需要的一系列控制信息，来完成该指令所要求的操作。例如做加法指令，取内存单元 0740H 的值和累加器的值相加，结果还是放在累加器。

一条指令执行完毕，程序计数器加 1 或将转移地址码送入程序计数器，然后回到第一步。

一般把计算机完成一条指令所花费的时间称为一个指令周期，指令周期越短，指令执行越快。通常所说的 CPU 主频或工作频率，就反映了指令执行周期的长短。

计算机在运行时，CPU 从内存读出一条指令到 CPU 内执行，指令执行完后，再从内存读出下一条指令到 CPU 内执行。CPU 不断地取指令、分析指令、执行指令，这就是程序的执行过程。

总之，计算机的工作就是执行程序，即自动连续地执行一系列指令，而程序开发人员的工作就是编制程序。一条指令的功能虽然有限，但是由一系列指令组成的程序可完成的任务是无限多的。

1.3.4 微型计算机的硬件基础

目前计算机中发展最快、应用最广泛的是微型计算机。微型计算机自 1971 年美国 Intel 公司研制了第一台单片微处理器 Intel 4004 以来，由于其功能齐全、可靠性高、体积小、价格低廉、使用方便等特点，得到了迅速的发展和广泛的应用，已经历了 4 位、8 位、16 位、32 位、64 位几个发展阶段，其性能已达到以前中小型计算机的水平。目前，最普及的微型计算机是 IBM PC 机系列及其兼容机。

随着大规模集成电路技术的迅猛发展，运算器和控制器被集成在一块集成电路芯片上，称之为微处理器（CPU），或微处理机。以微处理器为基础，配以内存储器、输入输出（I/O）接口电路和相应的辅助电路而构成的裸机，称为微型计算机；微型计算机系统是指由微型计算机配以相应的外围设备及其他专用电路、电源、面板、机架以及足够的软件而构成的系统。

微处理器是微型计算机的中央处理部件，包括寄存器、累加器、算术逻辑部件、控制部件、时钟发生器、内部总线等。总线是传送信息的公共通道，并将各个功能部件连接在一起。总线分为数据总线、地址总线和控制总线。此外，微型计算机还包括随机存取存储器（RAM）、只读存储器（ROM）、输入/输出电路以及组成这个系统的总线接口等。微型计算机基本结构如图 1－3－7 所示。图 1－3－8 给出了微型计算机的 3 总线结构图。

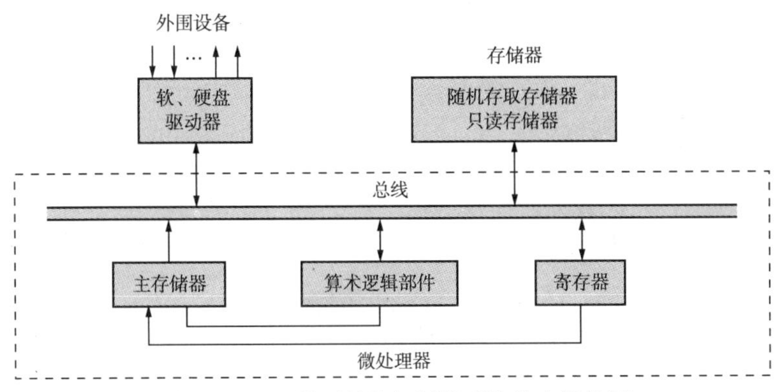

图 1－3－7　微型计算机硬件系统基本结构图

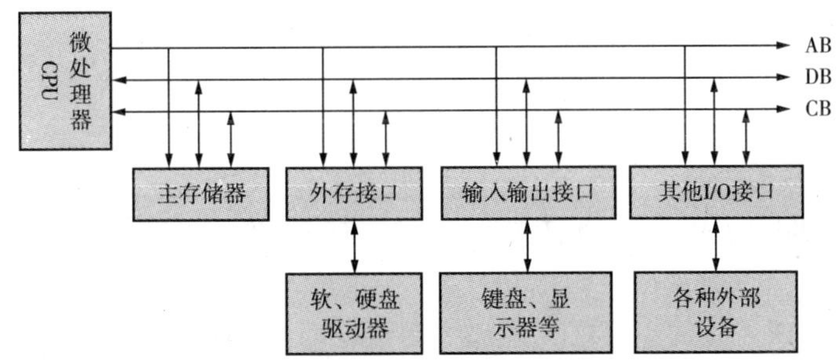

图 1－3－8　微型计算机 3 总线结构图

图 1-3-9　微型计算机外观

IBM PC 机是美国最大的计算机生产公司——国际商业机器公司（IBM），于 1981 年推出的个人计算机。由于该机型具有结构合理、配置简单、操作方便、软件丰富、容易扩充等优点，在世界范围内被广泛使用，占领了绝大部分微型计算机市场。现在微型计算机各硬件部分都是由世界各大硬件制造厂商制造，并采用统一的总线接口标准。微型计算机可以分为品牌机和兼容机，本节将主要介绍兼容机的硬件组成部分。微型计算机的外观如图 1-3-9 所示。

1.3.4.1　主板

主板（Mainboard）又称为系统板（System Board）或母板（Motherboard），它是装在主机箱中的一块最大的多层印刷电路板，上面分布着构成微型计算机主系统电路的各种元器件和接插件。主板是计算机最重要的部件之一，实际上是计算机配件和外设控制与数据信号传输的平台，CPU 等硬件和外设通过主板有机地组合成一套完整的系统。计算机正常运行时对系统内存、存储设备和其他 I/O 设备的操作和控制，也必须通过主板来完成。因此，计算机的整体运行速度和稳定性在相当程度上取决于主板的性能。

计算机主板是计算机系统管理硬件的核心载体，它既是连接各个部件的物理通路，也是各部件之间数据传输的逻辑通路。主板上面有芯片组、各种 I/O 控制芯片、扩展槽、电源插座等元器件。随着计算机技术的发展，高度整合的主板成为主板发展的一个必然趋势，现在主板不但可以集成声卡、Modem、网卡、RAID，还可以集成显卡以及各种新型接口。

主板的结构标准是指主板上各元器件的布局排列方式和主板的尺寸大小及形状。不同结构之间的差别主要包括尺寸大小和形状、元器件的布局、所使用的电源规格等。主板有多种结构标准，如 ATX 结构、AT 结构、NLX 结构等。目前主要是 ATX 结构主板，图 1-3-10 为一个实际的 ATX 主板的布局结构及外形图。

图 1-3-10　ATX 结构的主板

下面以 ATX 结构的主板为例分别介绍主板的各项功能。

1. CPU 插槽。

CPU 是整个计算机系统的核心，在主板上它安置在专门的 CPU 插槽上。在主板上有一个白色正方形、布满插孔的插座就是 CPU 的插槽。不同类型的 CPU 使用的 CPU 插槽结构是不一样的，现在流行 Celeron CPU 使用的是 Socket 370 插槽，而 P4 CPU 使用的 Socket 478 插槽。

在安装形式上，主要分为 Socket 和 Slot 两大工业标准。图 1－3－11所示的 CPU 插槽为 Socket 插槽。

图 1－3－11　CPU 插槽

2. 内存插槽。

在主板上的内存插槽是细长的棕黑色插槽。目前内存条插槽有 DIMM 和 SIMM 两种类型。图 1－3－12 为 DIMM 型插槽，图 1－3－13 为 SIMM 型插槽。主板上内存插槽的数量和类型对系统主存的扩展能力及工作方式有一定影响，其插槽的线数常见有 30 线、72 线、168 线和 184 线。目前主板上大多采用 184 线插槽。

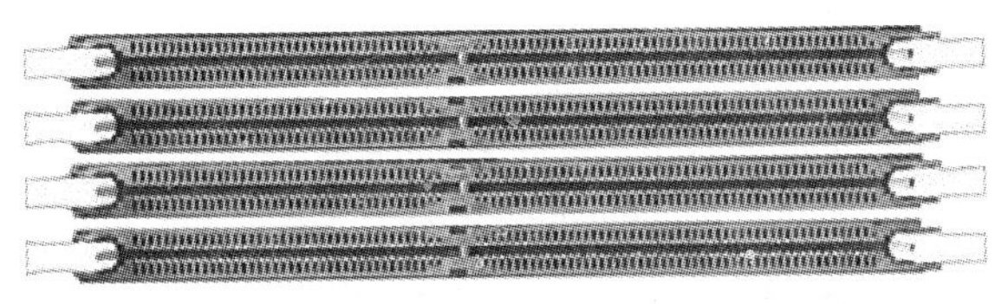

图 1－3－12　DIMM 插槽

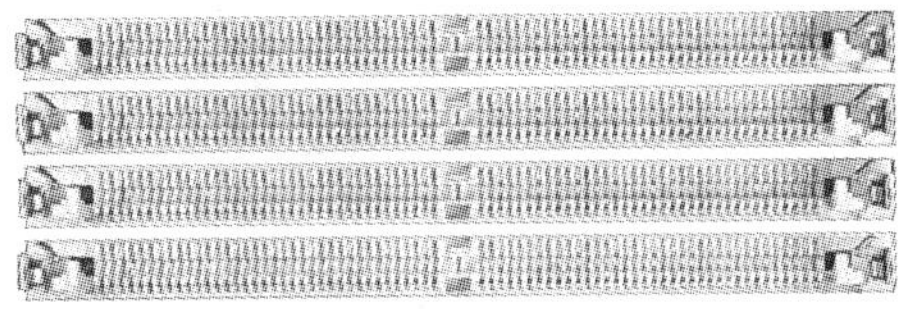

图 1－3－13　SIMM 插槽

3. 芯片组。

芯片组是固定在主板上的一组超大规模集成电路芯片的总称，是主板上重要的部件，芯片组的功能决定着主板的功能。芯片组的重要性就在于它控制着主板及整个计算机系统的运行，支配并掌握着主板及计算机系统的配置与性能，例如，支持多少个扩展插槽、支持哪些 CPU、支持何种内存条、带宽是多少等。主板芯片组的发展趋势一直与 CPU、内存的发展趋势一致。随着 RDRAM 和 DDR 内存的出现，不同类型和频率的内存规格共存，随着不同核心技术、不同前端总线频率的 CPU 相继推出，使主板芯片组的种类也因此空前繁多起来。

Intel 公司把主板芯片上不同功能的器件分成两个部分：南桥芯片（South Bridge Chip）和北桥芯片（North Bridge Chip）。南桥芯片（i82801DB，ICH4）主要负责管理 PCI 插槽、USB 总线、IDE 接口、网卡、BIOS 以及其他周边设备的数据传输。北桥芯片（i845G，GMCH）主要负责管理 CPU、AGP 总线以及内存之间的数据传输。图 1－3－14 为主板芯片组结构图。

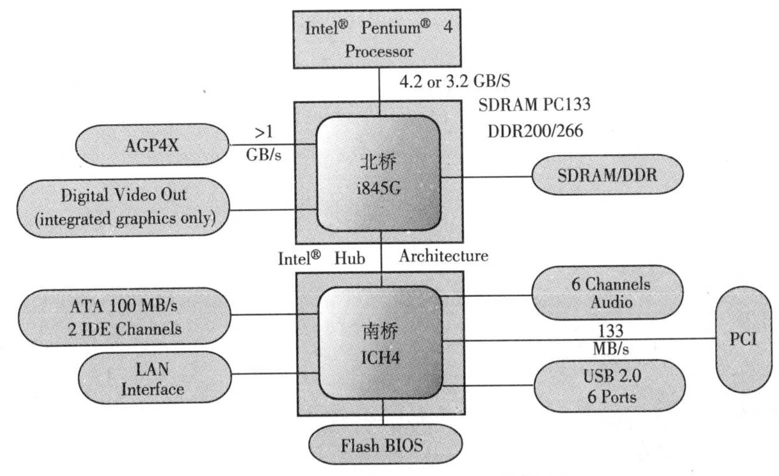

图 1－3－14　主板芯片组结构图

4. 串行接口和并行接口。

目前大多数主板都提供了两个 9 针 D 型 RS－232C 异步串行通信接口，分别为 COM1 和 COM2。串行接口的作用是用来连接串行鼠标、外置调制解调器、绘图仪等设备。并行接口一般用来连接打印机或扫描仪。

5. 外部设备接口。

微型计算机的外部设备接口有很多接口标准，其接口的外观形式如图 1－3－15 所示。

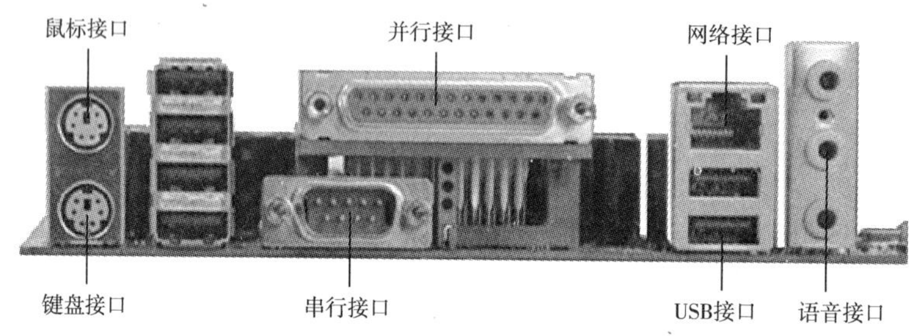

图 1－3－15　外部设备接口

（1）IDE 接口。

IDE 接口是用来连接 IDE 设备的，一般靠近主板边缘。通常主板上有两个 IDE 接口，分别用 IDE1 和 IDE2 表示。每个接口分别可以连接一个主设备（Master）和一个从设备（Slaver），所以一般主板都可以连接 4 个 IDE 设备。IDE 接口中有 40 根针，插座中间有一个小的缺口，该缺口具有防反插和定位的作用。使用 IDE 数据线时，只有把接头上有箭头状突起的一边对准这个缺口才能插入。

（2）软驱接口。

软驱接口是用来连接软驱用的。软驱接口中有 34 根针，在软驱接口旁边标有 FDC 或 FDD 字样，它的结构和 IDE 接口几乎完全相同。通常情况下，硬盘数据线和软盘数据线上标有红色标记的为 1 号数据线。

（3）USB 接口。

由 Intel 公司提出的新型接口标准 USB（Universal Serial BUS，通用串行总线）是为了解决现行 PC 与各种外设的通用连接而设计的，其目的是使所有低速外设都可以连接到统一的 USB 接口上。该接口提供电源，支持热插拔，具有即插即用功能，现已成为最受欢迎的总线接口标准。

USB 接口的主要优点为：速度快、连接简单快捷、无需外接电源、统一输入/输出接口标准、支持多设备连接、具有高保真音频和良好的兼容性。

（4）PS/2 接口。

PS/2 接口仅能用于连接键盘和鼠标。PS/2 接口来源于 IBM 公司曾推出的 IBM PS/2 计算机，虽然 IBM PS/2 计算机已被淘汰，但 PS/2 接口却保留下来被后来计算机所使用。PS/2 接口最大的好处就是不占用串口资源。一般情况下，主板都配有两个 PS/2 接口，上为鼠标接口，下为键盘接口。鼠标的接口为绿色，键盘的接口为紫色。

（5）游戏接口/音频接口。

游戏接口用于声卡的 MIDI 接口和游戏杆（Joystick）接口，可连接各种 MIDI 设备。在连接 MIDI 设备时需要向声卡的制造商购买一条 MIDI 转接线，包括两个圆形的 5 针 MIDI 接口和一个游戏杆接口。由于它们的信号是分离的，所以游戏杆和 MIDI 设备可以同时使用。

6. 总线扩展插槽。

主板上的总线扩展插槽是 CPU 通过系统总线与外部设备联系的通道，系统的各种扩展接口卡都插在扩展插槽上，如显卡、声卡、网卡及 Modem 卡等。目前主板上总线扩展插槽主要预留 ISA 和 PCI 两种类型，PCI 插槽支持具有即插即用功能的设备。AGP 插槽是专用的图形显示扩展插槽，用于安置 AGP 接口的显示卡。

7. CMOS 与 BIOS。

CMOS（互补金属氧化物半导体——一种大规模应用于集成电路芯片制造的原料）是微机主板上的一块可读写的 RAM 芯片，用来保存当前计算机系统的硬件配置和用户对某些参数的设定。CMOS 可由主板的电池供电，即使系统掉电，信息也不会丢失。

CMOS 本身只是一块存储器，只有数据保存功能，而对 CMOS 中各项参数的设定要通过专门的程序，即 BIOS 设置程序来完成。

BIOS（Basic Input Output System，基本输入输出系统）设置程序是存储在 BIOS 芯片中的，只有在开机时才可以进行设置，其主要功能是为计算机提供最底层的、最直接的硬件设置和控制。

8. 主板的选购。

主板作为计算机的核心部件，起着连接计算机各主要部件的作用，主板犹如一座高楼大厦的主体结构，再好的 CPU、内存条也要靠主板的支持才能发挥出其优势。选购主板时要注意以下几个方面。

（1）主板的芯片组。

芯片组决定着一块主板的主要性能，对系统的发挥起着关键的作用。

（2）主板的制造工艺。

检查主板质量可从主板是否全新；主板做工是否精细；结构布局是否合理，是否利于散热；主板应配有的驱动程序以及印刷精美、解释详细的使用说明书以及完善的售后服务体系等几个方面入手。

（3）主板的可扩展性。

如果希望主板能最大限度地支持未来的硬件设备，最好的办法就是选购采用了最新芯片组的主板。

（4）主板 BIOS 功能。

当主机加电时，电流会在瞬间通过 CPU、南北桥芯片、内存插槽、AGP 插槽、PCI 插槽、IDE 接口以及主板边缘的串口、并口、PS/2 接口等。随后，主板会根据 BIOS（基本输入输出系统）来识别硬件，并进入操作系统发挥出支撑系统平台工作的功能。

（5）主板的品牌。

现在主板生产厂商非常多，常见品牌有 Intel、AMD、LEO（大众）、QDI（联想）、华硕、技嘉等。主板的性能主要由其采用的芯片组决定，当前芯片组基本都来自 Intel、VIA、AMD 这几家公司。

1.3.4.2 中央处理器

中央处理器（Central Processing Unit，CPU）是一块超大规模集成电路芯片，它是整个计算机系统的核心。CPU 主要包括运算器、控制器和寄存器 3 个部件。这 3 个部件相互协调，便可以进行分析、判断、运算并控制计算机各部分协调工作。其中运算器主要完成各种算术运算和逻辑运算；控制器是指挥中心，控制运算器及其他部件工作，能对指令进行分析，做出相应的控制；寄存器用来暂时存放运算的中间结果或数据。

中央处理器通过专门的 CPU 插座安置在主板上。

1. CPU 基本结构。

CPU 内部结构可分为控制单元、运算单元、存储单元和时序电路等几个主要部分，其基本内部结构如图 1－3－16 所示。Pentium 4 CPU 的外形如图 1－3－17 所示。

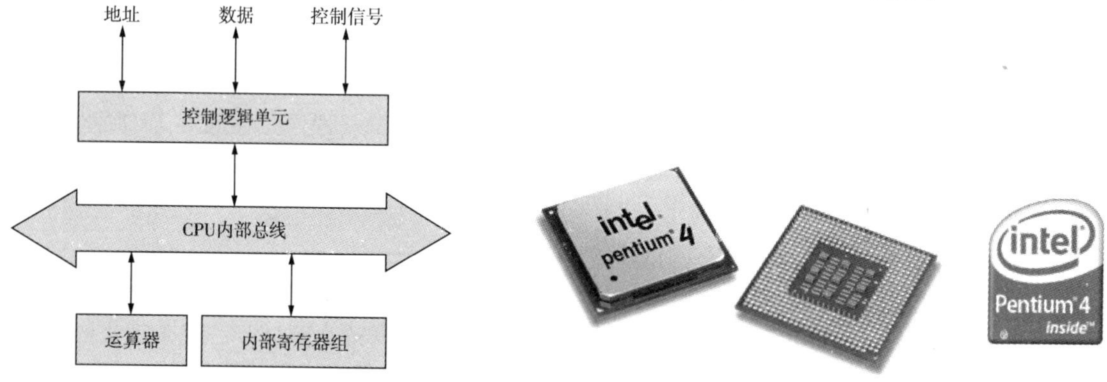

图 1－3－16　CPU 基本结构

图 1－3－17　Pentium 4 CPU 的外形图

（1）运算器和内部寄存器。

运算器的主要部件是算术逻辑单元（ALU），其核心功能是实现数据的算术运算和逻辑运算。内部寄存器包括通用寄存器和专用寄存器，其功能是用来暂时存放数据（包括参加运算的运算数、运算结果等）。

（2）控制逻辑单元。

主要完成指令的分析、指令及操作数的传送、产生控制和协调整个 CPU 需要的时序逻辑等。

（3）CPU 内部总线（BUS）。

数据和指令在 CPU 中的传送通道，包括数据总线、控制总线和地址总线 3 种。

2. CPU 的性能指标。

CPU 性能的高低直接决定着一个微机系统的性能。CPU 的性能主要是由以下几个因素决定的。

（1）CPU 执行指令的速度，即 CPU 每秒所能执行的指令的条数。

（2）CPU 的字长是指在算术逻辑单元中采用运算的基本位数，即 CPU 能一次处理的数据的二进制位数。

（3）指令本身的功能强弱及复杂程度。

（4）CPU 主频又称为 CPU 工作频率，即 CPU 内核运行时的时钟频率。一般说来，主频越高，一个时钟周期内完成的指令数也越多，CPU 的速度也就越快。不过由于 CPU 的内部结构不尽相同，所以并非所有时钟频率相同的 CPU 其性能都一样。目前 CPU 的主频一般都在 3.0GHz 以上。

（5）CPU 的 Cache。

Cache 的英文含义为（勘探人员等储藏粮食、器材等的）地窖“藏物处”，在计算机领域中指高速缓冲存储器，是位于 CPU 和主存储器 DRAM（Dynamic Random Access Memory）之间，规模较小但速度很高的存储器，通常由 SRAM（Static Random Access Memory，静态存储器）组成。

表 1－3－1 给出了不同发展时期 Intel CPU 的主要性能指标及 AMD 公司对应的兼容芯片。

表 1－3－1 Intel CPU 主要性能指标

CPU 型号	推出时间	字长（位）	芯片集成度（万/片）	主频（MHz）	寻址范围	性能说明	对应 AMD 产品
8086	1978 年 6 月	16	2.9	4.7～10	1MB		
8088	1979 年 6 月	准 16	2.9	4.7～10	1MB	PC/XT	
80286	1982 年 2 月	16	13.4	6～25	16MB	PC/AT	
80386SX	1988 年 6 月	准 32	27.5	16～40	4GB	内部 32 位，外部 16 位	
80386DX	1985 年 10 月	32	27.5	16～40	4GB		
80486SX	1991 年 4 月	32	120	25～100	4GB	不含协处理器	
80486DX	1989 年 4 月	32	120	25～100	4GB	含协处理器	
Pentium	1993 年 3 月	32	310	60～233	4GB		
Pentium MMX	1997 年 1 月	32	310	60～233	4GB	内部 32 位，外部 64 位，一级 Cache 16kB	
Pentium Pro	1995 年 11 月	32	550	66～233	64GB	一级 Cache 32kB，二级 Cache 512kB，不支持 MMX	K6－PR
Pentium Ⅱ	1997 年 5 月	32	750	233～450	64GB	MMX＋Pentium Pro	K6－2
Celeron A	1998 年 6 月	32	750	300～450	64GB	PⅡ简化版，二级 Cache 只有 128kB	
Pentium Ⅲ	1999 年 2 月	32	950	500～1000	64GB	MMX2.3D 功能	K6－3
新 Celeron	2000 年	32	950	533～700	64GB	PⅢ内核	
Pentium 4	2001 年	64	1000 以上	1000～2000	64GB	一级 Cache 32kB，二级 Cache 512kB 支持 MMX，SSE	K7Athlon

3. CPU 选购与辨别。

CPU 的好坏直接关系到微机的主要性能，在选购 CPU 时要考虑以下几点。

（1）要注意散装 CPU 和盒装 CPU 的区别。

（2）识别被超频的 CPU 的方法是使用 Intel 公司提供的处理器测试软件 Processor Frequency ID Utility。

（3）可以拨打免费电话 8008201100 咨询，请 Intel 公司的技术人员帮助确认 CPU 的真假。

（4）在购买 CPU 时没有必要去追求最新的产品，要考虑其性能价格比。

（5）CPU 的品牌和主频。

1.3.4.3 存储器

存储器又分为内存储器和外存储器。内存储器位于系统主板上，可以直接与 CPU 进行信息交换，运行速度较快，容量相对较小，所存储的信息断电即失。外存储器安装在主机箱中，通过数据线插在主板上的 IDE 插槽上，它与 CPU 的信息交换必须通过接口电路进行，其存储容量大，存取速度相对内存要慢得多，但存储的信息很稳定，可以长时间保存信息。

1. 内存储器。

内存储器又称为主存储器，实质上是一组或多组具备数据输入输出和存储功能的集成电路。内存储器的主要作用是用来存放计算机系统执行时所需要的数据，存放各种输入、输出数据和中间计算结果，以及与外部存储器交换信息时作为缓冲。

（1）内存储器的主要技术指标

存储器容量。在主存储器中含有大量存储单元，每个存储单元可存放 8 位二进制信息（bit，b），这样的存储单元称为一个字节（Byte，B）。存储器容量是指存储器中包含的字节数，通常以 kB、MB、GB、TB 作为存储器容量单位，其中：1B = 8b，1kB = 1024B，1MB = 1024kB，1GB = 1024MB，1TB = 1024GB。

读写时间。从存储器读一个字或向存储器写入一个字所需的时间为读写时间。两次独立的读写操作之间所需的最短时间称为存储周期。本指标反映存储器的存取速度，早期的存取周期有 60ns（纳秒，10 亿分之一秒）、70ns、80ns 等几种，目前的存取周期有 7ns、8ns、10ns 等几种。

（2）内存的分类

只读存储器 ROM。存储在 ROM 中的数据理论上是永久的，即使在关机后保存在 ROM 中的数据也不会丢失。因此，ROM 中常用于存储微型机的重要信息，如主板上的 BIOS 等。只读存储器通常又分为 ROM、PROM（Programmable Rom，可编程 ROM）、EPROM（Erasable Programmable Rom，可擦写可编程 ROM）、EEPROM（Electrically Erasable Programmable Rom，电可擦写可编程 ROM）和 Flash Memory（闪存存储器）等类型。

随机存取存储器（RAM）。RAM 主要用来存放系统中正在运行的程序、数据和中间结果，以及用于与外部设备的信息交换。它的存储单元根据需要可以读出、也可以写入，但它只能用于暂时存放信息，一旦关闭电源或发生断电，其中的数据就会丢失。随机存储器就是通常所说的内存条。随机存储器又分为动态随机存储器（DRAM）和静态随机存储器（SRAM）。目前比较常用的内存条有 SDRAM、DDR SDRAM、RDRAM 等。

同步动态随机存储器（Synchronous DRAM，SDRAM），是PC100和PC133规范所广泛使用的内存类型，其接口为168线的DIMM类型（这种类型接口内存插板的两边都有数据接口触片），最高速度可达5ns，工作电压3.3V。SDRAM与系统时钟同步，以相同的速度同步工作，即在一个CPU周期内来完成数据的访问和刷新，因此数据可在脉冲周期开始时传输。SDRAM也采用了多体（Bank）存储器结构和突发模式，能传输一整块而不是一段数据，大大提高了数据传输率，最大可达133MHz。图1－3－18所示为SDRAM内存条。

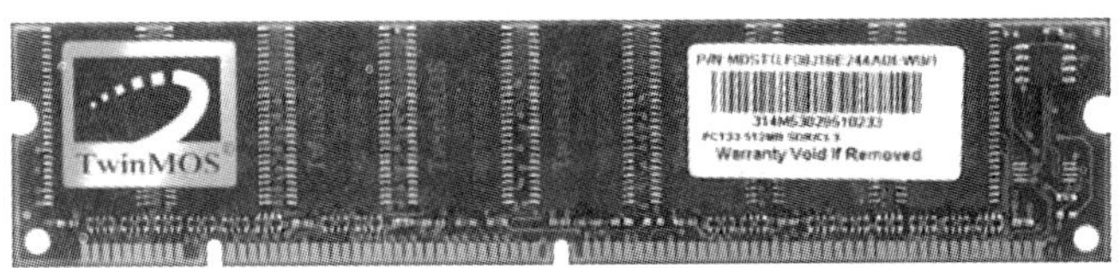

图1－3－18 SDRAM内存条

DDR SDRAM，DDR SDRAM就是双倍数据传输率（Double Data Rate，DDR）的SDRAM，是SDRAM的升级版本，是更先进的SDRAM。SDRAM只在时钟周期的上升沿传输指令、地址和数据，而DDR SDRAM的数据线有特殊的电路，可以在时钟的上下沿都传输数据。DDR SDRAM采用184针（pin），金手指部分只有一个卡槽，与SDRAM的模块并不兼容。DDR SDRAM在命名原则上，也与SDRAM不同。SDRAM的命名是按照时钟频率来命名的，如PC100与PC133，而DDR SDRAM则是以数据传输量作为命名原则的，如PC1600以及PC 2100，分别表示其数据传输率为1600MB/s和2100MB/s。图1－3－19所示为DDR内存条外形图。

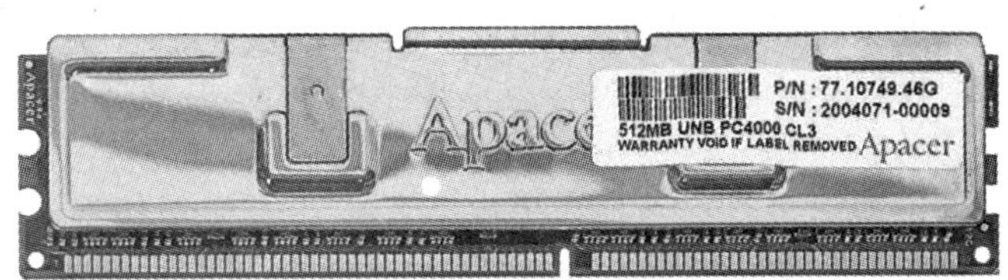

图1－3－19 DDR内存条

RDRAM（Rambus DRAM）是Rambus公司开发出的具有系统带宽、芯片到芯片接口设计的新型DRAM，它能在很高的频率范围内通过一个简单的总线传输数据。Rambus通过进行上升沿和下降沿分别触发，使原有的400MHz的频率转变为800MHz。其带宽为1.6GB/s。其管脚数为184根，使用2.5V电压。Rambus要求RIMM槽中必须全部插满，空余的RIMM槽要用专用的Rambus终结器插满。Rambus之所以可以达到400MHz的时钟频率，是因为它使用了铜线连接内存控制器和内存模块，并且通过减少铜线数量和长度，降低电磁干扰。但是，这会使内存的发热量大大提高，为此，Rambus设计了活动、待命、休眠和关闭4个状态。Rambus在活动状态下以全速工作，工作结束后进入待命状态，此时仅保持响应的能耗。图1－3－20所示为RDRAM内存条的外形图。

图1－3－20 RDRAM内存条

高速缓冲存储器。高速缓冲存储器是位于 CPU 和主内存 DRAM 之间的规模较小但速度很高的存储器，通常由 SRAM 组成。

把在一段时间内一定地址范围被频繁访问的信息集合，成批地从主存中读到一个能高速存取的小容量存储器中存放起来，供程序在这段时间内随时采用，而减少或不再去访问速度较慢的主存，就可以加快程序的运行速度。这个介于 CPU 和主存之间的高速小容量存储器称之为高速缓冲存储器，简称 Cache。显然，程序访问的局部化性质是 Cache 得以实现的基础。目前，CPU 一般设有一级缓存（L1 Cache）和二级缓存（L2 Cache）。

2. 外存储器。

外存储器又称辅助存储器，用于存放等待运行或处理的程序或文件。软盘、硬盘、光盘、USB 盘等存储器都是 CPU 不能直接访问的存储器，需要经过内存以及 I/O 设备来交换其中的信息，它们统称为外存储器。

（1）软磁盘存储器。

软磁盘存储器由软盘、软盘驱动器和软盘适配器组成。软盘驱动器是读写装置，外形如图 1-3-21所示。软盘适配器是软盘驱动器与主机连接的接口。软盘驱动器和软盘适配器都安装在主机箱内，软盘插槽暴露在主机箱的前面板上。

当软驱对软盘进行读写操作时，软盘指示灯亮，不能将软盘从软驱中抽出，否则将丢失数据或损坏软盘。

图 1-3-21　3.5in 1.44MB 软盘驱动器

目前常用的软磁盘为 3.5in 1.44MB 的软盘。图 1-3-22 所示为 3.5in 软盘外观示意图，其写保护口中有一小拨块，当滑动拨块露出方孔时，软盘处于写保护状态，此时只能读出盘上信息，不能写入新信息。

软盘的记录格式与硬盘的非常相似，也是按磁道和扇区来存储信息。每张软盘对应两个记录面，每面含磁道数为 80 道，每道扇区数为 18 块，每块扇区为 512B，如图 1-3-22 所示。

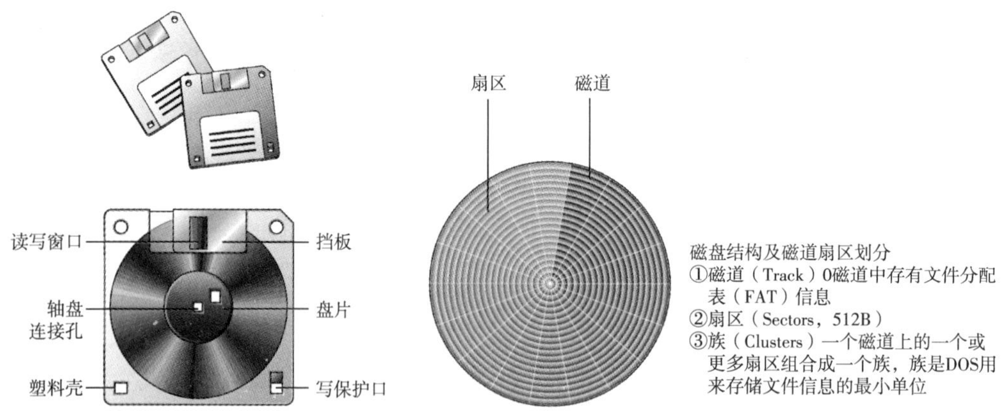

图 1-3-22　软盘与磁盘结构及扇区划分

新购买的软盘必须经过格式化后方可使用。所谓格式化是指对磁盘按标准格式划分磁道、扇区，而且每个扇区按其格式填写地址信息及定义其容纳的字节数。

每张盘格式化后的容量计算公式：

$$\text{磁盘容量}=\text{磁盘面数}\times\text{磁道数/面}\times\text{扇区数/磁道}\times\text{字节数/扇区}$$
$$\approx 2\times 80\times 18\times 0.5\text{kB}=1.44\text{MB}$$

在划分磁道和扇区的同时，软盘还被分为4个区域，即引导扇区（BOOT）、文件分配表（FAT）、文件目录表（FDT）及数据区。

引导扇区：引导扇区用于存放系统的自引导程序，为系统启动和存放磁盘参数而设置。

文件分配表：用于描述文件在磁盘上的存放位置及整个磁盘扇区的使用情况。

文件目录表：文件目录表也叫根目录区，用于存放软盘根目录下所有文件名和子目录名、文件属性、文件在磁盘上存放的起始位置、文件长度、文件建立或修改的日期和时间等。

数据区：也叫用户区，用于存放用户文件。

（2）硬磁盘存储器。

硬盘是一种磁介质的外部存储设备，数据存储在密封、洁净的硬盘驱动器内腔的多片磁盘片上。这些盘片一般是在以铝为主要成分的片基表面涂上磁性介质所形成的。在磁盘片的每一面上，以转动轴为轴心、以一定的磁密度为间隔的若干个同心圆，被划分成磁道（Track），每个磁道又被划分为若干个扇区（Sector），数据按扇区存放在硬盘上。在每一面上都相应的有一个读写磁头（Head），所有盘片相同位置的磁道就构成了柱面（Cylinder）。

硬盘的基本工作原理是硬盘驱动器加电正常工作后，利用控制电路中的初始化模块进行初始化工作，此时磁头置于盘片中心位置。初始化完成后，主轴电动机将启动，并以高速旋转，装载磁头的小车机构移动，将浮动磁头置于盘片表面的0道，处于等待指令的启动状态。当主机下达存取磁盘片上的数据的命令时，通过前置放大控制电路发出驱动电动机运动的信号，控制磁头定位机构将磁头移动，搜寻定位它要存取数据的磁道扇区位置，进行数据的读写。

硬盘的第一个扇区（0道0头1扇区）被保留为主引导扇区。在主引导扇区内主要有主引导记录和硬盘分区表两项内容。主引导记录是一段程序代码，其作用主要是对硬盘上安装的操作系统进行引导。硬盘分区表则存储了硬盘的分区信息。微型机启动时将读取该扇区的数据，并对其合法性进行判断（扇区最后两个字节是否为0x55AA或0xAA55），如果合法则跳转执行该扇区的第一条指令，所以硬盘的主引导区常常成为病毒攻击的对象。图1-3-23为硬盘正面示意图，图1-3-24为硬盘结构示意图。

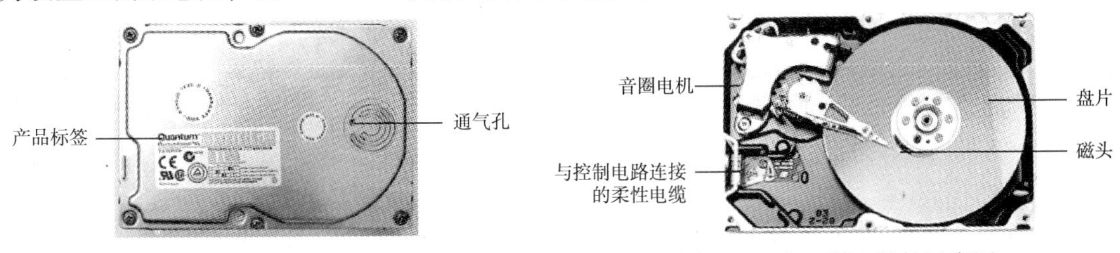

图1-3-23　硬盘正面示意图

图1-3-24　硬盘结构示意图

①硬盘接口标准

硬盘接口标准有 IDE、EIDE、UATA/33、UATA/66 和 SCSI 等。表 1-3-2 给出了几种接口标准的性能对比。

表 1-3-2　硬盘接口标准性能对比

接口类型	最大数据传输率（MB/s）	接口电缆	导线	循环冗余校验 CRC
IDE	11	40-pin IDE	40-pin	No
EIDE	16.6	40-pin IDE	40-pin	No
UATA/33	33.3	40-pin IDE	40-pin	Yes
UATA/66	66.6	40-pin IDE	80-pin	Yes
SCSI	80	68pin	80pin	Yes

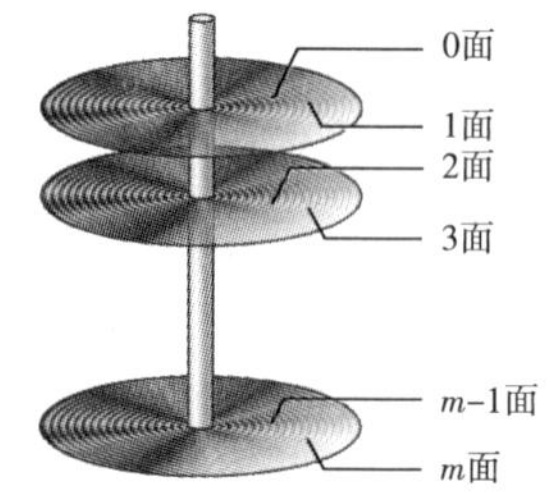

图 1-3-25　硬盘盘面示意图

②关于磁盘的术语

a. 面：按照磁盘面的多少，依次称为 0 面、1 面、2 面等，对应于每个面都要有一个读写磁头，称为 0 磁头（head）、1 磁头、2 磁头等，为了能读写每个面上的数据，硬盘的磁头数与盘面数相同，如图 1-3-25 所示。

b. 磁道：在盘片表面上以盘片圆心为中心，分出不同半径的同心圆用来存放数据，这样的圆周为一个磁道（Track）。针对不同的磁道从外向内可以编上不同的号，即磁道号，如图 1-3-26 所示。

c. 柱面：在硬盘中，将不同盘片相同半径的磁道组成的空心圆柱体称为柱面（Cylinder），这样硬盘的柱面数就等于每个面的磁道数。柱面、扇区如图 1-3-27 所示。

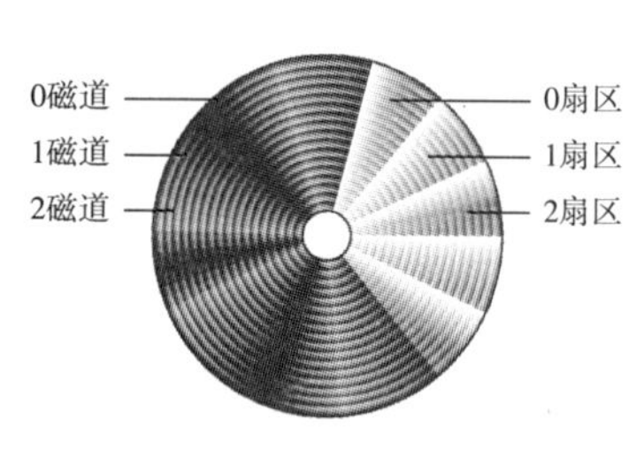

图 1-3-26　磁盘磁道扇区示意图

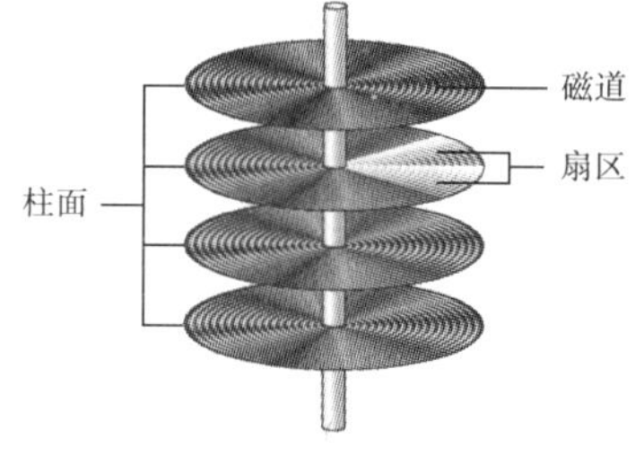

图 1-3-27　柱面、扇区示意图

d. 扇区：为了有效地管理硬盘数据，将每个磁道划分成若干段，每段称为一个扇区（Sector），并规定一个扇区存放 512B 的数据。在硬盘上每个磁道上的扇区数相同，硬盘存储容量计算公式为：

硬盘容量 = 柱面数 × 面数 × 每道扇区数 × 每扇区字节数。

e. 着陆区：着陆区（Landing Zone）是指硬盘不工作时磁头停放的区域，通常指定一个靠近主轴的内层柱面作为着陆区。着陆区不用来存储数据，因此可以避免硬盘受到震动时以及在开、关电源瞬间时磁头紧急降落所造成的数据丢失。目前，一般的硬盘在电源关闭时会自动将磁头停在着陆区内。

③主要技术指标。

a. 硬盘容量。硬盘作为存放微型机所安装的软件及各种多媒体数据的主要外部存储器，其容量的大小是一个非常重要的指标。硬盘的容量通常以 MB（兆字节）或 GB（千兆字节）为单位，目前主流硬盘容量为 40GB 以上。

b. 平均寻道时间、平均潜伏时间和平均访问时间。硬盘的平均寻道时间是指磁头从初始位置移到目标磁道所需的时间。硬盘存取数据的过程大致为当硬盘接到存取指令后，磁头从初始位置移到目标磁道位置（经过一个寻道时间），然后等待所需数据扇区旋转到磁头下方（经过一个等待时间）开始读取数据。所以硬盘在读取数据时，要经过一个寻道时间和一个等待时间，那么硬盘的平均访问时间为平均寻道时间与平均等待时间之和。平均寻道时间受限于硬盘的机械结构，这个时间越小越好。

c. 转速。硬盘的转速是指硬盘内驱动电动机主轴的转动速度，单位为 r/min（Rotation Per Minute）。目前 IDE 硬盘的主轴转速一般为 5400 ~ 7200r/min。主流硬盘的转速为 7200r/min。SCSI 硬盘主轴转速可达 7200 ~ 10000r/min，最高的 SCSI 硬盘主轴转速高达 15000r/min（希捷的捷豹 X15 系列）。

d. 最大内部数据传输率，也称为持续数据传输率，它是指磁头到硬盘高速缓存之间的传输速度。硬盘的外部数据传输率远远高于其内部传输率。

e. 外部数据传输率，也称为突发数据传输率，它是指从硬盘高速缓存与系统总线之间数据传输率。外部数据传输率一般与硬盘接口类型和高速缓存大小有关。

f. 数据缓存：数据缓存是指在硬盘内部的高速缓冲存储器，目前 IDE 硬盘的高速缓存储器一般为 512kB ~ 2MB，主流 IDE 硬盘的高速缓存为 2MB，而 SCSI 硬盘中最高的数据缓存已达 16MB。

g. 硬盘接口：目前硬盘的接口主要为 IDE 接口和 SCSI 接口两大类。此外，还有如 IEEE 1394 接口、USB 接口和 PC－AC 光纤通道接口等产品。IDE 接口的硬盘与外部总线交换数据时，有两种控制数据流的方式，一种是 PIO 模式，另一种是 DMA 模式。SCSI 接口硬盘具有比 E－IDE 接口硬盘更快的速度和更低的 CPU 占用率，但价格较高，主要用于高档微型机及服务器上。

SCSI 接口也经历了从最初的 SCSI（最大数据传输率 5MB/s）、SCSI－2（20MB/s）、SCSI－3（40MB/s）到 Ultra SCSI 160MB/s 的演变。SCSI 硬盘接口有 3 种，分别为 50 针、68 针和 80 针，硬盘标牌上标有的 N、W、SCA 就是表示接口针数的。N（Narrow）即窄口，50 针；W（Wide）即宽口，68 针；SCA（Single Connetor Attachment）即单接头，80 针。其中，80 针的 SCSI 硬盘支持热插拔。

h. 连续无故障时间：连续无故障时间（MTBF）是指硬盘从开始运行到出现故障的最长时间，单位是小时。一般硬盘的 MTBF 至少为 30000 ~ 40000h。

④硬盘工作原理。

图 1－3－28 所示为硬盘工作原理示意图。

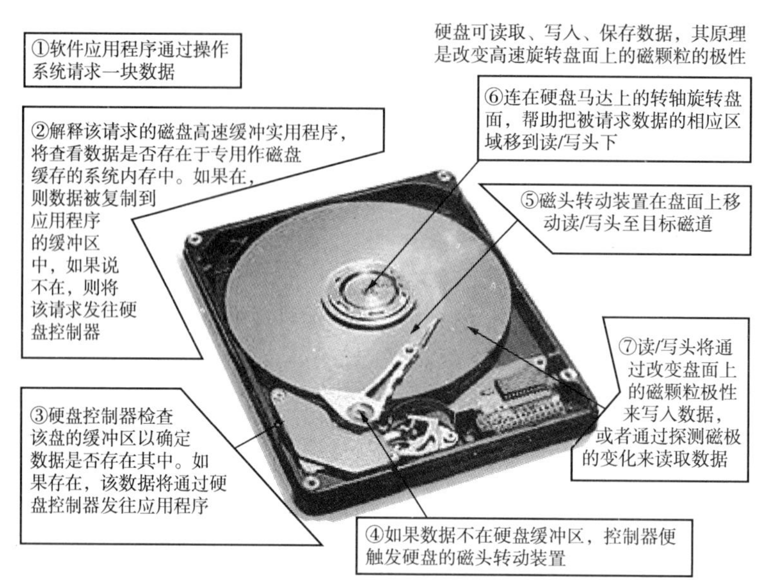

图 1－3－28　硬盘工作原理示意图

⑤磁盘阵列（RAID）技术。

磁盘阵列属于超大容量的外存储器子系统，由许多台磁盘机按一定规则（如分条、分块、交叉存取等）组合在一起构成。通过阵列控制器的控制和管理，磁盘阵列系统能够将几个、几十个甚至几百个硬盘组合起来，使其容量高达几十千光字节至上千千兆字节。

⑥硬盘的选购。

硬盘是技术含量较高的产品，能够生产硬盘的厂商为数不多。目前，常见的硬盘品牌主要有 IBM、迈拓、希捷和西部数据。

选用硬盘除了注意品牌外，还应考虑发热、质保时间问题，最主要的 3 个因素就是价格、容量和硬盘整体性能。具体要考虑以下几点。

a. 硬盘容量。一般来说，单碟容量和盘片数量是决定硬盘容量大小的两个主要因素，现在主流的硬盘容量都在 60GB 以上。

b. 主轴转速。更快的转速可以使盘片转动一周的时间缩短，使平均等待时间和平均寻道时间缩短，能更快地寻找所需要的数据，同时硬盘的内部传输率也会提高，使读写速度加快。

c. 硬盘高速缓存。通过 Cache 算法，将使硬盘可能要读取的数据事先放到高速缓存中，大大提高了硬盘读取数据的速度。所以高速缓存对硬盘性能的提高起着很大的作用，高速缓存的容量与速度直接关系到硬盘传输数据的速度。

高速缓存越快越好，越大越好。特别是在读取零碎的文件数据时，高速缓存具有非常大的优势。硬盘的容量越大，需要的高速缓存容量就越大。目前的 IDE 硬盘主流高速缓存一般为 2MB 的 SDRAM。

d. 硬盘速度参数。硬盘速度参数主要包括平均寻道时间、平均潜伏时间、平均访问时间、外部数据传输率、内部数据传输率等。

（3）光盘存储器。

光盘存储器主要包括光盘、光盘驱动器和光盘控制器，其外形如图 1 - 3 - 29 所示。

图 1 - 3 - 29 光盘及其驱动器

光盘是光存储设备的信息载体。光盘的形状通常是厚度为 1.2mm、直径为 120mm 或 80mm 的圆盘片，最常见的是直径为 120mm 的光盘。按照存放的数据的作用可将光盘由里向外分成 3 个区。第一个区称为导入区（Lead In），第二个区称为数据区或节目区（Program），最后一个区称为导出区（Lead Out）。

光盘的容量是指单张光盘的数据存储量。光盘数据轨道则是一条由里向外、顺时针方向的螺旋线，其轨道的各个区域尺寸和密度都是一样的，用户称这条线为光盘轨道。可以用刻录机在光盘轨道上刻出一个个极小的凹点。当激光束在这些凹点与平面的区域上移动时，反射的光也会有强弱变化。当激光束照在凹点时，反射光散射；当照在平面区域时，反射光就会无改变地反射回来。它们的反射信号有明显差异，很容易被光检测器识别出来。如果将前一种反射光表示为二进制数据中的 0，后一种反射光表示为二进制数据中的 1，光盘驱动器中光电转换部件对反射光进行转换和校验，就得到了实际的二进制数据。

①光盘的分类。

对光盘而言，没有簇的概念，但有扇区的说法，每扇区的存储容量有 2048B。不同类型的光盘有不同的扇区数，存放数据的容量也就有所不同了。从光盘的存储数据方式上看，可将光盘分为 CD（Compact Disc）光盘和 DVD（Digital Video Disc）光盘两大类。

a. 只读型光盘（Compact Disc - Read Only Memory，CD - ROM）。只读型光盘是一次成型的产品，其上的信息只能读出，不能写入，通常 CD 可提供 650 ~ 700MB 存储空间，主要用于存储视频图像的 DVD，可提供 4.7 ~ 17.7GB 存储容量。

b. CD 可记录式光盘 CD - R。CD - R 称为可刻录式光盘，它可以用光盘刻录机将数据一次写入 CD - R 光盘中，但是写入后的数据不能更改和删除，对数据的保存有较高的安全性。

CD - R 的工作原理是利用大功率激光束的热效应，使激光焦点照射记录层的有机染料，产生不可逆的化学变化，形成具有与 CD - ROM 光盘凹点相同的光学反射特性 CD。

c. 重复擦写式光盘 CD - R/W。CD - RW 称为重复擦写式光盘，光盘上的数据可自由更改或删除。目前使用寿命可达 1000 次左右，使用弹性比 CD - R 更大。但是 CD - R/W 光盘的价格比 CD - R 高得多。

d. DVD 光盘。DVD 光盘与 CD 光盘相比具有很大的优势。

虽然 DVD 光盘与 CD - ROM 光盘的外观很相似，其直径为 120mm，厚度为 1.2mm，光盘数据轨道也是一条由里向外、顺时针方向的螺旋线，每个扇区用户数据基本字节数为 2048，但 DVD 光盘的存储方式与 CD - ROM 光盘存储方式有很大区别。DVD 光盘实际上是由两层厚度分别为 0.6mm 的盘片组成的，而且每个盘片的两个面都可以用来存放数据。这是 DVD 光盘存储容量比 CD - ROM 光盘存储容量大的原因之一，一张 DVD - 5 的存储容量就是一张 CD - ROM 存储容量的 7 倍。DVD 的速度也是 CD 无法比拟的，DVD 的单位倍速标准参数比 CD 大得多，即 DVD 的 1X = 1.35MB/s，而 CD 的 1X = 150kB/s，并且目前所有 DVD 驱动器都可以读取 CD 光盘，所以用户可以看到 DVD 终将会淘汰 CD 这一事实。DVD 光盘可以分为 DVD 音乐光盘（DVD Audio）、DVD 视频光盘（DVD Video）、DVD 只读光盘（DVD - ROM）、DVD 可记录式光盘（DVD - R）、可多次读写光盘（DVD - R/W）。

DVD - RAM 的最大优势是可以重写 100000 次以上，缺点是兼容性较差、价格昂贵；DVD - RW 的优势就是兼容性好。DVD + RW 最大的特色就是速度快，缺点是价格高。

②光盘驱动器。

光盘驱动器的原理与软盘驱动器相似。光盘驱动器由光盘读取头（激光头）电路系统、驱使光盘转动的主轴电动机伺服系统、光头寻道定位系统和控制电路等几部分组成。激光发生器、接收器、反射镜和聚焦物镜等是光盘驱动器的关键部件。

光盘驱动器是一个融合光学、机械及电子技术为一体的产品。激光光源来自于一个激光二极管，对于 CD 光盘驱动器来说，它可以产生波长约 0.65μm 的激光束，并且能被精确地控制。在读取光盘上的数据时，激光束是由光盘驱动器中的激光头发射出的。激光束由内到外即从光盘的导入区引导激光束进入数据区，并通过对 TOC 表访问将激光束定位在需要访问的数据区内容所在的位置，再由光盘反射回来，经过光检测器捕获信号。

光盘驱动器的种类有只读型光盘驱动器（CD - R 和 DVD - R）和可擦写光盘驱动器（CD - R/W 和 DVD - R/W）两种。

a. 一次性刻录光盘及其驱动器（CD - R 和 DVD - R）。一次性刻录光盘只能写一次，需用专门的光盘刻录机将信息写入，写入后不能修改。

b. 可擦写光盘及其驱动器（CD - R/W 和 DVD - R/W）。可擦写光盘是可以重复读写的光盘，但需要专用光盘刻录机操作。

③光盘驱动器主要技术指标。

a. 光盘驱动器的传输速度。平常说的 40 倍速、50 倍速等光盘驱动器就是指读取光盘数据轨道最外圈数据时速度的光盘驱动器。在制定 CD - ROM 标准时，把读取速度为 150kB/s 的传输率定为单倍速标准（或写成 1X），50 倍速光盘驱动器理论上的传输率为 150 × 50 = 7500kB/s。但由于光盘驱动器的制造技术的不足，在实际使用中是达不到这么高的速度的。

需要注意的是，单倍速的 DVD 光盘驱动器读 DVD 光盘的速度是 1350kB/s，当用 DVD 光驱读 CD 光盘时，读 CD 盘的速度大约是读 DVD 光盘速度的 1/3，现在流行的 16 倍速的 DVD 光盘驱动器读 CD 光盘时的速度为 7200kB/s，大致相当于 48 倍速 CD - ROM 光驱。

b. 平均寻道时间。平均寻道时间是指激光头定位并读取数据所需的平均时间。这段时间主要指激光头寻找并移动到指定的数据的位置，再发射光波到反射光波经过折射输出到解码电路，最后将数据传送到光盘驱动器缓冲区的时间。

c. 光盘驱动器的缓存。由于光盘驱动器中的电动机旋转速度不可能无限的提高，使激光头读取数据受到影响，可以在光盘驱动器中增加缓存来弥补速度上的不足。增加光盘驱动器缓存可以减少光盘驱动器对光盘数据的反复读取次数，提高光盘驱动器速度，这在读取小型文件和随机文件时可以明显看出效果。现在的光盘驱动器一般都带有 512kB 甚至 1MB 的高速缓存。

d. 光盘驱动器的纠错能力。光盘驱动器的纠错能力是指其正确读取光盘中的数据的能力。

e. 噪声。光盘驱动器中一般有 3 个电动机，它们分别是控制进出盒仓的进出盒电动机、固定光盘并进行旋转的主轴电动机和使激光头沿着光盘的半径方向运动的进给电动机，这些电动机的运动都可能产生噪声。

(4) U 盘。

U 盘是采用 Flash 芯片作为存储介质，并通过 USB 接口与计算机进行数据交换的。闪速存储器主要特点是在不加电的情况下能长期保持存储的信息。基于 Flash 存储技术的存储器工作时是通过二氧化硅形状的变化来记忆数据的，闪速存储器属于电擦除可编程只读存储器（EEPROM）类型，它既有 ROM 的特点，又有很高的存取速度，而且易于擦除和重写，功耗很小。

闪速存储器从结构上大体上可以分为 NOR、DINOR、AND、NAND 等几种。NOR 和 DINOR 的特点为相对电压低、随机读取快、功耗低、稳定性高。NAND 和 AND 的特点是容量大、回写速度快、芯片面积小。

U 盘有 16MB、32MB、64MB、128MB、256MB、512MB 等多种容量规格，无需外加电源，使用非常方便。

U 盘读数据的速度在 800kB/s 以上，写数据的速度在 600kB/s 以上，可重复擦写次数在 100 万次以上，数据至少可保存 10 年。

U 盘多数具有写保护功能，在 U 盘的侧面有一个写保护开关。U 盘的外观如图1-3-30所示。

由于 U 盘具有防潮、耐高低温、抗震、防电磁波、容量大、造型精巧、携带方便等特点，因此，受到微型机用户的普遍欢迎。

不同型号的 U 盘在使用前需要安装相应的驱动程序，但在 Windows ME/2000/XP 及以上的操作系统中，因驱动程序已事先置入，故不需另外安装。

(5) 移动硬盘。

移动硬盘与采用标准的 IDE 接口和主机相连的台式机硬盘不同，它是一种采用了计算机外设标准接口（USB 或 IEEE 1394）的便携式大容量存储设备。移动硬盘的外形如图1-3-31所示。

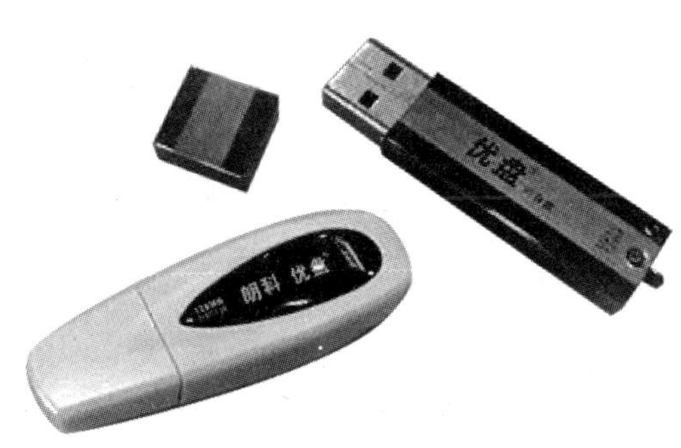

图 1-3-30 U 盘的外观

图 1-3-31 移动硬盘的外形

移动硬盘一般由硬盘体加上带有 USB 或 IEEE1394 控制芯片及外围电路板的配套硬盘盒构成，与同类产品相比有许多出色的特性。

①容量大。主流产品的容量至少是 5GB，可以提供上百千兆字节的储存空间。

②速度快。USB 1.1 和 USB 2.0 标准接口的传输速率分别为 12Mbps 和 480Mbps，IEEE 1394 接口的传输速率是 400Mbps。

③兼容性好，即插即用。

④具有良好的抗震性能，这也是移动硬盘与台式机硬盘的主要区别之一。

1.3.4.4 总线与接口

1. 总线。

微型计算机的硬件系统结构普遍采用总线结构。所谓总线（BUS），是指计算机内部传输指令、数据和各种控制信息的高速通道，是计算机硬件的一个重要组成部分。按照其功能和传输信息的种类可以分为 3 类：数据总线（Data BUS，DB）、地址总线（Address BUS，AB）和控制总线（Control BUS，CB）。系统中各个局部电路均要通过这 3 大总线互相连接，如 CPU 芯片、存储器芯片、各种控制芯片和输入输出接口电路芯片等各自的地址、数据、控制引线均分别连接到系统总线的相应线上，实现了全系统的互联。在主板上，系统 I/O 总线还连接到一些特定的插座上去对外开放，以便于外部设备和各种扩展电路板连入系统，所以这些插座被称为系统 I/O 总线插槽。微机系统电路的这种总线结构和总线插槽，为不断地扩充系统电路以改进和增加系统功能提供了极大的方便。数据总线是双向的，它是 CPU 同各部分交换信息的通路，其位数（总线宽度）与微处理器的位数相对应。地址总线是单向的，负责传输地址码，由 CPU 送到内存单元或外部接口电路。地址总线的位数与所寻址的范围有关，如寻址 1MB 地址需要 20 条地址线（$2^{20}=1MB$）。现在一般微机的地址总线为 32 根，最大可寻址能力为 4GB。控制总线是传送控制信号的，其中包括 CPU 送到内存和接口电路的读写信号、中断响应信号等，也包括其他部件送给 CPU 的信号，如时钟信号、中断申请信号、准备就绪信号、读/写操作信号等。

总线的性能是通过总线宽度和总线频率来表征的。总线宽度定义为一次能并行传输的二进制位数，如 32 位数据总线一次能传送 32 位数据，64 位数据总线一次能传送 64 位数据。总线频率则用来表征总线的速度，常见的总线频率有 66MHz、100MHz、133MHz 甚至更高。

按照总线所连接部件的不同，还可以分为内部总线、系统总线和扩展总线。内部总线用于同一部件内部的连接，如 CPU 内部连接各寄存器和运算部件的总线；系统总线连接同一台计算机的各个部件，如 CPU、内存、输入/输出设备接口之间互相连接的总线；扩展总线负责 CPU 与外部设备之间的通信。

微机总线的结构特点是标准化和开放性。从发展过程看，微机总线结构常见的几种标准有 PC 总线、ISA 总线、PCI 总线、AGP 总线等。

（1）PC 总线。

PC 总线是 1981 年提出并最先在 IBM PC 机主板上使用的，它具有 8 位数据线和 20 位地址线，因此是 8 位总线。插槽的引脚共 62 根，分列两边，每边 31 根。现在早已淘汰。

（2）ISA 总线。

ISA（Industry Standard Architecture）总线又称为工业标准结构总线。ISA 总线是总线的

元老，ISA 总线数据宽度只有 16 位，时钟频率为 8.3MHz，数据传输率只有 16MB/s。ISA 总线的主要缺点是不能动态地分配系统资源，CPU 占用率高，插卡的数量也有限。插槽的引脚共 82 根，分列两边，每边 41 根。现已淘汰。

（3）PCI 总线。

PCI（Peripheral Component Interconnect）总线又称外部设备互连总线。PCI 总线的插槽是目前主板上最常见的、也是最多的插槽，所有的主板都有它的踪影。PCI 总线定义了 32 位数据总线，工作频率为 33MHz，同时支持 10 个外部设备。在 PCI 总线 V2.2 规范中，可扩展为 64 位，工作频率为 66MHz。PCI 总线是一种不依附于某个具体处理器的局部总线。

当 PCI 总线是 32 位、工作频率为 33MHz 时，数据传输率为 132MB/s；当 PCI 总线是 64 位、工作频率 66MHz 时，数据传输率可达到 528MB/s。

PCI 总线插槽每边有 62 线，共 124 线，由于扩展卡定位挡片占据了 4 个位置，所以实际有 120 个触点。64 位的 PCI 总线插槽是在 32 位的 PCI 插槽基础上进行延长的，每边增加 32 线，共增加 64 线。

（4）AGP 总线。

AGP（Accelerated Graphics Port）总线，又称图形加速端口总线，是在 PCI 总线基础上专门针对 3D 图形处理开发的高性能总线。AGP 直接与主板的北桥芯片相连，让视频处理器与系统主内存直接相连，即在使用 AGP 芯片的显示卡与主存之间建立专用通道，使 3D 图形数据直接传送到主存，而不需要经过 PCI 总线。这避免了经过窄带宽的 PCI 总线而形成系统瓶颈的现象，增加 3D 图形数据传输速度。

AGP 总线的发展经历了 AGP 1×、AGP 2×、AGP Pro，AGP 4×、AGP 8×等阶段。AGP 1×总线数据宽度为 32 位，工作频率为 33MHz，并利用时钟的上升沿和下降沿同时传输数据，数据传输率可达 264MB/s。

2. 扩展槽。

主板上有一系列扩展槽，用来插入各种外设的适配卡以连接各种外设。这些扩展槽与系统总线或扩展总线相连，因此，有什么样的总线就有什么样的扩展槽。AGP 插槽与 PCI 不兼容，AGP 插槽比 PCI 要短。

3. I/O 接口。

接口是指计算机系统中在两个硬件设备之间起连接作用的逻辑电路，是各组成部分之间进行信息交换的功能部件。主机与输入/输出设备之间的接口称为输入/输出接口，简称 I/O 接口。计算机的外部设备多种多样，而系统总线上的信息都是二进制码，而且外部设备与 CPU 的处理速度相差很大，所以需要在系统总线与 I/O 设备之间设置接口，来进行数据缓冲、速度匹配和信息转换等工作。外设与主机之间相互传送的信息有 3 类：数据信息、状态信息（如设备准备就绪或空闲状态）和控制信息（如启动、停止外设）。接口中有多个端口，每个端口传送一类信息。从信息传送的方式看，接口可分为串行接口（简称串口）和并行接口（简称并口）两大类。串行接口中，接口和外设之间的信息按代码的位进行传送，而接口和主机之间则是以字节或字为单位进行多位并行传送。串行接口能够完成“串→并”和“并→串”之间的转换。微型机上的用来连接鼠标的 RS232C 接口是一种常用的串口。在并行接口中，接口和外设之间的信息交换都是按字节或字进行传送，其特点是各位同时传送，具有较高的数据传输速度。微型机上连接打印机的 LPT 接口是一种常用的并口。

目前，微型机上还广泛采用一种由 Intel 公司提出的新型接口标准通用串行总线（Universal Serial BUS，USB）。USB 接口是为了解决现行 PC 与各种外设的通用连接而设计的，其目的是使所有低速外设都可以连接到统一的 USB 接口上。该接口提供电源，支持热插拔，有即插即用功能，现已成为最受欢迎的总线接口标准。

1.3.4.5　输入/输出设备

1. 输入设备。

把外部数据传输到计算机中所用的设备称之为输入设备。常用的输入设备有键盘、鼠标和扫描仪。

（1）键盘。

键盘是向计算机输入数据的主要设备，由按键、键盘架、编码器、键盘接口及相应控制程序等几个部分组成。键盘通常有几十甚至上百个键，每个键相当于一个开关。键盘按接口可分为 AT 接口键盘、PS/2 接口键盘、USB 接口键盘和无线键盘等。早期的计算机使用 83 键的键盘，后来发展到 101 键、102 键、104 键和 107 键等键盘。家用计算机一般使用标准的 104 键键盘，而 84 键的键盘主要在笔记本计算机上使用。键盘是计算机中最基本、最常用的标准输入设备，键盘主要由按键开关和一个键盘控制器组成，通过串行数据传输方式把键盘中的位置码传送给主机，主机收到位置码后，再由相应的 BIOS 程序将其转换成对应的 ASCⅡ码。图 1-3-32 所示为键盘外形图。

图 1-3-32　键盘

（2）鼠标。

鼠标是一种最普遍、最廉价的输入设备，广泛用于图形用户界面使用环境。鼠标通过 RS-232C 串行接口或 PS/2 接口与主机连接。其工作原理是当移动鼠标时，把移动距离及方向的信息变成脉冲信号送入计算机，计算机再将脉冲信号转变为光标的坐标数据，从而达到指示位置的目的。按键数鼠标可以分为双键鼠标、三键鼠标、微软智能鼠标器等；按其接口类型鼠标可以分为串行口（方口鼠标）、PS/2 接口（小圆口）鼠标、USB 接口鼠标 3 类；按内部构造鼠标可分为机械式鼠标（结构简单，使用环境要求较低，但传输速度慢，寿命短）、光机式鼠标（精确度和传输速度比机械式鼠标要高）、光电式鼠标（一般配备一块专用的反光板，鼠标只有在反光板上才能使用）、轨迹球鼠标（工作时球在上面，而其球座在下面固定不动，主要应用于笔记本计算机中）、无线式鼠标（不需连接线，只需在鼠标器内装入电池，能远距离操作主机）。图 1-3-33 所示为鼠标外形图。

（3）扫描仪。

扫描仪是一种光机电一体化的输入设备，它可以将图文形象转换成可由计算机处理的数字数据，如图 1-3-34 所示。目前普遍使用的是 CCD（电荷耦合）阵列组成的电子扫描仪，其主要技术指标有分辨率、扫描幅面和扫描速度。

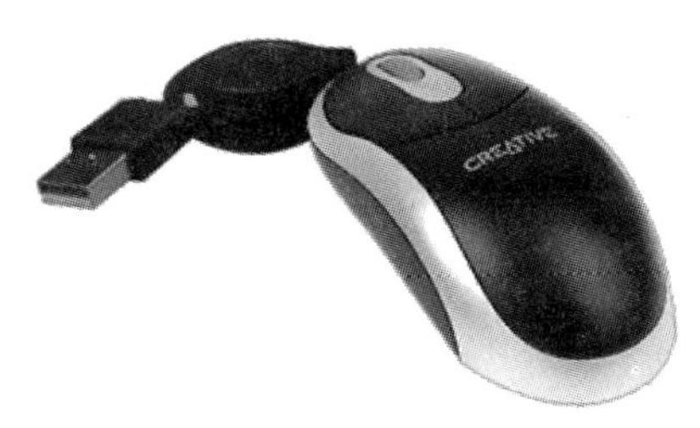

图1-3-33 鼠标

图1-3-34 扫描仪

2. 输出设备。

（1）显示器。

显示器是计算机系统中最基本的输出设备，显示器的性能好坏直接影响着工作效率。目前显示器的主要种类有CRT（Cathode Ray Tube）显示器、LCD（Liquid Crystal Display）液晶显示器、PDP（Plasma Display Panel）等离子显示器和电子发光显示器等。

①显示器的主要技术参数。

a. 屏幕尺寸。屏幕尺寸是指矩形屏幕的对角线长度，以in为单位，表示显示屏幕的大小，主要有14in、15in、17in和20in几种规格。

b. 点距。点距（Dot Pitch）是屏幕上荧光点间的距离，它决定像素的大小，以及屏幕能达到的最高显示分辨率。点距越小越好，现有的点距规格有0.20mm、0.25mm、0.26mm、0.28mm、0.31mm、0.39mm等。

c. 显示分辨率。显示分辨率（Resolution）指屏幕像素的点阵。通常写成（水平点数）×（垂直点数）的形式。常用的有640×480、800×600、1024×768、1024×1024、1600×1200等，目前1024×768较普及，更高的分辨率多用于做图像分析的大屏幕。

d. 刷新频率。每分钟内屏幕画面更新的次数称为刷新频率（Refresh Rate）。刷新频率越高，画面闪烁越小，一般是75～200Hz。

②显示器的选购。

显示器的选购主要考虑：显示器的品牌和类型，显示器的尺寸和点距，分辨率和刷新频率，以及色彩调节、视频带宽等。

（2）打印机。

打印机是将输出结果打印在纸张上的一种输出设备。按打印颜色分为单色和彩色；按工作方式分为击打式打印机和非击打式打印机。击打式打印机常为点阵打印机也叫针式打印机，非击打式打印机常为喷墨打印机和激光打印机。打印机外形如图1-3-35所示。

打印机的主要技术指标有以下几种。

①打印速度。打印速度用cps（字符每秒）表示。

②打印分辨率。打印分辨率用dpi（点每英寸）表示，非击打式打印机的打印分辨率一般超过600dpi。

③最大打印尺寸。打印机最大打印尺寸一般有A4和A3两种规格。

一般来说点阵式打印机打印速度慢、噪声大，主要耗材为色带，价格便宜；激光打印机打印速度快、噪声小，主要耗材为硒鼓，价格贵但耐用；喷墨打印机噪声小，打印速度次于激光打印机，主要耗材为墨盒。著名的打印机厂商有惠普（HP）、佳能（Canon）、爱普生（Epson）等。

（3）绘图仪。

绘图仪是一种输出图形的硬复制设备，常用于计算机辅助设计（CAD）系统中。绘图仪主要有笔式、喷墨式、发光二极管（LED）式3种类型。绘图仪外形如图1－3－36所示。

图1－3－35　打印机

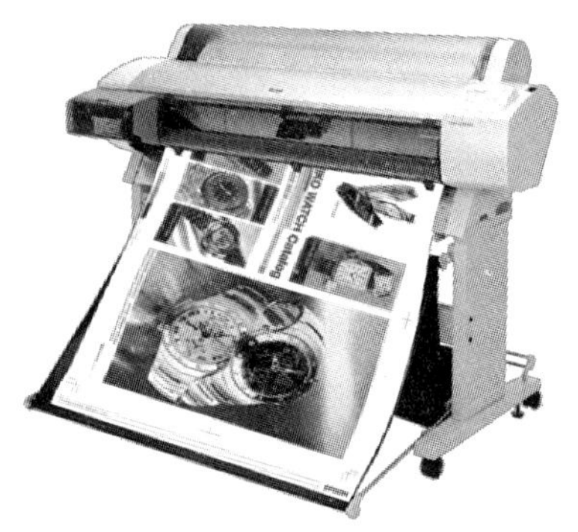

图1－3－36　绘图仪

1.3.4.6　其他设备

1. 显示适配器。

显示适配器又称为显卡，是连接主机和显示器之间的文字和图形传输系统的设备。

一般显卡由显示接口、显示芯片、显示内存（简称显存）、数/模转换电路、VGABIOS、VGA输出接口和晶振、数字视频解码、输出端口、S端子等部分组成。

2. 声卡。

声卡的主要功能就是实现音频数字信号和音频模拟信号之间的相互转换。声卡将音频数字信号转换成音频模拟信号的过程称为数模转换，简称ADC。声卡将音频模拟信号转换成音频数字信号的过程称为模数转换，简称DAC。这样一般声卡都具有放音和录音功能。

在声卡进行（ADC）和（DAC）的过程中，有两个重要的指标：采样频率和采样位数。

采样频率是指录音设备在模数转换过程中一秒钟内对声音模拟信号的采样次数。显然，采样频率越高，声音的还原就越真实和越自然。目前的主流声卡的采样频率一般分为22.05kHz、44.1kHz和48kHz 3个等级，分别对应调频（FM）广播级、CD音乐级和工业标准级音质。

采样位数就是在模拟声音信号转换为数字声音信号的过程中，对满幅度声音信号规定的量化数值的二进制位数。如对最强音量规定为“11111111”，最低音量规定为“00000000”时，称采样位数是8位。将二进制的数字信号还原为相应的模拟声音信号的幅度称为声强。采样位数越大，量化精度越高，声卡的分辨率也就越高。

3. 网卡。

网卡的主要作用有两个：一是将计算机的数据封装为帧，并通过网线（对无线网络来说就是电磁波）将数据发送到网络上去；二是接收网络上传过来的帧，并将帧重新组合成数据，发送到所在的计算机中。网卡充当了计算机和网络之间的物理接口。

现在使用的网卡基本上都是以太网网卡。网卡按其传输速度来分可分为10Mbps网卡、

100Mbps 网卡、10～100Mbps 自适应网卡以及 1000Mbps 网卡。

4. 调制解调器。

要想实现计算机之间的远程通信，当计算机发送信号时，必须将二进制数字信号变换成连续变化的模拟信号，这个过程称为调制（Modulation）。同时在计算机要接收信号时，必须将模拟信号转变成数字信号，这个过程称为解调（Demodulation）。调制解调器正是将调制和解调这两种功能结合到一起用来实现数字信号与模拟信号之间的相互转换。

1.3.5 微型计算机的性能指标

1.3.5.1 字长

字长是指 CPU 能够一次并行处理的二进制数据的位数，字长直接影响到计算机的功能、用途及应用领域。字长有 8 位、16 位、32 位、64 位之分，当前主流产品为 64 位。

1.3.5.2 时钟主频

时钟主频是指 CPU 在单位时间（s）内发出的脉冲数。通常以兆赫（MHz）为单元，如 Pentium Ⅲ 800 的主频为 800MHz。主频越高，计算机的运算速度越快。运算速度是指每秒钟所能执行的指令条数，一般用 Mips（百万次每秒）来描述。

1.3.5.3 内存容量

内存容量反映内存存储数据的能力，内存容量越大，其运算速度越快。一些操作系统和大型应用软件常对内存容量有要求，如 Windows 98 最低内存配置为 32MB，建议内存配置 64MB；Windows 2000 最低内存配置为 64MB，建议内存配置为 128MB。

1.3.5.4 外部设备配置

微型计算机作为一个系统，外部设备的性能也对其有直接影响，例如磁盘驱动器的配置、硬盘的接口类型与容量、显示器的分辨率、打印机的型号与速度等。

1.3.5.5 运算速度

指计算机每秒钟能执行的指令数，常用的单位有 Mips（每秒百万条指令）。目前已达每秒 2 亿～5 亿条指令。

1.3.5.6 存储周期

指存储器连续两次读取（或写入）所需的最短时间，半导体存储器的存储周期约为几十到几百毫微秒之间。

1.3.5.7 可用性、可靠性和可维护性

可用性指计算机的使用效率，它以计算机系统在执行任务的任意时刻所能正常工作的概率表示。

可靠性指在给定时间内计算机系统能正常运转的概率，通常用平均无故障时间表示，无故障时间越长表明系统的可靠性越高。

可维护性指计算机的维修效率，通常用平均修复时间来表示。

其中，主频、运算速度、存储周期是衡量计算机速度的不同性能指标。此外，还有一些评价计算机的综合指标，如性能价格比、兼容性、系统完整性、安全性等。

1.4 计算机中信息的表示

信息是客观存在的一切事物通过物质载体所发生的消息、情报或知识，是对客观事物的反映。数据是能够被计算机识别、存储和处理的符号。数据是信息的载体和表示形式，是数字化的信息。数据反映信息，而信息依靠数据来表达。由于信息与数据的关系如此紧密，因此在很多场合下，人们并不严格区分“信息”与“数据”、“信息处理”与“数据处理”这两对概念。

1.4.1 数制及其转换

1.4.1.1 数制的概念

1. 基数（Radix）。

进制所使用的数码个数，用 R 表示。如十进制可表示为 $R=10$。

2. 位权（Position）。

在任何一种进制中，一个数的每个位置上所代表的数字大小称为位权值。

例如：$555.55=5\times10^2+5\times10^1+5\times10^0+5\times10^{-1}+5\times10^{-2}$，其中 10^{-2}、10^{-1}、10^0、10^1、10^2称为位权值。

3. 常用数制及其特点。

当用二进制表示一个很大的数时，写起来很长，看起来也不直观，容易出错，为此，经常采用八进制和十六进制表示数据。各种常用数制以及它们的特点如表 1－4－1 所示。

表 1－4－1　常用数制及其特点

数制	基数	位权	运算规则	尾符
二进制	0～1	2^n	逢二进一	B
八进制	0～7	8^n	逢八进一	Q
十进制	0～9	10^n	逢十进一	D
十六进制	0～9、A～F	16^n	逢十六进一	H

注意：

（1）为了区分不同进制的数，可在数的末尾加一符号称为尾符，如八进制数 45 可表示为 45Q，也可表示为 $(45)_8$。对于十进制数，尾符可以省略。

（2）十六进制数的基数为：0～9、A～F 十六个数码。

1.4.1.2 数制的转换

1. 十进制转换为非十进制。

整数部分：除基取余逆排列。

小数部分：乘基取整。

例 2.1　将十进制数 205 转换为二、八、十六进制数。

（1）转换为二进制数。

法则：除 2 取余逆排列。

除数	被除数/商	余数
2	205	1
2	102	0
2	51	1
2	25	1
2	12	0
2	6	0
2	3	1
2	1	1
	0	

205 = $(11001101)_2$

（2）转换为八进制数。

法则：除 8 取余逆排列。

除数	被除数/商	余数
8	205	5
8	25	1
8	3	3
	0	

205 = $(315)_8$

（3）转换为十六进制数。

法则：除 16 取余逆排列。

除数	被除数/商	余数
16	205	13（D）
16	12	12（C）
	0	

205 = $(CD)_{16}$

例 2.2　将十进制小数 0.8125 转化为二进制小数。

法则：乘 2 取整直到数字为 0。

```
    0. 8 1 2 5
×            2
─────────────
    1. 6 2 5 0   取出整数  1
      0. 6 2 5
×            2
─────────────
      1. 2 5 0   取出整数  1
        0. 2 5
×            2
─────────────
        0. 5 0   取出整数  0
        0. 5 0
×            2
─────────────
        1. 0 0   取出整数  1
```

$0.8125=(0.1101)_2$

同理可得 $0.8125=(0.64)_8$，$0.8125=(0.D)_{16}$。

注意：

①有的十进制小数不能精确转换为相应的非十进制小数，可根据要求适当取舍。

②若十进制数既有小数部分，又有整数部分，则将它们分别转换后再合起来。

2. 非十进制数转换为十进制数。

按权相乘相加，即各数位与相应位权值相乘以后再相加即为对应的十进制数。

例 2.3　将二进制数 $(10001101.1101)_2$、八进制数 $(237.4)_8$、十六进制数 $(A85)_{16}$ 转换为十进制数。

$$(11001101.1101)_2=1\times2^7+1\times2^6+0\times2^5+0\times2^4+1\times2^3+1\times2^2+0\times2^1+1\times2^0+1\times2^{-1}+1\times2^{-2}+0\times2^{-3}+1\times2^{-4}$$

$$=2^7+2^6+2^3+2^2+2^0+2^{-1}+2^{-2}+2^{-4}=128+64+8+4+1+0.5+0.25+0.0625$$

$$=205.8125$$

$$(237.4)_8=2\times8^2+3\times8^1+7\times8^0+4\times8^{-1}=128+24+7+0.5=159.5$$

$$(A85)_{16}=10\times16^2+8\times16^1+5\times16^0=2693$$

3. 八进制、十六进制转换为二进制。

由 $2^3=8$ 和 $2^4=16$ 可以看出每位八进制数可用 3 位二进制数表示，每位十六进制数可用 4 位二进制数表示，如表 1－4－2 和表 1－4－3 所示。

表 1－4－2　每位八进制数对应的二进制数

八进制数	0	1	2	3	4	5	6	7
二进制数	000	001	010	011	100	101	110	111

表 1－4－3　每位十六进制数对应的二进制数

十六进制数	0	1	2	3	4	5	6	7
二进制数	0000	0001	0010	0011	0100	0101	0110	0111

续表

十六进制数	8	9	A	B	C	D	E	F
二进制数	1000	1001	1010	1011	1100	1101	1110	1111

根据表1－4－2和表1－4－3可知，只要将八进制数或十六进制数的每一位表示为3位或4位二进制数，去掉整数首部的0或小数尾部的0即可得到二进制数。

例如：$(53.65)_8 = (101011.110101)_2$

$(A85.76)_{16} = (101010000101.0111011)_2$

4. 二进制转换为八进制、十六进制。

以小数点为中心，分别向左、右每3位或4位分成一组，不足3位或4位的则以“0”补足，然后将每组用一位对应的八进制数或十六进制数代替即可。

例如：$(11101.101)_2 = (011101.101)_2 = (35.5)_8$

$(11101.101)_2 = (00011101.1010)_2 = (1D.A)_{16}$

1.4.2 数据在计算机中的表示

1.4.2.1 计算机中常用信息单位

1. 位。

计算机中所有的数据都是以二进制来表示的，一个二进制代码称为一位，记为bit。位是计算机中最小的信息单位。

2. 字节。

在对二进制数据进行存储时，以8位二进制代码为一个单元存放在一起，称为一个字节，记为Byte。

3. 字。

字是指计算机中CPU能同时处理的二进制位数，一条指令或一个数据信息。字是计算机进行信息交换、处理、存储的基本单位。

4. 字长。

计算机技术中对CPU在单位时间内（同一时间）能一次处理的二进制数的位数叫字长。所以能处理字长为8位数据的CPU通常就叫8位的CPU。同理，32位的CPU就能在单位时间内处理字长为32位的二进制数据。当前的CPU都是32位的CPU，扩展数据宽度已成为CPU发展的一个趋势。

5. 容量单位。

计算机存储器的容量常用B（Byte，字节）、kB、MB和GB来表示，它们之间的关系如下：

1kB = 1024B

1MB = 1024kB

1GB = 1024MB

1.4.2.2 计算机中数据的表示

1. 数据的有关概念。

计算机的数据包括数值型（Numeric）和非数值型（Non numeric）两大类。数值型数据可以进行算术运算，非数值型数据不能进行算术运算。前面介绍的（如二进制数）都是数值型数据，对于数值型数据，需考虑以下3个因素。

（1）数的长度。

在数学上，数的长度指的是它用十进制表示时所占用的实际位数，如十进制数345，它的长度为3。在计算机中，二进制数的长度按位（bit）或字节来计算长度，同类型数据的长度是统一的，这样便于统一处理。也就是说，计算机中同类型数据具有相同的长度，与数据的实际长度无关。

（2）数的符号。

由于数据有正负之分，在计算机中“+”和“-”也是用“0”和“1”来表示的，一般用“0”表示“+”，用“1”表示“-”。

（3）小数点的表示方法。

在数学上，小数点一般用“.”来表示，在计算机中，小数点的表示采用人工约定的方法来实现，即约定小数点的位置，这样可以节省存储空间。

2. 定点数和浮点数。

（1）数的定点表示。

在定点数的表示方法中，小数点的位置是固定的。一般有两种定点方式：一是固定在符号位的后面（左面），通常用来表示一个规范化的小数；二是将小数点固定在最低数值位的后面，用来表示一个整数。

（2）数的浮点表示。

用定点法所能表示的数值范围非常有限，在做定点运算时，计算结果很容易超出字的表示范围，所以当数据很大或很小时，通常用浮点数来表示。浮点表示法与科学计数法相类似，十进制的指数表示一般形式是：$p=m\times10^{n}$，p为十进制数，m为尾数，n为指数，10为基数。例如：0.00215可以表示为0.215×10^{-3}。

类似地，计算机中二进制数的浮点表示法主要包括两个部分：一部分是尾数，为一定点小数；另一部分是阶码，为一定点整数，基数约定为2。其中，阶码部分又包括阶符和阶码，尾数部分包括数符和尾数，如图1-4-1所示。

阶符	阶码	数符	尾数

图1-4-1　计算机中二进制数的浮点表示法

假定1个浮点数用4个字节来表示，设阶码占1个字节，尾数占3个字节，且每部分的最高位都用来表示该部分的符号，则-0.11011×2^{-011}在机内的表示形式如下：

10000011	11101100	00000000	00000000

浮点数的运算精度和表示范围都远远大于定点数，但在运算规则上，定点数比浮点数简单，容易实现，因此，计算机中一般都同时具有这两种表示方法。

3. 原码、反码和补码。

一个二进制数同时包含符号和数值两部分，将符号也数值化的数据称为机器数。在计算机中机器数的表示方法很多，常用的有原码、反码和补码3种形式。

（1）原码。

用最高位表示符号，其余位表示数值，这种带符号数的表示方法称为原码表示法。

例如：设 x1 = +1011010，x2 = -1011010

则 $[x1]_{原}=01011010$

$[x2]_{原}=11011010$

（2）反码。

原码表示法简单易懂，但由于原码表示的数有正有负，所以运算时常要进行一些判断，从而增加了运算的复杂性，故引入反码和补码。

正数的反码与原码相同，负数的反码是原码除符号位以外其余各位按位取反。

例如：设 $[x1]_{原}=01011010$，$[x2]_{原}=11011010$

则 $[x1]_{反}=01011010$

$[x2]_{反}=10100101$

（3）补码。

①补码的概念。

以日常生活中的钟表对时为例，若当前的实际时间是北京标准时间 8 点整，而钟表却指向 11 点，为了校正此钟表，可以采用两种方法：一是作减法将时钟倒拨 3 小时（相当于是“11－3”），时钟指向 8 点；另一种方法是作加法将时钟顺时针拨 9 小时，因为时钟转一圈会自动丢失一个数 12，故时钟同样指向 8 点。这个自动丢失的数 12 称为模，时钟上，以 12 为模，“11－3”与此“11＋9”是等价的，即（11－3）mod 12 =（11＋9）mod 12，故称 9 和－3 对模 12 互补。

②补码的定义。

从对时的例子可知，当模确定后，一个正数的补码就是它本身，一个负数的补码就是该负数加上模数。

一个位数为 n 的二进制数，它能表示的无符号数最大值为 2n－1，逢 2n 进一（即 2n 自动丢失），也就是说，在字长为 n 的计算机中，若机器数中的数以补码表示，则数的补码以 2n 为模，即 $[x]_{补}=2^n+x \bmod 2n$。

若 x 为正数，则 $[x]_{补}=x$；若 x 为负数，则 $[x]_{补}=2^n+x=2^n-|x|$。

补码的求法：

若 x 为正，则 x 的补码与原码相同；若 x 为负，则 x 的补码等于反码加 1。

例如：设 $x=(-0111010)_2$

则 $[x]_{原}=10111010$

$[x]_{反}=11000101$

$[x]_{补}=11000110$

根据以上对原码、反码和补码的讨论可知：若 x 为正数，则 x 的原码、反码和补码相同；若 x 为负数，则 x 的反码是原码除了符号位外其余各位按位取反，x 的补码是反码加 1；计算机中带符号的数用补码表示后，减法运算可以转化为加法运算来实现。

1.4.2.3　计算机中信息的编码

1. 十进制数的编码——BCD 码。

人们习惯用十进制来计数，而计算机中采用的是二进制数，因为十进制数有 0～9 十个数码，通常计算机中用4位二进制数来表示一位十进制数。在二进制编码中，每4位二进制数为一组，组内每个位置上的位权值从左至右分别为8、4、2、1，故又称为8421码。以十进制数0~15为例，它们的8421BCD编码对应关系如表1-4-4所示。

表1-4-4　十进制数与BCD码的关系

十进制数	8421BCD码	十进制数	8421BCD码
0	0000	8	1000
1	0001	9	1001
2	0010	10	0001 0000
3	0011	11	0001 0001
4	0100	12	0001 0010
5	0101	13	0001 0011
6	0110	14	0001 0100
7	0111	15	0001 0101

注意：一个十进制数的BCD码与它对应的二进制数是有区别的。

例如：十进制数16的BCD码是00010110，但它对应的二进制数是10000。

2. 字符的编码。

在计算机中，字符型数据是非常普遍的，字符型数据包括各种文字、字母、数字与符号等，它们在计算机中也是用二进制统一编码的。目前最为通用的字符编码是ASCII码（American Standard Cord for Information Interchange），即美国标准信息交接码。ASCII码中，每个字符用7位二进制数来表示，故7位二进制数可表示128个字符，其中包括52个英文字母（大、小写各26个）、0~9这10个数字及一些常用符号，如表1-4-5所示。

表1-4-5　ASCII码表

$b_6b_5b_4$ / $b_3b_2b_1b_0$	000	001	010	011	100	101	110	111
0000	NUL	DLE	SP	0	@	P	、	p
0001	SOH	DC1	!	1	A	Q	a	q
0010	STX	DC2	”	2	B	R	b	r
0011	ETX	DC3	#	3	C	S	c	s
0100	EOT	DC4	$	4	D	T	d	t
0101	ENQ	NAK	%	5	E	U	e	u
0110	ACK	SYN	&	6	F	V	f	v
0111	BEL	ETB	‘	7	G	W	g	w
1000	BS	CAN	(	8	H	X	h	x
1001	HT	EM	)	9	I	Y	i	y
1010	LF	SUB	*	:	J	Z	j	z
1011	VT	ESC	+	;	K	[	k	{
1100	FF	FS	,	<	L	\	l	|
1101	CR	GS	-	=	M	]	m	}
1110	SO	RS	.	>	N	↑	n	~
1111	SI	US	/	?	O	↓	o	DEL

关于 ASCII 码有以下几点说明。

①通常一个 ASCII 字符占用一个字节（8bit），其最高位为“0”，需要时可用作奇偶校验位。

②ASCII 码字符分为两类，一类是可显示打印字符，共有 95 个；另一类是不可显示控制符，共有 33 个。

③ASCII 码字符根据它们在表中的位置都有一个序号，如字母 A 的序号是 1000001（65），所以 ASCII 码字符都是区分大小的。

3. 汉字的编码。

英文为拼音文字，所有的字均由 52 个英文大小写字母拼组而成，加上数字及其他标点符号，常用的字符仅 95 个。而汉字为非拼音文字，不可能像英文字母那样一字一码，显然汉字编码比英文要复杂得多。

（1）汉字交换码。

1981 年，中国发布实施了《信息交换用汉字编码字符集——基本集》（代号 GB 2312—80），它是汉字交换码的国家标准，所以又称为国标码。国标码共收入了 6763 个常用汉字，其中一级汉字 3755 个，按汉语拼音排序；二级汉字 3008 个，按偏旁部首排序；英、俄、日文字母与其他字符 600 多个。

国标码规定，每个汉字或字符都用两个字节表示，每个字节的最高位为“0”，例如：“大”字的国标码如下：

00110100	**0**1110011

实际上，在 GB 2312—80 中，所有的国标汉字与符号组成一个 94 × 94 的矩阵，在该矩阵中每一行称为“区”，每一列称为“位”。汉字的区位码是汉字所在区号和位号相连得到的，在连续的两个字节中，高位字节为区号，低位字节为位号。

（2）汉字机内码。

计算机既要处理中文，也要处理西文。西文的机内码就是它的 ASCII 码，字符的 ASCII 码最高位为“0”，因此为了与西文字符区别，所有汉字的机内码可在国标码的基础上，把两个字节的最高位一律由“0”改为“1”，就得到了汉字的机内码，如“大”字的机内码如下：

10110100	**1**1110011

（3）汉字输入码。

虽然汉字的非键盘输入（如声音输入）已取得了一定的发展，但目前，汉字输入仍采用键盘输入为主。汉字输入的方法多种多样，所以键盘上汉字编码的方案也多种多样。归纳起来，大致有下列几种。

①等长流水码。等长流水码又称数字编码或顺序编码，该编码用等长的几位（如 4 位）数字来表示一个汉字的编码（如区位码、电报码等），其特点是无重码，向内部码转换方便，但难以记忆。

②音码。音码是根据汉字的发音来确定汉字的编码（如汉语拼音码），其特点是简单易学，但重码太多，输入速度较慢。

③形码。形码是根据汉字的字形结构来确定汉字的编码（如五笔字型、首尾码等），其特点是重码较少，输入速度较快，但熟练掌握较困难，记忆量较大。

④音形码。音形码是既根据汉字的发音也根据汉字的形状来确定汉字编码的一种方法，其特点是编码规则简单，重码少。

在英文中，其输入码与机内码是一致的，而汉字输入码是指直接从键盘输入的各种汉字输入法的编码，如区位码、拼音码、五笔字型码等，它与机内码是不同的。不同的汉字输入方法其输入编码是不同的，但存入计算机中的总是它的机内码，与采用的输入法无关。各种输入法的编码称为外码。

（4）汉字字形码。

输出用的汉字编码称为汉字字形码或字模码。构建各种汉字字体的字形有多种方法，常见的是点阵法，其基本思想是：任一汉字均可在大小一样的方块中书写，该方块可分解为许多点，每个点用一位二进制数表示，这种点阵可用来输出汉字。例如用 16×16 点阵表示一个汉字，即一个汉字用 $16\times16=256$ 个点表示，每个点占一位二进制数，共需 32B。同理，24×24、32×32 及 48×48 等点阵也可表示一个字。点阵越多，打印的字体越好看，但汉字占用的存储空间也就越大，例如一个 16×16 点阵占用的存储空间为 32B（$2\times16\times8=32\times8$），一个 24×24 点阵占用的存储空间为 72B（$3\times24\times8=72\times8$）。

1.4.3 计算机中数据的运算

1.4.3.1 计算机中使用的数制——二进制

在日常生活中，人们使用最多的是十进制数，二进制并不符合人们的习惯，但是计算机内部仍采用二进制表示信息。其主要原因有以下 4 点。

1. 电路简单。

计算机是由逻辑电路组成的，逻辑电路通常只有两个状态，例如，开关的接通与断开、晶体管的饱和与截止、电压电平的高与低等，这两种状态正好用数码 0 和 1 来表示。

2. 工作可靠。

两个状态代表的两个数码在数字传输和处理中不容易出错，因而电路更加可靠。

3. 简化运算。

二进制运算法则简单，例如，求积运算法则只有 3 个，而十进制的运算法则（九九乘法表）对人来说虽习以为常，但让机器去实现却很麻烦。

4. 逻辑性强。

计算机的工作是建立在逻辑运算基础上的，逻辑代数是逻辑运算的理论依据。两个数码 0 和 1，正好代表逻辑代数中的“真”与“假”。

计算机中的基本运算包括算术运算（加、减、乘、除）、逻辑运算（与、或、非）、数据比较（大于、小于、等于、不等于、大于等于、小于等于）、数据传送（输入、输出、赋值）。

1.4.3.2 二进制算术运算

1. 二进制加法。

运算规则：

$0+0=0$，$0+1=1$，$1+0=1$，$1+1=0$（进位，逢二进一）

例如：
```
      1001101
  +     11001
  -----------
      1100110
```

2. 二进制减法。

运算规则：

0 - 0 = 0，1 - 0 = 1，1 - 1 = 0，0 - 1 = 1（借位）

例如：
```
      1001100
  -      1001
  -----------
      1000011
```

3. 二进制乘法。

运算规则：

0 × 0 = 0，1 × 0 = 0，0 × 1 = 0，1 × 1 = 1

例如：
```
         1111
  ×       101
  -----------
         1111
        0000
       1111
  -----------
      1001011
```

4. 二进制除法。

二进制的除法运算和十进制的类似，也由减法、上商等操作逐步完成。

例如：
```
          0 0 0 1 1 1
        ┌────────────
  1 0 1 ) 1 0 0 0 1 1
          1 0 1
          ───────────
          0 1 1 1 1
            1 0 1
            ─────────
              1 0 1
              1 0 1
              ───────
                  0
```

其实，在计算机内部，二进制的加法是基本运算，乘、除运算可以通过加、减和移位来实现，而减法实际上是加上一个负数，通过补码运算来实现。这样可使计算机的运算器结构更加简单，稳定性更好。

1.4.3.3 逻辑运算

计算机中的运算主要包括算术运算和逻辑运算，计算机中使用了实现各种逻辑功能的电路，能利用逻辑代数的规则进行各种逻辑判断，从而使计算机具有逻辑思维能力。逻辑关系是一种二值关系，逻辑运算的结果只有“真”或“假”两个值，计算机中用“1”代表

“真”，用“0”代表“假”。

1. 逻辑“与”运算。

“与”运算又叫逻辑乘，用符号“×”或“∧”或 AND 表示：

0∧1=0，1∧0=0，0∧0=0，1∧1=1

设 A、B 为逻辑型变量，只有当 A、B 同时为“真”时，“与”运算的结果才为真，否则为假。

2. 逻辑“或”运算。

“或”运算又叫逻辑加，用符号“+”或“∨”或 OR 表示：

0∨0=0，0∨1=1，1∨0=1，1∨1=1

设 A、B 为逻辑型变量，只要 A、B 之一为“真”时，“或”运算的结果就为真，否则为假。

3. 逻辑“非”运算。

“非”运算又叫逻辑否定，用变量上加横线或变量前加符号“¬”或 NOT 表示：

NOT 0=1，NOT 1=0

习题一

一、选择题

1. 从第一台计算机诞生以来的 60 多年中，按计算机采用的电子器件来划分，计算机的发展经历了______个阶段。

A. 4　　B. 6　　C. 7　　D. 3

2. 从第一代电子计算机到第四代计算机的体系结构都是相同的，都是由运算器、控制器、存储器以及输入输出设备组成的，称为______体系结构。

A. 艾伦·图灵　　B. 罗伯特·诺依斯　　C. 比尔·盖茨　　D. 冯·诺依曼

3. 计算机的发展阶段通常是按计算机所采用的______来划分的。

A. 内存容量　　B. 电子器件　　C. 程序设计语言　　D. 操作系统

4. 目前制造计算机所采用的电子器件是______。

A. 晶体管　　B. 超导体

C. 中小规模集成电路　　D. 超大规模集成电路

5. 在软件方面，第一代计算机主要使用______。

A. 机器语言　　B. 高级程序设计语言

C. 数据库管理系统　　D. BASIC 和 FORTRAN

6. 现代计算机之所以能自动地连续进行数据处理，主要是因为______。

A. 采用了开关电路　　B. 采用了半导体器件

C. 具有存储程序的功能　　D. 采用了二进制

7. MIPS 衡量的计算机性能指标是______。

A. 处理能力　　B. 运算速度　　C. 存储容量　　D. 可靠性

8. 世界上第一台电子数字计算机取名为______。

A. UNIVAC　B. EDSAC　C. ENIAC　D. EDVAC

9. 现代计算机之所以能自动地连续进行数据处理，主要是因为______。

A. 采用了开关电路　B. 采用了半导体器件

C. 具有存储程序的功能　D. 采用了二进制

10. 个人计算机简称 PC。这种计算机属于______。

A. 微型计算机　B. 小型计算机　C. 超级计算机　D. 巨型计算机

11. 计算机辅助教学的英文缩写是______。

A. CAD　B. CAI　C. CAM　D. CAT

12. 一个完整的计算机系统通常应包括______。

A. 系统软件和应用软件　B. 计算机及其外部设备

C. 硬件系统和软件系统　D. 系统硬件和系统软件

13. 一个计算机系统的硬件一般是由______部分构成的。

A. CPU、键盘、鼠标和显示器

B. 运算器、控制器、存储器、输入设备和输出设备

C. 主机、显示器、打印机和电源

D. 主机、显示器和键盘

14. CPU 是计算机硬件系统的核心，它是由______组成的。

A. 运算器和存储器　B. 控制器和存储器

C. 运算器和控制器　D. 加法器和乘法器

15. CPU 中运算器的主要功能是______。

A. 负责读取并分析指令　B. 算术运算和逻辑运算

C. 指挥和控制计算机的运行　D. 存放运算结果

16. 计算机的存储系统通常包括______。

A. 内存储器和外存储器　B. 软盘和硬盘

C. ROM 和 RAM　D. 内存和硬盘

17. 计算机的内存储器简称内存，它是由______构成的。

A. 随机存储器和软盘　B. 随机存储器和只读存储器

C. 只读存储器和控制器　D. 软盘和硬盘

18. 计算机的内存容量通常是指______。

A. RAM 的容量　B. RAM 与 ROM 的容量总和

C. 软盘与硬盘的容量总和　D. RAM、ROM、软盘和硬盘的容量总和

19. 在下列存储品中，存取速度最快的是______。

A. 软盘　B. 光盘　C. 硬盘　D. 内存

20. 计算机的软件系统一般分为______两大部分。

A. 系统软件和应用软件　B. 操作系统和计算机语言

C. 程序和数据　D. DOS 和 Windows

21. 下列叙述中，正确的说法是______。

A. 编译程序、解释程序和汇编程序不是系统软件

B. 故障诊断程序、排错程序、人事管理系统属于应用软件

C. 操作系统、财务管理程序、系统服务程序都不是应用软件

D. 操作系统和各种程序设计语言的处理程序都是系统软件

22. 操作系统的作用是______。

A. 将源程序编译成目标程序

B. 负责诊断机器的故障

C. 控制和管理计算机系统的各种硬件和软件资源的使用

D. 负责外设与主机之间的信息交换

23. 在计算机内部，计算机能够直接执行的程序语言是______。

A. 汇编语言　　B. C++ 语言　　C. 机器语言　　D. 高级语言

24. 用汇编语言编写的程序需经过______翻译成机器语言后，才能在计算机中执行。

A. 编译程序　　B. 解释程序　　C. 操作系统　　D. 汇编程序

25. 通常用户所说的 32 位机，指的是这种计算机的 CPU ______。

A. 是由 32 个运算器组成的　　B. 能够同时处理 32 位二进制数据

C. 包含有 32 个寄存器　　D. 一共有 32 个运算器和控制器

26. 下列叙述中，正确的说法是______。

A. 键盘、鼠标、光笔、数字化仪和扫描仪都是输入设备

B. 打印机、显示器、数字化仪都是输出设备

C. 显示器、扫描仪、打印机都不是输入设备

D. 键盘、鼠标和绘图仪都不是输出设备

27. 8 倍速 CD－ROM 驱动器的数据传输速率为______。

A. 300kB/s　　B. 600kB/s　　C. 900kB/s　　D. 1.2MB/s

28. 如果将 3.5 英寸软盘上的写保护口（一个方形孔）敞开，该软盘处于______状态。

A. 读保护　　B. 写保护　　C. 读写保护　　D. 盘片不能转动

29. 根据打印机的原理及印字技术，打印机可分为______两类。

A. 击打式打印机和非击打式打印机

B. 针式打印机和喷墨打印机

C. 静电打印机和喷墨打印机

D. 点阵式打印机和行式打印机

30. 指令的解释是由电子计算机的______部分来执行的。

A. 控制　　B. 存储　　C. 输入输出　　D. 算术和逻辑

31. 一张软磁盘的存储容量为 360kB，如果是用来存储汉字所写的文件，大约可以存汉字的数为______。

A. 360k　　B. 180k　　C. 720k　　D. 90k

32. 计算机中传送信息的基本单位是______。

A. 字　　B. 字节　　C. 位　　D. 字块

33. 二进制数的十进制编码是______。

A. BCD 码　　B. ASCII 码　　C. 机内码　　D. 二进制码

34. 内存中每个基本单位都被赋予一个唯一的序号，称为______。

A. 地址　　B. 字节　　C. 编号　　D. 容量

二、填空题

1. 计算机软件分为______和______。
2. 计算机总线分为数据总线、______和______。
3. 在 CPU 中，用来暂时存放数据、指令等各种信息的部件是______。
4. CPU 执行一条指令所需的时间称为______。
5. 在计算机中，“Pentium” 通常所指的是______的型号。
6. 专门为某一应用目的而设计的软件是______。
7. 使用 8 个二进制位存储颜色信息的图像能够表示______种颜色。
8. 首先提出在电子计算机中存储程序概念的科学家是______。
9. 内存是由______和______两部分组成的。
10. 操作系统的主要功能是______。
11. 一种计算机所能执行的全部指令的集合，称之为这种计算机的______。
12. 某计算机的地址总线有 32 根，直接寻址范围可达______。

参考答案

一、选择题

1. A	2. D	3. B	4. D	5. A	6. C	7. B	8. C	9. C	10. A
11. B	12. C	13. D	14. C	15. C	16. A	17. B	18. B	19. D	20. A
21. D	22. C	23. C	24. D	25. B	26. A	27. D	28. B	29. A	30. A
31. B	32. C	33. A	34. A						

二、填空题

1. 系统软件　应用软件
2. 地址总线　控制总线
3. 寄存器
4. 周期
5. 处理器
6. 应用软件
7. 256
8. 冯·诺依曼
9. RAM 和 ROM
10. 管理系统所有的软、硬件资源
11. 指令系统
12. 2 的 32 次方（也就是 4GB 容量）

2　Windows XP 简介以及操作

2.1　安装 Windows XP

2.1.1　Windows 发展历程

1990 年 5 月，Microsoft 公司推出 Windows 3.0。1993 年 8 月，Windows NT 3.1 最终发布。Windows NT 采用了一种全新的技术，具有很强的网络支持功能，是当今最流行的操作系统之一。1995 年 8 月，Microsoft 公司推出 Windows 95（又称 Chicago），它是 Windows 发展史的一个转折点，是一个 32 位的独立操作系统。1998 年 6 月，Windows 98 发布。2000 年 2 月，Microsoft 公司推出 Windows 2000 最终版本。Windows 2000 即为 Windows NT 5.0。2000 年 10 月，推出的面向家庭用户的操作系统——Windows ME（Windows 千禧版）。2001 年 10 月，发布 Windows XP，为家庭用户和商业计算设计的。“XP”是英文单词“experience”的缩写，译为“体验”。

Windows XP 主要有两个版本：Windows XP Professional 和 Windows XP Home。

2.1.2　安装 Windows XP

2.1.2.1　Windows XP 的安装要求

在安装中文 Windows XP 前，计算机系统必须具备如下的最低硬件需求。

（1）推荐计算机使用时钟频率为 300MHz 或更高的处理器，至少需要 233MHz（单个或双处理器系统）。

（2）推荐使用 128MB RAM 或更高（最低支持 64M，但可能会影响性能和某些功能）。

（3）1.5 GB 可用硬盘空间。

（4）Super VGA（800 ×600）或分辨率更高的视频适配器和监视器。

（5）CD - ROM 或 DVD 驱动器。

（6）键盘和 Microsoft 鼠标或兼容的指针设备。

2.1.2.2　Windows XP 的安装方式

中文版 Windows XP 的安装可以通过多种方式进行，通常使用全新安装、升级安装两种方式：

1. 全新安装。

如果用户新购买的计算机还未安装操作系统，或者机器上原有的操作系统已被格式化，可以采用这种方式进行安装。在安装时需要在 DOS 状态下进行，用户可先运行 Windows XP 的安装光盘，找到相应的安装文件，然后在 DOS 命令行下执行 Setup 安装命令，在安装系统向导的提示下即可完成相关的操作。

2. 升级安装。

Windows XP 的升级安装是系统推荐的安装方式，下面以 Windows 9X 中的安装为例进行说明：

（1）启动中文 Windows 9X。

（2）将中文 Windows XP 安装光盘插入驱动器。

（3）光盘插入后，系统将自动运行 Windows XP 的安装程序。

（4）单击“安装 Microsoft Windows XP”选项，系统开始安装。根据“安装向导”的指导性引导，进行剩下的安装，在“安装向导”执行的每一步，屏幕上都有“上一步”、“下一步”和“取消”三个按钮。“下一步”表示确认，可继续下一步的安装选择。“上一步”表示返回到上一步的安装过程，重新进行不同的安装选择，可以连续返回，直到安装向导的第一步。“取消”则表示终止安装过程。

（5）选择安装方式，“升级安装”（推荐）和“全新安装”。选择后，单击“下一步”按钮。

（6）接受 Windows XP 的许可协议，选择“我接受这个协议”，若不接受的话就无法安装，单击“下一步”按钮。

（7）输入产品密钥，单击“下一步”按钮。在 CD 文件背面的黄色不干胶纸上，或者在安装光盘中通常会有一个名称为 SN 的文件，双击该文件，也可以得到产品的密钥。在输入时用户应确保所输内容正确无误，否则安装过程不能继续。

（8）选取“获得更新的安装程序文件”，选择“否，跳过这一步继续安装 Windows”，单击“下一步”按钮。

（9）根据“安装向导”的引导，系统复制安装文件。

（10）当复制完安装文件后，系统将自动重新启动计算机，进入“安装 Windows”阶段，在整个安装过程中，这一阶段是耗时最长的，它将复制和配置各种文件，由于要确保所加载的各种设备的驱动程序生效，在此过程中会陆续自动重新启动计算机，而后继续运行安装程序，可不必对其进行操作。

完成安装后，系统将自动登录，输入用户名称及个人信息后，即可登录到计算机系统。

2.1.3 激活 Windows XP

产品激活（MPA，Microsoft Product Activation）是一项防盗版技术，用来验证软件产品是否有合法的使用许可。Windows XP 零售产品中包含了这项技术，意味着用户需要激活 Windows XP 才可以使用。产品密匙与第一台安装了该软件的用户电脑中内存、硬盘等机器固有的信息搭配产生一个唯一的认证号码，这个号码被称为安装 ID。用户可以使用激活向导将此安装 ID 编号提供给微软，接着就会有一个确认 ID 发送回用户的电脑，激活用户的软件产品。激活码是由 44 位数字，包括 XP 的产品 ID 号和一个硬件的哈希值组成。不包括也不需要任何个人标识数据。Windows XP 需要用户在第一次安装后 30 天内激活。如果用户没有马上激活，在系统托盘中会出现一个钥匙的图标，每次登录都会提示用户激活，而且此提示还会以固定的时间间隔出现。如果在此时间段内用户未激活 Windows XP，那么想继续使用该操作系统的前提就是必须进行激活操作。单击系统托盘中的钥匙图标就可以开始激活

Windows XP。

激活的方法有两种：

1. Internet。

用户可以通过 Internet 来激活自己的 Windows XP。按下提交安装 ID，激活向导就会检测到用户的 Internet 连接并连接到一个安全的服务器，将用户的安装 ID 发送给 Microsoft。一个确认 ID 会发送给用户的计算机，自动激活 Windows XP。此过程一般只需要几秒钟即可完成。激活 Windows XP 不需要任何个人标识信息。

2. 电话。

用户也可以通过电话来激活 Windows XP，只需要拨打屏幕上显示的电话号码就行了。这个电话是免费的。客户服务代表会向用户询问安装 ID 号，并将它输入到数据库中，然后给用户返回一个确认 ID。一旦将确认 ID 键入，激活过程就完成了。

2.2 Windows XP 基本操作

2.2.1 Windows XP 的用户界面

2.2.1.1 桌面

“桌面”就是在安装好中文版 Windows XP 后，用户启动计算机登录到系统后看到的屏幕上的较大区域，在屏幕底部有一条狭窄条带，称为任务栏。在计算机上做的每一件事情都显示在称为窗口的框架中。“桌面”是用户和计算机进行交流的窗口，上面可以存放用户经常用到的应用程序和文件夹图标，用户可以根据自己的需要在桌面上添加各种快捷图标，使用时双击该图标就能够快速启动相应的程序或文件。Windows XP 的桌面比以前的版本更加漂亮，大多数图标虽然名称未变，但外观却是全新的。第一次启动 Windows XP 时，只看到一个“回收站”图标。在 Windows XP 中如果使用 Windows 经典桌面的外观和功能，可以将桌面主题更改为 Windows 经典主题，操作步骤如下：

1. 右击桌面上的空白区域，在弹出的快捷菜单中选择“属性”，弹出“显示属性”窗口。

2. 在“显示属性”窗口中选择“主题”选项卡上，单击主题框中的“Windows 经典”后单击“确定”。如果要将 Windows XP 的“开始”菜单更改为 Windows 经典主题，操作步骤如下：

①右击“开始”菜单，在弹出的菜单中选择“属性”，弹出“任务栏和开始菜单属性”窗口。

②在“开始菜单”选项卡上，单击“经典开始菜单”后单击“确定”。设置完毕后的桌面如图 2-2-1 所示。

2.2.1.2 桌面图标

桌面上的小型图片称为图标。可以将它们看做是到达计算机上存储的文件和程序的大门。双击某个图标，可以打开该图标对应的文件或程序。桌面上常见的图标的功能如下：

1. “我的文档”。“我的文档”是一个文件夹，使用它可存储文档、图片和其他文

图 2－2－1 Windows 经典主题桌面

件（包括保存的 Web 页），它是系统默认的文档保存位置，每位登录到该台计算机的用户均拥有各自唯一的“我的文档”文件夹。

2. “我的电脑”。在桌面上双击“我的电脑”图标后，将打开“我的电脑”窗口，通过“我的电脑”窗口，用户可以管理本地计算机的资源，进行磁盘、文件或文件夹操作，也可以对磁盘进行格式化和对文件或文件夹进行移动、复制、删除和重命名，还可以设置计算机的软硬件环境。

3. “网上邻居”。通过“网上邻居”可以访问其他计算机上的资源。“网上邻居”顾名思义指的是网络意义上的邻居。一个局域网是由许多台计算机相互连接而组成的，在这个局域网中每台计算机与其他任意一台联网的计算机之间都可以称为是“网上邻居”。通过双击该图标展开的窗口，用户可以查看工作组中的计算机、查看网络位置及添加网络位置等，相关知识将在第 7 章介绍。

4. “Internet Explorer”。Internet Explorer 用于浏览互联网上的信息，双击该图标可以访问网络资源。

5. “回收站”。回收站可暂时存储已删除的文件、文件夹或 Web 页，在删除 Windows XP 中的文件或文件夹时，回收站提供了一个安全岛，当从硬盘中删除任意一个项目后，Windows XP 都会将其暂时存在回收站中，当回收站存放项目满以后，Windows XP 将自动删除那些最早进入回收站的文件或文件夹，以存放最近删除的文件或文件夹。Windows XP 为每个硬盘或硬盘分区分配了一个回收站。如果硬盘已经分区或者计算机有多个硬盘，用户都可为它们指定不同大小的回收站。用户可以利用回收站来恢复误删的文件，也可以清空回收站，以释放磁盘空间。必须注意的是：从软盘或网络上删除的文件或文件夹将永久性地被删除，而不被送到回收站。

2.2.1.3 任务栏

“任务栏”位于桌面下方，它显示了系统正在运行的程序和打开的窗口、当前时间等内容，用户通过任务栏可以完成许多操作，也可以对它进行一系列的设置。

每打开一个窗口时，代表该窗口的按钮就会出现在任务栏上。关闭该窗口后，该按钮即消失。当按钮太多而堆积时，Windows XP 通过合并按钮使任务栏保持整洁。例如，表示独立的多个 Word 文档窗口的按钮将自动组合成一个 Word 文档窗口按钮。单击该按钮可以从组合的菜单中选择所需的 Word 文档窗口。

Windows XP 任务栏如图 2-2-2 所示。

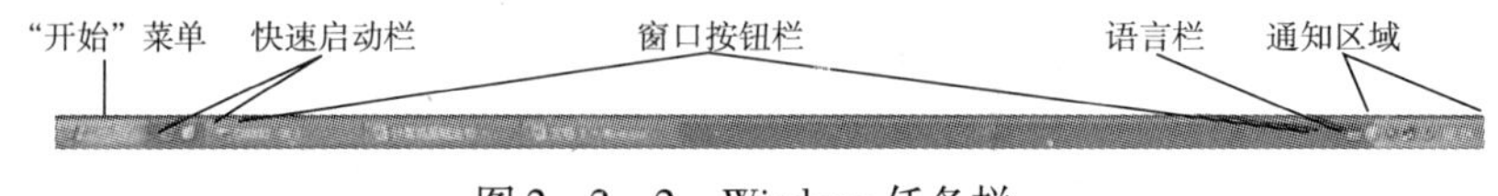

图 2-2-2 Windows 任务栏

1. “开始”菜单按钮。“开始”菜单按钮是运行应用程序的入口，提供对常用程序和公用系统区域（如“我的电脑”、“控制面板”、“搜索”等）的快速访问。

2. 快速启动工具栏。快速启动工具栏由一些小型的按钮组成，单击其中的按钮可以快速启动相应的应用程序，一般情况下，它包括网上浏览工具 Internet Explorer 图标、收发电子邮件的程序 Outlook Express 图标和显示桌面图标等。

3. 窗口按钮栏。当用户启动应用程序而打开一个窗口时，在任务栏上会出现相应的有立体感的按钮，表明当前程序正在被使用，在正常情况下，按钮是向下凹陷的，而把程序窗口最小化后，按钮则是向上凸起的，这样用户的观察将更方便。

4. 语言栏。用户可通过语言栏选择所需的输入法，单击任务栏上的语言图标“EN”或键盘图标“⌨”，将显示一个菜单。在弹出的菜单中可对输入法进行选择。语言栏可以最小化以按钮的形式在任务栏显示，也可以独立于任务栏之外。

5. 通知区域。通知区域提供了一种简便的方式来访问和控制程序。右击通知区域的图标时，将出现该通知区域对应图标的菜单。该菜单为用户提供了特定程序的快捷方式。

（1）改变任务栏的位置。

任务栏可以从其默认的屏幕底边位置移动到屏幕的任意其他三边，在移动时，首先确定任务栏处于非锁定状态，然后在任务栏上的空白部分按下鼠标左键，将鼠标指针拖动到屏幕上要放置任务栏的位置后，释放鼠标。

（2）改变任务栏及各区域大小。

首先确定任务栏处于非锁定状态，将鼠标指针悬停在任务栏的边缘或任务栏上的某一工具栏的边缘，当显示鼠标指针变为双箭头形状（“↕”/“↔”）时，按下鼠标左键不放拖动到合适位置后，释放鼠标按钮。

（3）设置任务栏属性。

通过设置任务栏属性可以改变任务栏的显示方式，其操作方法是：右击任务栏，出现如图 2-2-3 所示的快捷菜单，在弹出的快捷菜单中选择“属性”命令，弹出如图 2-2-4 所示的“任务栏和开始菜单属性”对话框，在此对话框中可以自定义任务栏外观及通知区域。

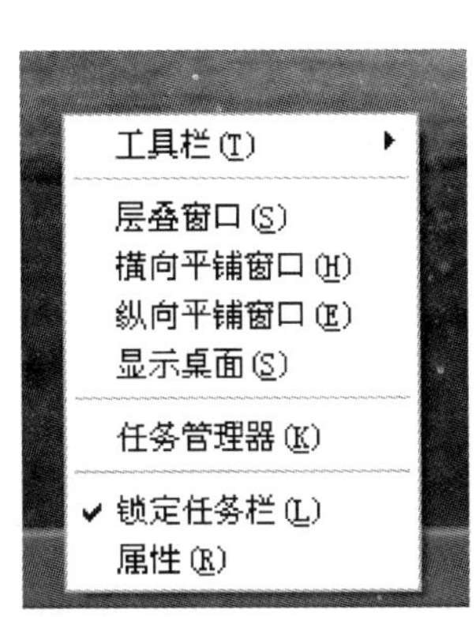

图 2-2-3 任务栏属性

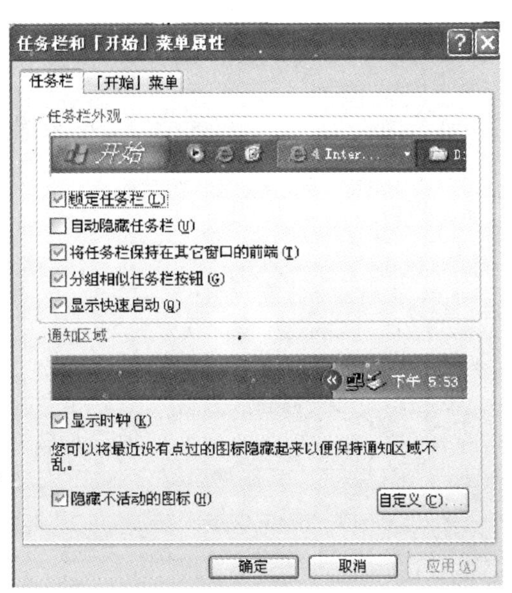

图 2-2-4 任务栏和开始菜单属性

2.2.1.4 “开始”菜单

Windows XP 系统是基于任务设计的，这使得用户不论是否熟悉计算机操作，都能方便地使用该系统。但是，如果一直使用的是基于窗口设计的 Windows XP 以前版本的操作系统，可以将 Windows XP 默认的视图改为 Windows 经典视图。

1. Windows XP“开始”菜单介绍。

（1）默认“开始”菜单。

在桌面上单击“开始”按钮“ ”，或者在键盘上按下 Windows 徽标键，可以打开默认“开始”菜单，如图 2-2-5 所示。默认“开始”菜单大致可以分为四部分。

①“开始”菜单最上方标明了当前登录到计算机系统的用户，由一张小图片和登录的用户名称组成，可以更改它们的具体内容。

②“开始”菜单左侧包含的是程序列表，该列表分为两个部分——顶部的“固定列表”和底部的“最常用程序列表”，这两部分由一条线分隔。“固定列表”允许用户将程序和其他项目的快捷方式放置到开始菜单中。“最常用程序列表”跟踪程序使用的频率，并按最常用到最少使用的顺序显示这些程序。右键单击程序，然后单击“从列表中删除”，可将程序从此列表中删除。用户不能自行排列此列表中程序的顺序。“最常用程序列表”的底部是“所有程序”菜单，该菜单显示计算机系统中安装的全部应用程序。

③“开始”菜单右侧显示了指向的特定文件夹的相关命令，如：“我的文档”、“图片收藏”、“我的音乐”和“我的电脑”、“搜索”和“控制面板”等。通过这些命令用户可以实现对计算机的操作与管理。

④ 在“开始”菜单最下方是计算机控制菜单区域，包括“注销”和“关闭计算机”两个命令，利用这两个命令用户可以进行注销用户和关闭计算机的操作。表 2-2-1 中列出了“开始”菜单中各命令项的功能。

表 2-2-1 “开始”菜单中各命令项的功能

菜单项命令	功能
我的文档	用于存储和打开文本文件、表格、演示文档以及其他类型的文档
我最近的文档	列出最近打开过的文件列表，单击该列表中某个文件可将其打开
图片收藏	用于存储和查看数字图片及图形文件
我的音乐	用于存储和播放音乐及其他音频文件
我的电脑	用于访问磁盘驱动器、照相机、打印机、扫描仪及其他连接到计算机的硬件
控制面板	用于自定义计算机的外观和功能、添加或删除程序、设置网络连接和管理用户账户
设定程序访问和默认值	用于制定某些动作的默认程序，诸如制定 Web 浏览、编辑图片、发送电子邮件、播放音乐和视频等活动所使用的默认程序
连接到	用于连接到新的网络，如 ADSL 等
帮助和支持	用于浏览和搜索有关使用 Windows 和计算机的帮助主题
搜索	用于使用高级选项功能搜索计算机
运行	用于运行程序或打开文件夹

(2) 经典“开始”菜单。

将 Windows XP 的默认“开始”菜单更改为经典“开始”菜单后，当打开“开始”菜单时将出现如图 2-2-6 所示的由分组线分成三部分的经典“开始”菜单。

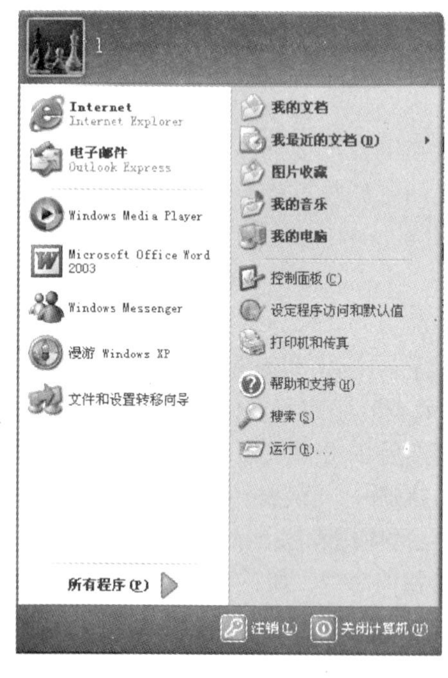

图 2-2-5 默认“开始”菜单

图 2-2-6 经典“开始”菜单

①第一部分：系统启动某些常用程序的快捷菜单选项。

②第二部分：包含控制和管理系统的菜单选项。

③第三部分：注销当前登录系统的用户及关闭计算机的选项，可用来切换用户或关闭计算机。

如不加以特殊说明，本书中所指“开始”菜单均为默认“开始”菜单。

2. Windows XP“开始”菜单操作。

（1）在“开始”菜单中，单击带有右箭头“▶”的菜单项将出现一个级联菜单，其中显示了多个菜单项。

（2）单击带有省略号（…）的菜单项时，将出现一个对话框。

（3）只有单击即不带箭头又不带省略号的菜单项时，才能启动一个应用程序。

（4）Windows XP 经常会将不常用的程序隐藏起来，当需要使用隐藏的程序时，可以单击菜单底部的向下箭头“ ”，即可显示全部的内容，这样不至于一下子打开很多的程序，造成视觉的混乱。

3. Windows XP“开始”菜单设置。

（1）右击任务栏的空白处或“开始”按钮，在弹出的快捷菜单中选择“属性”命令，打开“任务栏和开始菜单属性”对话框，如图2－2－7所示。

（2）在“开始菜单”选项卡中，单击“自定义”按钮，打开“自定义开始菜单”对话框，如图2－2－8所示。

（3）在如图2－2－8所示的“常规”选项卡和如图2－2－9所示的“高级”选项卡中，对“开始”菜单作进一步的定义。

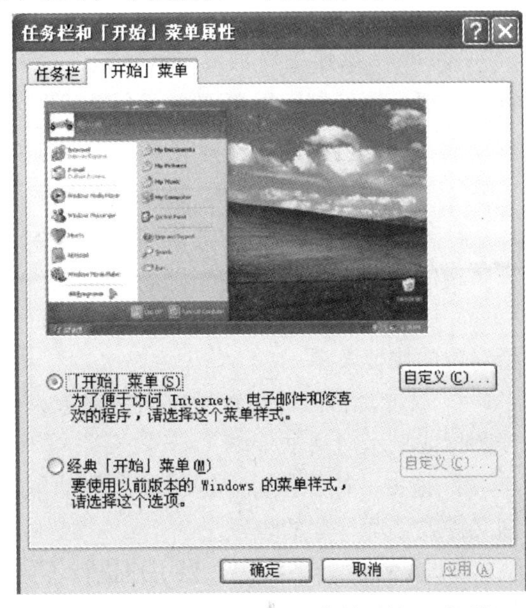

图2－2－7 “任务栏和开始菜单属性”对话框

图2－2－8 “常规”选项卡

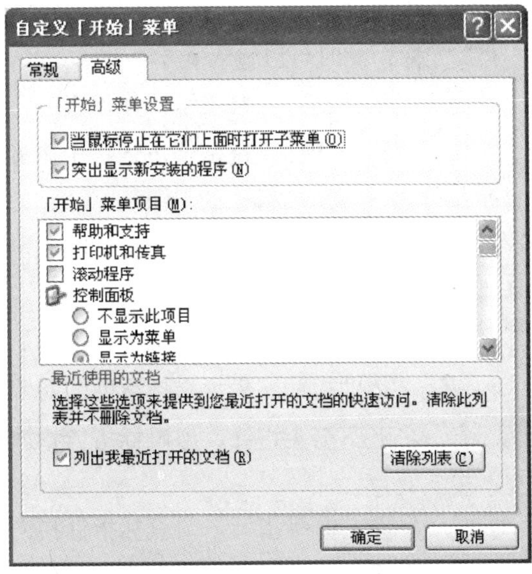

图2－2－9 “高级”选项卡

2.2.2 Windows 中的基本操作

2.2.2.1 键盘操作

目前，大多数计算机配置的键盘是 104 键，这是专门为 Windows 设计的键盘，它与 101 键标准键盘完全兼容，多出的 3 个键分别是：左右两组 Alt 和 Ctrl 键之间用于打开“开始”菜单的 Windows 键（），右侧的 Windows 键右边一个用于打开当前对象快捷菜单的 Application 键（）。

2.2.2.2 鼠标操作

Windows 操作主要是使用鼠标。虽然大多数操作仍可以用键盘完成，但使用鼠标要方便得多。鼠标器控制着屏幕上的一个指针形光标（）。当鼠标移动时，鼠标就会随着鼠标的移动而在屏幕上移动。鼠标有 5 种基本操作，可以用来实现不同的功能。

1. 指向。移动鼠标器，将鼠标指针放到某一对象上。

2. 单击。将鼠标器指针指向某一对象，快速按一下鼠标左键。用于选中或打开鼠标箭头所指的对象。

3. 右击。将鼠标指针指向某一对象，快速按一下鼠标右键。通常用于打开鼠标箭头所指对象的快捷菜单。

4. 双击。将鼠标指针指向某一对象，快速按两次左键后松开。一般用于执行程序、打开图标或显示对话框等。

5. 拖曳。按住鼠标左键不放，移动鼠标指针到指定位置后再松开。通常用于移动、复制文件或移动对象的位置。

Windows 操作系统中，当用户进行不同的工作、系统处于不同的运行状态时，鼠标指针将会随之变为不同的形状，鼠标指针的形状很多。它们是：

＋　十字指针。常出现在绘图软件中，主要是设定区域，以便搬移图形或拷贝图形。

|　插入指针。又叫编辑光标，常表示插入点，在插入点单击鼠标将变成闪烁的“|”光标，此时可以输入文本。

防止指针。常表示操作不当，不可执行。

指示指针。这是 Windows 中鼠标指针的基本选择形状，当这个指针出现时可以用这个指针去选择所要操作的对象。

漏斗指针。出现这个指针时表示前台正忙，要求用户等待。如果此时进行其他操作都是无效的操作。

后台操作指针。表示正在进行后台操作。

?　帮助指针。表示选择帮助的对象。

↕　上下箭头指针。当鼠标指针指向窗口、图像、文本框的上下边框时，表示可以拖曳改变其高度。

↔　左右箭头指针。当鼠标指针指向窗口、图像、文本框的左右边框时，表示可以拖曳改变其宽度。

↘↙　斜向箭头指针。斜向箭头指针有两种，分别为左斜箭头和右斜箭头。当鼠标指针指向窗口、图像、文本框的 4 个角时，表示可以拖曳改变其高度和宽度。

✥　四方箭头指针。当鼠标指针选定窗口、图像、文本框的边框时出现，表示可以拖曳以上对象到新的位置。

☝　手形指针。当启动帮助菜单时，指向某个帮助项目时会出现，用户可以用手形指针去打开该项目。另外在链接时也会出现该指针，单击鼠标，将出现进一步的信息。

↑　其他选择指针。

2.2.2.3　常用快捷键介绍

快捷键，又叫快速键或热键，指通过某些特定的按键、按键顺序或按键组合来完成一个操作，很多快捷键往往与如 Ctrl 键、Shift 键、Alt 键、Fn 键以及 Windows 平台下的 Windows 键和 Mac 机上的 Meta 键等配合使用。利用快捷键可以代替鼠标做一些工作，可以利用键盘快捷键打开、关闭和导航“开始”菜单、桌面、菜单、对话框以及网页。下面介绍一些常用的快捷键。

Ctrl + C　复制。

Ctrl + X　剪切。

Ctrl + V　粘贴。

Ctrl + Z　撤销。

Delete　删除。

Shift + Delete　永久删除所选项，而不将它放到“回收站”中。

拖动某一项时按“Ctrl”复制所选项。

拖动某一项时按“Ctrl + Shift”创建所选项目的快捷键。

F2　重新命名所选项目。

Ctrl + A　选中全部内容。

F3　搜索文件或文件夹。

Alt + F4　关闭当前项目或者退出当前程序。

Alt + Tab　在打开的项目之间切换。

Alt + Esc　以项目打开的顺序循环切换。

F6　在窗口或桌面上循环切换屏幕元素。

F4　显示“我的电脑”和“Windows 资源管理器”中的“地址栏”列表。

Shift + F10　显示所选项的快捷菜单。

Alt + 空格键　显示当前窗口的“系统”菜单。

Ctrl + Esc　显示“开始”菜单。

Alt + 菜单名中带下划线的字母　显示相应的菜单。

F10　激活当前程序中的菜单条。

F5　刷新当前窗口。

2.2.2.4　帮助和支持中心

Windows XP 提供了功能强大的帮助系统，使用“帮助”是学习 Windows XP 的一个非常有效的途径。当用户在使用计算机的过程中遇到了疑难问题无法解决时，可以在帮助系统中寻找解决问题的方法，在帮助系统中不但有关 Windows XP 操作与应用的详尽说明，而且可以在其中直接完成对系统的操作。不仅如此，通过基于 Web 的帮助，用户还能从互联网上享受 Microsoft 公司的在线服务。

单击“开始”按钮，选择“帮助和支持”命令，便启动了帮助程序，如图 2－2－10 所示。在这个窗口中会为用户提供帮助主题、指南、疑难解答和其他支持服务。

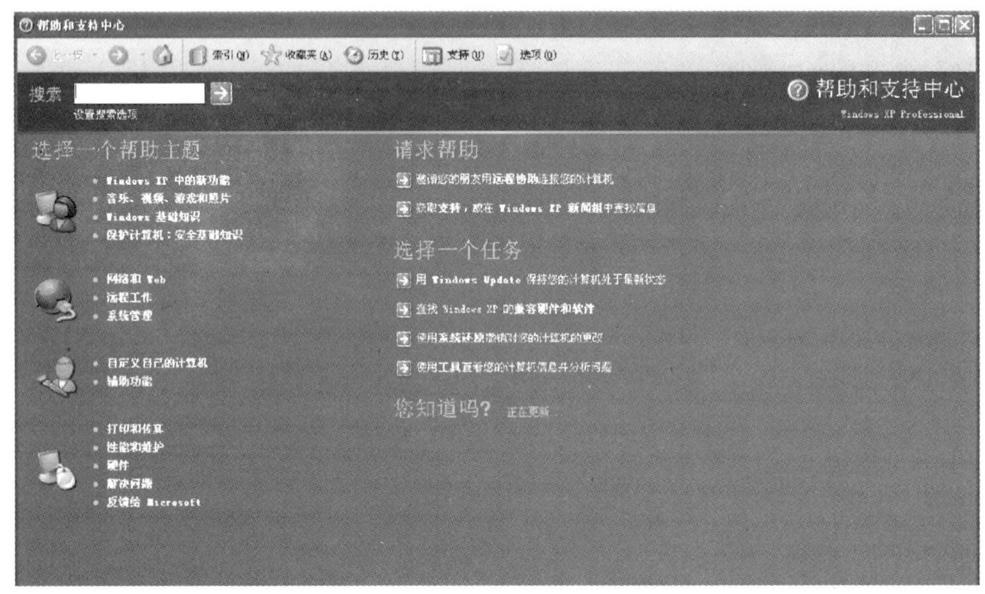

图 2－2－10　帮助和支持中心窗口

例如要查找关于“网上邻居”的帮助，直接在“帮助和支持中心”窗口中的“搜索”文本框中输入要查找内容的关键字“网上邻居”，然后单击“ ”按钮，可以快速查找到结果。

在“帮助和支持中心”窗口的最上方是浏览栏工具栏，其中的选项为用户在操作时提供了方便，可以快速地选择自己所需要的内容。

1. 单击“上一步”按钮“上一步”，可以返回到刚才查看过的内容。

2. 单击“前进”按钮“ ”，可以查看在单击“上一步”按钮前查看的内容。

3. 单击“后退”或“前进”按钮旁向下的箭头，可以查看刚才访问的内容列表。

4. 单击主页按钮“ ”，可以回到窗口的主页。

5. 单击“索引”按钮“索引(N)”，可以打开索引选项卡，在“索引”文本框中输入要查找的关键字，或者直接在其列表中选定所需要的内容，然后单击“显示”按钮，在窗口右侧即会显示该项的详细资料。

6. 单击“收藏夹”按钮“收藏夹(A)”，可以快速查看已保存过的帮助页；

7. 单击“历史”按钮“历史(T)”，则可以查看曾经在帮助会话中读过的内容。

2.2.3　常见 Windows 程序菜单

大多数 Windows 应用程序在安装时，会自动在“开始”菜单的“程序”子菜单中建立一个该应用程序的标志。如果某个应用程序的快捷方式已出现在“开始”菜单的程序子菜单中，则可以通过选择“开始”→“所有程序”，在弹出的子菜单中，单击要启动的程序名称，启动该应用程序。如图 2－2－11 所示。

2.2.3.1　记事本

记事本（图 2－2－12）是一个基本的文本编辑器，功能单一，用户使用它只能编辑简单的文本文档或创建 HTML 文档。

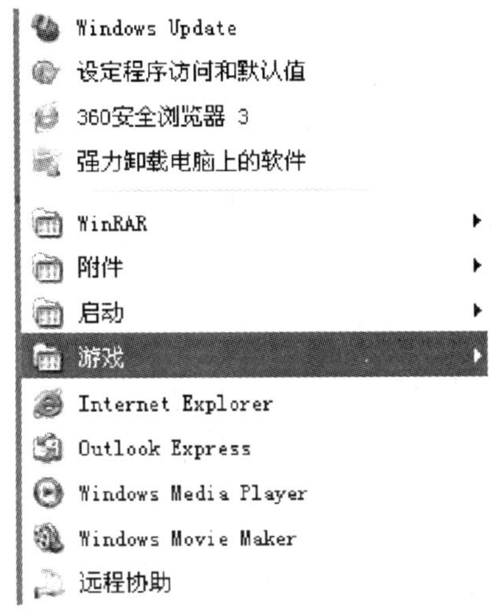

图 2－2－11　常见 Windows 程序菜单

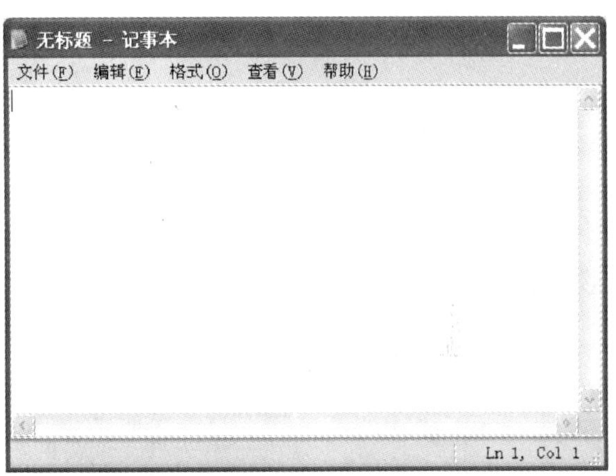

图 2－2－12　记事本

2.2.3.2　写字板

使用“写字板”（图 2－2－13）可以创建或编辑包括格式或图形的文件，使用“写字板”也可以进行基本的文本编辑或创建 Web 页。启动“写字板”：“开始”按钮→“程序”→“附件”→“写字板”。

2.2.3.3　计算器

单击“开始”→“所有程序”→“附件”→“计算器”命令，弹出图 2－2－14 所示的计算器对话框。计算器有两种类型：标准计算器和科学计算器。标准型计算器用于简单的算术运算，科学计算器可进行各种较为复杂的数学运算，可以用于指数运算、三角函数运

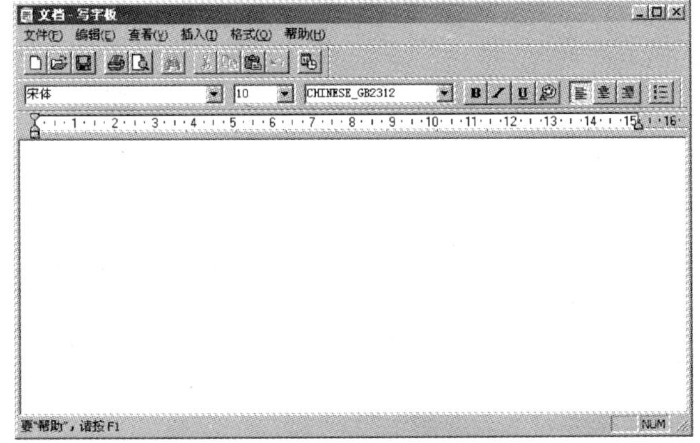

图 2－2－13　写字板

图 2－2－14　计算器

算、数制间的转换等。在计算器窗口中单击“查看”→“科学型”，可进入科学计算器。

计算器的使用方法与平常所用的计算器使用方法大体相同。

2.3 管理文件

2.3.1 如何管理文件

文件就是用户赋予了名字并存储在磁盘上的信息的集合，它可以是用户创建的文档，也可以是可执行的应用程序或一张图片、一段声音等。文件夹是系统组织和管理文件的一种形式，是为方便用户查找、维护和存储而设置的，用户可以将文件分门别类地存放在不同的文件夹中。在文件夹中可存放所有类型的文件和下一级文件夹、磁盘驱动器及打印队列等内容。

“资源管理器”和“我的电脑”是 Windows XP 提供的用于管理文件和文件夹的两个应用程序，利用这两个应用程序可以显示文件夹的结构和文件的详细信息、启动程序、打开文件、查找文件、复制文件。用户可以根据自身的习惯和要求选择使用这两个应用程序。

2.3.1.1 选定文件和文件夹

选定文件或文件夹是一个非常重要的操作，因为 Windows 的操作风格是先选定操作的对象，然后选择执行操作的命令。例如，要删除文件或文件夹，必须先选定所要删除的文件或文件夹，然后选择“文件”→“删除”命令或按 Delete 键。

选定单个文件或文件夹，单击所要选定的文件或文件夹即可。

选定多个连续的文件或文件夹，有以下两种方法。

方法一：单击所要选定连续区域的第一个文件或文件夹，然后按住 Shift 键不放，再单击连续区域中最后一个文件或文件夹。

方法二：在连续区域的空白边角处按下鼠标左键，拖曳到该连续区域的对角后，释放鼠标即可。

选择多个不连续的文件或文件夹，单击所要选取定的第一个文件或文件夹，然后按住 Ctrl 键不放，再分别单击待选定的剩余的每一个文件或文件夹。

2.3.1.2 移动或复制文件或文件夹

在 Windows XP 中，有一个临时存放移动或复制信息的地方，称为剪贴板。Windows 应用程序中，几乎都有一个“编辑”菜单，该菜单中一般都有“剪切”、“复制”、“粘贴”三项功能，它们是使用剪贴板的三项基本操作。

剪切：是将要移动的内容或对象的相关信息剪切到剪贴板上，源内容或源对象在执行完“粘贴”操作后被删除。

复制：是将要复制的内容或对象的相关信息复制到剪贴板上，源内容或源对象在执行完“粘贴”操作后仍存在。

粘贴：是将剪贴板上的内容或信息所描述的对象粘贴到目标文档、目标应用程序或目标文件夹中。

在一般的应用程序窗口中也都有剪切、复制、粘贴工具按钮。使用它们能更方便、更快捷地完成剪切、复制和粘贴操作。

“剪切”、“复制”、“粘贴”操作分别对应“Ctrl + X”、“Ctrl + C”、“Ctrl + V”的快捷键操作。

移动和复制文件或文件夹有两种方法，一种是用命令的方法，另一种是用鼠标直接拖动的方法。

1. 命令方式移动或复制文件或文件夹。

用命令方式移动或复制文件或文件夹的操作方法如下：

（1）选定：选定需要移动或复制的源文件夹或源文件。

（2）将选定的源文件或文件夹的信息剪切或复制到剪贴板。操作方法如下：

方法一：选择“编辑”→“剪切”（移动时）或“复制”（复制时）命令。

方法二：在选定文件或文件夹图标上方右击，在弹出的快捷菜单中选择“剪切”（移动时）或“复制”（复制时）命令。

方法三：单击工具栏上的“剪切”按钮（移动时）或“复制”按钮（复制时）。

方法四：按下键盘上的组合键：Ctrl + X（移动时）或 Ctrl + C（复制时）。

（3）定位：在资源管理器左窗口，选择要剪切或复制到的目标驱动器或文件夹。

（4）粘贴：把剪贴板中的信息所描述的文件或文件夹移动或复制到目标驱动器或目标文件夹中。操作方法如下：

方法一：选择“编辑”→“粘贴”命令。

方法二：在目标驱动器或目标文件夹工作区的空白区域上右击，在其快捷菜单中选择“粘贴”命令。

方法三：单击工具栏上的“粘贴”按钮。

方法四：按下键盘上的组合键：Ctrl + V。

2. 拖曳鼠标的方法移动或复制。

方法：

（1）选择要移动或复制的源文件或源文件夹。

（2）将鼠标指针指向所选择的文件或文件夹，按住鼠标左键将选定的源文件或源文件夹拖曳到目标文件夹中，但拖曳时要视下面四种目标位置的不同情况进行不同的操作。

①目标位置与源位置为不同驱动器，移动时要按住 Shift 键进行拖动。

②目标位置与源位置为同一驱动器，移动时可以直接拖动。

③目标位置与源位置为同一驱动器，复制时要按住 Ctrl 键再进行拖动。

④目标位置与源位置为不同驱动器，复制时可直接拖动。

2.3.1.3 发送文件或文件夹

在 Windows XP 中还可以直接把文件或文件夹发送到“软盘”、“我的文档”或“邮件接收者”等地方。

发送文件或文件夹的步骤是：

1. 选定要发送的源文件或源文件夹。

2. 选择“文件”→“发送到”。

3. 选择发送到的目标位置，如图 2－3－1 所示。

注意：发送到“我的文档”实质是复制，发送到邮件接收者实质上是作为电子邮件的附件发送，发送到桌面快捷方式是在桌面创建快捷方式图标而不是复制。

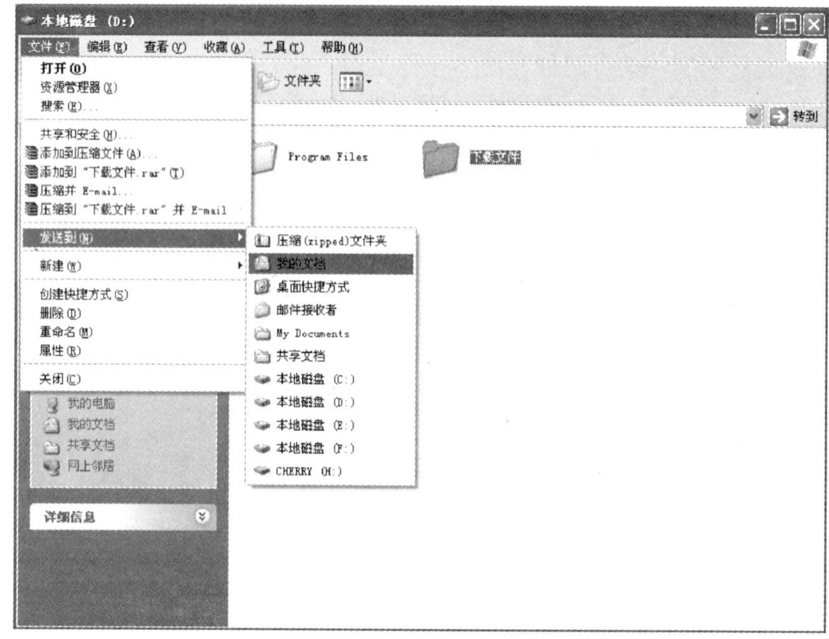

图 2-3-1　发送文件或文件夹图例

2.3.1.4　更改文件或文件夹的名称

更改文件或文件夹名称的操作步骤是：

1. 选定：在右窗格中选定需要更改的文件或文件夹。

2. 选择重命名操作。操作步骤如下：

方法一：选择“文件”→“重命名”命令。

方法二：右击选定的文件或文件夹，在弹出的菜单中，选择“重命名”命令。

方法三：单击两次文件或文件夹的名称。

方法四：按键盘上的 F2 键。

2.3.1.5　使用资源管理器

资源管理器可以以分层的方式显示计算机内所有文件的详细图表。使用资源管理器可以更方便地实现浏览、查看、移动和复制文件或文件夹等操作，用户可以不必打开多个窗口，而只在一个窗口中就可以浏览所有的磁盘和文件夹。

打开资源管理器的步骤如下：

1. 单击“开始”按钮，打开“开始”菜单。

2. 选择“更多程序”→“附件”→“Windows 资源管理器”命令，打开“Windows 资源管理器”对话框，如图 2-3-2 所示。

3. 在该对话框中，左边的窗格显示了所有磁盘和文件夹的列表，右边的窗格用于显示选定的磁盘和文件夹中的内容，中间的窗格中列出了选定磁盘和文件夹可以执行的任务、其他位置及选定磁盘和文件夹的详细信息等。

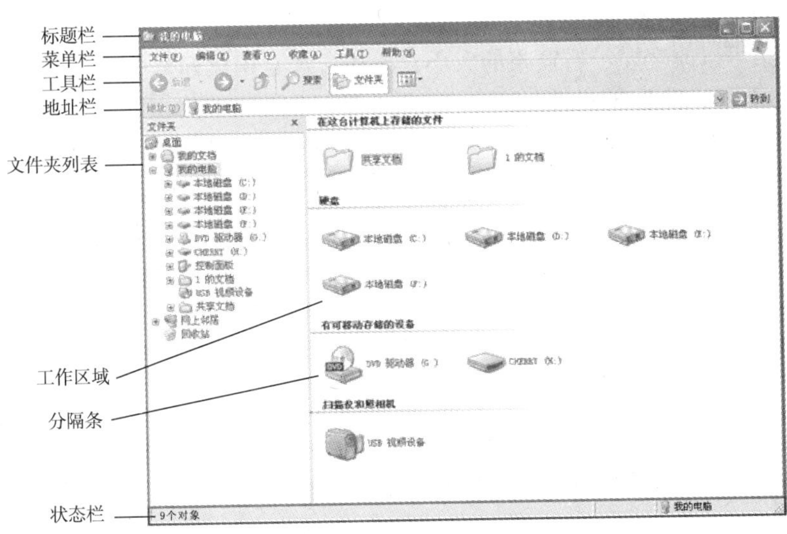

图 2－3－2　“Windows 资源管理器”对话框

4. 在左边的窗格中，若驱动器或文件夹前面有“＋”号，表明该驱动器或文件夹有下一级子文件夹，单击该“＋”号可展开其所包含的子文件夹，当展开驱动器或文件夹后，“＋”号会变成“－”号，表明该驱动器或文件夹已展开，单击“－”号，可折叠已展开的内容。例如，单击左边窗格中“我的电脑”前面的“＋”号，将显示“我的电脑”中所有的磁盘信息，选择需要的磁盘前面的“＋”号，将显示该磁盘中所有的内容。

5. 若要移动或复制文件或文件夹，可选中要移动或复制的文件或文件夹，单击右键，在弹出的快捷菜单中选择“剪切”或“复制”命令。

6. 单击要移动或复制到的磁盘前的加号，打开该磁盘，选择要移动或复制到的文件夹。

7. 单击右键，在弹出的快捷菜单中选择“粘贴”命令即可。

2.3.2　设置文件管理器

2.3.2.1　Windows XP 资源管理器窗口功能

1. 工具栏。

工具栏里包含了一些标准按钮，通过单击这些按钮可以完成一些常用的功能。虽然也可以通过选择相应的菜单命令来完成这些功能，但大多数用户往往更倾向于使用工具按钮。标准按钮的功能如表 2－3－1 所示。

表 2－3－1　标准按钮的功能

按钮名称	功　能
后退	可返回前一操作的位置
前进	相对后退而言，返回后退操作前的位置
向上	将当前的位置设定到上一级文件夹中
搜索	打开“搜索助理”工具栏，用于搜索文件和文件夹等
文件夹	用于显示或关闭文件夹
查看	决定右窗口的显示方式。显示方式有缩略图、平铺、幻灯片、图标、列表和详细资料六种

2. 移动分隔条。

移动分隔条可以改变左、右窗格的大小，操作方法是用鼠标拖曳分隔条。

3. 浏览文件夹中的内容。

当在左窗格中选定一个文件夹时，右窗格中就显示该文件夹中所包含的文件和子文件夹，如果一个文件夹包含有下一层子文件夹，则在左窗格中该文件夹的左边有一个方框，其中包含一个加号“+”或一个减号“-”。

单击文件夹左边“+”号时，就会展开该文件夹，并且“+”号变成“-”号。展开后再次单击鼠标，则将文件夹折叠，并将“-”号变成“+”号。也可以使用双击文件夹图标或文件夹名，展开或折叠一层文件夹。

4. 改变文件和文件夹的显示方式。

Windows XP 中大多数文件不会显示其扩展名，而是用不同的图标表示其类型。在文件夹中查看文件时，Windows XP 提供了几种新方法来整理和识别文件。打开一个文件夹时，可以在“查看”菜单中选择“缩略图”、“平铺”、“幻灯片”、“图标”、“列表”和“详细资料”视图命令选项之一。并且在“缩略图”、“平铺”、“图标”和“详细信息”视图方式下还可以使用“按组排列”的方式显示。功能如表 2-3-2 所示。

表 2-3-2　查看视图说明

命令	显示方式
按组排列	通过文件的任何细节（如名称、大小、类型或更改日期）对文件进行分组。“按组排列”可用于“缩略图”、“平铺”、“图标”和“详细信息”视图方式
缩略图	显示图片文件的缩略图，并且将文件夹所包含的图像显示在文件夹图标上，因而可以快速识别该图片文件和文件夹的内容。完整的文件夹名将显示在缩略图的下方
平铺	以图标方式显示文件和文件夹。这种图标比“图标”视图中的图标要大，并且将所选的分类信息显示在文件或文件夹名下方
幻灯片	可在图片文件夹中使用。图片以单行缩略图形式显示。可以通过使用左右箭头按钮滚动图片。单击一幅图片时，该图片显示的图像要比其他图片大。双击该图片，可对图片进行编辑、打印或保存图像到其他文件夹中的操作
图标	以图标方式显示文件和文件夹。文件名显示在图标下方，但是不显示分类信息。在这种视图中，可以分组显示文件和文件夹
列表	以文件或文件夹名列表显示文件夹内容，其内容前面为小图标。当文件夹中包含很多文件，并且想在列表中快速查找一个文件名时，这种视图非常有用。在这种视图中可以分类文件和文件夹，但是无法按组排列文件
详细资料	列出已打开文件夹的内容并提供有关文件的详细信息，包括文件名、类型、大小和修改日期。在“详细信息”视图中，可以按组排列文件

5. 文件和文件夹的排列。

在 Windows 资源管理器中可以对文件和文件夹进行排列，排列的目的是便于查找文件和文件夹。排列文件和文件夹的操作方法是：选择“查看”→“排列图标”，然后在级联菜单中根据需要选择按“名称”、“大小”、“类型”、“修改时间”、“按组排列”、“自动排列”

和“对齐到网格”七种排列方法之一进行排列。其中值得注意的是桌面作为特殊的文件夹，除了以上的几种排列方式以外，另外增加了“显示桌面图标”、“在桌面上锁定 Web 项目”及“运行桌面清理向导”的命令项。功能如表 2－3－3 所示。

表 2－3－3　排列方式

命令	排 列 方 式
名称	按图标名称的字母顺序排列图标
大小	按文件大小顺序排列图标。如果图标是某个程序的快捷方式，文件大小指的是快捷方式文件的大小
类型	按图标类型顺序排列图标。例如，如果在桌面上有几个 PowerPoint 图标，它们将排列在一起
修改时间	按快捷方式最后所做修改的时间排列图标
自动排列	图标在屏幕上从左边以列排列
对齐到网格	在屏幕上由不可视的网格将图标固定在指派的位置。网格使图标相互对齐
显示桌面图标	隐藏或显示所有桌面图标。当此命令被选中时，桌面图标都显示在桌面上
在桌面上锁定 Web 项目	用于防止移动桌面上的 Web 项目或调整 Web 项目的大小
运行桌面清理向导	用于删除不使用的桌面图标

2.3.2.2　文件夹选项

“文件夹选项”对话框，是系统提供给用户设置文件夹的常规及显示方面的属性，设置关联文件的打开方式及脱机文件等的窗口。打开“文件夹选项”对话框的步骤为：

1. 单击“开始”按钮，选择“控制面板”命令。
2. 打开“控制面板”对话框，如图 2－3－3 所示。

图 2－3－3　“控制面板”对话框

3. 双击“文件夹选项”图标，即可打开“文件夹选项”对话框。

也可以通过双击“我的电脑”图标，打开“我的电脑”对话框，单击“工具”→“文件夹选项”命令，打开“文件夹选项”对话框。在该对话框中有常规、查看、文件类型和脱机文件四个选项卡。下面用户就来讲解这四个选项卡中各命令所能实现的功能。

（1）认识“常规”选项卡。

该选项卡用来设置文件夹的常规属性，如图2－3－4所示。

该选项卡中的“Web视图”选项组可设置文件夹显示的视图方式，可设定文件夹以Web页的方式显示，还是以Windows的传统风格显示；“浏览文件夹”选项组可设置文件夹的浏览方式，在打开多个文件夹时是在同一窗口中打开还是在不同的窗口中打开；“打开项目的方式”选项组用来设置文件夹的打开方式，可设定文件夹通过单击打开还是通过双击打开。若选择“通过单击打开项目”单选按钮，则“根据浏览器设置给图标标题加下划线”和“仅当指向图标标题时加下划线”选项变为可用状态，可根据需要选择在何时给图标标题加下划线。在“打开项目的方式”选项组下面有一个“还原为默认值”按钮，单击该按钮，可还原为系统默认的设置方式。单击“应用”按钮，即可应用设置方案。

（2）认识“查看”选项卡。

该选项卡用来设置文件夹的显示方式，如图2－3－5所示。

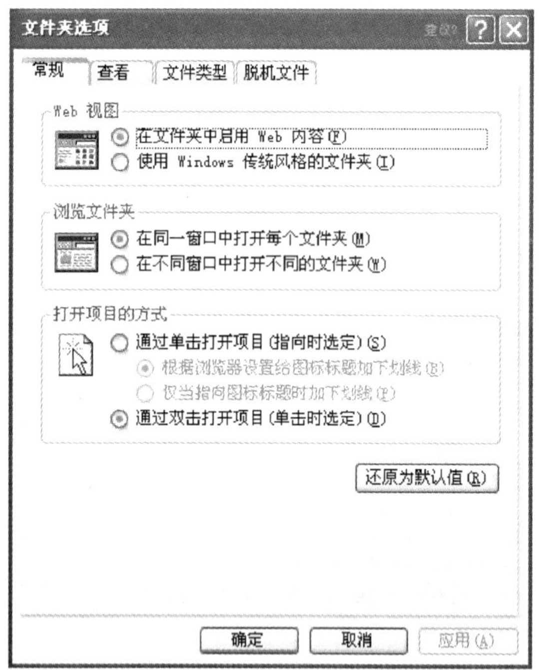

图2－3－4 “常规”选项卡

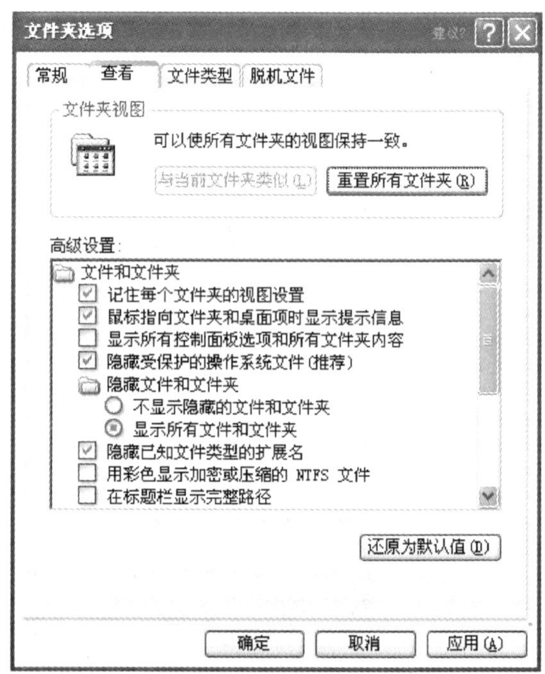

图2－3－5 “查看”选项卡

在该选项卡中的“文件夹视图”选项组中有“与当前文件夹类似”和“重置所有文件夹”两个按钮。单击“与当前文件类似”按钮，将弹出“文件夹视图”对话框，如图2－3－6所示。

单击“是”按钮，可使所有文件夹应用当前文件夹的视图设置，单击“重置所有文件夹”按钮，弹出“文件夹视图”对话框，如图2－3－7所示。

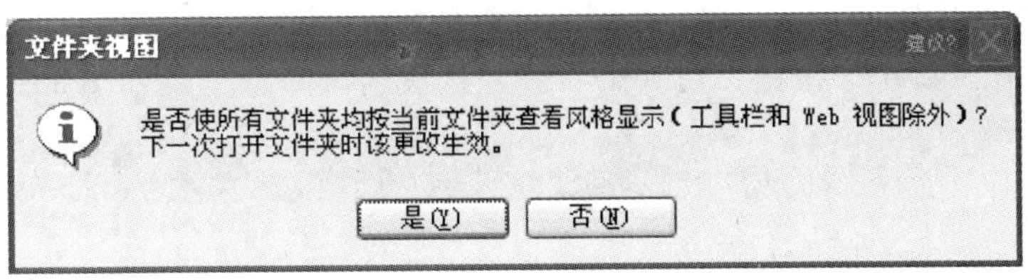

图 2-3-6 “文件夹视图”对话框

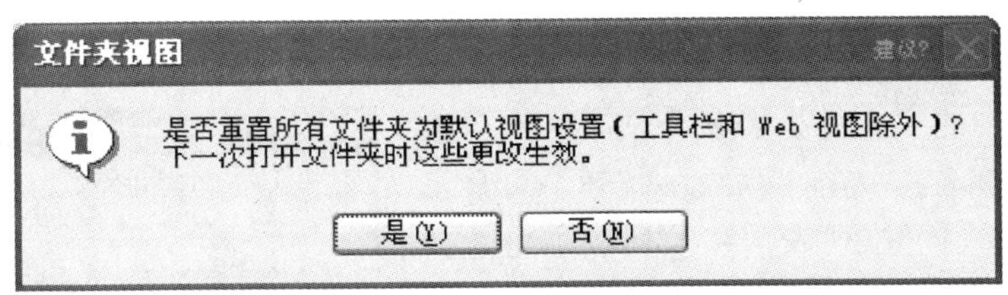

图 2-3-7 “文件夹视图”对话框

单击“是”按钮，可将所有文件夹还原为默认视图设置。

在“高级设置”列表框中显示了有关文件和文件夹的一些高级设置选项，用户可根据需要选择需要的选项，单击“应用”按钮既可应用所选设置。单击“还原为默认值”按钮，可还原为系统默认的选项设置。

(3) 认识“文件类型”选项卡。

该选项卡用来更改已建立关联文件的打开方式，如图 2-3-8 所示。

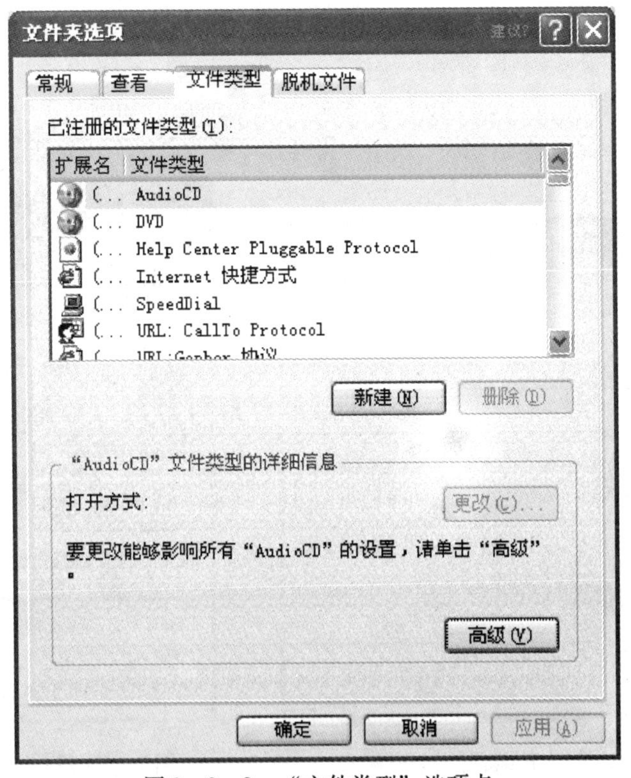

图 2-3-8 “文件类型”选项卡

在该选项卡中的“以注册的文件类型”列表框中，列出了所有已经注册的文件扩展名和文件类型。单击“新建”按钮，可弹出“新建扩展名”对话框，如图 2－3－9 所示。

图 2－3－9　“新建扩展名”对话框

在该对话框中的“文件扩展名”文本框中可输入新建的文件扩展名，单击“高级”按钮，可显示“关联的文件类型”下拉列表，在该列表中可选择所输入的文件扩展名要建立关联的文件类型。设置完毕后，单击“确定”按钮即可退出该对话框。选中某种已注册的文件类型，单击“删除”按钮，弹出“文件类型”对话框，询问用户是否要删除所选的文件扩展名，单击“是”按钮即可删除该文件扩展名。

在“扩展名的详细信息”选项组中显示了所选的文件扩展名的打开方式和详细信息。单击“更改”按钮，在弹出的“打开方式”对话框中可更改文件的打开方式，如图2－3－10所示。

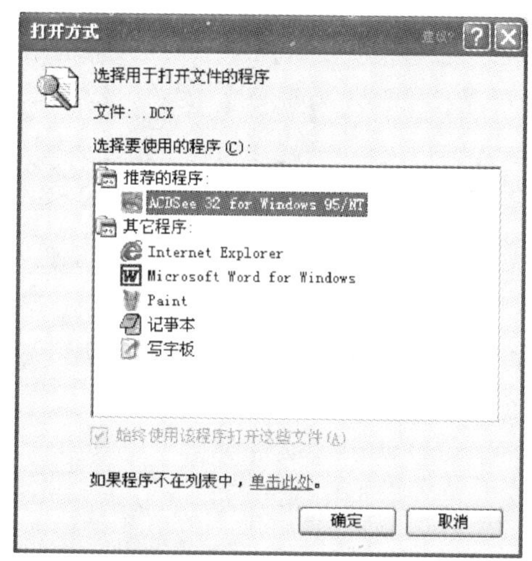

图 2－3－10　“打开方式”对话框

单击“高级”按钮，将打开“编辑文件类型”对话框，如图 2－3－11 所示。

在该对话框中，单击“更改图标”按钮，将打开“更改图标”对话框，如图 2－3－12 所示。

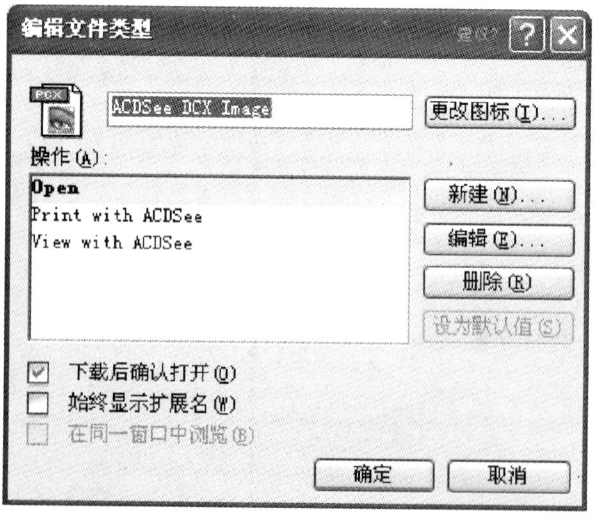

图 2－3－11　“编辑文件类型”对话框

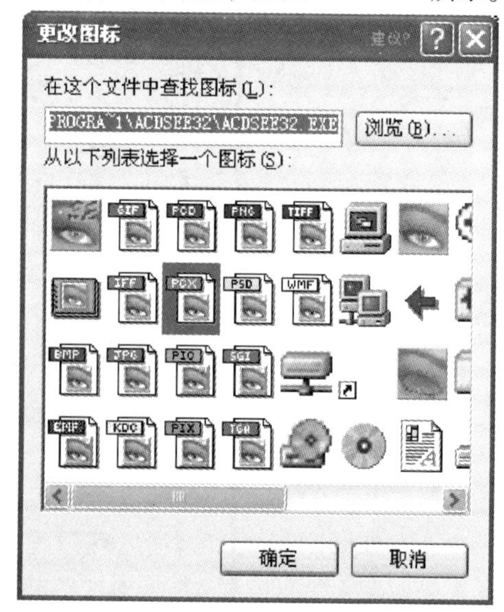

图 2－3－12　“更改图标”对话框

可更改所选文件类型的显示图标，选择合适的图标后单击“确定”按钮回到“编辑文件类型”对话框中。在“操作”列表框中显示了该文件类型的有关操作，单击“新建”按钮，弹出“新操作”对话框，在该对话框中可新建一种操作，如图 2－3－13 所示。

选择一种操作，单击“编辑”按钮，可弹出“编辑这种类型的操作”对话框，在该对话框中可对该操作进行编辑修改，如图 2－3－14 所示。

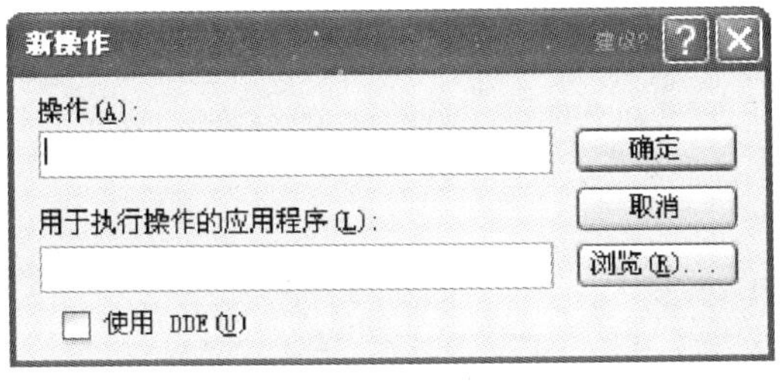

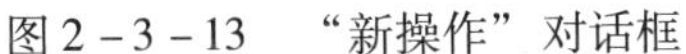
图 2－3－13 “新操作”对话框

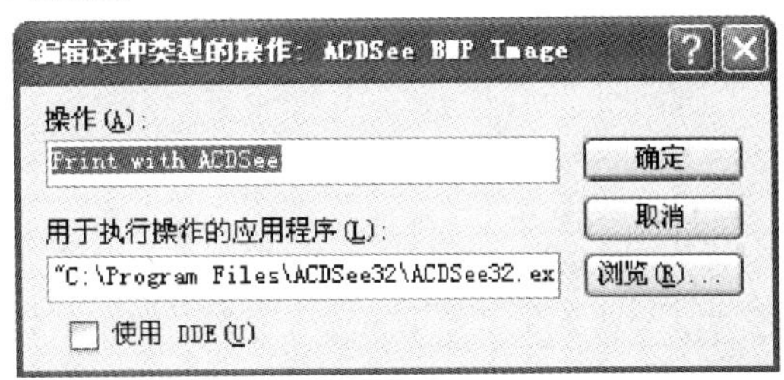

图 2－3－14 “编辑这种类型的操作”对话框

选中一种操作，单击“删除”按钮，可删除该操作。单击“设为默认值”按钮，可还原为系统默认的操作设置。选中“下载后确认打开”复选框，则在下载完成后，即用此类型打开该文件；选中“始终显示扩展名”复选框，则将该文件类型的扩展名显示在文件夹窗口中；选中“在同一窗口中浏览”复选框，则在打开该类型的文件时在同一窗口中打开。

（4）认识“脱机文件”选项卡。

该选项卡是用来设置网络文件在脱机时是否可用的，如图 2－3－15 所示。

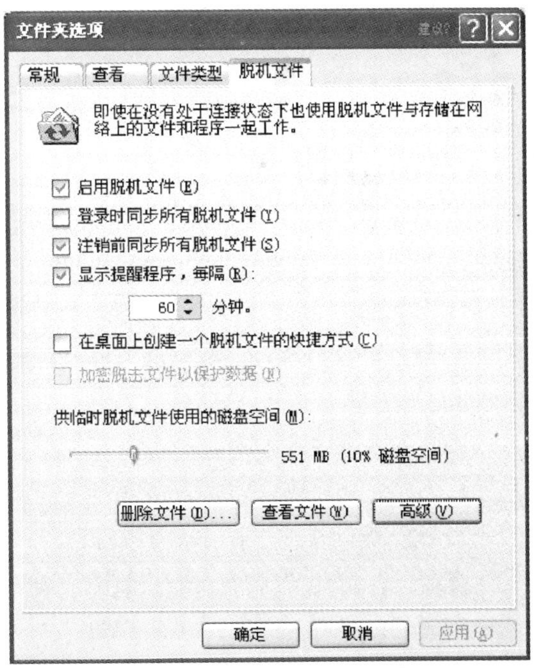

图 2－3－15 “脱机文件”选项卡

在该选项卡中，选中“启用脱机文件”复选框后，其下面的所有选项均变为可用状态。用户若选中“注销前同步所有脱机文件”复选框可进行完全同步，清除该选项则进行快速同步。选定“显示提醒程序，每隔 60 分钟”复选框，则每隔 60 分钟将出现脱机文件的程序提示信息，用户也可以在间隔时间文本框中改变出现脱机文件程序提示信息的间隔时间。若选中“在桌面上创建一个脱机文件的快捷方式”复选框，则在桌面上将出现一个脱机文件的快捷方式图标。选中“加密脱机文件以保护数据”复选框，则可以为脱机文件进行加密设置。拖动“供临时脱机文件使用的磁盘空间”滑块，可改变临时脱机文件使用的磁盘空间。单击“删除文件”按钮，可删除不再需要的脱机文件；单击“查看文件”按钮，可查看脱机文件夹中的内容；单击“高级”按钮，可打开“脱机文件—高级设置”对话框，在该对话框中可进行脱机文件的高级设置，如图 2－3－16 所示。

2.3.3 管理文件

2.3.3.1 创建新文件夹

创建新文件夹的步骤是：

1. 选定。在左窗格中选定欲创建的新文件夹所在的位置，即驱动器与路径。

2. 新建文件夹。操作方法如下：

方法一：选择“文件”→“新建”→“文件夹”命令。

方法二：右击右窗格中目标文件夹的空白区域，在弹出的对话框中，选择“新建”→“文件夹”命令。

方法三：在如图2-3-17所示的“文件和文件夹任务”窗格中，选择创建一个新文件夹操作。

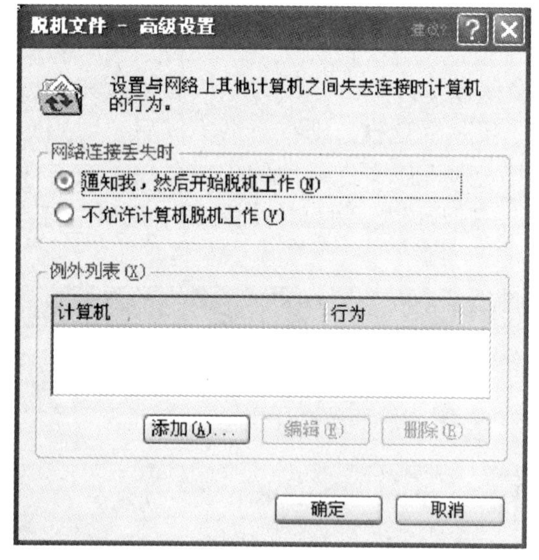

图2-3-16 “脱机文件—高级设置”对话框

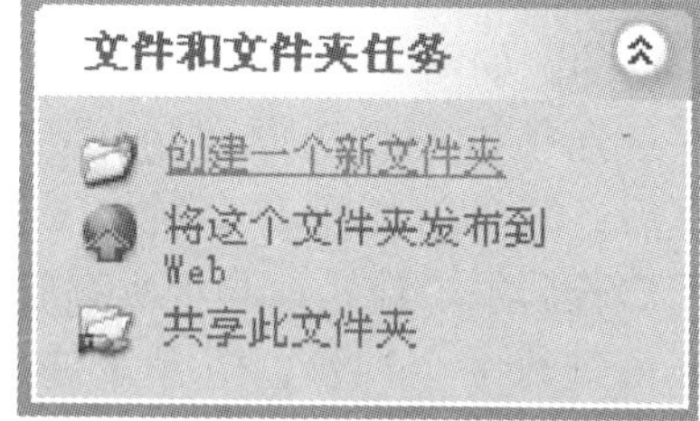

图2-3-17 “文件和文件夹任务”窗格

3. 输入新文件夹的名称。按Enter键或用鼠标单击其他任何地方，即创建了新文件夹。

2.3.3.2 删除文件或文件夹

删除文件或文件夹的操作步骤是：

1. 选定。选定需要删除的文件或文件夹。

2. 执行删除操作。操作步骤如下：

方法一：选择“文件”→“删除”命令。

方法二：单击“删除”工具按钮“✕”。

方法三：右击所选文件或文件夹，在弹出的对话框中，选择“删除”。

方法四：按键盘上的Delete键。

方法五：直接将选定的文件或文件夹，拖到回收站图标上方。

3. 确认删除。在弹出的如图2-3-18所示的“确认文件删除”的对话框中选择“是”按钮，所选文件或文件夹被放入回收站。

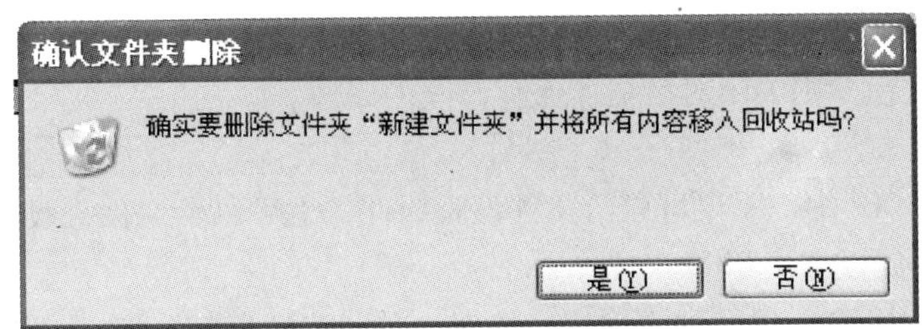

图 2－3－18 “确认文件删除”对话框

2.3.3.3 查看文件特性和修改文件属性

在 Windows 资源管理器中，用户可以方便地查看文件和文件夹的属性，并且对它们进行修改。

文件或文件夹包含三种属性：只读、隐藏和存档。若将文件或文件夹设置为“只读”属性，则该文件或文件夹不允许更改和删除；若将文件或文件夹设置为“隐藏”属性，则该文件或文件夹在常规显示中将不被看到；若将文件或文件夹设置为“存档”属性，则表示该文件或文件夹已存档，有些程序用此选项来确定哪些文件需做备份。

查看或修改文件或文件夹属性的操作步骤如下：

1. 选择要查看或修改属性的文件或文件夹。

2. 选择“文件”→“属性”命令，或者右击文件夹图标，在弹出的快捷菜单中选择“属性”命令。弹出如图 2－3－19 所示的文件属性对话框。

3. 在“常规”选项卡中，可看到被选定的文件的信息：文件名、文件类型、所在的文件夹、大小、创建时间、最近一次修改时间、最近一次访问时间及文件属性等。

4. 在“属性”复选框中选择属性，可以为被选择文件设置属性或去掉某属性，设置为该属性时，该属性前的方框内为“√”号；去掉该属性时，再次单击该属性前的方框，去掉“√”号即可。若需要设置存档等属性，需要单击“高级”按钮，在出现的如图 2－3－20高级属性对话框中进行设置。

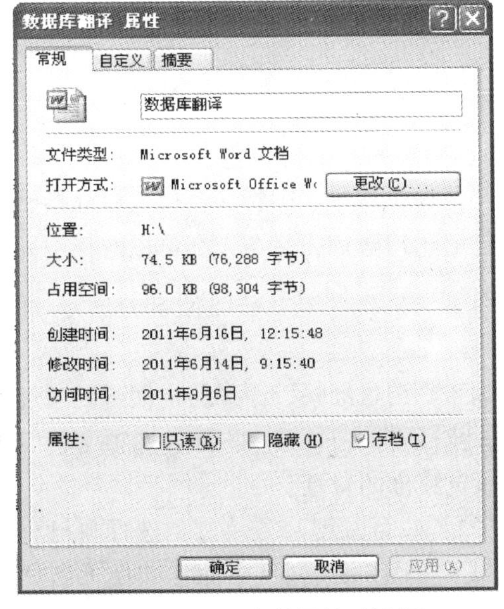

图 2－3－19 文件属性对话框

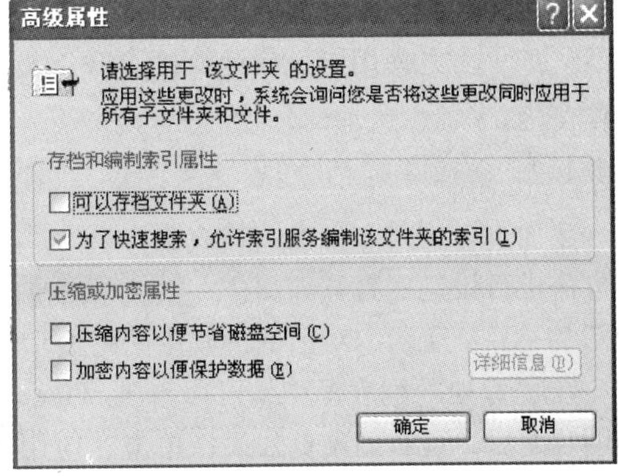

图 2－3－20 高级属性对话框

5. 修改了文件属性后，若选择“应用”按钮，不关闭对话框就可使所作的修改有效，若选择“确定”按钮，则关闭对话框才保存修改的属性。

注意：

1. 在 Windows XP 中，不仅可以给文件设置属性，也可以给文件夹设置属性，设置文件夹属性与设置文件属性方法相同。

2. 一般具有“隐藏”属性的文件或文件夹，在“我的电脑”和“资源管理器”文件窗口中不会显示出来，若要在屏幕上显示它们，可按如下步骤进行操作：

①选择“工具”→“文件夹选项”命令，屏幕显示出“文件夹选项”对话框。

②在“查看”标签下的“高级设置”框中，选择“显示所有文件和文件夹”。

③单击“确定”按钮。

2.4 管理计算机

2.4.1 定制 Windows XP 界面

2.4.1.1 Windows XP 主题的设置

主题是指对计算机桌面提供统一外观的一组可视化元素。主题决定了桌面上的不同图形元素的外观，例如窗口、图标、字体、颜色、背景及屏幕保护图片。它还可以定义与事件相关的声音，例如打开或关闭程序时的声音。

打开主题设置对话框的步骤如下：

1. 打开“显示属性”对话框。

方法一：右击桌面的空白区域，从弹出的快捷菜单中选择“属性”命令。

方法二：选择“开始”→“控制面板”。若是控制面板分类视图，则单击“外观和主题”选项，在打开的“外观和主题”窗口中，单击“显示”；若是控制面板经典视图，直接双击“显示”图标。

“显示属性”对话框如图 2-4-1 所示。

2. 在“主题”选项卡的“主题”框架中，选择新的主题，单击确定。

注意：主题影响桌面的整体外观，包括背景、屏幕保护程序、图标、窗口、鼠标指针和声音。如果多人使用同一台计算机，每个人都有自己的用户账户，每个人都可以选择不同的主题。

2.4.1.2 装饰桌面的壁纸

桌面可以说是一台电脑的衣服，桌面漂亮使用起来心情也舒畅，漂亮的桌面可以通过以下方法进行设定：打开如图 2-4-1 所示的显示属性对话框，选择“桌面”选项卡，出现如图 2-4-2 所示的对话框，其中间的显示器用来预览桌面的背景。

在“背景”列表框中，可以看到 Windows 提供的一些背景图片或墙纸。选择自己喜欢的图片之后，可看到预览效果，单击“应用”按钮或“确定”按钮，桌面立即换上新“壁纸”。

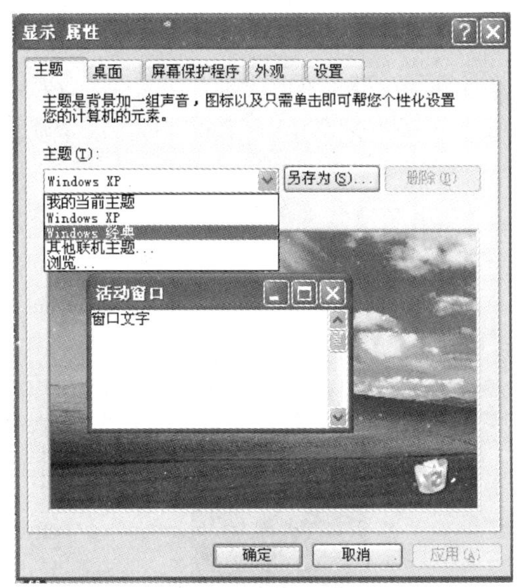

图 2-4-1 Windows XP 主题的设置

图 2-4-2 桌面设置

除了可以使用 Windows 提供的壁纸外，还可以将自己设计或搜集到的图片作为壁纸。方法是：在如图 2-4-2 所示的“显示属性”对话框中单击“浏览”按钮，弹出如图 2-4-3 所示的“浏览”对话框。根据图片存放的位置，选择一张图片，单击“打开”，返回“显示属性”对话框，单击“应用”或“确定”按钮，桌面立即换上选定的新“壁纸”。

图 2-4-3 “浏览”对话框

另外如果在桌面选项卡上单击“自定义桌面”按钮，将弹出如图 2-4-4 所示的“桌面项目”对话框。在此对话框中不仅可以设置桌面的图标显示与否，还可以更改桌面图标的式样。

若要更改“我的电脑”图标。则在其中选择“我的电脑”，然后单击“更改图标”按钮，在弹出的“更改图标”对话框中选择自己满意的图标后，单击“确定”回到“桌面项目”对话框。最后在此对话框中单击“确定”，“我的电脑”图标就立即更改为所选择的图标。

2.4.1.3 设置屏幕保护

长时间静止的 Windows 画面会让电子束持续轰击屏幕的某一处，这样可能会造成对 CRT 显示器荧光粉的伤害，所以使用屏幕保护程序会阻止电子束过多地停留在一处，从而延长显示器的使用寿命。

Windows XP 中屏幕保护程序设置方法是：在“显示属性”对话框中单击“屏幕保护程序”选项卡，在“显示属性”对话框中的“屏幕保护程序”下拉列表框中选择自己所喜欢的屏幕保护程序，如“三维文字”，如图 2－4－5 所示。“预览屏幕”上立刻出现一个舞动的字，再单击“预览”，便可看到显示器画面的效果。

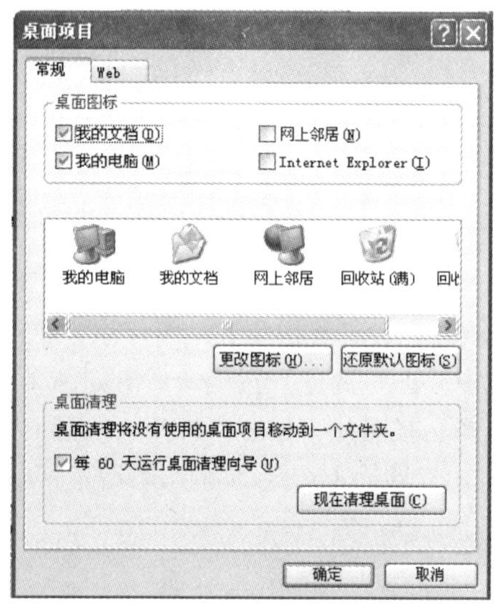

图 2－4－4　“桌面项目”对话框

图 2－4－5　屏幕保护程序设置

若要修改三维文字内容，应单击“设置”按钮，弹出如图 2－4－6 所示的“三维文字设置”窗口，在“自定义文字”文本框中输入自己想设定的，还可以对“字体”、“分辨率”“大小”和“旋转样式”等进行相应设置。最后单击“确定”按钮。“屏幕保护程序”选项卡的“预览屏幕”上的文字已变成自己所设定的了。

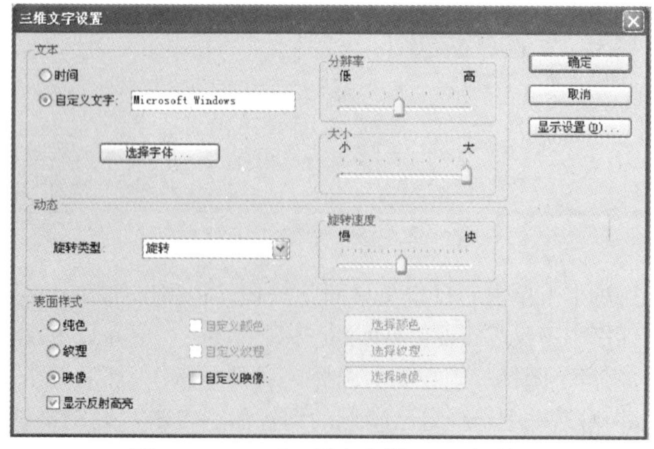

图 2－4－6　“三维文字设置”对话框

此外在“显示属性”对话框中还可进行等待时间的设置，如等待 15 分钟。其主要功能是：如果有连续的 15 分钟，既没有操作鼠标也没有操作键盘就启动屏幕保护程序。当屏幕保护程序启动后，单击鼠标或按键盘任意键屏幕就自动切换到桌面环境。

如果想在暂时离开时防止别人使用自己的电脑，可以进行“密码保护”的设置。其方法为：选中“在恢复时使用密码保护”复选框。设置完成后，当启动屏幕保护后，操作键盘或鼠标时，Windows 会切换到系统登录界面，只有输入正确的密码后才能使用电脑。

2.4.1.4 更改桌面显示风格

Windows XP 提供了许多搭配方案对显示风格进行设置，其操作方法如下：

打开“显示属性”对话框，选择“外观选项卡”，出现如图 2－4－7 所示对话框。

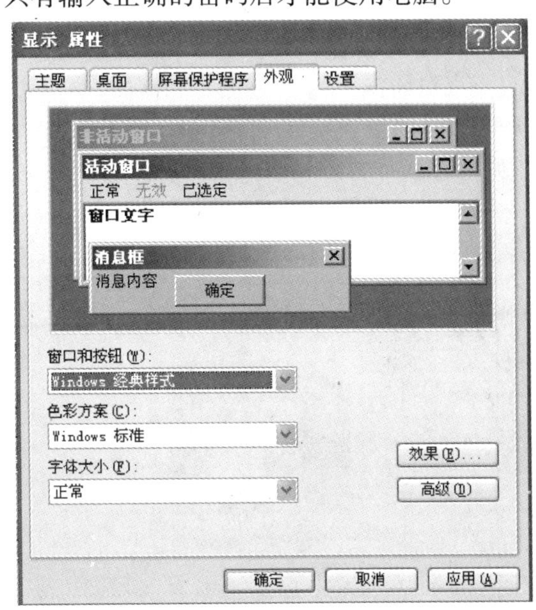

图 2－4－7 外观设置

在该选项卡中的“窗口和按钮”下拉列表中有“Windows XP 样式”和“Windows 经典样式”两种样式选项。若选择“Windows XP 样式”选项，则“色彩方案”和“字体大小”只可使用系统默认方案；若选择“Windows 经典样式”选项，则“色彩方案”和“字体大小”下拉列表中提供了多种选项。

单击“高级”按钮，将弹出如图 2－4－8 所示的“高级外观”对话框，在该对话框中的“项目”下拉列表中提供了所有可进行更改设置的选项，用户可单击显示框中的想要更改的项目，也可以直接在“项目”下拉列表中进行选择，然后更改其大小和颜色等。若所选项目中包含字体，则“字体”下拉列表变为可用状态，用户可对其进行设置。

设置完毕后，单击“确定”按钮回到“外观”选项卡中。

单击“效果”按钮，打开“效果”对话框，如图 2－4－9 所示。

图 2－4－8 “高级外观”对话框

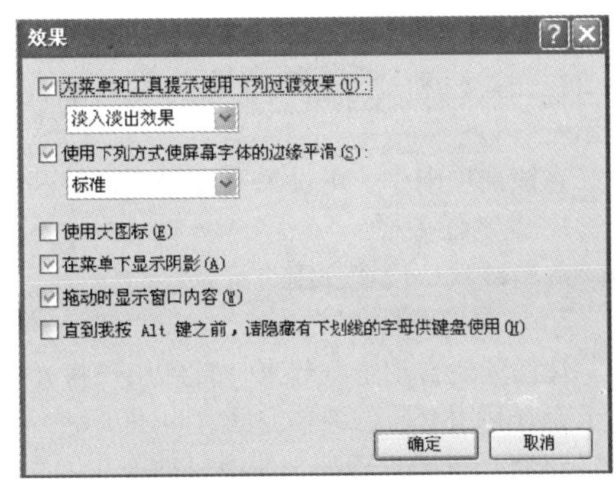

图 2－4－9 “效果”对话框

在该对话框中可进行显示效果的设置，单击“确定”按钮回到“外观”选项卡中。单击“应用”和“确定”按钮即可应用所选设置。

2.4.1.5　调整显示色彩及分辨率

调整显示色彩及分辨率的方法如下：

在“显示属性”对话框中，单击“设置”选项卡，打开如图2－4－10所示的对话框。

在图2－4－10所示的对话框中的当前“颜色”为“最高（32位）”，可以从列表框中选择“增强色（16位）”，即可改变颜色的设置。

在对话框中右下方的“屏幕区域”框架中可调整“分辨率”。当前分辨率为1400×1900，拖动滑块，使分辨率变为1024×768，单击“应用”按钮，系统将出现提示框，单击“确认”按钮，即可改变屏幕的分辨率。

单击对话框中的“高级”命令按钮，出现如图2－4－11所示的显示器高级设置对话框，在此对话框中的“监视器”选项卡中可以设置屏幕刷新频率等。

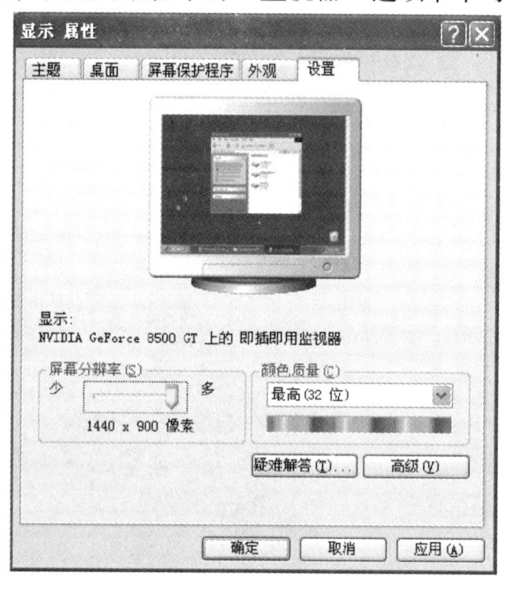

图2－4－10　显示属性设置

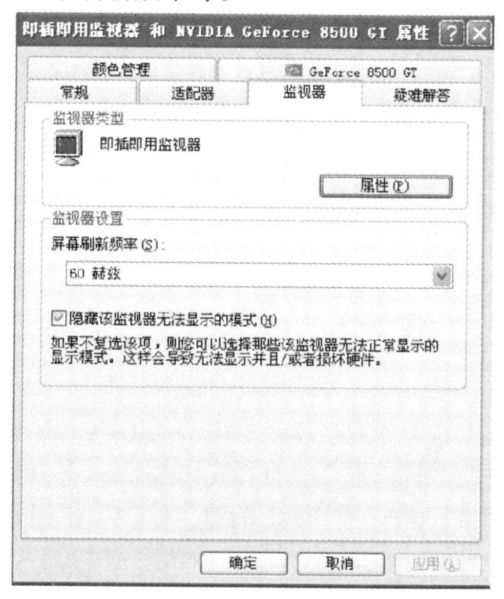

图2－4－11　显示器“高级”设置对话框

2.4.2　定制任务栏

在任务栏和“开始”菜单属性对话框中，单击“任务栏”选项卡，如图2－4－12所示。

在该选项卡中，可设置一些任务栏的基本选项。

1. 锁定任务栏。

取消该默认设置，用户可以移动任务栏到屏幕的四边。

2. 自动隐藏任务栏。

让任务栏自动隐藏起来，直到用户将光标移动到任务栏隐藏的位置。自动隐藏任务栏有助于充分利用有限的屏幕空间，也可满足一些不喜欢看见任务栏的用户的需要。

3. 将任务栏保持在其他窗口的前端。

使任务栏在任何时候都可见（屏幕保护程序会忽略该项设置）。

4. 分组相似任务栏按钮。

在任务栏的同一区域显示相同程序打开的不同文件，该选项可以减少显示的按钮。

5. 显示时钟。

添加或删除在任务栏中的时钟显示。

6. 隐藏不活动的图标。

单击自定义按钮，可以设置某一项目的通知行为。

在任务栏上直接添加工具栏可以加快用户访问的速度，操作方法如下：

1. 用鼠标右键单击任务栏空白处，显示任务栏快捷菜单。

2. 将鼠标指向“工具栏”，在弹出的子菜单里显示可选“工具栏”，如图 2－4－13 所示。

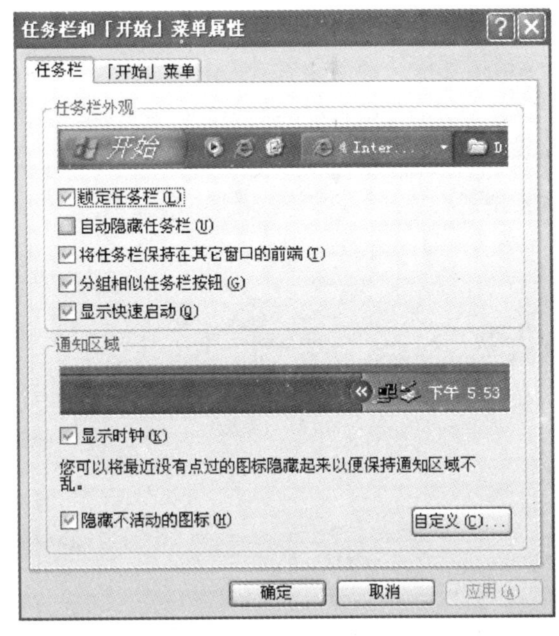

图 2－4－12 任务栏选项卡

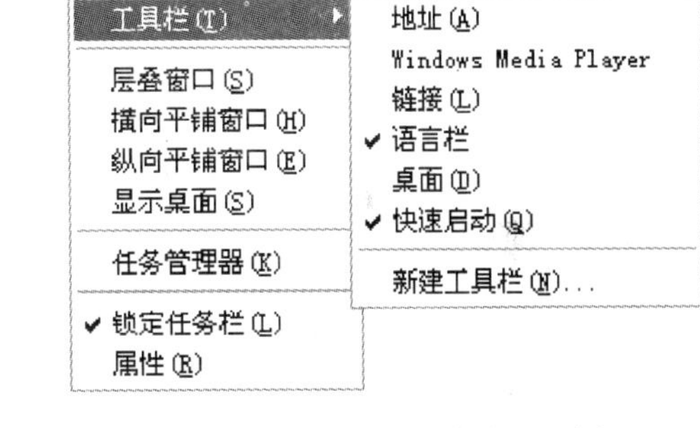

图 2－4－13 添加快捷工具栏

3. 单击相应的工具栏，选中后就把工具栏添加到任务栏了，反之取消选中则删除工具栏。5 个标准工具栏分别代表：

（1）“地址”工具栏：它显示一个列表框，在其中可以输入想要查看的内容地址（用户还可以把本机或网络驱动器上的一个文件输入为 Internet 上的一个位置）。这个列表框记录用户最近的请求，因此用户可以从中进行选择，而不必输入它们。

（2）“链接”工具栏：它显示用户已经为 Internet Explorer 定义的链接列表，一次单击就可以把用户带到想要去的位置。

（3）“语言栏”工具栏：它显示当前可用的输入方法，单击输入法图标可快速地进行切换。

（4）“桌面”工具栏：它复制桌面上所有图标，以使用户可以访问它们，而不必最小化当前应用程序，只需从该工具栏中选择用户想要看到的图标，Windows XP 将显示它。

（5）“快捷启动”工具栏：用它可以查看桌面，启动 Internet Explorer 或查看接收邮件。

如果有多个用户都使用一台计算机，每个用户可以自定义计算机而不会清除其他用户的个人设置。Windows XP 自动保存每个用户的设置，并在用户登录时激活用户设置。通过这种个性化设置，可以使得用户能够按照自己的习惯和喜好而更方便的使用计算机。

2.4.3 添加删除程序

2.4.3.1 添加新程序

“添加/删除程序”可以帮助用户管理计算机上的程序和组件。使用该项功能可从光盘、软盘或网络上添加程序，或者通过 Internet 添加 Windows 升级程序或增加新的功能，还可以添加或删除在初始安装时没有选择的 Windows 组件。

1. 添加新程序。

选择“开始”→“控制面板”。若是控制面板分类视图，单击“添加或删除程序”选项；若是控制面板经典视图，直接双击“添加或删除程序”图标。进入如图 2－4－14 所示“添加/删除程序”窗口，单击“添加新程序”按钮，系统将引导用户从光盘或软盘中安装程序或是从 Internet 上添加 Windows 功能、安装设备驱动器和进行系统更新。

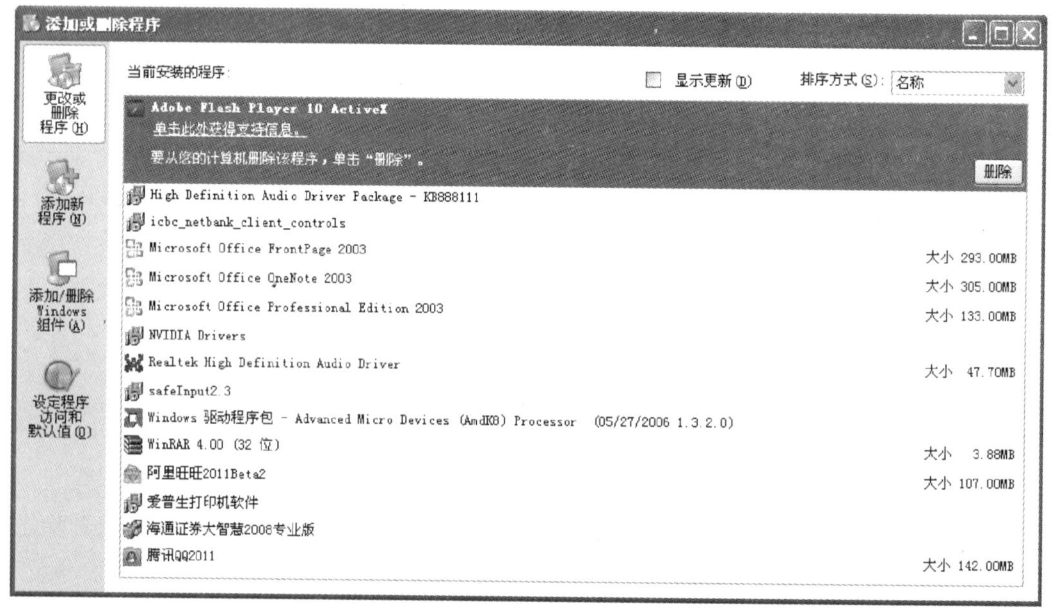

图 2－4－14 “添加或删除程序”窗口

另外，也可以通过双击软件提供商提供的扩展名为“.exe”和“.msi”的可执行安装文件，按照安装提示向导完成安装新程序的任务。这类安装软件的常用的名称一般为：Setup.exe、Install.exe、Setup.msi、Install.msi 等。

2. 添加/删除 Windows 组件。

在如图 2－4－14 所示的对话框中单击“添加/删除 Windows 组件”，进入如图 2－4－15 所示的“Windows 组件向导”对话框，在组件下拉列表框中选择添加或删除相应的组件，然后根据系统向导完成添加/删除 Windows 组件任务。

注意：安装 Windows 组件的操作时一般需要准备 Windows XP 安装盘备用。

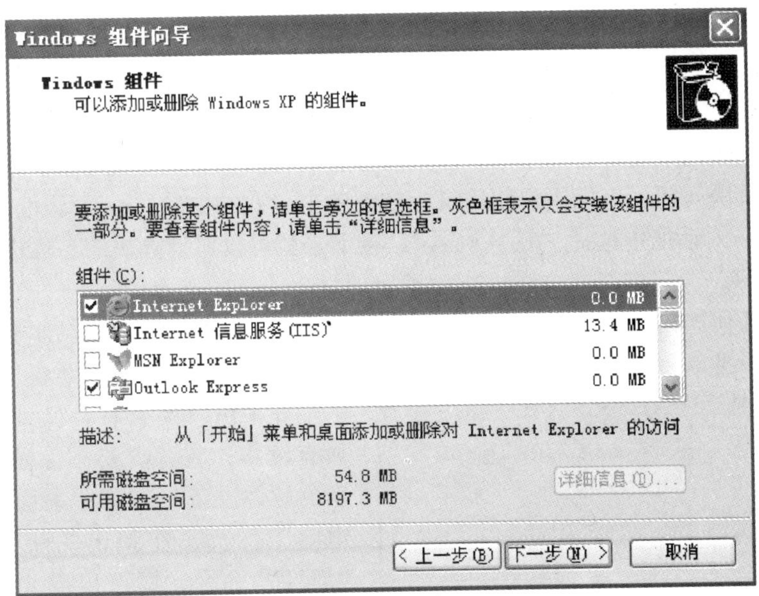

图 2－4－15 "Windows 组件向导"对话框

2.4.3.2 删除程序

用户在计算机中若安装了很多应用程序，经过一段时间的应用后，想要删除某些应用程序，而有的应用程序本身提供了删除（卸载）功能，有的却没有，这时可利用系统提供的删除程序进行删除。删除程序只需在"添加/删除程序"窗口左边选择"更改或删除程序"，在弹出的如图 2－4－16 所示"删除或更改程序"向导窗口中列出了目前机器中安装的程序，选择要更改或删除的应用程序，单击"删除"按钮，弹出如图 2－4－17 所示对话框，确认是否删除所选应用程序，若要删除，单击"是"按钮。

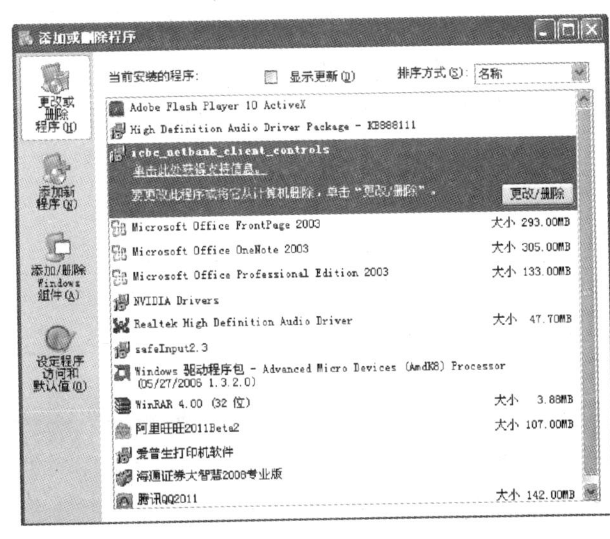

图 2－4－16 添加/删除应用程序窗口

图 2－4－17 是否删除应用程序对话框

2.4.4 系统属性

2.4.4.1 更改计算机名称、管理硬件

1. 更改计算机名称。

计算机在局域网中使用，如果两台计算机有重名的话，是非常复杂的，用户可以通过更改计算机名来解决问题，首先用户使用鼠标右键单击“我的电脑”→“属性”，然后在弹出的“系统属性”对话框中选择“计算机名”，接下来就可以对计算机的名称进行更改了。

2. 管理硬件。

硬件包括任何连接到计算机并由计算机的微处理器控制的设备，包括制造和生产时连接到计算机上的设备以及用户后来添加的外围设备，如网卡、调制解调器等。

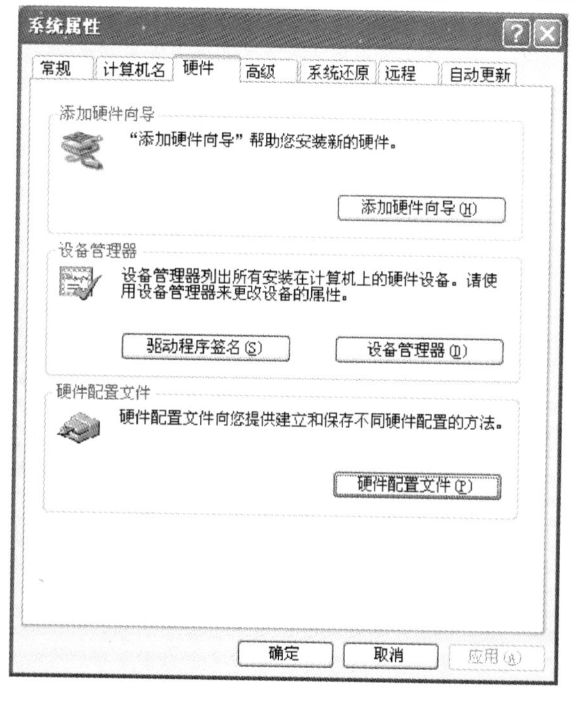

图 2-4-18 “系统属性”对话框

如果用户要查看自己计算机系统上的所有设备，或者需要排除硬件故障、安装新的硬件设备等，可在桌面上右击“我的电脑”图标，在弹出的快捷菜单中选择“属性”命令，即可出现“系统属性”对话框，选择“硬件”选项卡，在“添加新硬件向导”选项组中单击“添加新硬件向导”按钮，出现“添加硬件向导对话框，用户可依据提示，在每一步出现的选项中正确选择相应信息，就可以添加一个新的硬件，如图2-4-18所示。

在“设备管理器”选项组中的“驱动程序签名”选项是中文版 Windows XP 新增的功能，在硬件安装期间，它可以检测到没有通过 Windows 徽标测试的驱动程序软件来确认其是否跟 Windows XP 兼容。单击“驱动程序签名”按钮，会打开“驱动程序签名选项”对话框，在“在您希望采取什么操作”选项组下有三种选项：

（1）忽略。不管碰到什么情况，都不出现提示。

（2）警告。在操作进行过程中，每一次选择都出现提示。

（3）阻止。禁止安装未经签名的驱动程序软件。

计算机系统管理员可以选择其中的一项作为系统默认值应用。

2.4.4.2 系统“高级”选项

Windows 根据其设置分配资源并相应的管理设备。用户可使用控制面板中的“系统”工具更改性能选项，这些选项可控制程序使用内存的方式或环境变量，XP 系统的“高级选项”中包括性能、用户配置文件、启动和故障恢复、环境变量、错误报告 5 个选项，如图 2-4-19所示。

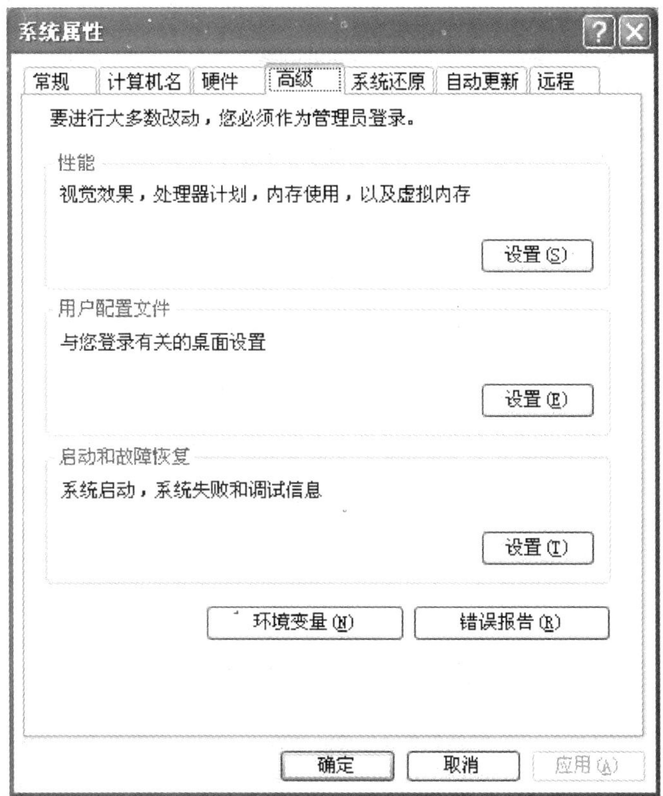

图 2-4-19　系统高级选项

1. 性能。

（1）管理处理器。

用于计算机 CPU 的资源是有限的。Windows 会自动管理这些资源，并且可以在多个处理器之间分配任务或者在单个处理器上管理多个进程。用户可以通过在前台程序和后台服务之间安排这些资源的优先级来调整 Windows 管理它们的方式。

（2）管理虚拟内存。

计算机上物理安装的随机存取存储器（RAM）不能满足需要时，Windows 会通过在硬盘上使用分页文件添加可用内存（通常称之为虚拟内存）来模拟物理 RAM。用户可以通过手动更改分页文件的大小使其增大或减小。同时，还可以通过在多个驱动器之间划分文件空间并从速度慢或访问量大的驱动器上删除已分配空间来优化虚拟内存的使用。若要优化虚拟内存空间，应将其划分到尽可能多的物理硬盘驱动器上。

（3）更改视觉效果。

Windows 提供了几个设置计算机视觉效果的选项。例如，可以在菜单下方显示阴影或者对 Windows 进行配置，在屏幕上移动窗口时可显示窗口中的所有内容。

注意：虽然许多视觉效果可以提供更加诱人的界面从而产生更加愉悦的计算机使用体验，但是这些视觉效果也可以降低计算机的速度。

Windows 提供了用于打开、关闭或自动使用所有视觉效果选项的选项。同时，用户还可以还原为默认设置或者通过自己选择要使用的视觉效果来设置自定义选项，如图 2－4－20 所示。

2. 用户配置文件。

当启用了“用户配置文件”，Windows 将在 Windows 文件夹中创建一个配置文件文件夹。配置文件文件夹包含特定于用户的文件夹，用于登录到计算机的每个用户。每个特定于用户的文件夹中包含自定义桌面和开始菜单的设置。

当禁用了“用户配置文件”时，Windows 将返回到原始配置文件启用用户配置文件选项之前启用存在的。将用户配置文件选项被启用后，由用户创建的设置都将丢失，如图 2－4－21所示。

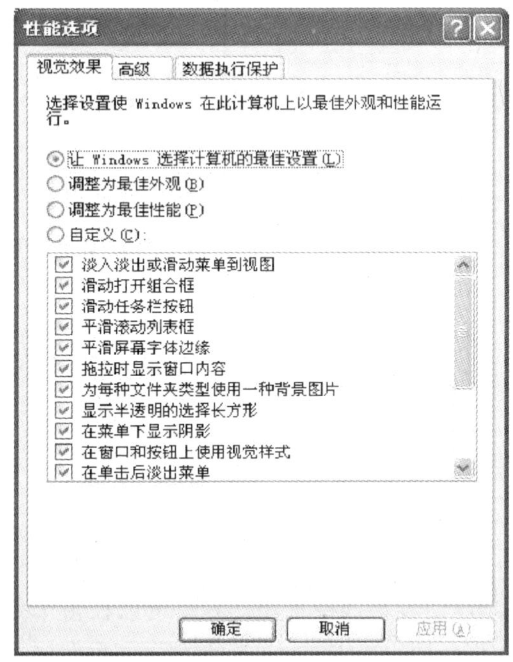

图 2－4－20　性能选项

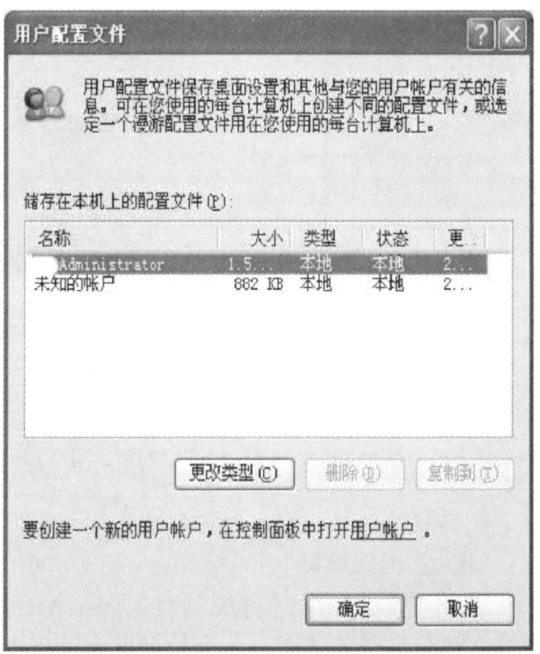

图 2－4－21　用户配置文件选项

3. 启动和故障恢复。

用户可以配置在发生系统错误（也称为错误检查、系统崩溃、严重系统错误或停止错误）时 Windows 执行的操作，如图 2－4－22 所示。用户可以配置下列操作：

（1）将事件写入系统日志。

（2）向管理员报警（如果设置了管理警报功能）。

（3）将系统内存内容转储到一个文件中，以便高级用户用来进行调试。

（4）自动重新启动计算机。

4. 环境变量。

环境变量是包含关于系统及当前登录用户的环境信息的字符串。一些软件程序使用此信息确定在何处放置文件（如临时文件）。在安装过程中，Windows XP 安装程序将配置默认系统变量，如 Windows 文件的路径。任何用户都可以添加、修改或删除用户环境变量。这些变量由 Windows XP 安装程序、某些程序以及用户建立。这些更改将写入注册表，而且通常立即生效。不过，在更改用户环境变量之后，应该重新启动所有打开的软件程序以使其读取新的注册表值。添加变量的常见原因是为用户希望在脚本中使用的变量提供所需的数据。如图2－4－23所示。

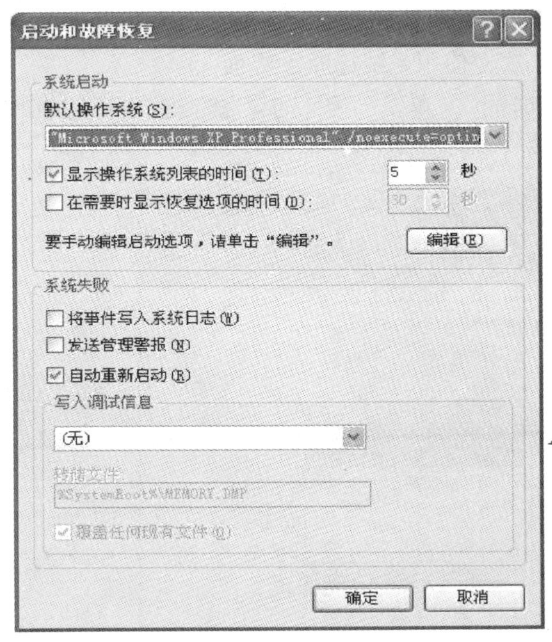

图 2－4－22　启动和故障恢复选项

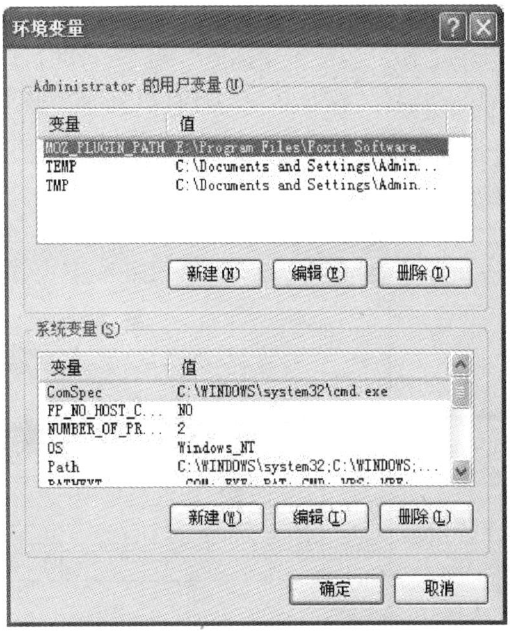

图 2－4－23　环境变量选项

5. 错误报告。

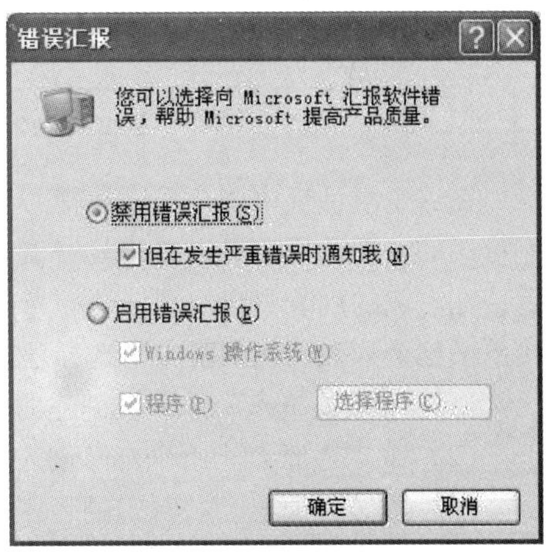

图 2－4－24　错误报告选项

Windows XP 中包括一个可用来向 Microsoft 报告计算机和程序错误的报告功能。Microsoft 可使用用户的报告来跟踪和修复操作系统问题和程序问题。用户可以在基于 Windows XP 的计算机上启用和禁用错误报告或修改其工作方式。在发生错误时，显示一个提示用户将问题报告给 Microsoft 的对话框。如果要报告该问题，有关该问题的技术信息将通过 Internet 发送 Microsoft。必须连接到 Internet 上才能使用该功能。如果其他用户已经报告过类似问题且可以使用有关该问题的信息，用户将收到一个包含有关该问题的信息的 Web 页的链接，如图2－4－24所示。

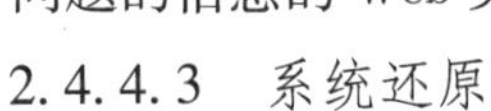

2.4.4.3　系统还原

在使用计算机的过程中，如果用户对计算机系统做了某些更改而影响了其运行速度，或者出现严重的故障，可以使用中文版 Windows XP 中新增的“系统还原”这一功能，应用系统还原可以将做过改动的计算机返回到一个较早的时间的设置，而不会丢失用户最近进行的工作，如保存的文档，电子邮件等。

计算机会自动创建还原点，但用户自己也可以通过手动的方式即使用“系统还原向导”

创建自己的还原点，如果用户已对系统进行了很大的更改，例如安装新的程序或更改注册表，使用“系统还原”可以方便而且快捷地使系统恢复到原来的状态。

具体的操作步骤如下：

1. 单击“开始”按钮，在打开的“开始”菜单中执行“所有程序”→“附件”→“系统工具”→“系统还原”命令，这时打开“欢迎使用系统还原”界面。

2. 选择“恢复到我的计算机到一个较早的时间”，单击“下一步”按钮，出现“选择一个还原点”对话框，如图 2－4－25 所示。

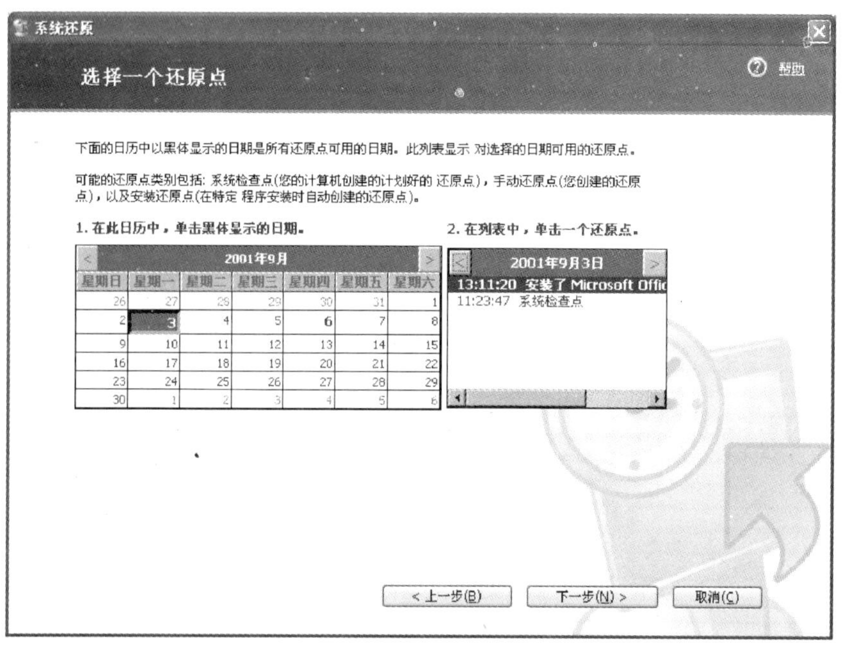

图 2－4－25　“选择一个还原点”对话框

在这个对话框中用户可以选择一个还原点，左侧的日历中以黑体显示的日期是所有还原点可用的日期，用户可以单击黑体显示的日期来选择还原点。当在日历中选择一个还原点后，在右侧的列表中会出现该还原点的详细资料，比如创建的时间和内容等，用户也可以直接单击这个列表两侧的箭头来选择还原点。在这个对话框中存在的还原点包括三种类型：

（1）系统检查点。计算机创建的计划好的还原点。

（2）手动还原点。用户自己创建的还原点。

（3）安装还原点。在特定的程序安装时自动创建的还原点。

3. 当用户选择一个还原点以后，单击“下一步”按钮继续，这时会打开“确认还原点选择”对话框，在此提醒用户在继续系统还原前，要保存对系统资源所做的改动并关闭所有打开的程序，否则在恢复过程中关闭系统时，会造成信息的丢失。

4. 当用户确认还原之后，可以继续进行，这时计算机会收集关于所选择的还原点的信息，收集完信息后，屏幕上会出现一个“系统还原”对话框，显示了正在还原文件的进度。

5. 当还原完成后，系统将以用户所选择的还原点的日期和时间设置重启动。系统还原操作是可逆的，当用户在执行了还原操作后，如果感觉效果不理想，可以撤销此次的操作。

在用户使用计算机的过程中，计算机会自动在计划的时间内或安装特定程序之前创建还原点，当然，用户也可以使用“系统还原向导”在计算机计划之外的时间内手动创建自己的还原点。

在“欢迎使用系统还原”对话框中，用户可以选择“创建一个还原点”单选按钮，单击“下一步”按钮，打开“创建一个还原点”对话框，用户可在“还原点描述”文本框中准确地输入还原点的描述，则当前的日期和时间被自动添加到所设的还原点，单击“创建”按钮，这时就会创建一个新的还原点，如图 2－4－26 所示。

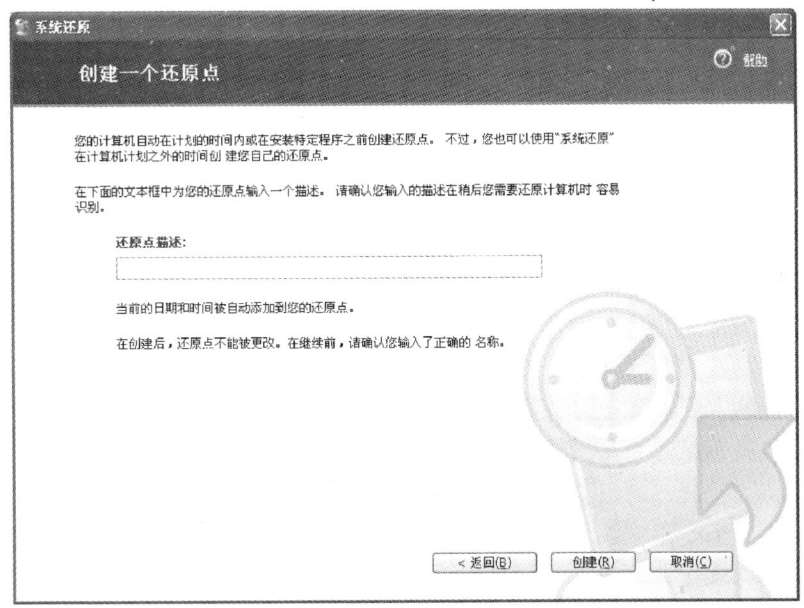

图 2－4－26 “创建一个还原点”对话框

2.4.4.4 远程选项

远程选项中包括“远程协助”和“远程桌面”，在桌面“我的电脑”图标上右键属性，再选择“远程”标签，就可以打开该选项，如图 2－4－27 所示。

1. 远程协助。

“远程协助”是 Windows XP 系统附带提供的一种简单的远程控制的方法。远程协助的发起者通过 MSN Messenger 向 MSN Messenger 中的联系人发出协助要求，在获得对方同意后，即可进行远程协助，远程协助中被协助方的计算机将暂时受协助方（在远程协助程序中被称为专家）的控制，专家可以在被控计算机当中进行系统维护、安装软件、处理计算机中的某些问题、或者向被协助者演示某些操作。

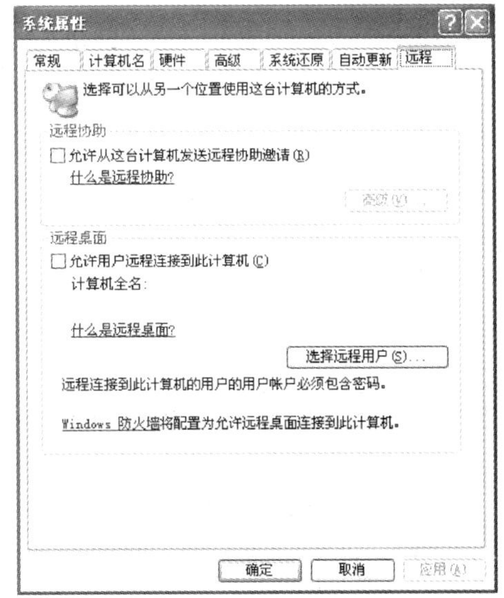

图 2－4－27 远程选项对话框

2. 远程桌面。

利用“远程桌面”，用户可以在远离办公室的地方通过网络对计算机进行远程控制，即使主机处在无人状况，“远程桌面”仍然可以顺利进行，远程的用户可以通过这种方式使用计算机中的数据、应用程序和网络资源，它也可以让同事访问到用户的计算机的桌面，以便于进行协同工作。

2.4.5 用户管理

Windows XP 中允许多用户登录，不同的用户可以使用同一台计算机而进行个性化的设置，各用户在使用公共系统资源的同时，可以设置富有个性的工作空间。在 Windows XP 环境下切换用户账户的时候，不需要重新启动计算机，用户只要打开“用户账户”窗口，在更改用户登录和注销方式时选中“使用快速切换”复选框，不用关闭所有程序就可以快速切换到另一个用户账户。在退出计算机系统时，出现一个要求用户进行选择的对话框，这时可以选择“切换用户”命令，就能够保留当前用户正在运行的程序，而迅速登录到另一个用户账户，当该用户再次登录时，可以返回到切换前的状态。

Windows XP 系统中有两种类型的可用用户账户：计算机管理员账户和受限制账户。在计算机上没有账户的用户可以使用来宾账户。

计算机管理员账户是针对可以对计算机进行全系统更改、安装程序和访问计算机上所有文件的人而设置的。只有拥有计算机管理员账户的人才拥有对计算机上其他用户账户的完全访问权。计算机管理员账户可以创建和删除计算机上的其他用户账户，可以为计算机上其他用户账户创建账户密码，可以更改其他人的账户名、图片、密码和账户类型。但是无法将自己的账户类型更改为受限制账户类型，除非至少有一个其他用户在该计算机上拥有计算机管理员账户类型，以确保计算机上总是至少有一个人拥有计算机管理员账户。

受限制账户的用户无法安装软件或硬件，但可以访问已经安装在计算机上的程序，可以更改自己账户图片，还可以创建、更改或删除自己账户的密码，但无法更改自身账户名或者账户类型。但是对于使用受限制账户的用户，某些程序可能无法正确工作。如果发生这种情况，需要将用户的账户类型临时或者永久地更改为计算机管理员。

在计算机上没有账户的用户可以使用来宾账户。来宾账户没有密码，所以他们可以快速登录，以检查电子邮件或者浏览 Internet。登录到来宾账户的用户无法安装软件或硬件，无法更改来宾账户类型，但可以访问已经安装在计算机上的程序，可以更改来宾账户图片。

2.4.5.1 新用户的建立

选择“开始”→“控制面板”。若是控制面板分类视图，则单击“用户账户”选项；若是控制面板经典视图，直接双击“用户账户”图标。打开如图 2－4－28 所示的“用户账户”窗口。

在“用户账户”窗口中，单击“创建一个新账户”，在打开的向导对话框中键入新用户账户的名称，然后单击“下一步”，在接下来出现的对话框中，选择指派给新用户的账户类型，单击“计算机管理员”或“受限制”，然后单击“创建账户”即可。

注意：第一个添加到计算机的用户必须指派为计算机管理员账户，且指派给账户的名称就是将出现在“欢迎”屏幕和“开始”菜单上的名称。

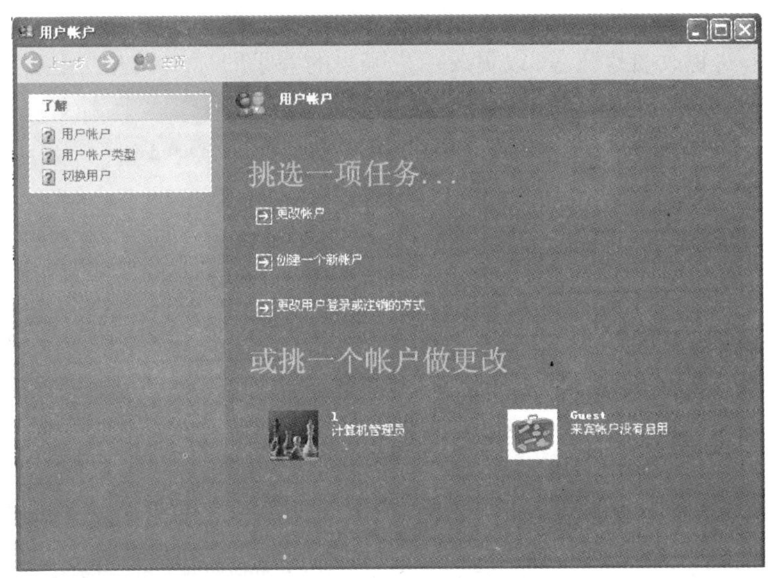

图 2－4－28 “用户账户”窗口

2.4.5.2 用户账户的删除

当系统中的某一用户账户不再使用，可从 2－4－28 所示的“用户账户”窗口中单击要删除的用户，在弹出的如图 2－4－29 所示“用户账户”设置窗口后，单击“删除账户”，在紧接出现的窗口中选择是否保留删除账户的文件，如果保留选择“保留文件”，不保留选择“删除文件”，在最后出现的确认删除窗口中，选择“删除账户”，即可删除该用户。

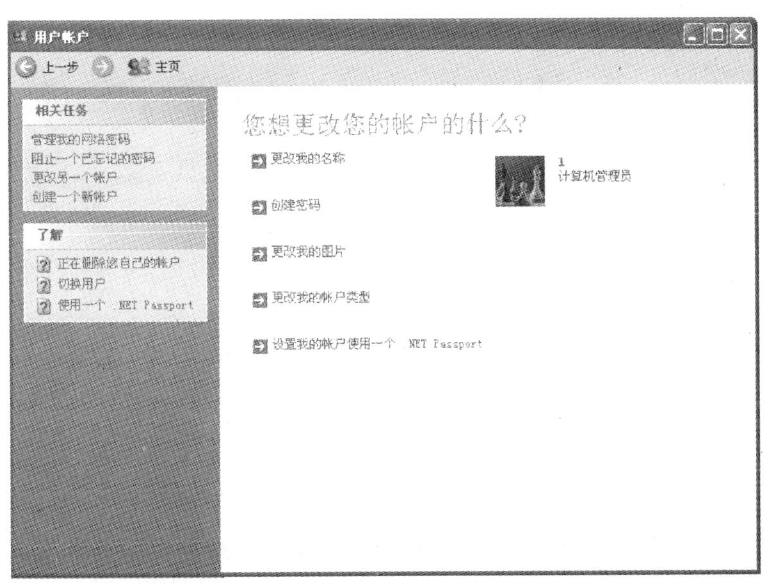

图 2－4－29 用户账户设置窗口

2.4.5.3 用户账户的设置

在如图 2－4－29 所示“用户账户”设置窗口中，单击“更改名称”，可更改用户账户的登录名；单击“创建密码”，可创建用户账户的密码；单击“更改密码”，可更改用户账户的密码；单击“更改图片”，可以更改用户账户的登录图标；单击“更改账户类型”，可以更改用户的账户类型。

另外在图 2－4－28 所示的“用户账户”窗口中，单击来宾账户可以启用或禁用来宾账户。

2.4.6 磁盘管理工具

2.4.6.1 磁盘清理程序（CLEANNGR. EXE）

磁盘清理程序用于释放硬盘驱动器空间。单击“开始”→“所有程序”→“附件”→“系统工具”→“磁盘清理”，打开如图2－4－30所示对话框。

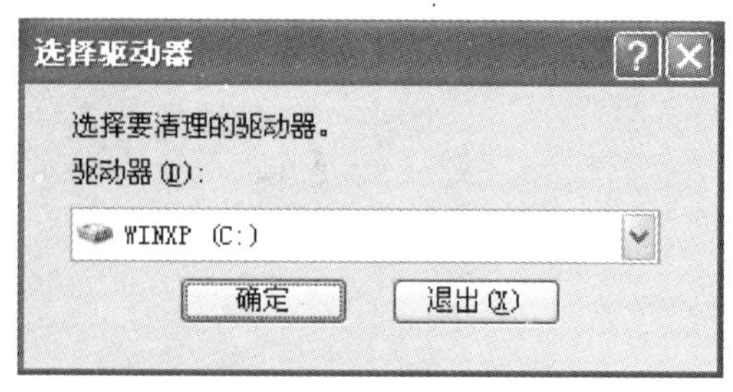

图 2－4－30　磁盘清理程序

2.4.6.2 磁盘碎片整理程序（DFTG. MSC）

磁盘碎片整理程序用于重新整理硬盘上的文件和未使用的空间，提高磁盘的访问速度，如图 2－4－31 所示。

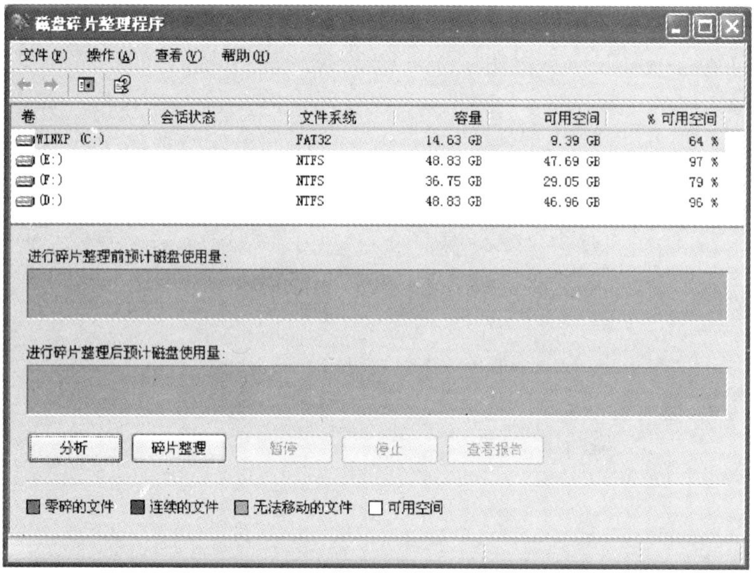

图 2－4－31　磁盘碎片整理

2.4.7 文件和设置转移向导

“文件和设置转移向导”，可以帮助用户把原来计算机上的数据文件、系统设置、个人设置等方便地转移到新的计算机中，从而不需过多重复进行在原来计算机上已进行过的设置，如浏览器和邮件设置、文件夹和任务栏选项、个人显示属性等。该向导还可以转移指定文件或整个文件夹，例如“我的文档”、“图片收藏”等。

2.4.7.1 创建转移向导

单击“开始”菜单，选择“所有程序”→“附件”→“系统工具”，然后单击“文件和设置转移向导”，就可以打开“文件和设置转移向导”的对话框。根据文件和设置转移向导的提示，用户可以转移 Internet Explorer、Outlook Express 的设置，同时也可以转移桌面和显示设置、拨号网络设置和其他类型的设置。并且文件和设置转移向导会提示用户用这个向导来转移文件和设置的最佳方法是直接用电缆或网络连接两台计算机。如果用户已经将两台计算机连接好，单击“下一步”按钮就会打开“新旧计算机”对话框。

要进行文件和设置转移，必须在新旧计算机上同时运行文件和设置转移向导，其中新计算机的操作系统必须是 Windows XP，而旧计算机上可以是 Windows XP，也可以是 Windows 98/Me/NT/2000。在新计算机中运行文件和设置转移向导，在“新旧计算机”对话框中选择“新计算机”，单击“下一步”按钮，运行文件和设置向导开始准备工作，略等片刻就会弹出如何在旧机器运行转移向导的对话框（如图 2 - 4 - 32）。如果旧计算机的操作系统是 Windows XP，或者虽然旧计算机的操作系统不是 Windows XP，但用户已有向导磁盘，就不需要在这里为旧计算机创建文件和设置转移向导，用户可以选择第二项“我已有向导磁盘”；如果旧计算机的操作系统不是 Windows XP，而用户有 Windows XP 安装盘，用户可选择第三项“我将使用 Windows XP CD 中的向导”；如果用户想为旧计算机创建一个文件和设置转移向导，就可以选择第一项“我在以下驱动器中创建向导磁盘”，再按提示完成向导磁盘的创建。

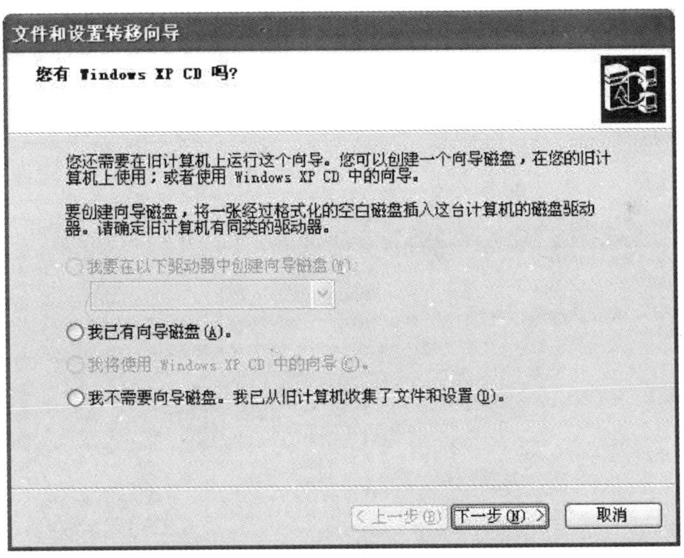

图 2 - 4 - 32　是否创建向导磁盘

这里用户选择使用 Windows XP 系统安装盘中的向导，单击“下一步”按钮，会弹出“请转到您的旧计算机”对话框。

2.4.7.2 收集文件或设置

用户回到旧计算机中插入 Windows XP 系统安装盘，当光盘自动运行并出现选择菜单时，单击“执行其他任务”，并在下一个菜单上单击“转移文件和设置”。按照提示，将正在运行的其他程序关闭，单击“下一步”，等待片刻就会出现选择转移方法对话框。用户可以根据自己的实际情况进行选择。这里以网络转移为例，所以选择“家庭和小型办公网络”，单击“下一步”按钮，弹出的对话框中是用户可以转移的项目及内容，用户可以根据自己的需要进行选择。如果不需要选择全部文件和设置，则要选中窗口下面的“单击‘下一步’时由我来选择……”前的复选框。建议用户选中这个复选框，以方便用户有选择地转移数据或设置。

单击“下一步”按钮，就可以打开自由转移内容的对话框，其中列出了可以转移的设置和文件类型。对不需要转移的项目，用户可以单击“删除”按钮；对想转移但没有列出的项目，用户可以单击相应的添加按钮来添加。

选择好后单击“下一步”按钮，就开始从旧计算机中搜索并收集文件和设置。

2.4.7.3 传输数据完成转移

成功地收集完要转移的文件和设置后，用户就可以开始数据的传输。传输文件开始时，新计算机上的 Windows XP 还会弹出一个密码填写框，这是为了传输过程的安全而设置的密码保护功能，必须在旧计算机上也输入这个密码。

用户可在新计算机上按照向导的指示逐步完成文件和设置的转移。最后，新计算机上还会提示：要使修改生效，需要注销。用户只要注销当前用户，就可完成文件和设置转移的全部过程和工作。

文件和设置转移向导的使用非常安全可靠，尤其当用户需要对多台计算机进行系统维护和优化时，它会让用户事半功倍。只是在操作上要注意的是，在进行文件和设置转移前，一定要先对旧计算机的系统进行全面维护和优化，并进行病毒查杀。如果旧计算机上存在不稳定设置，在转移内容选择时必须将其删除，否则这些不稳定的因素就会传染给新计算机。

2.4.8 备份

通过“控制面板”→“性能和维护”，选择“备份您的数据”，如图 2－4－33 所示。

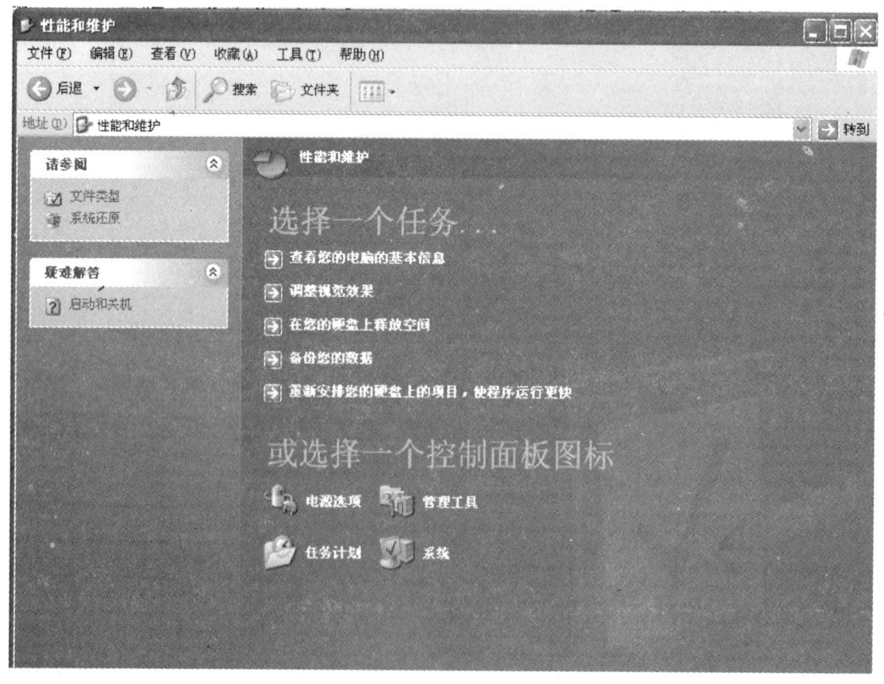

图 2－4－33 备份数据

在“欢迎使用备份或还原向导”处，建议在“总是以向导模式启动”前打上钩，单击“下一步”，如图 2 -4 -34 所示。

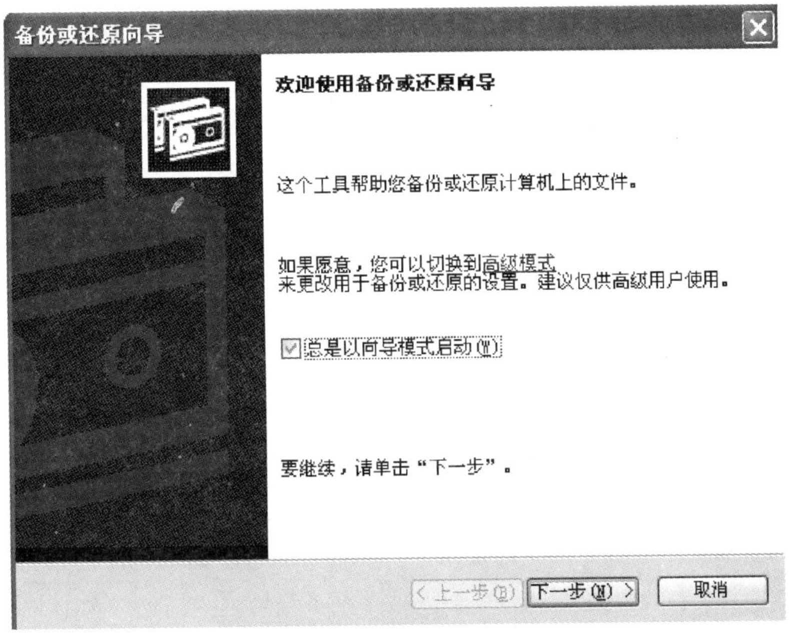

图 2 -4 -34　备份向导

在“备份或还原向导”处，选择备份文件或设置。“要备份的内容”处，选择“让我选择要备份的内容”，如图 2 -4 -35 所示。

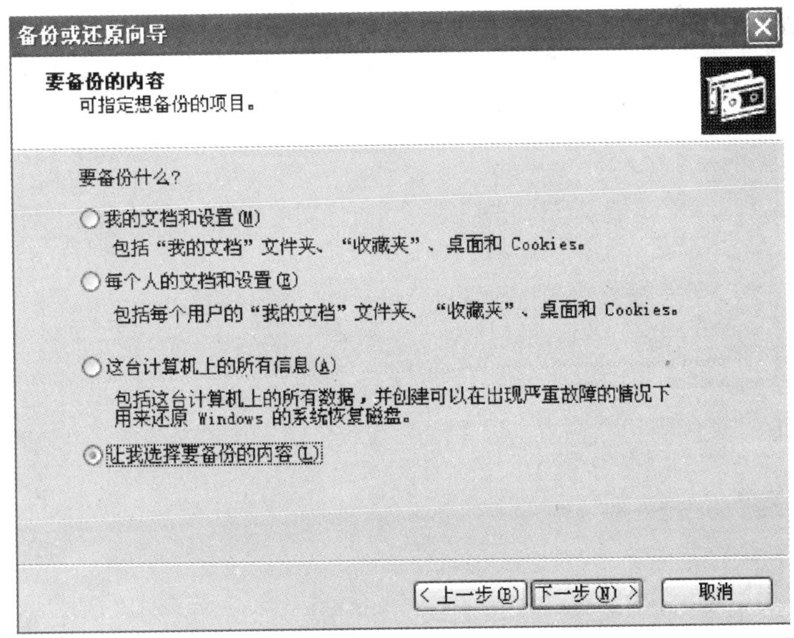

图 2 -4 -35　备份内容

单击“下一步”后，此处选择备份“我的文档”的内容，单击“下一步”，如图2－4－36所示。

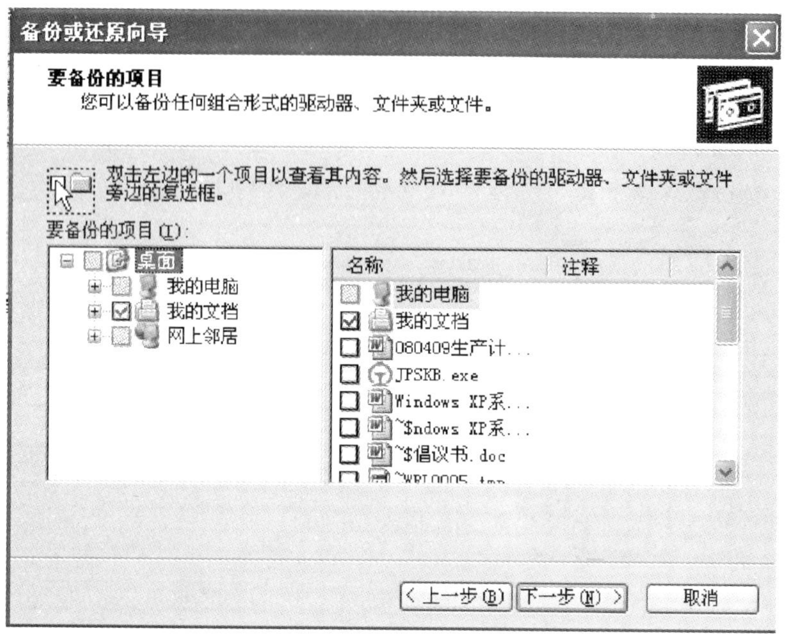

图2－4－36　选择备份内容

“备份类型、目标和名称”处设定备份文件放置的位置和备份文件名，备份文件名建议使用日期形式，目的是为了恢复时更好的确认时间，如图2－4－37所示。

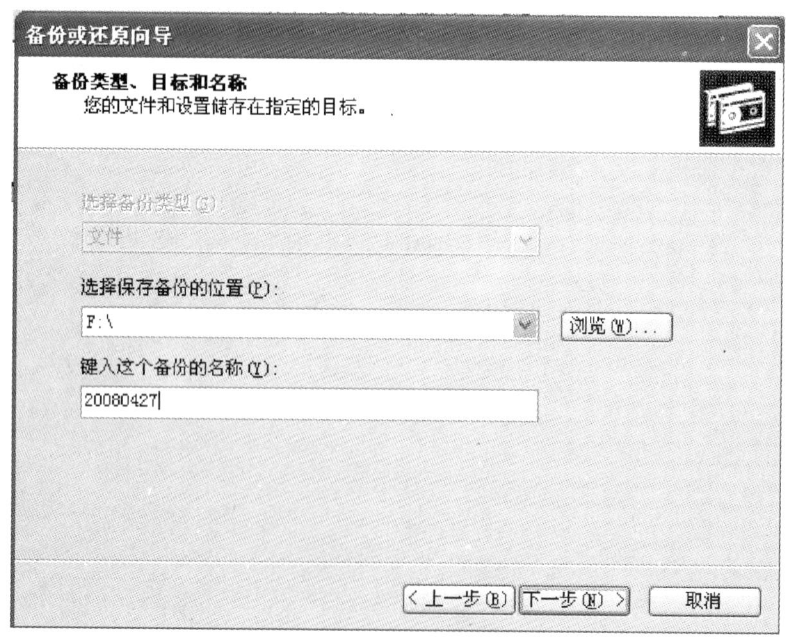

图2－4－37　备份类型

单击“下一步”，在“正在完成备份或还原向导”处，选择“高级”，如图 2－4－38 所示。

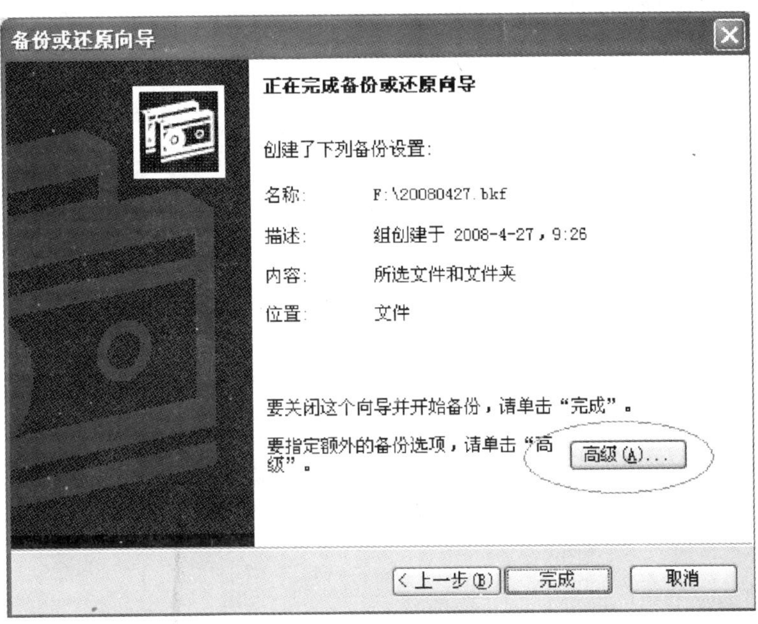

图 2－4－38 完成向导

在“高级”可以选择“备份类型”，建议第一次备份时选择“正常”，“正常”备份之后，下一次可选择“增量”备份。这样做的目的是减少备份所占用的磁盘空间，如图 2－4－39所示。

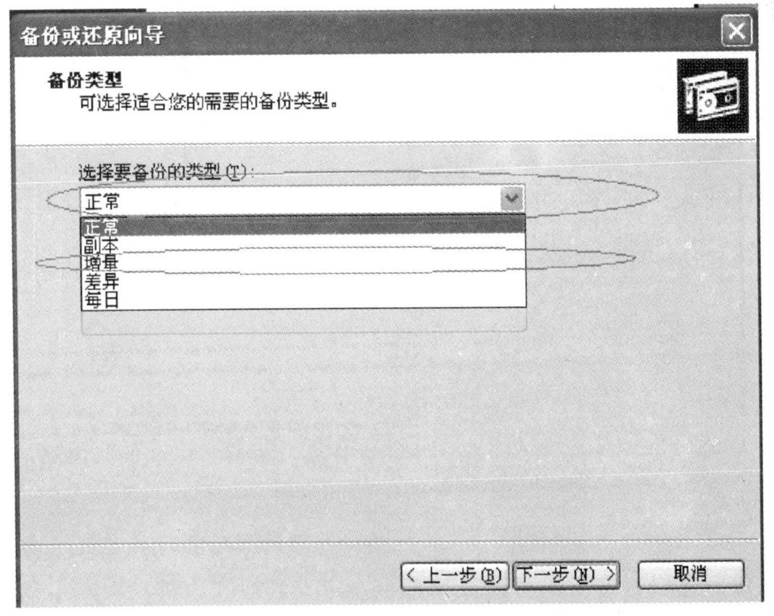

图 2－4－39 高级选项

单击“下一步”，在“如何备份”处选择“备份后验证数据”，如图 2-4-40 所示。

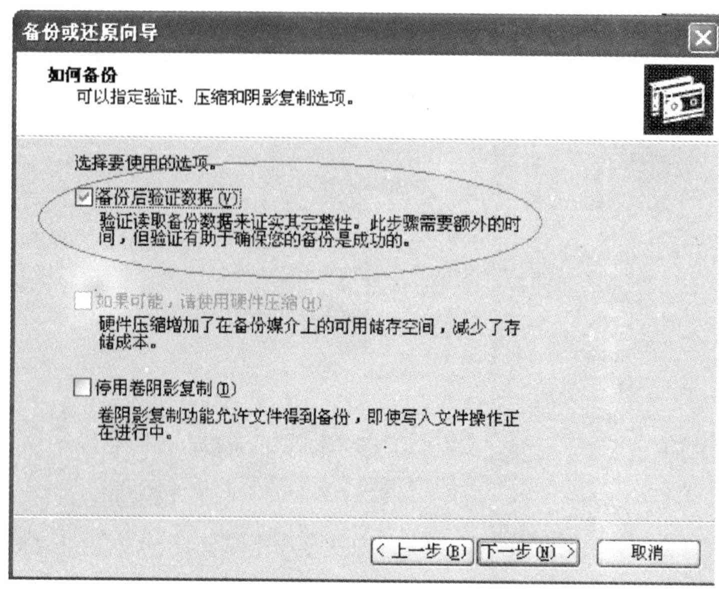

图 2-4-40　备份后验证数据

单击“下一步”，“备份选项”处可根据情况进行选择。为了安全，建议选择“将这个备份附加到现有备份”，如图 2-4-41 所示。

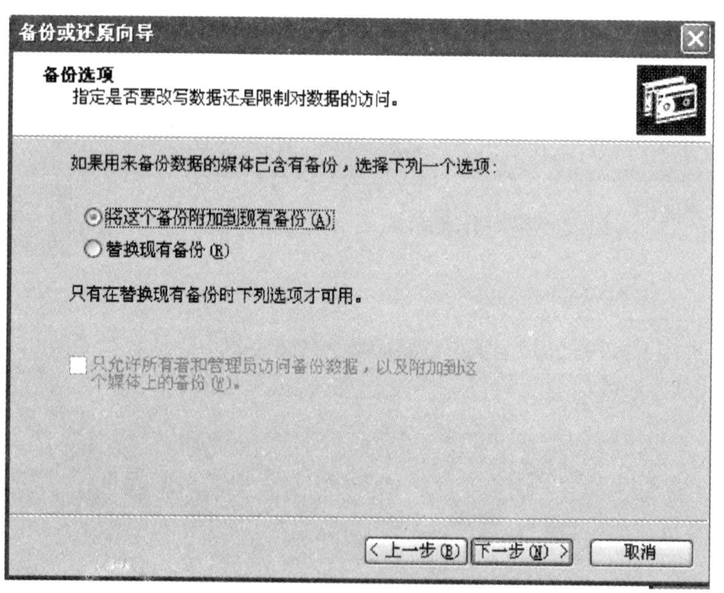

图 2-4-41　备份选项

单击“下一步”，在“备份时间”处定义备份方式和备份时间。第一次备份应选择“现在”（立即）备份，在增量备份时可选择让系统在定义的时间内自动执行备份（注：执行定制任务需要 Administrator 用户权限），如图 2-4-42 所示。

执行备份的进度和生成的备份文件如图 2-4-43 及图 2-4-44 所示。

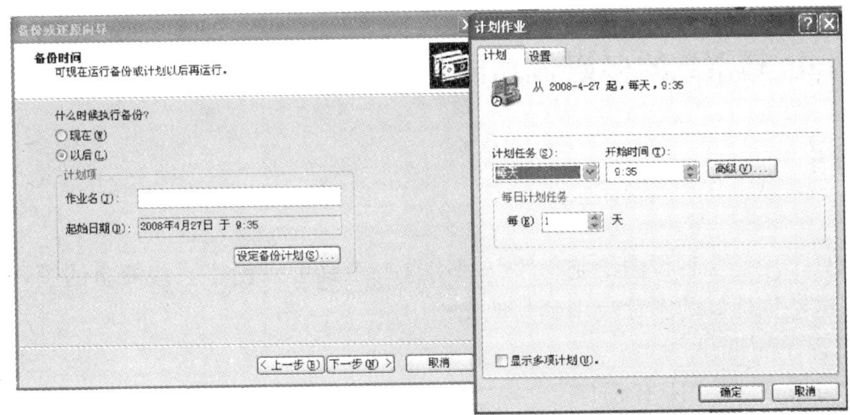

图 2－4－42　备份时间

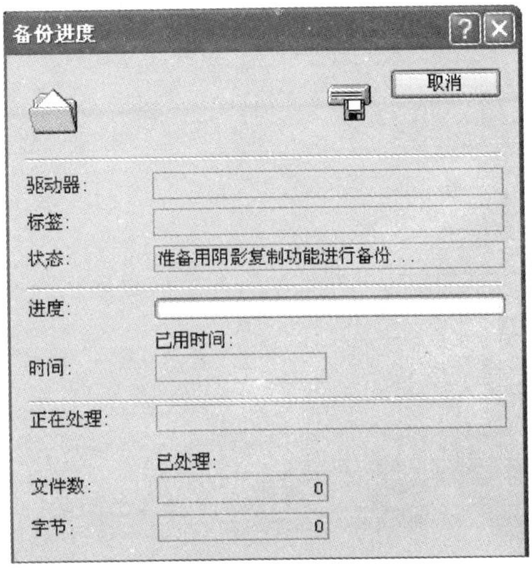

备份进度
取消
驱动器:
标签:
状态: 准备用阴影复制功能进行备份...
进度:
已用时间:
时间:
正在处理:
已处理:
文件数: 0
字节: 0

图 2－4－43　备份进度

图 2－4－44　生成的备份文件

2.5 Windows XP 的多媒体功能

2.5.1 图片工具

2.5.1.1 画图板

画图工具程序是一种位图绘制程序，利用这一工具可以创建一些简单的图形、图标等。用户可以把这些创建好的图片应用到其他文档中。

1. 画图程序的打开。

单击“开始”→“所有程序”→“附件”→“画图”命令，启动画图程序，如图2-5-1所示。

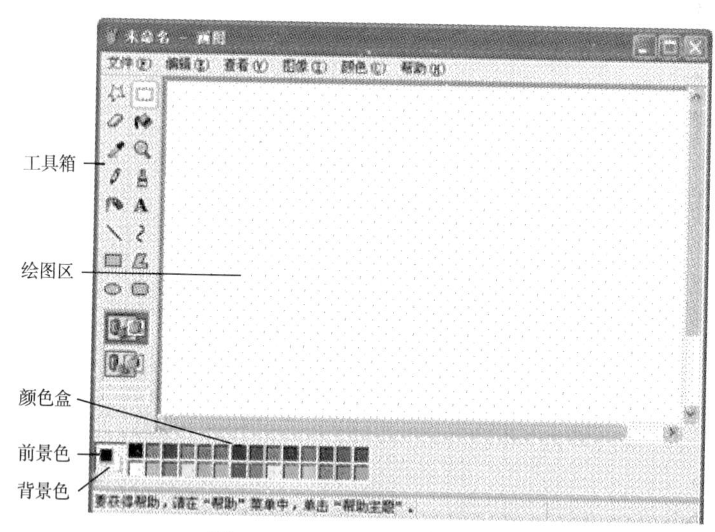

图2-5-1 画图程序主窗口

2. 工具箱。

画图中有一整套绘画工具，称为“工具箱”。如果“工具箱”没有显示出来，可以单击“查看”→“工具箱”命令将它显示出来。需要使用某一工具时，只需单击即可。

3. 颜料盒。

在“画图”窗口中有一专门放置颜色的地方，被称为“颜料盒”。单击颜料盒中的某种颜色，此颜色就会出现在颜料盒的前景颜色框中；右击颜料盒中的某种颜色，选择的颜色则会出现在背景颜色框中。如果单击“查看”→“颜料盒”命令，可显示或隐藏颜料盒。

4. 状态栏。

位于画图窗口的底部，用于显示一些提示消息，如告诉用户正进行的操作、鼠标指针在画面中的坐标位置、拖动鼠标绘制图形时的高度等消息。

2.5.1.2 扫描仪和照相机向导

“扫描仪和照相机向导”使用户可以安装扫描仪、数码静态相机、数码视频相机和其他图像捕获设备。安装设备后，用户即可使用“扫描仪和照相机向导”将图片下载并保存到计算机上指定的文件夹中。还可以查看设备属性，删除照相机中的图片，或者打印照片。甚至可以测试设备以确保一切都正常工作。

用户可以使用“扫描仪和照相机”将设备链接到计算机上的程序。例如，可以将计算机设置成“在所选程序中自动打开所有已扫描的图片”。Windows 自动将图片保存到“图片收藏”文件夹或指定的子文件夹。如果用户将文件保存到“图片收藏”子文件夹或任何自定义为图片文件夹的文件夹，Windows 提供了可使用的专用工具和功能，如“Windows 图片和传真查看器”，还提供了以幻灯效果查看图片的功能。

很多照相机和扫描仪都是即插即用的，Windows 将检测插入到计算机的即插即用设备。某些设备在一段时间后将自动关闭，如果照相机连接到了计算机，但是却没有被检测，请检查它是否被打开。

2.5.2 媒体播放机

使用 Windows Media Player 可以播放、编辑和嵌入多种多媒体文件，包括视频、音频和动画文件。Windows Media Player 不仅可以播放本地的多媒体文件，还可以播放来自 Internet 的流式媒体文件。

2.5.2.1 播放多媒体文件、CD 唱片

使用 Windows Media Player 播放多媒体文件、CD 唱片的操作步骤如下：

1. 单击“开始”按钮，选择“更多程序”→“附件”→“娱乐”→“Windows Media Player”命令，打开“Windows Media Player”窗口，如图 2－5－2 所示。

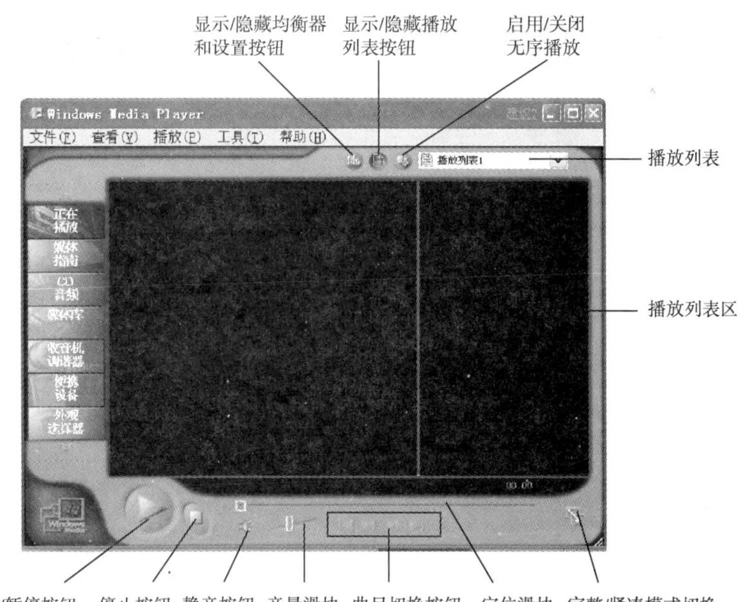

图 2－5－2 “Windows Media Player”窗口

2. 若要播放本地磁盘上的多媒体文件，可选择“文件”→“打开”命令，选中该文件，单击“打开”按钮或双击即可播放。

3. 若要播放 CD 唱片，可先将 CD 唱片放入 CD－ROM 驱动器中，单击“CD 音频”按

钮，再单击“播放”按钮即可。

2.5.2.2　更换 Windows Media Player 面板

WindowsMedia Player 提供了多种不同风格的面板供用户选择。要更换 Windows Media Player 面板，可执行以下操作：

1. 打开 Windows Media Player 窗口。

2. 单击“外观选择器”按钮，如图 2-5-3 所示。

3. 在“面板清单”列表框中可选择一种面板，在预览框中即可看到该面板的效果。单击“应用外观”按钮，即可应用该面板。单击“更多外观”按钮，可在网络上下载更多的面板，图 2-5-4 显示了更换某种面板后的效果。

图 2-5-3　更换面板界面

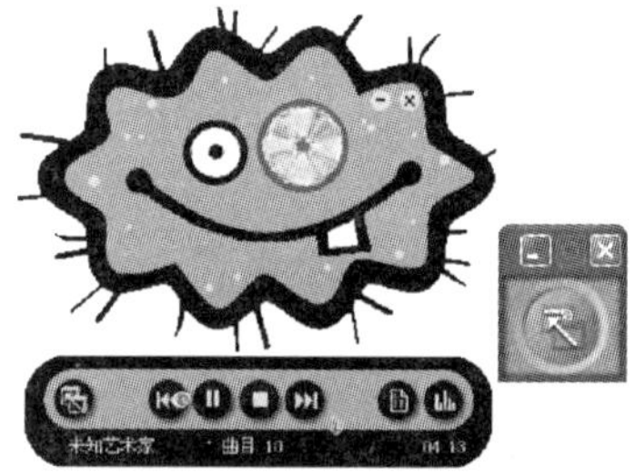

图 2-5-4　更换某种面板后的效果

2.5.2.3　复制 CD 音乐到媒体库中

利用 Windows Media Player 复制 CD 音乐到本地磁盘中，可执行以下操作：

1. 打开 Windows Media Player。

2. 将要复制的音乐 CD 盘放入 CD-ROM 中。

3. 单击“CD 音频”按钮，打开该 CD 的曲目库，如图 2-5-5 所示。

4. 清除不需要复制的曲目库的复选标记。

5. 单击“复制音乐”按钮，即可开始进行复制。

6. 复制完毕后，单击“媒体库”按钮，即可看到所复制的曲目及其详细信息。

7. 选择一个曲目，单击“播放”按钮或单击右键在弹出的快捷菜单中选择播放即可播放该曲目，也可在弹出的快捷菜单中选择将其添加到播放列表中，或将其删除。

将曲目添加到播放列表的操作步骤为：

1. 单击“媒体库”按钮，打开 Windows Media Player 媒体库。

2. 单击“选择新建播放列表”按钮，弹出“新建播放列表”对话框，如图 2-5-6 所示。

3. 在“输入新播放列表名称”文本框中可输入新建的播放列表的名称，单击“确定”

按钮即可。

4. 选中要添加到播放列表中的曲目，单击“添加到播放列表”按钮，在其下拉列表中选择要添加到的播放列表即可。

图 2-5-5　打开 CD 的曲目库

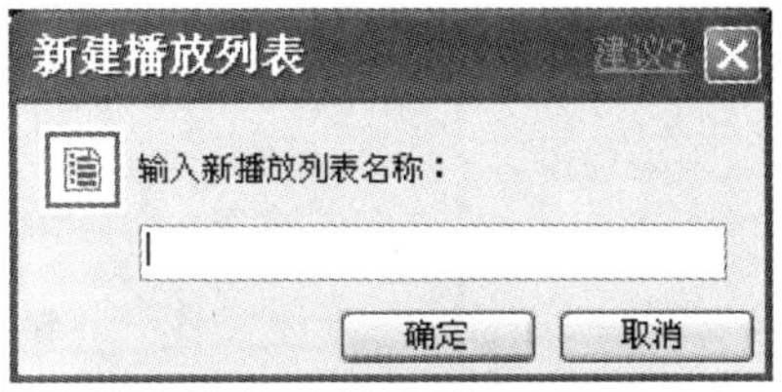

图 2-5-6　“新建播放列表”对话框

2.6　使用网络资源

2.6.1　配置网络

2.6.1.1　连接私有网络 VPN

1. 首先单击“开始”菜单，单击“控制面板”→“网络连接”，打开“网络连接”。

2. 在网络任务下，单击“新建连接向导”创建一个新的连接，如图 2-6-1 所示，单击“下一步”。

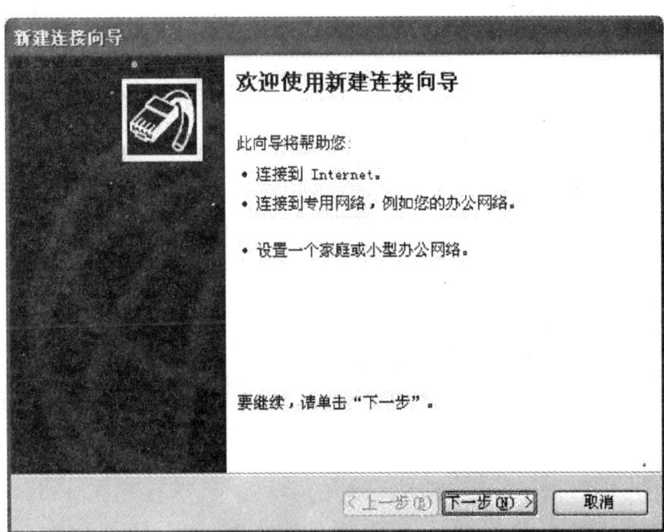

图 2-6-1　连接向导

3. 在新窗口中单击“连接到我的工作场所的网络”，如图2－6－2所示，然后单击“下一步”。

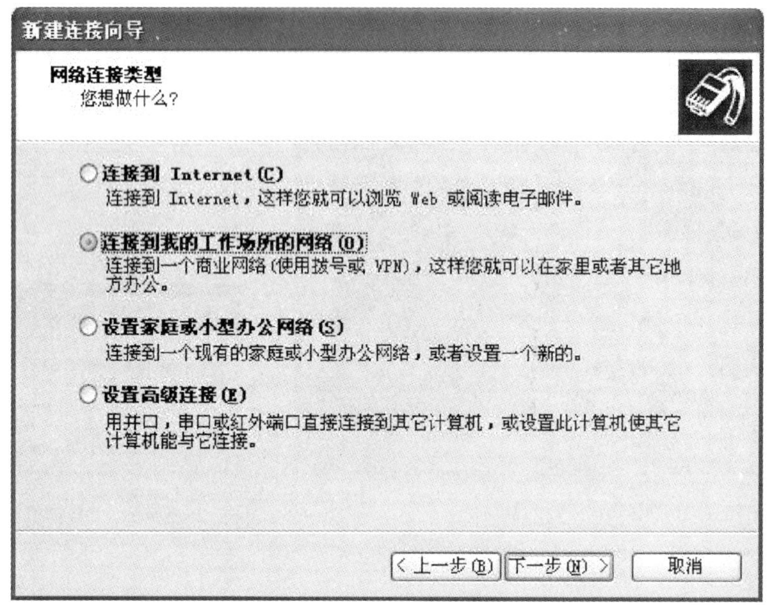

图2－6－2　连接到 VPN

4. 弹出新窗口，选择单击“虚拟专用网络连接”，如图2－6－3所示，单击“下一步”

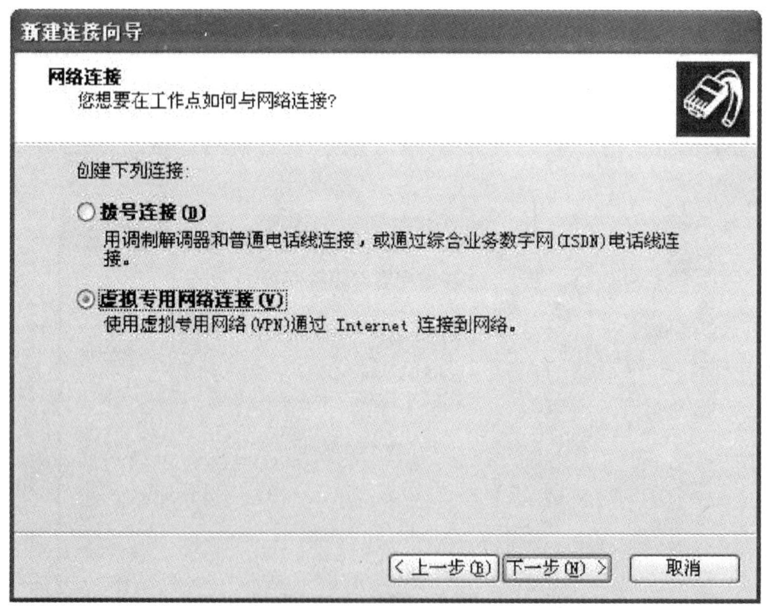

图2－6－3　使用 VPN 连接

5. 遵照向导中的说明进行操作。输入公司的名称，选择在建立 VPN 前自动拨到 Internet 或其他公用网络的初始连接，然后输入 VPN 服务器的主机名或 IP 地址，选择在桌面上建立该连接的快捷方式，最后单击“完成”，如图2－6－4所示。

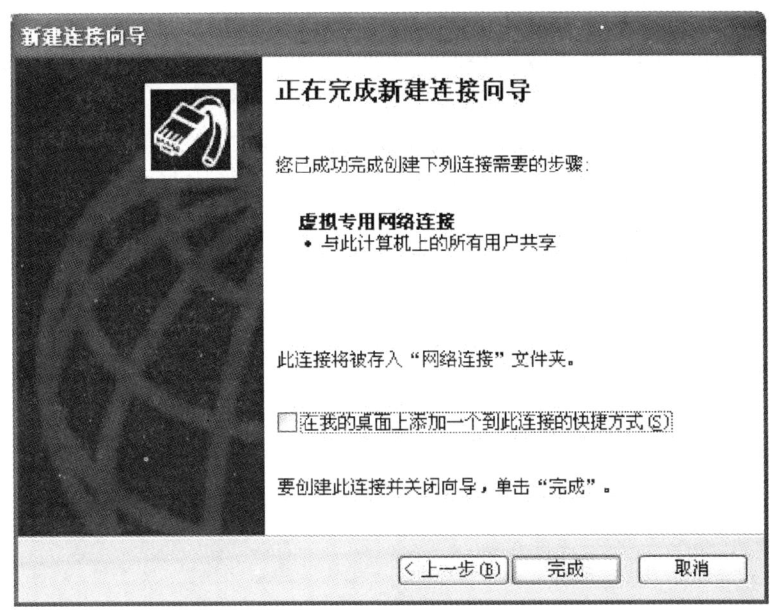

图 2-6-4 完成连接向导

2.6.1.2 个人防火墙

个人防火墙是防止用户电脑中的信息被外部侵袭的一项技术，在用户的系统中监控、阻止任何未经授权允许的数据进入或发出到互联网及其他网络系统。

产品有著名 Symantec 公司的诺顿、Network Ice 公司的 BlackIce Defender、瑞星公司的瑞星防火墙及金山公司的金山网镖等，这些产品都能帮助用户对系统进行监控及管理，防止电脑病毒、流氓软件等程序通过网络进入用户的电脑或在用户未知情况下向外部扩散。这些软件都能够独立运行于整个系统中或针对个别程序、项目，所以在使用时十分方便及实用。

2.6.2 共享文件/文件夹

2.6.2.1 使用网络文件

浏览网络共享资源，有四种方法。

1. 从“网上邻居”中浏览。单击“开始”→“网上邻居”→“网络任务/查看工作组计算机”，双击对方计算机图标登录对方计算机，然后双击打开文件夹即可浏览文件。

注意：双击打开登录对方计算机时，如是第一次登录对方计算机，需输入对方用户名、密码才能登录。

2. 在资源管理器中浏览。右击“开始”→“资源管理器”，逐步展开网上邻居子目录。

3. 利用地址栏查找浏览。在地址栏中输入计算机名然后回车，双击计算机图标。

4. 通过搜索查找浏览。单击“开始”→“搜索”→“其他搜索选项”→“计算机或人”→“网络上的一个计算机”，然后输入计算机名单击“搜索”后双击计算机图标。

2.6.2.2 共享文件/文件夹

设置共享文件夹是实现资源共享的常用方式。在 Windows XP 中，设置共享文件夹可执行下列操作：

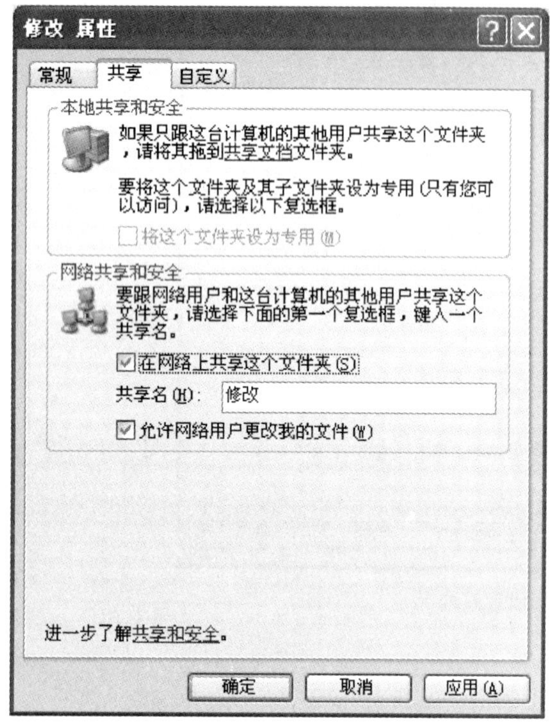

图 2-6-5　“共享”选项卡

1. 双击“我的电脑”图标，打开“我的电脑”对话框。

2. 选择要设置共享的文件夹，在左边的“文件和文件夹任务”窗格中单击“共享此文件夹”超链接，或右击要设置的共享的文件夹，在弹出的快捷菜单中选择“共享和安全”命令。

3. 打开文件夹“属性”对话框中的“共享”选项卡，如图 2-6-5 所示。

4. 在“网络共享和安全”选项组中选中“在网络上共享这个文件夹”复选框，这时“共享名”文本框和“允许网络用户更改我的文件”复选框均变为可用状态。

5. 在“共享名”文本框中输入该共享文件夹在网络上显示的共享名称，用户也可以使用其原来的文件夹名称。

6. 若选中“允许网络用户更改我的文件”复选框，则设置该共享文件夹为完全控制属性，任何访问该文件夹的用户都可以对该文件夹进行编辑修改；若清除该复选框，则设置该共享文件夹为只读属性，用户只可访问该共享文件夹，而无法对其进行编辑修改。

7. 设置共享文件夹后，在该文件夹的图标中将出现一个托起的小手，表示该文件夹为共享文件夹，如图 2-6-6 所示。

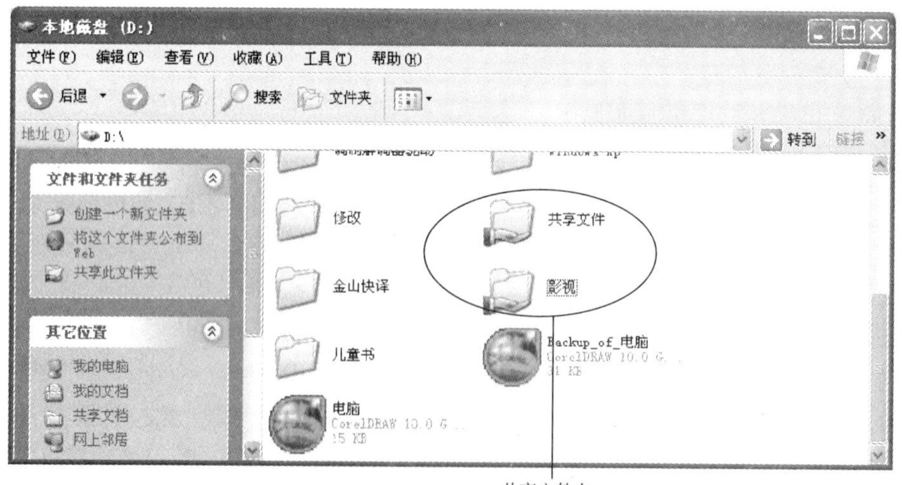

图 2-6-6　设置共享文件夹

2.6.3 远程桌面连接

在 Windows XP 中新增了“远程桌面连接”功能，使用远程桌面连接，用户可以将其他位置的计算机连接到本地计算机的桌面，执行本地计算机中的程序或使用本地计算机连接到其他位置的计算机桌面，执行其他计算机上的程序，非常的方便实用。

设置远程桌面连接，用户先要与 Internet 建立连接或在局域网中设置终端服务器。

在进行远程桌面连接之前，用户需要先对远程桌面连接进行一些设置，具体操作如下：

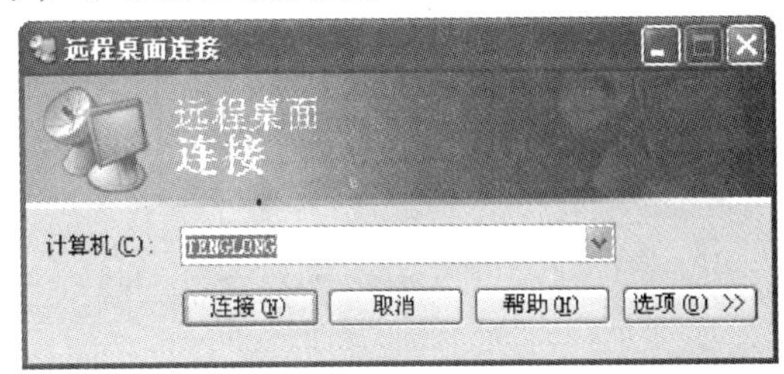

图 2－6－7 “远程桌面连接”对话框

1. 单击“开始”按钮，选择“所有程序”→“附件”→“远程桌面连接”命令。

2. 打开“远程桌面连接”对话框，如图 2－6－7所示。

3. 单击“选项”按钮，展开全部对话框。

4. 选择“常规”选项卡，如图 2－6－8 所示。

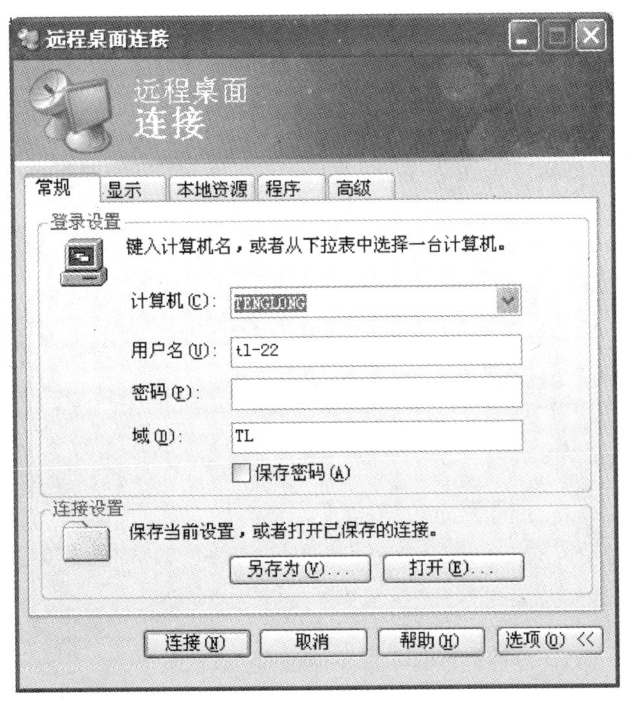

图 2－6－8 “常规”选项卡

5. 在“登录设置”选项组的“计算机”文本框中输入要进行远程桌面连接的计算机的名称；在“用户名”文本框中输入登录使用的用户名；在“密码”文本框中输入用户的登录密码；在“域”文本框中输入要登录的域名称；若用户要保存密码，可选中“保存密码”复选框。

6. 在“连接设置”选项组中单击“另存为”按钮，可将当前的设置信息保存下来，保存过后，用户可直接单击“打开”按钮，打开以前保存的设置。

7. 单击“连接”按钮，即可进行远程桌面连接。

8. 这时将弹出“登录到 Windows”对话框，如图 2-6-9 所示。

图 2-6-9 “登录到 Windows”对话框

9. 在该对话框的“用户名”文本框中输入登录用户的名称，在“密码”文本框中输入登录密码，在“登录到 Windows”下拉列表中选择登录的域。

10. 单击“确定”按钮，即可登录到该计算机桌面，如图 2-6-10 所示。

图 2-6-10 登录远程桌面

11. 在登录成功后，用户就可以使用该远程桌面中的程序进行各项操作了。

2.7 访问互联网

2.7.1 网上会议工具——NetMeeting

NetMeeting 提供了一种实时的、交互式的网上交流的方式，使用 NetMeeting 可以帮助用户在 Internet 或局域网中实现实时交谈、召开会议、与同事朋友交流信息等功能，用户不仅可以发出呼叫、查找某人、与其他用户聊天，还可以召开会议、传送文件、共享程序等，在配备了相应的音频和视频设备后，用户还可以通过音频和视频进行交流。

2.7.1.1 配置 NetMeeting

NetMeeting 为用户提供了一个方便灵活的网上实时交流的工具，通过 NetMeeting，可以非常方便地与网络中的其他用户进行各种交流、传递信息等。当用户第一次启动 NetMeeting 时，系统会弹出 NetMeeting 向导对话框，要求用户对 NetMeeting 进行一些设置。其具体设置，用户可参照以下步骤进行：

1. 单击“开始”按钮，选择“所有程序”→“Internet Explorer”→“Microsoft NetMeeting”命令，这时将弹出如图 2-7-1 所示的“NetMeeting”之一对话框。

2. 该对话框中向用户介绍了通过 NetMeeting 可实现的功能，单击“下一步”按钮，进入“NetMeeting”之二对话框，如图 2-7-2 所示。

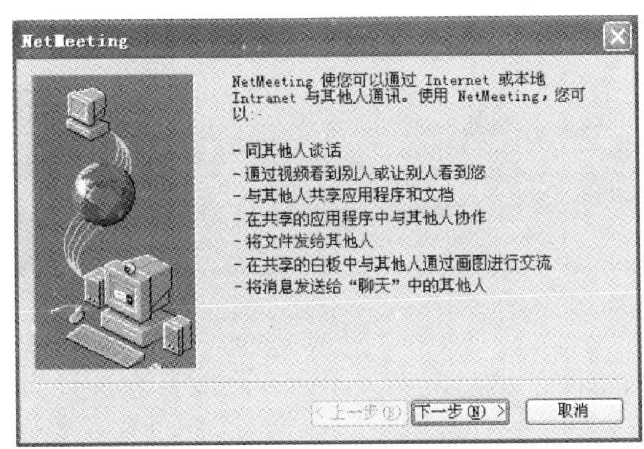

图 2-7-1 “NetMeeting”之一对话框

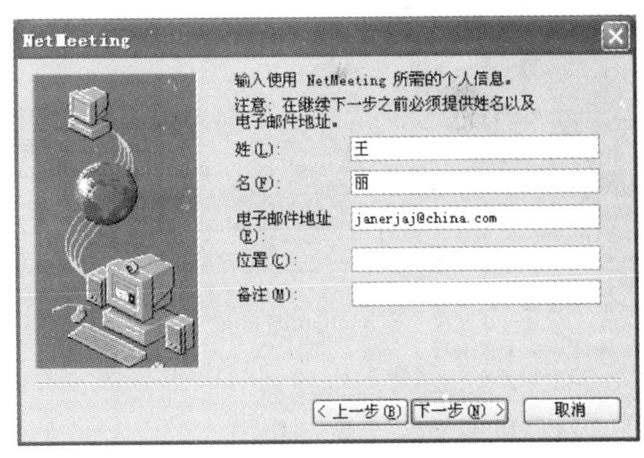

图 2-7-2 “NetMeeting”之二对话框

3. 在该对话框中，用户需输入相应的个人信息，如姓名、电子邮件地址、位置及备注信息等。输入完毕后，单击“下一步”按钮，打开“NetMeeting”之三对话框，如图 2-7-3所示。

4. 在该对话框中选中“当 NetMeeting 启动时登录到目录服务器”复选框，在“服务器名”下拉列表中选择“Microsoft Internet 目录”选项或输入其他的服务器名称。单击“下一步”按钮，进入“NetMeeting”之四对话框，如图 2-7-4 所示。

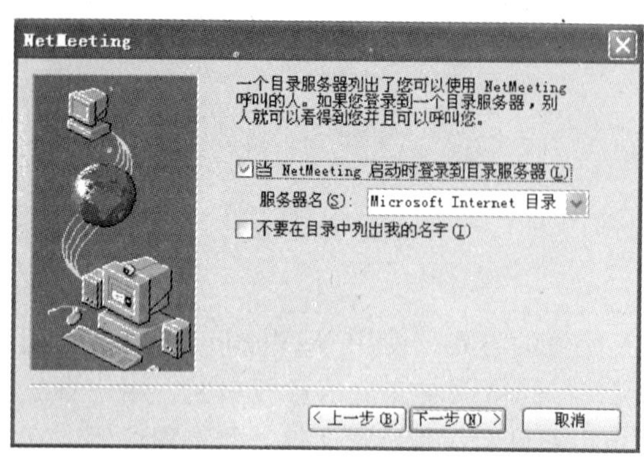

图 2－7－3　“NetMeeting”之三对话框

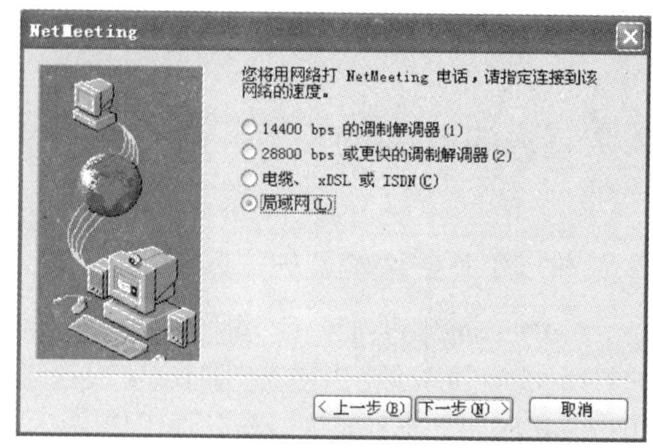

图 2－7－4　“NetMeeting”之四对话框

5. 在该对话框中用户可根据实际情况选择连接到网络的速度，选择完毕后，单击“下一步”按钮，打开“NetMeeting”之五对话框，如图 2－7－5 所示。

6. 该对话框询问用户是否要在桌面上创建 NetMeeting 的快捷方式以及是否在快速启动栏上创建 NetMeeting 的快捷方式，若用户希望在桌面或快速启动栏上创建 NetMeeting 的快捷方式，可选中相应选项前的复选框。单击“下一步”按钮，进入“音频调节向导”之一对话框，如图 2－7－6 所示。

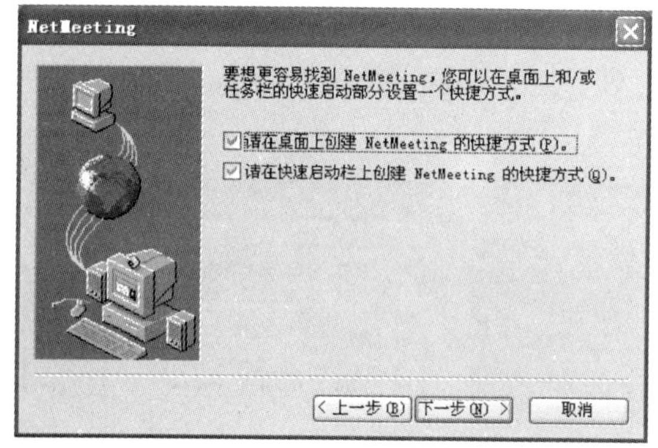

图 2－7－5　“NetMeeting”之五对话框

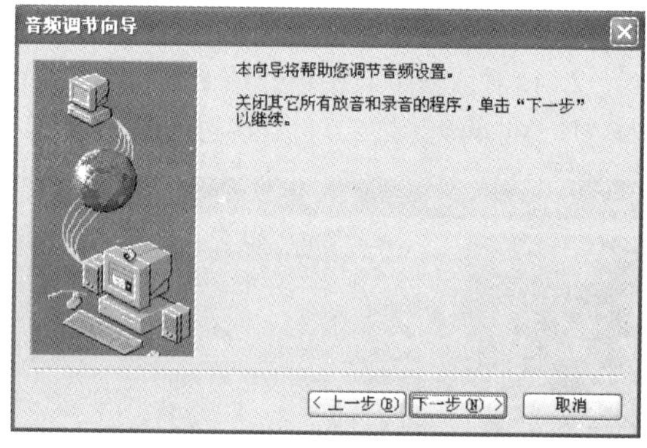

图 2－7－6　“音频调节向导”之一对话框

7. 该向导会帮助用户调节音频设置，在调节之前，用户需先关闭所有的放音和录音程序，然后单击“下一步”按钮，进入“音频调节向导”之二对话框，如图 2－7－7 所示。

8. 该向导中用户可在“录音”和“播放”下拉列表中选择用于录音及播放的音频设备，设置完毕后，单击“下一步”按钮，打开“音频调节向导”之三对话框，如图2－7－8 所示。

9. 单击“测试”按钮，拖动“音量”滑块，可调整播放音量的大小，调整合适后，单击“下一步”按钮，进入“音频调节向导”之四对话框，如图 2－7－9 所示。

10. 该向导将帮助用户调整录音音量，若用户连接有麦克风，可对着麦克风进行朗读，并拖动滑块调节录音音量。调整好录音音量后，单击“下一步”按钮，打开“音频调节向导”之五对话框，如图 2－7－10 所示。

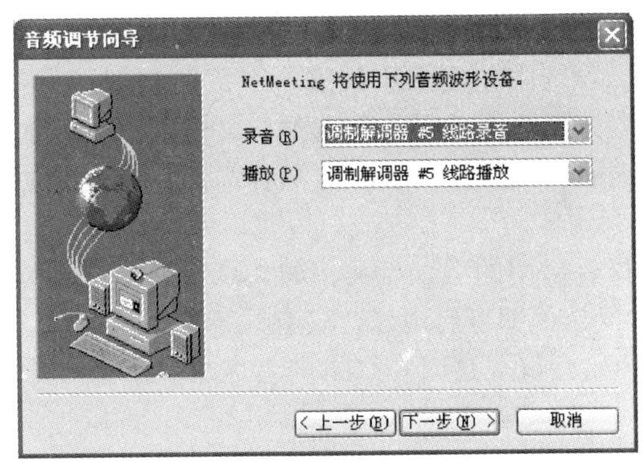

图 2-7-7 “音频调节向导”之二对话框

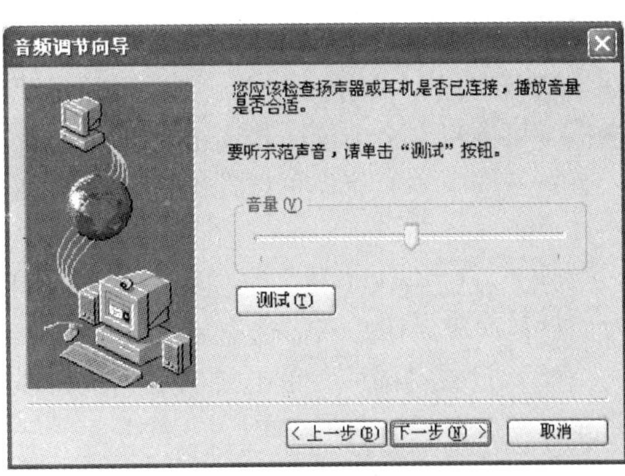

图 2-7-8 “音频调节向导”之三对话框

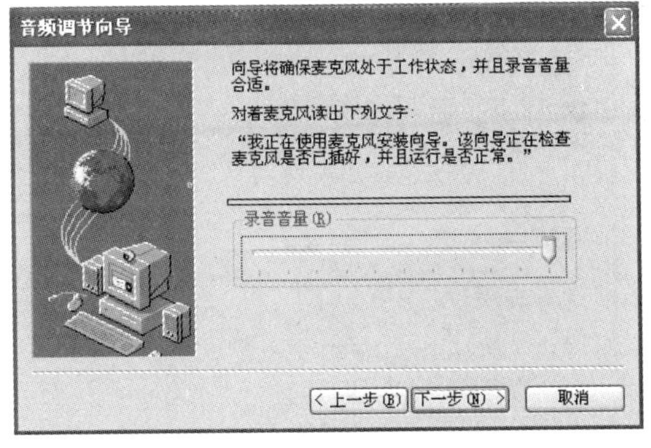

图 2-7-9 “音频调节向导”之四对话框

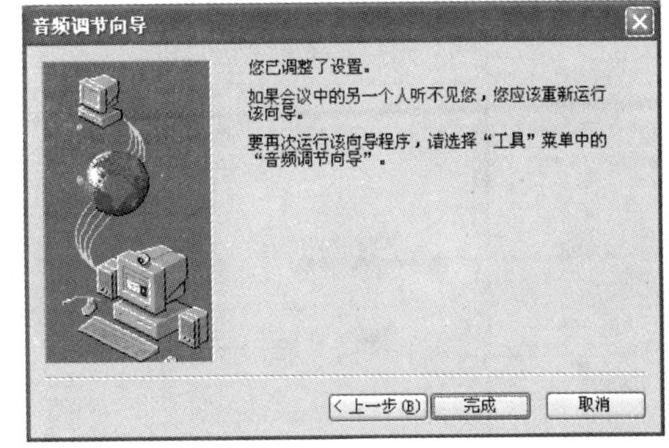

图 2-7-10 “音频调节向导”之五对话框

11. 该向导提示用户已完成了音频设置的调整，单击“完成”按钮，即可结束“音频调节向导”。

12. 设置完成后，将弹出 NetMeeting 窗口，如图 2-7-11 所示。

2.7.1.2 网上会议

使用 NetMeeting，用户可以召开会议，与朋友、同事交流信息、讨论事情、共享程序及传送文件等。会议的主持者可以邀请其他人参加会议，并规定会议中所能使用的会议工具等。会议的参加者与主持者无需安装相应的软件，即可使用会议中其他参加者计算机上的应用程序在会议中查看和处理文件。

1. 主持会议。

用户可以自己召开并主持会议，会议的主持者可以命名会议的名称、设置会议的密码等，并可以在会议中与会议的参加者共同创建文件、共享程序、向会议的参加者发送文件等。

要主持会议，可执行下列操作：

（1）打开“NetMeeting”窗口。

（2）选择“呼叫”→“主持会议”命令，打开“主持会议”对话框，如图 2-7-12 所示。

（3）在该对话框的“会议设置”选项组中的“会议名称”文本框中输入会议的名称，在“会议密码”文本框中输入加入会议的密码。若选中“要求会议安全（只是数据）”复选框，可创建安全会议；若选中“只有您可以接收拨入的呼叫”复选框，可监视会议的加入者；若选中“只有您可以发出拨出呼叫”复选框，可控制会议的参加者邀请其他人参加会议。

（4）在“会议工具”选项组中，用户可选择要启用的会议工具，如共享、聊天、白板及文件传送等。用户只需选中相应会议工具前的复选框即可启用该会议工具。

（5）设置完毕后，单击“确定”按钮即可开始会议。这时在“参与者名单显示区”中将显示参加会议的人员名单。

（6）选择“呼叫”→“新呼叫”命令，可在“发出呼叫”对话框中添加新的会议参加者。

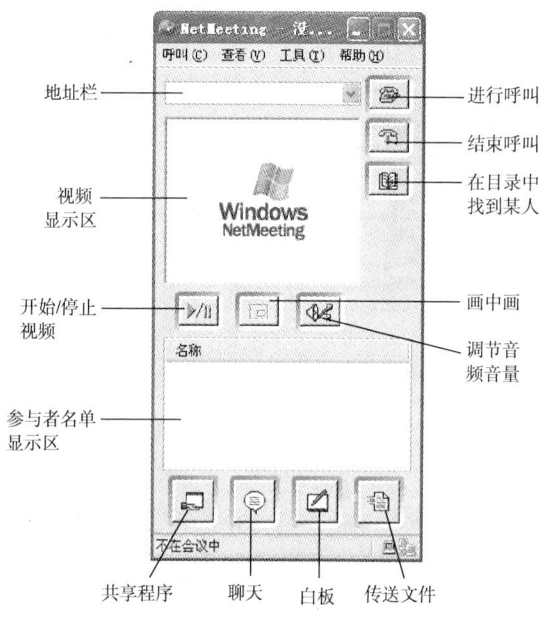

图 2－7－11　NetMeeting 窗口

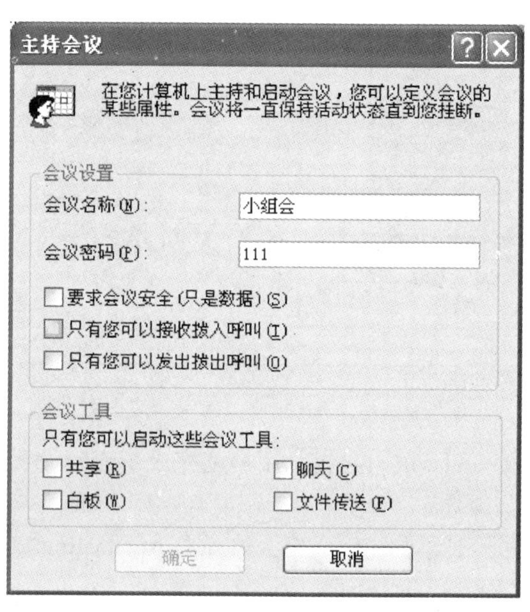

图 2－7－12　“主持会议”对话框

2. 传送文件。

在主持会议的过程中，用户可能需要将一些文件发送给会议的参加者，供其阅读或参考，这时就需要用到 NetMeeting 的文件传送功能了。

要在会议中传送文件，可执行下列操作：

（1）启动 NetMeeting 窗口。

（2）单击“传送文件”按钮，打开“文件传送”对话框，如图 2－7－13 所示。

（3）在该对话框中，用户可单击“添加文件”按钮，或选择“文件”→“添加文件”命令，打开“选择发送的文件”对话框，如图 2－7－14 所示。

（4）在该对话框中选择要传送的文件，单击“添加”按钮即可将其添加到“文件传送”列表框中。

（5）单击“全部传送”按钮，即可将选中的文件传送给会议的参与者。

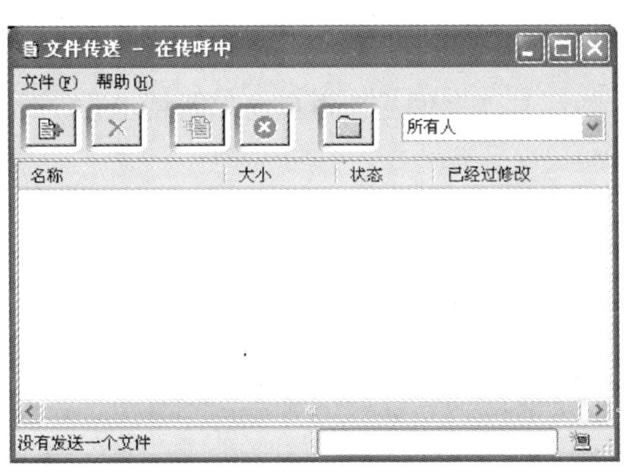

图 2－7－13 “文件传送”对话框

图 2－7－14 “选择发送的文件”对话框

(6) 若用户要将文件传送给特定的会议参与者，可在“选择要发送文件的人”下拉列表中选择文件的接收者即可。

(7) 要查看接收的文件，可单击“查看接收的文件” 按钮，系统默认将接收到的文件存放在了“NetMeeting | Received Files”文件夹中。

(8) 用户要更改接收文件的存储位置，可选择“文件”→“更改文件夹”命令，打开“浏览文件夹”对话框，在其中选择接收文件的存储位置即可。

3. 共享程序。

使用共享程序，用户可以将一个打开的应用程序设置为共享，会议中的所有参与者无论其计算机上是否安装有该应用程序，都可以看到并可以处理该应用程序，这在做演示时是一个非常实用的工具。

共享程序可参考以下步骤进行操作：

(1) 启动要共享的应用程序。

(2) 打开 NetMeeting 窗口。

(3) 单击“共享程序” 按钮，打开“共享”对话框，如图 2－7－15 所示。

(4) 在该对话框中的“共享程序”列表框中选择要共享的应用程序，单击“共享”按钮，即可将其设置为共享程序。

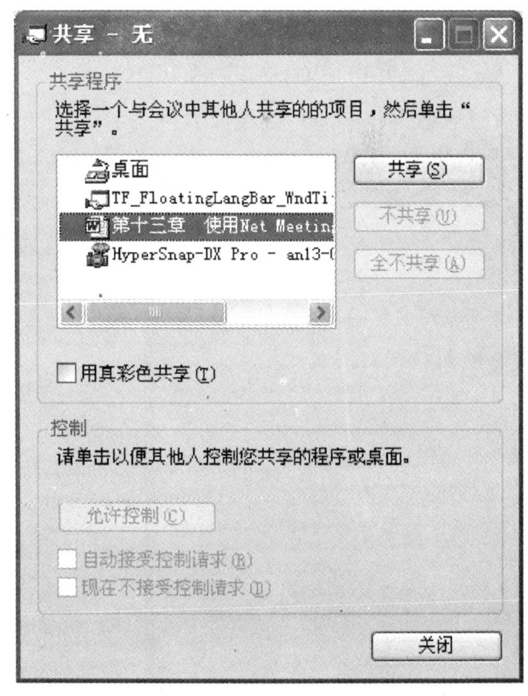

图 2－7－15 “共享”对话框

这时在会议参加者的计算机上将打开一个窗口，显示该共享程序的当前状态。共享程序的所有者对其所作的每一项操作都会及时显示在其他会议参加者的计算机屏幕上。这时只有该共享程序的所有者可以对该共享程序进行操作修改，而其他会议参加者都无法处理该共享程序。

（5）在“控制”选项组中，单击“允许控制”按钮，可在其他会议参加者提出申请后，将共享程序的控制权交给其他的会议参加者。

（6）若选中“自动接受控制请求”复选框，则当其他会议参加者提出控制请求时，不询问共享程序的拥有者，而自动接受其控制申请。

（7）若选中“现在不接受控制请求”复选框，则暂不接受其他会议参加者提出的控制请求。

4. 加入会议。

若用户想加入一个正在召开的会议，可直接呼叫会议的主持者或会议的参加者。若会议的主持者或参加者接受了呼叫，用户即可参加该会议。

5. 删除会议参加者。

在会议的召开过程中，若有会议参加者恶意捣乱或不符合会议参加者的要求，会议的主持者或其初始呼叫人可将其删除，不再让其参加会议。

删除会议参加者可执行下列操作：

（1）右击 NetMeeting 窗口的“参与者名单显示区”中要删除的会议参加者的名称。

（2）在弹出的快捷菜单中选择“从会议中删除”命令即可。

6. 使用聊天与白板。

聊天和白板是 NetMeeting 中较为常用、直观的交流工具。使用“聊天”工具，用户可以通过文字与其他用户谈天说地，交流感情。“白板”是召开联机会议时不可缺少的交流工具之一，会议的参加者可通过在白板上创建图形或输入文本等进行交流。

2.7.2 实时通信——MSN Messenger

2.7.2.1 MSN Messenger 简介

MSN Messenger 是一个出自微软的即时通信工具，和腾讯 QQ、新浪 UC，是同一个类别的工具。MSN 是 4 大顶级个人即时通信工具之一。MSN Messenger 已在国内通信工具市场上稳稳占据老二的位置，仅次于腾讯 QQ（因为 QQ 在中国很流行，知道的人比较多，所以用的也比较多），其界面如图 2－7－16 所示。

图 2－7－16 MSN Messenger

2.7.2.2 注册 .Net Passport 账号

要使用微软的 MSN Messenger，首先要拥有微软的网络护照“. NET Passport”。那么什么是“. NET Passport”？如果用户经常登录 Microsoft 的网站，那么对 Passport 一定不会陌生，Microsoft Passport 是一个安全验证系统，要求用户使用同一个登录名和密码，以唯一的、安全的方式登录到多个 Internet 站点和服务上。当然这些站点都是验证系统的成员，而 MSN Messenger Service 就是其中的一个了。如果用户之前已经申请了 Hotmail 的账户，那么整个账户就已经是用户的一个 Passport。这里“. NET Passport”是通过用户唯一的电子邮件地址和密码来识别用户身份的。

单击如图 2－7－16 的软件界面中的“单击这里登录”，弹出登录窗口（图 2－7－17），要求用户填写“用户名”和“密码”。

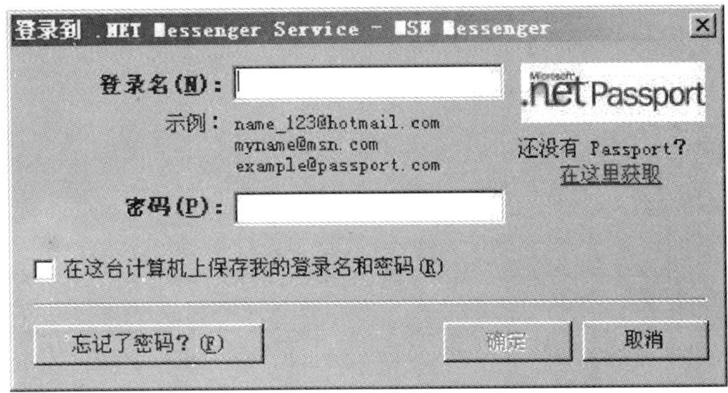

图 2－7－17 MSN Messenger 登录界面

第一次使用 MSN Messenger 的用户如果还没有 Passport，单击登录窗口中的“在这里获取”，登录 Passport 站点（图 2－7－18）获得 Passport。对表单中要求填写的电子邮件地址，用户可以使用任何一个 E－mail 作为申请“. NET Passport”的账户名，密码可以重新设定。当用户填写了这个表单并单击“同意”后，用户就完成了“. NET Passport”注册。“. NET Passport”允许用户使用在表单中填入的电子邮件地址和密码登录到任何含有“. NET Passport”登录按钮的站点。

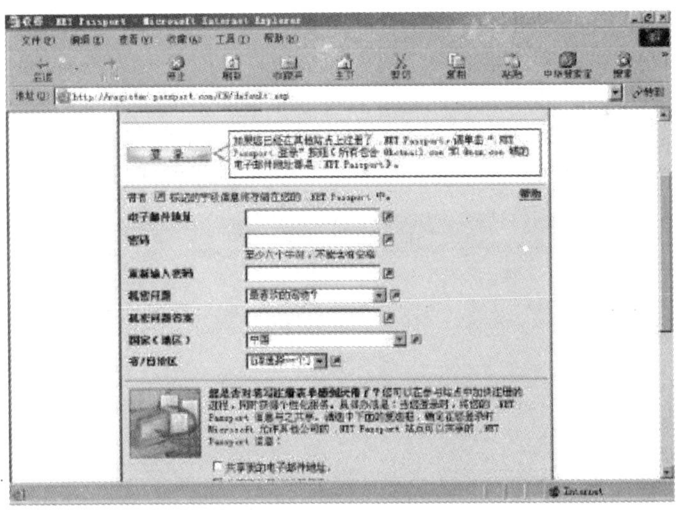

图 2－7－18 获得 MSN Messenger Passport

2.7.2.3 添加新的联系人

要使用 MSN Messenger 与好友进行网上交流，首先要将对方添加到 MSN Messenger 的联系人列表中来。用户可以单击 MSN Messenger 主界面操作窗格中的“添加联系人”或工具菜单下的“添加联系人”，启动添加联系人向导（图 2－7－19）。用户可以在这里选择添加联系人的方式，如果不能将联系人添加到用户的名单中，向导会自动帮助用户邀请此人开始使用本服务。

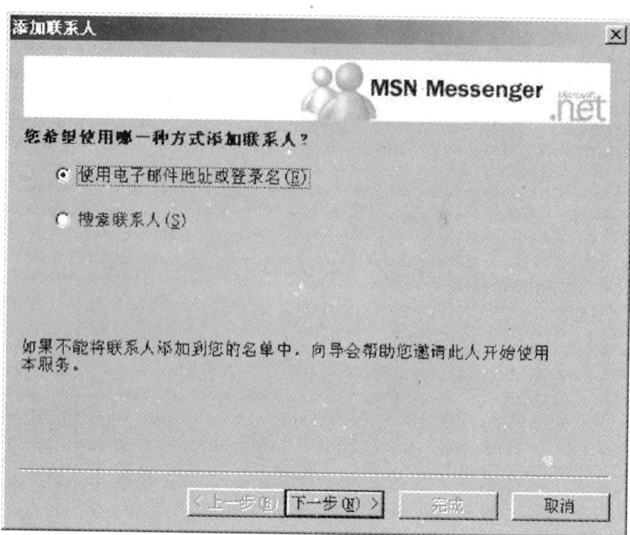

图 2-7-19　MSN Messenger 添加联系人

1. 使用电子邮件地址或登录名添加用户。选择向导中的“使用电子邮件地址或登录名”选项，单击“下一步”，在随后的添加联系人对话框（图 2-7-20）中，需要填入对方联系人的 MSN Messenger 登录名。如果此时对方不在线，则添加后只能显示对方联系人的登录名，而不能显示对方的昵称、联系方式等详细信息。

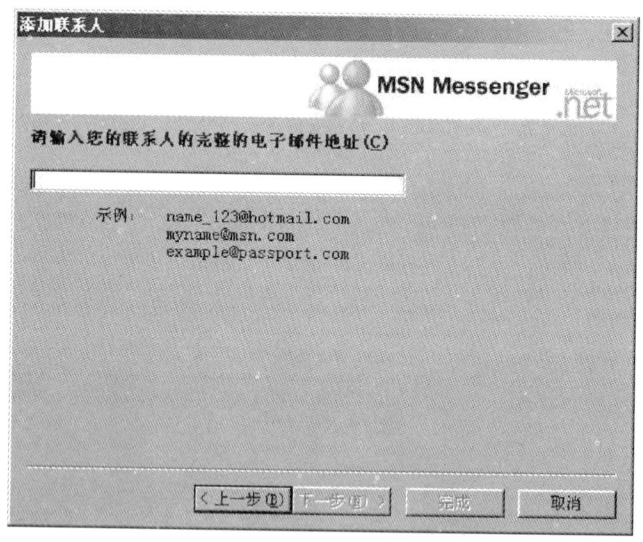

图 2-7-20　添加联系人对话框之一

2. 如果在“添加联系人向导”中选择“搜索联系人”，用户可以在随后的对话窗口（图 2-7-21）中根据姓氏、名字、所在国家或地区等条件搜索联系人。

如果所要搜索的联系人还没有使用 MSN Messenger，则用户不能立即完成对其添加，系统会为对方用户生成一封电子邮件，其中包含 MSN Messenger 的安装、使用和安全问题的说明，在对方收到信息并安装使用 MSN Messenger 后，用户才可以将联系人添加到自己的好友列表中。

图 2-7-21　添加联系人对话框之二

2.7.2.4　发送信息

在联系人名单中，双击某个联机联系人的名字，在“对话”窗口底部的小框中键入消息，单击“发送”。在“对话”窗口底部，可以看到其他人正在键入。当没有人输入消息时，可以看到收到最后一条消息的日期和时间。每则即时消息的长度最多可达 400 个字符（注：低版本 MSN 可能少于 400 个字符）。

2.7.2.5　远程协助

使用 MSN Messenger 的用户可以通过使用“远程协助”邀请联系人为他们提供帮助。

使用方法：可在 MSN Messenger 的主对话框中单击“操作”→“寻求远程协助”菜单命令，然后在出现的“寻求远程协助”对话框中选择要邀请的联系人。当邀请被接受后会打开“远程协助”程序对话框，被邀人单击“远程协助”对话框中的“接管控制权”按钮就可以操纵邀请人的计算机了。

2.8　计算机安全基础知识

当今社会已步入信息时代，国家安全和国民经济的正常运转日益依赖于各种信息，而信息资源高度集中于各类计算机系统中。计算机系统以及计算机网络上的资源都具有一定的开放性，它们都存在着被入侵和破坏的危险，因此，计算机信息安全显得十分重要。

2.8.1　计算机病毒的本质

计算机病毒是人为设计的非法侵入计算机系统的有害程序。它可以寄生于其他程序文件或数据文件中，利用计算机的资源进行自我复制、传播，干扰或破坏计算机的正常运行。计算机病毒实际上是一些非法入侵的、具有自我复制能力的、有害程序。

2.8.2　计算机病毒的主要特征

1. 程序性。计算机病毒和其他合法程序一样，是一种可存储、可执行的特殊程序。这种特殊程序如果仅仅是存在于某个文件或磁盘中，而没有被装入内存执行，那么它只是一组“僵死”的数据，并不会主动传染或发作。而且，即使该程序被装入内存，如果它并没有得到执行或者由于被某种手段将其从操作系统中隔开，那么它也不可能传染和发作。计算机病毒的这一特性揭示了其传播和发作的可预防性。

2. 寄生性。计算机病毒一般不会独立存在，而是寄生于其他可执行程序中。如果病毒程序是独立存在的，则人们只要不去执行它，病毒程序就无法发挥作用。当执行被寄生了病毒的程序时，病毒程序也同时被执行。

3. 传染性。对于绝大多数病毒来说，传染是其最主要的特征。病毒程序在执行过程中，可以进行自身复制或制造出变种，并且通过修改其他程序，将复制的病毒程序附加上去，从而达到扩散和传播的目的。

4. 隐蔽性。由于病毒程序寄生于正常的程序或数据文件之中，一般不易被发现，所以才能实现长期存在，多做坏事不被消灭。

5. 潜伏性。病毒程序可以长时间潜伏在合法文件中，在一定条件下，若激活了它的传染机制，则进行传染；若激活了它的破坏机制或表现部分，就会使病毒发作。

6. 破坏性。凡是利用软件手段可以触及计算机资源的地方，都可能受到计算机病毒的破坏。进行破坏是计算机病毒的目的，其表现为：占用 CPU 时间和内存空间，造成系统工作效率大大降低；对数据或文件进行破坏；扰乱屏幕显示等。

2.8.3 计算机病毒的类型

2.8.3.1 按照计算机病毒的破坏情况分类

1. 良性病毒。良性病毒只表现自己而不破坏系统和数据。这类病毒在发作时不干扰机器其他程序的正常运行，但可以造成系统运行速度降低，干扰用户的正常工作，甚至死机。

2. 恶性病毒。恶性病毒的目的是破坏计算机系统和数据信息，甚至导致计算机系统的瘫痪。这类病毒发作时可能造成文件丢失、文件加长、硬件损坏等严重影响。

2.8.3.2 按计算机病毒的攻击目标分类

1. 引导型病毒（操作系统型病毒）。此类病毒利用操作系统的引导模块将引导区转移或替换，自己占据其位置。一旦系统引导，就会首先执行病毒程序并进入内存常驻，然后再进行系统的正常引导。这个带病毒的系统看起来运行正常，实际上病毒已经潜伏在系统中并伺机传染发作。

2. 文件型病毒。此类病毒也称为程序文件病毒。此类病毒专门感染文件扩展名为 COM、EXE、OVL 等可执行文件，并寄生在这些文件中。当运行这些带病毒的文件时，就会将文件型病毒引入内存。当运行其他可执行文件时，如果满足感染条件，病毒就会将其感染，使这成为新的带病毒文件。

3. 混合型病毒。此类病毒既攻击引导程序也攻击可执行文件，集引导型病毒和文件型病毒特点于一身。混合型病毒的结构复杂、传染性强、攻击力和破坏力大。

4. 宏病毒。宏是 Windows 系统下的应用软件，宏病毒就是寄生在这些格式中的病毒，当某一个应用软件带有宏病毒时，用其建立的文档都将带有宏病毒。

2.8.3.3 按计算机病毒的传播途径分类

1. 单机计算机病毒。这类病毒只在单机上存在，其传播途径只有磁盘和光盘。

2. 网络计算机病毒。计算机网络的主要特点是资源共享，一旦共享资源感染病毒，网络各节点间信息的频繁传输会把病毒传染到所有共享的机器上，从而造成多种共享资源的交叉感染。

2.8.3.4 计算机病毒的传播途径

第一种途径：通过不可移动的计算机硬件设备进行传播。

第二种途径：通过移动存储设备来传播。

第三种途径：通过计算机网络进行传播。

第四种途径：通过点对点通信系统和无线通道传播。

2.8.3.5 计算机病毒的表现症状

病毒发作时会产生一些异常现象，常见的计算机病毒症状如下：

1. 计算机突然经常性无故地死机，操作系统无法正常启动，运行速度变慢。
2. 以前能正常运行的软件经常发生内存不足的错误或者非法错误。
3. 打印和通信发生异常。
4. 系统文件的时间、日期、大小发生变化，磁盘空间迅速减少。
5. 运行 WORD，文件另存时只能以模板方式保存。
6. 莫名其妙地发出一段音乐，产生特定的图像，硬盘灯不断闪烁。
7. 使部分可升级主板的 BIOS 程序混乱软件，主板被破坏。
8. 自动发送电子邮件，抢占系统网络资源，造成网络阻塞或系统瘫痪。

2.8.3.6 计算机病毒的防范

计算机用户有必要了解计算机病毒的一些基本知识，这样有助于尽早发现病毒，估计病毒对计算机的破坏程度，以便尽快采取措施，把损失降低到最低程度。

1. 从管理上预防。

（1）谨慎地使用公用软件和共享软件。

（2）定期检测软、硬盘上的系统区和文件并及时消除病毒。

（3）对所有系统盘和文件或重要的磁盘文件进行写保护。

2. 从技术上预防病毒。

（1）硬件保护法。任何计算机病毒对系统的入侵都是利用 RAM 提供的自由空间及操作系统所提供的相应的中断功能来达到传染目的的。因此，可以通过增加硬件设备来保护系统，硬件设备既能监视 RAM 中的常驻内存情况，又能阻止对外存储器的异常写入操作，这样就能实现对计算机病毒预防的目的。

（2）计算机病毒疫苗。计算机病毒疫苗是一种能够监视系统的运行，可以在发现某些病毒入侵时防止或禁止病毒入侵，当发现非法操作时及时警告用户或直接拒绝这种操作的不具备传染性的可执行程序。

2.8.3.7 计算机病毒的检查与清除

计算机病毒的检查与清除有很强的技术性。一般用户都是用现成的反病毒软件来完成这一工作。反病毒软件品牌很多，目前主要有瑞星、金山毒霸、卡巴斯基等。图 2－8－1 所示为瑞星杀毒软件，图 2－8－2 所示为金山杀毒软件。

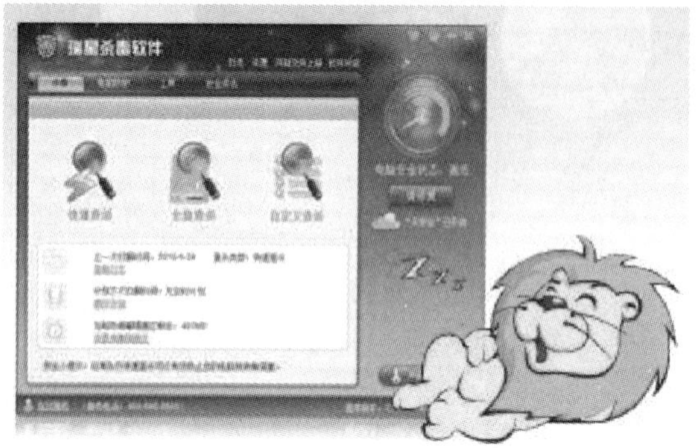

图 2－8－1　瑞星杀毒软件

图 2－8－2　金山毒霸杀毒软件

习题二

一、单选题

1. 在 Windows 中，各应用程序之间的信息交换是通过______进行的。

A. 记事本　　B. 剪贴板　　C. 画图　　D. 写字板

2. 安装 Windows XP 最少需要多少内存______。

A. 32M　　B. 64M　　C. 128M　　D. 256M

3. 在 Windows XP 缺省的状态下，桌面上只有什么图标？______。

A. 我的电脑　　B. 我的文档　　C. 回收站　　D. 网上邻居

4. Windows XP 安装的 IE 版本为______。

A. IE3. 0　　B. IE4. 0　　C. IE5. 0　　D. IE6. 0

5. 默认状态下，网页保存在历史纪录中的天数为______。

A. 20 天　　B. 30 天　　C. 60 天　　D. 90 天

6. Windows XP Professional 允许同时最多有多少个用户打开共享文件夹？______。

A. 1　　B. 5　　C. 10　　D. 无限

7. 快捷键“Ctrl + Esc”的功能是______。

A. 在打开的项目之间切换　　B. 显示“开始”菜单

C. 查看所选项目的属性　　D. 以项目打开顺序循环切换

8. 选定一个文件夹内所有文件的快捷键为______。

A. Ctrl + A　　B. Ctrl + C　　C. Ctrl + V　　D. Ctrl + X

9. 在“开始”菜单中单击“关闭计算机”按钮时，有______个选项。

A. 1　　B. 2　　C. 3　　D. 4

10. Windows XP 中可以设置磁盘配额的文件系统有______。

A. FAT16　　B. FAT32　　C. NTFS　　D. LINUX

11. 默认情况下，Windows XP 的本地安全设置要求进行网络访问的用户全部采用什么方式登录？______。

A. 来宾方式　B. 本地方式　C. 服务方式　D. 网络方式

12. Windwos XP 中可以将 FAT32 文件系统转换为 NTFS 文件系统的命令为______。

A. prompt　B. convert　C. concert　D. config

13. 使用 Windows Update，可以______。

A. 杀毒　B. 升级驱动程序

C. 升级杀毒软件病毒库　D. 及时更新计算机

14. Windows XP 提供的新的通信软件为______。

A. QQ　B. Winchat　C. Windows Messenger　D. NetMeeting

15. 为了便于不同的用户快速登录来使用计算机，Windows XP 提供了______功能。

A. 重新启动　B. 切换用户　C. 注销　D. 登录

16. 目前微软发布的 Windows XP 的最新补丁为______。

A. SP1　B. SP2　C. SP3　D. SP4

17. Windows XP 提供的新的安全特性包括______。

A. 集成的 Internet 连接防火墙　B. 使用密码登录

C. 账号管理　D. 用户管理

18. Windows XP 是一个______的桌面操作系统。

A. 16 位　B. 32 位　C. 16 位与 32 位并存　D. 64 位

19. Windows XP 是一个基于______内核的操作系统。

A. Windows 95　B. Windows 98　C. Windows ME　D. Windows NT

20. Windows XP 是微软于______发布的新的桌面操作系统。

A. 1999 年　B. 2000 年　C. 2001 年　D. 2002 年

21. 切换用户是指______。

A. 关闭当前登录的用户，重新登录一个新用户

B. 重新启动电脑用另一个用户登录

C. 注销当前的用户

D. 在不关闭当前登录用户的情况下切换到另一个用户

22. 当用户较长时间不使用计算机，而又希望下次开机时可以直接进入自己的桌面时，可以使用______。

A. 注销　B. 切换用户　C. 待机　D. 休眠

23. 当用户想看所选对象的大小、类型等信息时，可以选择哪种查看方式？______。

A. 缩略图　B. 图标　C. 平铺　D. 列表

24. 要在不同的选项栏之间切换，可以使用快捷键______。

A. Ctrl　B. Alt　C. Tab　D. Shift

25. 在鼠标的右键菜单中有一个“运行方式”，其作用是______。

A. 用不同的程序打开文件　B. 用不同的窗口打开文件

C. 用不同的用户打开文件　D. 用不同的系统打开文件

26. 当用户想要对自己最近打开的文档进行快速的再次访问，可以______。

A. 在搜索中查找该文件　B. 直接到存有该文件的文件夹中打开文件
C. 在“最近使用的文档”栏中选择文件　D. 到“我的文档”中查找该文件

27. 将程序的快捷图标拖动到快速启动栏，直至出现什么光标即可松开鼠标，表示添加成功？______。

A. 指针　B. 漏斗　C. 十字　D. I 字

28. 计算机等待启动屏幕保护程序的最短时间为______。

A. 30 秒　B. 1 分钟　C. 5 分钟　D. 10 秒

29. 同一个目录内，已有一个“新建文件夹”，再新建一个文件夹，则此文件夹的名称为______。

A. 新建文件夹　B. 新建文件夹（1）　C. 新建文件夹（2）　D. 不能同名

30. 给文件或文件夹重命名的快捷键为______。

A. F1　B. F2　C. F3　D. F4

31. 使用 Windows XP 的备份功能，可以备份______。

A. 我的文档和我的设置　B. 每个人的文档和设置
C. 驱动程序　D. 这台计算机上的所有信息

32. 使用文件和设置转移向导可以______。

A. 将计算机上的文件和设置转移到另一台计算机上，使两台计算机的文件和设置相同
B. 将一台计算机上的文件剪切到另一台计算机
C. 将一台计算机上的程序剪切到另一台计算机
D. 将该计算机的设置去掉

33. Windows XP 中集成的 Outlook Express 版本为______。

A. Outlook Express 5　B. Outlook Express 6
C. Outlook Express 2000　D. Outlook Express XP

34. Windows XP 中用来发送邮件的协议是______。

A. POP3　B. SMTP　C. TCP/IP　D. IPX

35. 在 Outlook 的通信簿中，一个联系人可以有几个邮件地址？______。

A. 1 个　B. 2 个　C. 3 个　D. 多个

36. 在 Outlook 中，要想知道收件人是否收到邮件，可以设置______。

A. 回执　B. 阅读　C. 连接　D. 签名

37. 在 Internet Explorer 中，要想查看本机以前的上网记录，可以单击______。

A. 搜索　B. 历史　C. 收藏夹　D. 媒体

38. Windows XP 提供了一种新的媒体软件，可以将录制的视频或音频从模拟便携式摄像机或数码视频相机等来源转移到计算机中，这种软件是______。

A. Windows Media Player　B. 录音机
C. Windows Movie Maker　D. 超级解霸

39. 要去掉 Internet Explorer 浏览器浏览网页时链接下面的下划线，在哪里设置？______。

A. 启动 IE，在“工具”菜单中选择“Internet 选项”命令，“常规”选项卡中

B. 启动 IE，在“工具”菜单中选择“Internet 选项”命令，“高级”选项卡中

C. 启动 IE，在“工具”菜单中选择“Internet 选项”命令，“内容”选项卡中

D. 启动 IE，在“工具”菜单中选择“Internet 选项”命令，“程序”选项卡中

40. 当文件以详细信息显示时，能够显示文件的详细信息（包括创建日期、大小和作者），应在哪里设置？______。

A. “查看”菜单中的“选择详细信息”命令

B. 选择“工具”菜单中的文件夹选项

C. 选择“查看”菜单中的“自定义文件夹”命令

D. 选择“查看”菜单中的“列表显示”命令

41. 要在任务栏中显示音量，应在哪里设置？______。

A. 在桌的空白处单击右键，选择“属性”

B. 在任务栏上单击右键，选择属性

C. 控制面板中的“系统”选项

D. 控制面板中的“声音和音频设备”选项

42. 要在所有驱动器上关闭系统还原功能，应在哪里设置？______。

A. 在控制面板的“管理工具”中设置

B. 在“开始”菜单的“系统工具”中设置

C. 右键单击“我的电脑”，选择“属性”命令，弹出“系统属性”对话框，在“系统还原”选项卡中设置

D. 打开“我的电脑”，选中一个盘符，单击右键，在“属性”中设置

43. 要关闭 Windows 防火墙功能，应在哪里设置？______。

A. 在 Internet Explorer 的“工具”选项中设置

B. 打开“控制面板”，切换到经典视图，选择“Internet 选项”

C. 打开“控制面板”，选择“系统”选项

D. 打开“控制面板”，切换到经典视图，双击 Windows 防火墙图标

44. 设置计算机为允许其他人从另外的计算机上进行远程桌面连接，应怎么做？______。

A. 打开“控制面板”，选择“系统”，在“系统属性”对话框中单击“远程”选项卡

B. 打开“开始”菜单，单击“帮助和支持中心”

C. 在桌面空白处单击右键，选择“属性”

D. 打开“控制面板”，选择“管理工具”选项

45. 要设置 Internet Explorer 的工具栏中显示打印预览按钮，应怎么做？______。

A. 打开“控制面板”，选择“打印机”选项

B. 打开“控制面板”，选择“Internet 选项”

C. 启动 IE，单击“工具”菜单中“Internet 选项”命令

D. 启动 IE，单击“查看”菜单中“工具栏”子菜单下的“自定义”命令

46. Windows XP Professional 支持的最大内存为______。

A. 1GB　　B. 2GB　　C. 3GB　　D. 4GB

47. Windows XP Professional 可以使用几个处理器？______。

A . 1 个　　B. 2 个　　C. 3 个　　D. 4 个

48. 要获得本计算机的详细信息，应怎么做？______。

A. 在命令行下运行“ipconfig”

B. 打开“开始”菜单，选择“附件”→“系统工具”→“系统信息”

C. 在“我的电脑”上单击右键，选择“属性”

D. 打开“控制面板”，选择“系统”

49. 要使用无线网络可以运行______。

A. 无限网络安装向导　　B. 网络连接

C. 网络安装向导　　D. 超级终端

50. Outlook Express 收到一封中文邮件，显示的是乱码，应怎么做？______。

A. 重装 Outlook Express　　B. 重装系统

C. 安装多语言包　　D. 单击“查看”菜单中“编码”子菜单中的“简体中文”

51. 用鼠标选定几个位置连续的文件的方法是______。

A. 用鼠标从第一个文件名开始拖动到最后一个文件名

B. 单击第一个文件名后，按下 Shift 键的同时单击最后一个文件名

C. 单击第一个文件名，再单击最后一个文件名

D. 按住 shift 键的同时，用鼠标从第一个文件名开始拖动到最后一个文件名

52. 在 Windows XP 中，如果进行了多次剪切或复制操作，则剪贴板中的内容是______。

A. 第一次剪切或复制的内容　　B. 最后一次剪切或复制的内容

C. 所有剪切或复制的内容　　D. 什么内容也没有

53. 为了正常退出 Windows XP，用户的操作是______。

A. 在任何时刻关掉计算机的电源

B. 单击“开始”菜单中的“关闭计算机”按钮，并进行人机对话

C. 在没有运行任何应用程序的情况下关掉计算机的电源

D. 在没有运行任何应用程序的情况下按 Ctrl + Alt + Del 组合键

54. 在 Windows XP 环境下，整个显示屏幕称为______。

A. 窗口　　B. 桌面　　C. 对话框　　D. 资源管理器

55. 当一个窗口已经最大化后，下列叙述中错误的是______。

A. 该窗口可以被关闭　　B. 该窗口可以移动

C. 该窗口可以最小化　　D. 该窗口可以还原

56. 将运行中的应用程序窗口最小化以后，应用程序______。

A. 还在继续运行　　B. 停止运行　　C. 被删除掉　　D. 出错

57. Windows XP 默认环境中，下列______不能运行应用程序。

A. 用鼠标左键双击应用程序的快捷方式

B. 用鼠标左键双击应用程序的图标

C. 用鼠标右键单击应用程序的图标，在弹出的快捷菜单中选择“打开”命令

D. 用鼠标右键单击应用程序的图标，然后按 Enter 键

58. 对话框外形和窗口差不多，______。

A. 也有菜单栏　　B. 也有标题栏

C. 也有最大化和最小化按钮　　D. 也允许用户改变其大小

59. 以下对话框元素中，只有______中能输入文本。

A. 文本框　　B. 单选框　　C. 复选框　　D. 列表框

60. 下列文件名中，合法的文件名是______。

A. My. PROG　　B. A \ B \ C　　C. TEXT＊. TXT　　D. A/S. DOC

61. Windows 的文件夹组织结构是一种____________。

A. 表格结构　　B. 树形结构　　C. 网状结构　　D. 线性结构

62. 在资源管理器的左窗格中，单击某个文件夹图标左边的加号（+）后，窗口中显示内容的变化是______。

A. 左窗格显示的该文件夹的下级文件夹消失

B. 该文件夹的下级文件夹显示在右窗格

C. 该文件夹的下级文件夹显示在左窗格

D. 右窗格显示的该文件夹的下级文件夹消失

63. 在 Windows XP 的“回收站”中，存放的是______。

A. 只能是硬盘上被删除的文件或文件夹

B. 只能是软盘上被删除的文件或文件夹

C. 可以是硬盘或软盘上被删除的文件或文件夹

D. 可以是所有外存储器中被删除的文件或文件夹

64. 在 Windows XP 中，要将当前窗口的全部内容拷入剪贴板，应该使用______。

A. Print Screen　　B. Alt + Print Screen

C. Ctrl + Print Screen　　D. Ctrl + P

65. 在“格式化磁盘”对话框中，选中“快速格式化”复选框，被格式化的磁盘必须是______。

A. 从未格式化的新盘　　B. 曾被格式化的磁盘

C. 无任何坏扇区的磁盘　　D. 硬盘

66. 菜单命令旁有“…”表示______。

A. 该命令不能执行　　B. 执行该命令会打开一个对话

C. 按“…”后不执行该命令　　D. 执行该命令会打开一个窗口

67. 若已打开若干个窗口，利用快捷键“Alt + ______”，可在窗口之间切换，并且还将显示该窗口对应的应用程序图标。

A. Esc　　B. Ctrl　　C. Tab　　D. Shift

68. 在 Windows 中，不同驱动器之间的文件移动，应使用的鼠标操作为______。

A. “拖拽”

B. “Ctrl + 拖拽”

C. “Shift + 拖拽”

D. 选定要移动的文件按“Ctrl + C”，然后打开目标文件夹，最后按“Ctrl + V”

69. 按下______键，可将整个桌面图案放入剪贴板。

A. “Tab”　　B. “Print Screen”

C. “Alt + Print Screen”　　D. “Insert”

70. 在资源管理器中，若要选定一组连续的文件，单击该组第一文件后，再按住______键后单击该组的最后一个文件。

A. Shift　　B. Alt　　C. Ctrl　　D. Tab

参考答案

1. B	2. B	3. C	4. D	5 . A	6. C	7. B	8. A	9. C	10. C
11. A	12. B	13. D	14. C	15. C	16. C	17. A	18. B	19. D	20. C
21. D	22. D	23. D	24. C	25. C	26. C	27. D	28. B	29. B	30. B
31. D	32. A	33. B	34. B	35. D	36. A	37. B	38. C	39. B	40. A
41. D	42. C	43. D	44. A	45. D	46. D	47. B	48. B	49. A	50. D
51. B	52. B	53. B	54. B	55. B	56. A	57. D	58. B	59. A	60. A
61. B	62. C	63. D	64. B	65. B	66. B	67. C	68. C	69. B	70. A

3　文字编辑软件 Word 2003

Word 是微软公司出品的文字处理软件，是 Microsoft Office 的重要部分。Word 93、Word 2000 以及 Word 2003 都是深受用户喜爱的版本，目前流行的是 2006 年发布的 Word 2003，最新的版本是 Word 2010。

Word 2003 作为 Office 2003 组件中文字编辑处理的软件，其功能非常强大，使用 Word 2003 可以制作公文、书信、报告等各种文档，文档可以包括表格，并可插入图片、绘制图形，对文档中的文本和对象可以进行各种格式修饰从而生成图文并茂的漂亮文档。

3.1　Word 2003 概述

3.1.1　Word 2003 的最新功能

跟以往的版本相比，Word 2003 在以下几个方面有较大的改进。

1. 支持 XML 文档。

现在 Word 允许以 XML 格式保存文档，因此用户可将文档内容与其二进制（.doc）格式定义分开。文档内容可以用于自动数据采集和其他用途。文档内容可以通过 Word 以外的其他进程搜索或修改，如基于服务器的数据处理。

2. 增强显示功能。

Microsoft Office Word 2003 将使计算机上的文档阅读工作变得前所未有的简单。现在 Word 可以根据屏幕的尺寸和分辨率优化显示。同时，一种新的阅读版式视图也提高了文档可读性。

3. 支持手写输入。

如果用户正在使用支持墨迹输入的设备，例如 Tablet PC，用户就可以用 Tablet 笔使用 Microsoft Office Word 2003 的手写输入功能。

（1）用手写批注和注释标记文档。

（2）将手写内容写入 Word 文档。

（3）使用 Microsoft Outlook 中的 WordMail 发送手写电子邮件。

4. 文档保护功能更加完善。

在 Microsoft Office Word 2003 中，文档保护可进一步控制文档格式设置及内容。例如，用户可以指定使用特定的样式，并规定不得更改这些样式。当保护文档内容时，用户不再需要将相同的限制应用于每一名用户和整篇文档，用户可以有选择地允许某些用户编辑文档中的特定部分。

5. 增加文档工作区。

利用文档工作区，用户可以通过 Microsoft Office Word 2003、Microsoft Office Excel 2003、Microsoft Office PowerPoint 2003 或 Microsoft Office Visio 2003 简化实时的共同写作、编辑和审

阅文档的过程。

3.1.2 Word 2003 的安装、启动和退出

安装 Microsoft Office Word 2003 后，就可以运行 Word 2003。本节主要介绍 Word 2003 的启动与退出。

3.1.2.1 Word 2003 的安装

虽然 Word 2003 是一个可以单独使用的软件，但是它没有独立的安装程序。作为 Office 2003 中的一个组件，Word 2003 必须使用 Office 2003 的安装程序。Office 2003 中除 Word 2003 外还有许多组件，用户可以有选择地安装。

1. 将 Office 2003 安装光盘放入光驱中，计算机会自动启动 Office 2003 的安装程序。

2. 在“产品密钥”对话框中，输入正确的产品密钥，然后单击“下一步”按钮调出“用户信息”对话框。

3. 在“用户信息”对话框中，输入用户名、缩写和单位等用户信息，然后单击“下一步”按钮，调出“最终用户许可协议”对话框。

4. 在“最终用户许可协议”对话框中，选中“我接受《许可协议》中的条款”复选框，然后单击“下一步”按钮，调出“安装类型”对话框。

5. 在“安装类型”对话框中，如果选中“典型安装”单选钮，则安装 Office 2003 最常用的组件；如果选中“完全安装”单选钮，则安装 Office 2003 所有的组件和工具；如果选中“最小安装”单选钮，则安装 Office 2003 最基本的组件；如果选中“自定义安装”单选钮，则用户自行选择安装 Office 2003 中的组件和工具。

6. 如果选中前三个单选钮中的任意一个，再单击“下一步”按钮，将直接调出“摘要”对话框；如果选中“自定义安装”单选钮，再单击“下一步”按钮，则调出“自定义安装”对话框。如图 3－1－1 所示。

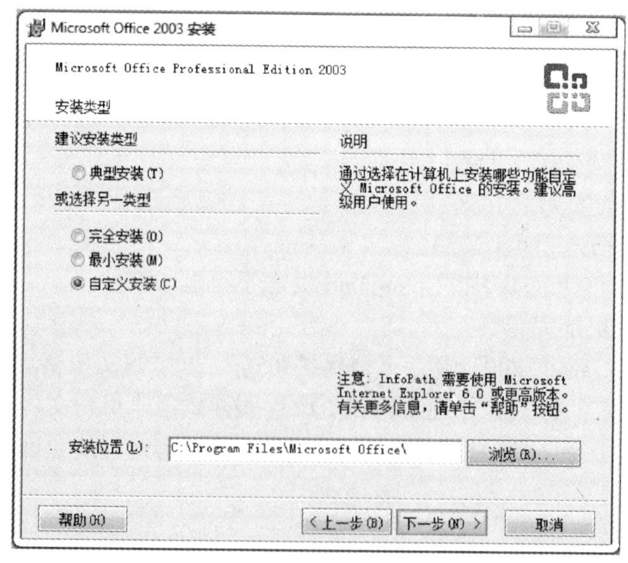

图 3－1－1　Office 2003 安装界面之一

7. 在“自定义安装”对话框中，有 7 个组件选择复选框，其默认值均为选中。用户可以根据自己的需要选择要安装的组件，如图 3－1－2 所示。

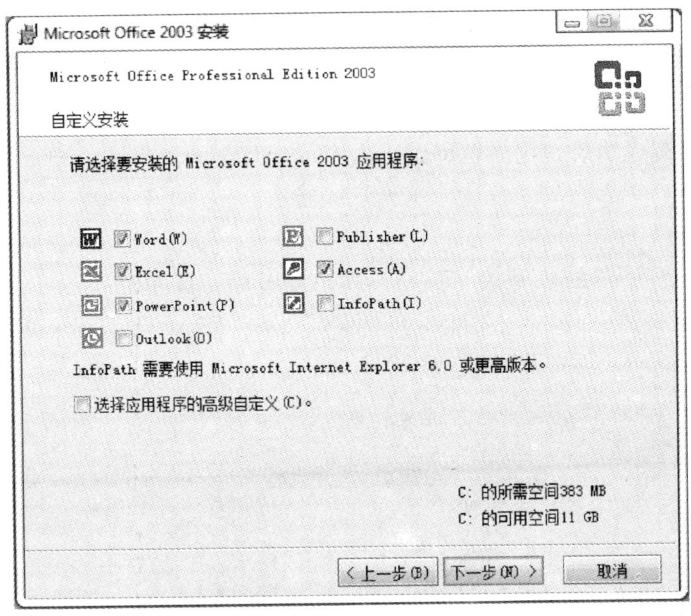

图 3－1－2　Office 2003 安装界面之二

8. 在“摘要”对话框中列出所有 Office 2003 组件，并显示哪些是用户选定要安装的组件，哪些是不安装的组件。如果用户改变主意想对安装组件做出调整，可以单击“上一步”按钮退回到“自定义安装”对话框。用户在任何时候不想继续安装 Office 2003，都可以单击“取消”按钮退出 Office 2003 安装程序，如图 3－1－3 所示。

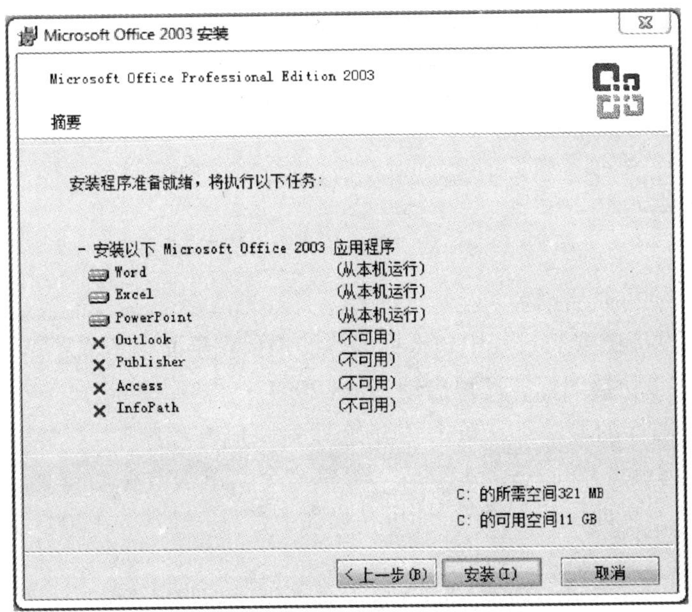

图 3－1－3　Office 2003 安装界面之三

9. 在确认要安装的内容无误后，单击“安装”按钮，计算机在安装 Office 2003 安装结束后，系统会提示用户安装了新程序，这表示安装成功。

10. 如果要卸载 Office 2003 或者要重新安装 Office 2003，可以再次运行安装光盘，计算机会自动调出“维护模式选项”对话框。

3.1.2.2 Word 2003 的启动

Office 2003 安装成功后，用户就可以进入 Word 2003 的世界了。启动 Word 2003 最常用的方法有以下 3 种：

1. 通过“开始”菜单启动。

（1）单击桌面左下角的“开始”按钮，弹出“开始”菜单栏。

（2）选择“所有程序”→“Microsoft Office”→“Microsoft Office Word 2003”应用程序，如图 3-1-4 所示，即可启动 Word 2003。

图 3-1-4　从“开始”菜单启动 Word 2003

2. 通过桌面快捷方式启动。

如果在 Word 2003 的安装过程中，根据屏幕的提示在桌面中建立了 Word 2003 快捷图标，用户只需双击该快捷图标，即可启动 Word 2003。

创建快捷方式图标的方法是：单击“开始”→“所有程序”→“Microsoft Office”，然后将鼠标指向“Microsoft Office Word 2003”菜单命令，单击鼠标右键调出快捷菜单，然后单击“发送到”→“桌面快捷方式”，即可在桌面上常见一个 Word 2003 的图标。

3. 通过已有的 Word 2003 文档启动。

在“我的电脑”、“我的文档”或“Windows 资源管理器”等程序中任意一文件夹下，双击要打开的 Word 2003 文件，也可以启动 Word 2003，如图 3-1-5 所示。

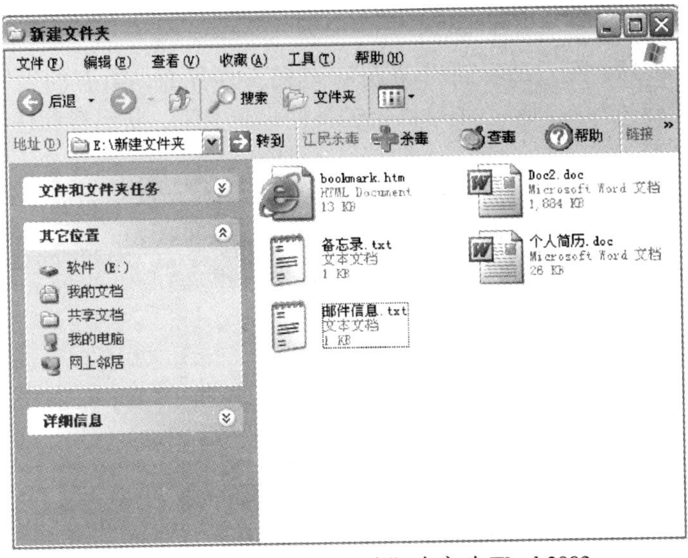

图 3－1－5 从“我的电脑”中启动 Word 2003

3.1.2.3 Word 2003 的退出

当完成所有文档编辑工作后，就需要保存文件并退出该程序，常用的退出方法有三种。

1. 可以执行“文件”→“退出”命令，退出 Word 2003，如图 3－1－6 所示。

2. 单击 Word 2003 工作界面右上角的“关闭”按钮 x。

3. 按快捷键“Alt＋F4”关闭程序窗口，“Ctrl＋F4”关闭文档窗口。

如果 Word 2003 打开了多个文件，那么则会将所有的文件关闭，然后再退出 Word。关闭文档时，如果文档没有保存，系统会给出提示，让用户确定是否保存，如图 3－1－7 所示。单击“是”按钮保存文档，单击“否”不保存文档，不保存对文档的修改，直接退出 Word 2003 程序；单击“取消”按钮则中止关闭操作，返回编辑状态。

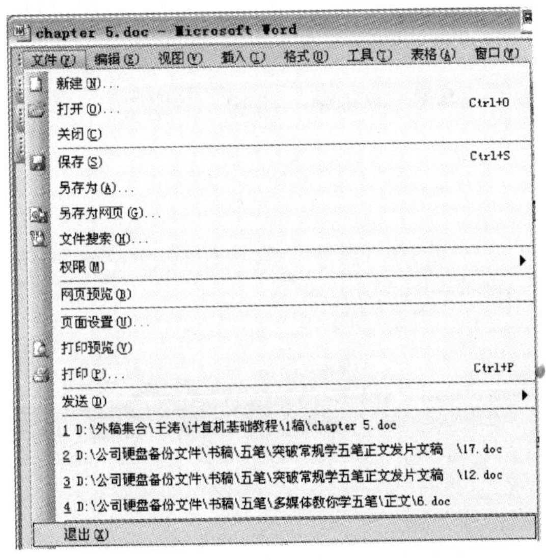

图 3－1－6 退出 Word 2003

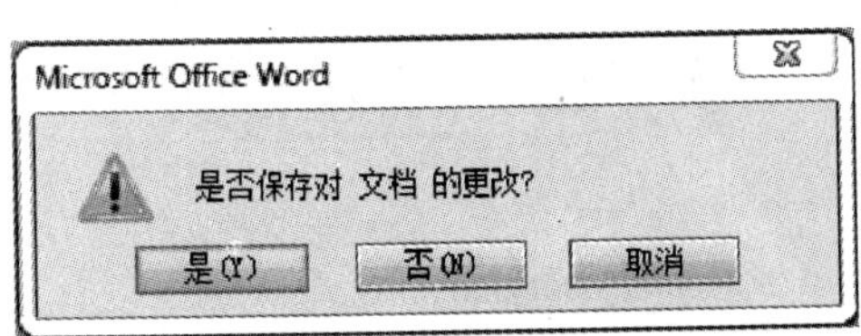

图 3－1－7 信息提示框

3.1.3 Word 2003 界面简介

启动 Word 2003 后，用户所看到的就是 Word 的工作界面，所有的操作都是在这个界面内进行的。工作界面包括标题栏、菜单栏、工具栏、文本区、状态栏和任务窗格 6 部分，如图 3－1－8 所示。

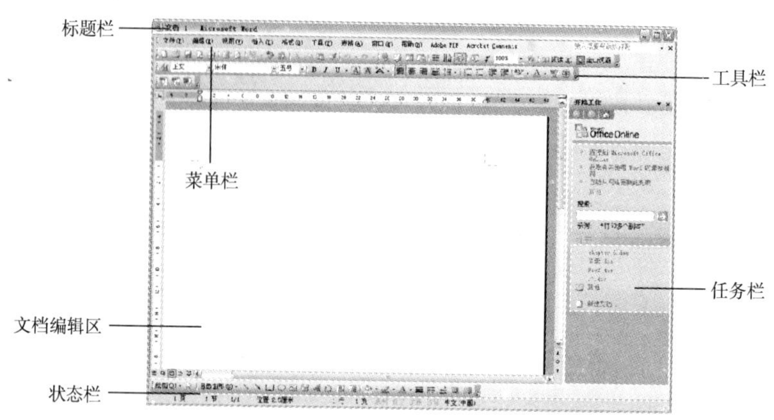

图 3－1－8　功能区用户界面

1. 标题栏。

标题栏位于主窗口的最上方，用来显示当前所使用的软件名称、所编辑的文档名、窗口最小化控制按钮、最大化控制按钮和关闭按钮，如图 3－1－9 所示。

图 3－1－9　标题栏

2. 菜单栏。

菜单栏是 Word 所有功能的集合地，其中包含了 Word 2003 的所有命令。它包括 9 个菜单，分别是：文件、编辑、视图、插入、格式、工具、表格、窗口和帮助。每个菜单项都有相应的子菜单，如图 3－1－10 所示。

文件(F)　编辑(E)　视图(V)　插入(I)　格式(O)　工具(T)　表格(A)　窗口(W)　帮助(H)

图 3－1－10　菜单栏

3. 工具栏。

工具栏由许多常用工具按钮组成，如图 3－1－11 所示。每个工具按钮代表一个常用命令。使用它时，只要用鼠标单击就行了，免除了用菜单操作的麻烦。

图 3－1－11　工具栏

4. 文档编辑区。

文档编辑区也称为文档窗口，是 Word 中最为重要的区域，如图 3－1－12 所示。在编辑区内用户可以输入文本，对文档进行编辑、修改和排版。编辑区内包括插入点（一条闪烁的竖线）、竖形鼠标指标、段落结束标志“↵”。

图 3 – 1 – 12 文档编辑区

5. 任务窗格。

任务窗格是 Word 2003 新添加的一个内容，任务窗格的出现将一些多层次的菜单操作直接以直观的方式显示出来，非常方便用户进行操作，如图 3 – 1 – 13 所示。通常任务窗格包括“新建文档”、“剪贴板”、“搜索”、“插入剪贴画”、“样式和格式”、“显示格式”、“邮件合并”和“翻译”几个组。

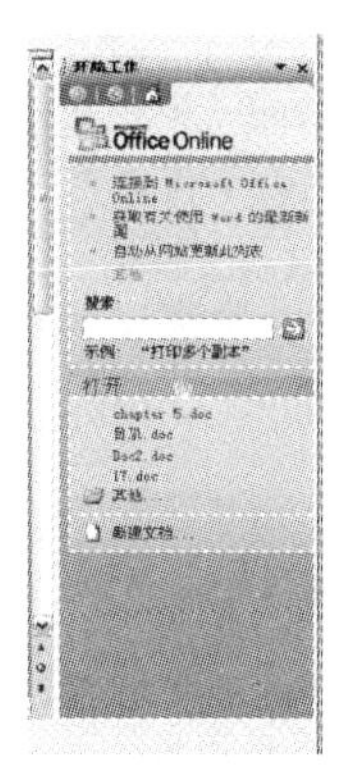

开始工作任务窗格

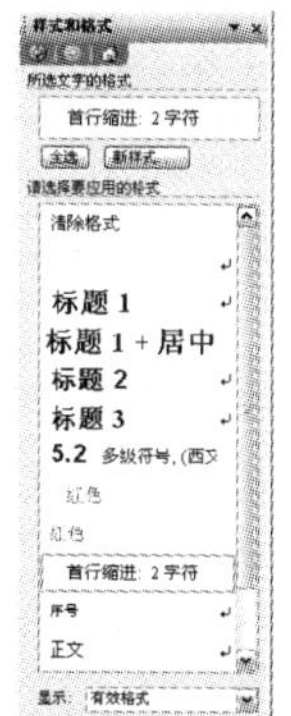

样式和格式任务窗格

新建文档任务窗格

图 3 – 1 – 13 任务窗格

6. 状态栏。

状态栏位于 Word 2003 窗口的最下端位置，如图 3 – 1 – 14 所示。它的主要作用是显示当前文档的一些状态信息、如当前的文档总页数、当前光标所处位置、当前正在使用的工具栏按钮属性、正在进行的操作等信息。

1 页　1 节　1/1　位置 2.5厘米　1 行　1 列　录制　修订　扩展　改写　中文(中国)

图 3－1－14　状态栏

3.1.4　Word 的各种视图模式

3.1.4.1　各视图模式的特征

1. 普通视图。普通视图模式的特征是：显示速度快，适合录入文字，可显示各类手工分隔符，不显示页边距、页眉、页脚等。

2. 页面视图。页面视图模式的特征是：所见即所得，是 Word 2003 的默认视图。

3. Web 版式视图。Web 版式视图模式主要用于 HTML 文档的编辑。在该模式下编辑的文档，可以比较准确地模拟它在网页浏览中显示的效果。可显示超链接、各种背景和底纹，文档将显示为一个不带分页符的长页。

4. 大纲视图。大纲视图模式用于用户编辑长文档，可以折叠文档而仅查看标题，也可以展开文档，以便阅读。

5. 阅读版式视图。阅读版式视图模式可增加文档可读性。

3.1.4.2　视图的切换方法

1. 利用视图左下角的视图按钮。

2. 单击“视图”菜单，如图 3－1－15 所示。

3.1.5　Word 帮助系统

1. 在“帮助（H）”菜单中选择“Microsoft Word 帮助（H）”命令，如图 3－1－16 所示。或按 F1 键，或在 键入需要帮助的问题 中输入需要帮助的内容，即显示出帮助信息。

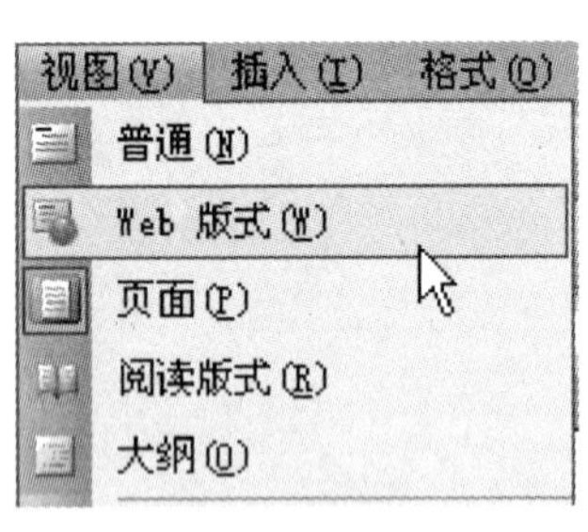

图 3－1－15　视图菜单

图 3－1－16　“帮助”下拉菜单

2. 在对话框的右上角单击按钮，则会弹出关于此对话框中所有项目的帮助信息。

3.2　文档的基本操作和编辑

3.2.1　文档的基本操作

文档的基本操作主要包括文档的创建、打开、保存和关闭等，掌握这些基本操作，可以帮助用户大大提高工作效率。

3.2.1.1　创建文档

当启动 Word 2003 时，系统将自动创建一个新文档“文档 1”，用户既可以直接在文档中进行文字输入或编辑工作，也可以重新创建一个新文档，创建新文档的方法有以下 4 种。

1. 单击“文件”→“新建”菜单命令，调出“新建文档”任务窗格，如图 3-2-1 所示。单击其中的“空白文档”链接，即可新建一个空白文档。

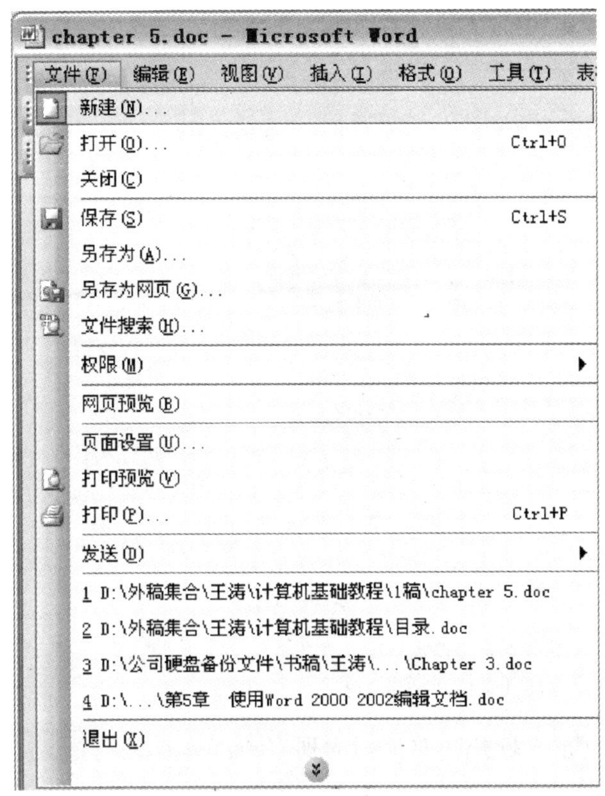

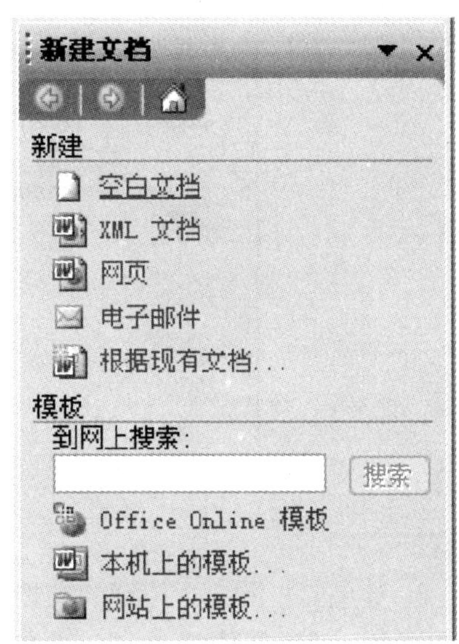

图 3-2-1　新建空白文档

2. 单击“常用”工具栏最左边的“新建空白文档”按钮，新建一个空白文档。

3. 使用“Ctrl + N”快捷键，新建一个空白文档。

4. 单击“文件”→“新建”菜单命令，调出“新建文档”任务窗格。单击其中的“根据现有文档...”链接，调出“根据现有文档新建”对话框，如图 3-2-2 所示。

3.2.1.2　打开文档

1. 在硬盘或者软盘中找到要打开的 Word 文档，双击该文档的图表，就可以打开文档了。如果 Word 2003 没有启动，系统会自动启动 Word 2003 并打开文档。

2. 在 Word 2003 中，单击“文件”→“打开”菜单命令或者单击“常用”工具栏中的“打开”按钮，都可以调出“打开”对话框，如图 3-2-3 所示。在“打开”对话框的“查找范围”下拉列表框中，选择要打开文档所在的文件夹。在列表中选中要打开的文档，或者在“文件名”文本框中输入文档的名称。单击“打开”按钮，打开所选的文档。

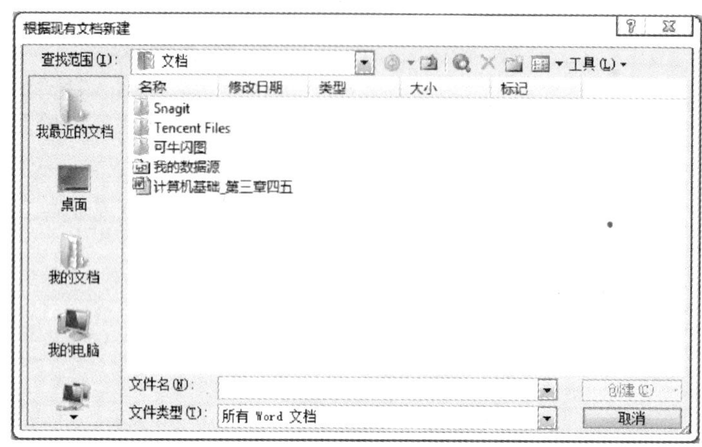

图 3－2－2　根据现有文档新建文档

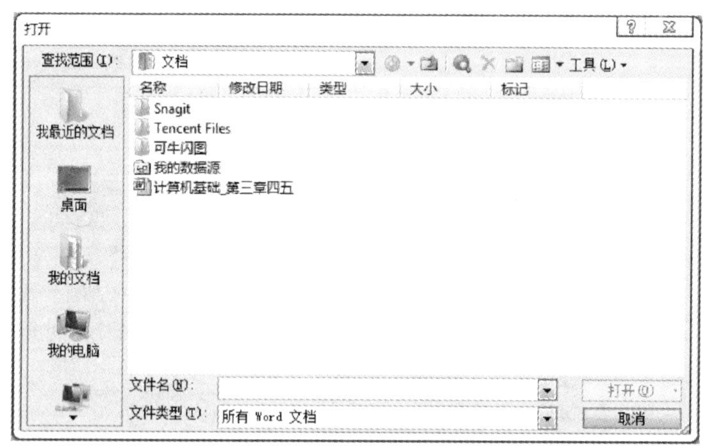

图 3－2－3　打开文件对话框

3. 如果要打开多个连续的文档，可以在“打开”对话框的列表中，单击第一个要打开的文档名，然后按住 Shift 键，再单击最后一个文档名，选中这两个文档以及它们之间的所有文档。如果要打开多个不连续的文档，可以按住 Ctrl 键，然后依次单击要打开的文档名，选中这些文档。按住 Ctrl 键，单击已选定的文档名，可以取消该文档的选定。最后单击“打开”按钮，即可打开选中的多个文档。

4. 在 Word 2003 中，用户最近打开过的 Word 文档会保存在“文件”菜单中。单击“文件”按钮，调出下拉菜单，单击所需文档的名称就可以打开相应的 Word 文档，如图 3－2－4所示。Word 2003 默认设置是显示最近打开过的 4 个文档的名称，如果需要增加或减少显示的文档数量，可以单击“工具”→“选项”菜单命令，调出“选项”对话框，选中“常规”选项卡，如图 3－2－5 所示。在“列出最近所用文件”复选框右边的数值选择框中，输入要显示文档名称的数量，单击“确定”按钮。

5. 在 Windows XP 中，用户最近打开过的文档会保存在“我最近的文档”菜单中。单击“开始”→“我最近的文档”菜单命令，调出菜单，再单击所需要的 Word 文档名称，就可以打开选中的 Word 文档。

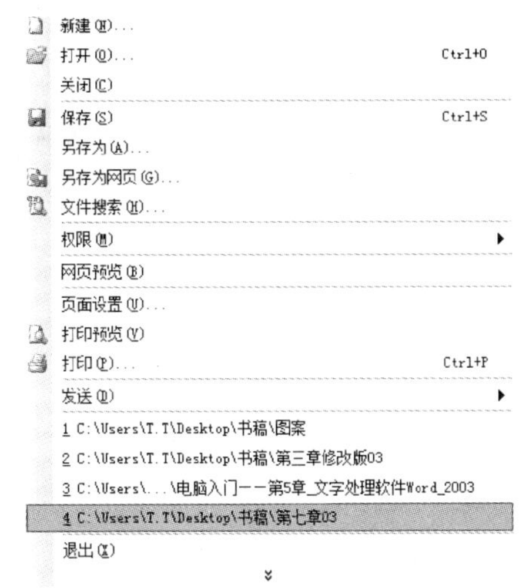

图 3－2－4　文件下拉列表

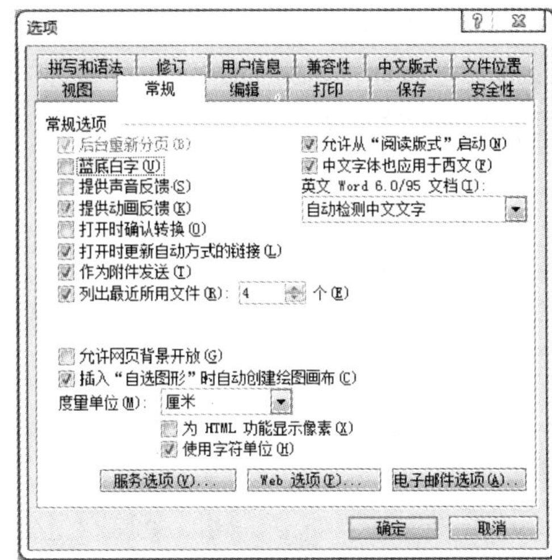

图 3－2－5　选项对话框

3.2.1.3　保存文档

创建文档后，应该将文档保存到磁盘上便于以后使用。如果不存盘，关掉计算机时信息将会丢失。用户应该在开始使用 Word 2003 的时候就养成良好的习惯，及时保存文档，以防止数据丢失。Word 2003 为用户提供了多种保存文档的方法，可以最大限度地防止因意外而引起的数据丢失。

1. 保存新建文档。

单击"文件"→"保存"菜单命令、单击"常用"工具栏中的"保存"按钮或者使用"Ctrl＋S"快捷键，都可以调出"另存为"对话框，如图 3－2－6 所示。在"保存位置"下拉列表框中，可以选择要保存文档所在文件夹的位置。在"文件名"文本框中，输入文档的名称。完成设置后，单击"保存"按钮。

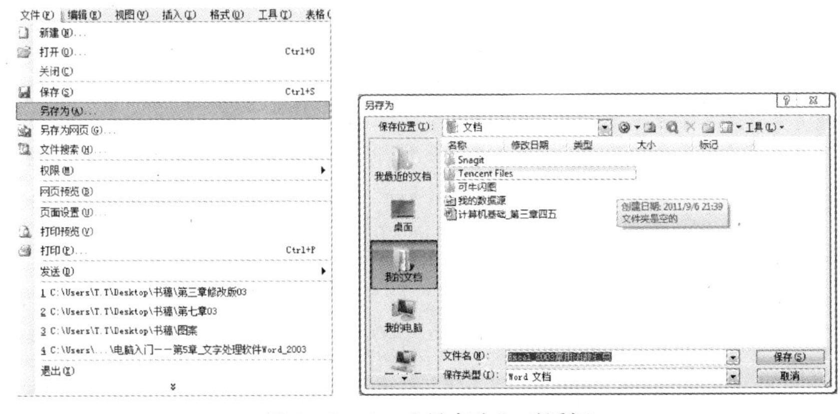

图 3－2－6　"另存为"对话框

2. 保存为另一个文档。

如果要将已保存的文档，另存为一个内容完全相同但是名称或者保存位置不同的文档，可以单击"文件"→"另存为"菜单命令，调出"另存为"对话框，如图 3－2－6 所示。

更改文档名称或者保存位置后，单击“保存”钮。

3. 保存已经保存过的文档。

已保存过的文档进行修改后，需要再次保存，修改的内容才会被计算机保存并覆盖原有内容。单击“文件”→“保存”菜单命令、单击“常用”工具栏中的“保存”按钮，或者使用“Ctrl + S”快捷键，都可以直接保存文档，不会再调出“另存为”对话框。

4. 一次性保存所有文档。

当打开多个文档时，可以在按住 Shift 键的同时单击“文件”→“全部保存”菜单命令，一次性保存所有打开的文档。

3.2.1.4 关闭文档

当文档编辑完成后就可以关闭该文档。关闭 Word 2003 文档的方法有以下 5 种。

1. 单击“文件”→“关闭”菜单命令关闭当前文档，如图 3 -2 -7 所示。

2. 单击 Word 2003 标题栏中的“关闭”按钮，关闭当前文档。

3. 使用“Alt + F4”快捷键，关闭当前文档。

4. 如果只打开了一个文档，可以单击菜单栏最右边的“关闭窗口”按钮，关闭文档但是不退出 Word 2003 程序，如图 3 -2 -8 所示。

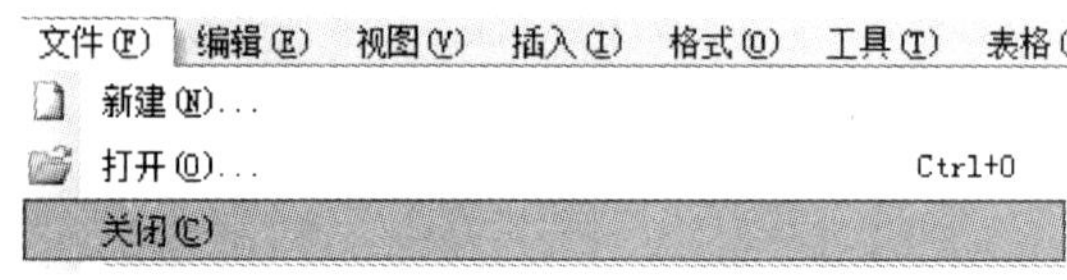

图 3 -2 -7　关闭命令

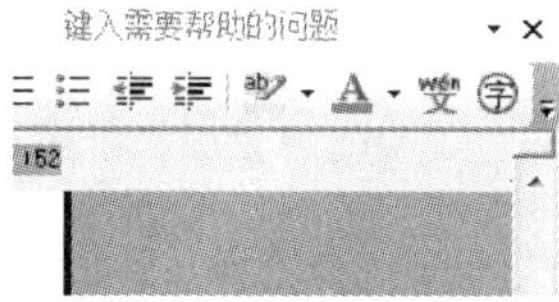

图 3 -2 -8　文档关闭按钮

5. 单击“文件”→“退出”菜单命令，关闭所有打开的 Word 文档，并退出 Word 2003 程序，如图 3 -2 -9 所示。

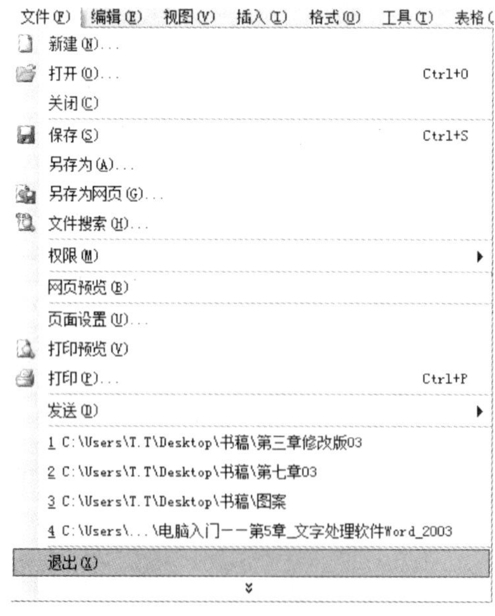

图 3 -2 -9　文件下拉列表

3.2.1.5　保护文档

通过对文档设置密码，可以限制他人对重要文档的访问及修改。用户通过设置打开权限来限制其他人阅读文档，也可以通过设置修改权限来防止对文档未经授权的修改。

1. 打开要设置密码的文档，单击“工具”→“选项”命令，调出“选项”对话框，选中“安全性”选项卡。

2. 在“打开文件时的密码”和“修改文件时的密码”文本框中，分别输入相应的密码。单击“确定”按钮，Word 2003 会提示用户再输入一遍两个密码，两次输入完全相同后，就可以对文档进行相应权限的保护。密码可以包含字母、数字、空格和符号的任意组合，但是最多只可以包含 15 个字符。

3. 下次打开被保护的文档时，Word 会先调出“密码”对话框。如果只是浏览文档，则输入打开文件时的密码即可。如果需要对文档进行修改，则还需要输入修改文件时的密码。输入正确的密码后，才能打开文档。

3.2.2　文字处理

输入文本是编辑文档的基本操作，在 Word 2003 中，可以输入普通文本、插入符号和特殊符号以及插入日期和时间等。

在建立的空白文档编辑区的左上角有一个不停闪烁的竖线——插入点。输入文本时，文本将显示在插入点处，插入点自动向右移动，如图 3－2－10 所示为创建的新的文档编辑窗口。

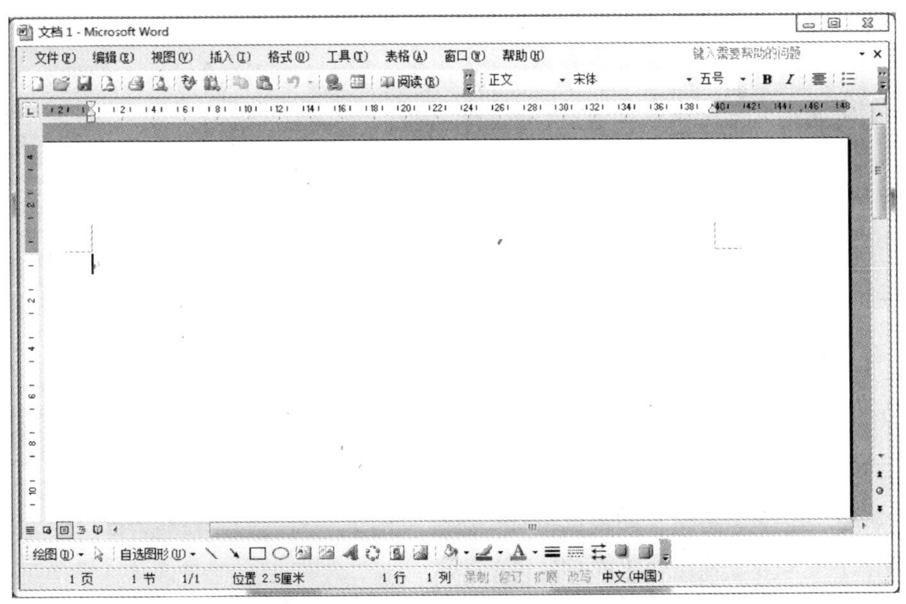

图 3－2－10　新的文档编辑窗口

3.2.2.1　定位插入点

用户在输入文本之前，首先要将插入点定位到所需的位置处。定位插入点的方法主要有使用键盘定位和定位到特定位置两种。

1. 使用键盘定位插入点。

除了使用鼠标来定位插入点外，还可以使用键盘定位插入点，表 3 - 2 - 1 为定位插入点的快捷键列表。

表 3 - 2 - 1　定位插入点的快捷键列表

快捷键	移动方式	快捷键	移动方式
↑	上移一行	Home	移至行首
↓	下移一行	End	移至行尾
←	左移一个字符	Ctrl + Home	移至文档的开头
→	右移一个字符	Ctrl + End	移至文档的末尾
Ctrl + ↑	上移一段	Page Up	上移一屏
Ctrl + ↓	下移一段	Page Down	下移一屏
Ctrl + ←	左移一个单词	Ctrl + Page Up	上移一页
Ctrl + →	右移一个单词	Ctrl + Page Down	下移一页

2. 定位到特定位置。

如果一个文档太长，或者知道将要定位的位置，可使用“定位”命令直接定位到所需的特定位置，该功能在长文档的编辑中非常有用。

使用“定位”命令定位的具体操作步骤如下：

(1) 在 Word 2003 标题栏中单击“编辑”→“定位”命令，即可打开“查找和替换”对话框。

(2) 在“定位目标”列表框中选择所需的定位对象，例如选择“页”选项。

(3) 在“输入页号”文本框中输入具体的页号，例如输入“5”，如图 3 - 2 - 11 所示。

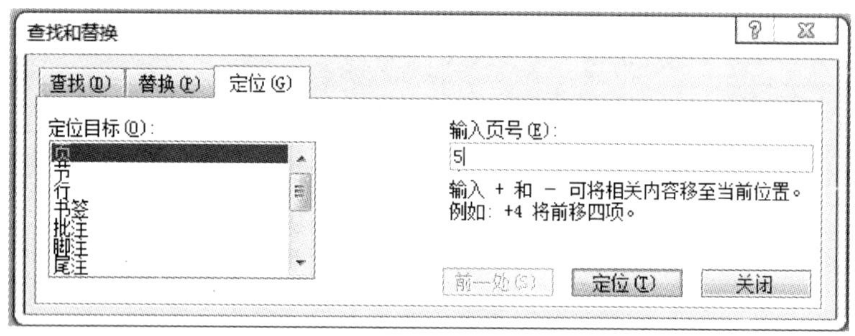

图 3 - 2 - 11　“定位”选项卡

(4) 单击“定位”按钮，插入点将移至第 5 页的第一行的起始位置。

(5) 单击“关闭”按钮，关闭对话框。

3.2.2.2　输入普通文本

在 Word 中输入的普通文本包括英文文本和中文文本两种。

1. 输入英文文本。

默认的输入状态一般是英文输入状态，允许输入英文字符，可在键盘上直接输入英文的大小写文本。按“Caps Lock”键可在大小写状态之间进行切换，按住“Shift”键，再按包含要输入字符的双字符键，即可输入双排字符键中的上排字符，否则输入的是双排字符键中下排的字符。按住“Shift”键，再按需要输入英文字母键，即可输入相对应的大写字母。录入大、小写英文字母效果如图 3－2－12 所示。

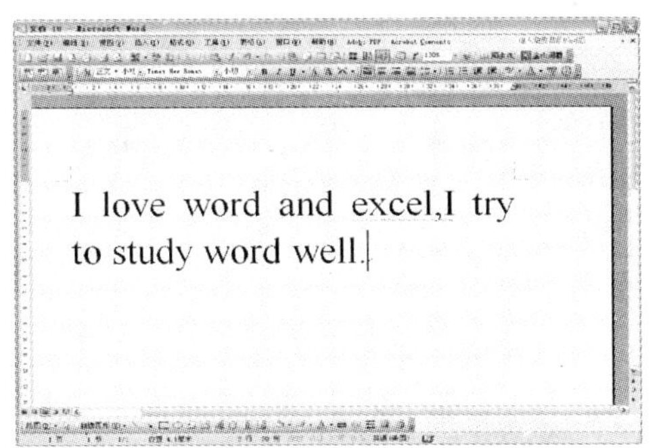

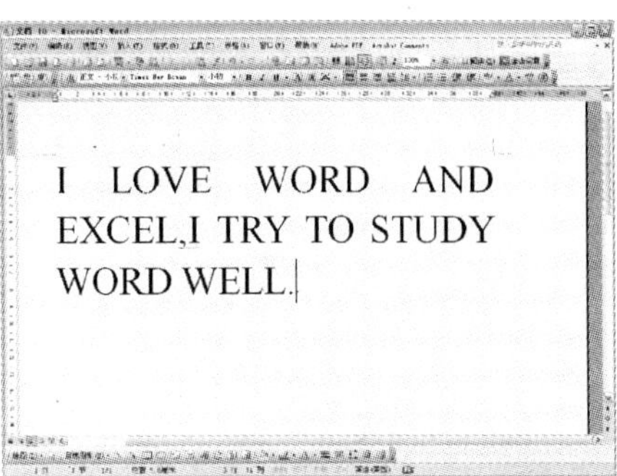

图 3－2－12　大、小写英文文本效果图

2. 输入中文文本。

当要在文档中输入中文时，首先要将输入法切换到中文状态。其具体操作步骤如下：

（1）单击 Windows 任务栏上的输入法指示器图标，选择“中文（中国）”选项，切换到中文输入法状态。

（2）单击“微软拼音输入法”图标，弹出中文输入法菜单，如图 3－2－13 所示。

（3）在该菜单中选择一种中文输入法之后，便可以输入中文，如图 3－2－14 所示。

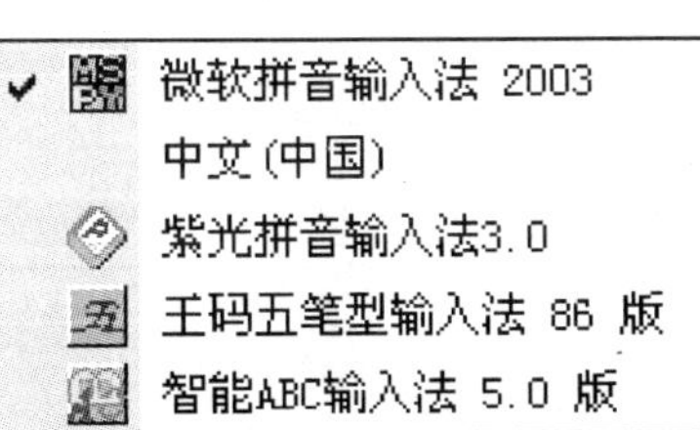
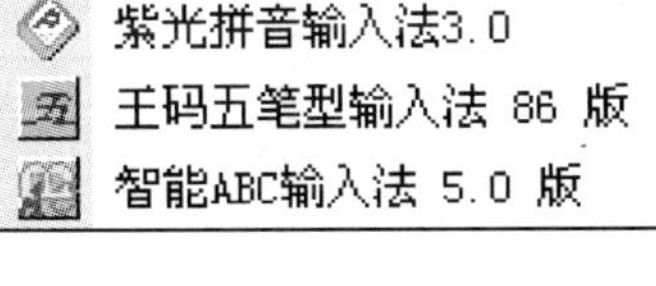

图 3－2－13　中文输入法菜单

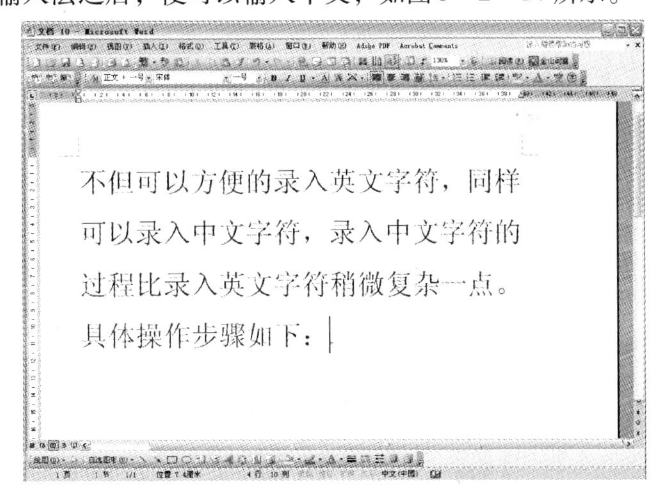

图 3－2－14　中文文本效果图

技巧：可以随时使用输入法菜单或按快捷键“Ctrl＋空格键”在中英文状态间进行切换，按快捷键“Ctrl＋Shift”在各种输入法之间切换。用户还可以在输入法指示器图标上单击鼠标右键，从弹出的快捷菜单中选择“设置”命令，弹出“文字服务和输入语言”对话框，如图 3－2－15所示。在该对话框中可添加其他的输入语言、中文输入法、设置快捷键等。

注意：Word 同许多文字处理软件类似，自动换行功能使用户可连续输入，不需在每行的末尾按回车键。如果当前没有足够的空间容纳正在输入的单词，Word 将自动把整个单词移到下一

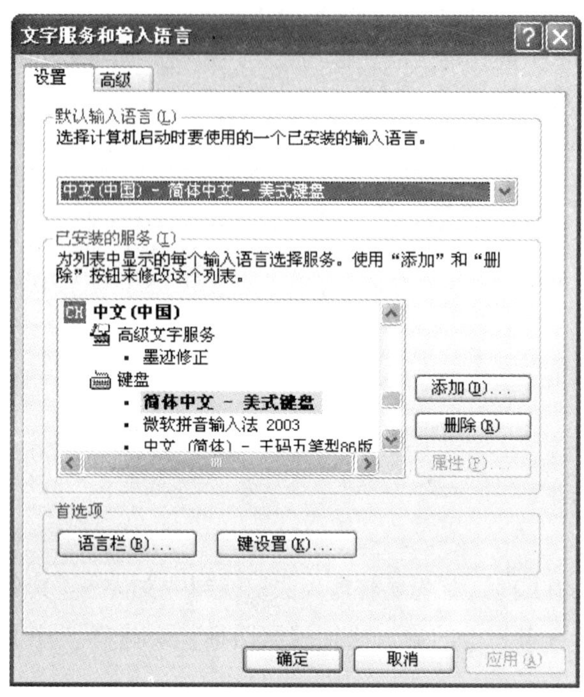

图 3-2-15 “文字服务和输入语言”对话框

行的起始位置，这种功能称为自动换行。只有需要开始输入新的一段时，才需要按回车键。

3.2.2.3 插入时间和日期

在编辑文档时，有时需要给文档添加日期与时间，如果手动输入，不但速度慢，而且容易出错，在 Word 2003 中，系统提供了非常方便的日期与时间录入方法，具体操作步骤是：

1. 将光标定位于要插入日期或时间的文档位置，如图 3-2-16 所示。

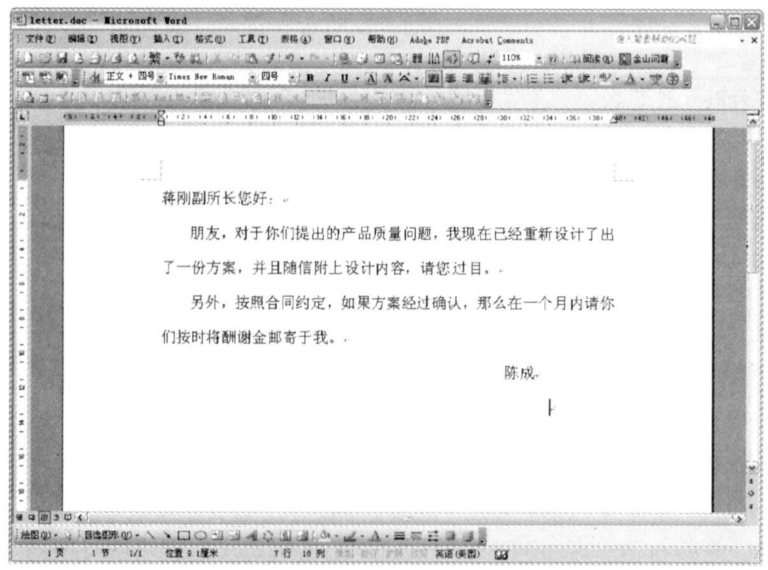

图 3-2-16 需要插入时间和日期的文档

2. 执行“插入”→“日期与时间”命令，弹出“日期和时间”对话框，如图3－2－17所示。

3. 在“日期和时间”对话框中，在“可用格式”栏中选择一种日期或时间格式。

4. 单击“确定”按钮，即会在文档光标处位置插入日期或时间，如图3－2－18所示。

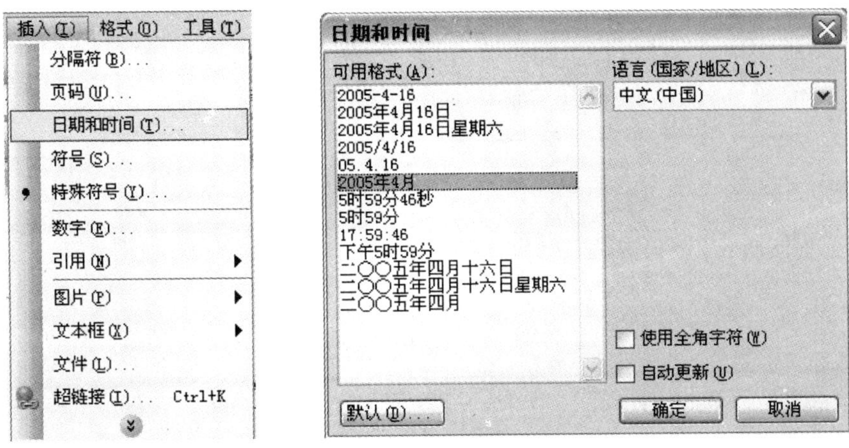

图3－2－17　“日期和时间”对话框

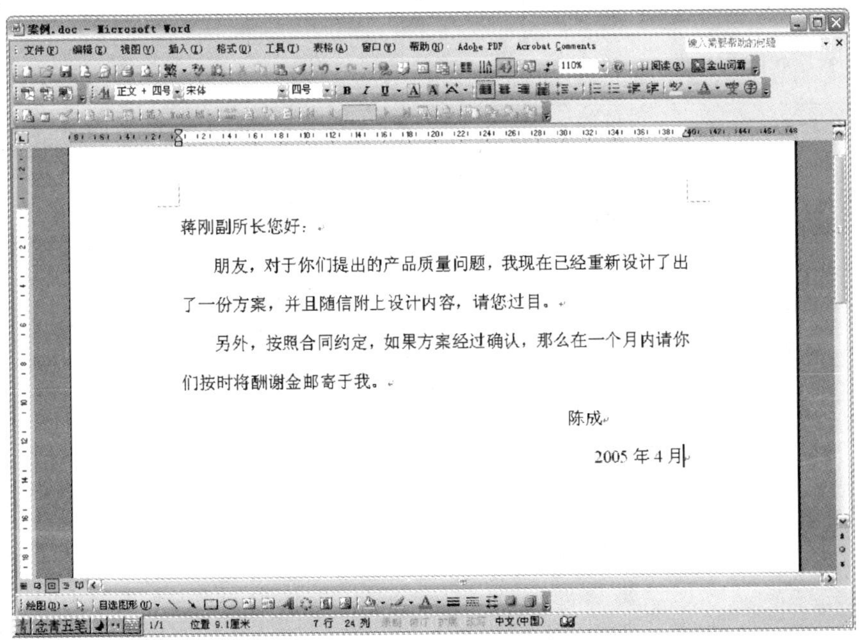

图3－2－18　设置日期和时间后的显示效果

3.2.2.4　插入符号

在输入文本的过程中，有时需要插入一些键盘上没有的符号或特殊字符。

1. 插入符号的具体操作步骤如下：

(1) 在 Word 2003 标题栏单击“插入”→“符号”，弹出“符号”对话框，如图3－2－19所示。

（2）在该对话框中的“字体”下拉列表中选择所需的字体，在“子集”下拉列表中选择所需的选项。

（3）在列表框中选择需要的符号，单击“插入”按钮，即可在插入点处插入该符号。

（4）此时对话框中的“取消”按钮变为“关闭”按钮，单击“关闭”按钮关闭对话框。

2. 插入特殊字符的具体操作步骤如下：

（1）在“符号”对话框中打开“特殊字符”选项卡，如图 3－2－20 所示。

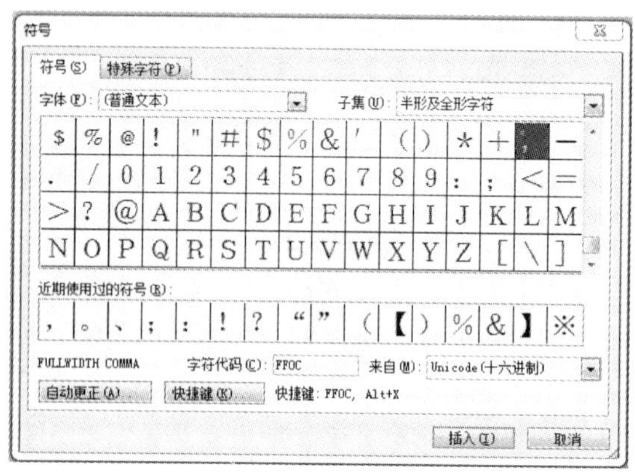

图 3－2－19　“符号”对话框

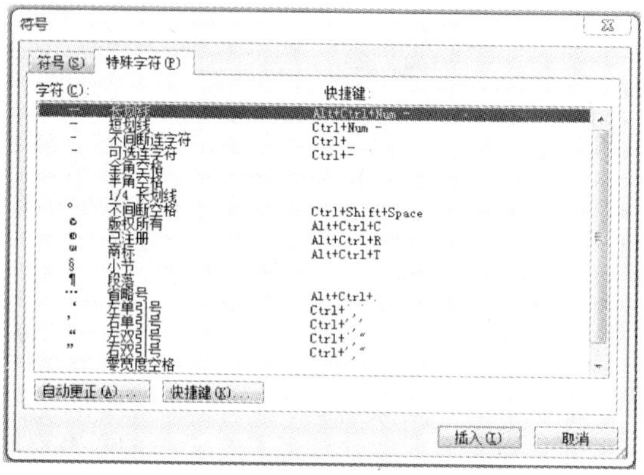

图 3－2－20　“特殊字符”选项卡

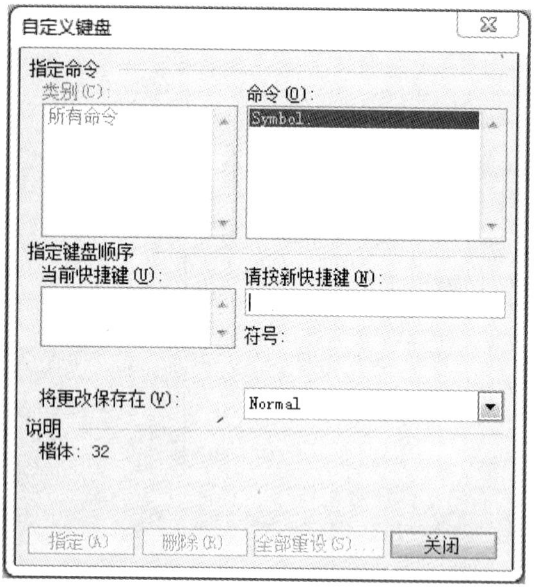

图 3－2－21　“自定义键盘”对话框

（2）选中需要插入的特殊字符，然后单击“插入”按钮，再单击“关闭”按钮，即可完成特殊字符的插入。

注意：在“符号”对话框中单击“快捷键”按钮，弹出“自定义键盘”对话框，如图 3－2－21 所示。将光标定位在“请按新快捷键”文本框中，然后直接按要定义的快捷键，单击“指定”按钮，再单击“关闭”按钮，完成插入符号的快捷键设置。这样，当用户需要多次使用同一个符号时，只需按所定义的快捷键即可插入该符号。

3.2.2.5　插入特殊符号

插入特殊符号的具体操作步骤如下：

1. 把插入点置于文档中要插入特殊符号的位置。

2. 在 Word 2003 标题栏中单击“插入”→“特殊符号”命令，弹出“插入特殊符号”对话框，如图 3－2－22 所示。

3. 从列表框中选择一种所需的特殊符号，然后单击“确定”按钮，即可在文档中的插入点处插入特殊符号。

4. 在“插入特殊符号”对话框中单击“显示符号栏”按钮，弹出“自定义符号栏”对话框，如图 3－2－23 所示。

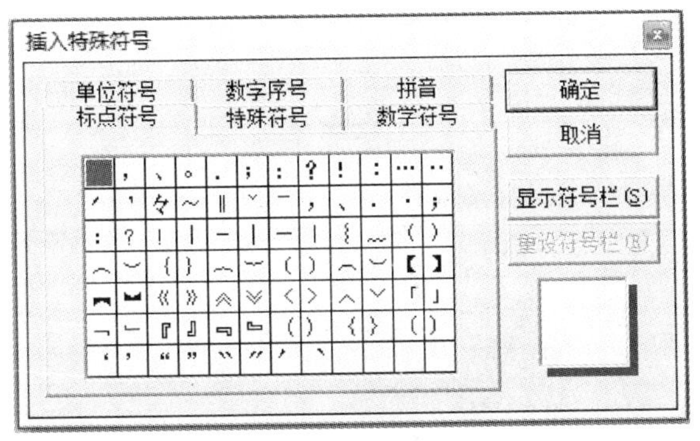

图 3－2－22 “插入特殊符号”对话框

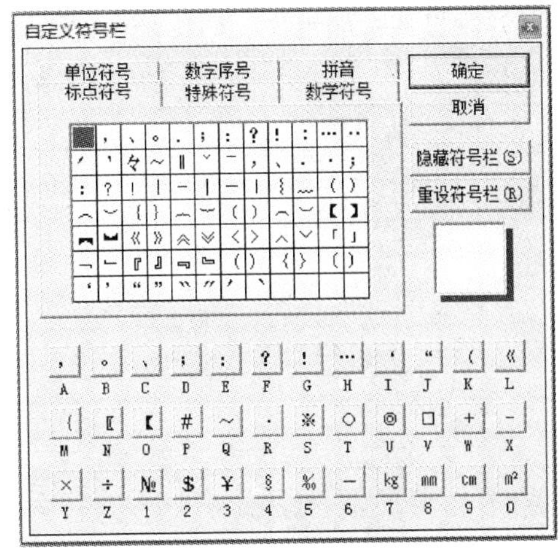

图 3－2－23 “自定义符号栏”对话框

5. 在该对话框中进行设置，单击“确定”按钮完成自定义符号栏的设置。最后，再单击菜单命令“视图”→“工具栏”→“符号栏”，将自定义完成的符号栏显示在当前窗口就可以使用了。插入特殊符号时，只需在自定义符号栏中直接单击即可。

3.2.3 文本的编辑

在文档中输入文本后，还需要对文本进行编辑。主要包括复制、移动、删除、撤销、恢复、查找、替换、拼写和语法检查等操作。

3.2.3.1 选定文本

在 Word 2003 中，用户在进行复制、删除、移动或剪切等文字编辑操作之前，都必须选中该文本。所谓选中文字就是将需要编辑的文字反白显示与其他文字区分开来。选中文字的操作方法有以下两种。

1. 使用鼠标选定文本。

将鼠标指针移动到要选中的文字的首端，然后按住鼠标左键拖曳鼠标到要选中的文字的末端，即可选中所需的文字，如图 3－2－24 所示。

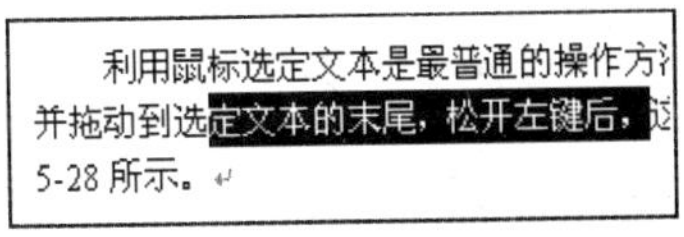

利用鼠标选定文本是最普通的操作方
并拖动到选定文本的末尾，松开左键后，
5-28 所示。

图 3－2－24 选中文本

如果要选中一行文字，可以将鼠标指针移动到选定区，所谓选定区是指正文文字左边的空白区。在该区域中，鼠标指针变成↖形状。此时单击鼠标左键或者拖曳鼠标可以选中一行、整段甚至整个文档文本，如图 3－2－25 所示为选中一行文字的效果。

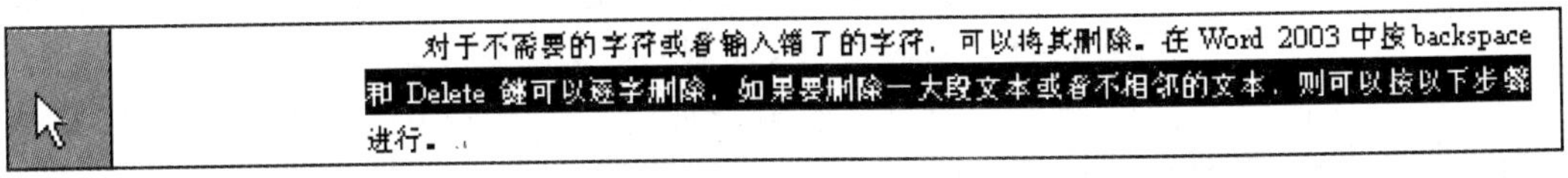

对于不需要的字符或者输入错了的字符，可以将其删除。在 Word 2003 中按 backspace
和 Delete 键可以逐字删除，如果要删除一大段文本或者不相邻的文本，则可以按以下步骤
进行。

图 3－2－25 选中文本

2. 使用键盘选定文本。

在使用键盘进行文本选定之前，必须将光标定位在将要选定区域的起始位置，然后才能进行键盘选定的操作。使用键盘选定文本的快捷键如表 3-2-2 所示。

表 3-2-2　选定文本快捷键

选择范围	快捷键
左侧一个字符	Shift + ←
右侧一个字符	Shift + →
行尾	Shift + End
行首	Shift + Home
下一行	Shift + ↓
上一行	Shift + ↑
段首	Ctrl + Shift + ↑
段尾	Ctrl + Shift + ↓
上一屏	Shift + Page Up
下一屏	Shift + Page Down
窗口结尾	Ctrl + Alt + Page Down
文档开始处	Ctrl + Shift + Home
整个文档	Ctrl + A
列文本块	Ctrl + Shift + F8，然后使用箭头键，按“Esc”键取消选定内容

3. 取消文本的选定。

如果选定的文本不符合用户要求，就需要取消选定，返回到正常的编辑状态。取消文本选定的方法如下：

（1）在文档中的任意位置单击鼠标左键。

（2）按键盘上的“↑”“↓”“←”和“→”4 个方向键，或者按“Page Up”“Page Down”“Home”“End”键，并且将插入点移动到相应的位置。

3.2.3.2　复制和移动文本

选定文本后，可以对其进行复制和移动操作。

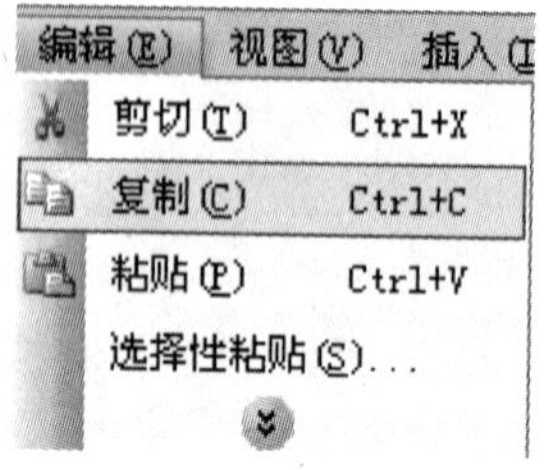

图 3-2-26　“编辑”下拉列表

1. 复制文本。

复制文本的具体操作步骤如下：

（1）选定要复制的文本。

（2）单击标题栏中的“编辑”→“复制”菜单命令将选中的文字复制到剪贴板上，如图 3-2-26 所示。

（3）将光标定位在目标位置，单击“编辑”→“粘贴”菜单命令，将剪贴板上的文字显示在新位置。

此外，也可以使用“常用”工具栏中的“复制”按钮和“粘贴”按钮来完成上述操作。

技巧：按快捷键“Ctrl + C”可复制文本，按快捷键“Ctrl + V”可粘贴文本。

2. 移动文本。

在编辑文字内容时，经常需要将一些文字移动到文档的其他位置。文档中的字符可以移动位置，这极大地方便了文档操作工作。

移动文本的具体操作步骤如下：

（1）选定要移动的文本，单击“编辑”→“剪切”菜单命令将选中的文字移动到剪贴板上，如图 3-2-27 所示。

Word 2003 中有两种录入状态：插入状态和改写状态。

在“插入”状态下，键入的文本将插入到当前光标所在位置，光标后面的文字将按顺序后移；在“改写”状态下，键入的文本将把光标后的文字替换掉，其余的文字位置不改变。

在如图 5-28 所示的文档中，我们将光标定位于“蒋刚副所长您好”这句话之前，在“插入”状态下

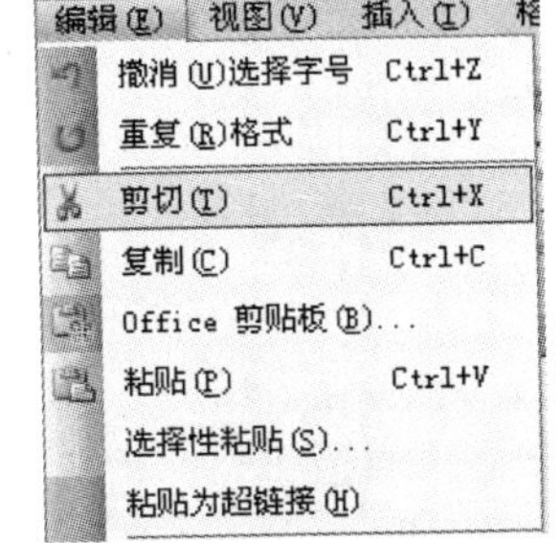

图 3-2-27 移动文本

（2）将光标移动到目标位置处，单击“编辑”→“粘贴”菜单命令，将剪贴板上的文字移动到新位置。

此外，选定文本后，将移动鼠标到选定的文本上，按住鼠标左键，并将该文本块拖到目标位置，然后释放鼠标，也可实现文本的移动。如果按住“Ctrl”键拖动可实现复制操作。

技巧：剪切文本的快捷键是“Ctrl + X”键。

3. Office 剪贴板。

使用 Office 剪贴板复制或移动文本的具体操作步骤如下：

（1）选定要复制或移动的文本，单击菜单栏“复制”按钮，对选定的文本进行复制。

（2）单击“编辑”→“Office 剪贴板”，可见复制的内容已存放到 Office 剪贴板中，最多可存放 24 项剪贴内容。

（3）将光标定位在需要粘贴的位置。

（4）选中“剪贴板”任务窗格（图 3-2-28）中需要的内容，即可在文档中粘贴该内容。如果要粘贴 Office 剪贴板中的所有内容，可单击“剪贴板”任务窗格中的“全部粘贴”按钮；如果要清除 Office 剪贴板中的所有内容，可单击“剪贴板”任务窗格中的“全部清空”按钮。

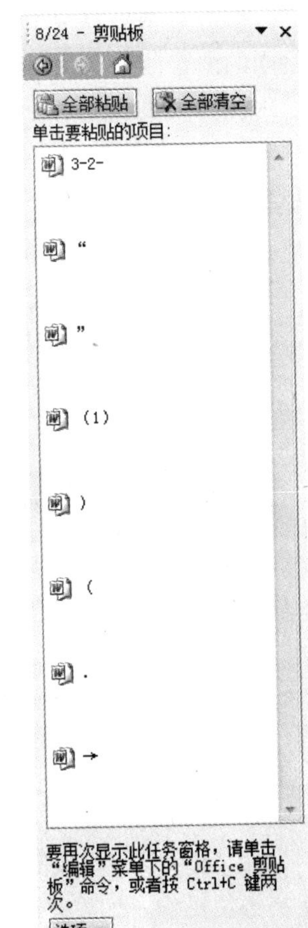

图 3-2-28 “剪贴板”任务窗格

4. 粘贴链接。

粘贴链接是指在进行粘贴的过程中，建立与粘贴源的链接，粘贴链接后的文档将与源文档同时发生变化。下面将举例说明粘贴链接的具体操作步骤：

（1）打开 Excel 应用程序，并在其中制作一个表格，然后对

表格中的内容进行复制。

（2）切换到 Word 文档中，单击“编辑”→“选择性粘贴”按钮，弹出“选择性粘贴”对话框，如图 3－2－29 所示。

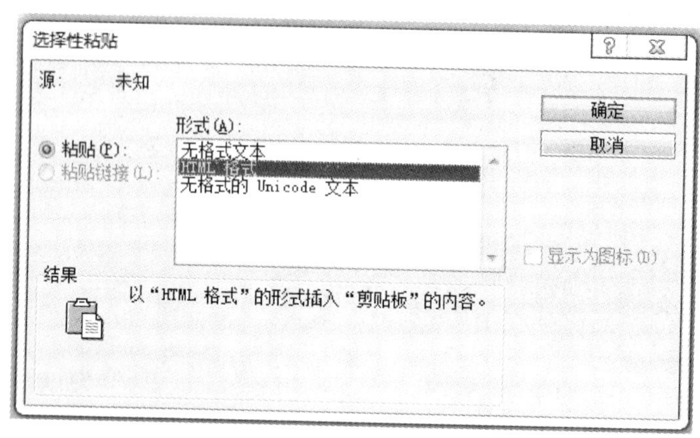

图 3－2－29　“选择性粘贴”对话框

（3）在该对话框中选中“粘贴链接”单选按钮，单击“确定”按钮，即可将 Excel 表格中的内容粘贴到 Word 文档中。

（4）切换到 Excel 中并修改表格内容，当用户切换到 Word 文档中时，即可看到 Word 文档中的的表格内容也将随之变化。

3.2.3.3　删除文本

在编辑文本的过程中，有时会输入多余或错误的内容，就要对其进行删除操作。

1. 按“Back Space”键删除光标左边的一个字符。
2. 按“Delete”键删除光标右边的一个字符。
3. 如果要删除一段文本，可选定要删除的文本，按“Delete”键，如图 3－2－30 所示。

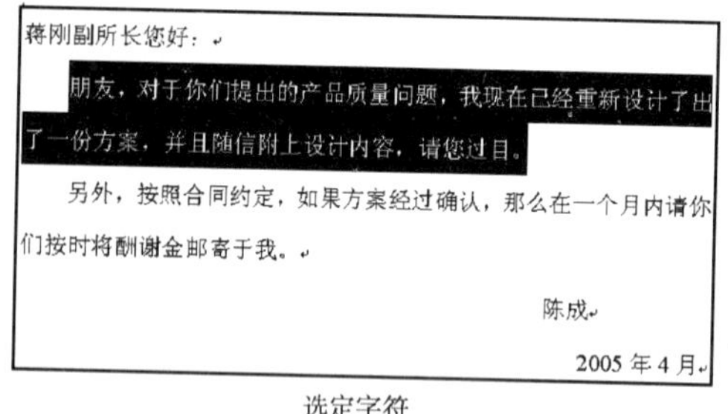
蒋刚副所长您好：

朋友，对于你们提出的产品质量问题，我现在已经重新设计了出了一份方案，并且随信附上设计内容，请您过目。

另外，按照合同约定，如果方案经过确认，那么在一个月内请你们按时将酬谢金邮寄于我。

陈成

2005 年 4 月

选定字符

蒋刚副所长您好：

另外，按照合同约定，如果方案经过确认，那么在一个月内请你们按时将酬谢金邮寄于我。

陈成

2005 年 4 月

删除字符后

图 3－2－30　删除字符

3.2.3.4　撤销和恢复

如果用户不小心删除了不该删除的内容，可直接单击“常用”工具栏中的“撤销”按钮来撤销操作。如果要撤销刚进行的多次操作，可单击工具栏中的“撤销”按钮右侧的下三角按钮，从下拉列表中选择要撤销的操作。

撤销操作的具体步骤是：单击“编辑”→“撤销（U）键入”按钮即可，如图

3-2-31所示。

恢复操作是撤销操作的逆操作，可直接单击“常用”工具栏中的“重复（U）键入”按钮执行恢复操作，如图3-2-31所示。

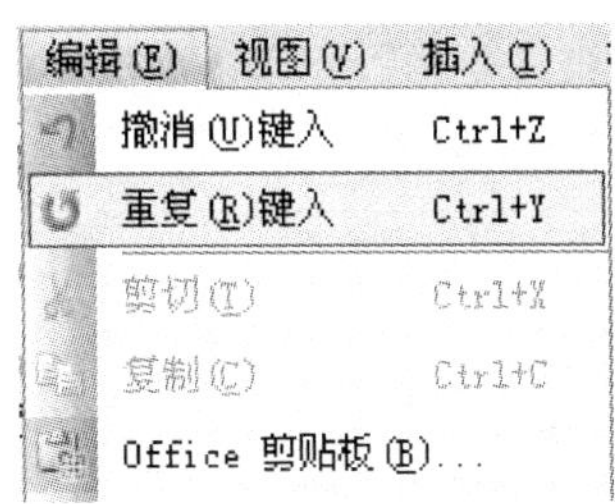

图3-2-31　撤销和恢复操作

注意：按快捷键“Ctrl + Z”可执行撤销操作，按快捷键“Ctrl + Y”可执行恢复操作。如果对文档没有进行过修改，那么就不能执行撤销操作。同样，如果没有执行过撤销操作，将不能执行恢复操作。此时的“撤销”和“恢复”按钮均显示为不可用状态。

3.2.3.5　查找和替换

在编辑文档的过程中，有时需要查找某些文本，并对其进行替换操作。Word 2003 提供的查找与替换功能，不仅可以迅速地进行查找并将找到的文本替换为其他文本，还能够查找指定的格式或其他特殊字符等，大大提高了工作效率。

1. 查找文本。

查找是指根据用户指定的内容，在文档中查找相同的内容，并将光标定位在此。查找文本的具体操作步骤如下：

（1）单击标题栏中“编辑”→“查找”按钮，弹出“查找和替换”对话框，默认打开“查找”选项卡，如图3-2-32所示。

（2）在该选项卡中的“查找内容”下拉列表中输入要查找的文字，单击“查找下一处”按钮，Word 将自动查找指定的字符串，并以反白显示。

（3）如果需要继续查找，单击“查找下一处”按钮，Word 2003 将继续查找下一个文本，直到文档的末尾。查找完毕后，系统将弹出如图3-2-33所示的提示框，提示用户Word 已经完成对文档的搜索。

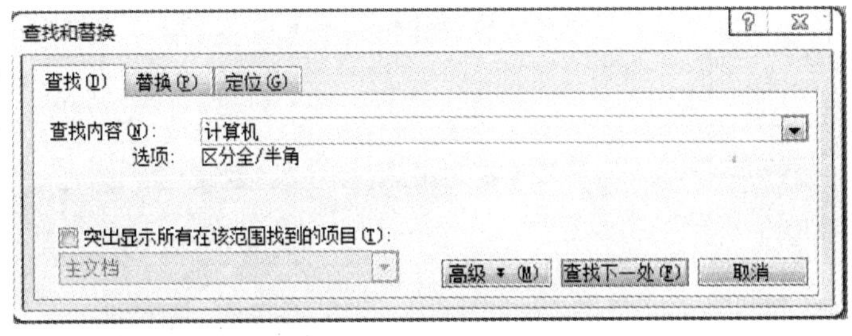

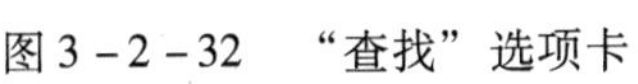
图3-2-32　“查找”选项卡

图3-2-33　查找完成提示框

（4）单击“查找”选项卡中的“高级”按钮，将打开“查找”选项卡的高级形式，如图3-2-34所示。

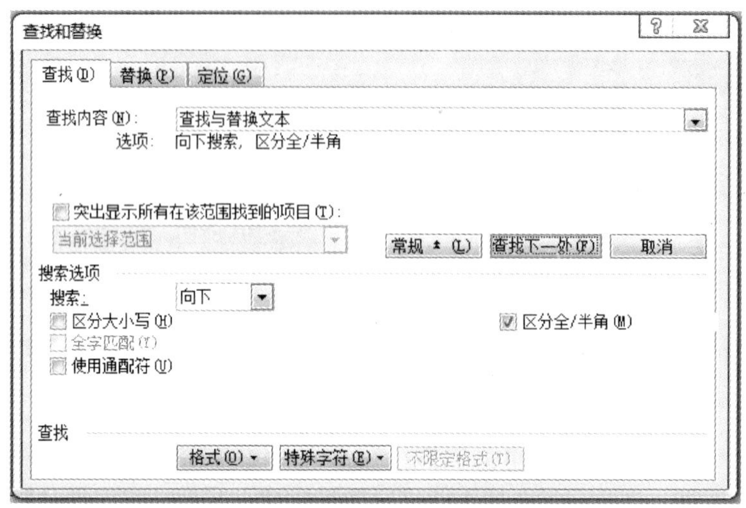

图3-2-34　“查找”选项卡的高级形式

（5）在该选项卡中“搜索选项”选区中的“搜索”下拉列表中可设置查找的范围。如果希望在查找过程中区分字母的大小写，可选中“区分大小写”复选框。

（6）单击“格式”按钮，在弹出的下拉菜单中选择“字体”命令，弹出“查找字体”对话框，如图3-2-35所示，在该对话框中设置查找文本的字体。

（7）单击“格式”按钮，在弹出的下拉菜单中选择“段落”命令，弹出“查找段落”对话框，如图3-2-36所示，在该对话框中设置查找文本的段落格式。

图3-2-35　“查找字体”对话框

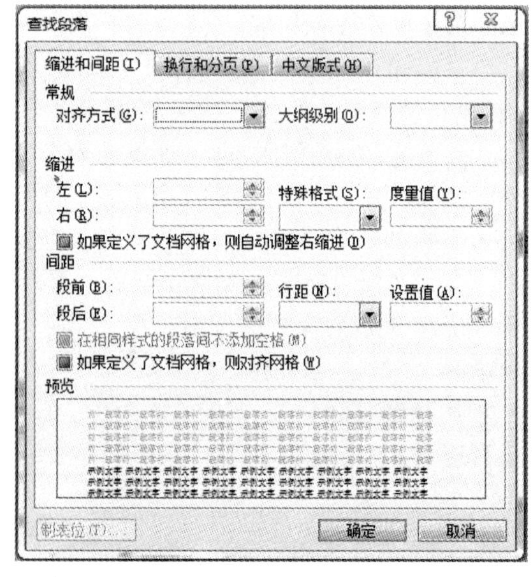

图3-2-36　“查找段落”对话框

（8）查找完文本后，单击“取消”按钮关闭“查找和替换”对话框。

2. 替换文本。

替换是指先查找所需要替换的内容，再按照指定的要求给予替换。替换文本的具体操作步骤如下：

（1）单击标题栏中“编辑”→“替换”选项，弹出“查找和替换”对话框，默认打开“替换”选项卡，如图 3－2－37 所示。

（2）在该选项卡中的“查找内容”下拉列表中输入要查找的内容，在“替换为”下拉列表中输入要替换的内容。

（3）单击“替换”按钮，即可将文档中的内容进行替换。

（4）如果要一次性替换文档中的全部被替换对象，可单击“全部替换”按钮，系统将自动替换全部内容，替换完成后，系统弹出如图 3－2－38 所示的提示框。

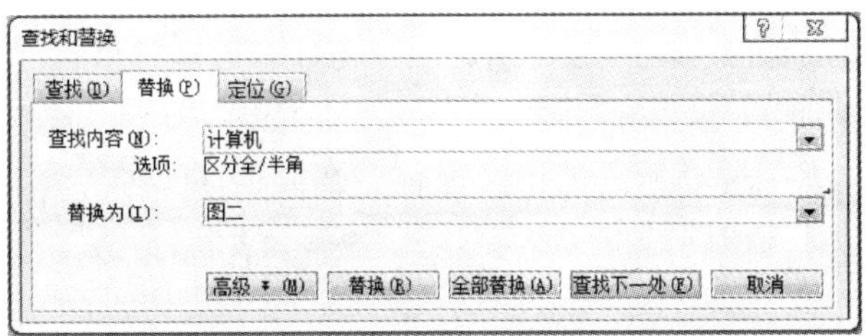

图 3－2－37　“替换”选项卡

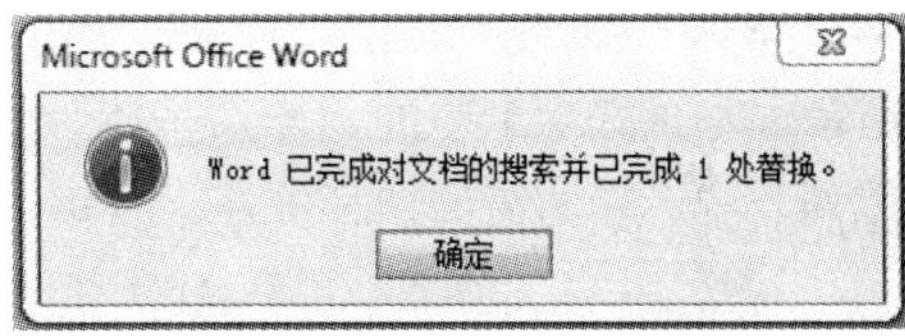

图 3－2－38　提示框

（5）单击“替换”选项卡中的“高级”按钮，将打开“替换”选项卡的高级形式，如图 3－2－39 所示。在该选项卡中单击“格式”按钮可对替换文本的字体、段落格式等进行设置。

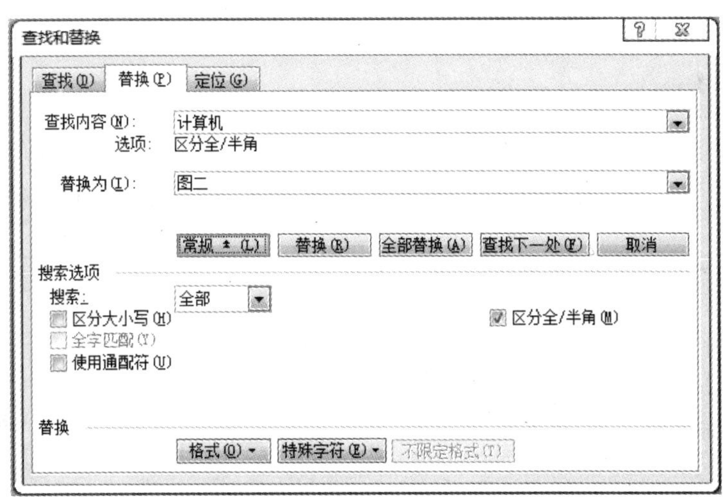

图 3－2－39　“替换”选项卡的高级形式

3.3　格式化文本

3.3.1　设置字符格式

Word 2003 中提供了丰富的字符格式，通过选用不同的格式可以使所编辑的文本显得更加美观和与众不同。本节学习有关设置字符格式的基本操作，包括字体、字号、字体颜色、特殊格式、字符缩放等。

3.3.1.1 设置字体

Word 2003 提供了许多种字体，并且可添加更多其他的字体。如“宋体”“楷体”“仿宋”“黑体”等中文字体，以及 Times New Roman，Arial 等英文字体。系统默认的中文字体是宋体，英文字体为 Times New Roman。

设置字体的具体操作步骤如下：

1. 在文档中选中需要设置字体的文本。

2. 单击工具栏中字体下拉列表框 宋体 右边的下拉按钮，弹出如图 3－3－1 所示的“字体”下拉列表。

3. 在该下拉列表中选择所需的字体，效果如图 3－3－2 所示。用户还可以选择“格式”→“字体”命令，弹出“字体”对话框，在默认状态下打开“字体”选项卡，如图3－3－3 所示。在该选项卡中的“中文字体”下拉列表中选择所需的中文字体，在“西文字体”下拉列表中选择所需的西文字体，单击“确定”按钮即可。

图 3－3－1 “字体”下拉列表

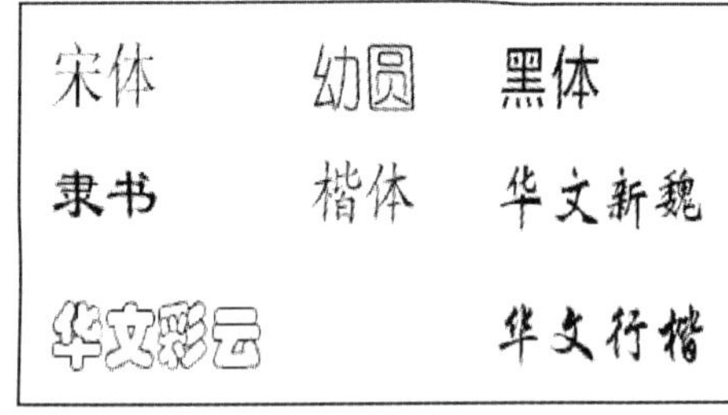

图 3－3－2 设置文本字体效果图

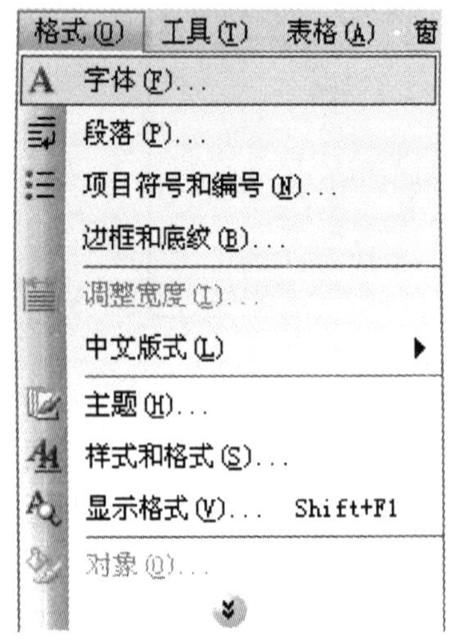

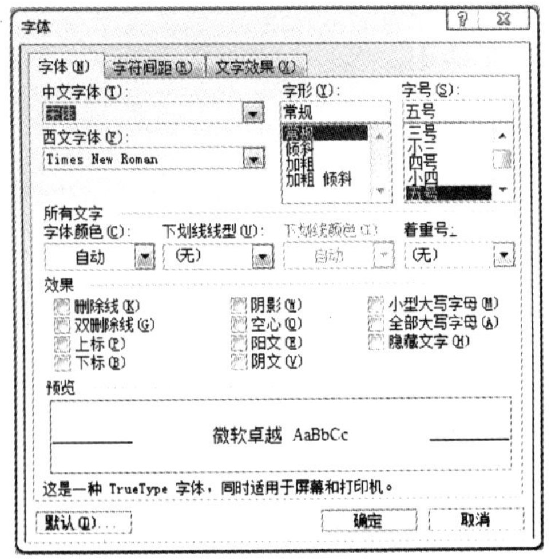

图 3－3－3 “字体”选项卡

3.3.1.2　设置字号

字号是指字体的大小。中国国家标准规定字体大小的计量单位是“号”，而西方国家的计量单位是“磅”。“磅”与“号”之间的换算关系是：9 磅字相当于五号字。如果在文章中使用不同的字号，例如标题比正文字号大一些，使得整篇文章具有层次感，更加方便阅读。

设置字号的具体操作步骤如下：

1. 在文档中选中需要设置字号的文本。

2. 单击工具栏中字号下拉列表框 五号 右边的下拉按钮，打开字号下拉列表框，然后选择一种要设置的字号即可。如图 3 – 3 –4 所示为常见字号示例和字号的下拉列表框。

图 3 –3 –4　常见字号

3.3.1.3　设置字体颜色

在文本设置过程中，可为文本设置不同的颜色来突出显示某一部分。

设置字体颜色的具体操作步骤如下：

1. 在文档中选中需要设置字体颜色的文本。

2. 单击工具栏中“字体颜色”按钮右侧的下三角按钮，弹出如图 3 –3 –5 所示的“字体颜色”下拉列表。

3. 在该下拉列表中选择需要的颜色即可。如果“字体颜色”下拉列表中没有需要的颜色，可选择“其他颜色”选项，弹出“颜色”对话框，默认打开“标准”选项卡，如图 3 –3 –6所示。在该选项卡中选择需要的颜色，单击“确定”按钮。

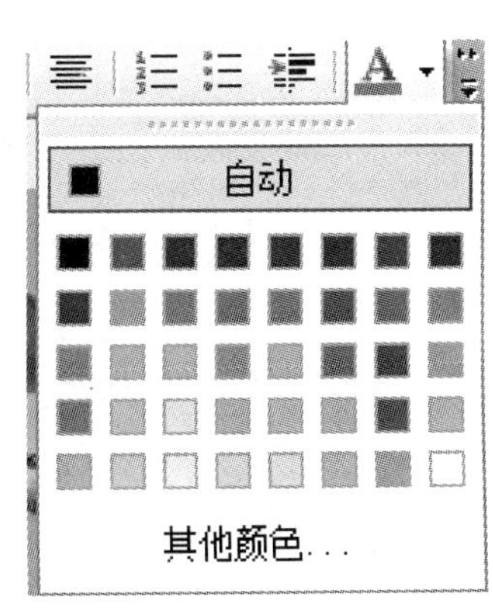

图 3 –3 –5　“字体颜色”下拉列表

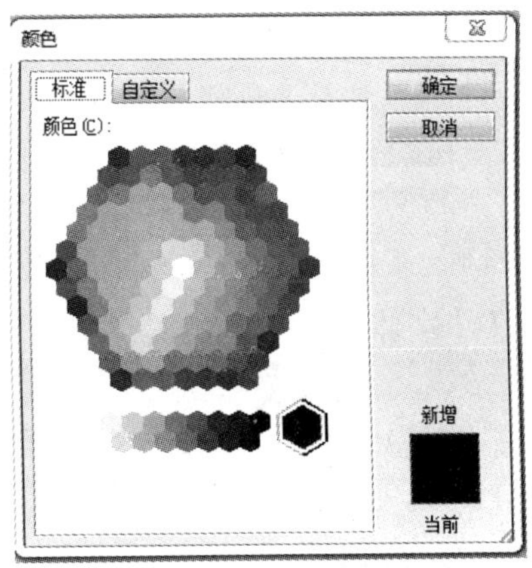

图 3 –3 –6　“标准”选项卡

4. 还可在“颜色”对话框中打开“自定义”选项卡，如图3-3-7所示。在该选项卡中设置自定义颜色，单击“确定”按钮完成字体颜色的设置。

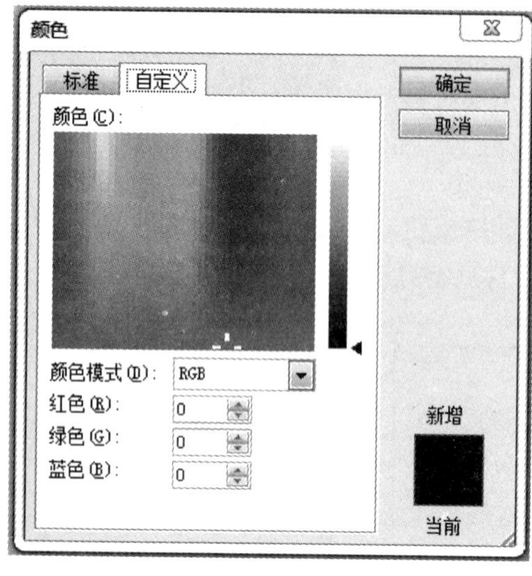

图3-3-7 “自定义”选项卡

3.3.1.4 设置特殊格式

有时为了强调某些文本，经常需要设置特殊格式，主要包括加粗、倾斜、下划线等。

设置特殊格式的具体操作步骤如下：

1. 在文档中选中需要设置特殊格式的文本。

2. 单击工具栏中“字体颜色”按钮选择字体颜色，单击工具栏中的“加粗”按钮加粗文本，加强文本的渲染效果。单击“倾斜”按钮倾斜文本，单击“下划线”按钮为文本添加下划线。单击“下划线”按钮右侧的下三角按钮，弹出“下划线”下拉列表，如图3-3-8所示。

3. 在该下拉列表中选择“其他下划线”选项，可弹出“字体”对话框，并打开“字体”选项卡，在该选项卡中的“下划线线型”下拉列表中可设置其他类型的下划线。选择“字体颜色”选项，弹出如图3-3-9所示的“下划线颜色”下拉列表，在该列表框中可设置下划线的颜色。

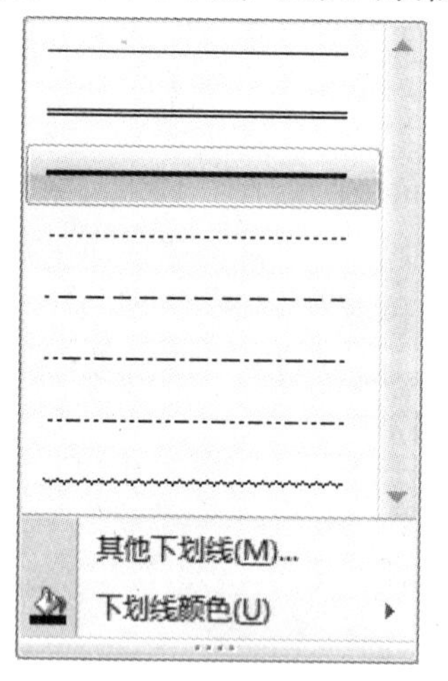

图3-3-8 “下划线”下拉列表

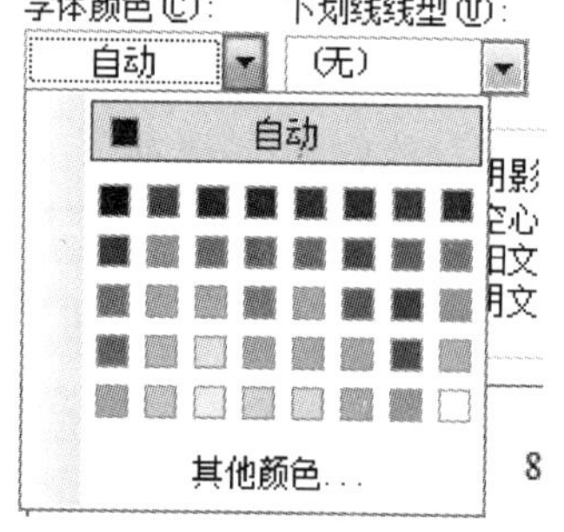

图3-3-9 “下划线颜色”下拉列表

4. 在“字体”选项卡（见图3-3-3）中的“效果”选区中可设置文本的其他特殊格式。

注意：加粗、倾斜和下划线按钮都是双向开关，即单击一次可对文本进行设置，再次单击则取消设置。

3.3.1.5 设置字符缩放

设置字符缩放的具体操作步骤如下：

1. 在文档中选中需要设置字符缩放的文本。

2. 单击工具栏中“中文版式”按钮右侧的下三角按钮，弹出如图 3－3－10 所示的“字符缩放”下拉列表，在该下拉列表中选择一种缩放比例。

3. 如果“字符缩放”下拉列表中提供的缩放比例不符合要求，可打开“字体”对话框中的“字符间距”选项卡，如图 3－3－11 所示。

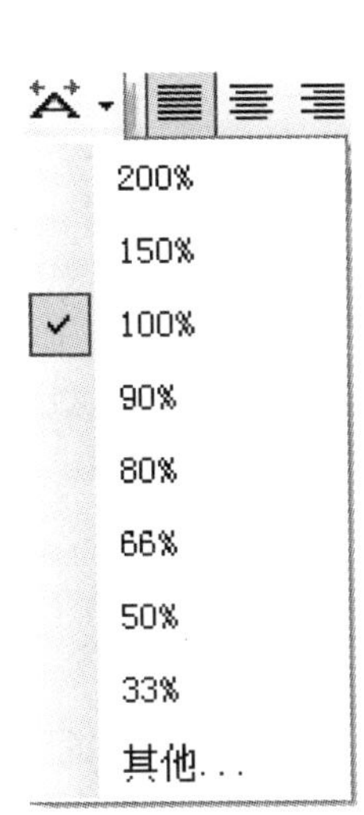

图 3－3－10　“字符缩放”下拉列表

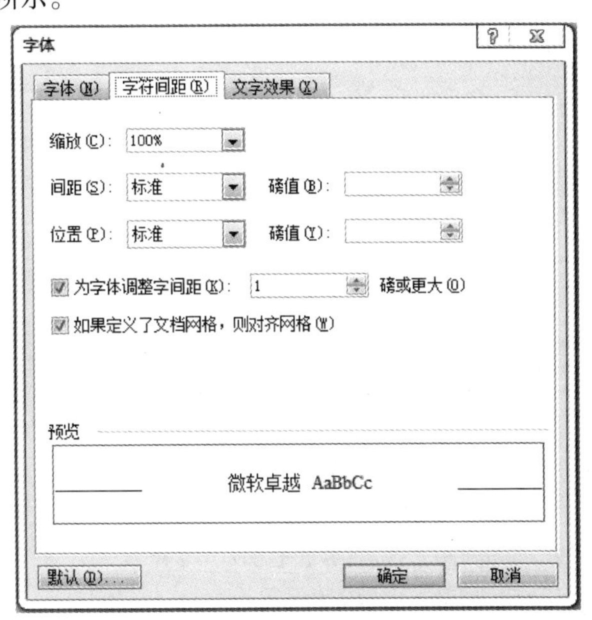

图 3－3－11　“字符间距”选项卡

4. 在“字符间距”选项卡中的“缩放”下拉列表中选择需要的缩放比例。

5. 在“字符间距”选项卡中的“间距”下拉列表中选择“标准”“加宽”或“紧缩”选项，在其后的“磅值”微调框中输入相应的数值。

6. 在“字符间距”选项卡中的“位置”下拉列表中选择“标准”“提升”或“降低”选项，在其后的“磅值”微调框中输入相应的数值。

7. 在“字符间距”选项卡中选中“为字体调整字间距”复选框，在其后的微调框中输入相应的数值，调整字与字之间的间距。

8. 在“字符间距”选项卡中的“预览”区中预览设置字符的效果，单击“确定”按钮完成设置。

3.3.2　设置段落格式

段落是划分文章的基本单位，是文章的重要格式之一，回车符是段落的结束标记。段落格式的设置主要包括对齐方式、缩进、行间距、段间距、首字下沉、制表位、分栏等。

3.3.2.1　段落对齐方式

段落对齐是指段落相对于某一个位置的排列方式。段落的对齐方式有“文本左对齐”、“居中”、“文本右对齐”、“两端对齐”、“分散对齐”等，其中“两端对齐”是系统默认的对齐方式。段落对齐示例如图 3－3－12 所示。

另外，按照合同约定，如果方案经过确认，那么在一个月内请你们按时将酬谢金邮寄于我。——两端对齐

另外，按照合同约定，如果方案经过确认，那么在一个月内请你们按时将酬谢金邮寄于我。——居中对齐

另外，按照合同约定，如果方案经过确认，那么在一个月内请你们按时将酬谢金邮寄于我。——右对齐

另外，按照合同约定，如果方案经过确认，那么在一个月内请你们按时将酬谢金邮寄于我。——分散对齐

图 3-3-12　段落对齐方式

用户可以在工具栏中的“段落”设置段落的对齐方式：

1. 单击“两端对齐”按钮，选定的文本沿页面的左右边对齐。
2. 单击“居中”按钮，选定的文本居中对齐。
3. 单击“文本右对齐”按钮，选定的文本沿页面的右边对齐。
4. 单击“分散对齐”按钮，选定的文本均匀分布。

段落对齐方式也可以通过菜单命令来进行设置。将光标定位于要设置对齐方式的段落中，单击“格式”→“段落”按钮，打开“段落”对话框，如图 3-3-13 所示。然后单击“缩进和间距”选项卡，打开“对齐方式”下拉列表，选择一种段落对齐方式，单击“确定”按钮即可完成段落设置。

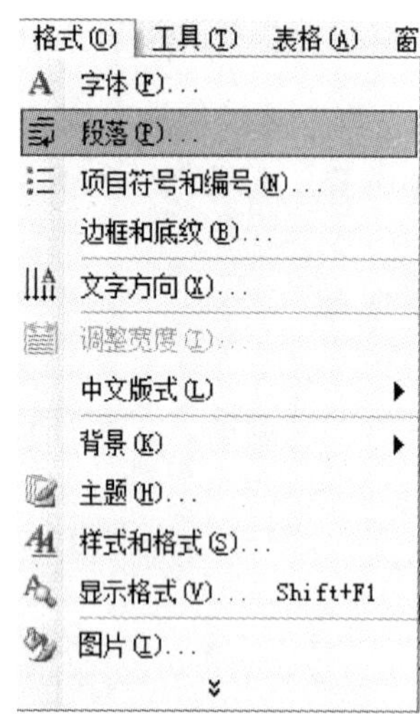

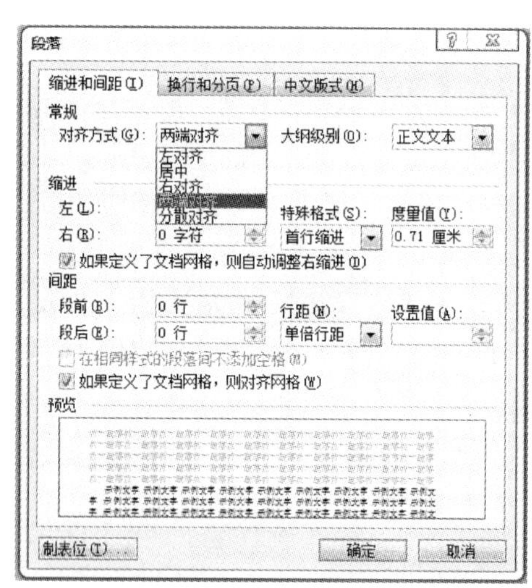

图 3-3-13　“段落”对话框

提示：用户可以将插入点移到需要设置对齐方式的段落中，按快捷键“Ctrl + J”设置两端对齐、按快捷键“Ctrl + E”设置居中对齐、按快捷键“Ctrl + R”设置右对齐、按快捷键“Ctrl + Shift + J”设置分散对齐。

3.3.2.2　段落缩进

段落缩进是指文本与页边距之间的距离，其中页边距是指文档与页面边界之间的距离。

1. 使用水平标尺设置段落缩进。

使用水平标尺是进行段落缩进最方便的方法。水平标尺上有首行缩进、悬挂缩进、左缩进和右缩进4个滑块，如图3－3－14所示。选定要缩进的一个或多个段落，用鼠标拖动这些滑块即可改变当前段落的缩进位置。

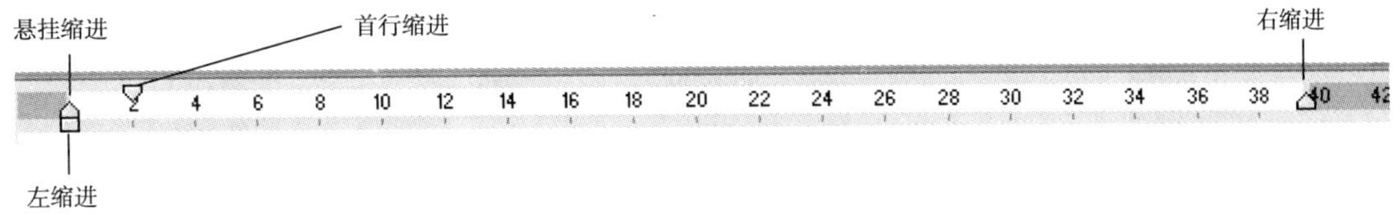

图3－3－14　水平标尺

（1）首行缩进：设置段落第一行的左缩进，效果如图3－3－15所示。

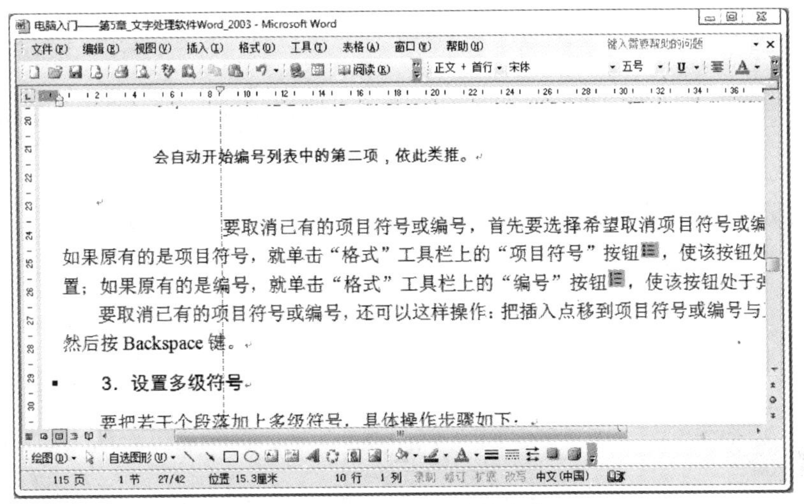

图3－3－15　设置首行缩进

（2）悬挂缩进：设置除段落第一行外的其他各行的缩进，效果如图3－3－16所示。

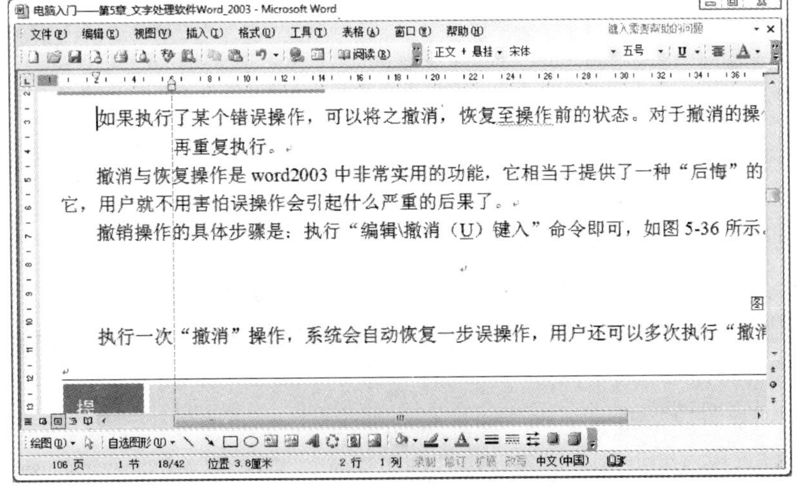

图3－3－16　设置悬挂缩进

（3）左缩进：设置整个段落最左端的缩进，效果如图 3－3－17 所示。

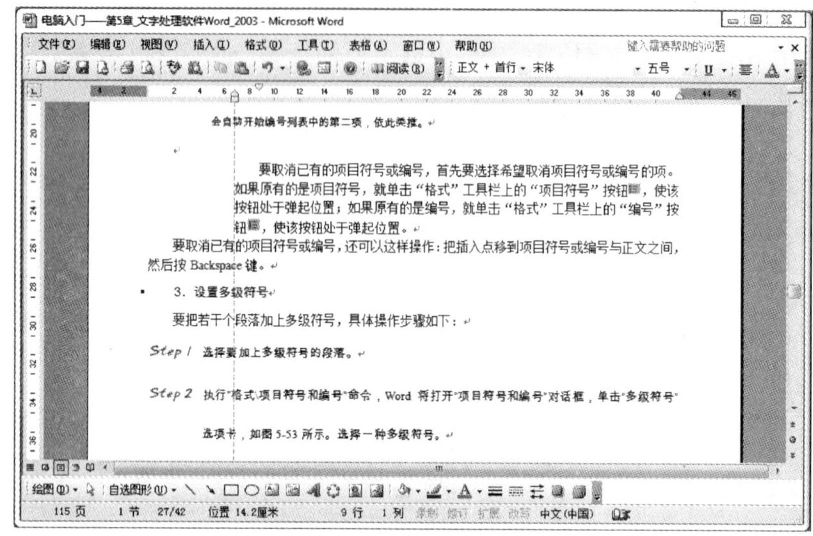

图 3－3－17　设置左缩进

（4）右缩进：设置整个段落最右端的缩进，效果如图 3－3－18 所示。

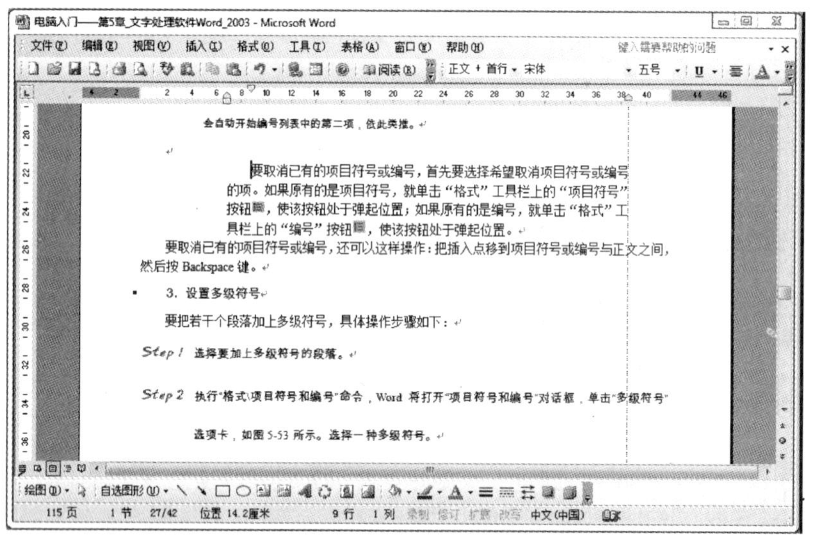

图 3－3－18　设置右缩进

2. 使用“段落”对话框设置段落缩进。

在工具栏中单击“格式”→“段落”按钮，弹出“段落”对话框（图 3－3－19）。在该对话框中的“缩进”选区中可设置段落的左缩进、右缩进、悬挂缩进和首行缩进，在其后的微调框中设置具体的数值。

3. 使用按钮设置段落缩进。

使用按钮设置段落缩进的方法为：将光标定位在需要设置段落缩进的段落中，单击工具栏中“减少缩进量”按钮，将当前段落右移一个默认制表位的距离；单击“增加缩进

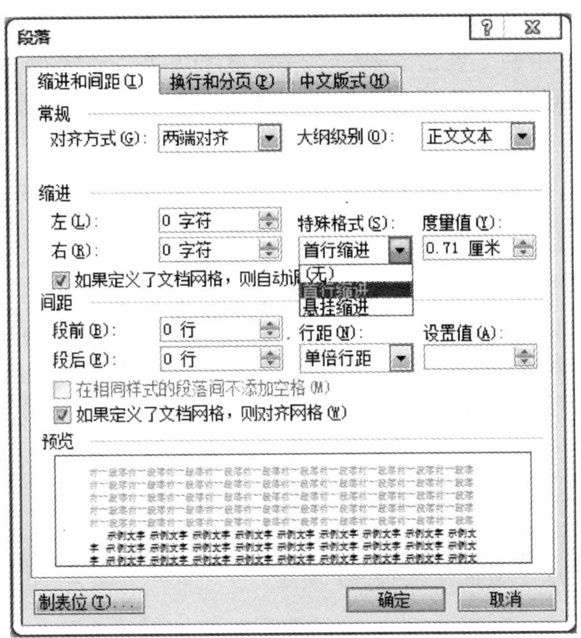

图 3－3－19　设置段落缩进对话框

量”按钮，将当前段落左移一个默认制表位的距离。用户可根据需要多次单击按钮以达到缩进目的。

3.3.2.3　段落的行距和间距

行间距和段落间距指的是文档中各行或各段落之间的间隔距离。Word 2003 默认的行间距为一个行高，段落间距为 0 行。

1. 设置行间距。

设置行间距的具体操作步骤如下：

(1) 选定要设置行间距的文本。

(2) 单击工具栏中“行距”按钮，弹出的“行距”下拉列表，如图 3－3－20 所示。

(3) 在该下拉列表中选择合适的行距，或者选择“行距选项”选项，在弹出的“段落”对话框中的“间距”选区中的“行距”下拉列表中设置段落行间距，如图 3－3－21 所示。

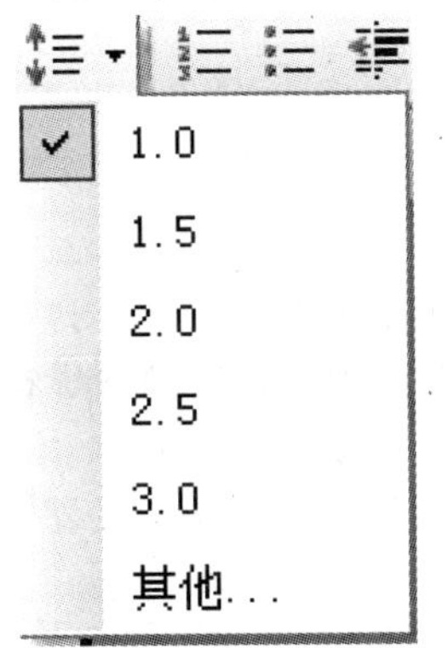

图 3－3－20　“行距”下拉列表

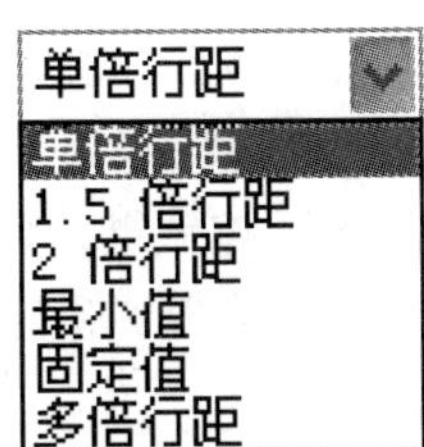

图 3－3－21　“行距”下拉列表

2. 设置段落间距。

在“段落”对话框中的“段前”和“段后”微调框中分别设置距前段距离以及段后距离，此方法设置的段间距与字号无关。用户还可以直接按回车键设置段落间隔距离，此时的段间距与该段文本字号有关，是该段字号的整数倍。

提示：如果相邻的两段都通过“段落”对话框设置间距，则两段间距是前一段的“段后”值和后一段的“段前”值之和。

3.3.2.4 设置段落制表位

在设置段落格式时，为了控制行间或者段间文本的对齐，通常要用到制表位。此时只要按一下“Tab”键，则插入点将跳到下一个制表位的位置，间距被制表字符占据。设置制表位可以使用以下两种方法：

1. 使用“制表符”按钮。

使用“制表符”按钮设置制表位的具体操作步骤如下：

（1）在水平标尺的左侧有一个“制表符”按钮，单击一次就变换为另一个按钮，所有“制表符”按钮及其对齐方式如表 3-3-1 所示。

表 3-3-1 “制表符”按钮及其对齐方式

制表符按钮	对齐方式
∟	左对方方式
⊥	居中对齐方式
┘	右对齐方式
⊥.	小数点对齐方式
|	竖行对齐方式

（2）根据需要选择对齐方式，在标尺上的目标位置单击鼠标，即可在标尺上留下一个制表符。

（3）将光标定位到目标文档的开始处，输入文本，按“Tab”键将光标移动到相邻的制表符处，输入的文本将按照指定的对齐方式对齐。

提示：按住“Alt”键，然后按住鼠标左键拖动制表符，可以看到移动制表符时的制表位位置的精确数值标度。

2. 使用“制表位”对话框。

用户还可以使用“制表位”对话框来精确地设置制表位，其具体操作步骤如下：

（1）单击“段落”对话框左下角的“制表位…”按钮。

（2）在“制表位”对话框中的“制表位位置”文本框中输入具体的数值，在“对齐方式”选区中选择一种制表位对齐方式，在“前导符”选区中选择一种前导符。

（3）单击“设置”按钮继续设置第二个制表位。

（4）设置完成后，单击“确定”按钮。

3.3.2.5 设置分栏

分栏可以将一段文本分为并排的几栏显示在一页中。分栏的具体操作步骤如下：

1. 单击工具栏“工具栏选项”按钮，弹出“分栏”下拉列表，如图 3－3－22 所示。

2. 在该下拉列表中选择需要的分栏样式，如果不能满足用户的需要，可在该下拉列表中选择“更多分栏”选项，弹出“分栏”对话框，如图 3－3－23 所示。

3. 在该对话框中的“预设”选区中选择分栏模式，在“列数”微调框中设置分列数，在“宽度”选区中设置相应的参数。

4. 设置完成后，单击“确定”按钮即可。

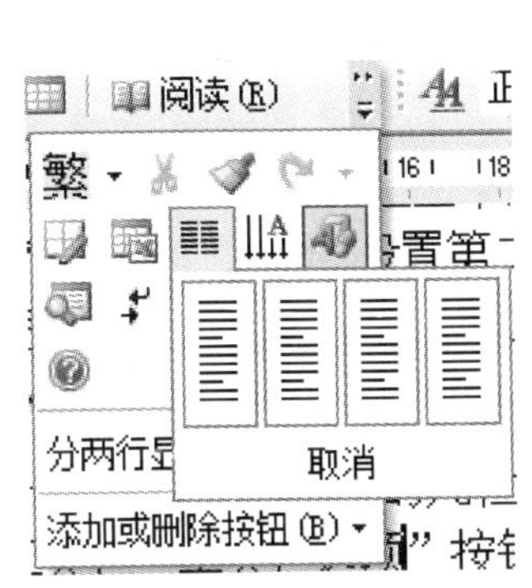

图 3－3－22　“分栏”下拉列表

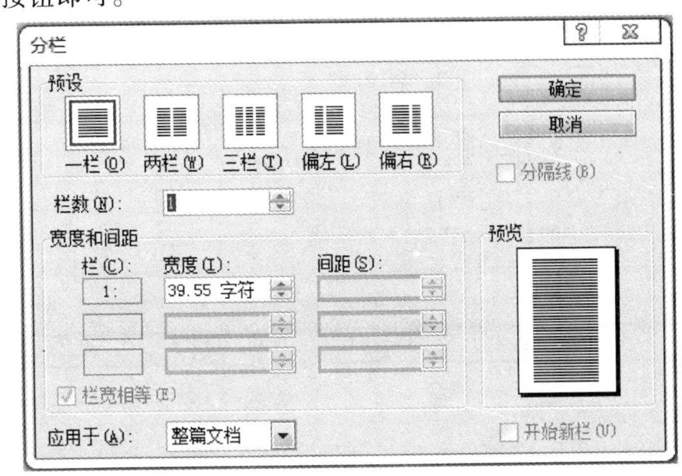

图 3－3－23　“分栏”对话框

3.3.3　添加边框和底纹

在 Word 2003 中，不仅可以格式化文本和段落，还可以给文本和段落加上边框和底纹，进而突出显示这些文本和段落，如图 3－3－24 所示。

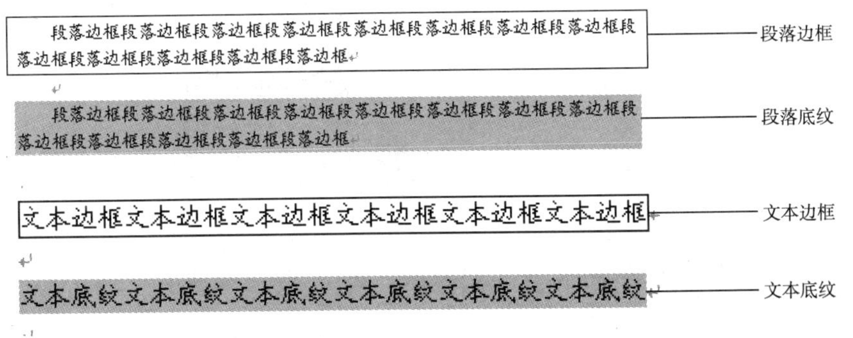

图 3－3－24　为文本添加边框和底纹

3.3.3.1　添加边框

为文本或段落添加边框的具体操作步骤如下：

1. 选定需要添加边框的文本或段落。

2. 单击工具栏中“格式”→“边框与底纹”按钮，打开“边框和底纹”对话框，如图 3－3－25 所示。

3. 在该对话框中的“设置”选区中选择边框类型，在“样式”列表框中选择边框的线型。

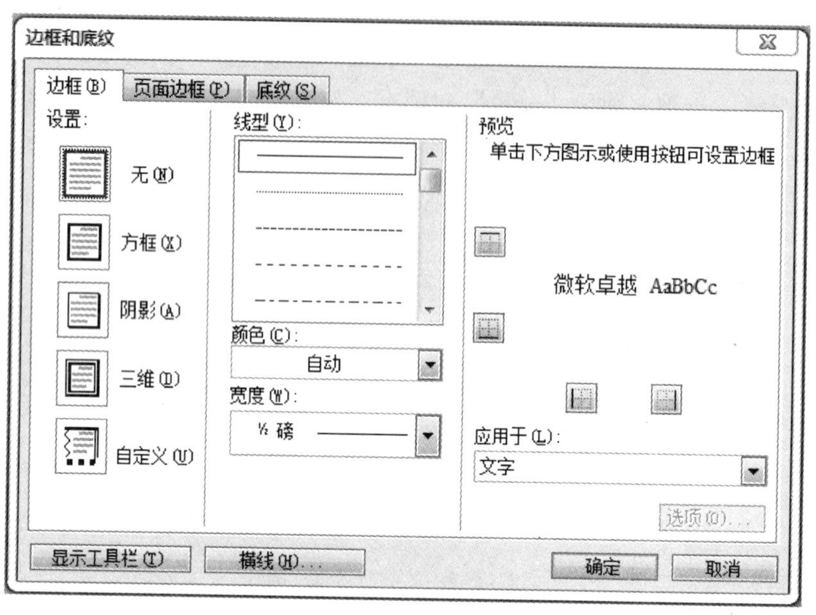

图 3－3－25 “边框”选项卡

4. 单击“颜色”下拉列表后的下三角按钮，打开“颜色”下拉列表，如图 3－3－26 所示。在该下拉列表中选择需要的颜色。

5. 如果在“颜色”下拉列表中没有用户需要的颜色，可选择“其他线条颜色”选项，弹出“颜色”对话框，如图 3－3－27 所示。在该对话框中选择需要的标准颜色或者自定义颜色。

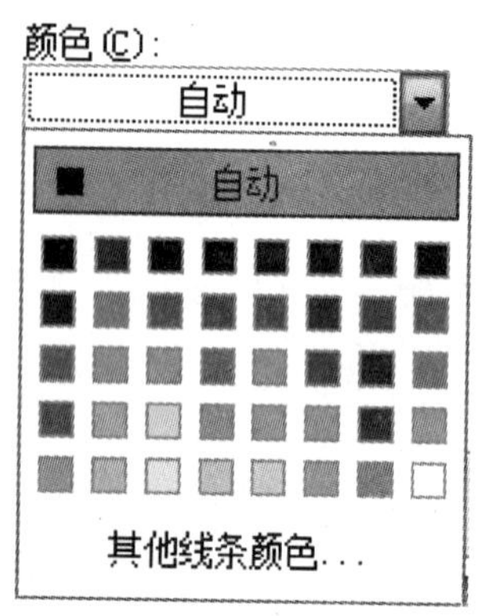

图 3－3－26 “颜色”下拉列表

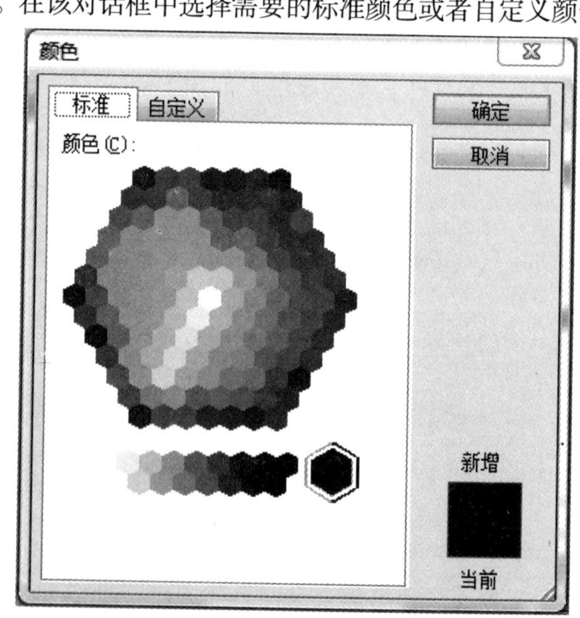

图 3－3－27 “颜色”对话框

6. 在“宽度”下拉列表中选择边框的宽度。

7. 在“应用于”下拉列表中选择边框的应用范围。

8. 设置完成后，单击“确定”按钮即可为文本或段落添加边框。

3.3.3.2 添加底纹

为文本或段落添加底纹的具体操作步骤如下：

1. 选定需要添加底纹的文本或段落。

2. 单击工具栏中“格式”→“边框与底纹”按钮，打开“边框和底纹”对话框，如图 3-3-28 所示。

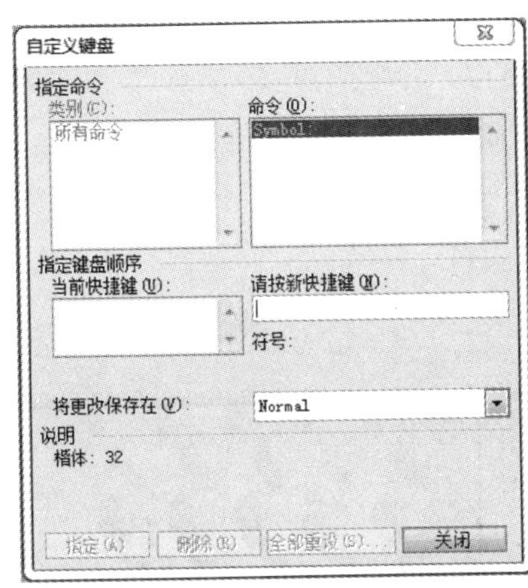

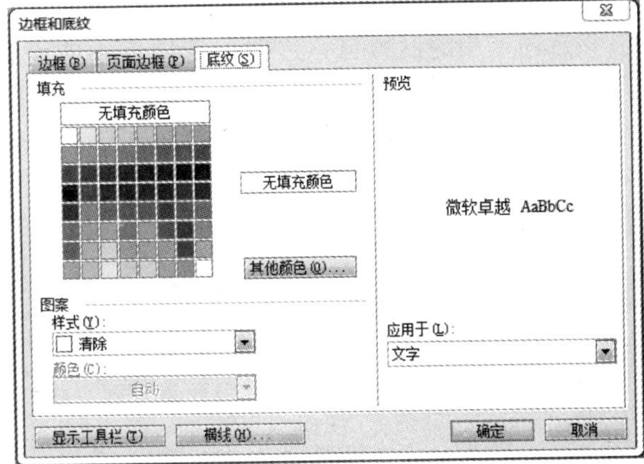

图 3-3-28 “底纹”选项卡

3. 在“底纹”选项卡中的“填充”选区中的下拉列表中选择“其他颜色”选项，在弹出的如图 3-3-29 所示的“颜色”对话框中选择其他的颜色。

4. 单击“样式”下拉列表后的下三角按钮，打开“样式”下拉列表，如图 3-3-30 所示。在该下拉列表中选择底纹的样式比例。

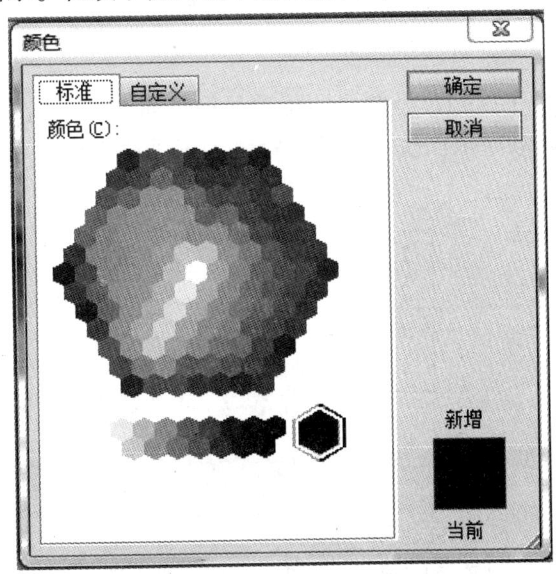

图 3-3-29 “颜色”对话框

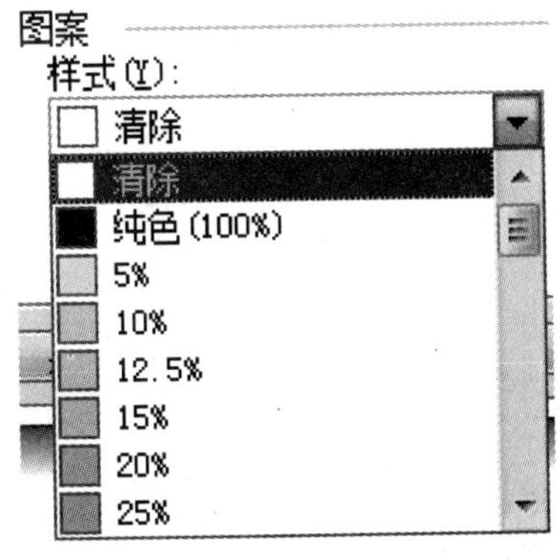

图 3-3-30 “样式”下拉列表

5. 设置完成后，单击“确定”按钮即可为文本或段落添加底纹。

3.3.3.3 设置页面边框

用户不但可以为文本和段落设置边框，还可以设置整个页面的边框。其具体操作步骤如下：

1. 将光标定位在页面中的任意位置。

2. 选择“格式”→“边框和底纹”命令，弹出“边框和底纹”对话框，单击“页面边框”选项卡，如图 3-3-31 所示。

3. 该选项卡中的设置与“边框”选项卡中的设置类似，不同的是多了一个“艺术型”下拉列表，如图 3-3-32 所示。在该下拉列表中选择所需要的边框类型。

4. 设置完成后，单击“确定”按钮即可设置整个页面的边框。

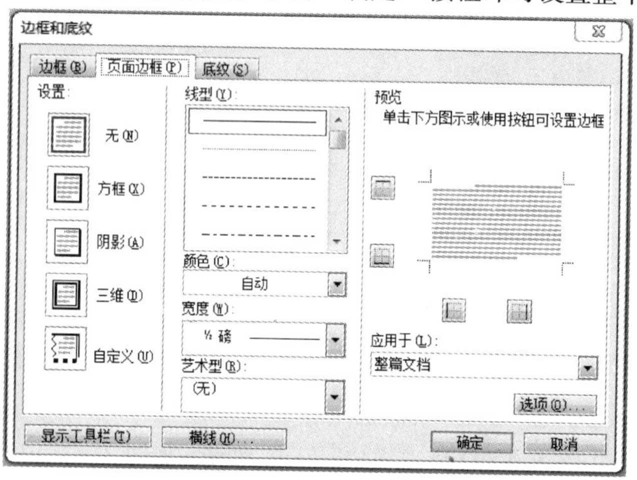

图 3-3-31 “页面边框”选项卡

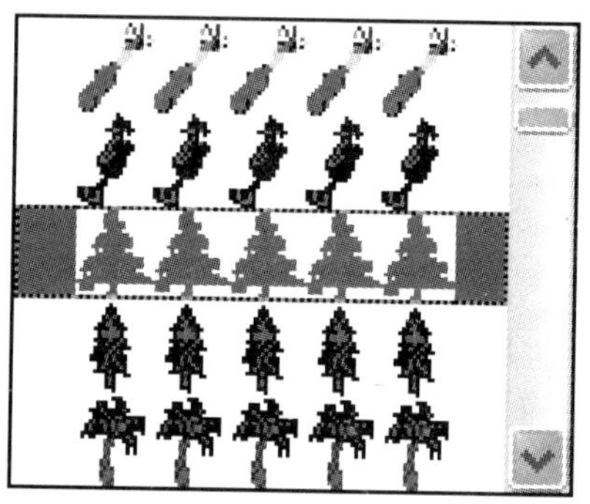

图 3-3-32 “艺术型”下拉列表

3.3.4 添加项目符号和编号

在文档中，为了使相关的内容醒目并且有序排列，经常要用到项目符号和编号。例如，在一份操作说明书时，可以把操作步骤按先后顺序依次编号，项目符号和编号效果如图 3-3-33 所示。

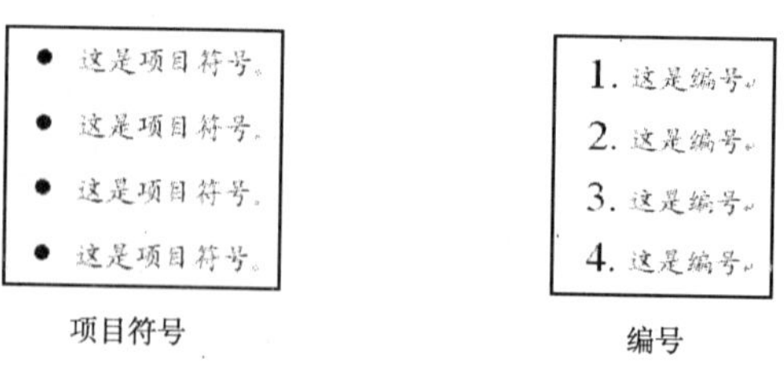

图 3-3-33

3.3.4.1 创建项目符号列表

项目符号就是放在文本或列表前用以添加强调效果的符号。使用项目符号的列表可将一系列重要的条目或论点与文档中其余的文本区分开。

创建项目符号列表的具体操作步骤如下：

1. 将光标定位在要创建列表的开始位置。

2. 单击工具栏中的“格式”→“项目符号和编号”按钮，弹出“项目符号和编号”对话框，如图 3－3－34 所示。

3. 在该下拉列表中选择项目符号，或选择“自定义”选项，弹出“自定义项目符号列表”对话框，如图 3－3－35 所示。

图 3－3－34　“项目符号库”下拉列表

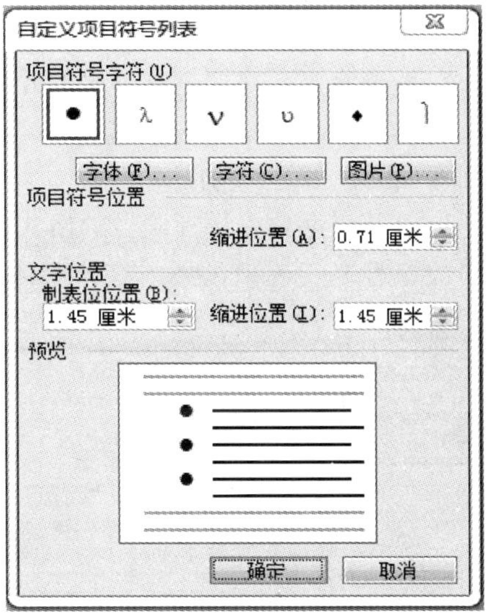

图 3－3－35　“定义新项目符号”对话框

4. 在该对话框中的“自定义项目符号列表”选区中单击“字符”按钮，在弹出的如图 3－3－36 所示的“符号”对话框中选择需要的符号。单击“图片”按钮，在弹出的如图 3－3－37所示的“图片项目符号”对话框中选择需要的图片符号；单击“字体”按钮，在弹出的“字体”对话框中设置项目符号中的字体格式。

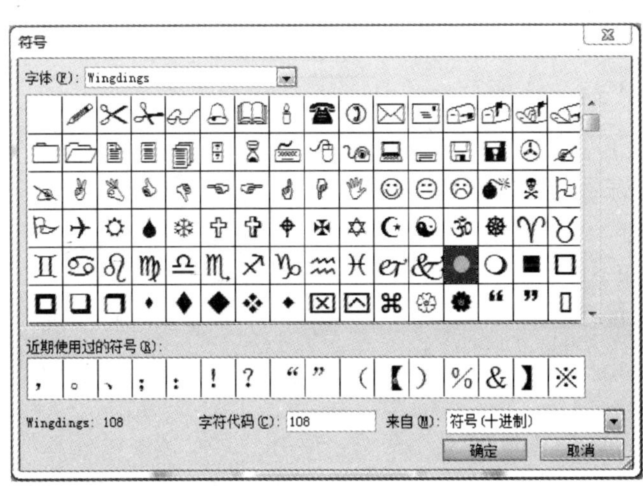

图 3－3－36　“符号”对话框

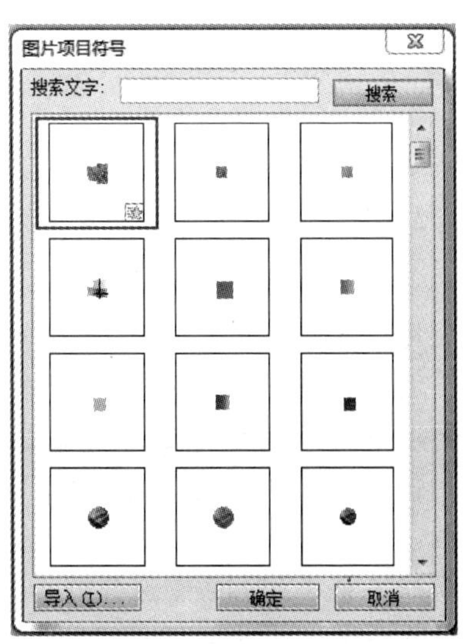

图 3－3－37　“图片项目符号”对话框

➡ 理想是石，敲出星星之火；

➡ 理想是火，点燃熄灭的灯；

➡ 理想是灯，照亮夜行的路；

➡ 理想是路，引你走到黎明。

图 3－3－38　创建项目符号列表效果

5. 设置完成后，单击“确定”按钮，为文本添加项目符号，效果如图 3－3－38 所示。

3.3.4.2　创建编号列表

编号列表是在实际应用中最常见的一种列表，它和项目符号列表类似，只是编号列表用数字替换了项目符号。在文档中应用编号列表，可以增强文档的顺序感。

创建编号列表的具体操作步骤如下：

1. 将光标定位在要创建列表的开始位置。

2. 单击工具栏中的“格式”→“项目符号和编号”按钮，弹出“项目符号和编号”对话框，如图 3－3－39 所示。

3. 在该对话框中选择编号的格式，选择“自定义”选项，弹出“自定义编号列表”对话框，如图 3－3－40 所示。在该对话框中定义新的编号样式、格式以及编号的对齐方式。

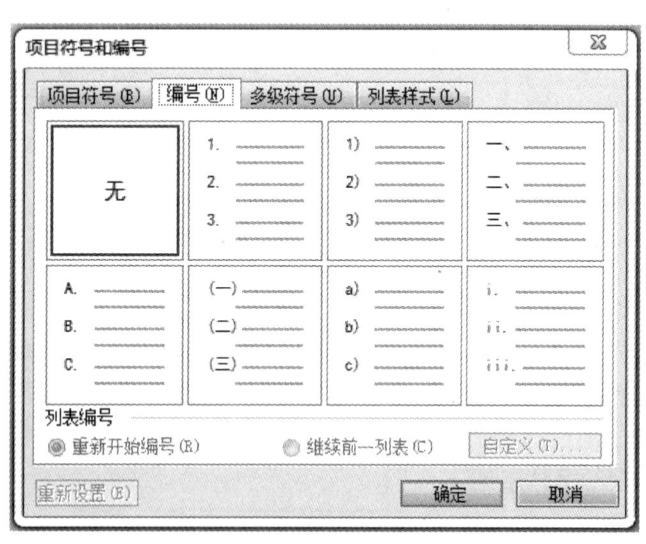

图 3－3－39　“编号库”对话框

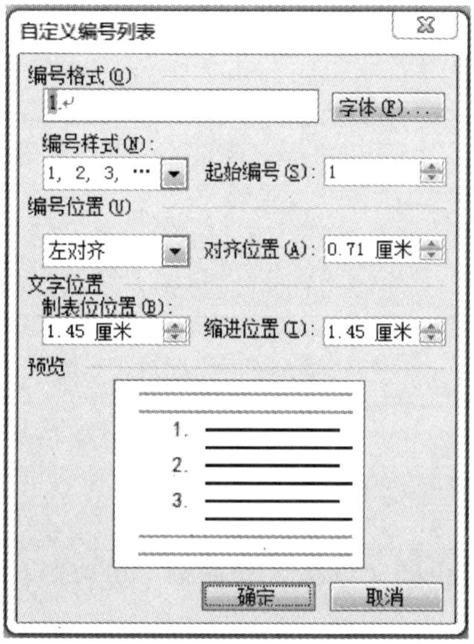

图 3－3－40　“定义新编号格式”对话框

4. 为文本创建编号列表的效果如图 3－3－41 所示。

(一)　理想是石，敲出星星之火；

(二)　理想是火，点燃熄灭的灯；

(三)　理想是灯，照亮夜行的路；

(四)　理想是路，引你走到黎明。

图 3－3－41　创建编号列表效果

3.3.4.3　创建多级符号列表

多级符号列表中每段的项目符号或编号根据缩进范围而变化，最多可生成有 9 个层次的多级符号列表。

创建多级符号列表的具体操作步骤如下：

1. 单击工具栏中的“格式”→“项目符号和编号”按钮，弹出“项目符号和编号”对话框，如图 3－3－42 所示。

2. 在该下拉列表中选择编号的格式，选择“自定义”选项，弹出“自定义多级符号列表”对话框，如图 3－3－43 所示。

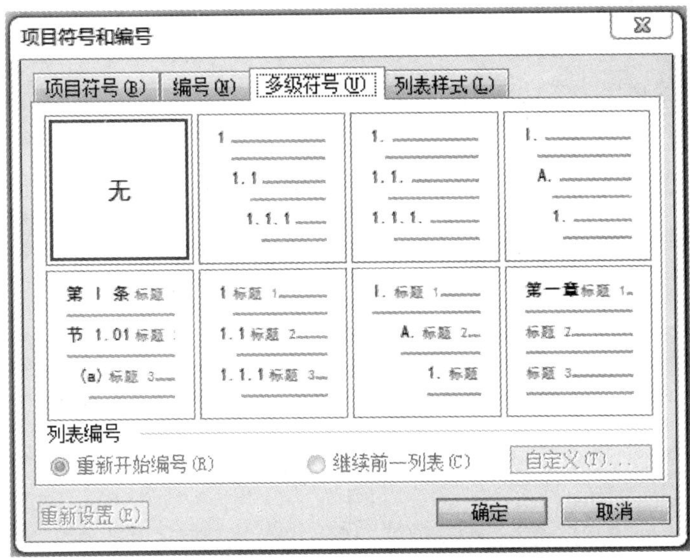

图 3－3－42　“多级符号”下拉列表

3. 在“级别”列表框中选择当前要定义的列表级别；在“编号格式”文本框中输入编号或项目符号及其前后紧接的文字；在“编号样式”下拉列表中选择列表要用的项目符号或编号样式；在“起始编号”微调框中设置起始编号。根据需要设置编号位置或文字位置等，效果如 3－4－44 所示。

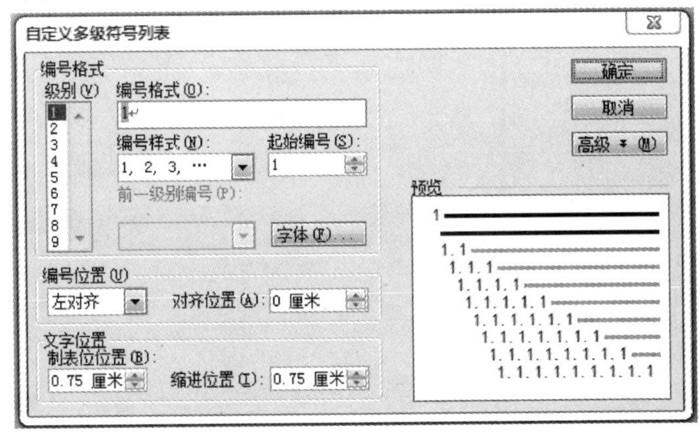

图 3－3－43　“自定义多级符号列表”对话框

1.1.　计算机文化基础

1.1.1. 中文 Office 2003 概述

1.1.1.1. 中文 Word 2003

1.1.1.1.1.　格式化文本

图 3－3－44　创建多级符号列表效果

3.3.5　设置水印

水印是在打印时显示在现有文字的上面或者下面的任何图形或者文字，水印的效果只能在页面视图下显示。

3.3.5.1　创建和删除水印效果

通过“水印”对话框，可以添加图片或者文字为文档的水印，也可以删除水印效果，其具体操作步骤如下：

1. 在要添加水印的文档中，单击“格式”→“背景”→“水印”按钮，调出“水印”

对话框，如图 3－3－45 所示。

2. 选中“图片水印”单选钮，激活该栏内容，单击“选择图片”按钮，调出“插入图片”对话框，可以选择作为水印的图片文件。

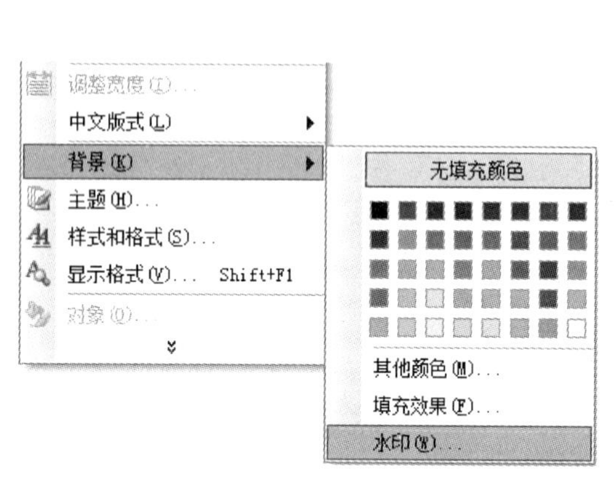

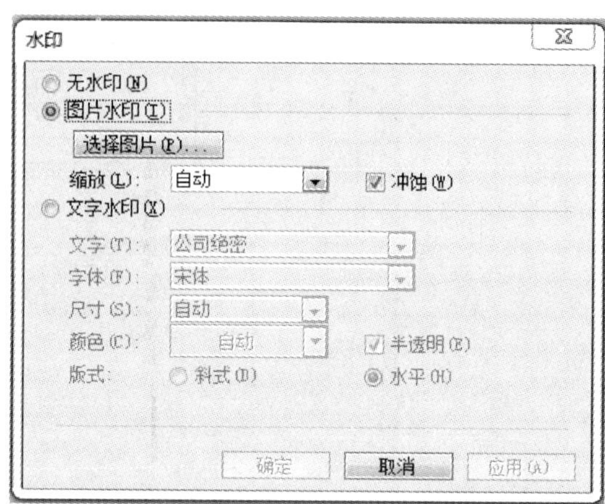

图 3－3－45　“水印”对话框

3. 选中“文字水印”单选钮，激活该栏内容，在“文字”下拉列表框中，选择水印的文字内容，在“字体”“尺寸”“颜色”下拉列表框中，分别选择水印文字的字体、字号和字体颜色。设置完成后，单击“确定”按钮，即可在文档中央显示水印。如图 3－3－46 所示为一种文字水印的设置及其效果。

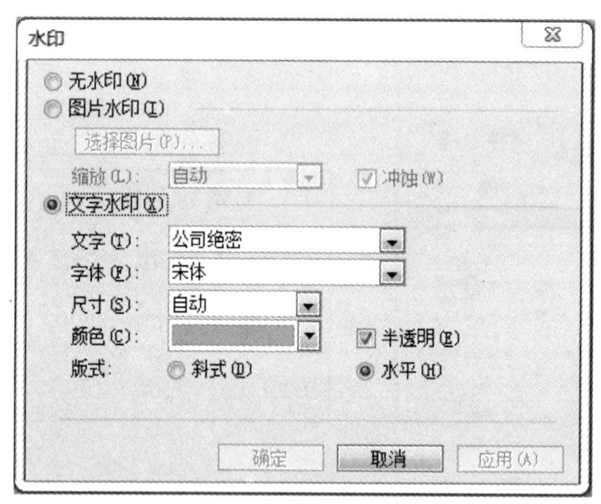

图 3－3－46　“文字水印”的设置及其效果

4. 如果要删除水印效果，则在“水印”对话框中，选中“无水印”单选钮，再单击“确定”按钮即可。

3.3.5.2　自行创建水印

通过“水印”对话框添加的水印内容比较单一且位置固定。事实上，通过“图片”工具栏的帮助，用户可以自行设计水印。操作方法如下：

1. 在要添加水印的文档中，插入要制作成水印的图片。然后单击“图片”工具栏中的

"文字环绕"按钮，调出下拉菜单，单击"衬于文字下方"菜单命令。此时，图片的尺寸控点变成小圆圈，表示可以使用鼠标拖曳图片在文档中随意移动。

2. 调整图片的位置、旋转角度和大小后，通过多次单击"增加对比度"、"降低对比度"、"增加亮度"和"降低亮度"按钮调整图片显示效果，使其达到与水印相似的效果。

3.3.6　设置中文版式

Word 2003 提供了一些特殊的中文版式，如文字方向、首字下沉、拼音指南等版式。应用这些版式可以设置不同的版面格式，下面分别对其进行介绍。

3.3.6.1　文字方向

文本中的文字可以是水平的，也可以设置成其他的方向。具体操作步骤如下：

1. 选中文档中要改变文字方向的文本。

2. 单击工具栏中的"文件"→"页面设置"按钮，弹出"页面设置对话框"，然后单击"文档网络"选项卡，如图 3－3－47 所示。

3. 在该对话框中选择需要的文字方向格式，或者单击"格式"→"文字方向"按钮，弹出"文字方向－主文档"对话框，如图 3－3－48 所示。

4. 在该对话框中的"方向"选项组中根据需要选择一种文字方向，在"应用于"下拉列表中选择"整篇文档"，在"预览"框中可以预览其效果。

5. 单击"确定"按钮，即可完成文字方向的设置，效果如图 3－3－49 所示。

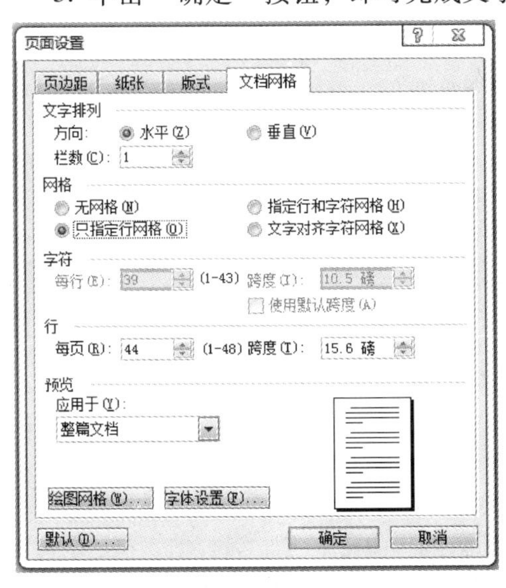

图 3－3－47　"文字方向"下拉列表

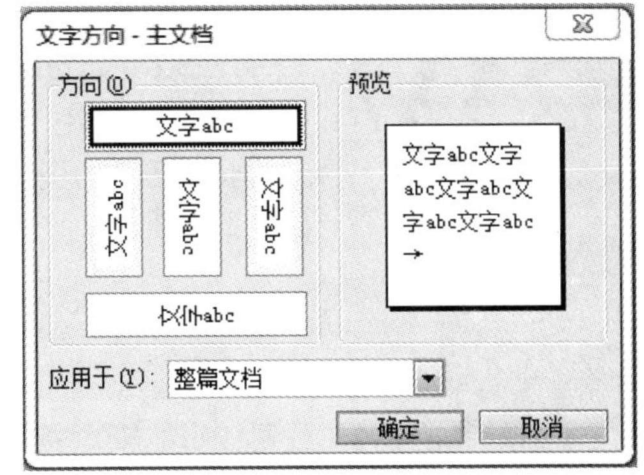

图 3－3－48　"文字方向－主文档"对话框

3.3.6.2　首字下沉

首字下沉经常出现在一些报刊、杂志上，一般位于段落的首行。要设置首字下沉，其具体操作步骤如下：

1. 将光标置于要设置首字下沉的段落中。

2. 单击工具栏中的"格式"→"首字下沉"按钮，弹出"首字下沉"对话框，如图

3－3－50所示。

3. 在该对话框中的“位置”选项组中选择一种首字下沉的样式；在“选项”选项组中的“字体”下拉列表中选择一种所需要字体；在“下沉行数”微调框中根据需要调整下沉的行数；在“距正文”微调框中根据需要设置距正文的距离。

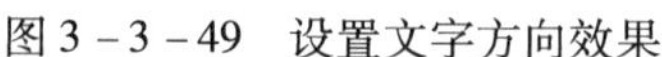

理想是石，敲出星星之火；
理想是火，点燃熄灭的灯；
理想是灯，照亮夜行的路；
理想是路，引你走到黎明。

图3－3－49　设置文字方向效果

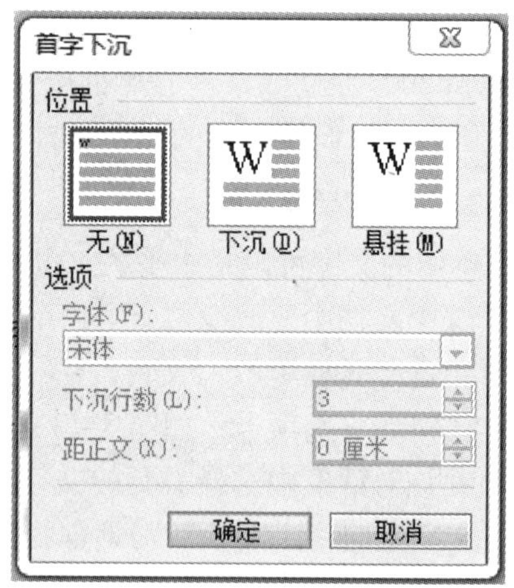

图3－3－50　“首字下沉”对话框

设置完成后，单击“确定”按钮，首字下沉效果如图3－3－51所示。

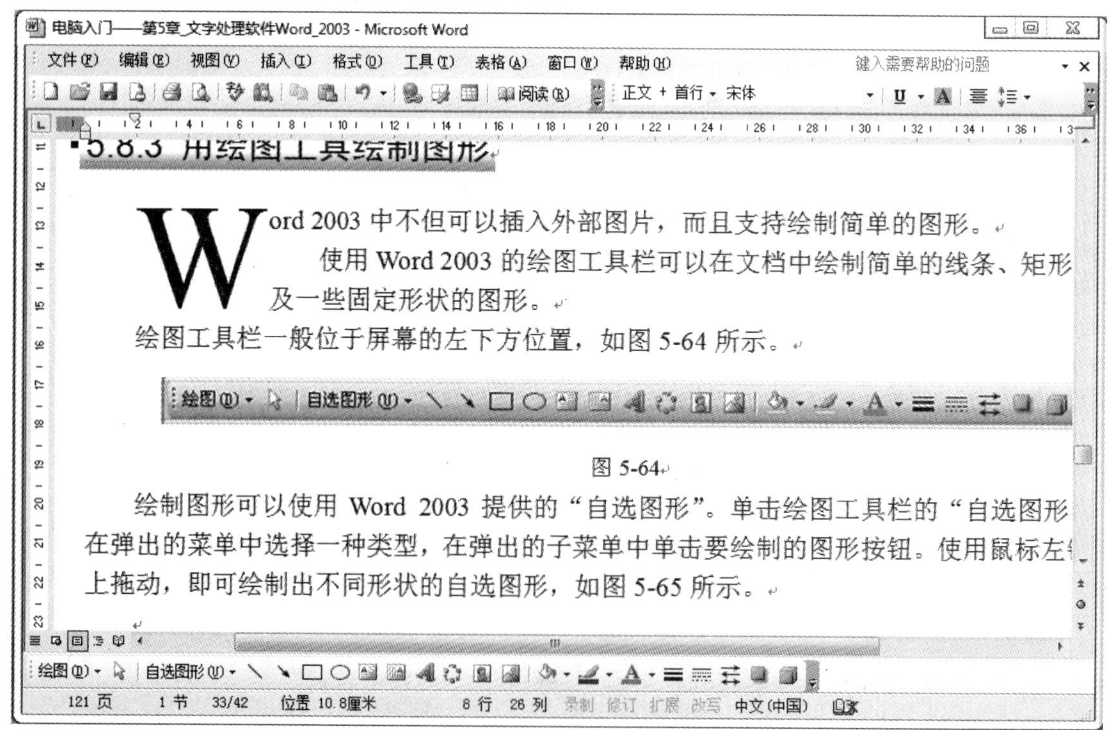

图3－3－51　设置首字下沉效果

如果要取消首字下沉，其具体操作步骤如下：

1. 选中段落中设置的首字下沉。

2. 单击工具栏中的“格式”→“首字下沉”按钮，在弹出的“首字下沉”对话框中选择“无”选项，即可取消首字下沉。

3.3.6.3 拼音指南

利用 Word 2003 提供的拼音指南功能，可以自动为文本中的汉字标注拼音。具体操作步骤如下：

1. 选中文本中要添加拼音的文本。

2. 在工具栏中单击“拼音指南”按钮，弹出“拼音指南”对话框，如图 3-3-52 所示。

3. 在该对话框中的“对齐方式”下拉列表中选择拼音与文字的对齐方式；在“偏移量”微调框中设置所标注的拼音与文本内容的距离；在“字体”下拉列表中选择标注拼音的字体；在“字号”下拉列表中选择标注拼音的字号。

4. 设置完成后，单击“确定”按钮，效果如图 3-3-53 所示。

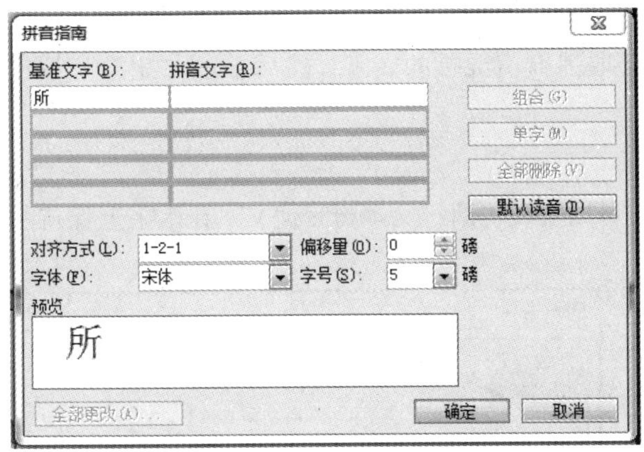

图 3-3-52 “拼音指南”对话框

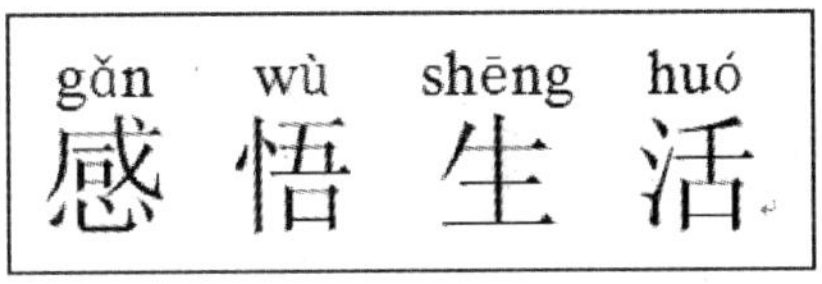

gǎn wù shēng huó
感悟生活

图 3-3-53 设置汉字拼音效果

3.3.6.4 带圈字符

利用 Word 2003 提供的中文版式功能，还可以在文档中插入带圈字符。具体操作步骤如下：

1. 将光标置于文档中要插入带圈字符的位置。

2. 在工具栏中单击“带圈字符”按钮，弹出“带圈字符”对话框，如图 3-3-54 所示。

3. 在该对话框中的“样式”选区中选择一种带圈字符样式；在“圈号”选区中的“文字”文本框中输入字符编号，或在其列表框中选择一种字符编号；在“圈号”选区中的“圈号”列表框中选择一种圈号的样式。

4. 设置完成后，单击“确定”按钮，即可在文档中插入带圈字符。

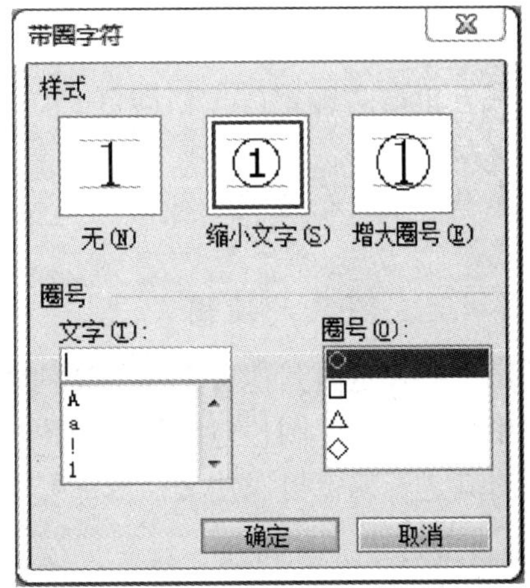

图 3-3-54 “带圈字符”对话框

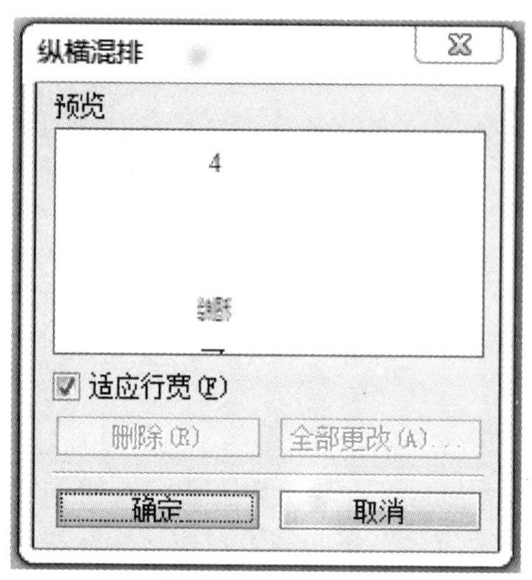

图3－3－55　“纵横混排”对话框

3.3.6.5　纵横混排

使用中文版式中的纵横混排功能，可以使选中的文本按纵向或横向排列。这里以选中横向文本为例，其具体操作步骤如下：

1. 选定文本中要进行纵横混排的文字。

2. 单击工具栏中的“格式”→“中文版式”按钮，在弹出的下拉列表中选择“纵横混排”选项，弹出“纵横混排”对话框，如图3－3－55所示。

3. 如果选中“适应行宽”复选框，则纵向排列的文字宽度将与行宽适应。这里不选中此复选框，则纵向排列的文字会按自身的大小排列。

4. 单击“确定”按钮，即可设置文本的纵横混排效果。

5. 如果要取消设置的纵横混排，选中要取消纵横混排的文字，然后单击“删除”按钮即可。

3.3.6.6　双行合一

利用Word 2003提供的双行合一功能，可以实现将两行文本与其他文本在水平上保持一致的效果。具体操作步骤如下：

1. 选中文本中要实现双行合一的文本。

2. 单击工具栏中的“格式”→“中文版式”按钮，在弹出的下拉列表中选择“双行合一”选项，弹出“双行合一”对话框，如图3－3－56所示。

3. 在“文字”文本框中显示选中的文本。

4. 在“预览”框中可以看见其预览效果，单击“确定”按钮即可。

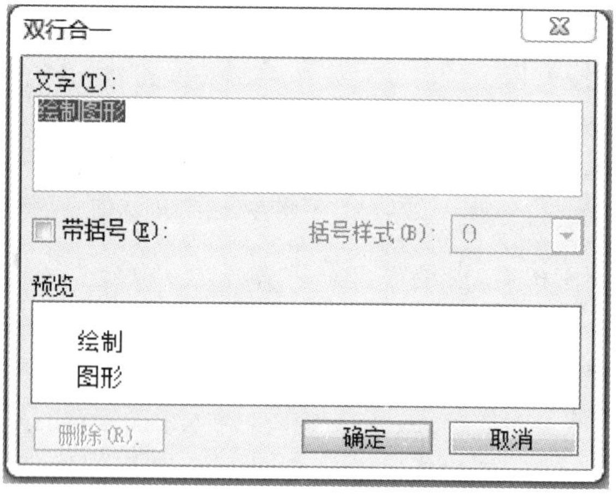

图3－3－56　“双行合一”对话框

3.4　图文混排

3.4.1　图片的使用

图片是由其他文件和工具创建的图形，比如在Photoshop中创建的图像或扫描到计算机中的照片等。图片包括扫描的图片和照片、位图以及剪贴画。在Word文档中插入图片，并对其进行编辑可以使文档更加形象和生动。

3.4.1.1　插入图片

用户可以方便地在Word 2003文档中插入各种图片，例如Word 2003提供的剪贴画和图形文件（如 BMP，GIF，JPEG 等格式）。

1. 插入文件图片。

在 Word 文档中还可以插入由其他程序创建的图片，具体操作步骤如下：

（1）将光标定位在需要插入图片的位置。

（2）单击工具栏中的“插入”→“图片”按钮，在弹出的下拉菜单中选择“来自文件”，弹出“插入图片”对话框，如图 3－4－1 所示。

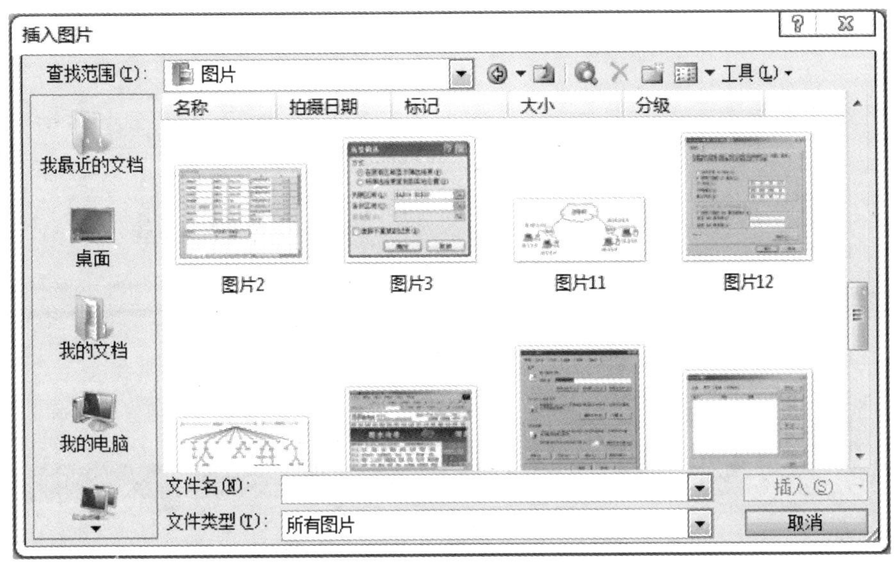

图 3－4－1 “插入图片”对话框

（3）在“查找范围”下拉列表中选择合适的文件夹，在其列表框中选中所需的图片文件。

（4）单击“插入”按钮，即可在文档中插入图片。

2. 插入剪贴画。

剪贴画是一种表现力很强的图片，使用它可以在文档中插入各种具有特色的图片。例如人物图片、动物图片、建筑图片等。

在文档中插入剪贴画的具体操作步骤如下：

（1）将光标定位在需要插入剪贴画的位置。

（2）单击工具栏中的“插入”→“图片”按钮，在弹出的下拉菜单中选择“来自剪贴画”，打开“剪贴画”任务窗格，如图 3－4－2 所示。

（3）在“搜索文字”文本框中输入剪贴画的相关主题或类别；在“搜索范围”下拉列表中选择要搜索的范围；在“结果类型”下拉列表中选择文件类型。

（4）单击“搜索”按钮，即可在“剪贴画”任务窗格中显示查找到的剪贴画，如图 3－4－3所示。

（5）单击要插入到文件的剪贴画，即可插入到文件中。

提示：用户还可以在“剪贴画”任务窗格中单击“管理剪辑”超链接，在打开的如图 3－4－4 所示的“剪辑管理器”窗口中选择需要插入的剪贴画，单击剪贴画右侧的下三角按钮，在弹出的菜单中选择“复制”命令，在 Word 文档中单击鼠标右键，从弹出的快捷菜单中选择“粘贴”命令，即可将剪贴画插入到文档中。

图 3－4－2　“剪贴画”任务窗格

图 3－4－3　搜索剪贴画

图 3－4－4　“剪辑管理器”窗口

3.4.1.2　编辑图片

在文档中插入图片后，图片的大小、位置和格式等不一定符合要求，需要进行各种编辑才能达到令人满意的效果。选中图片，然后在上下文工具中的“格式”选项卡中对图片进行各种编辑操作。

1. 调整图片大小。

调整图片大小的方法主要有快速调整和精确调整两种。

快速调整图片大小的具体操作步骤如下：

（1）选中要调整大小的图片。

（2）此时图片周围出现 8 个控制点，如图 3－4－5 所示。

（3）将鼠标指针移至图片周围的控制点上，此时鼠标指针变为⤡或⤢形状，按住鼠标左键并拖动，如图 3－4－6 所示。

（4）当达到合适大小时释放鼠标，即可调整图片大小。

图 3－4－5　选中图片

图 3－4－6　调整图片大小

精确调整图片大小的具体操作步骤如下：

（1）在需要调整大小的图片中单击鼠标右键，从弹出的快捷菜单中选择“设置图片格式”命令，弹出“设置图片格式”对话框，打开“大小”选项卡，如图 3－4－7 所示。

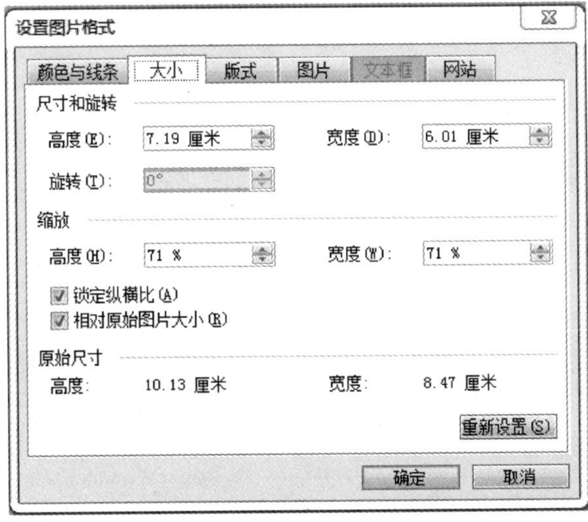

图 3－4－7　“大小”对话框

（2）在该选项卡中的“尺寸和旋转”选区中设置图片的高度、宽度和旋转角度；在“缩放比例”选区中设置图片高度和宽度的比例。

（3）选中“锁定纵横比”复选框，可使图片的高度和宽度保持相同的尺寸比例；选中“相对于图片原始尺寸”复选框，可使图片的大小相对于图片的原始大小进行调整。

（4）设置完成后，单击“关闭”按钮即可精确调整图片大小。

注意：按住“Ctrl”键并拖动图片控制点时，将从图片的中心向外垂直、水平或沿对角线缩放图片，如图 3-4-8 所示。

2. 设置亮度和对比度。

（1）设置图片亮度。选中图片，然后在弹出的图片工具栏中单击“增加亮度”或者“降低亮度”按钮来设置图片的亮度。

（2）设置图片对比度。选中图片，然后在弹出的图片工具栏中单击“增加对比度”或者“降低对比度”来设置图片的对比度。

3. 压缩图片。

由于图片的存储空间都很大，所以插入到 Word 文档中，使得文档体积也相应变大。压缩图片可减小图片存储空间，缩小文档体积，并可提高文档的打开速度。选中图片后，在图片工具栏中单击“压缩图片”按钮，弹出“压缩图片”对话框，在该对话框中进行相应的设置，单击“确定”按钮，即可对图片进行压缩，如图 3-4-9 所示。

图 3-4-8 按住“Ctrl”键缩放图片

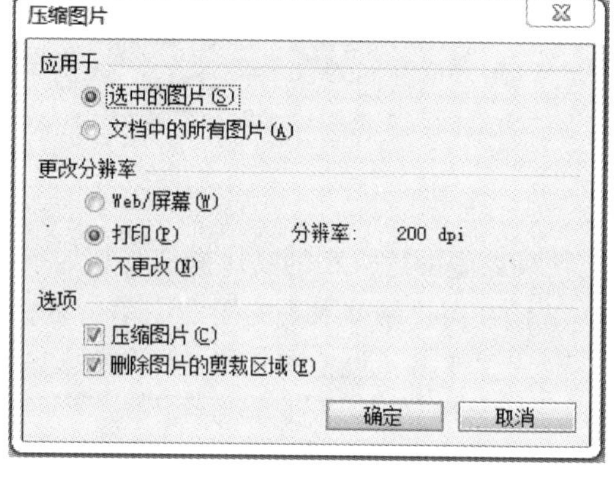

图 3-4-9 “压缩图片”对话框

4. 重设图片。

选中图片后，在图片工具栏中单击“重设图片”按钮，可使图片恢复到原来的大小和格式。

5. 环绕方式。

设置图片的环绕方式，可以使图片的周围环绕文字，实现 Word 的图文混排功能。选中图片后，在图片工具栏上单击“文字环绕”按钮，弹出如图 3-4-10 所示的对话框。在该下拉列表中选择相应的选项，即可设置图片的环绕方式。选择“其他布局选项”选项，弹出“高级版式”对话框，打开“文字环绕”选项卡，如图 3-4-11 所示。在该对话框中可对图片的环绕方式进行精确设置。

图 3－4－10 “文字环绕”下拉列表

图 3－4－11 “文字环绕”选项卡

6. 裁剪图片。

选中图片后，在图片工具栏“裁剪”选项，此时鼠标指针变为形状，将鼠标指针移至图片的控制点上即可对图片进行裁剪，效果如图 3－4－12 所示。

原图

效果图

图 3－4－12 裁剪图片效果

7. 旋转图片。

在需要旋转的图片上单击鼠标右键，从弹出的快捷菜单中选择“设置图片格式”命令，弹出“设置图片格式”对话框，打开“大小”选项卡，在该选项卡中的“尺寸和旋转”选区中的“旋转”微调框中输入旋转的角度，效果如图 3－4－13 所示。

原图

效果图

图 3－4－13 旋转图片效果

8. 设置透明色。

选中需要设置透明色的图片，在图片工具栏单击“设置透明色”选项，此时鼠标变为形状，将鼠标指向需要设置为透明色的部分，单击鼠标左键，即可将所选部分设置为透明色，效果如图 3－4－14 所示。

原图

效果图

图 3－4－14　透明色效果

3.4.2　自选图形的使用

在实际工作中，有时需要在文档中插入一些简单的图形，来说明一些特殊的问题。在 Word 2003 文档中用户可以直接绘制和编辑各种图形。

3.4.2.1　绘制自选图形

在 Word 2003 文档中，用户可以插入现成的形状，例如矩形、圆、箭头、线条、流程图等符号和标注。绘图工具栏一般位于屏幕的左下方位置，如图 3－4－15 所示。在工具栏中选择需要绘制的自选图形的形状，此时光标变为＋形状，按住鼠标左键在绘图画布上拖动到适当的位置释放鼠标，即可绘制相应的自选图形，如图 3－4－16 所示。

图 3－4－15　绘图工具栏

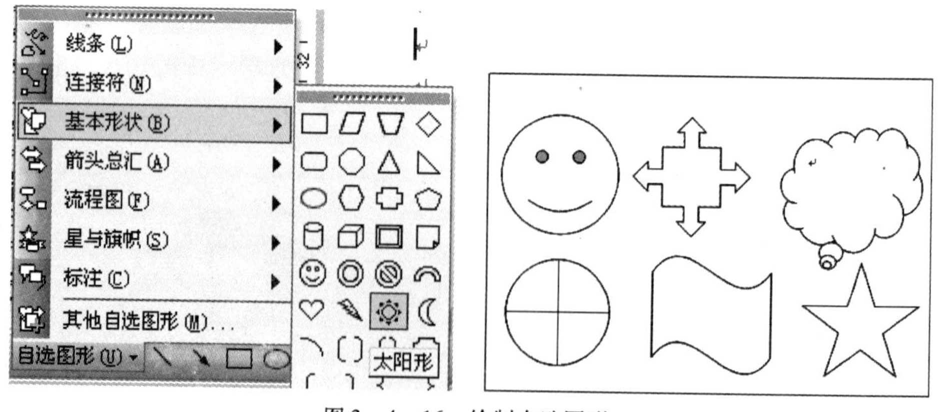

图 3－4－16　绘制自选图形

在 Word 2003 中使用“绘图”工具栏画图时，会出现一个绘图画布，如图 3－4－17 所示。所谓绘图画布就是一个区域，用户可以在该区域上绘制多个图形和文本框，并且作为一个单元移动和调整大小。

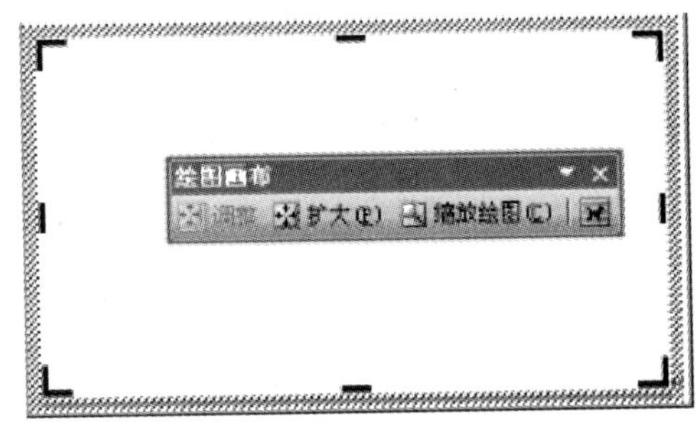

图 3－4－17 绘图画布

在大多数情况下，不需要使用绘图画布。如果要取消绘图画布，则单击“工具”→“选项”菜单命令，调出“选项”对话框，选中“常规”选项卡。取消选中“插入自选图形时自动创建画布”复选框，再单击“确定”按钮，即可关闭绘图画布。

3.4.2.2 编辑自选图形

在文档中绘制好自选图形后，就可以对其进行各种编辑操作。

1. 为图形添加文本。

在插入的自选图形上单击鼠标右键，在弹出的快捷菜单中选择“添加文字”命令，即可输入要添加的文本，效果如图 3－4－18 所示。

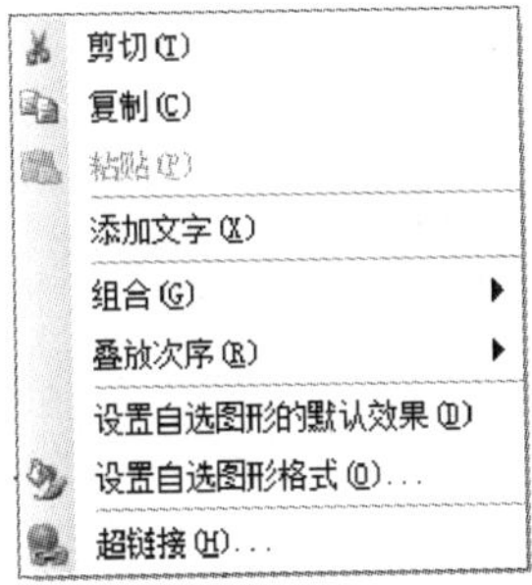

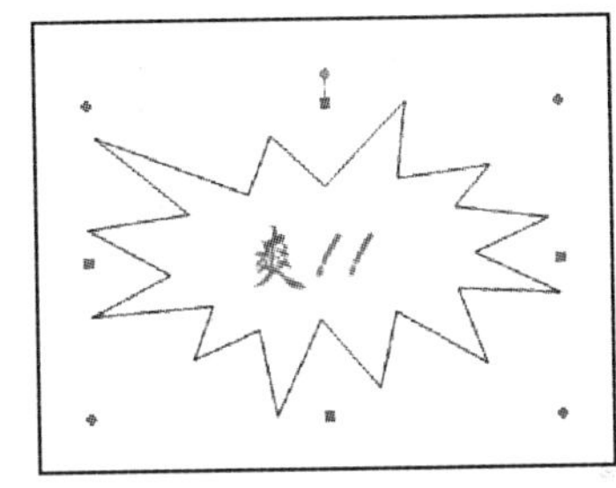

图 3－4－18 为图形添加文本

2. 组合自选图形。

对于绘制的自选图形，用户还可以对其进行组合。组合可以将不同的部分合成为一个整体，便于图形的移动和其他操作。选中需要组合的全部图形，如图 3－4－19 所示。单击鼠标右键，从弹出的快捷菜单中选择“组合”→“组合”命令，即可将图形组合成一个整体，效果如图 3－4－20 所示。

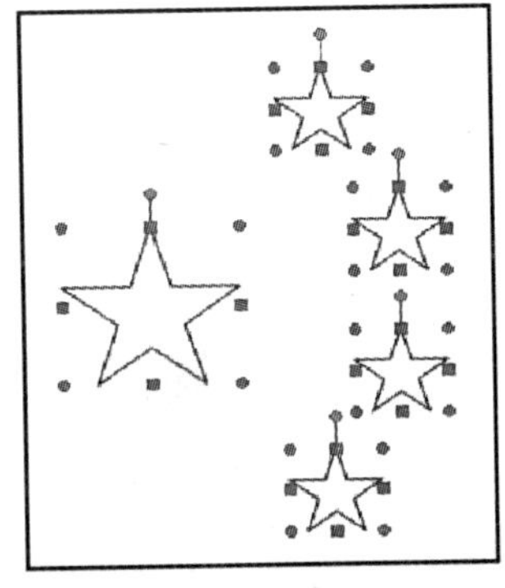

图 3－4－19 选中全部图形

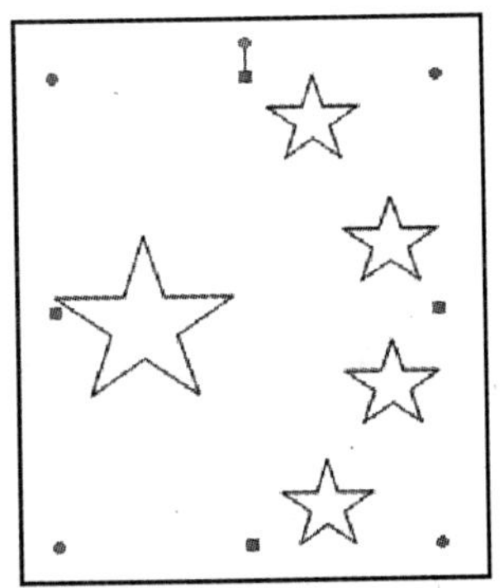

图 3－4－20 组合图形

3. 设置填充效果。

默认情况下，用白色填充所绘制的自选图形对象。用户还可以用颜色过渡、纹理、图案以及图片等对自选图形进行填充，具体操作步骤如下：

（1）选定需要进行填充的自选图形。

（2）单击鼠标右键，从弹出的快捷菜单中选择“设置图片格式”命令，弹出“设置图片格式”对话框，打开“颜色与线条”选项卡，如图 3－4－21 所示。

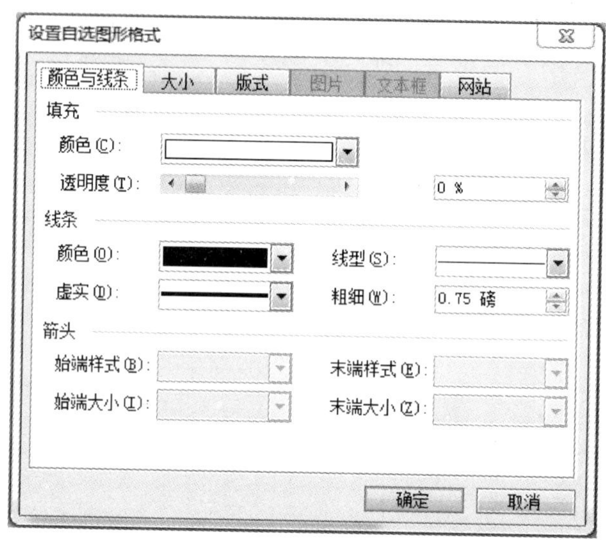

图 3－4－21　“颜色与线条”选项卡

（3）在该选项卡中的“填充”选区中的“颜色”下拉列表中选择“其他颜色”选项，在弹出的如图 3－4－22 所示的“颜色”对话框中设置填充颜色。单击“填充效果”按钮，在弹出的如图 3－4－23 所示的“填充效果”对话框中可设置图形的填充效果，如图 3－4－24所示。

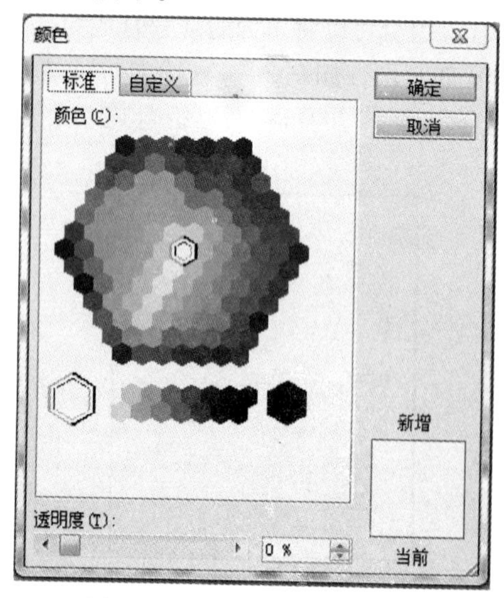

图 3－4－22　“颜色”对话框

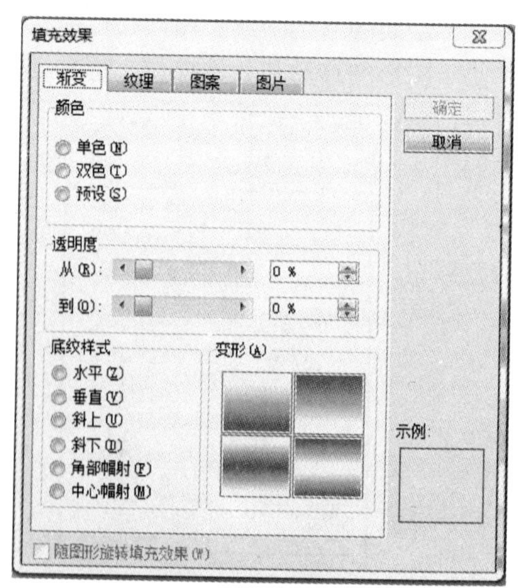

图 3－4－23　“填充效果”对话框

图 3－4－24 填充效果

4. 设置阴影效果。

给自选图形设置阴影效果，可以使图形对象更具深度和立体感。并且可以调整阴影的位置和颜色，而不影响图形本身。

设置阴影效果的具体操作步骤如下：

（1）选定需要设置阴影效果的图形。

（2）单击“绘图”工具栏的“阴影效果”按钮，弹出其下拉列表，如图 3－4－25 所示。

（3）在该下拉列表中选择一种阴影样式，即可为图形设置阴影效果；选择“阴影颜色”选项，在弹出的子菜单中可设置图形阴影的颜色。

（4）用户还可以在“阴影效果”选项后对图形阴影的位置进行调整，效果如图 3－4－26所示。

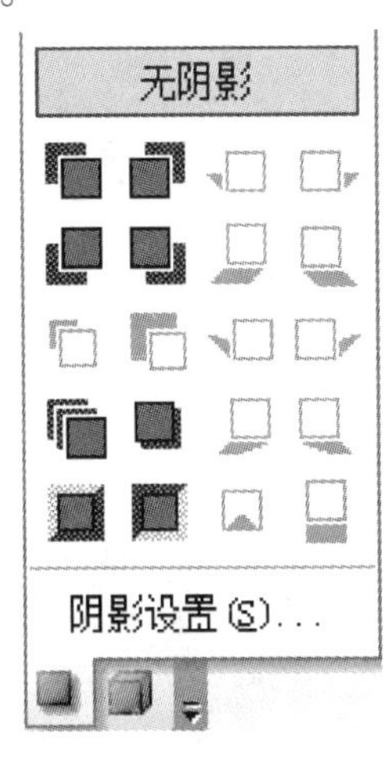

图 3－4－25 “阴影样式”下拉列表

图 3－4－26 阴影效果

5. 设置三维效果。

为图形设置三维效果使图形更加逼真、形象，其具体操作步骤如下：

（1）选定需要设置三维效果的图形。

（2）单击“绘图”工具栏的“三维效果”按钮，弹出其下拉列表，如图 3－4－27 所示。

(3) 在该下拉列表中选择一种三维样式，即可为图形设置三维效果，并可在该下拉列表中设置图形三维效果的颜色、方向等参数。

(4) 用户还可以在“阴影效果”选项后对图形三维效果的位置进行调整，效果如图3－4－28所示。

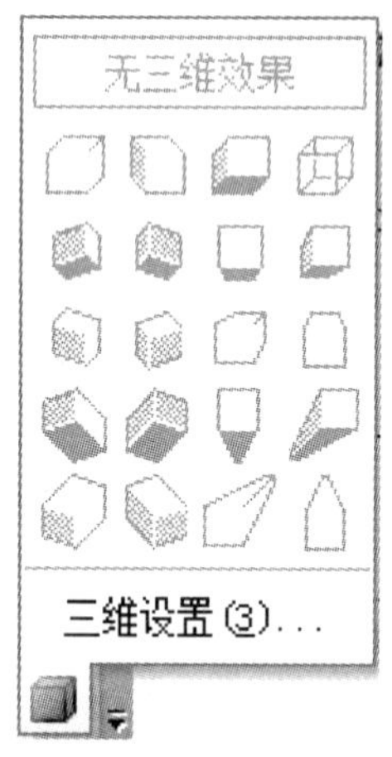

图3－4－27 “三维效果样式”下拉列表

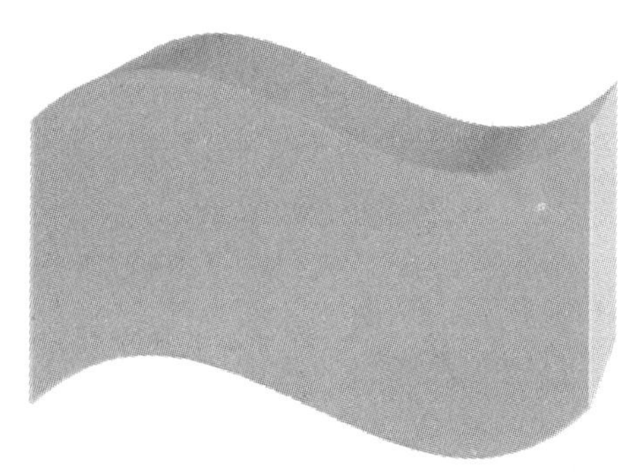

图3－4－28 三维效果

6. 设置叠放次序。

当绘制的图形与其他图形位置重叠时，就会遮盖图片的某些重要内容，此时必须调整叠放次序，具体操作步骤如下：

(1) 选定需要调整叠放次序的图片。

(2) 单击鼠标右键，从弹出的快捷菜单中选择“叠放次序”命令，弹出其子菜单，如图3－4－29所示。

(3) 在该子菜单中根据需要选择相应的命令，效果如图3－4－30所示。

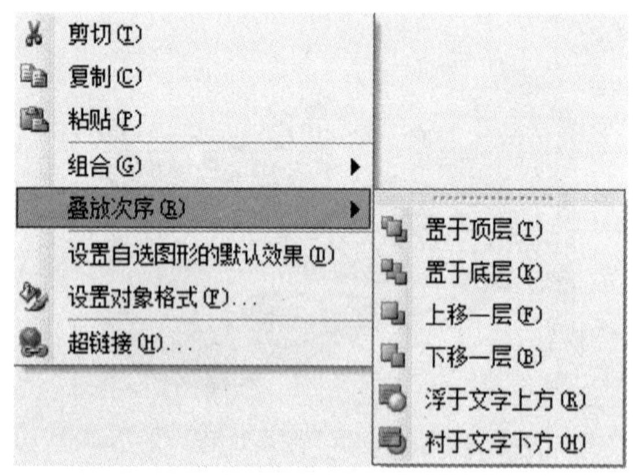

图3－4－29 “叠放次序”子菜单

图3－4－30 设置叠放次序效果

3.4.3 图表、图示的使用

图表能直观地展示数据，使用户方便地分析数据的概况、差异和预测趋势。例如，用户不必分析工作表中的多个数据列就可以直接看到各个季度销售额的升降，或者直观地对实际销售额与销售计划进行比较。

3.4.3.1 插入图表

在 Word 文档中，能够方便地插入图表，具体操作步骤如下：

1. 将光标定位在需要插入图表的位置。

2. 单击工具栏中的“插入”→“图片”→“图表”按钮，弹出“插入图表”对话框，如图 3-4-31 所示。

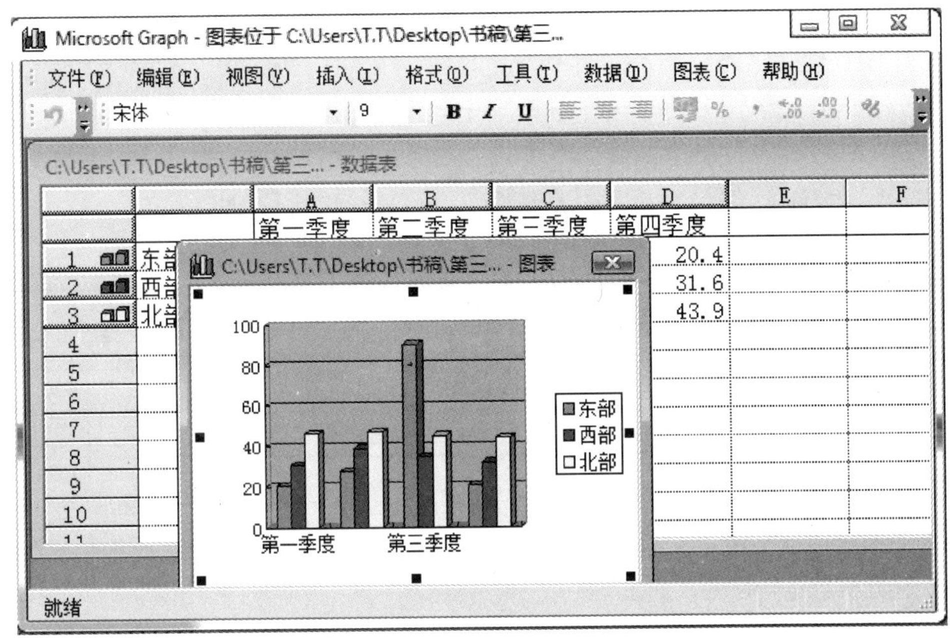

图 3-4-31 “插入图表”对话框

3. 在该窗口中单击“图表”选择图表类型模板，即可在文档中插入图表，效果如图 3-4-32所示。同时打开 Excel 窗口，如图 3-4-33 所示。在 Excel 表格中对数据进行修改，在 Word 文档中的图表中即可显示出来。

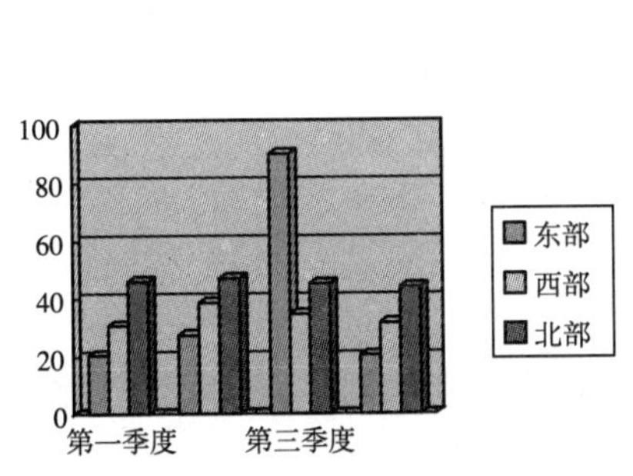

图 3-4-32 插入图表

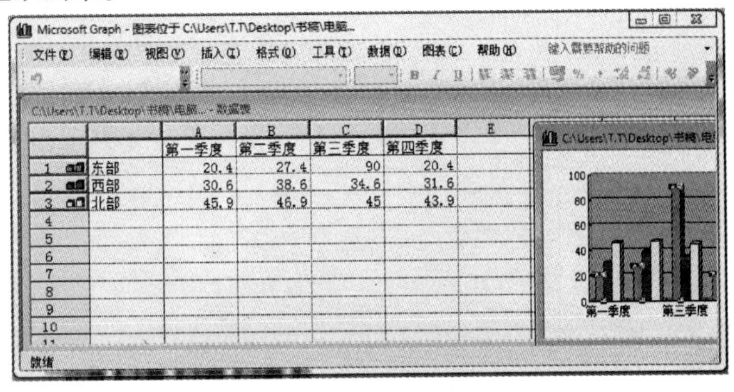

图 3-4-33 Excel 窗口

3.4.3.2 编辑图表

在 Word 文档中插入图表后，还可以对其进行编辑操作。选中要编辑的图表，并右击弹出下拉列表，如图 3－4－34 所示。例如在选择“图表类型”选项，弹出“图表类型”对话框，如图 3－4－35 所示。在该对话框中可对图表的类型进行修改。

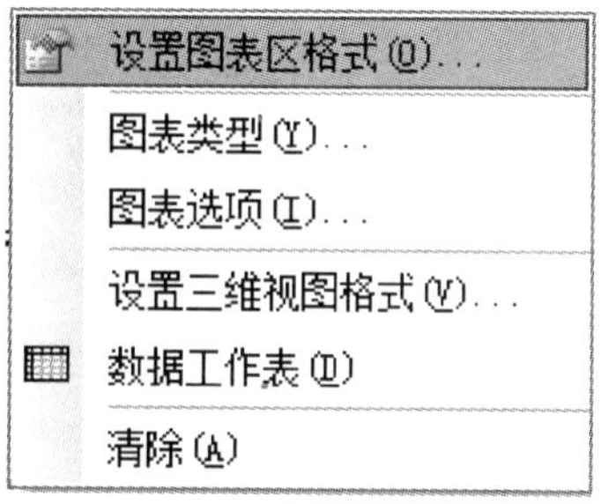

设置图表区格式(O)...
图表类型(Y)...
图表选项(I)...
设置三维视图格式(V)...
数据工作表(D)
清除(A)

图 3－4－34

图 3－4－35　“图表类型”对话框

单击“图表选项”按钮，在弹出的“图表选项”可对图表当前所选内容、标签、坐标轴、背景、分析等进行设置，如图 3－4－36 所示。

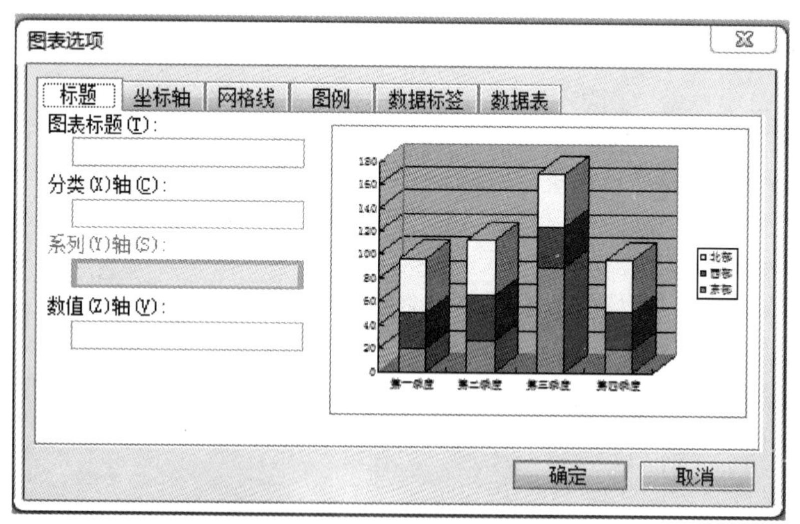

图 3－4－36　“图表选项”对话框

单击“设置图表区格式...”按钮，在弹出的“图表区格式”对话框中可对图表的形状样式、艺术字样式、排列以及大小等进行设置，如图 3－4－37 所示。

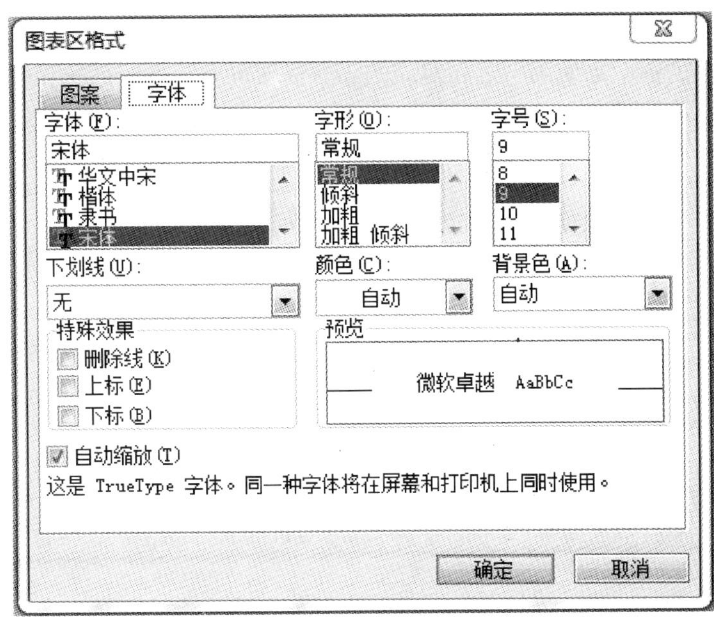

图 3－4－37　"图表区格式"对话框

3.4.3.3　插入图示

Word 2003 提供了创建图示的功能，可以用来说明各种概念性的内容，并可使文档更加形象生动，具体操作步骤如下：

1. 将光标定位在需要插入图示的位置。

2. 在工具栏中单击"插入"→"图示"按钮，打开"图示库"对话框，其中包括组织结构图、循环图、射线图、棱锥图、维恩图和目标图等，用户可以根据需要选择合适的类型建立图示，如图 3－4－38 所示。

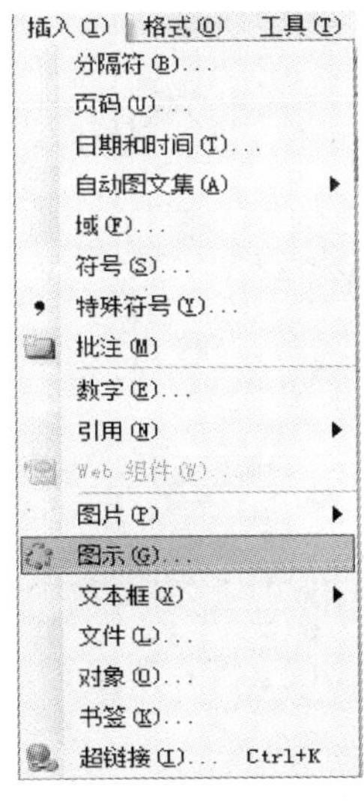

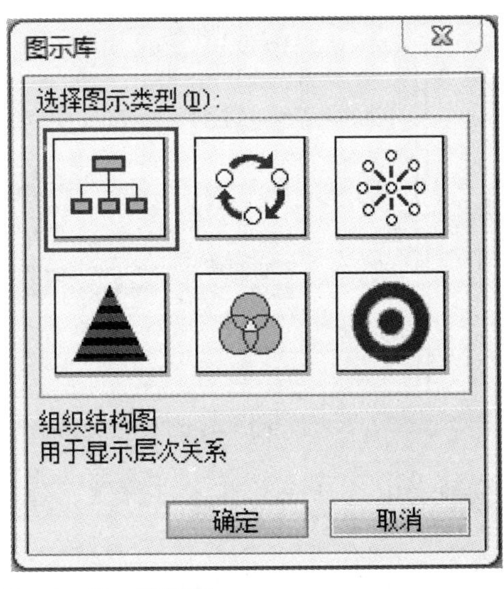

图 3－4－38　图示库

3.4.3.4 编辑图示

插入到文档中的图示，使用与之相对应的工具栏即可对其进行添加和删除组件、反转图示、设置版式和更换图示类型等编辑操作，如图 3-4-39 所示。

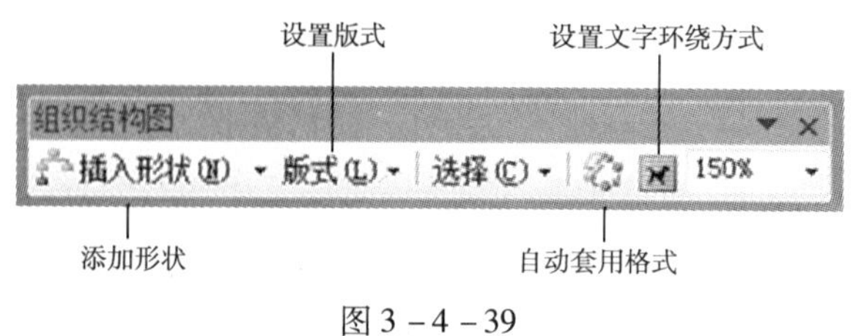

图 3-4-39

3.4.4 艺术字的使用

在编辑文档过程中，为了使文字的字形变得更具艺术性，可以应用 Word 2003 提供的艺术字功能来绘制特殊的文字。在 Word 2003 中，艺术字是作为一种图形对象插入的，所以用户可以像编辑图形对象那样编辑艺术字。

3.4.4.1 插入艺术字

在文档中插入艺术字的具体操作步骤如下：

1. 将光标定位在需要插入艺术字的位置。

2. 单击工具栏中的“插入”→“图片”→“艺术字”按钮，弹出其下拉列表，如图 3-4-40所示。

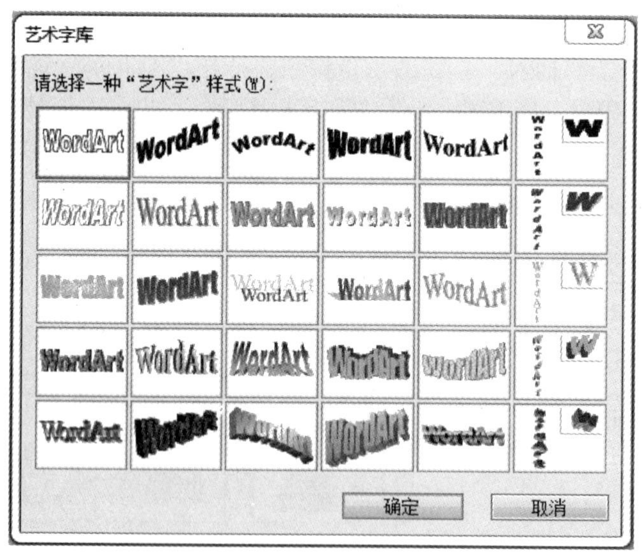

图 3-4-40 “艺术字”下拉列表

3. 在该下拉列表中选择一种艺术字样式，弹出“编辑艺术字文字”对话框，如图 3-4-41所示。

4. 在该对话框中的“文本”文本框中输入需要插入的艺术字；在“字体”下拉列表中设置艺术字字体；在“字号”下拉列表中设置艺术字大小。

5. 设置完成后，单击“确定”按钮即可在文档中插入艺术字，效果如图 3 – 4 – 42 所示。

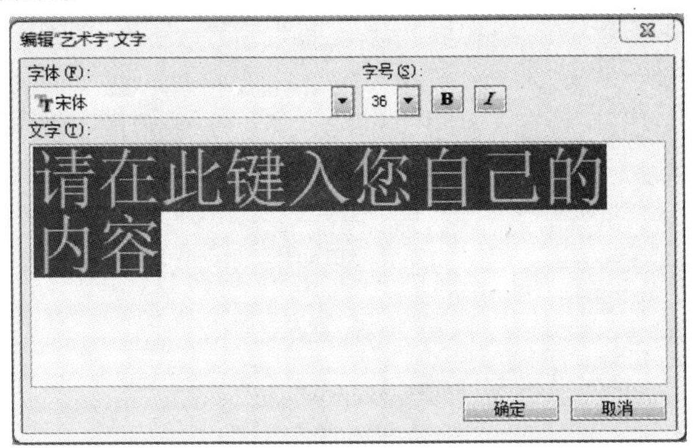

图 3 – 4 – 41 “编辑艺术字文字”对话框

图 3 – 4 – 42 插入艺术字效果

3.4.4.2 编辑艺术字

在文档中插入艺术字后，用户可以根据需要对其进行各种修饰和编辑。右击插入的艺术字，在弹出的“艺术字”工具栏中可对艺术字进行各种格式化操作，如图 3 – 4 – 43 所示。

图 3 – 4 – 43 “艺术字”工具栏

1. 设置艺术字形状。

在“艺术字”工具栏中单击按钮，弹出如图 3 – 4 – 44 所示的下拉列表。在该下拉列表中单击任意形状，艺术字形状将随之改变。

2. 设置文字环绕。

在“艺术字”工具栏中单击按钮，弹出如图 3 – 4 – 45 所示的下拉列表。用户可根据需要在下拉列表中选择所需的文字环绕方式。

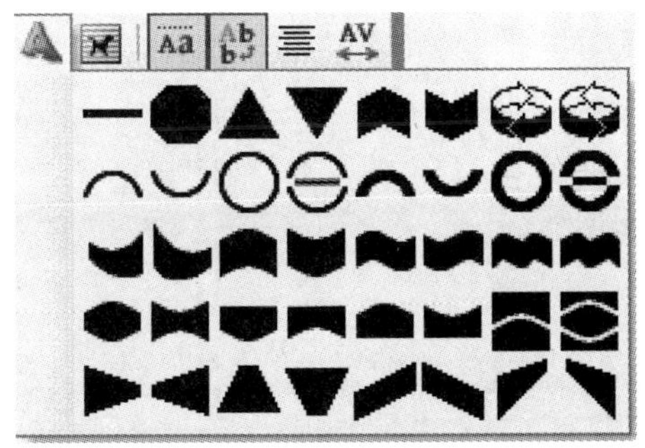

图 3 – 4 – 44 “艺术字形状”下拉列表

图 3 – 4 – 45 “文字环绕”下拉列表

3. 设置艺术字阴影效果。

单击“绘图”工具栏中的“阴影样式”按钮，弹出如图 3-4-46 所示的下拉列表。用户可根据需要在下拉列表中选择所需的阴影效果。

4. 设置艺术字三维效果。

单击“绘图”工具栏中的“三维效果样式”按钮，弹出如图 3-4-47 所示的下拉列表。用户可根据需要在下拉列表中选择所需的三维效果。

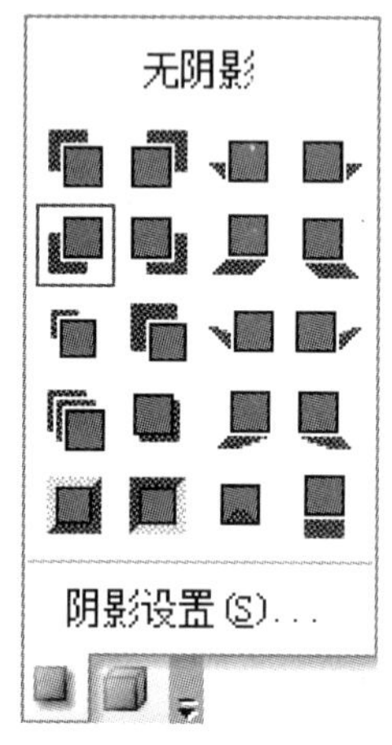

图 3-4-46 “阴影效果”下拉列表

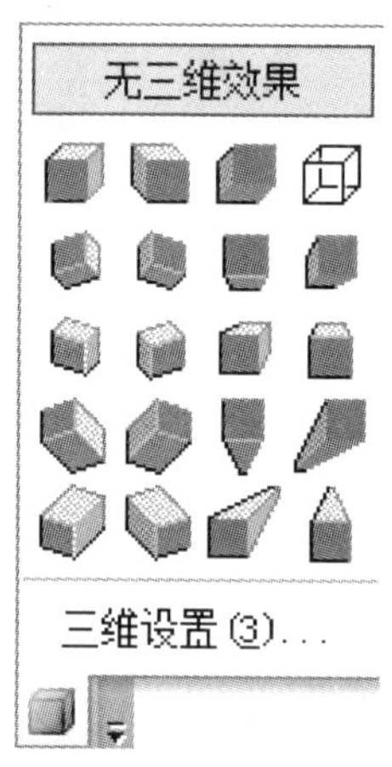

图 3-4-47 “三维效果”下拉列表

5. 设置艺术字格式。

选中插入的艺术字，单击鼠标右键，从弹出的下拉菜单中选择“设置艺术字格式”命令，弹出“设置艺术字格式”对话框，如图 3-4-48 所示。在该对话框中可对艺术字的颜色与线条、大小、版式等进行精确的设置。

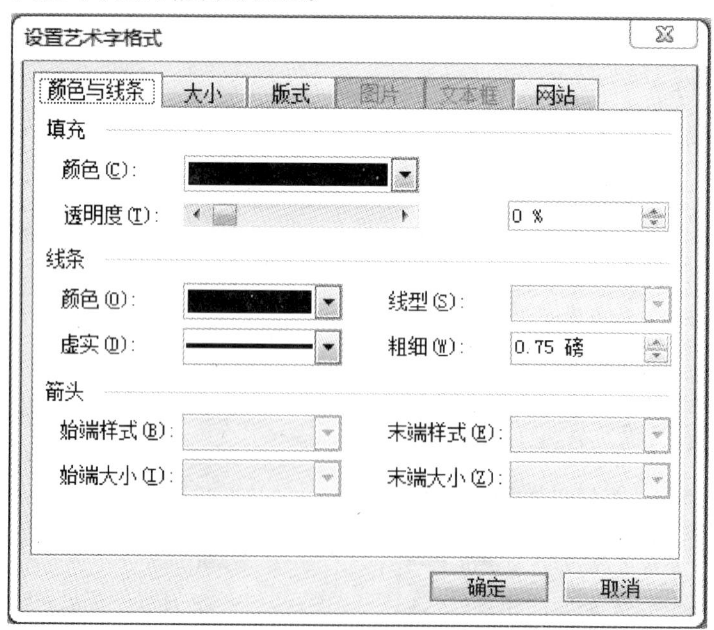

图 3-4-48 “设置艺术字格式”对话框

3.4.5　文本框的使用

在 Word 中，对文本位置的处理并不是随心所欲的。例如，当在一页横排文档中的某处使用竖排文本时，使用正文文本的编辑方法就不可能做到，此时就可以利用文本框完成。文本框是 Word 2003 提供的一种可以在页面上任意处放置文本的工具。使用文本框可以将段落和图形组织在一起，或者将某些文字排列在其他文字或图形周围。

3.4.5.1　插入文本框

根据文本框中文字不同的排列方向，文本框可分为横排文本框和竖排文本框。插入文本框的具体操作步骤如下：

1. 在工具栏上单击“插入”→“文本框”按钮，在弹出的下拉列表中选择“横排”或者“竖排”选项，此时光标变为十字形状。

2. 将鼠标指针移至需要插入文本框的位置，单击鼠标左键并拖动至合适大小，松开鼠标左键，即可在文档中插入文本框。

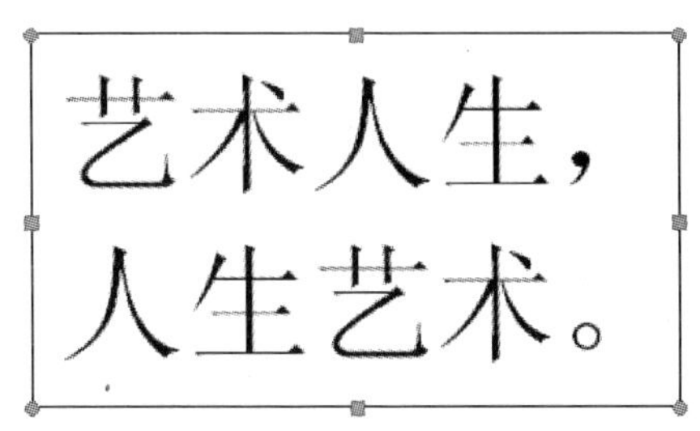

图 3－4－49　插入文本框

3. 将光标定位在文本框内，就可以在文本框中输入文字。输入完毕，单击文本框以外的任意地方即可，效果如图 3－4－49 所示。

3.4.5.2　编辑文本框

在文档中插入文本框后，可对其格式进行设置，并调整其文字方向。

1. 设置文本框格式。

设置文本框格式的具体操作步骤如下：

（1）选定要设置格式的文本框，单击鼠标右键，从弹出的快捷菜单中选择“设置文本框格式”命令，或者双击鼠标左键，弹出“设置文本框格式”对话框，默认情况下打开“大小”选项卡，如图 3－4－50 所示。在该选项卡中可对文本框的大小进行设置。

（2）在“设置文本框格式”对话框中打开“颜色与线条”选项卡，如图 3－4－51 所示。在该选项卡中可对文本框的颜色与线条进行设置。

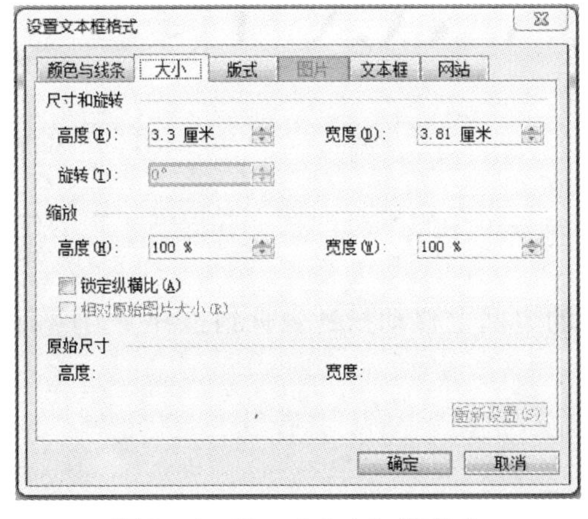

图 3－4－50　“大小”选项卡

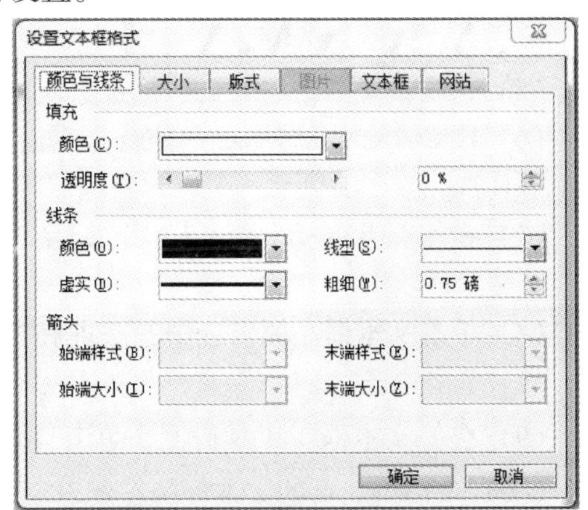

图 3－4－51　“颜色与线条”选项卡

（3）在“设置文本框格式”对话框中打开其他的选项卡，可对文本框的其他格式进行设置。设置文本框的格式效果如图3－4－52所示。

2. 调整文字方向。

调整文字方向的具体操作步骤如下：

（1）选定要调整文字方向的文本框。

（2）单击“格式”菜单中的“文字方向”按钮，出现“文字方向－文本框”对话框。在对话框中选择需要的文字方向，单击“确定”按钮，效果如图3－4－53所示。

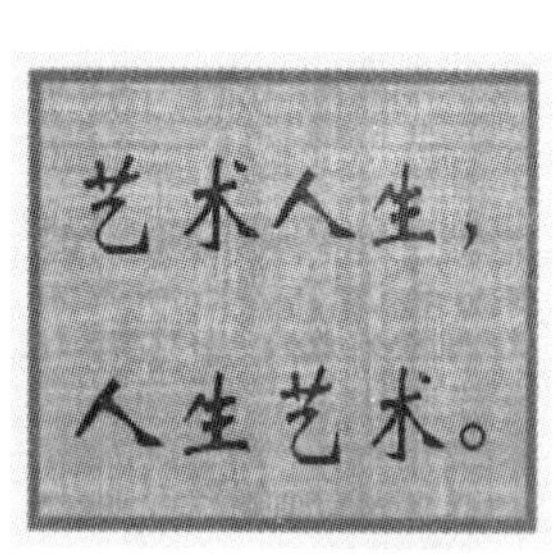

图3－4－52　设置文本框格式

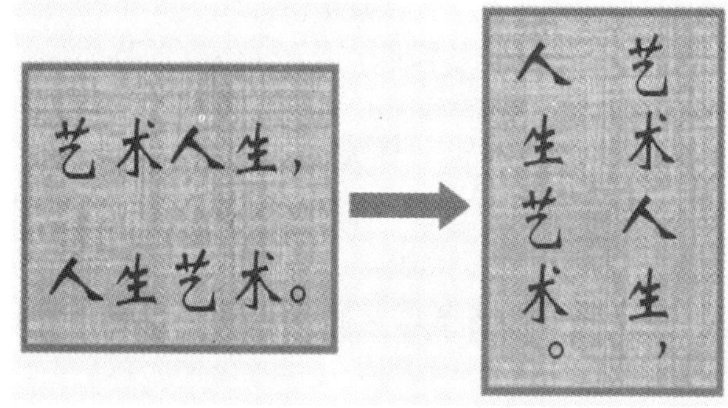

图3－4－53　调整文字方向

3.4.5.3　链接文本框

链接文本框可以将文档中不同位置的文本框连接在一起，使之成为一个整体。在链接文本框中输入文本，如果第一个文本框写满，插入点自动跳到第二个文本框内，继续输入文本。如果第一个文本框没有写满，第二个文本框就不可以编辑，即文本按照“就前”原则进行排列。

1. 创建文本框链接。

创建文本框链接的具体操作步骤如下：

（1）在文档中需要创建链接文本框的位置创建多个空白文本框。

（2）在“插入”菜单中的“文本框”子菜单，单击所需命令。

（3）在要设置第一栏的页面位置上拖动指针。

（4）在“插入”菜单上，再次单击“文本框”。

（5）在要设置第二栏的页面位置上拖动指针。

（6）按Ctrl＋End将指针迅速移至页面上最后一个段落标记前，并按Ctrl＋Enter以创建一个分页符。

（7）在每页上重复步骤（1）至步骤（6）将会稳定创建平行的栏，并返回用户创建的第一个文本框。

（8）单击文本框左侧以选中它。即在文本框的边框上移动指针，直到指针变为四向箭头，然后单击边框。

（9）在“文本框”工具栏上，单击“创建文本框链接”，指针变成罐状指针。

（10）单击第二页的文本框的左侧以创建一个链接。

（11）在文档左侧的同一文字部分的所有文本框中创建链接。

（12）在页面右侧的文本框中，为链接串或文字部分的每个文本框重复步骤（8）至步骤（11），效果如图 3－4－54 所示。

2. 断开文本框链接。

在 Word 2003 中，用户可以断开文本框之间的链接。选定要断开链接的文本框，单击鼠标右键，从弹出的快捷菜单中选择“断开向前链接”命令即可。断开文本框链接后，文字将在位于断点前的最后一个文本框截止，不再向下排列，所有后续链接文本框都将为空。如图 3－4－55 所示为图 3－4－54 中文本框断开链接的效果。

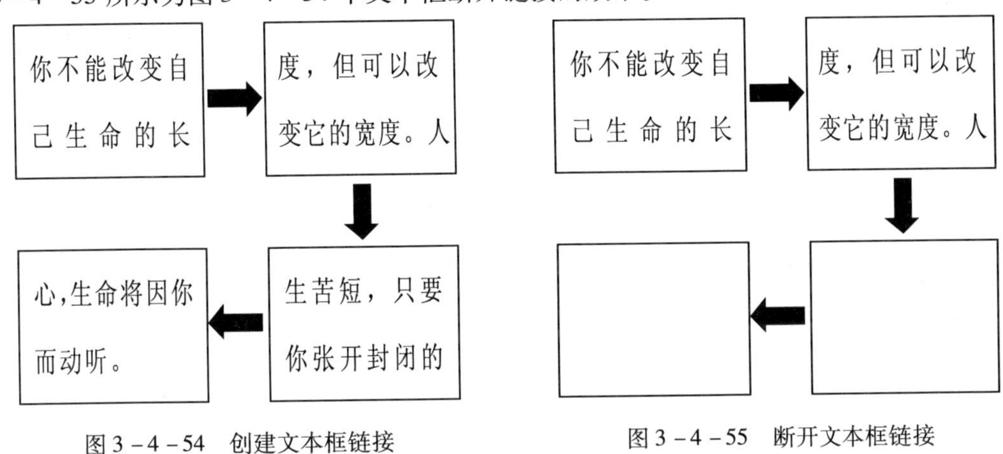

图 3－4－54 创建文本框链接

图 3－4－55 断开文本框链接

3. 删除链接文本框。

选定链接文本框中的所有文本框，按“Delete”或“Back Space”键，可删除链接文本框中的所有文本框和文本。

选定链接文本框中的某个文本框，按“Delete”或“Back Space”键，可删除该文本框，而保留其中的文本，并且转到后边的链接文本框中。

注意：在文档中单击鼠标左键，即可插入一个系统默认的文本框。创建文本框链接后，所链接的各文本框的格式可独立设置。

3.5 使用表格

3.5.1 插入表格

在 Word 2003 中，可以通过从一组预先设好格式的表格（包括示例数据）中选择，或通过选择需要的行数和列数来插入表格，同时也可以将表格插入到文档中或将一个表格插入到其他表格中以创建更复杂的表格。

3.5.1.1 使用表格模板

可以使用表格模板插入一组预先设好格式的表格，但是行的高度和列的宽度为固定值，不能自行设置。

使用按钮插入表格的具体操作步骤如下：

1. 将光标定位在需要插入表格的位置。

2. 单击“常用”工具栏中的“插入表格”按钮，会调出一个网格。

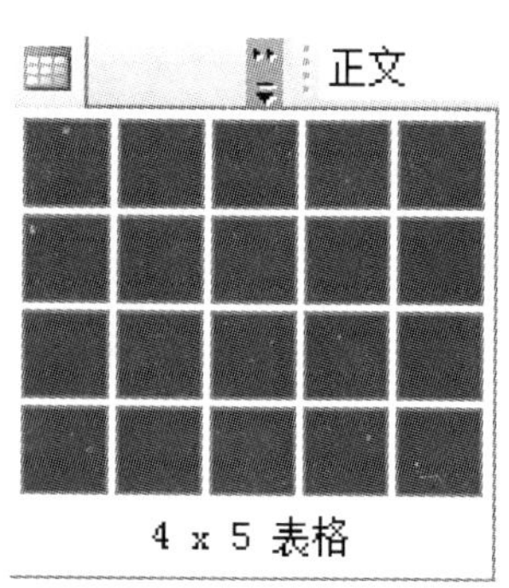

图 3－5－1　选择表格的行数和列数

3. 在网格中，向右下方拖曳鼠标，深色的方格表示要创建表格的行、列数，如图3－5－1所示。

4. 选择好所需的行、列数后，松开鼠标左键，表格创建就完成了，光标会自动移动到表格左上角第一个单元格内。

3.5.1.2　使用“插入表格”对话框创建表格

使用“插入表格”对话框插入表格，可以让用户在将表格插入文档之前，选择表格尺寸和格式。具体操作步骤如下：

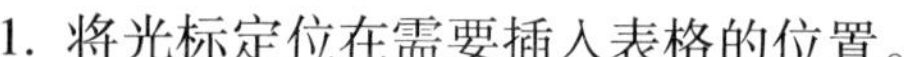

1. 将光标定位在需要插入表格的位置。

2. 单击“表格”→“插入”→“表格”菜单命令，弹出“插入表格”对话框，如图3－5－2所示。

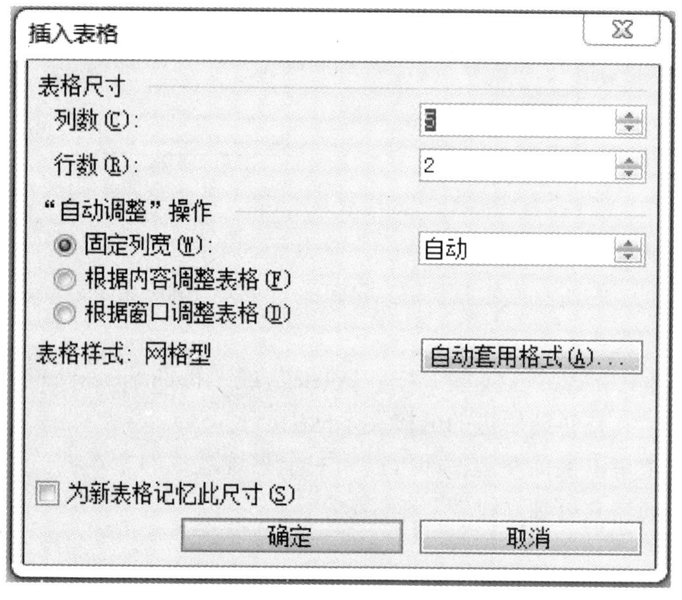

图 3－5－2　“插入表格”对话框

3. 在该对话框中的“表格尺寸”选区中的“列数”和“行数”微调框中输入具体的数值；在“‘自动调整’操作”选区中选中相应的单选按钮，设置表格的列宽。

4. 设置完成后，单击“确定”按钮，即可插入相应的表格。

3.5.1.3　绘制表格

在 Word 文档中，用户可以绘制复杂的表格。例如，绘制包含不同高度的单元格的表格或每行的列数不同的表格。绘制表格的具体操作步骤如下：

1. 将光标定位在需要插入表格的位置。

2. 在工具栏中单击“表格”→“绘制表格”按钮，然后会弹出“表格和边框”工具栏，此时光标变为 ✎ 形状，将鼠标移动到文档中需要插入表格的定点处。

3. 按住鼠标左键并拖动，当到达合适的位置后释放鼠标左键，即可绘制表格边框。

4. 用鼠标继续在表格边框内自由绘制表格的横线、竖线或斜线，绘制出表格的单元格，如图 3－5－3所示为手绘表格效果。

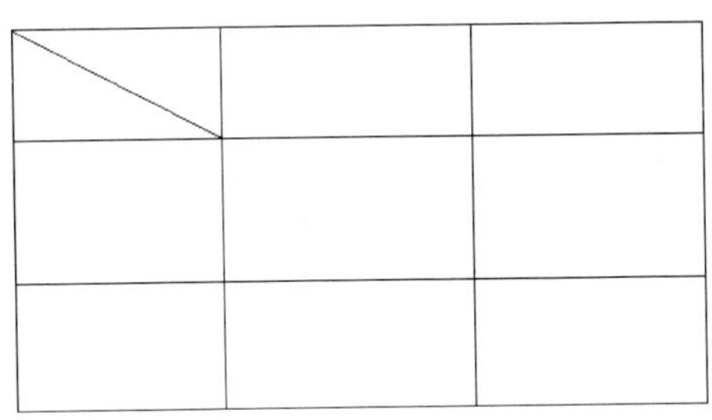

图 3－5－3　手绘表格效果

5. 如果要擦除单元格边框线，可在“表格和边框”组中选择“擦除”选项，此时光标变为 形状，按住鼠标左键并拖动经过要删除的线，即可删除表格的边框线。

3.5.1.4　文本转换成表格

在 Word 2003 中，可以将用段落标记、逗号、制表符、空格或者其他特定字符隔开的文本转换成表格，具体操作步骤如下：

1. 将光标定位在需要插入表格的位置。

2. 选定要转换成表格的文本，单击工具栏中“表格”→“转换”“文本转换成表格”按钮，如图 3－5－4 所示。

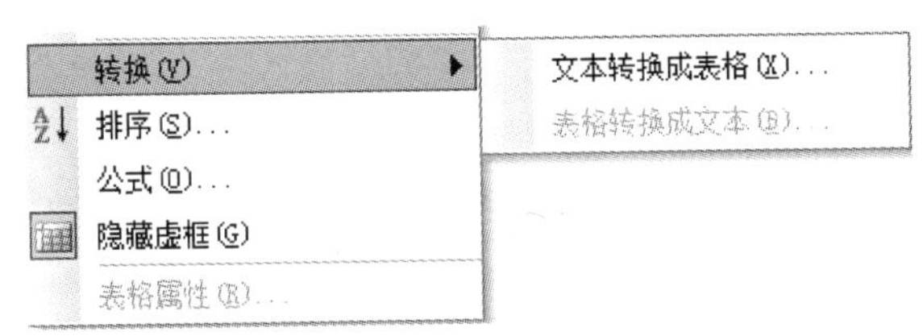

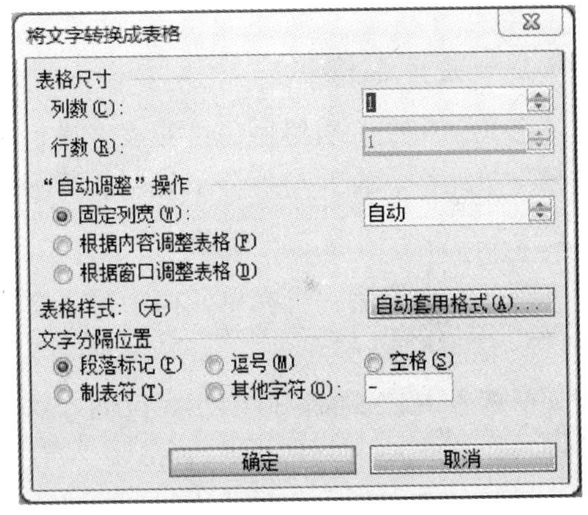

图 3－5－4　“将文字转换成表格”对话框

3. 在该对话框中的“表格尺寸”选区中“列数”微调框中的数值为 Word 自动检测出的列数。用户可以根据情况，在“‘自动调整’操作”选区中选择所需的选项，在“文字分隔位置”选区中选择或者输入一种分隔符。

4. 设置完成后，单击“确定”按钮，即可将文本转换成表格。

3.5.1.5　插入 Excel 电子表格

在 Word 2003 中，不但可以插入普通表格，而且还可以插入 Excel 电子表格。插入 Excel 电子表格具体操作步骤如下：

1. 将光标定位在需要插入电子表格的位置。

2. 单击工具栏中“插入”→“对象”按钮，在弹出的“对象”对话框中选择“Microsoft Excel 图表”即可在文档中插入一个电子表格，如图 3－5－5 所示。

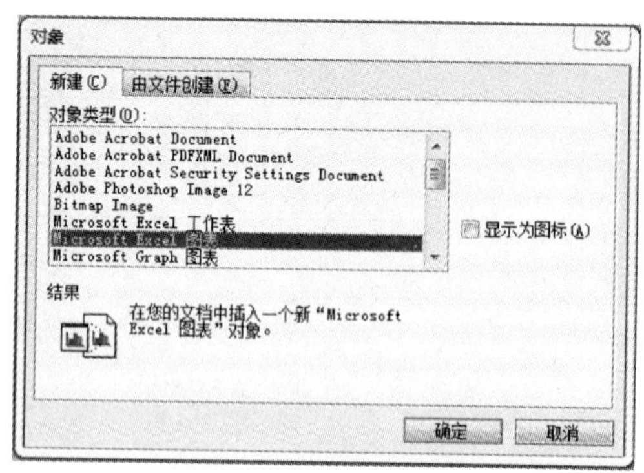

	A	B	C	D	E
1		食物	天然气	旅馆	
2	一月	12	17	10	
3	二月	17	11	21	
4	三月	22	29	14	
5	四月	14	10	17	
6	五月	12	17	10	
7	六月	19	15	20	
8					
9					
10					
11					
12					

Chart1 Sheet1

图 3-5-5　插入 Excel 电子表格

3. 在示意网格上按住鼠标左键并拖动到合适的位置，释放鼠标即可。

4. 在插入的 Excel 电子表格中输入内容，编辑完成后单击电子表格以外的空白处即可。

技巧：在“常用”工具栏单击按钮，也可插入 Excel 电子表格。

注意：Excel 电子表格插入后，将被视为图片对象，而不再是普通电子表格。如果想要继续对插入的 Excel 电子表格进行编辑，可在插入的 Excel 电子表格处双击鼠标左键，使其处于编辑状态。

3.5.2　编辑表格

在文档中插入表格后，可对表格进行各种编辑操作，主要包括信息的输入与编辑、插入与删除单元格、合并与拆分单元格、拆分表格、调整表格大小等。

3.5.2.1　信息的输入与编辑

创建好表格后，可在单元格中输入文本，并对其进行各种编辑。

1. 信息的输入。

在输入信息之前，必须先定位插入点。定位光标既可以使用鼠标定位，也可以使用键盘定位。

(1) 使用鼠标定位插入点，只需将鼠标指针指向要设置插入点的单元格中，单击鼠标左键即可。

(2) 使用键盘定位插入点的具体操作方法如表 3-5-1 所示。定位好插入点之后，可直接在单元格中输入所需的信息。

表 3-5-1　在表格中定位插入点的快捷键

快捷键	定位目标
↑	移至上一行
↓	移至下一行
←	左移一个字符，插入点位千单元格开头时移至上一个单元格中
→	右移一个字符，插入点位千单元格末尾时移至下一个单元格中
Tab	移至下一个单元格中
Shift + Tab	移至前一个单元格中

续表

快捷键	定位目标
Alt + Home	移至本行的第一个单元格中
Alt + End	移至本行的最后一个单元格中
Alt + Page Up	移至本列的第一个单元格中
Alt + Page Down	移至本列的最后一个单元格中

2. 信息的编辑。

在表格中可以像在普通文档中一样编辑表格中的文本。首先将光标移动到要键入文字的单元格中，再键入文字，然后再将光标移动到其他位置，继续键入文字。在键入文字过程中表格会依据键入文字的大小、内容的多少，自动加大行的高度，编辑后的效果如图 3－5－6 所示。

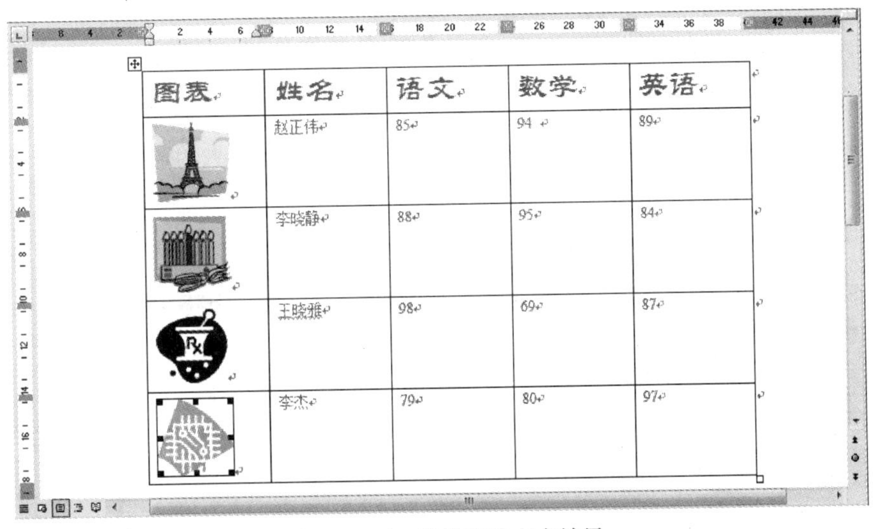

图 3－5－6　编辑表格文本效果

3.5.2.2　选定表格

在对表格进行操作之前，必须先选定表格。主要包括选定整个表格、选定行、选定列和选定表格中的单元格等。

1. 选定整个表格。

选定整个表格的具体操作步骤如下：

（1）将光标定位在表格中的任意位置。

（2）表格左上角出现一个移动控制点，当鼠标指针指向该移动控制点时，鼠标指针变成✥状，单击鼠标左键，或者在工具栏中单击“表格”→“选择”→“表格”按钮，即可选定整个表格，效果如图 3－5－7 所示。

2. 选定行。

在表格中选定行的具体操作步骤如下：

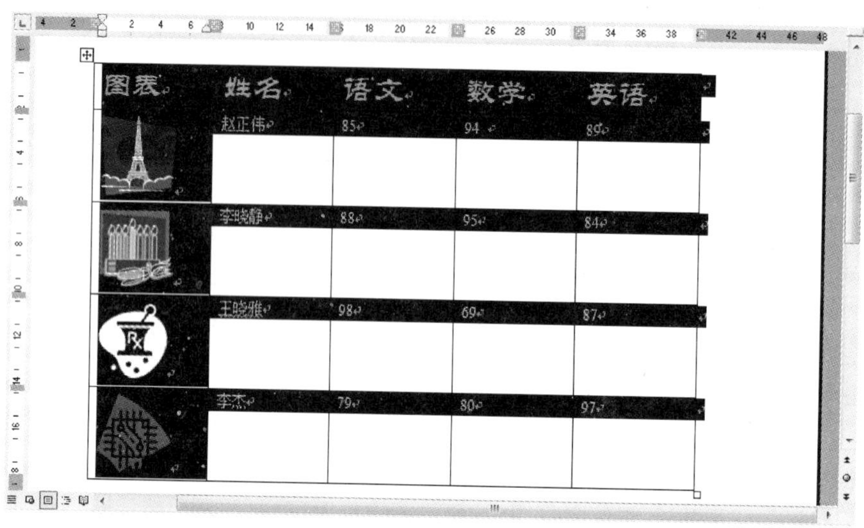

图 3-5-7　选定整个表格

（1）将光标定位在表格中需要选定的某一行。

（2）在工具栏中单击“表格”→“选择”→“行”按钮，或者将鼠标定位在要选定行的左侧，当鼠标变成形状时单击鼠标左键，即可选定所需的行，如图 3-5-8 所示。

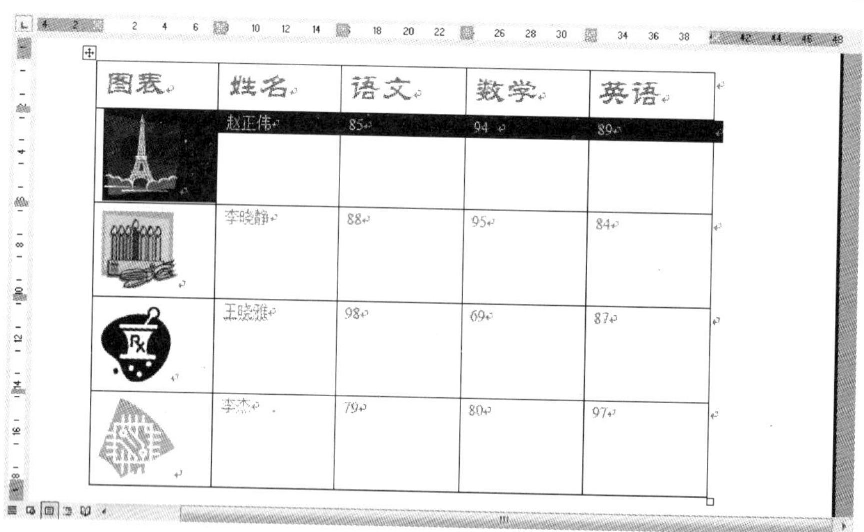

图 3-5-8　选定表格中的行

3. 选定列。

在表格中选定列的具体操作步骤如下：

（1）将光标定位在表格中需要选定的某一列。

（2）在工具栏中单击“表格”→“选择”→“列”按钮，或者将鼠标定位在要选定列的上方，当鼠标变成⬇形状时单击鼠标左键，即可选定所需的列，如图 3-5-9 所示。

4. 选定单元格。

在表格中选定单元格的具体操作步骤如下：

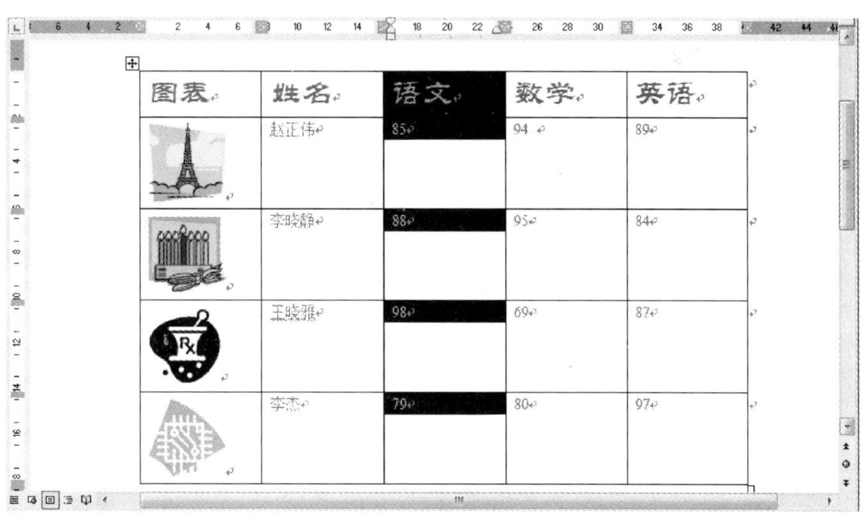

图表	姓名	语文	数学	英语
	赵正伟	85	94	89
	李晓静	88	95	84
	王晓雅	98	69	87
	李杰	79	80	97

图 3－5－9　选定表格中的列

（1）将光标定位在表格中需要选定的单元格中。

（2）在“表格工具”上下文工具中的“布局”选项卡中的“表”组中选择“选择”→“选择单元格”命令，或者将鼠标定位在要选定的单元格中，当鼠标变成形状时单击鼠标左键，即可选定所需的单元格，如图 3－5－10 所示。

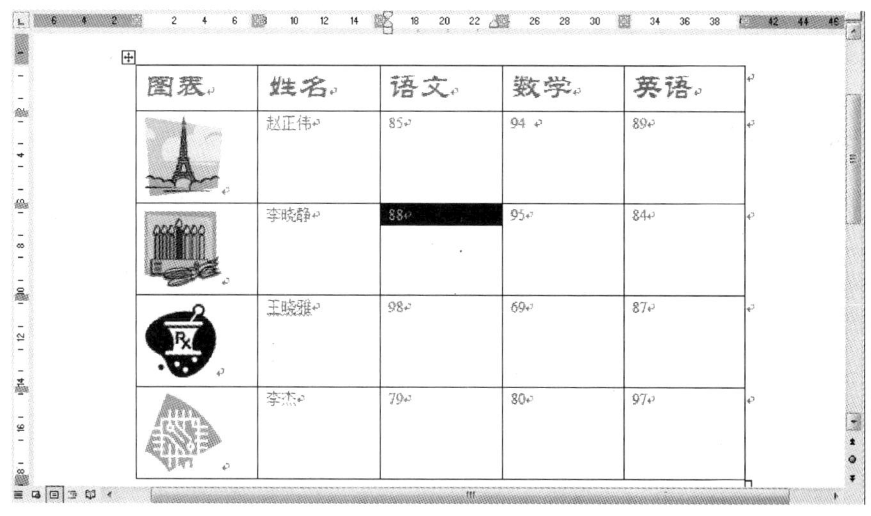

图表	姓名	语文	数学	英语
	赵正伟	85	94	89
	李晓静	88	95	84
	王晓雅	98	69	87
	李杰	79	80	97

图 3－5－10　选定表格中的单元格

提示：当鼠标指针变为，或形状时，单击鼠标左键并且拖动鼠标，可选定表格中的多行、多列或多个连续的单元格。按住“Shift”键可选定连续的行、列和单元格，按住“Ctrl”键可选定不连续的行、列和单元格，效果如图 3－5－11 所示。

3.5.2.3　插入单元格、行或列

用户制作表格时，可根据需要在表格中插入单元格、行或列。

图 3－5－11　选定不连续的单元格

1. 插入单元格。

插入单元格的具体操作步骤如下：

(1) 将光标定位在需要插入单元格的位置。

(2) 单击工具栏中的“表格”→“插入”→“单元格”按钮，弹出“插入单元格”对话框，如图 3－5－12 所示。

(3) 在该对话框中选择相应的单选按钮，例如选中“活动单元格右移”单选按钮，单击“确定”按钮，即可插入单元格，效果如图 3－5－13 所示。

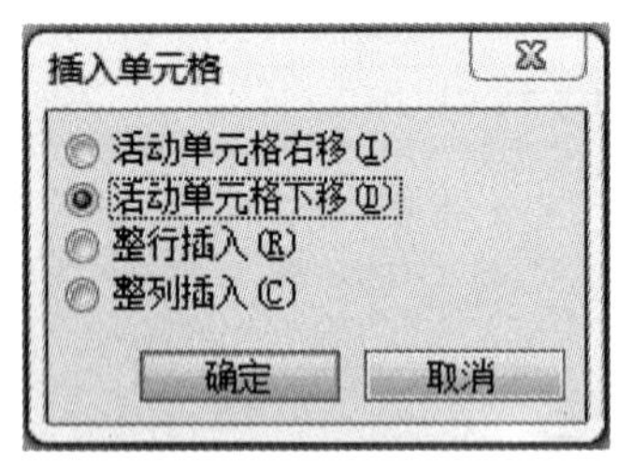

图 3－5－12　“插入单元格”对话框

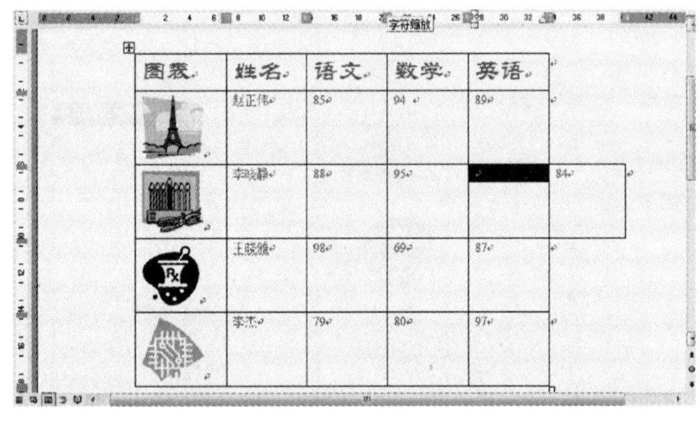

图 3－5－13　插入单元格效果

2. 插入行。

插入行的具体操作步骤如下：

(1) 将光标定位在需要插入行的位置。

(2) 单击工具栏中的“表格”→“插入”→“行（在上方）”或者“行（在下方）”按钮，效果如图 3－5－14 所示。

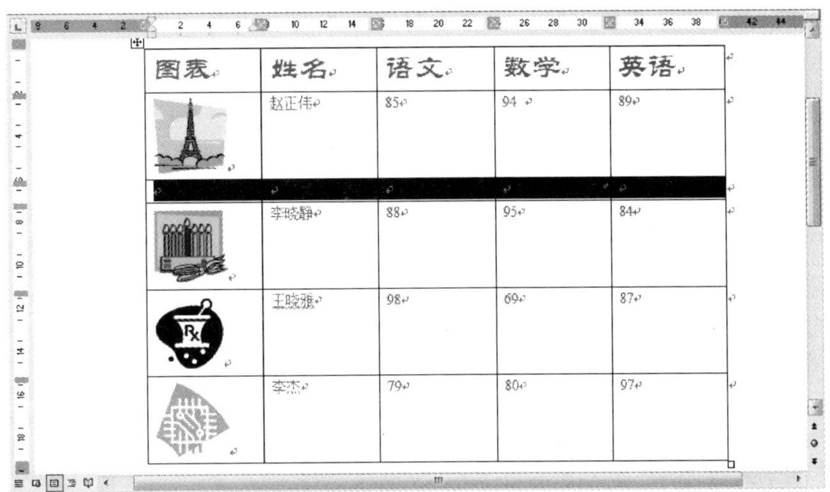

图 3－5－14　插入行效果

3.5.2.4　删除单元格、行或列

在制作表格时，如果某些单元格、行或列是多余的，可将其删除。

1. 删除单元格。

删除单元格的具体操作步骤如下：

（1）将光标定位在需要删除的单元格中。

（2）单击工具栏中的“表格”→“插入”→“删除”按钮，弹出“删除单元格”对话框，如图 3－5－15 所示。

（3）在该对话框中选择相应的单选按钮，例如选中“右侧单元格左移”单选按钮，单击“确定”按钮，即可删除单元格，效果如图 3－5－16 所示。

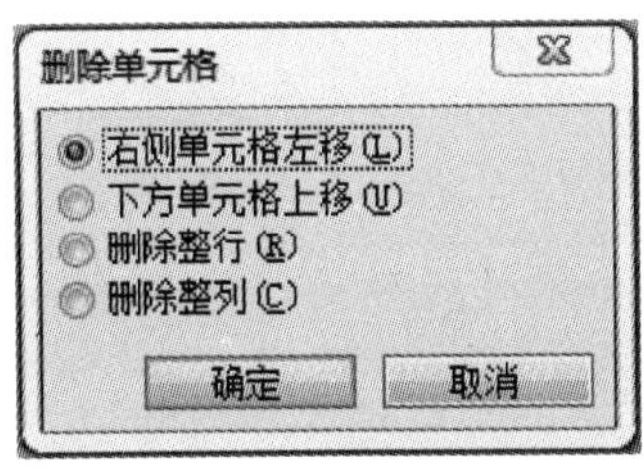

图 3－5－15　“删除单元格”对话框

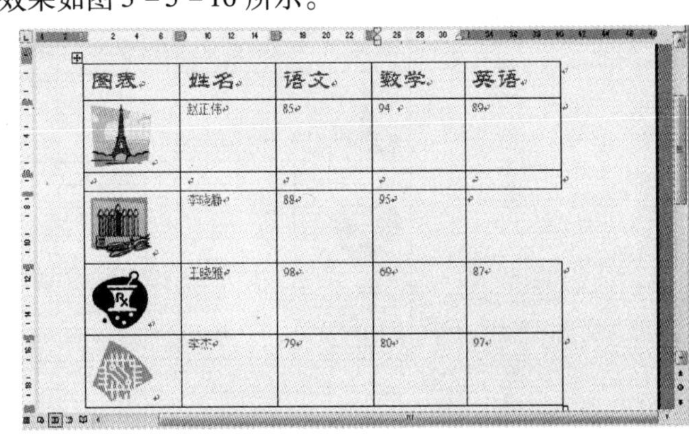

图 3－5－16　删除单元格效果

2. 删除行。

删除行的具体操作步骤如下：

（1）选中要删除的行。

（2）单击工具栏中的“表格”→“插入”→“删除”按钮，在弹出的下拉列表中选择

“删除行”选项，或者单击鼠标右键，从弹出的快捷菜单中选择“删除行”命令，即可删除不需要的行，效果如图 3-5-17 所示。

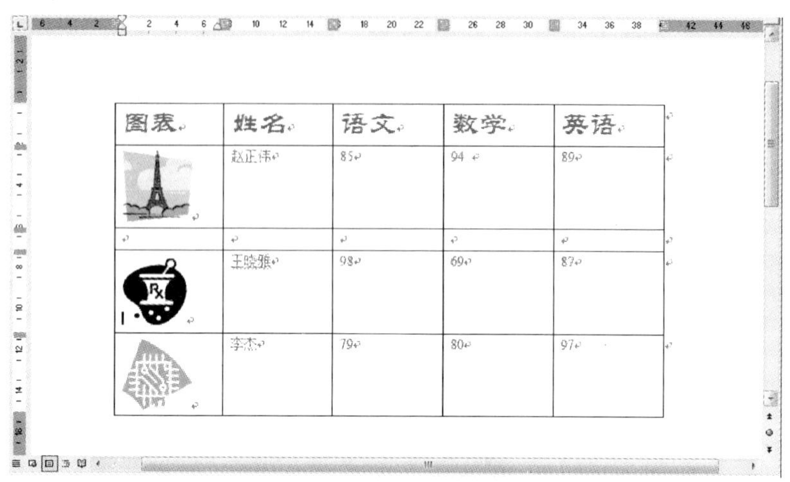

图表	姓名	语文	数学	英语
	赵正伟	85	94	89
	王晓雅	98	69	87
	李杰	79	80	97

图 3-5-17　删除行效果

3. 删除列。

删除列的具体操作步骤如下：

（1）选中要删除的列。

（2）在“表格工具”上下文工具中的“布局”选项卡中的“行和列”组中选择“删除”选项，在弹出的下拉列表中选择“删除列”选项，或者单击鼠标右键，从弹出的快捷菜单中选择“删除列”命令，即可删除不需要的列，效果如图 3-5-18 所示。

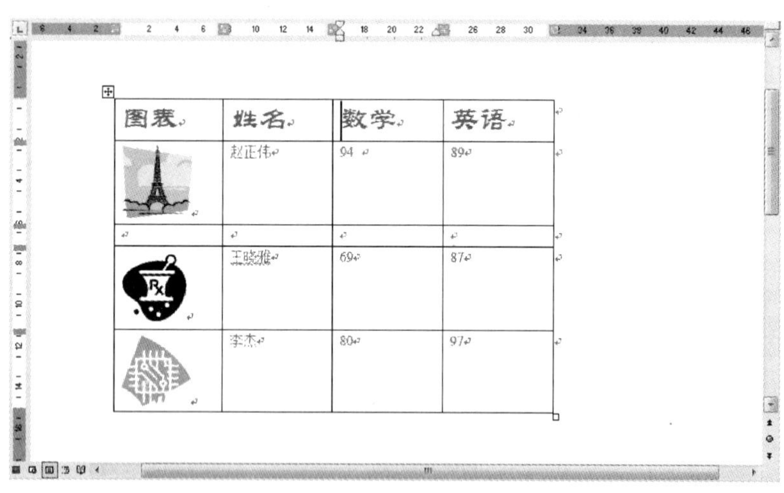

图表	姓名	数学	英语
	赵正伟	94	89
	王晓雅	69	87
	李杰	80	97

图 3-5-18　删除列效果

3.5.2.5　合并单元格

在编辑表格时，有时需要将表格中的多个单元格合并为一个单元格，其具体操作步骤如下：

（1）选中要合并的多个单元格。

（2）单击工具栏中的“表格”→“合并单元格”按钮，或者单击鼠标右键，从弹出的快捷菜单中选择“合并单元格”命令，即可清除所选定单元格之间的分隔线，使其成为一个大的单元格，效果如图 3 -5 -19 所示。

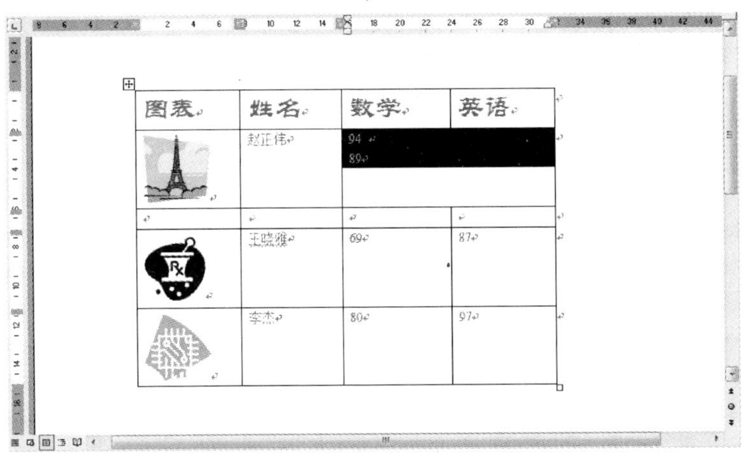

图 3 -5 -19　合并单元格效果

3.5.2.6　拆分单元格

用户还可以将一个单元格拆分成多个单元格，其具体操作步骤如下：

（1）选定要拆分的一个或多个单元格。

（2）单击工具栏中的“表格”→“拆分单元格”按钮，或者单击鼠标右键，从弹出的快捷菜单中选择“拆分单元格”命令，弹出“拆分单元格”对话框，如图 3 -5 -20 所示。

（3）在该对话框中的“列数”和“行数”微调框中输入相应的列数和行数。

（4）如果希望重新设置表格，可选中“拆分前合并单元格”复选框；如果希望将所设置的列数和行数分别应用于所选的单元格，则不选中该复选框。

（5）设置完成后，单击“确定”按钮，即可将选中的单元格拆分成等宽的小单元格，效果如图 3 -5 -21 所示。

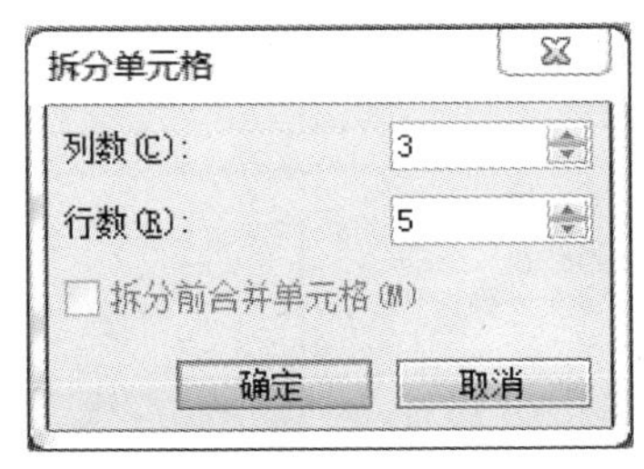

图 3 -5 -20　“拆分单元格”对话框

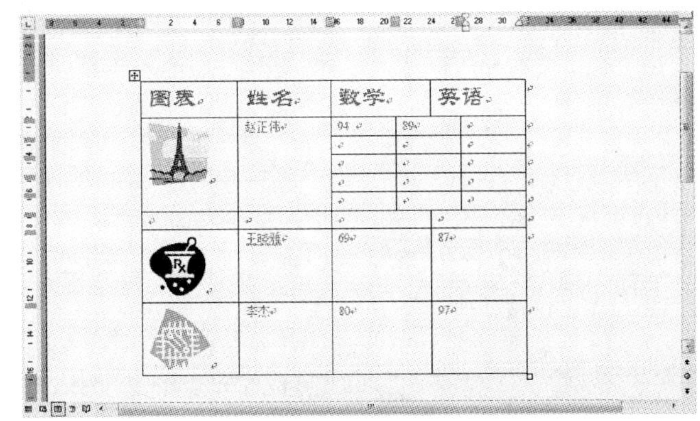

图 3 -5 -21　拆分单元格效果

3.5.2.7　拆分表格

有时需要将一个大表格拆分成两个表格，以便于在表格之间插入普通文本。具体操作步骤如下：

（1）将光标定位在要拆分表格的位置。

（2）单击工具栏中的“表格”→“拆分表格”按钮，即可将一个表格拆分成两个表格，或者单击鼠标右键，从弹出的快捷菜单中选择“拆分表格”命令，效果如图3-5-22所示。

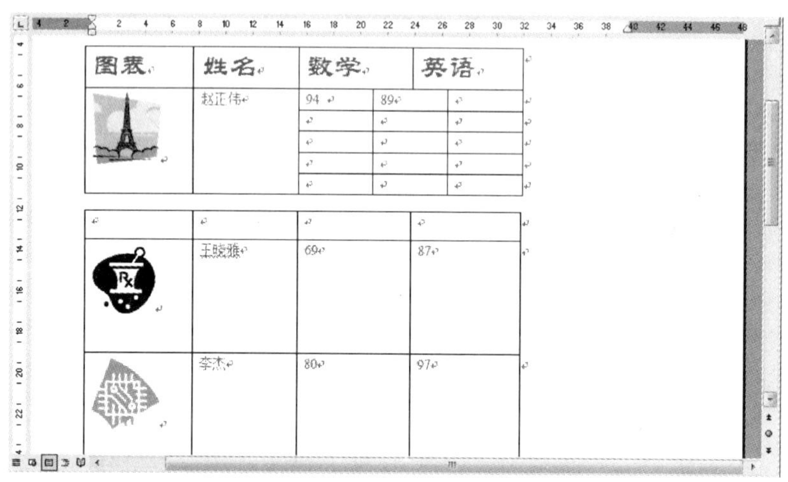

图3-5-22　拆分表格效果

3.5.2.8　移动和缩放表格

用户还可以对创建的表格进行移动和缩放操作。

1. 移动表格。

表格的位置通常不能一次确定好，此时就需要移动表格来确定其位置。具体操作步骤如下：

（1）将鼠标指针指向移动控制点，此时鼠标指针变成✥形状。

（2）按住鼠标左键并拖动鼠标到合适的位置后，释放鼠标左键，即可完成表格移动操作，如图3-5-23所示。

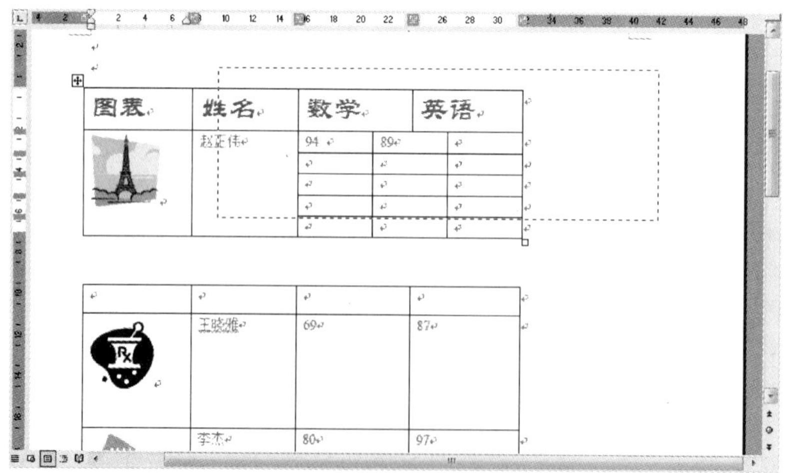

图3-5-23　移动表格

2. 缩放表格。

缩放表格的具体操作步骤如下：

（1）将鼠标指针指向调整控制点，此时鼠标指针变成↘形状。

（2）单击鼠标左键并拖动鼠标到合适的位置后，释放鼠标左键，即可完成表格缩放操作，如图 3－5－24 所示。

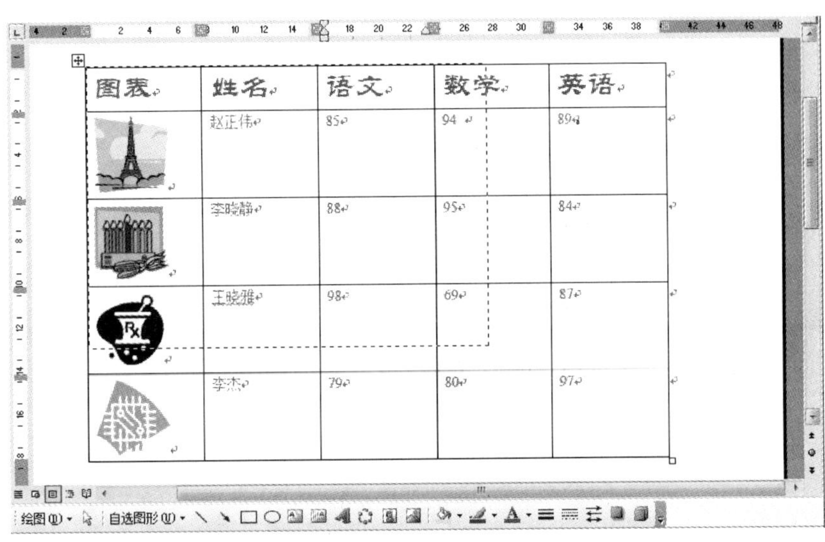

图 3－5－24　缩放表格

3.5.3　格式化表格

格式化表格主要包括调整表格的行高和列宽、对齐方式、自动套用格式、边框和底纹、设置表格标题、绘制斜线表头以及混合排版等操作。

3.5.3.1　调整表格的行高和列宽

表格中的行高和列宽可以由用户按自己的意愿自由地调整，其方法各有两种，操作方法分别叙述如下。操作前应将视图切换到页面视图。

1. 使用鼠标调整表格的行高和列宽。

调整表格行高的具体操作步骤如下：

（1）将鼠标移动到要改变高度的行的横线上，拖曳鼠标调整高度，虚线表示调整后的高度，如图 3－5－25 所示。

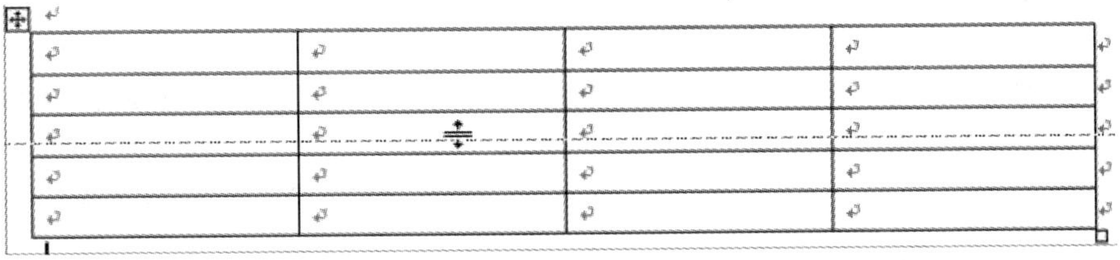

图 3－5－25　使用鼠标设置表格的行高

（2）将鼠标移动到要改变宽度的列的竖线上，拖曳鼠标调整宽度，虚线表示调整后的宽度，如图 3－5－26 所示。松开鼠标左键，该列的宽度改变。

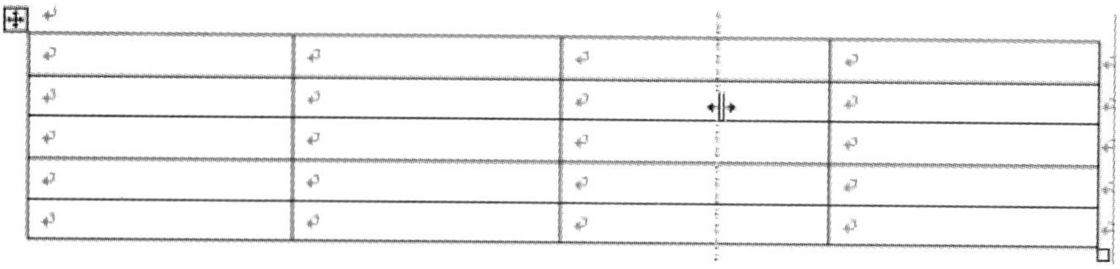

图 3－5－26　使用鼠标设置表格的列宽

2. 使用标尺设置表格的行高和列宽。

（1）将光标移动到表格内，把鼠标指针移至垂直标尺的行标记上，上下拖曳鼠标，可改变行高，如图 3－5－27 所示。

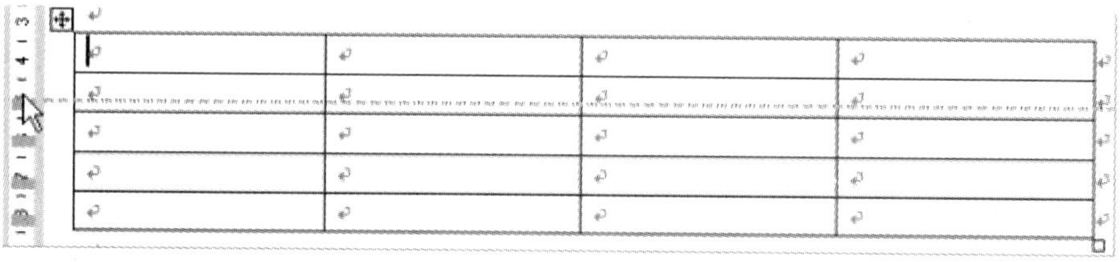

图 3－5－27　使用标尺设置表格的行高

（2）将光标移动到表格内，把鼠标指针移至水平标尺的列标记上，左右拖曳鼠标，可改变列宽，如图 3－5－28 所示。

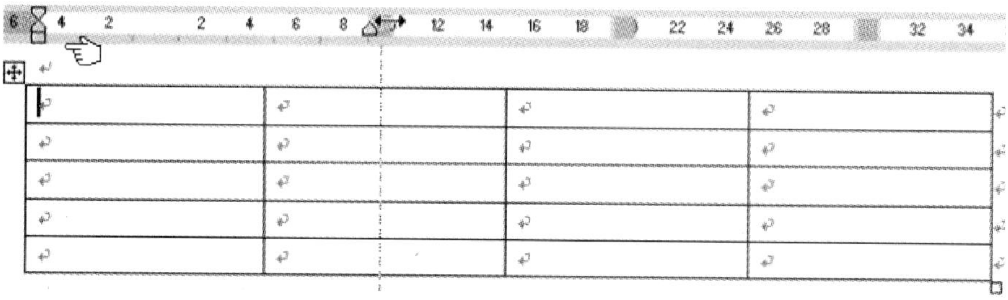

图 3－5－28　使用标尺设置表格的列宽

3. 在“表格属性”对话框中设置表格的行高和列宽。

调整表格列宽的具体操作步骤如下：

（1）将光标定位在需要调整列宽的表格中。

（2）单击工具栏中“表格”→“表格属性”按钮，弹出“表格属性”对话框。或者单击鼠标右键，从弹出的快捷菜单中选择“表格属性”命令，弹出“表格属性”对话框。打开“行”“列”选项卡，如图 3－5－29 所示。

（3）在该选项卡中选中“指定宽度”复选框，并在其后的微调框中输入相应的列宽值。

（4）单击“前一列”或“后一列”按钮，继续设置相邻的列宽。

（5）设置完成后，单击“确定”按钮。

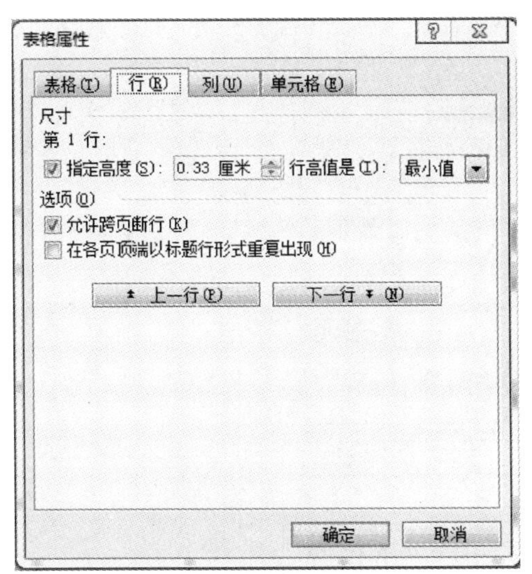

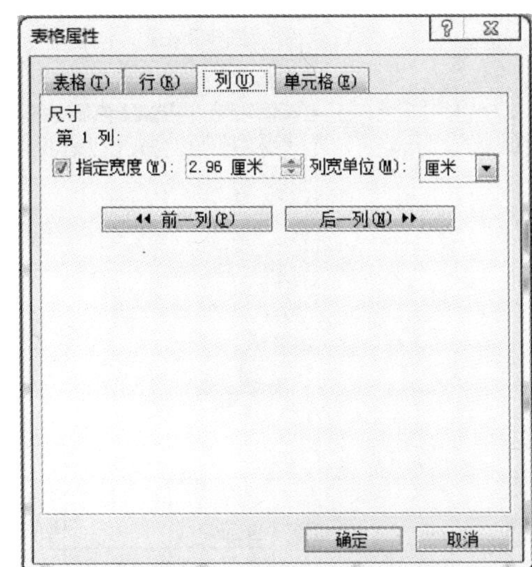

图 3 – 5 – 29 “表格属性”对话框

3.5.3.2 表格的对齐方式

对表格中的文本可设置其对齐方式，具体操作步骤如下：

1. 选定要设置对齐方式的区域。

2. 单击鼠标右键，在弹出的菜单中选择“单元格对齐方式”按钮，在弹出的下拉列表中选择要使用的对齐方式，如图 3 – 5 – 30 所示。例如单击“水平居中”按钮，效果如图 3 – 5 – 31 所示。

单元格对齐方式(G)
自动调整(A)
表格属性(R)...
项目符号和编号(N)...

图 3 – 5 – 30 “对齐方式”组

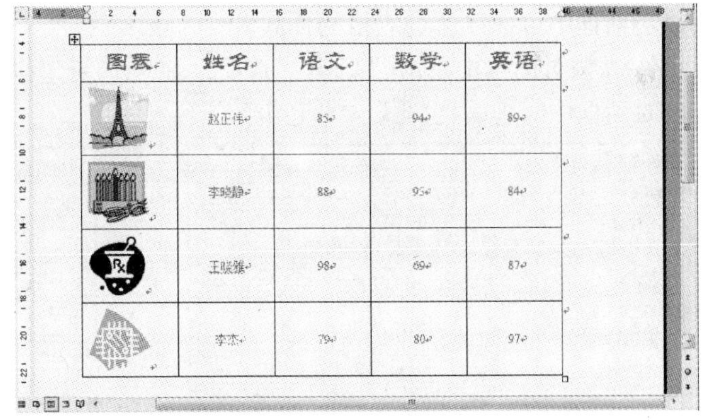

图表	姓名	语文	数学	英语
	赵正伟	85	94	89
	李晓静	88	95	84
	王晓雅	98	69	87
	李杰	79	80	97

图 3 – 5 – 31 水平居中效果

3.5.3.3 表格的自动套用格式

在 Word 2003 中为用户提供了一些预先设置好的表格样式，这些样式可供用户在制作表格时直接套用，可省去许多调整表格细节的时间，而且制作出来的表格更加美观。

使用表格自动套用格式的具体操作步骤如下：

1. 将光标定位在需要套用格式的表格中的任意位置。

2. 在工具栏中单击“表格”→“自动套用格式”按钮，在弹出的“表格自动套用格式”对话框中选择表格的样式，如图 3 – 5 – 32 所示。

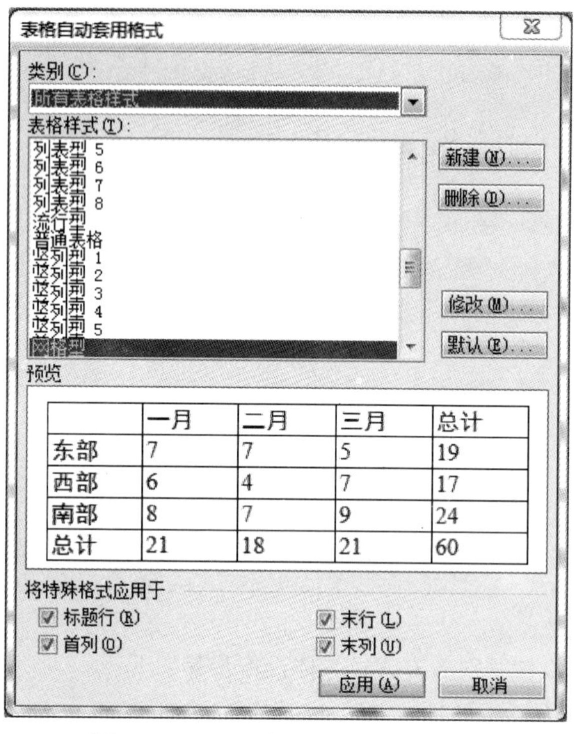

图 3－5－32　“表格样式”下拉列表

3. 在该对话框中单击“修改”选项，弹出“修改样式”对话框，如图 3－5－33 所示。在该对话框中可修改所选表格的样式。

4. 在该对话框中单击“新建”选项，弹出“新建样式”对话框，如图 3－5－34 所示。在该对话框中新建表格样式。

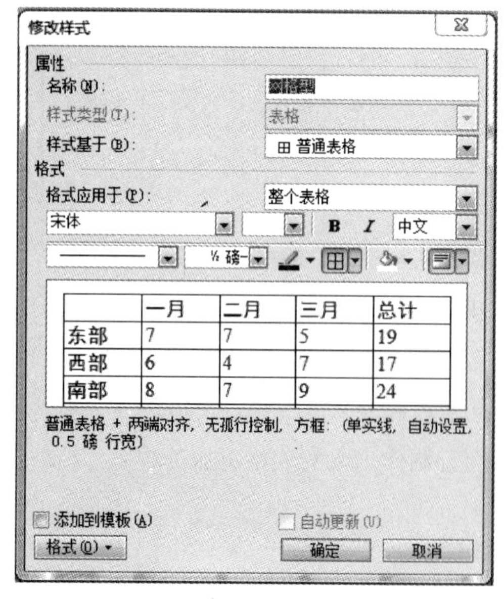

图 3－5－33　“修改样式”对话框

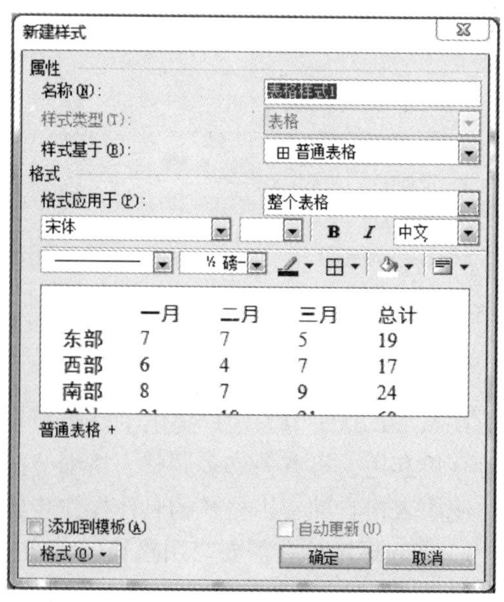

图 3－5－34　“新建样式”对话框

表格的自动套用格式效果如图 3－5－35 所示。

图表	姓名	语文	数学	英语
	赵正伟	85	94	89
	李晓静	88	95	84
	王晓雁	98	69	87
	[illegible]	79	80	97

图 3－5－35 表格自动套用格式效果

3.5.3.4 表格的边框和底纹

为表格添加边框和底纹类似于为字符、段落添加边框和底纹。在表格中添加边框和底纹，使得表格中的内容更加突出和醒目，文档的外观效果更加美观。

设置表格边框和底纹的具体操作步骤如下：

1. 将光标定位在要添加边框和底纹的表格中。

2. 单击“格式”→“边框和底纹”按钮，调出“边框和底纹”对话框，单击“边框”选项卡。

3. 在“设置”栏中选择表格或者单元格边框的显示类型。在“线型”列表中选择边框线的形状；在“颜色”下拉列表框中选择边框的颜色；在“宽度”下拉列表框中选择边框的宽度，每种线型宽度的取值范围不一定相同。在“应用于”下拉列表框中选择所有的设置是应用于表格还是单元格。通过“预览”栏可以查看和设置边框的效果，单击预览栏中的按钮，可以删除或者添加相应位置的边框效果，如图 3－5－36 所示。

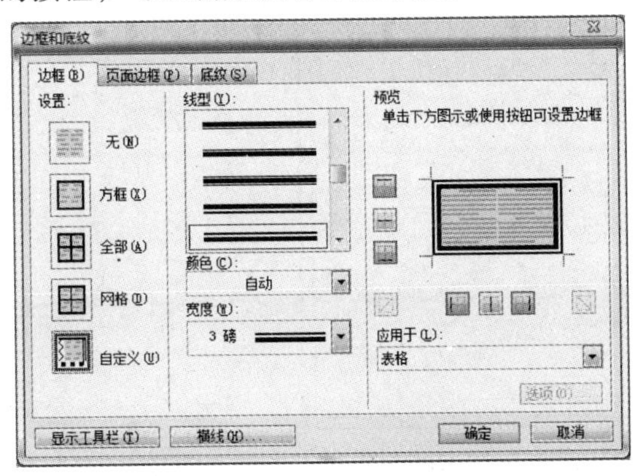

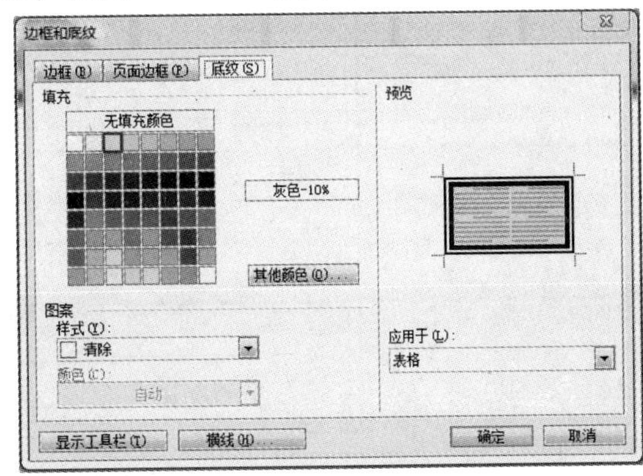

图 3－5－36 “边框”“底纹”选项卡

4. 单击选中“底纹”选项卡，在“填充”栏中选择单元格底纹的颜色。单击“其他颜色”按钮，可以调出“颜色对话框”，在对话框中用户可以自定义所需的颜色。在“图案”栏中设定表格或单元格底纹的样式和颜色，在“应用于”下拉列表框中选择所有的设置是应用于表格还是单元格。通过“预览”栏可以查看设置效果。

5. 设置完成后，单击“确定”按钮，效果如图 3－5－37 所示。

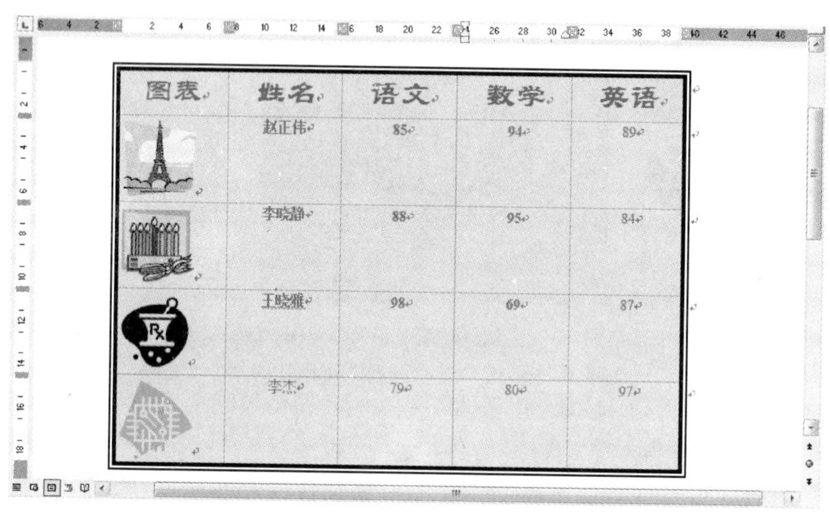

图表	姓名	语文	数学	英语
	赵正伟	85	94	89
	李晓静	88	95	84
	王晓雅	98	69	87
	李杰	79	80	97

图 3－5－37　设置表格边框和底纹效果

3.5.3.5　绘制斜线表头

绘制斜线表头的具体操作步骤如下：

1. 将光标定位在需要绘制斜线表头的单元格中。

2. 单击“表格”→“绘制斜线表头”按钮，弹出“插入斜线表头”对话框，如图 3－5－38所示。

3. 在该对话框中的“表头样式”下拉列表中选择一种样式，在“字体大小”下拉列表中选择一种字号。

4. 设置表头的“行标题”和“列标题”，单击“确定”按钮完成设置。

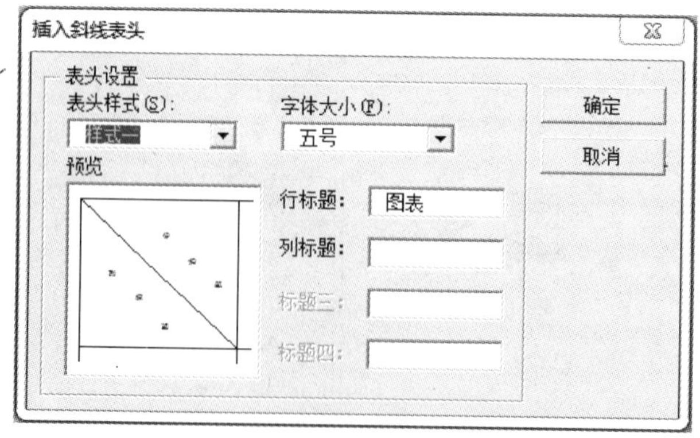

图 3－5－38　“插入斜线表头”对话框

3.5.3.6　混合排版

在 Word 2003 中，表格和文本可以混合排版。具体操作步骤如下：

1. 将光标定位在表格中的任意位置。

2. 单击工具栏中“表格”→“表格属性”按钮，弹出“表格属性”对话框。或者单击鼠标右键，从弹出的快捷菜单中选择“表格属性”命令，弹出“表格属性”对话框，如图 3－5－39 所示。

3. 在该选项卡中的“对齐方式”选区中选择一种表格与文字的对齐方式，在“文字环绕”选区中选择环绕方式。单击“选项”按钮，弹出“表格选项”对话框，如图 3－5－40 所示。

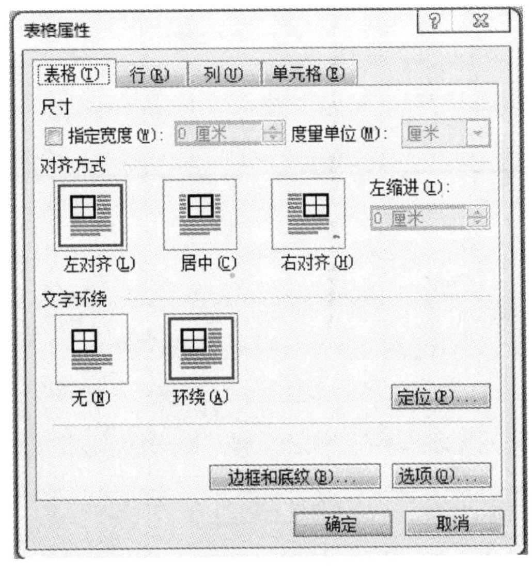

图 3－5－39　“表格”选项卡

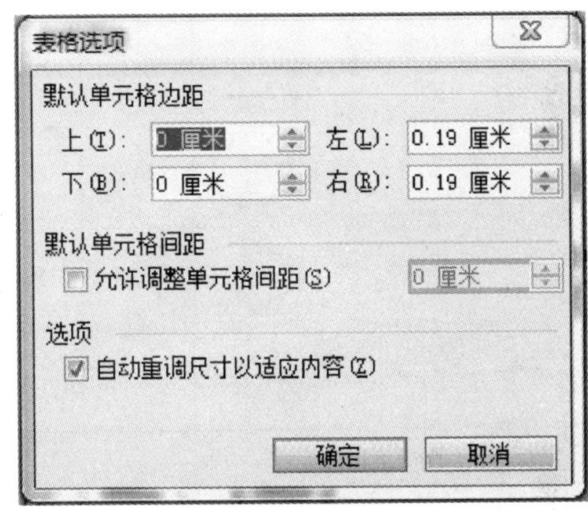

图 3－5－40　“表格选项”对话框

4. 在该对话框中设置相应的参数，设置完成后，单击“确定”按钮，效果如图 3－5－41所示。

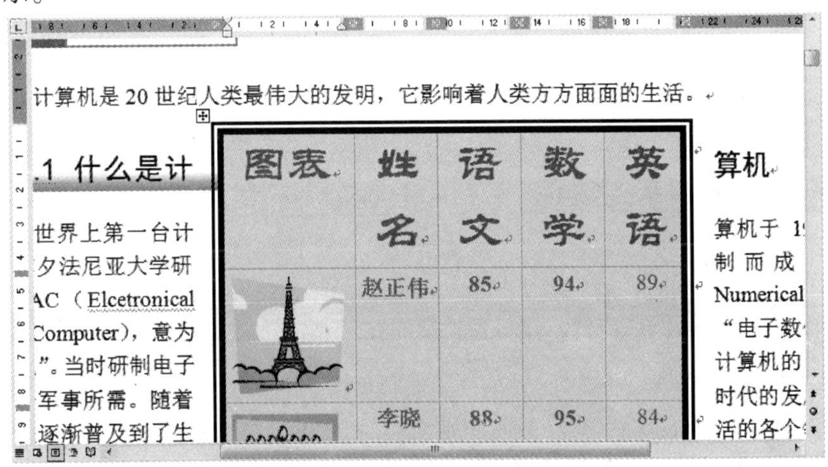

图 3－5－41　表格与文本混合排版效果

3.5.4 数据处理

Word 2003 中的表格除了可以系统地存放数据外，还具有电子表格的一些简单的功能，可对表格中的数据进行排序、计算等一些简单的操作。

3.5.4.1 数据计算

在 Word 2003 中，行号的标识为 1，2，3，4 等，列号的标识为 a，b，c，d 等，所以对应的单元格的标识为 a1，b2，c3，d4 等。利用该单元格的标识符可以对表格中的数据进行计算，例如对如图 3－5－42 所示的“成绩表”中的“总成绩”进行数据计算的具体操作步骤如下：

1. 将光标定位在“总成绩”下方的单元格中。

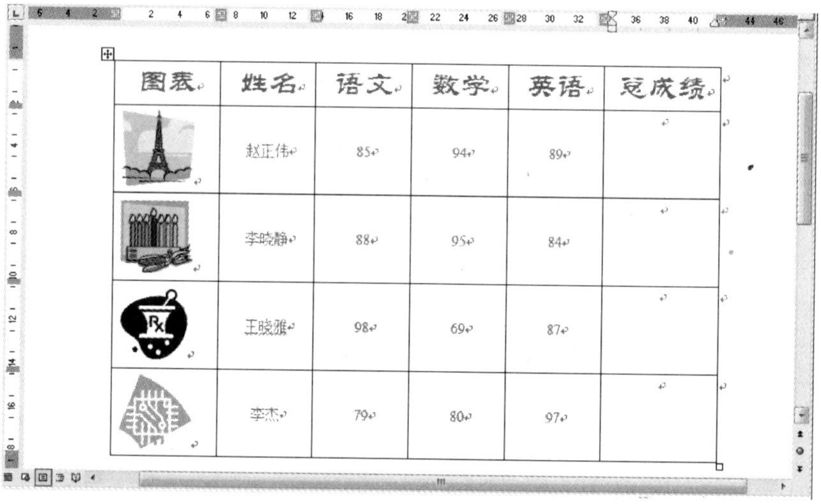

图表
姓名
语文
数学
英语
总成绩
赵正伟
85
94
89
李晓静
88
95
84
王晓雅
98
69
87
李杰
79
80
97

图 3－5－42

2. 单击“表格”→“公式”按钮，弹出“公式”对话框，如图 3－5－43 所示。

公式
公式(F):
=SUM(LEFT)
数字格式(N):
粘贴函数(U):
粘贴书签(B):
确定
取消

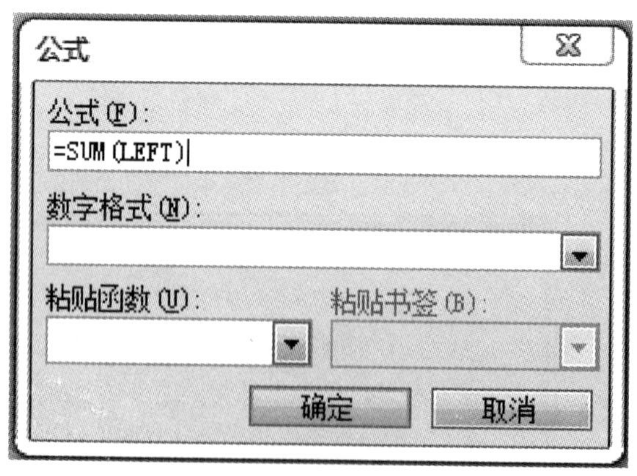

图 3－5－43 “公式”对话框

3. 在该对话框中的“公式”文本框中输入“＝SUM（c2，d2，e2）”，在“数字格式”下拉列表中选择一种合适的计算结果格式。

4. 单击“确定”按钮，即可在表格中显示计算结果。依此类推，计算表格中的其他数据，效果如图3－5－44所示。

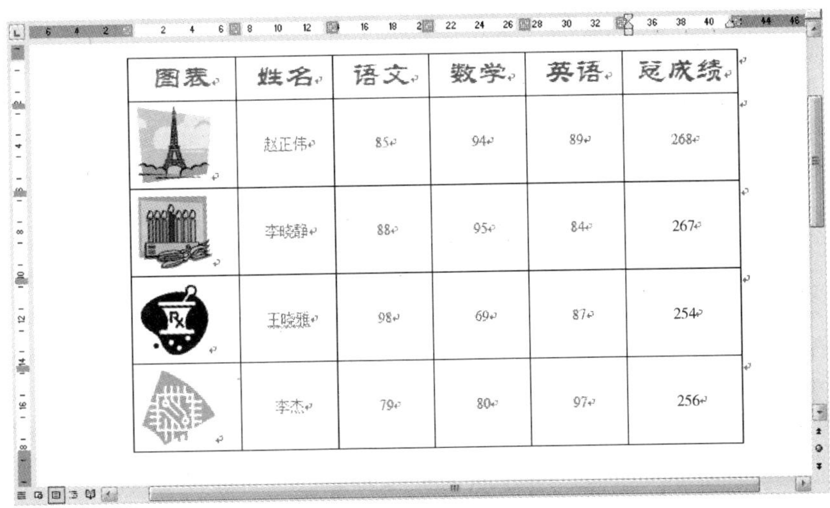

图表	姓名	语文	数学	英语	总成绩
	赵正伟	85	94	89	268
	李晓静	88	95	84	267
	王晓雅	98	69	87	254
	李杰	79	80	97	256

图 3－5－44　计算结果

3.5.4.2　数据排序

在实际操作过程中，经常需要将表格中的内容按一定的规则排列。例如对如图3－5－44所示的计算结果中的“总成绩”进行排序，具体操作步骤如下：

1. 将光标定位在需要排序的表格中。

2. 单击“表格”→“排序”按钮，弹出“排序”对话框，如图 3－5－45 所示。

3. 在该对话框中的“主要关键字”下拉列表中选择一种排序依据，这里选择“总成绩”。在“类型”下拉列表中选择一种排序类型，选中“降序”单选按钮。

4. 单击“选项”按钮，在弹出的如图 3－5－46 所示的“排序选项”对话框中可设置排序选项。

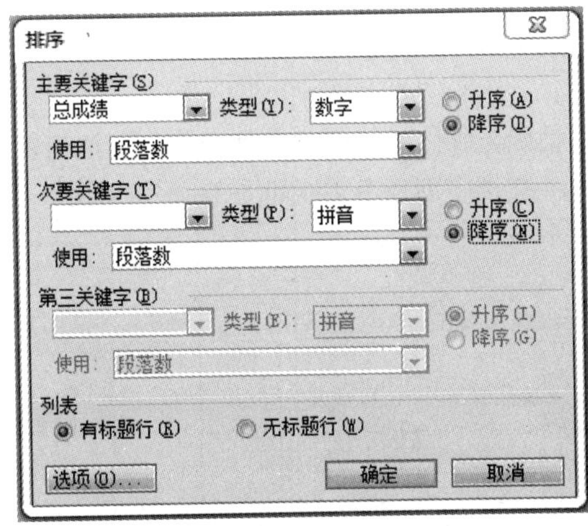

图 3－5－45　“排序”对话框

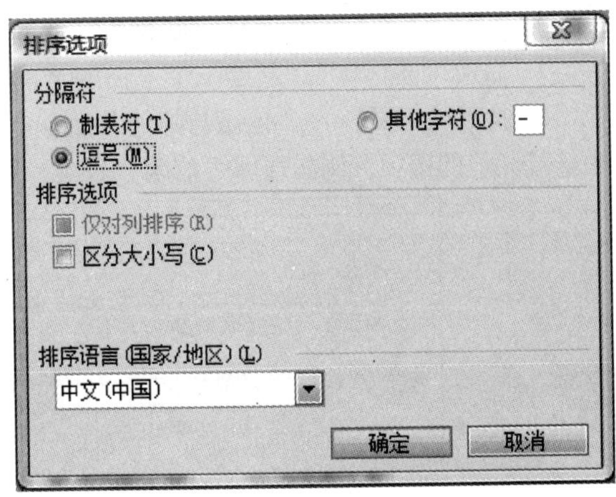

图 3－5－46　“排序选项”对话框

5. 设置完成后，单击“确定”按钮，效果如图 3-5-47 所示。

图表	姓名	语文	数学	英语	总成绩
	赵正伟	85	94	89	268
	李晓静	88	95	84	267
	王晓雅	98	69	87	254
	李杰	79	80	97	256

图 3-5-47　排序结果

3.6　文档的高级应用

3.6.1　邮件合并

在日常工作中，有时需要处理大量的报表和信件。这些报表和信件的主要内容是基本相同的，只是具体数据有所变化。为了减少工作量，提高工作效率，Word 为用户提供了邮件合并功能。所谓邮件合并是指将一个文件中的信息插入到另一个文件中，将可变的数据与一个标准文档相结合，从而创建另外一个新文档的过程。

3.6.1.1　创建主文档

主文档就是信函的主题部分，包括在各邮件中保持不变的文字、图形和格式，例如套用信函中的寄信人地址或称呼语。创建主文档的具体操作步骤如下：

1. 启动 Word 2003，新建一个空白的 Word 文档。

2. 执行“工具”→“信函与邮件”命令，在“信函与邮件”中的“邮件合并”下拉列表中选择相应的选项，例如选择“信函”选项，在 Word 文档中创建主文档如图 3-6-1 所示。

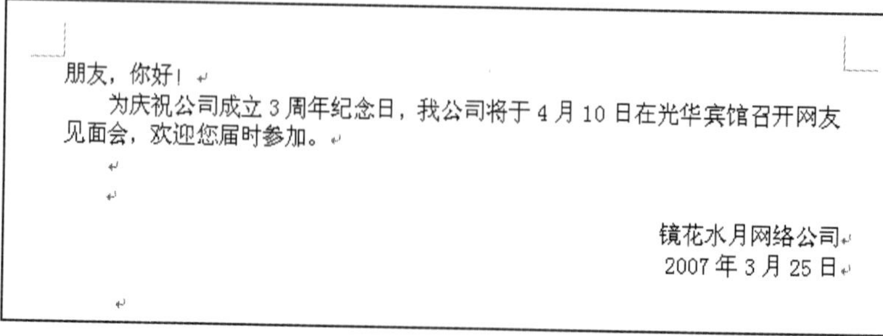

朋友，你好！

为庆祝公司成立 3 周年纪念日，我公司将于 4 月 10 日在光华宾馆召开网友见面会，欢迎您届时参加。

镜花水月网络公司

2007 年 3 月 25 日

图 3-6-1　主文档

3.6.1.2 创建数据源

数据源包含合并文档中所需的信息。用户可以指定一个已经存在的数据库或表作为数据源，也可以创建新的数据源。创建数据源的具体操作步骤如下：

1. 在“邮件合并”组中的“选取收件人”下拉列表中选择“键入新列表”选项，弹出“新建地址列表”对话框，如图 3－6－2 所示。

2. 在该对话框中单击“自定义”按钮，在弹出的如图 3－6－3 所示的“自定义地址列表”对话框中进行相应的设置。

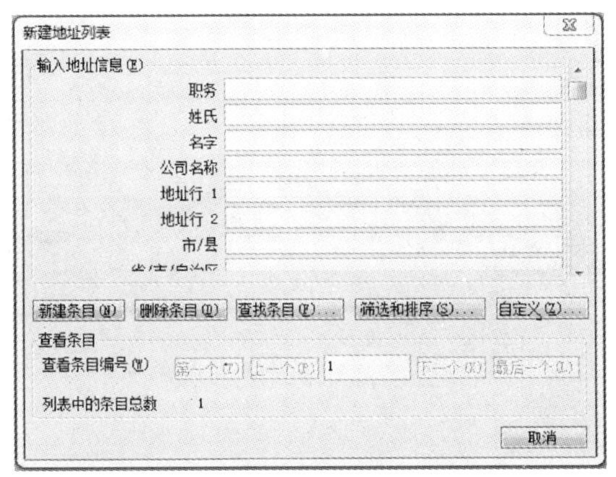

图 3－6－2 “新建地址列表”对话框

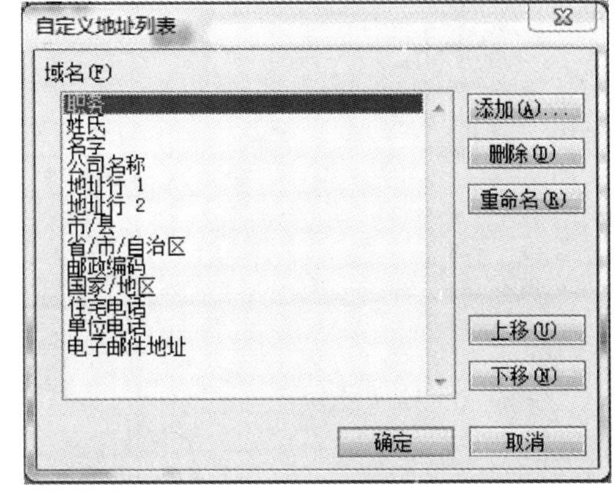

图 3－6－3 “自定义地址列表”对话框

3. 在“新建地址列表”对话框中单击“确定”按钮，弹出“保存通讯录”对话框，如图 3－6－4 所示。

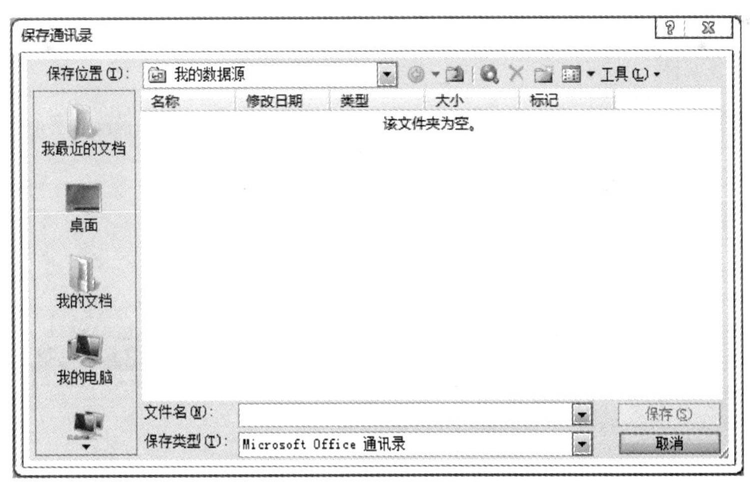

图 3－6－4 新建的地址列表

4. 在该对话框中设置数据源的保存位置和名称，单击“保存”按钮保存数据源。

3.6.1.3 合并文档

合并文档的具体操作步骤如下：

1. 执行“工具”→“信函与邮件”→“邮件合并”命令，在“邮件合并”下拉列表中选择“下一步：正在启动文档”选项，打开“邮件合并（选择收件人）”任务窗格，如图3－6－5所示。

2. 在该任务窗格中选中“使用现有列表”单选按钮，单击“选择另外的列表...”按钮，弹出“选取数据源”对话框，如图3－6－6所示。

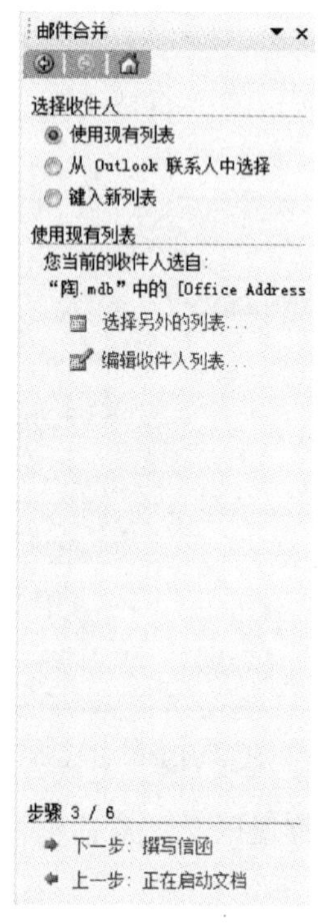

图3－6－5 “邮件合并（选择收件人）”任务窗格

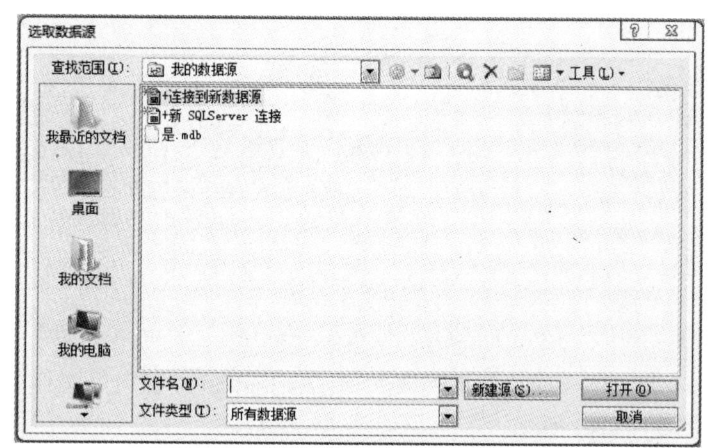

图3－6－6 “选取数据源”对话框

3. 在该对话框中选择创建好的数据源，单击“打开”按钮，弹出“邮件合并收件人”对话框，如图3－6－7所示。

图3－6－7 “邮件合并收件人”对话框

4. 在该对话框中进行相应的设置后，单击“确定”按钮，返回到图 3－6－5 所示的“邮件合并”任务窗格。

5. 在该任务窗格中单击“下一步：撰写信函”超链接，打开“邮件合并（撰写信函）”任务窗格，如图 3－6－8 所示。

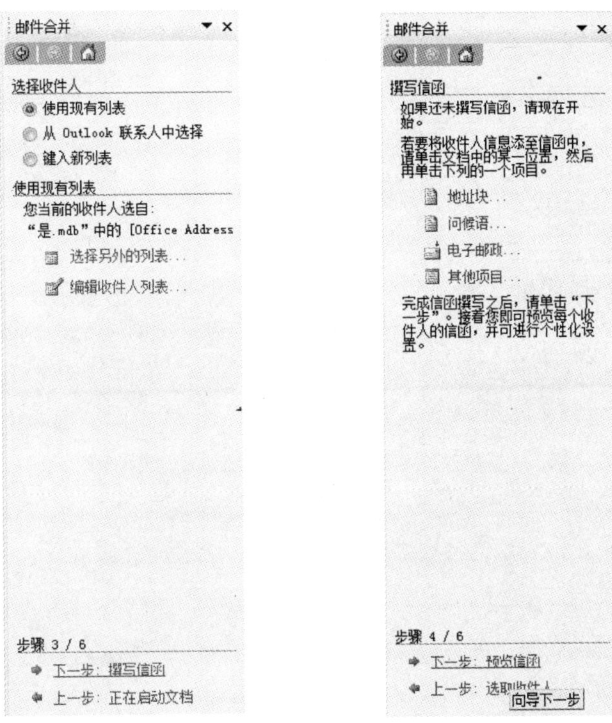

图 3－6－8　“邮件合并（撰写信函）”任务窗格

6. 在该任务窗格中单击“其他项目”超链接，弹出“插入合并域”对话框，如图 3－6－9所示。

7. 在该对话框中单击“插入”按钮，在主文档中插入合并域，合并域名被“《》”括起来，效果如图 3－6－10 所示。

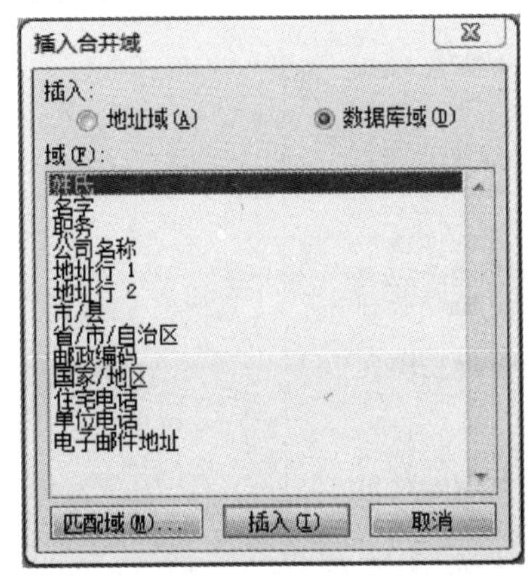

图 3－6－9　“插入合并域”对话框

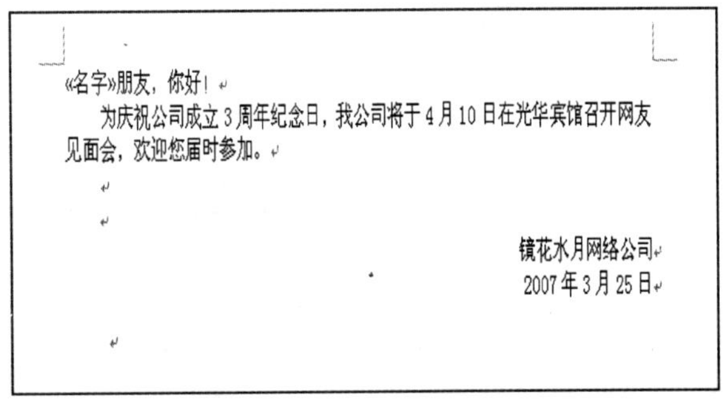

图 3－6－10　插入合并域效果

8. 在“邮件合并（撰写信函）”任务窗格中单击“下一步：预览信函”超链接，打开“邮件合并（预览信函）”任务窗格，如图 3－6－11 所示。

9. 在“邮件合并（预览信函）”任务窗格中单击“下一步：完成合并”超链接，打开“邮件合并（完成合并）”任务窗格，如图 3－6－12 所示。

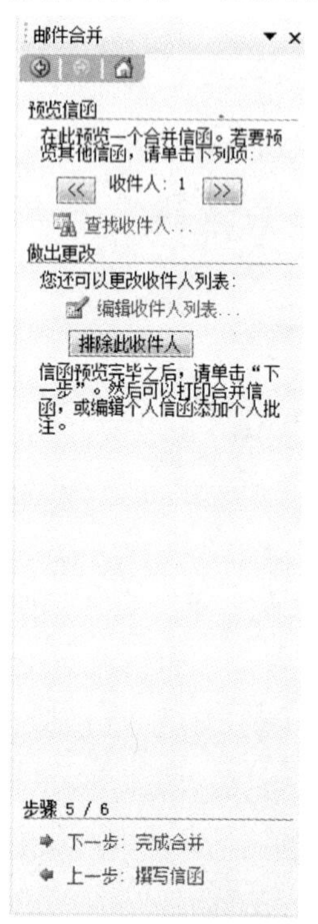

图 3－6－11　“邮件合并（预览信函）”任务窗格

图 3－6－12　“邮件合并（完成合并）”任务窗格

10. 设置完成后，邮件合并的效果如图 3－6－13 所示。

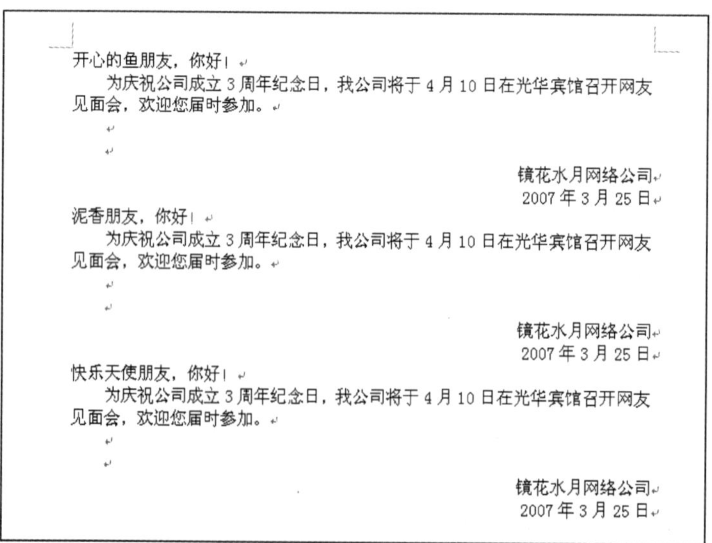

开心的鱼朋友，你好！

为庆祝公司成立 3 周年纪念日，我公司将于 4 月 10 日在光华宾馆召开网友见面会，欢迎您届时参加。

镜花水月网络公司
2007 年 3 月 25 日

泥香朋友，你好！

为庆祝公司成立 3 周年纪念日，我公司将于 4 月 10 日在光华宾馆召开网友见面会，欢迎您届时参加。

镜花水月网络公司
2007 年 3 月 25 日

快乐天使朋友，你好！

为庆祝公司成立 3 周年纪念日，我公司将于 4 月 10 日在光华宾馆召开网友见面会，欢迎您届时参加。

镜花水月网络公司
2007 年 3 月 25 日

图 3－6－13　邮件合并效果

3.6.2　目录的使用

在书籍和许多文档的编辑中，目录是不可缺少的。目录的作用是列出文档中各级标题以及每个标题所在的页码，以便用户快速找到需要阅读的文档内容。

3.6.2.1　创建目录

在默认情况下，Word 提供3 级目录供用户使用。创建目录的具体操作步骤如下：

1. 将光标定位在需要创建目录的位置。

2. 在工具栏中执行“插入”→“引用”→“索引和目录”，在弹出的对话框下中选择“目录”选项，弹出“目录”对话框，打开“目录”选项卡，如图 3-6-14 所示。

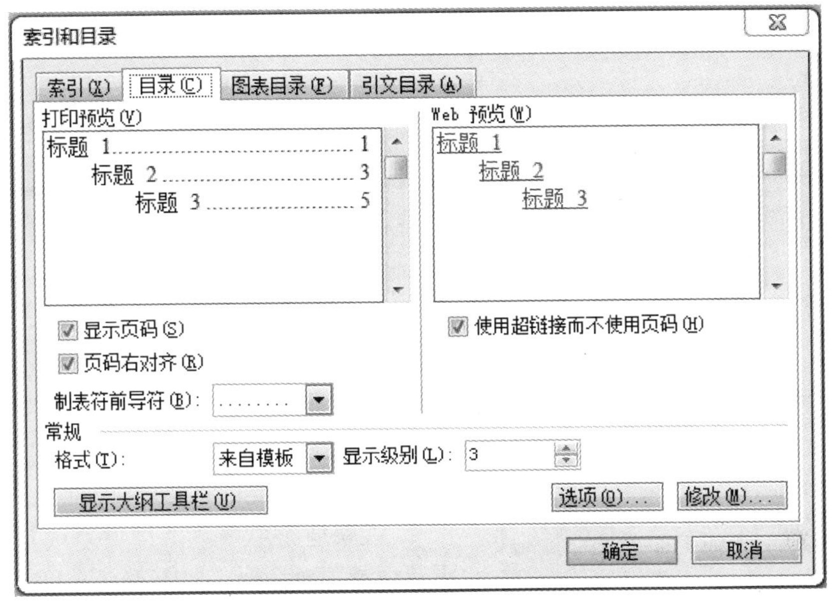

图 3-6-14　“目录”选项卡

3. 在该选项卡中选中“显示页码”和“页码右对齐”复选框，在目录中的每个标题后边显示页码并右对齐。

4. 在“制表符前导符”下拉列表中选择一种分隔符样式。

5. 在“常规”选区中的“格式”下拉列表中选择一种目录风格，在“Web 预览”区中即可看到该目录风格的显示效果。

6. 在“显示级别”微调框中设置目录中显示的标题层数。

7. 单击“选项”按钮，在弹出如图 3-6-15 所示的“目录选项”对话框中设置目录的选项；单击“修改”按钮，在弹出如图 3-6-16 所示的“样式”对话框中修改目录的样式。

8. 设置完成后，单击“确定”按钮，即可将目录插入到文档中。

注意：用户在创建目录之前，必须确保对文档的标题应用了样式。

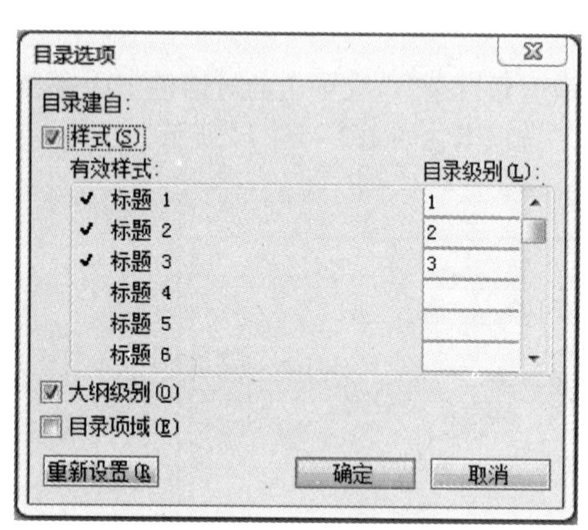

图 3－6－15 “目录选项”对话框

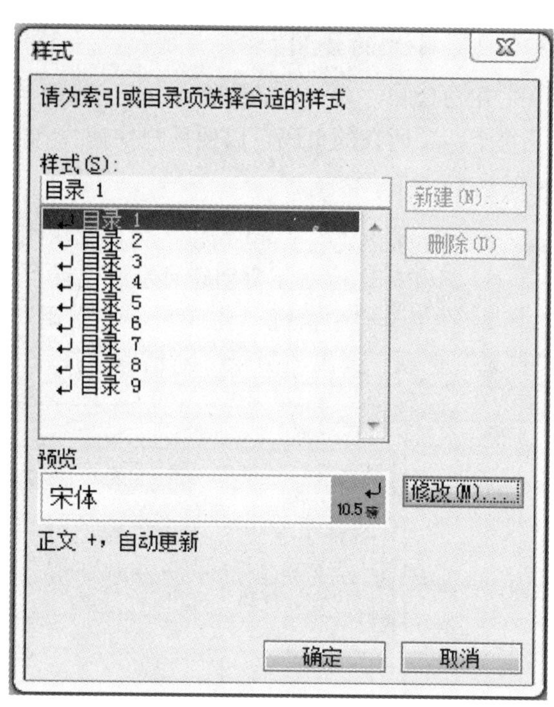

图 3－6－16 “样式”对话框

3.6.2.2 更新目录

如果对文档进行了修改，则必须更新目录，具体操作步骤如下：

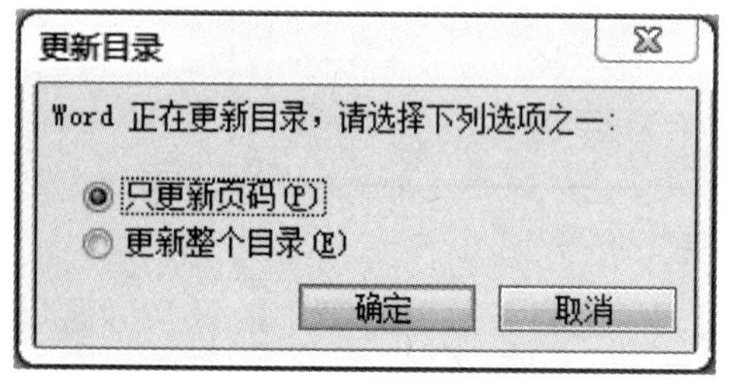

图 3－6－17 “更新目录”对话框

1. 选定需要更新的目录并单击鼠标右键。

2. 在快捷菜单中单击“更新域”按钮，弹出“更新目录”对话框，如图 3－6－17 所示。

3. 在该对话框中选中“只更新页码”单选按钮，则只更新现有目录的页码，而不影响目录的增加或修改；选中“更新整个目录”单选按钮，则重新创建目录。

4. 单击“确定”按钮，即可更新目录。

3.6.3 宏的使用

用户在使用 Office 办公软件时会接触到宏的概念。宏是 Office 软件提供的一个很好的扩展功能，使用宏可以提高工作效率。

宏是由一系列的 Word 命令或指令组成的、用来完成特定任务的指令集合，以实现任务执行的自动化。如果要完成一项由多个 Word 选项和操作指令组成的任务，可以将构成的这些操作步骤按照操作顺序录制成一个宏，并取一个名称。在需要的时候运行这个录制的宏，系统将自动按顺序执行宏中所包含的所有操作步骤。

宏的用途非常广泛，主要有以下几种：

1. 加快普通的编辑和格式设置，简化操作。

2. 使用户更易于选择对话框中的选项。

3. 自动执行一系列复杂的操作。

4. 组合多个命令。

3.6.3.1　录制宏

录制宏的过程实际就是进行一系列需要使用的操作。

使用宏录制器录制宏的具体操作步骤如下：

1. 在工具栏中“工具”→“宏”组中单击“录制宏”按钮，弹出“录制宏”对话框，如图 3－6－18 所示。

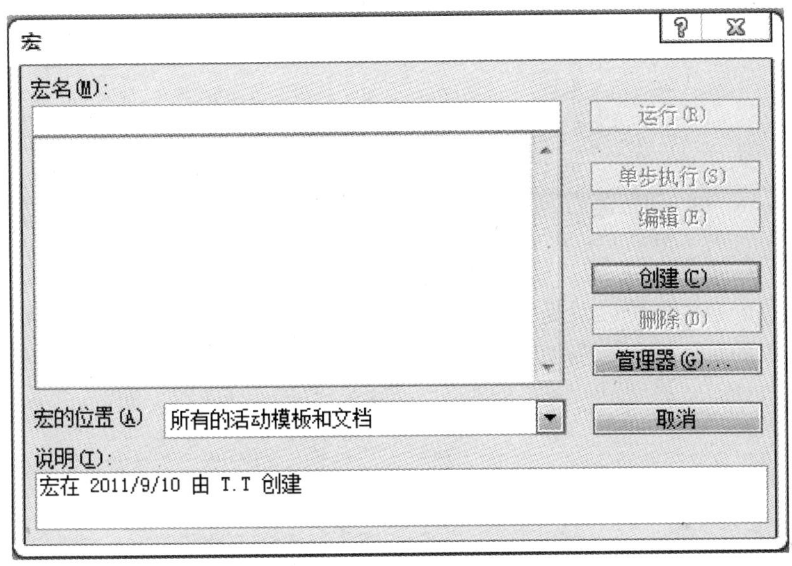

图 3－6－18　“录制宏”对话框

2. 在该对话框中的“宏名”文本框中输入宏的名称，在“宏的位置”下拉列表中选择保存宏的位置，在“说明”文本框中输入该宏的一些说明文字。

3. 如果需要将宏指定到自定义快速访问工具栏中，具体操作步骤如下：

（1）单击“工具”→“宏”→“录制新宏”，弹出的“录制宏”对话框中在“宏的位置”选区中单击按钮，弹出“自定义”对话框，如图 3－6－19 所示。

（2）在该对话框中将其添加到“自定义快速访问工具栏”列表框中，单击“确定”按钮，即可开始录制宏，此时鼠标变为形状。

4. 如果需要将宏指定为键盘快捷键，具体操作步骤如下：

（1）单击“工具”→“宏”→“录制新宏”，弹出的“录制宏”对话框中在“宏的位置”选区中单击按钮，弹出“自定义键盘”对话框，如图 3－6－20 所示。

（2）将光标定位在“请按新快捷键”文本框中，然后按要指定的快捷键，单击“指定”按钮，即可将宏指定为快捷键。

（3）单击“关闭”按钮开始录制宏，此时鼠标变为形状。

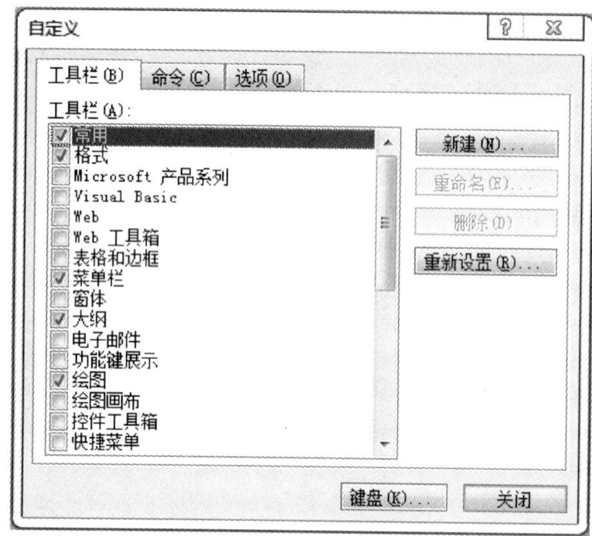

图 3－6－19　“自定义”选项

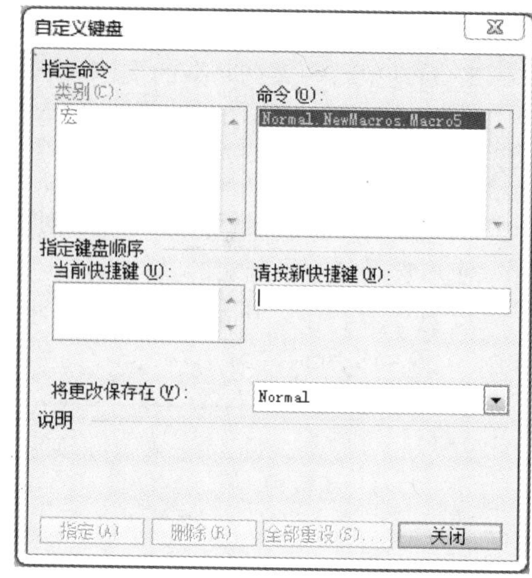

图 3－6－20　“自定义键盘”对话框

3.6.3.2　编辑宏

录制完一段宏后，还可以对其进行编辑。编辑宏包括修改宏的说明文字和编辑宏命令两个方面。编辑宏的具体操作步骤如下：

1. 单击“工具”→“宏”→“录制...”，弹出“宏”对话框，如图 3－6－21 所示。

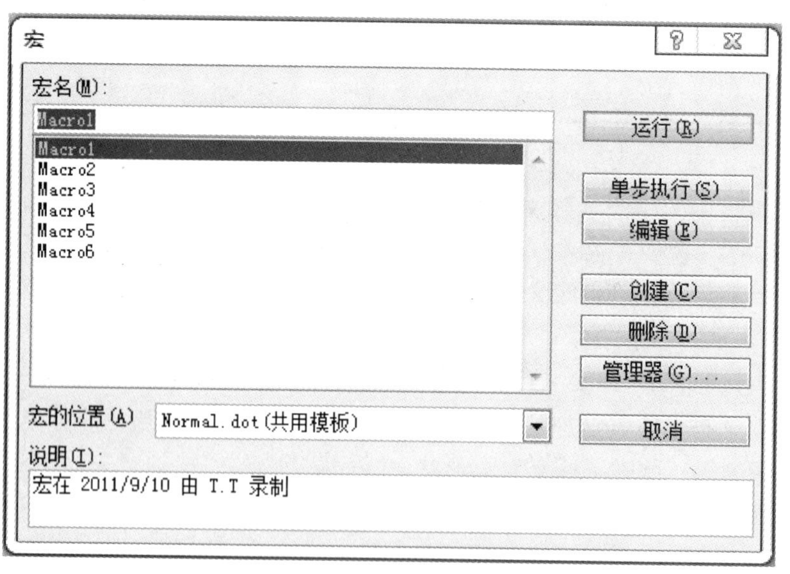

图 3－6－21　“宏”对话框

2. 在“宏名”列表框中选择要编辑的宏的名字，例如选择“Macro1”。

3. 单击“编辑”按钮，打开如图 3－6－22 所示的“Visual Basic 编辑器”窗口，在该窗口中可对宏进行编辑、修改和调试。

4. 编辑完成后，关闭该窗口，返回 Word 文档编辑窗口。

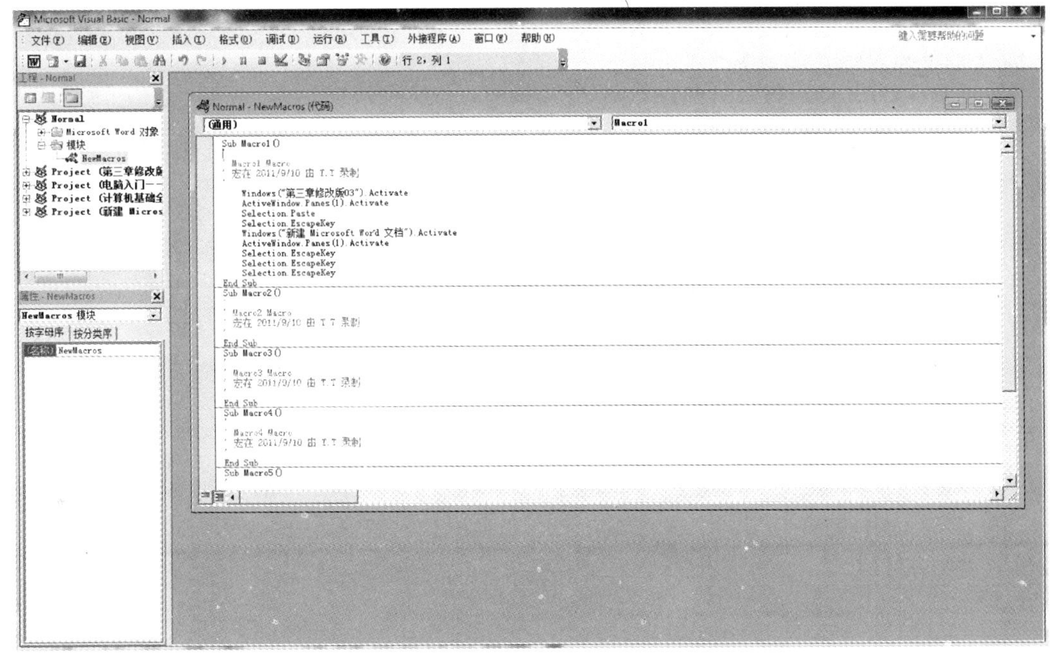

图 3-6-22　“Visual Basic 编辑器”窗口

3.6.3.3　运行宏

运行宏的具体操作步骤如下：

1. 单击“工具”→“宏”→“录制…”，弹出“宏”对话框。
2. 在该对话框中的“宏名”列表框中选择需要运行的宏。
3. 单击“运行”按钮即可运行宏。

3.6.3.4　删除宏

删除宏的方法非常简单，在“宏”对话框中的“宏名”列表框中选择需要删除的宏，然后单击“删除”按钮，系统弹出如图 3-6-23 所示的信息提示框，单击“是”按钮即可删除宏。

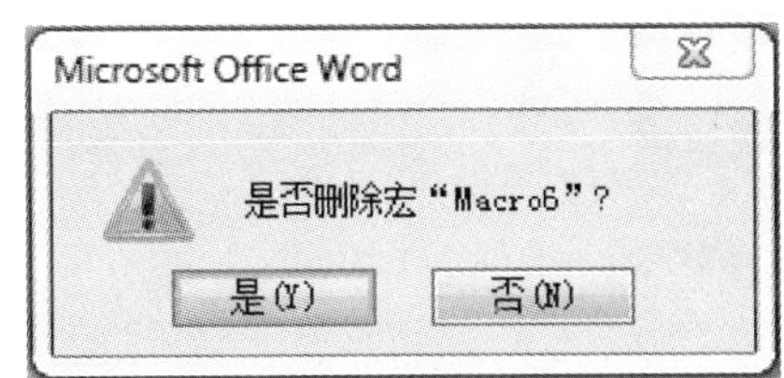

图 3-6-23　信息提示框

注意：如果要删除多个宏，可在按住“Ctrl”键的同时选择“宏名”列表框中要删除的多个宏，然后单击“删除”按钮即可。

3.6.4　域的使用

域是一种特殊的代码，用于指明在文档中插入何种信息。域在文档中有两种表现形式：域代码和域结果。域代码是一种代表域的符号，它包含域符号、域类型和域指令。域结果就是当 Word 执行域指令时，在文档中插入的文字或图形。

使用域可以在 Word 中实现数据的自动更新和文档自动化，例如插入可自动更新的时间和日期、自动创建和更新目录等。

3.6.4.1 插入域

插入域的具体操作步骤如下：

1. 将光标定位在需要插入域的位置。

2. 单击“插入”→“域”按钮，弹出“域”对话框，如图3-6-24所示。

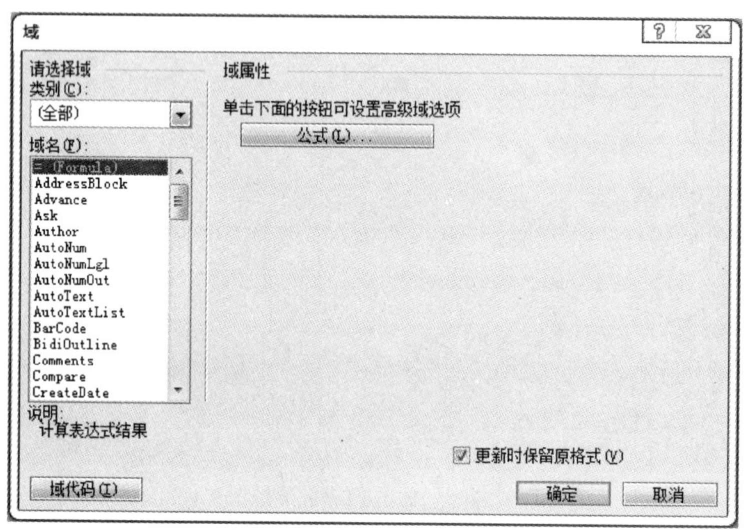

图3-6-24 “域”对话框

3. 在该对话框中单击“公式”按钮，弹出如图3-6-25所示的“公式”对话框，在该对话框中可编辑域代码。

4. 在“域”对话框中的“类别”下拉列表中选择要插入域的类别，例如选择“时间和日期”选项。在“域名”列表框中选择需要插入的域。

5. 单击“域代码”按钮，再单击“选项”按钮，弹出“域选项”对话框，如图3-6-26所示。

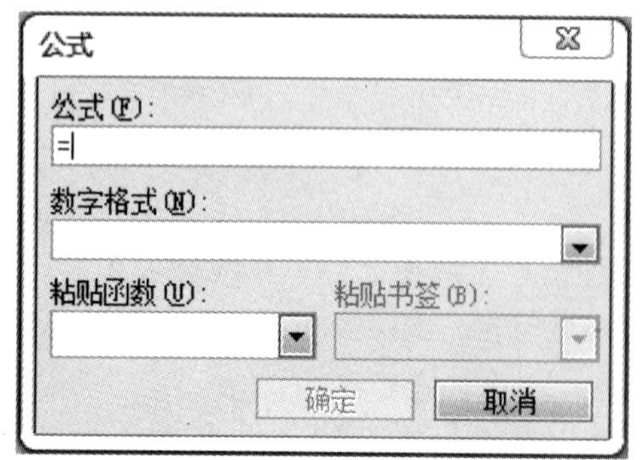

图3-6-25 “公式”对话框

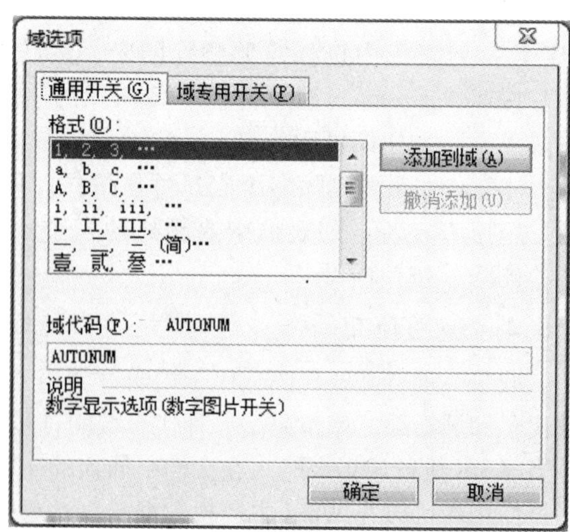

图3-6-26 “域选项”对话框

6. 在该对话框中选择开关类型，单击“添加到域”按钮，即可为域代码添加开关。

7. 设置完成后，单击“确定”按钮，即可在文档中插入选定的域。

技巧：按快捷键“Ctrl + F9”，即可直接在括号中输入需要的域代码。

3.6.4.2　查看和更新域

在文档中插入域后，用户还可以查看域和更新域。

1. 查看域。

查看域有两种方式：域结果和域代码。一般情况下，在文档中看到的是域结果，在显示的域代码中可以对插入的域进行编辑。Word 允许用户在这两种方式之间切换。

如果用户需要查看域代码，可将鼠标移至域上，单击鼠标右键，从弹出的快捷菜单中选择“切换域代码”命令，可在文档中看到域代码。

2. 更新域。

域的内容可以被更新，这就是域与普通文字的不同之处。如果要更新某个域，需要先选中域或域结果，然后按“F9”键即可；如果要更新整个文档中的域，可以在“开始”选项卡中的“编辑”组中选择“选择”→“全选”命令，选定整个文档，然后按“F9”键即可。

3.6.4.3　锁定域和解除域锁定

如果要锁定域，首先选中该域，然后按快捷键“Ctrl + F11”即可。锁定域的外观与未锁定域的外观相同，但在锁定域上单击鼠标右键时，将发现快捷菜单中的“更新域”命令呈不可用状态，即该域不随着文档的更新而更新。

如果要解除域锁定以便于更新域结果，首先选中该域，然后按快捷键“Ctrl + Shift + F11”即可。

3.7　页面设置和打印

3.7.1　页面设置

在建立新的文档时，Word 已经自动设置默认的页边距、纸型、纸张的方向等页面属性。但是在打印之前，用户必须根据需要对页面属性进行设置。

3.7.1.1　设置页边距

页边距是页面周围的空白区域。设置页边距能够控制文本的宽度和长度，还可以留出装订边。用户可以使用标尺快速设置页边距，也可以使用对话框来设置页边距。

1. 使用标尺设置页边距。

在页面视图中，用户可以通过拖动水平标尺和垂直标尺上的页边距线来设置页边距。具体操作步骤如下：

（1）在页面视图中，将鼠标指针指向标尺的页边距线，此时鼠标指针变为↕形状。

（2）按住鼠标左键并拖动，出现的虚线表明改变后的页边距位置，如图 3-7-1 所示。

（3）将鼠标拖动到需要的位置后释放鼠标左键即可。

提示：在使用标尺设置页边距时按住“Alt”键，将显示出文本区和页边距的量值。

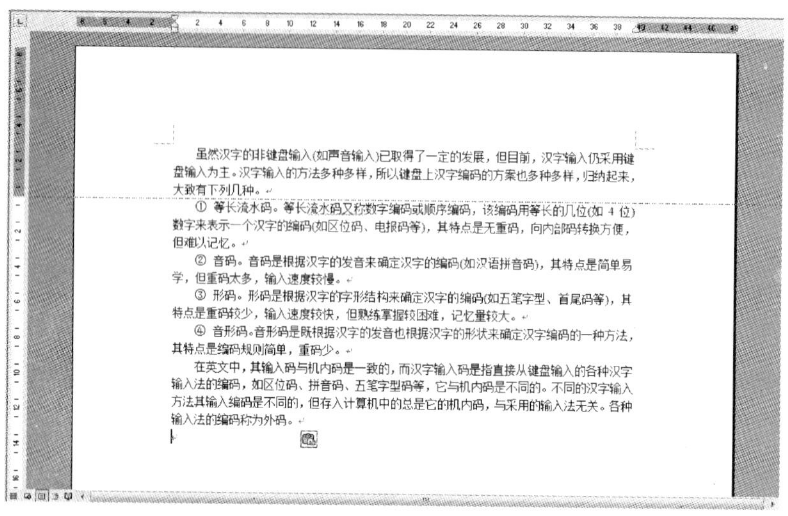

虽然汉字的非键盘输入(如声音输入)已取得了一定的发展，但目前，汉字输入仍采用键盘输入为主。汉字输入的方法多种多样，所以键盘上汉字编码的方案也多种多样，归纳起来，大致有下列几种。

① 等长流水码。等长流水码又称数字编码或顺序编码，该编码用等长的几位(如 4 位)数字来表示一个汉字的编码(如区位码、电报码等)，其特点是无重码，向内部码转换方便，但难以记忆。

② 音码。音码是根据汉字的发音来确定汉字的编码(如汉语拼音码)，其特点是简单易学，但重码太多，输入速度较慢。

③ 形码。形码是根据汉字的字形结构来确定汉字的编码(如五笔字型、首尾码等)，其特点是重码较少，输入速度较快，但熟练掌握较困难，记忆量较大。

④ 音形码。音形码是既根据汉字的发音也根据汉字的形状来确定汉字编码的一种方法，其特点是编码规则简单，重码少。

在英文中，其输入码与机内码是一致的，而汉字输入码是指直接从键盘输入的各种汉字输入法的编码，如区位码、拼音码、五笔字型码等，它与机内码是不同的。不同的汉字输入方法其输入编码是不同的，但存入计算机中的总是它的机内码，与采用的输入法无关。各种输入法的编码称为外码。

图 3－7－1　使用标尺设置页边距

2. 使用对话框设置页边距。

如果需要精确设置页边距，或者需要添加装订线等，就必须使用对话框来进行设置。具体操作步骤如下：

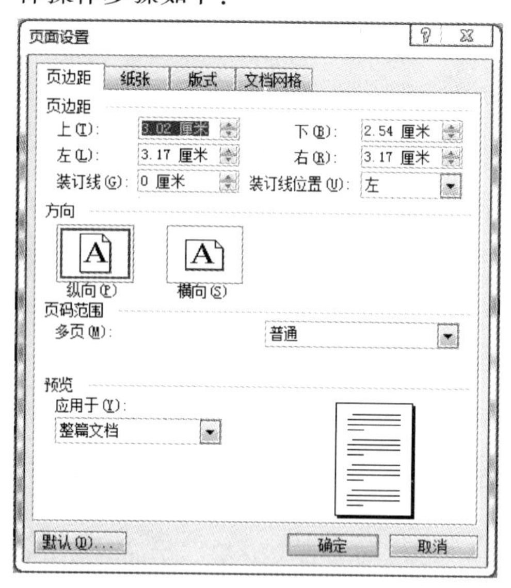

图 3－7－2　“页边距”选项卡

(1) 单击“文件”→“页面设置”命令，调出“页面设置”对话框，如图 3－7－2 所示。

(2) 在该选项卡中的“页边距”选区中的“上”、“下”、“左”、“右”微调框中分别输入页边距的数值，在“装订线”微调框中输入装订线的宽度值，在“装订线位置”下拉列表中选择“左”或“上”选项。

(3) 在“方向”选区中选择“纵向”或“横向”选项来设置文档在页面中的方向。

(4) 在“页码范围”选区中单击“多页”下拉列表右侧的下三角按钮，在弹出的下拉列表中选择相应的选项，可设置页码范围类型。

(5) 在“预览”选区中的“应用于”下拉列表中选择要应用新页边距设置的文档范围，在后边的预览区中即可看到设置的预览效果。

(6) 设置完成后，单击“确定”按钮即可。

3.7.1.2　设置纸张类型

Word 2003 默认的打印纸张为 A4，其宽度为 210 毫米，高度为 293 毫米，且页面方向为纵向。如果实际需要的纸型与默认设置不一致，就会造成分页错误，此时就必须重新设置纸张类型。

设置纸张类型的具体操作步骤如下：

1. 单击“文件”→“页面设置”命令，调出“页面设置”对话框，选中“纸张”选项卡，如图 3－7－3 所示。

2. 在“纸张大小”栏中，选择纸张的型号。用户还可在“宽度”和“高度”微调框中设置具体的数值，自定义纸张的大小。

3. 在“纸张来源”选区中设置打印机的送纸方式，在“首页”列表框中选择首页的送纸方式，在“其他页”列表框中设置其他页的送纸方式。

4. 在“应用于”下拉列表中选择当前设置的应用范围。

5. 单击“打印选项”按钮，可在弹出的“打印”对话框中进一步设置打印属性。

6. 设置完成后，单击“确定”按钮即可。

3.7.1.3　设置版式

Word 2003 提供了设置版式的功能，可以设置有关页眉和页脚、页面垂直对齐方式以及行号等特殊的版式选项。设置版式的具体操作步骤如下：

1. 单击“文件”→“页面设置”命令，调出“页面设置”对话框，打开“版式”选项卡，如图 3－7－4 所示。

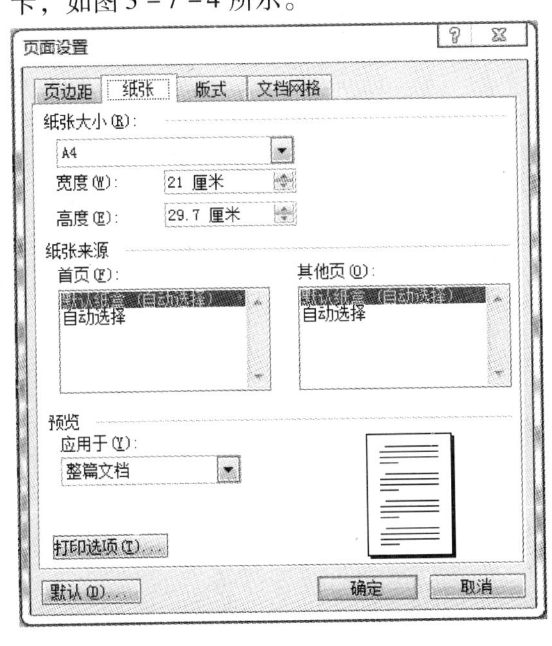

图 3－7－3　“纸张”选项卡

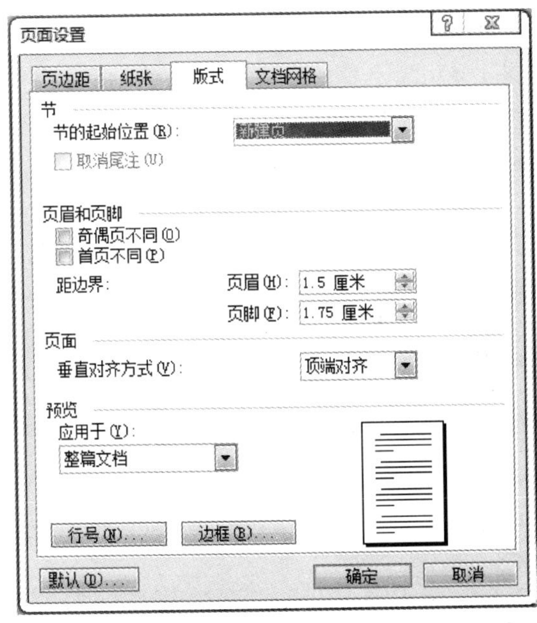

图 3－7－4　“版式”选项卡

2. 在该选项卡中的“节的起始位置”下拉列表中选择节的起始位置，用于对文档分节。

3. 在“页眉和页脚”选区中可确定页眉和页脚的显示方式。如果需要奇数页和偶数页不同，可选中“奇偶页不同”复选框；如果需要首页不同，可选中“首页不同”复选框。在“页眉”和“页脚”微调框中可设置页眉和页脚距边界的具体数值。

4. 在“垂直对齐方式”下拉列表中可设置页面的一种对齐方式。如图 3－7－5 所示为页面垂直对齐方式示例。

顶端对齐：该对齐方式为系统默认方式，指正文的第一行与上页边距对齐。

居中对齐：指正文的上页边距与下页边距之间居中对齐。

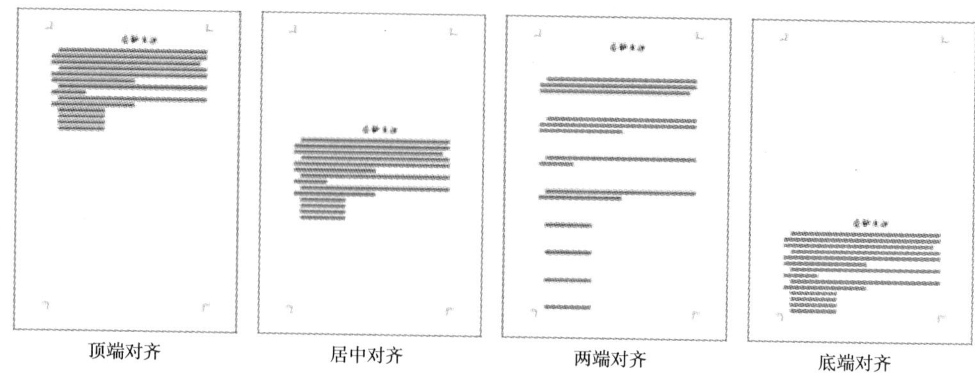

图 3－7－5　页面垂直对齐方式示例

两端对齐：增大段间距，使得第一行与上页边距对齐，最后一行与下页边距对齐。

底端对齐：指正文的最后一行与下页边距对齐。

5. 在“预览”选区中单击“行号”按钮，弹出“行号”对话框，选中“添加行号”复选框，如图 3－7－6 所示。在该对话框中可进行以下操作：

(1) 在“起始编号”微调框中设置起始编号，在“距正文”微调框中设置行号与正文之间的距离，在“行号间隔”微调框中设置每几行添加一个行号。

(2)“编号方式”选区中有“每页重新编号”、“每节重新编号”和“连续编号”3 个单选按钮，用户根据需要对其进行设置。

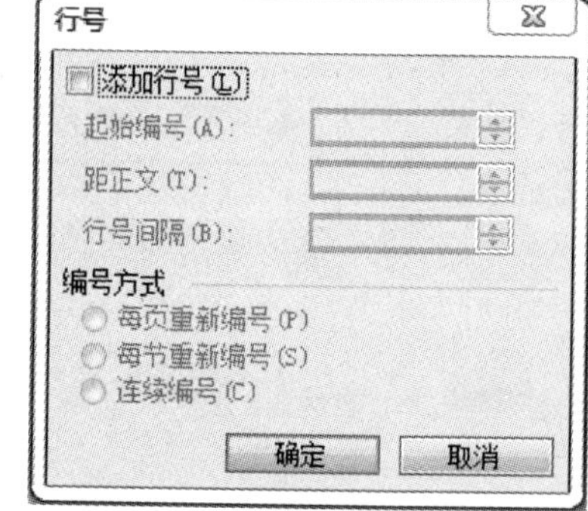

图 3－7－6　“行号”对话框

(3) 单击“确定”按钮，即可看到添加行号的效果，如图 3－7－7 所示。

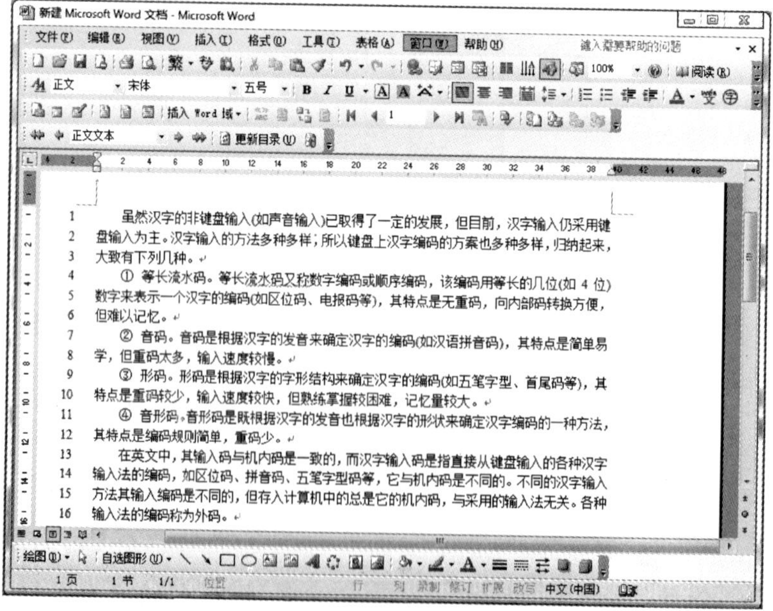

图 3－7－7　添加行号效果

6. 在“页面设置”对话框中单击“确定”按钮，完成页面版式的设置。

3.7.1.4　设置文档网格

设置文档网格的具体操作步骤如下：

1. 单击“文件”→“页面设置”命令，调出“页面设置”对话框，打开“文档网格”选项卡，如图 3－7－8 所示。

2. 在该选项卡中的“文字排列”选区中设置文字排列的方向和栏数。

3. 在“网格”选区中可设置不同的网格类型。

4. 在“字符数”和“行数”选区中分别设置每行的字符数和每页的行数。

5. 在“预览”选区中单击“绘图网格”按钮，弹出如图 3－7－9 所示的“绘图网格”对话框，在该对话框中设置网格格式，例如选中“在屏幕上显示网格线”复选框，单击“确定”按钮后，即可看到屏幕上显示的网格线，如图 3－7－10 所示。

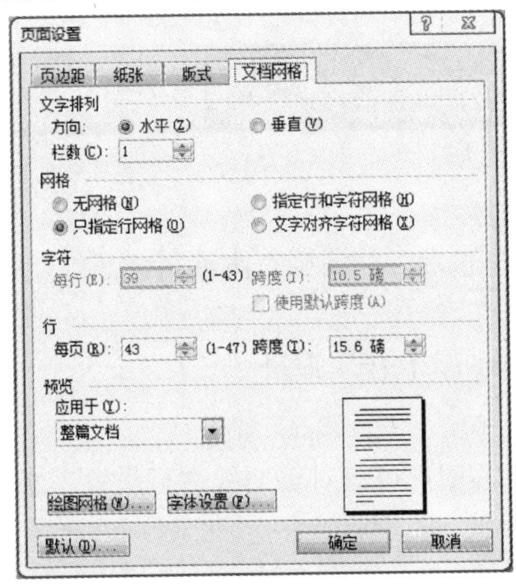

图 3－7－8　“文档网格”选项卡

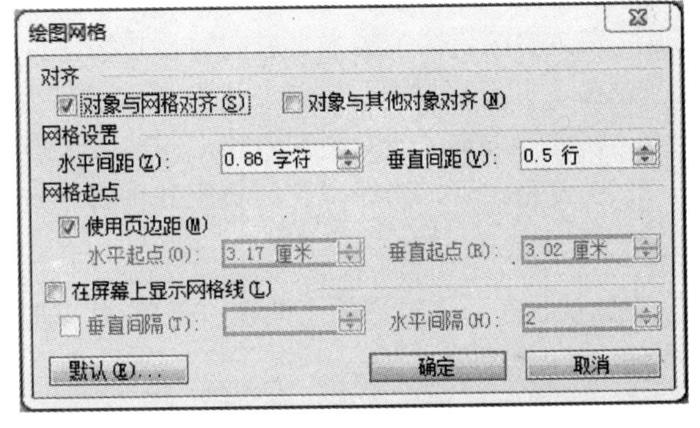

图 3－7－9　“绘图网格”对话框

6. 在“预览”选区中单击“字体设置”按钮，弹出如图 3－7－11 所示的“字体”对话框，在该对话框中设置页面中的字体格式。

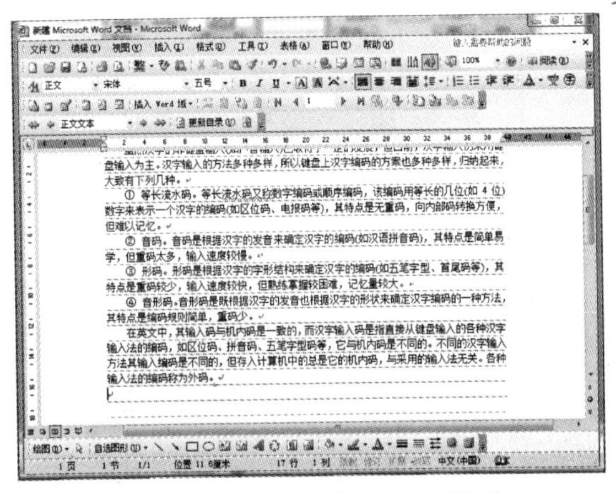

图 3－7－10　在屏幕上显示网格线

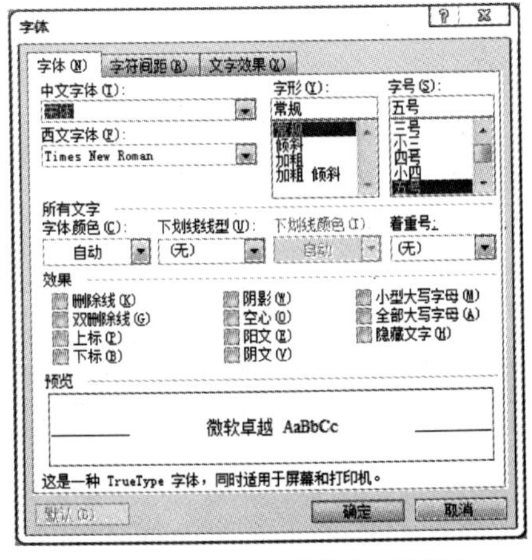

图 3－7－11　“字体”对话框

7. 最后单击“确定”按钮，完成文档网格的设置。

3.7.2 页眉和页脚

页眉与页脚不属于文档的文本内容，它们用来显示标题、页码、日期等信息。页眉位于文档中每页的顶端，页脚位于文档中每页的底端。页眉和页脚的格式化与文档内容的格式化方法相同。

3.7.2.1 插入页眉和页脚

用户可在文档中插入不同格式的页眉和页脚，例如可插入与首页不同的页眉和页脚，或者插入奇偶页不同的页眉和页脚。插入页眉和页脚的具体操作步骤如下：

1. 单击“视图”→“页眉和页脚”命令，文档上方页边距内虚线显示为页眉区域，文档下方页边距内虚线显示为页脚区域，并且同时调出“页眉和页脚”工具栏，如图3－7－12所示。

图3－7－12　“页眉和页脚”工具栏

2. 在页眉编辑区中输入页眉内容，并编辑页眉格式。
3. 在“页眉和页脚”工具栏中选择的“转至页脚”选项，切换到页脚编辑区。
4. 在页脚编辑区输入页脚内容，并编辑页脚格式。
5. 设置完成后，选择“关闭页眉和页脚”选项，返回文档编辑窗口。

3.7.2.2 插入页眉线

在默认状态下，页眉的底端有一条单线，即页眉线。用户可以对页眉线进行设置、修改和删除。

插入页眉线的具体操作步骤如下：

1. 将光标定位在页眉编辑区的任意位置。
2. 单击“格式”→“边框和底纹”，弹出“边框和底纹”对话框，如图3－7－13所示。
3. 在该对话框中单击“横线”按钮，弹出“横线”对话框，如图3－7－14所示。

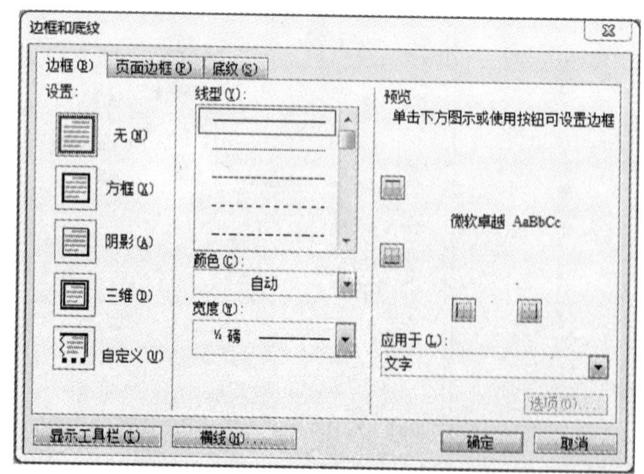

图3－7－13　“边框和底纹”对话框

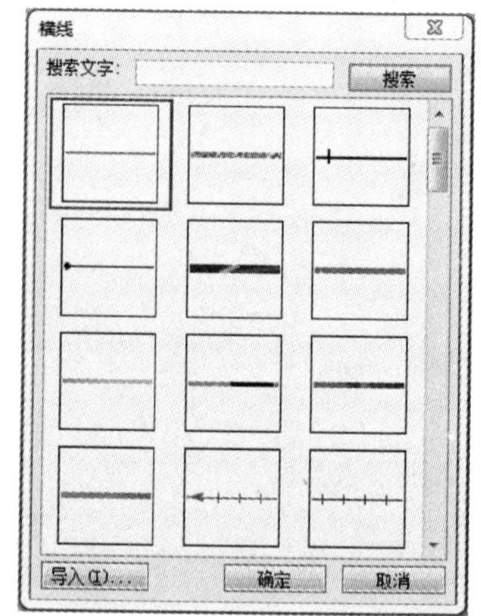

图3－7－14　“横线”对话框

4. 在该对话框中选择一种横线，单击“确定”按钮，即可在页眉编辑区中插入一条特殊的页眉线。

5. 设置完成后，选择“关闭页眉和页脚”选项返回文档编辑窗口，效果如图 3－7－15 所示。

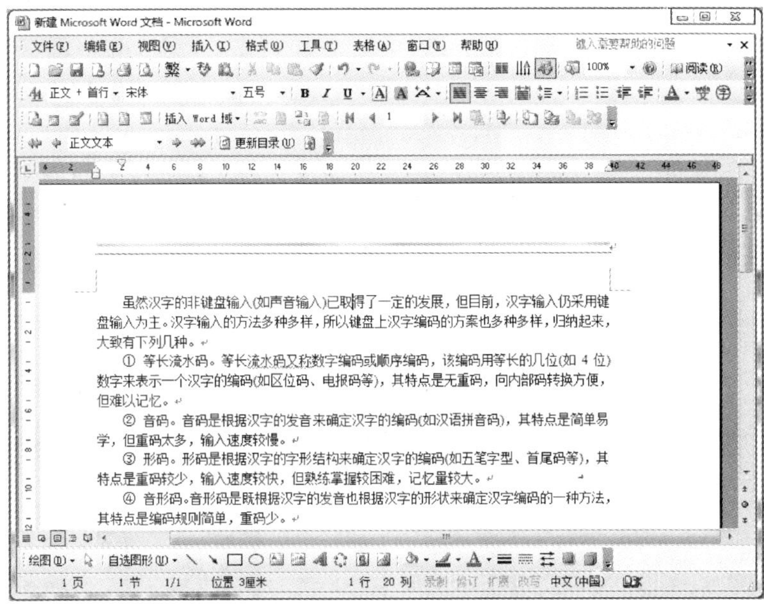

图 3－7－15　插入页眉线效果

技巧：在页眉或页脚处双击鼠标左键，即可进入页眉或页脚编辑区；在页眉或页脚外的其他地方双击鼠标左键，即可返回文档编辑窗口。

3.7.2.3　插入页码

有些文章有许多页，这时就可为文档插入页码，这样便于整理和阅读。

在文档中插入页码的具体操作步骤如下：

1. 在页面视图下，单击“插入”→“页码”命令，在弹出的对话框中单击“格式”按钮，弹出“页码格式”对话框，如图 3－7－16 所示。

2. 在该对话框中可设置所插入页码的格式。

3. 设置完成后，单击“确定”按钮，即可在文档中插入页码。

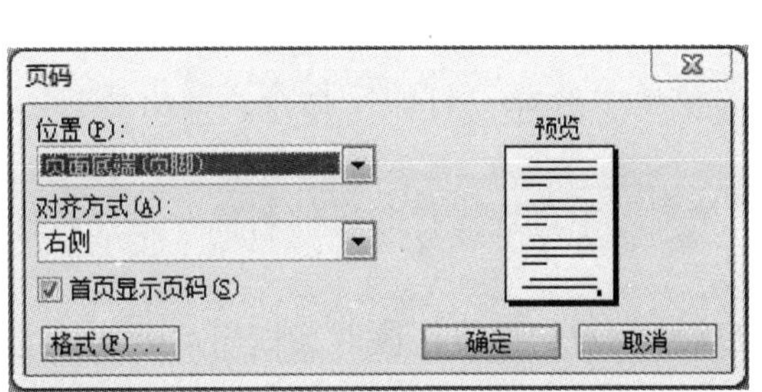

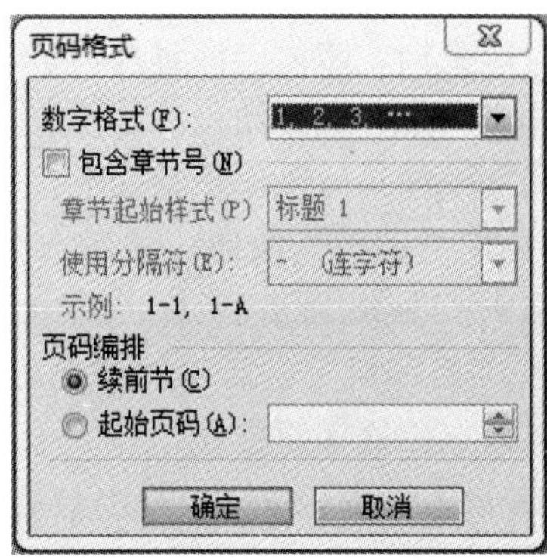

图 3－7－16　“页码”和“页码格式”对话框

3.7.3 打印输出

创建、编辑和排版文档的最终目的是将其打印出来，Word 2003 具有强大的打印功能，在打印前用户可以使用 Word 中的“打印预览”功能在屏幕上观看即将打印的效果，如果不满意还可以对文档进行修改。

3.7.3.1 打印预览

在打印文档之前，必须对文档进行预览，查看是否有错误或不足之处，以免造成不可挽回的错误。单击“文件”→“打印预览”按钮，即可打开文档的预览窗口，如图 3－7－17 所示。

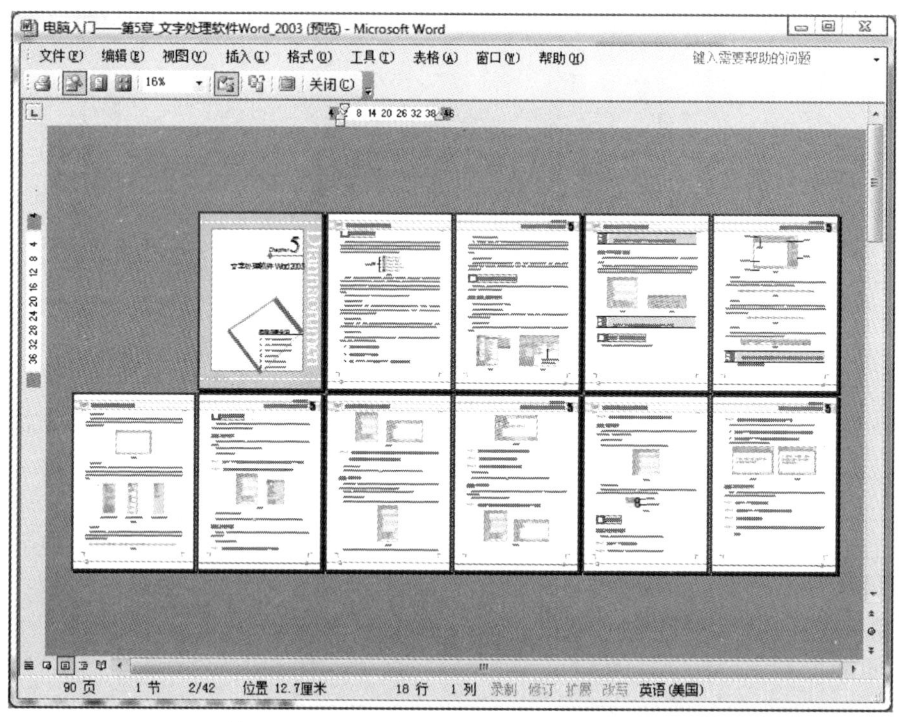

图 3－7－17 文档的预览窗口

3.7.3.2 打印文档

在打印文档之前，应该对打印机进行检查和设置，确保计算机已正确连接了打印机，并安装了相应的打印机驱动程序。所有设置检查完成后，即可打印文档。

打印文档的具体操作步骤如下：

1. 单击“文件”按钮，然后在弹出的菜单中选择“打印”命令，弹出“打印”对话框，如图 3－7－18 所示。

2. 在“打印机”选区中的“名称”下拉列表中可选择打印机的名称，并查看打印机的状态、类型、位置等信息。

3. 单击“属性”按钮，弹出“打印机属性”对话框，在该对话框中可对选择的打印机的属性进行设置。

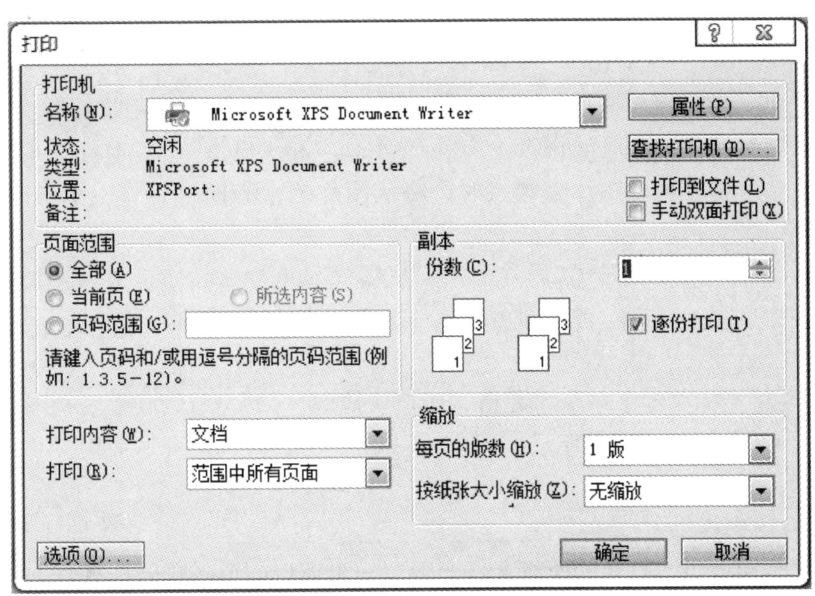

图 3－7－18 “打印”对话框

4. 在“页面范围”选区中设置打印文档的范围，在“份数”微调框中设置打印的份数，在“缩放”选区中设置打印内容是否缩放。

5. 设置完成后，单击“确定”按钮即可进行打印。

习题三

一、选择题

1. 在 Word 的编辑状态，执行“文件”菜单中的“保存”命令后______。

A. 将打开所有文档

B. 只能将当前的文档存储在原文件夹内

C. 可以将当前的文档存储在已有的任意文件夹内

D. 可建立一个新文件夹，再将文档存储在该文件夹内

2. Word 工作窗口的标题栏最右边显示的按钮是______。

A. 最小化的按钮　　B. 撤销按钮　　C. 关闭按钮　　D. 最大化按钮

3. 在 Word 的编辑状态下，假如用户输入了一篇很长的文章，现在若想观察这篇文章的总结构，应当使用______视图方式。

A. 主控文档视图　　B. 页面视图　　C. 全屏幕视图　　D. 大纲视图

4. Word 2003 允许为文件起一个最多可达______个字符的文件名，文件名中可以有空格，可以中英文混编，还可以区分大小写字母。

A. 250　　B. 255　　C. 210　　D. 245

5. 在默认状态下自动保存时间间隔为______ min，一般 5～15min 较为合适，需要根据计算机的性能及运行程序的稳定性来定。

A. 10　　B. 11　　C. 12　　D. 15

6. 在 Word 2003 中默认显示最近使用的______个文档。

A. 5　　B. 10　　C. 12　　D. 15

7. 按住______键，然后拖动鼠标到需要位置，可选定垂直的一块文本。

A. “Shift”　　B. “Ctrl”　　C. “Ctrl + Shift”　　D. “Alt”

8. 按住______键并拖动图片控制点时，将从图片的中心向外垂直、水平或沿对角线缩放图片。

A. “Ctrl + Shift”　　B. “Ctrl”　　C. “Shift”　　D. “Alt”

9. 在文档中______鼠标左键，即可插入一个系统默认的文本框。

A. 单击　　B. 双击　　C. 三击　　D. 单击并拖动

10. 如果要将光标移至下一个单元格，应按快捷键______。

A. “Shift + Tab”　　B. “Tab”　　C. “Alt + Home”　　D. “Alt + End”

二、填空题

1. Word 2003 中提供了______、______、______、______、______ 5 种视图方式。

2. ______是指将当前打开的所有文件全部以一个窗口的形式排列在屏幕上。

3. ______是将两个已经打开的文档窗口横向排列。

4. 当启动 Word 2003 时，系统将自动建立一个新的文档______，用户可以直接在文档中进行文字输入或编辑工作。

5. 定位插入点的方法主要有______和______两种方法。

6. 按______键可在大小写状态之间进行切换，按住______键，再按包含要输入字符的双字符键，即可输入双排字符键中的上排字符，否则输入的是双排键中下排的字符。按住______键，再按需要输入的英文字母键，即可输入相对应的大写字母。

7. 按快捷键______可执行撤销操作，按快捷键______可执行恢复操作。

8. 按快捷键______可复制文本，按快捷键______可粘贴文本。

9. 格式化文本主要包括______、______、______、______和______等操作。

10. 系统默认中文字体为______，英文字体为______。

11. 中国国家标准规定字体大小的计量单位是______，西方国家的计量单位是______。它们之间的换算关系是______。

12. 在设置段落对齐方式中，按快捷键______设置两端对齐；按快捷键______设置居中对齐；按快捷键______设置右对齐；按快捷键______设置分散对齐。

13. 水平标尺上有______、______、______和______ 4 个滑块，

14. 段落的对齐方式有______、______、______、______、______等，其中______是系统默认的对齐方式。

15. 默认情况下，用______进行填充所绘制的自选图形对象。用户还可以用______、______、______以及______等对自选图形进行填充。

16. 图表能直观地展示数据，使用户方便地分析数据的______、______和______。

17. 在 Word 文档中，艺术字是作为一种______插入的，所以用户可以像编辑图形对象那样编辑艺术字。

18. 文本框是 Word 2003 提供的一种______。使用文本框可以将______和______组织在

一起，或者将某些文字排列在其他文字或图形周围等。根据文本框中文字不同的排列方向，文本框可分为______和______。

19. Excel 电子表格插入后，将被视为______，而不再是普通电子表格。如果想要继续对插入的 Excel 电子表格进行编辑，可在插入的 Excel 电子表格处______鼠标左键，使其处于编辑状态。

20. 在选定行和列时，按住______键可以选定连续的行、列和单元格；按住______键可以选定不连续的行、列和单元格。

21. 在邮件合并中，______是信函的主题部分，包括在各邮件中保持不变的文字、图形和格式，______包含合并文档中所需的信息。

22. 在主文档中插入合并域，合并域名被______括起来。

23. ______的作用是列出文档中各级标题以及每个标题所在的页码，以便用户快速找到需要阅读的文档内容。

24. 用户在创建目录之前，必须确保对文档的标题应用了______。

25. Word 2003 中提供了两种录制宏的方法：______和______。

26. 按快捷键______，即可直接在括号中输入需要的域代码。

27. ______是页面周围的空白区域。

28. 在使用标尺设置页边距时按住______键，将显示出文本区和页边距的量值。

29. Word 2003 默认的打印纸张为______，其宽度为______，高度为______，页面方向为______。

30. 页眉与页脚不属于文档的文本内容，它们用来显示______、______、______等信息。页眉位于文档中每页的______，页脚位于文档中每页的______。

三、问答题

1. 简述 Word 2003 的新增功能。
2. 简述 Word 2003 的界面组成。
3. 简述使用 Word 2003 帮助的具体操作步骤。
4. 简述创建文档的 4 种方法的具体操作步骤。
5. 简述保护文档的具体操作步骤。
6. 简述段落对齐方式的具体含义。
7. 简述创建项目符号列表、编号列表和多级符号列表的具体方法。
8. 简述设置文字方向和首字下沉的具体方法。
9. 简述绘制自选图形的具体操作步骤。
10. 简述链接文本框的具体操作步骤。

四、上机操作题

1. 上机练习 Word 2003 的启动和退出，并观察其工作界面与其他版本的不同之处。
2. 观察同一个文档在不同视图方式下的显示效果。
3. 在 Word 文档中输入下面一段文字：

“人生百年，稍纵即逝。流星之所以美丽是因为它不甘于终生受束缚，为了寻找自己的幸福。在划破长空的瞬间发出的光芒是无与伦比的，是耀眼的，虽然在它到达地面时已伤痕累累，但它却为了它的幸福而做出了努力。这样的伤痕也只是表面的，它的内心却有到达终点后独有的喜悦：即使没有鲜花和掌声作陪，即使只有默默流泪，但那也是胜利的喜悦，谁又能真正明白呢?”

（1）输入完此段文字后，以“流星的眼泪”为名保存并关闭文档，然后利用不同的方法打开此文档。

（2）将光标移到文章末尾，然后利用插入功能输入以下文字：“流星的美丽在于它划过长空的一瞬间，多少人因此而追寻着流星的出现。用户始终明白：流星虽然短暂，但却美丽。用户只要在它出现的一瞬间懂得它的美丽就足够了。”

（3）在文档中查找“流星”，找到后将它替换为“星星的眼泪”。

（4）对文档进行复制、粘贴、移动等操作。

4. 输入一篇文章，设置其标题字体为“华文新魏”，字号为“一号”；设置其正文字体为“宋体”，字号为“五号”；在第二段中添加边框，并设置边框颜色和底纹效果；最后再设置第三段文本为居中对齐，第四段文本为两端对齐。

5. 创建一个新的 Word 文档，并进行以下操作：

（1）在文档中插入图片，然后对插入的图片进行效果处理，并将其“文字环绕”格式分别设置为“嵌入型”和“四周型”。

（2）在文档中插入艺术字，并对插入的艺术字进行效果处理。

（3）在文档中插入一个文本框，并在其中输入和编辑文字。

（4）在创建的自选图形中添加文字。

6. 新建一个 Word 文档，并进行以下操作：

（1）在文档中插入表格，在表格中输入一个课程表的内容。

（2）为表格添加边框和底纹，并设置具体的行高和列宽。

（3）为表格中的数据创建图表，并对表格进行混排操作。

7. 给一篇文档设置其页边距、纸张类型和纸张方向，插入奇偶页不同的页眉和页脚，并插入页码，最后预览并打印该文档。

参考答案

一、选择题

1. B　2. C　3. D　4. B　5. A　6. B　7. D　8. B　9. A　10. B

二、填空题

1. 页面视图、阅读版式视图、Web 版式视图、大纲视图、普通视图

2. 全部重排

3. 并排比较

4. 文档 1

5. 鼠标和键盘

6. Caps Lock、Shift、Shift

7. Ctrl + Z、Ctrl + Y

8. Ctrl + C、Ctrl + V

9. 设置字符格式、设置段落格式、添加边框和底纹、添加项目符号和编号、设置中文版式

10. 宋体、Calibri

11. 号、磅、9 磅字相当于 5 号字

12. Ctrl + Z、Ctrl + E、Ctrl + R、Ctrl + Shift + D

13. 首行缩进、悬挂缩进、左缩进、右缩进

14. 文本左对齐、居中、文本右对齐、两端对齐、分散对齐、两端对齐

15. 白色、颜色过渡、纹理、图案、图片

16. 概况、差异、预测趋势

17. 图形对象

18. 可以在页面上任意处放置文本的工具、段落、图形、横排文本框、竖排文本框

19. 图片对象、双击左键

20. Shift、Ctrl

21. 主文档、数据源

22. 《》

23. 文档结构图

24. 样式

25. 宏录制器、Visual Basic 编辑器

26. Ctrl + F9

27. 页边距

28. Alt

29. A4、210 毫米、293 毫米、纵向

30. 标题、页码、日期、顶端、底端

三、略

四、略

4 表格编辑软件 Excel 2003

Excel 2003 是 Microsoft Office 2003 办公软件套装的重要组成部分，是一个通用的电子表格制作软件。利用该软件，用户不仅可以制作各类精美的电子表格，还可以用来组织、计算和分析各种类型的数据，方便地制作复杂的图表和财务统计表。Excel 2003 还具有强大的电子表格处理功能，是目前软件市场上使用最方便、功能最强大的电子表格制作软件之一。

4.1 Excel 2003 基础入门

4.1.1 Excel 2003 与电子表格

目前市场上制作电子表格的软件有很多，其中 Excel 2003 凭借直观的界面、出色的计算功能和图表工具，再加上成功的市场营销，成为最流行的电子表格制作软件。

4.1.1.1 电子表格简介

电子表格可以输入输出、显示数据，可以帮助用户制作各种复杂的表格文档，进行繁琐的数据计算，并能对输入的数据进行各种复杂统计运算后显示为可视性极佳的表格，同时电子表格还能形象地将大量枯燥无味的数据变为多种漂亮的彩色商业图表显示出来，极大地增强了数据的可视性。另外，电子表格还能将各种统计报告和统计图打印出来。

4.1.1.2 Excel 2003 的用途

Excel 是 Microsoft Office 套件中用来处理电子表格的软件，也是当今世界上使用最广泛的电子表格处理软件，历史上先后推出过 Excel 95（Office 95 中）、Excel 97（Office 97 中）、Excel 2000（Office 2000 中）、Excel 2002（Office 2002 中）等多个版本，又在 Office 2003 中推出了版本——Excel 2003。

Excel 2003 在 Excel 2002 的基础上新增加了很多新特性。

1. 新增列表功能。将某一区域指定为列表后，用户可方便地管理和分析列表数据而不必理会列表之外的其他数据。

2. 改进统计函数。对一些函数的功能作了适当的调整，有些改进后的函数运算结果有可能跟原来的版本有所不同。

3. 支持工业标准的 XML。可使在计算机和后端系统之间访问和获取信息、解除信息锁定。

4. 新增信息权限功能。Microsoft Office 2003 提供一种名为信息权限管理（IRM）的新功能，可帮助防止因为意外或粗心将敏感性信息发给不该收到它的人。

5. 并排比较工作簿。用户可使用并排比较工作簿更方便地查看两个工作簿之间的差异，而不必将所有更改合并到一张工作簿中。

通常人们将 Excel 称为电子表格软件，但千万不要以为 Excel 2003 的作用仅仅是绘制表格，实际上 Excel 的功能涵盖了绘制表格、数据处理、数据计算、数据库操作、数据分析、图表制作等多种功能。

4.1.2 Excel 2003 的操作界面

Excel 2003 的工作界面颜色非常柔和，并且功能划分简洁明了。即使用户是第一次使用 Excel 2003，也能很快上手。

4.1.2.1 操作界面概览

Excel 2003 的工作界面主要由标题栏、“常用”工具栏、编辑栏、工作表格区、滚动条和状态栏等元素组成，如图 4－1－1 所示。

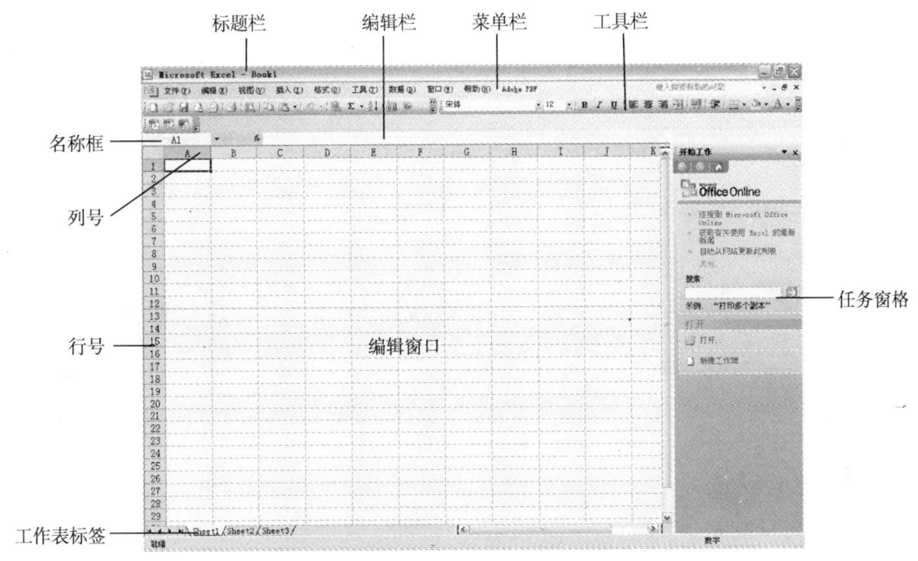

图 4－1－1 Excel 2003 的工作界面

4.1.2.2 主要组成部分介绍

了解 Excel 2003 操作界面后，用户可以从整体上了解和认识 Excel 2003 的操作环境。此外，为了能够好地使用 Excel 2003，用户还应对界面中的一些重要组成部分加以深入了解。

4.1.3 掌握 Excel 2003 的基本对象

Excel 2003 的基本对象包括工作簿、工作表与单元格，它们是构成 Excel 2003 的支架。

4.1.3.1 工作簿

Excel 2003 以工作簿为单元来处理工作数据和存储数据的文件。工作簿文件是 Excel 存储在磁盘上的最小独立单位，其扩展名为“. xls”。工作簿窗口是 Excel 打开的工作簿文档窗口，它由多个工作表组成，如图 4－1－2 所示。

4.1.3.2 工作表

工作表是 Excel 2003 的工作平台，若干个工作表构成一个工作簿，如图 4－1－3 所示。工作表是通过工作表标签来标识的，工作表标签显示于工作簿窗口的底部，用户可以单击不

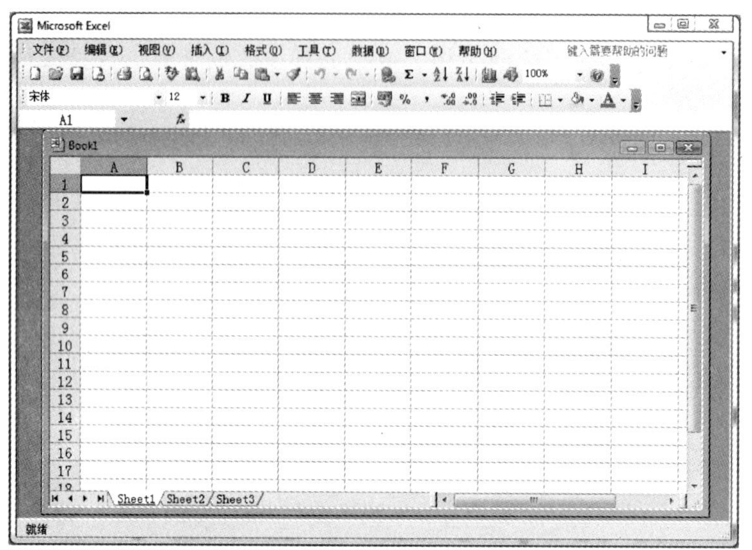

图 4－1－2 Excel 2003 的工作簿窗口

同的工作表标签来进行工作表的切换。在使用工作表时，只有一个工作表是当前活动的工作表。

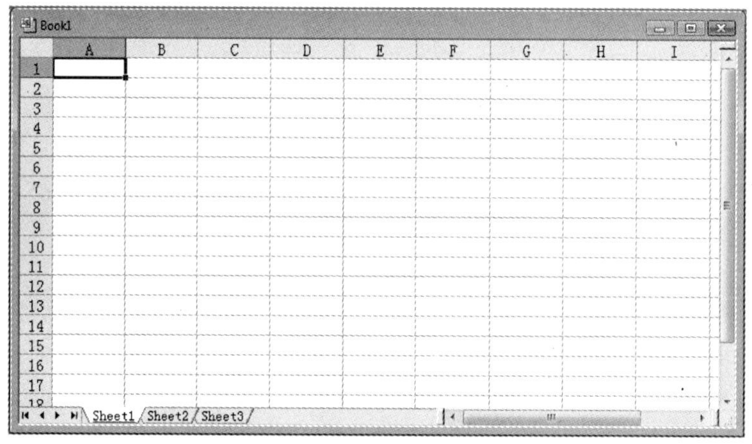

图 4－1－3 当前工作表界面

4.1.3.3 单元格与单元格区域

单元格是工作表中的小方格，它是工作表的基本元素，也是 Excel 独立操作的最小单位。单元格的定位是通过它所在的行号和列标来确定的，如图 4－1－4 所示为选择了 D12 单元格，即第 D 列与第 12 行交汇处的小方格。

单元格区域是一组被选中的相邻或分离的单元格，如图 4－1－5 所示为 B8：E16 单元格区域。单元格区域被选中后，所选范围内的单元格都会高亮度显示，取消时又恢复原样。对一个单元格区域的操作是对该区域内的所有单元格执行相同的操作，取消单元格区域的选择时只需在所选区域外单击即可。

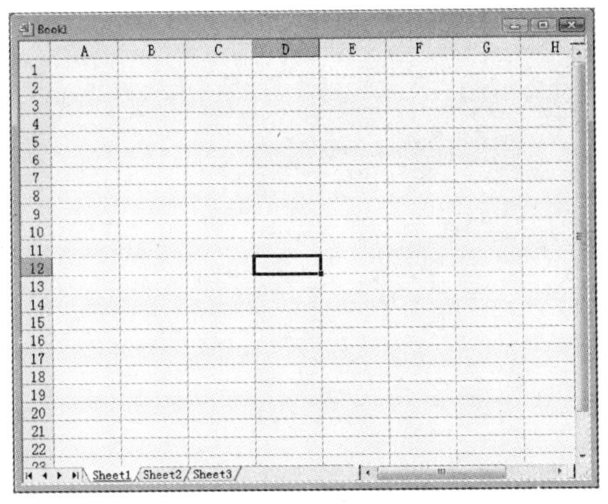

图 4-1-4 选中单元格

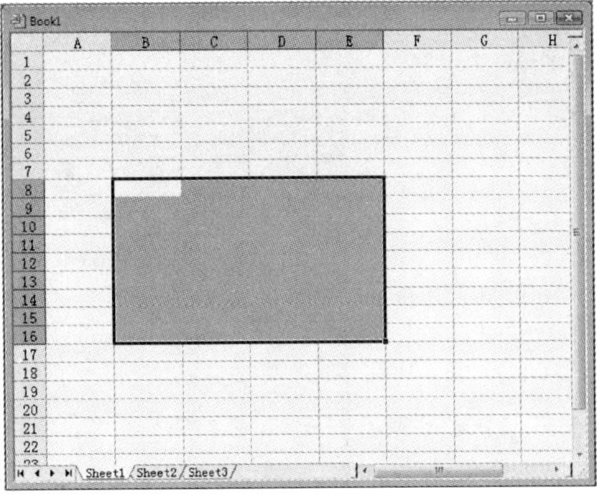

图 4-1-5 选中单元格区域

4.1.3.4 工作簿、工作表与单元格的关系

工作簿、工作表与单元格之间的关系是包含与被包含的关系，即工作表由多个单元格组成，而工作簿又包含一个或多个工作表，如图 4-1-6 所示。

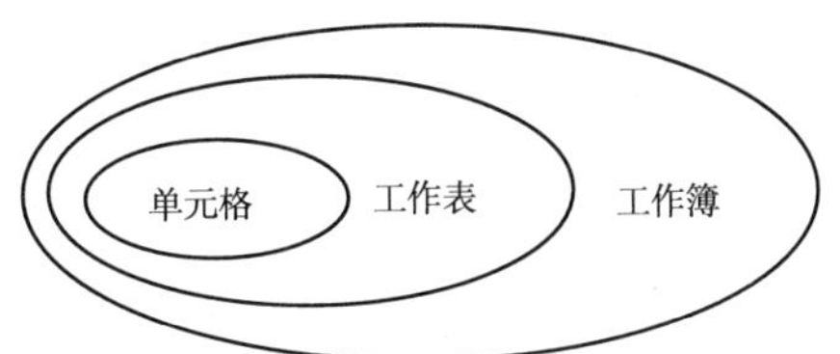

图 4-1-6 工作簿、工作表和单元格三者之间的关系

4.2 Excel 2003 基本操作

工作簿、工作表与单元格是 Excel 电子表格的基本组成部分，因此在深入学习使用Excel 制作电子表格前，本章首先介绍了 Excel 2003 工作簿、工作表以及单元格的相关基本操作。熟练掌握 Excel 2003 的基本操作，可以为用户进一步学习制作电子表格打下坚实的基础。

4.2.1 工作簿的基本操作

Excel 2003 制作的电子表格均以工作簿的形式保存在电脑中，每当用户需要创建或者修改电子表格时，都需要在工作簿中进行操作。本节将详细介绍工作簿的相关基本操作，包括创建新工作簿、保存工作簿、打开工作簿以及切换工作簿视图等。

4.2.1.1 创建新的工作簿

启动 Excel 2003 后，系统会自动创建一个文件名为“book1. xls”的空白工作簿。此外，Excel 还有以下两种方式新建文档。

1. 从菜单新建工作簿。

在 Excel 2003 中，执行“文件”→“新建”命令，打开新建工作簿任务窗格，如图

4－2－1所示。在新建任务窗格中，单击选择“空白工作簿”按钮，系统会自动建立一个新工作簿。

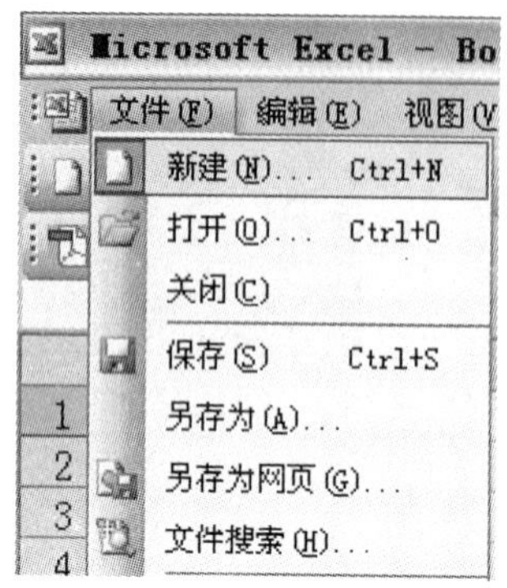

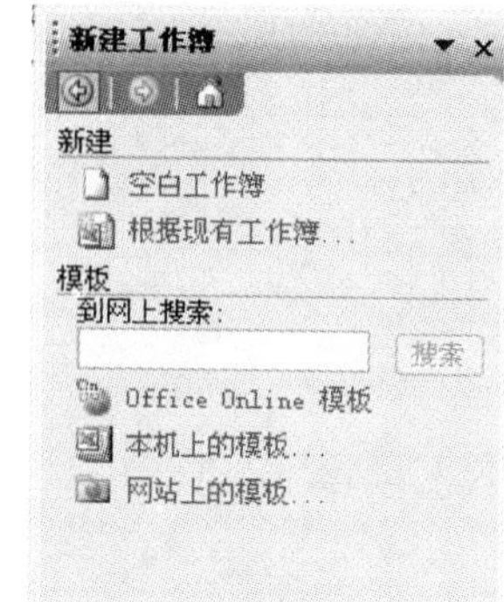

图 4－2－1　新建工作簿

2. 通过快捷方式创建工作簿。

单击常用工具栏中的创建新文档按钮，或者按快捷键“Ctrl + N”均可以快速新建文档。

4.2.1.2　保存工作簿

在对工作表进行操作时，应记住经常保存 Excel 工作簿，以免由于一些突发状况而丢失数据。在 Excel 2003 中常用的保存工作簿方法有以下 3 种：

1. 在“文件”菜单中选择“保存”命令，如图 4－2－2 所示。

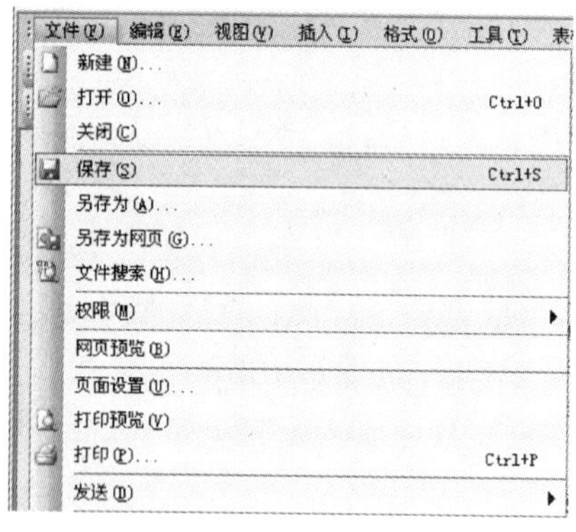

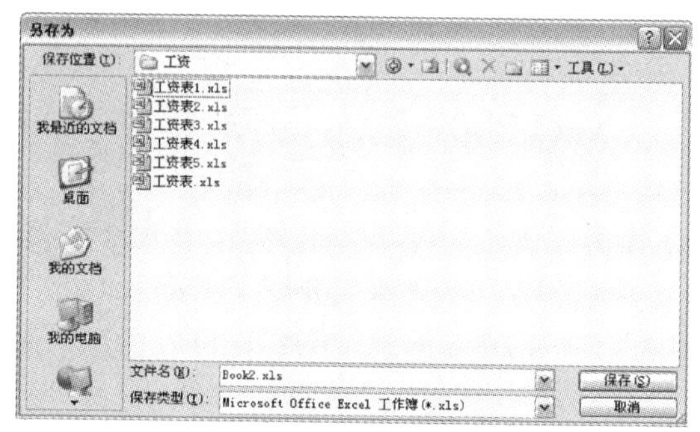

图 4－2－2

2. 在快速访问工具栏中单击“保存”按钮。

3. 使用“Ctrl + S”快捷键。

当 Excel 工作簿第一次被保存时，会自动打开“另存为”对话框。在对话框中可以设置工作簿的保存名称、位置以及格式等。当工作簿保存后，再次执行保存操作时，会根据第一次保存时的相关设置直接保存工作簿。

4.2.1.3　打开工作簿

当工作簿被保存后，如果需要查看或编辑工作簿中的数据，则可在 Excel 2003 中再次打开该工作簿。打开工作簿的常用方法如下所示：

1. 在“文件”菜单中选择“打开”命令，如图 4－2－3 所示。

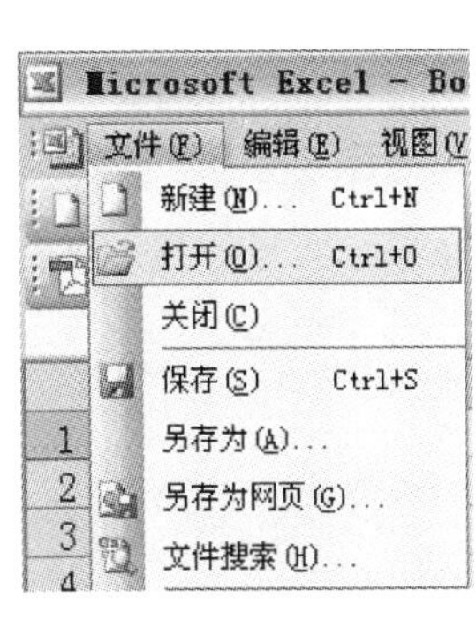

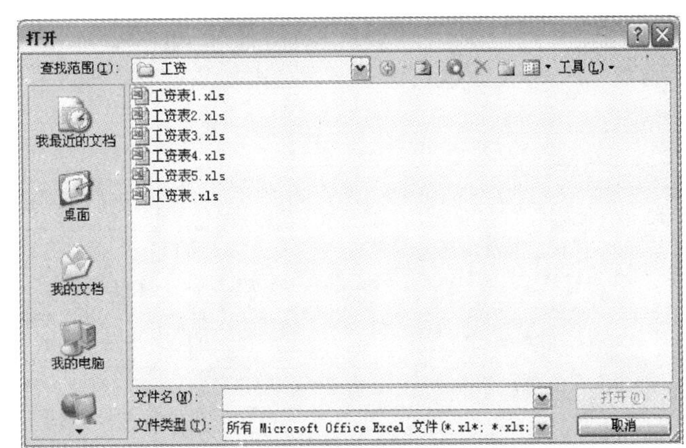

图 4－2－3　打开工作簿

2. 单击常用工具中的打开按钮。

3. 使用“Ctrl + O”快捷键。

4.2.1.4　关闭工作簿

单击 Excel 2003 标题栏右部的“关闭”按钮，退出 Excel 2003 后会自动关闭打开的工作簿。若要关闭当前工作簿，但并不退出 Excel 2003，则在“文件”菜单中选择“关闭”命令即可。

4.2.1.5　更改工作簿视图

在 Excel 2003 中，用户可以在“视图”选项卡中选择视图模式，如图 4－2－4 所示。

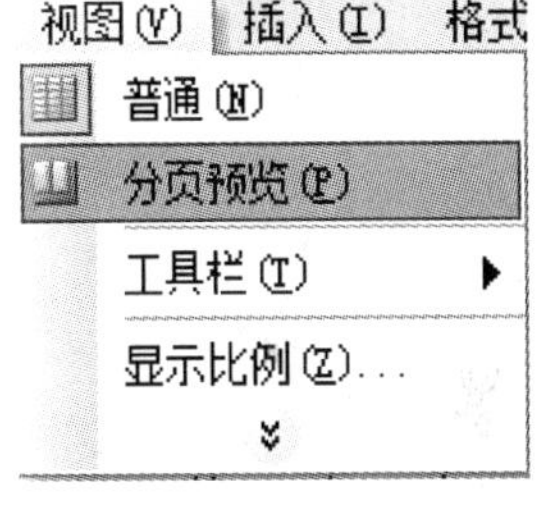

图 4－2－4　工作簿视图

4.2.1.6　为工作簿添加密码

存放在工作簿中的一些数据十分重要，如果由于操作不慎而改变了其中的某些数据，或者被他人改动或复制，将造成不可挽回的损失。在 Excel 2003 中用户可以为重要工作簿添加密码，保护工作簿的结构与窗口，如图 4－2－5 所示。

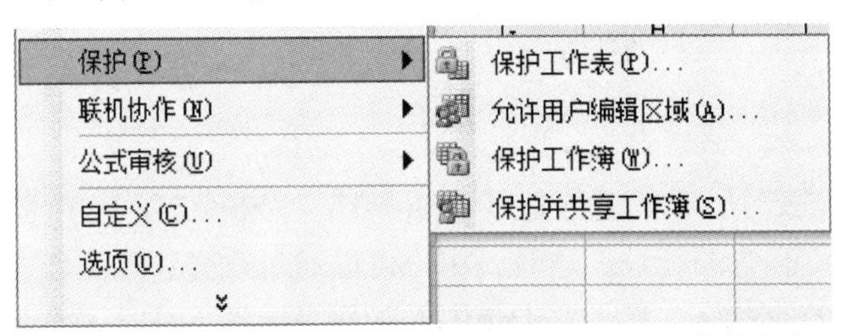

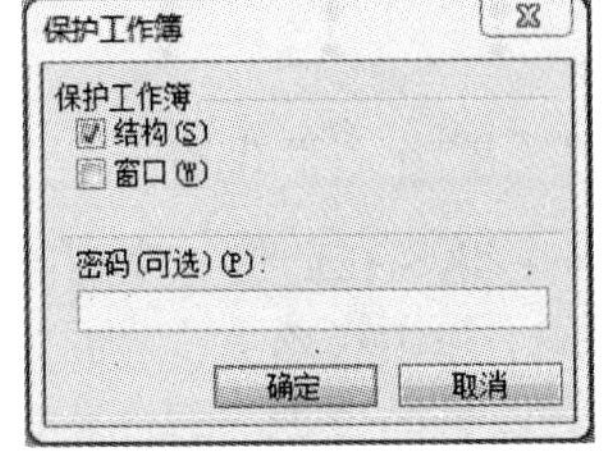

图 4－2－5　工作簿加密

4.2.2　工作表的基本操作

在 Excel 2003 中制作电子表格时，每一张工作表就是一份独立的电子表格。本节就将详细介绍工作表的一些基本操作，包括插入工作表、删除工作表、重命名工作表、移动工作表以及设置工作表的显示比例等。

4.2.2.1 插入工作表

在首次创建一个新工作簿时，默认情况下，该工作簿包括了 3 个工作表。但是在实际应用中，所需的工作表的数目可能各不相同，有时需要向工作簿添加一个或多个工作表，如图 4-2-6 所示。

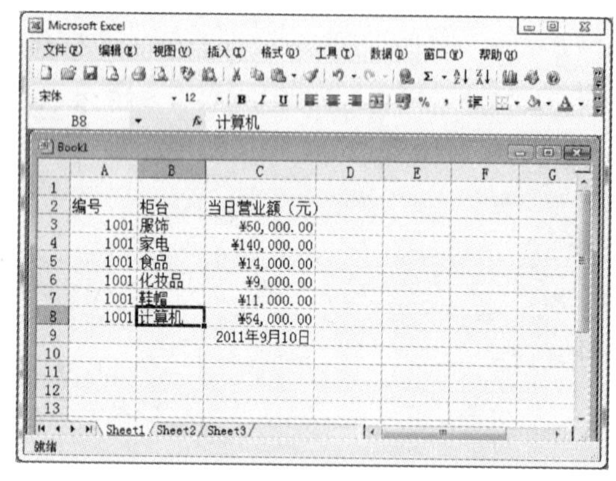

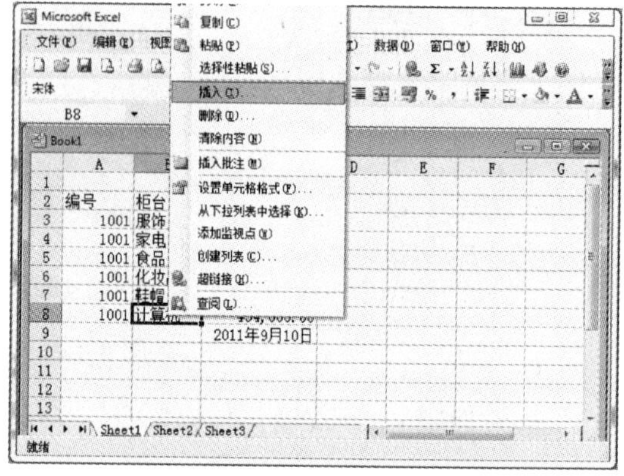

图 4-2-6 插入工作表

4.2.2.2 删除工作表

有时根据实际工作的需要，需要从工作簿中删除不再需要的工作表。删除工作表的方法与插入工作表的方法一样，只是选择的命令不同而已。

要删除一个工作表，首先单击工作表标签来选定该工作表，在要删除的工作表的工作表标签上右击，在弹出的快捷菜单中选择“删除”命令，即可删除选定工作表，如图 4-2-7 所示。

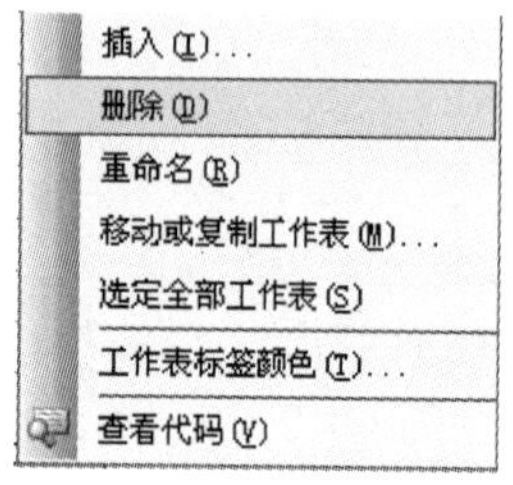

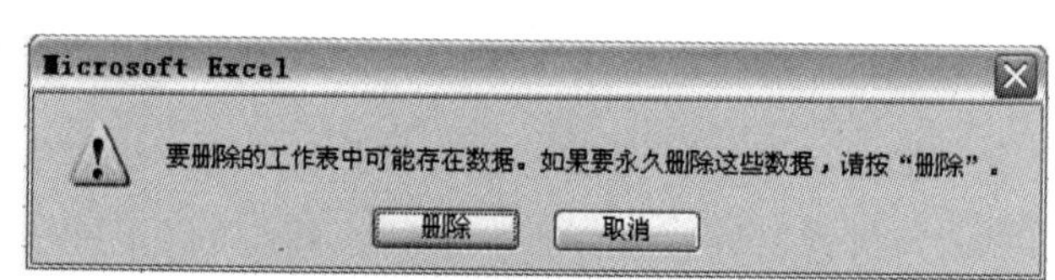

图 4-2-7 删除工作表

4.2.2.3 重命名工作表

Excel 2003 在创建一个新的工作表时，它的名称是以“Sheet1”、“Sheet2”等来命名的，这在实际工作中很不方便记忆和进行有效的管理。这时，用户可以通过改变这些工作表的名称来进行有效的管理。要改变工作表的名称，只需双击选中的工作表标签，这时工作表标签以反白显示，在其中输入新的名称并按下 Enter 键即可。

4.2.2.4 移动或复制工作表

在使用 Excel 2003 进行数据处理时，经常把描述同一事物相关特征的数据放在一个工作表中，而把相互之间具有某种联系的不同事物安排在不同的工作表或不同的工作簿中，这时就需要在工作簿内或工作簿间移动或复制工作表。

1. 在同一工作簿内移动或复制工作表。

在同一工作簿内移动或复制工作表的操作方法非常简单，只需选择要移动的工作表，然后沿工作表标签行拖动选定的工作表标签即可。如果要在当前工作簿中复制工作表，需要在按住 Ctrl 键的同时拖动工作表，并在目的地释放鼠标，然后松开 Ctrl 键即可。

2. 在不同的工作簿之间移动和复制工作表。

要在不同的工作簿之间移动和复制工作簿，必须首先打开用于接收工作表的工作簿，然后进行移动工作表的操作，如图 4 -2 -8 所示。

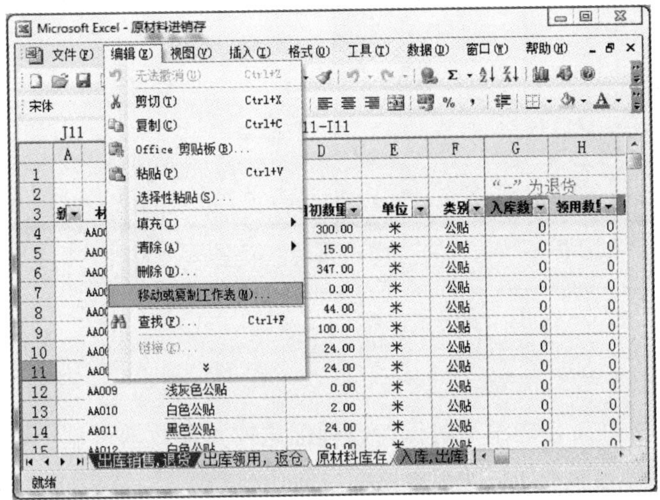

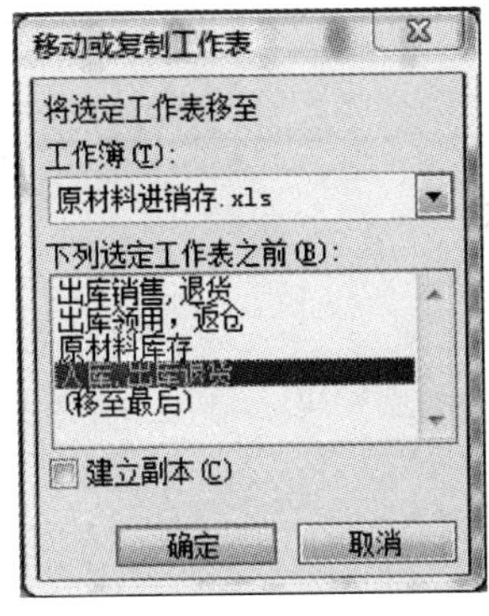

图 4 -2 -8　移动工作表

4.2.2.5　设置工作表显示比例

如果工作表的数据量很大，使用正常的显示比例不便于对数据进行浏览和修改，则可以重新设置显示比例。单击“视图”→“显示比例”按钮，打开“显示比例”对话框。在对话框的“缩放”选项区域中选择要调整的工作表显示比例。若要返回正常显示比例，则在“显示比例”组中 100% 单选按钮即可，如图 4 -2 -9 所示。

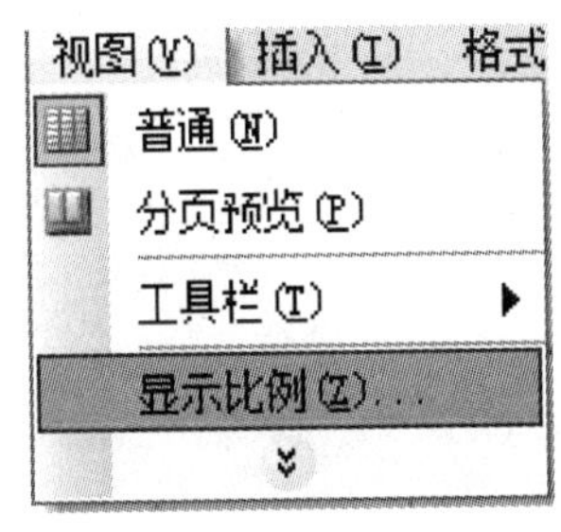

图 4 -2 -9　设置工作表比例

4.2.2.6　拆分工作表

如果要独立地显示并滚动工作表中的不同部分，可以使用拆分窗口功能。拆分窗口时，选定要拆分的某一单元格位置，然后单击“窗口”→“拆分”按钮，这时Excel自动在选定单元格处将工作表拆分为4个独立的窗格，效果如图4－2－10所示。

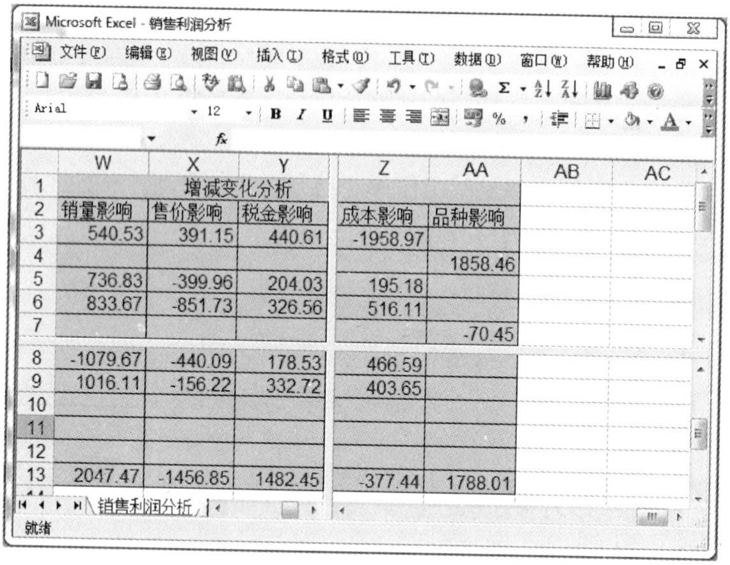

图4－2－10　拆分工作表

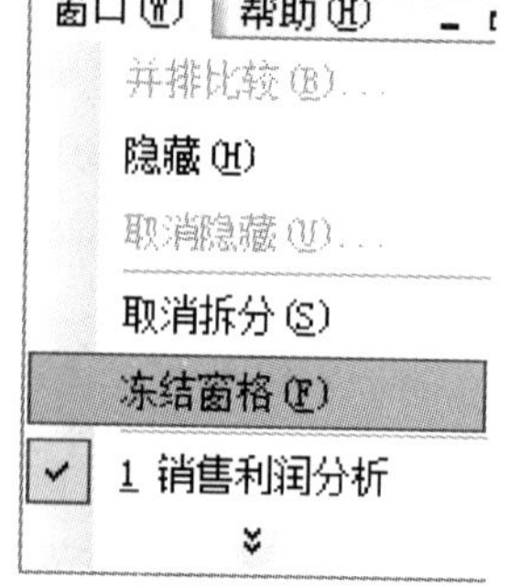

图4－2－11　冻结工作表

4.2.2.7　冻结工作表

如果要在工作表滚动时保持行列标志或其他数据可见，可以通过冻结窗口功能来固定显示窗口的顶部和左侧区域，如图4－2－11所示。

4.2.2.8　隐藏与显示工作表

在Excel中，不仅可以隐藏工作簿，也可以有选择地隐藏工作簿的一个或多个工作表。一旦一个工作表被隐藏，将无法显示其内容。

需要隐藏工作表时，只需选定需要隐藏的工作表，执行“格式”→“工作表”→“隐藏”命令即可，如图4－2－12所示。

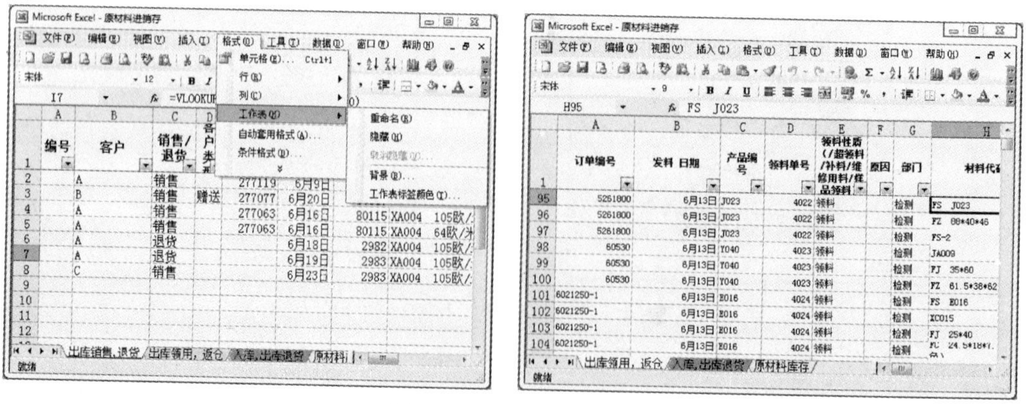

图4－2－12　隐藏工作表

4.2.2.9　设置工作表密码

执行"工具"→"保护"→"保护工作表"命令，在弹出的"保护工作表"对话框中输入工作表保护密码，如图 4-2-13 所示。

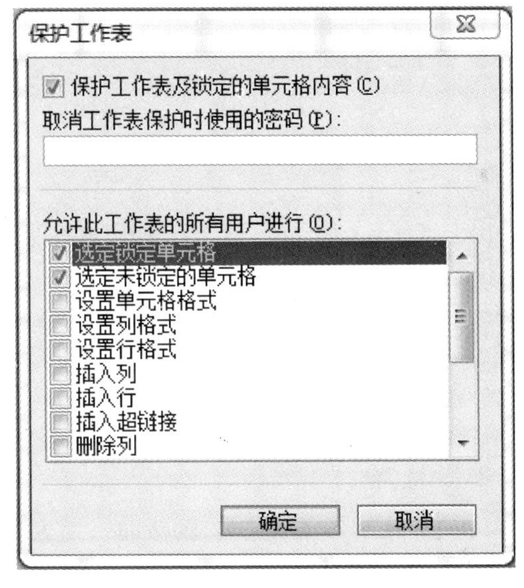

图 4-2-13　"保护工作表"对话框

4.2.3　单元格的基本操作

在 Excel 2003 中所有数据都存放在单元格中，所谓单元格是工作区中行与列的交汇处。但不是所有的单元格都能输入数据，只有活动单元格才能接受数据，其他单元格可以存储数据。要使一个单元格成为活动单元格，必须选定单元格。根据不同的需要，有时要选择独立的单元格，有时则需要选择一个区域。掌握单元格的基本操作可以帮助用户更好地管理表格中的数据。

4.2.3.1　插入单元格

在 Excel 2003 中，用户可以在电子表格中的任意位置插入单元格，此外用户还可以一次插入整行或者整列的单元格。在工作表中选择要插入行、列或单元格的位置，单击"插入"→"单元格"命令，会打开"插入"对话框。在该对话框中可以设置插入单元格后如何移动原有的单元格，如图 4-2-14 所示。

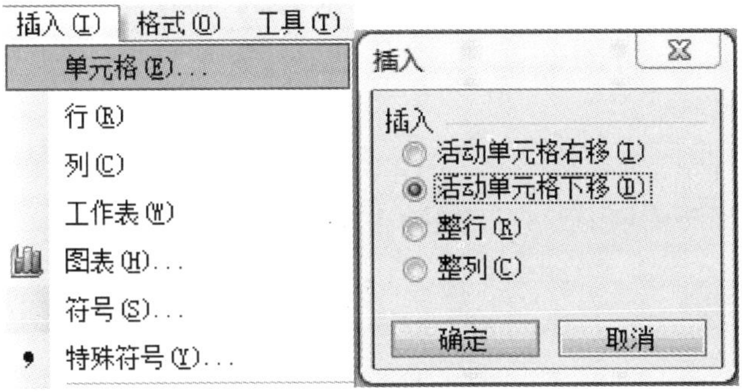

图 4-2-14　插入单元格

4.2.3.2　删除单元格

当工作表的某些数据及其位置不再需要时，可以将它们删除。这里的删除与按下 Delete 键删除单元格或区域的内容不一样，按 Delete 键仅清除单元格内容，其空白单元格仍保留在工作表中；而删除行、列、单元格或区域，其内容和单元格将一起从工作表中消失，空的位置由周围的单元格补充。

需要在当前工作表中删除某行（列）时，单击行号（列标），选择要删除的整行（列），然后单击"编辑"→"删除"命令，在弹出的"删除"对话框中选择"删除工作表行（列）"命令。被选择的行（列）将从工作表中消失，各行（列）自动上（左）移，效果如图 4-2-15 所示。

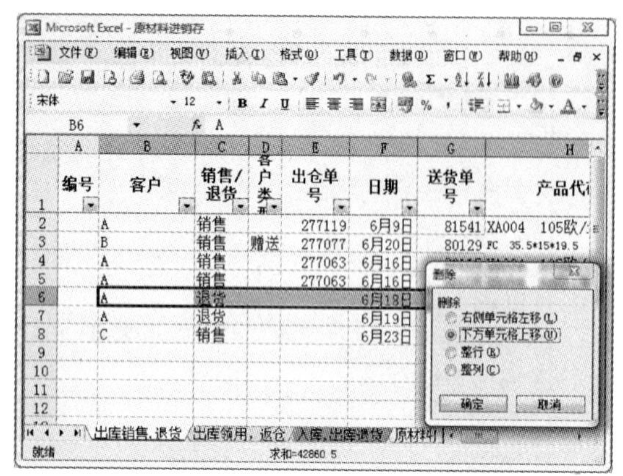

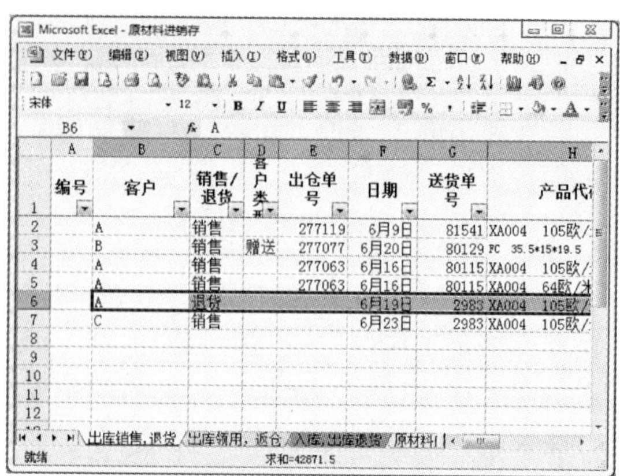

图 4－2－15　删除单元格

4.2.3.3　合并单元格

用户在制作各类电子表格时，常常需要将相邻的单元格合并成一个单元格。在 Excel 2003 中，合并单元格具体操作步骤如下：

1. 首先选定要合并的相邻单元格，然后右键在弹出的菜单中选择“设置单元格格式”命令，如图 4－2－16 所示。

图 4－2－16　合并单元格

2. 在弹出的“单元格格式”对话框中单击“对齐”选项卡，在文本控制区找到“合并单元格”并在前面打上钩，然后单击“确定”按钮，如图 4－2－17 所示。

3. 此时用户就已经完成了合并单元格，可以在合并好的单元格中直接输入文字了。

4.2.3.4　命名单元格

在 Excel 2003 电子表格中，每个单元格都可以使用对应的行标和列标来表示，不过为了能更直接地表示单元格中数据的含义，可以为特定单元格设置名称。选定要命名的单元格后，在 Excel 2003 的名称框中输入名称，即可将当前选定的单元格命名为该名称表，如图 4－2－18所示。

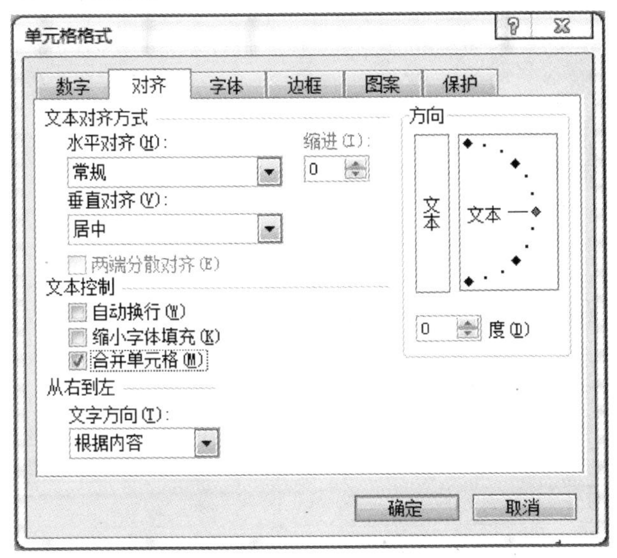

图 4－2－17　“单元格格式”对话框

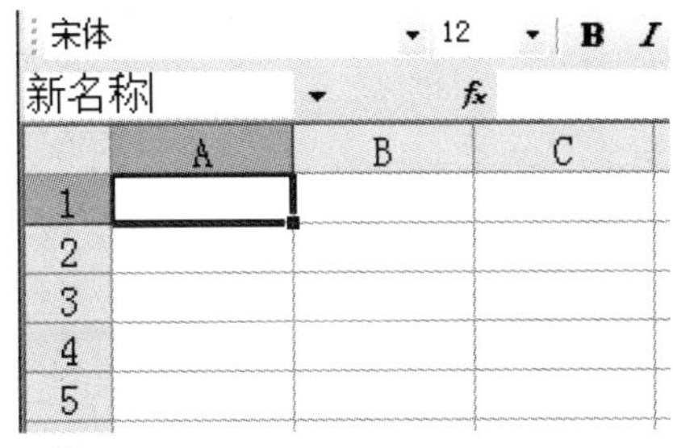

图 4－2－18　命名单元格

4.3　在电子表格中输入数据

在电子表格中，最重要的组成部分就是表格中的数据。Excel 2003 提供了强大且人性化的数据处理功能，可以帮助用户轻松完成各项数据操作。

4.3.1　选定要输入数据的单元格

Excel 2003 电子表格中的数据都是存放在单元格中的，因此在输入数据前，应先选定要输入数据的单元格。

打开工作簿后，用鼠标单击要编辑的工作表标签即打开当前工作表。将鼠标指针移到需选定的单元格上，单击鼠标左键，该单元格即为当前单元格。如果要选定的单元格没有显示在窗口中，可以通过移动滚动条使其显示在窗口中再选取。

如果用鼠标选定一个单元格区域，先用鼠标单击区域左上角的单元格，按住鼠标左键并拖动鼠标到区域的右下角，然后放开鼠标左键即可。若想取消选择，只需用鼠标在工作表中单击任一单元格即可。

4.3.2　输入数据

在 Excel 2003 中，可以输入各种不同类型的数据，如日期类型数据、文本类型数据、数字类型数据等。本节就将详细介绍在 Excel 2003 电子表格中输入各种类型数据的方法。

4.3.2.1　输入文本数据

在 Excel 2003 中的文本通常是指字符或者任何数字和字符的组合。输入到单元格内的任何字符集，只要不被系统解释成数字、公式、日期、时间或者逻辑值，则 Excel 2003 一律将其视为文本。在 Excel 2003 中输入文本时，系统默认的对齐方式是单元格内靠左对齐。

4.3.2.2 输入数字数据

在 Excel 工作表中，数字型数据是最常见、最重要的数据类型。而且，Excel 2003 强大的数据处理功能、数据库功能以及在企业财务、数学运算等方面的应用几乎都离不开数字型数据。在 Excel 2003 中输入数字的方法和输入文本方法相同，默认情况下，数字右对齐。在 Excel 2003 中数字型数据包括货币、日期与时间等类型，见表 4-3-1。

表 4-3-1 Excel 2003 中数字型数据

菜单	说　明
数值	默认情况下的数字型数据都为该类型，用户可以设置其小数点格式
货币	该类型的数字型数据会根据用户选择的货币样式自动添加货币符号
日期	该类型的数字数据可将单元格中的数字变为“年-月-日”的日期格式
时间	该类型的数字数据可将单元格中的数字变为“00：00：00”的日期格式
百分比	该类型的数字数据可将单元格中的数字变为“00.00%”格式
分数	该类型的数字数据可将单元格中的数字变为分数格式，如将 0.5 变为【1/2】
科学计数	该类型的数字数据可将单元格中的数字变为“1.00E+04”格式
自定义	除了这些常用的数字数据类型外，用户还可以根据自己的需要自定义数字数据

4.3.2.3 设置输入数据的类型

通过设置输入数据的类型，以便有效地减少和避免输入数据的错误。比如可以在某个时间单元格中设置“有效条件”为“时间”，那么该单元格只接受时间格式的输入，如果输入其他字符，则会显示错误信息。要指定单元格的数据有效性规则，首先单击“数据”→“有效性”按钮，打开“数据有效性”对话框。在“允许”下拉列表框中选择单元格可接受的数据类型，如图 4-3-1 所示。

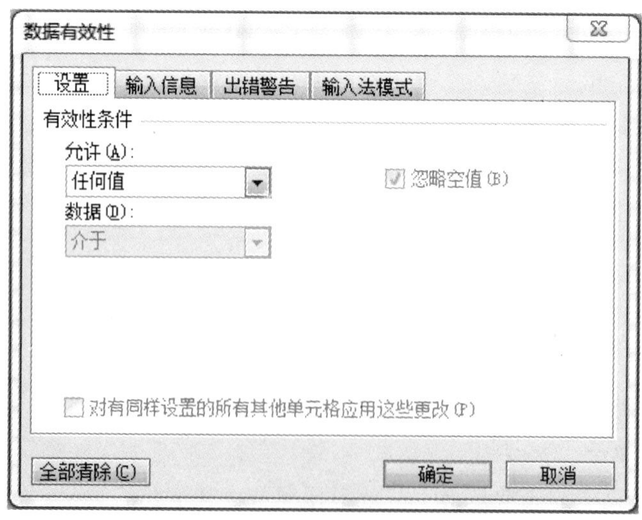

图 4-3-1 “数据有效性”对话框

在“数据有效性”对话框中打开“出错警告”选项卡，在其中可以设置当输入不接受数据时，系统给出的提示信息。

4.3.2.4 向多个工作表中同时输入数据

默认情况下在一个工作簿中有 3 个工作表，每次单击一个工作表就可以将其选中，所有的操作都是对这个工作表进行的，所以一般情况下输入的所有数据都只能进入到一个工作表。当需要在多个工作表中输入许多相同的数据时，可以按以下步骤操作：

1. 按住 Ctrl 键，单击要输入相同数据的工作表标签，选中所有要输入相同数据的工作表。

2. 选中需要输入相同数据的单元格，输入数据。

以上同时对多个工作表输入数据实际上就是将工作表组成工作组，输入完成以后，不需要再组成工作组时，可以单击任意一个工作表标签，以取消多个工作表组成的工作组。取消工作表的一种方法是用鼠标右键单击某工作表标签，在弹出的快捷菜单中选择“取消成组工作表”菜单命令即可。

4.3.3 更改电子表格中的数据

在日常工作中，用户可能需要替换以前在单元格中输入的数据，要做到这一点非常容易。当单击单元格使其处于活动状态时，单元格中的数据会被自动选取，一旦开始输入，单元格中原来的数据就会被新输入的数据所取代。

如果单元格中包含大量的字符或复杂的公式，而用户只想修改其中的一部分，那么可以按以下两种方法进行编辑：

1. 双击单元格，或者单击单元格后按 F2 键，在单元格中进行编辑。

2. 单击激活单元格，然后单击公式栏，在公式栏中进行编辑。

4.3.4 删除电子表格中的数据

要删除单元格中的数据，可以先选中该单元格，然后按 Delete 键即可。要删除多个单元格中的数据，则可同时选定多个单元格，然后按 Delete 键。

当使用 Delete 键删除单元格（或一组单元格）的内容时，只有输入的数据从单元格中被删除，单元格的其他属性，如格式、注释等仍然保留。

如果想要完全地控制对单元格的删除操作，只使用 Delete 键是不够的。单击“编辑”→“清除”按钮，在弹出的快捷菜单中选择相应的命令，即可删除单元格中的相应内容，如图 4－3－2 所示。

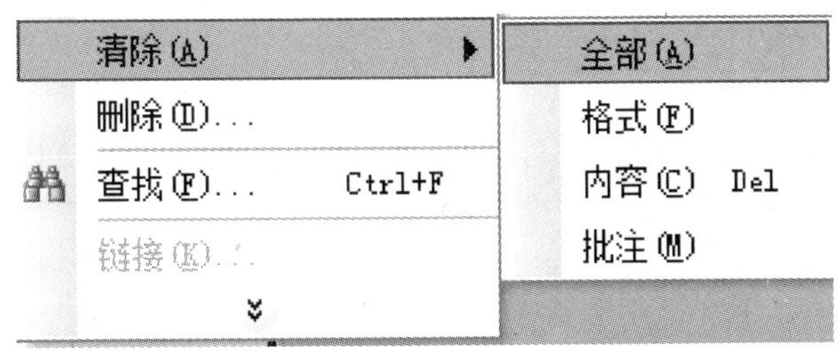

图 4－3－2 删除电子表格中的数据

单击鼠标右键，在弹出的快捷菜单中单击“清除内容”命令，也可删除单元格中相应的内容。

4.3.5 复制与移动电子表格中的数据

在 Excel 2003 中，不但可以复制整个单元格，还可以复制单元格中的指定内容。也可通过单击粘贴区域右下角的“粘贴选项”来变换单元格中要粘贴的部分。

4.3.5.1 使用剪贴板复制与移动数据

由于剪贴板的存在，使信息在被复制或剪切时，放置于剪贴板上，然后可以将信息从剪贴板上粘贴到工作表的其他位置或其他文档和应用程序中。在 Excel 2003 中，剪贴板可以保留 24 个复制的信息，通过单击“编辑”→“Office 剪贴板”命令，调出“剪贴板”任务窗格可以选择要粘贴的信息。使用剪贴板移动和复制数据的操作步骤如下：

1. 选定要移动数据的单元格。
2. 单击“常用”工具栏中的“剪切”按钮。
3. 选定数据要移动到的目标单元格。
4. 单击“编辑”→“粘贴”菜单命令。

执行完剪切操作的单元格边框变为黑色虚框，表示边框内的数据已经放到剪贴板，按 Enter 键或 Esc 键可取消这个虚框，但剪贴板中的内容不会发生变化。

在第 2 步的操作中如果按下的不是“剪切”按钮，而是“复制”按钮，则会将选中单元格中的数据复制到目标单元格中。

4.3.5.2 使用鼠标拖动法复制与移动数据

在 Excel 2003 中，还可以使用鼠标拖动法来移动或复制单元格内容。使用鼠标拖动移动数据的操作步骤如下：

1. 单击要移动的单元格或选定单元格区域，然后将光标移至单元格区域边缘。
2. 当光标变为箭头形状后，按下鼠标左键拖动光标到指定位置并释放，如图 4－3－3 所示。
3. 松开鼠标左键，当鼠标指针变为小十字形状时，同时按下 Ctrl 键和鼠标左键不放并拖动，如图 4－3－4 所示，到达目标位置后松开鼠标左键，再松开 Ctrl 键，则选定内容被复制到目标位置。

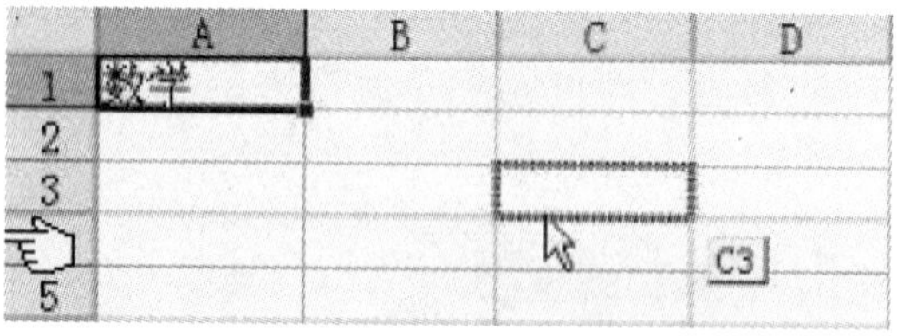

图 4－3－3 移动单元格中的数据

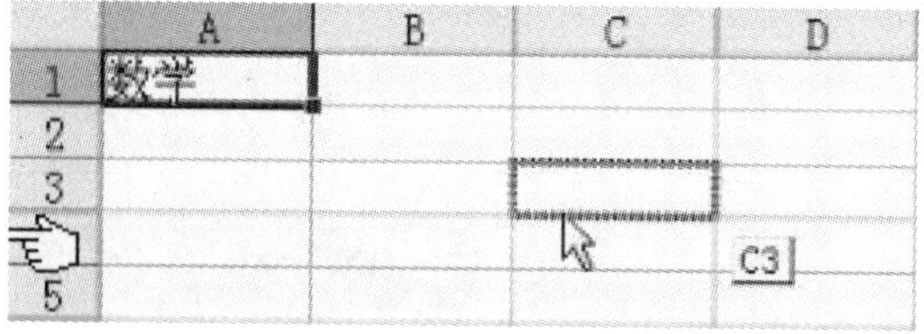

图 4－3－4 复制单元格中的数据

4.3.5.3 有选择地复制与移动数据

在 Excel 2003 中除了能够复制选定的单元格外，还能够有选择地复制单元格数据。使用选择性粘贴的操作步骤如下：

1. 选定要复制单元格数据的区域，单击“复制”按钮。

2. 选定粘贴区域。

3. 单击“编辑”→“选择性粘贴”命令，调出“选择性粘贴”对话框，如图 4－3－5 所示，在“粘贴”栏中选择所要的粘贴方式。

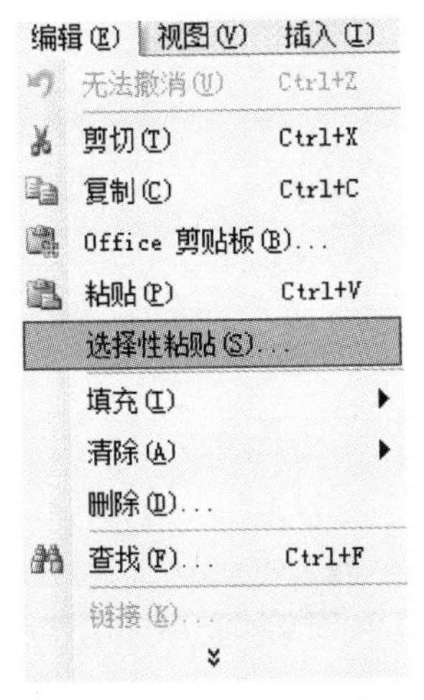

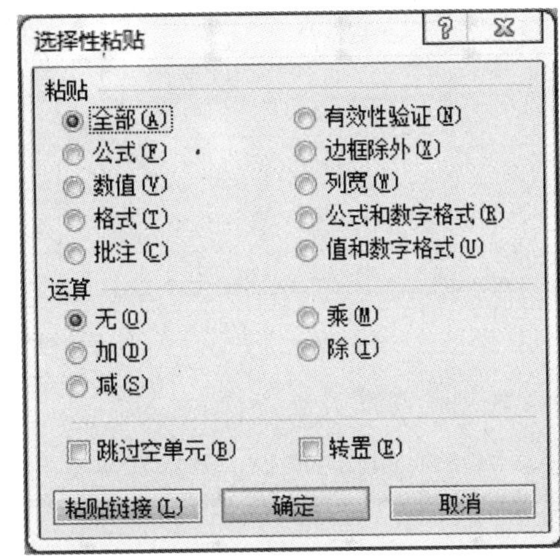

图 4－3－5　“选择性粘贴”对话框

在这个对话框中的“粘贴”栏中，可以设置粘贴内容是全部还是只粘贴公式、数值、格式等，用户可以选择不同的选项观察粘贴的效果。

4. 在“运算”栏中如果选择了“加”、“减”、“乘”、“除”几个单选钮中的一个，则复制的单元格中的公式或数值将会与粘贴单元格中的数值进行相应的运算。

5. 若选中“转置”复选框，则可完成对行、列数据的位置转换。例如，可以把一行数据转换成工作表的一列数据。当粘贴数据改变其位置时，复制区域顶端行的数据出现在粘贴区域左列处，左列数据则出现在粘贴区域的顶端行上。

需要注意的是，“选择性粘贴”命令对使用“剪切”命令定义的选定区域不起作用，而只能将使用“复制”命令定义的数值、格式、公式或附注粘贴到当前选定区域的单元格中。

4.3.6　自动填充数据

在 Excel 2003 中复制某个单元格的内容到一个或多个相邻的单元格中，使用复制和粘贴功能可以实现这一点。但是对于较多的单元格，使用自动填充功能可以更好地节约时间。另外，使用填充功能不仅可以复制数据，还可以按需要自动应用序列。

4.3.6.1　在同一行或列中填充数据

在同一行或列中自动填充数据的方法很简单，只需选中包含填充数据的单元格，然后用鼠标拖动填充柄（位于选定区域右下角的小黑色方块。将鼠标指针指向填充柄时，鼠标指针更改为黑色十字形状），经过需要填充数据的单元格后释放鼠标即可，如图 4－3－6 所示。

4.3.6.2　填充数字与日期序列

在 Excel 2003 中，可以自动填充一系列的数字、日期或其他数据，比如在第一个单元格中输入了“一月”，那么使用自动填充功能，可以将其后的单元格自动填充为“二月”、“三月”、“四月”等。

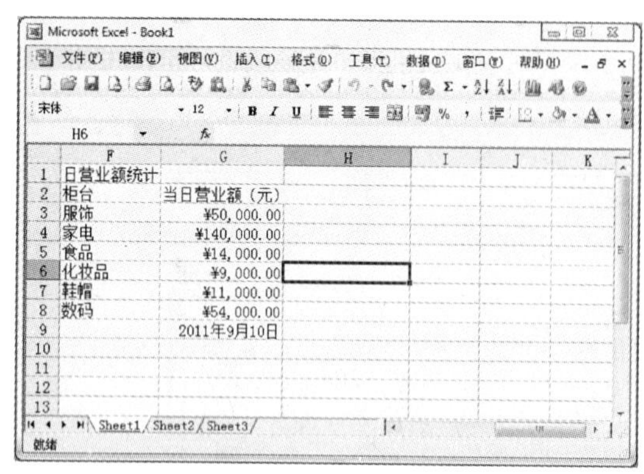

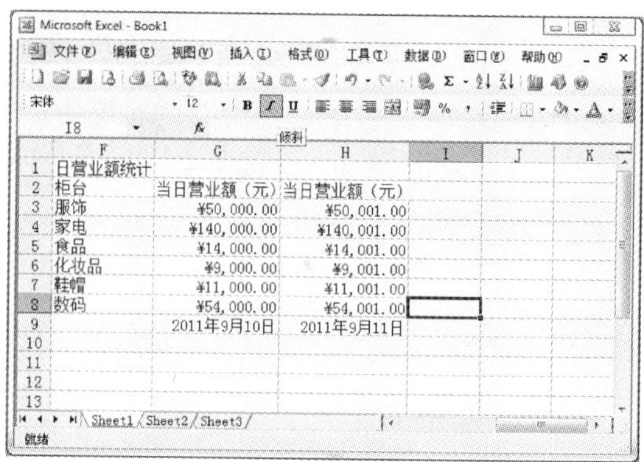

图 4-3-6　自动填充数据

4.3.6.3　手动控制创建序列

用鼠标输入的序列范围比较小，如果要求输入的序列比较特殊，这时就要用到菜单命令进行填充，使用菜单命令填充序列的步骤如下：

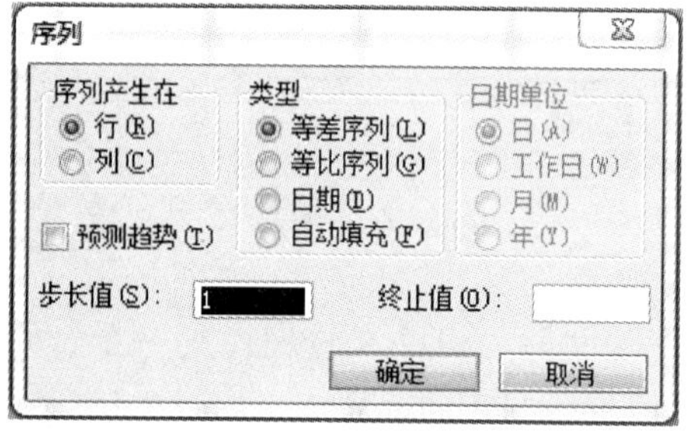

图 4-3-7　创建序列

1. 在第一个单元格中输入序列起始值，并选中该单元格。

2. 单击“编辑”→“填充”→“序列”命令，调出“序列”对话框，如图 4-3-7 所示。

3. 在对话框的“序列产生在”栏中指定数据序列是按“行”还是按“列”填充，在“类型”栏中选择需要的序列类型，然后单击“确定”按钮。

4.3.6.4　自定义序列

除了 Excel 2003 所提供的序列以外，有时还会用到一些特定的序列，例如一个文具店所要经常处理的有日记本、田格本、拼音本、生字本、英语本等。对这种情况可以自定义序列，这样使用“自动填充”功能时，就可以将数据自动输入到工作表中。

1. 将工作表中已经存在的序列导入定义成序列。

从工作表导入已经输入到工作表的序列，其操作步骤如下：

（1）选定工作表中已经输入的序列。

（2）单击“工具”→“选项”命令，调出“选项”对话框，在此对话框中单击“自定义序列”选项卡，如图 4-3-8 所示。

（3）在“从单元格中导入序列”文本框中显示单元格地址为“$G$3：$G$8”，单击“导入”按钮，可以看到自定义的序列已经出现在“自定义序列”列表中了。

（4）单击“确定”按钮，序列定义成功，以后就可以使用刚才自定义的序列进行填充操作了。

2. 直接在“选项”对话框中输入自定义序列。

（1）单击“工具”→“选项”命令，调出“选项”对话框，单击“自定义序列”选项卡。

（2）在“输入序列”文本框中输入所需输入的内容，每输入一项都按 Enter 键结束。

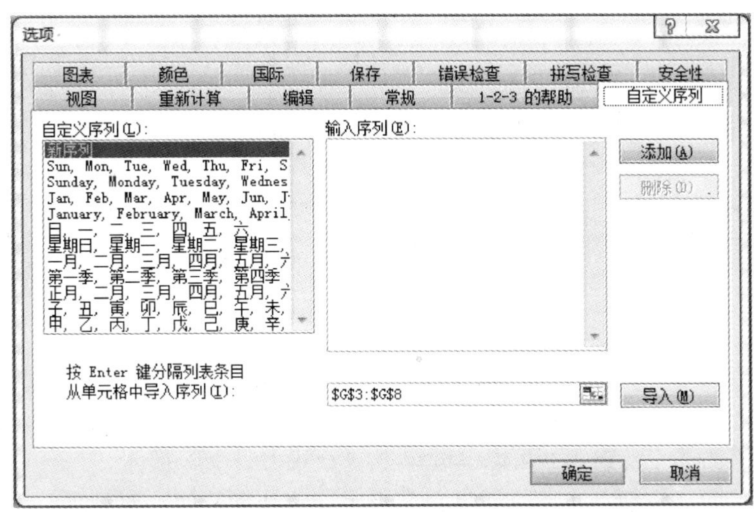

图 4-3-8 “自定义序列”选项卡

(3) 单击“添加”，刚才定义的序列格式已经出现在“自定义序列”列表中了。

定义完一个序列以后，如果要定义新的序列，在“自定义序列”列表框中，单击最上面的“新序列”选项，就可以定义另一个序列。

3. 编辑或删除自定义序列。

可以对已经存在的序列进行编辑或者将不再使用的序列删除。要编辑或删除的自定义的序列，其操作步骤如下：

(1) 单击“工具”→“选项”命令，调出“选项”对话框，选择“自定义序列”选项卡。

(2) 在“自定义序列”列表框中选定要编辑的自定义序列，就会看到它们出现在“输入序列文本框”中。

(3) 选择要编辑的序列项，进行编辑。

(4) 若要删除序列中的某一项，请按 Backspace 键。

4.3.7 查找与替换电子表格中的数据

如果需要在工作表中查找一些特定的字符串，那么查看每个单元格就过于麻烦，特别是在一份较大的工作表或工作簿中。使用 Excel 提供的查找和替换功能可以方便地查找和替换需要的内容。

4.3.7.1 查找匹配指定内容的单元格

使用电子表格的时候，常常需要在表格中查找指定的一些数据。在 Excel 2003 中，用户既可以查找出包含相同内容的所有单元格，也可以查找出与活动单元格中内容不匹配的单元格，它的应用进一步提高了编辑和处理数据的效率。执行“查找”操作的具体步骤如下：

1. 单击“编辑”→“查找”命令，调出“查找和替换”对话框，单击“查找”选项卡，在其中即可设置查找内容，如图 4-3-9 所示。

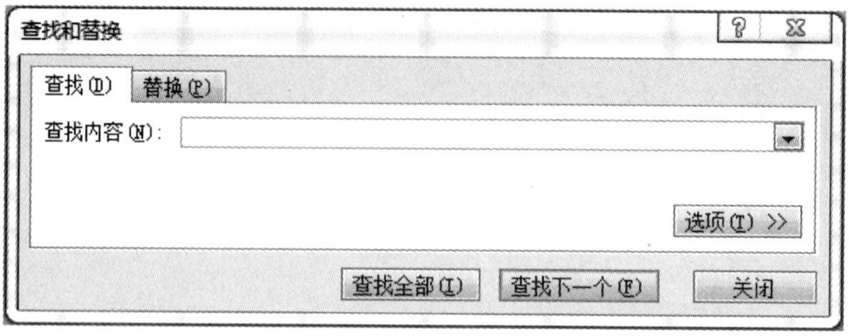

图 4-3-9　查找和替换

2. 单击“查找下一个”按钮，即可开始查找工作。当 Excel 2003 找到一个匹配的内容后，单元格指针就会指向该单元格。

3. 如果还需要进一步查找，可以继续单击“查找下一个”按钮。

4. 单击“关闭”按钮，中止查找过程，退出“查找和替换”对话框。

4.3.7.2　替换表格中的数据

替换与查找类似，替换将查找到的字符串换成一个新的字符串，以便于对工作表进行编辑。执行“替换”操作的具体步骤如下：

1. 单击“编辑”→“替换”命令，调出“查找和替换”对话框，单击“替换”选项卡，如图 4-3-10 所示。在“查找内容”文本框中输入要查找的字符串。

2. 在“替换为”文本框中输入新的字符串。

3. 单击“查找下一个”按钮，则 Excel 2003 会将单元格指针指向所找到的单元格。

4. 单击“替换”按钮，则替换查找到的字符串。

Excel 中“替换”对话框其他按钮的使用与 Word 中相同。

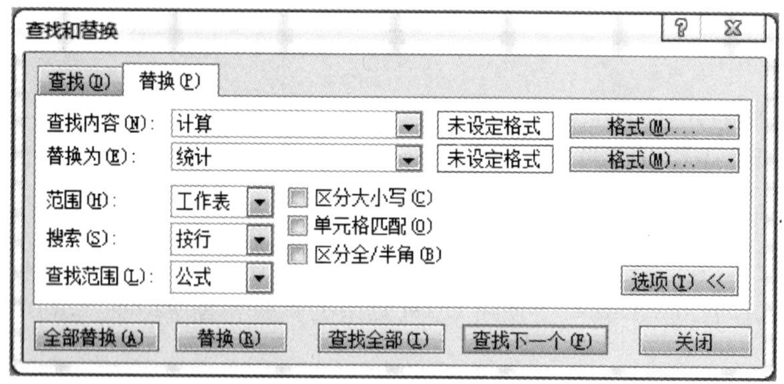

图 4-3-10　查找和替换

4.4　美化电子表格

在电子表格中输入数据后，为了让电子表格变得更加美观，还可以对电子表格进行一些美化操作。Excel 2003 提供了丰富的格式化命令，利用这些命令具体设置工作表与单元格的格式，可以帮助用户创建更加美观的工作表。

4.4.1 设置单元格格式

在 Excel 2003 中，可以根据需要设置不同的单元格格式，如设置单元格数据类型、对齐方式、字体以及单元格的边框和图案等，从而达到美化单元格的目的。

4.4.1.1 设置单元格格式的方法

1. 使用菜单命令设置单元格格式。

使用菜单命令设置数据格式的操作步骤如下：

（1）选定设置数据格式的单元格或一个区域。

（2）单击“格式”→“单元格”命令，调出“单元格格式”对话框。如图 4－4－1 所示。

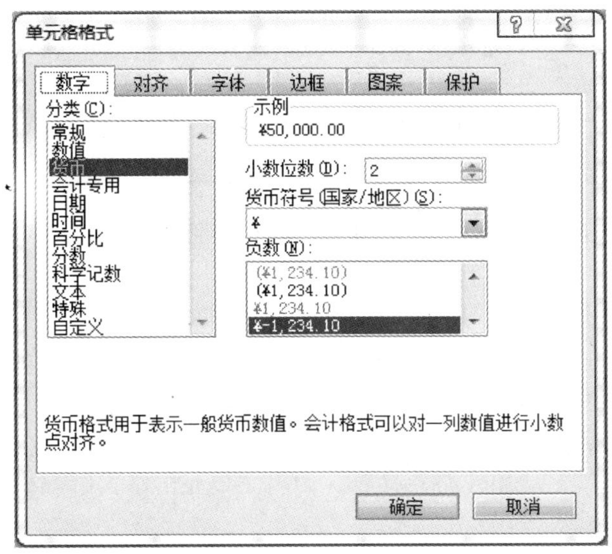

图 4－4－1 设置单元格格式对话框

（3）单击“数字”选项卡，即可完成相应设置。

2. 使用格式工具设置单元格格式

在“格式”工具栏上有 5 个数字格式工具，分别是“货币样式”按钮、“百分比样式”按钮、“千位分隔样式”按钮、“增加小数位数”按钮和“减少小数位数”按钮。其中“货币样式”按钮和“百分比样式”按钮的作用与在“单元格格式”对话框中单击“货币”和“百分比”选项的作用基本相同，后 3 个按钮都是“数值”选项中的设置。

这些按钮的使用方法与工具栏上的其他按钮使用方法相同，即选中要进行设置的单元格以后单击该按钮。

4.4.1.2 设置数字格式

默认情况下，数字以常规格式显示。当用户在工作表中输入数字时，数字以整数、小数方式显示。此外，Excel 还提供了多种数字显示格式，如数值、货币、会计专用、日期格式以及科学记数等。在“设置单元格格式”对话框中可以设置这些数字格式，设置方法在上一节内容已经介绍。若要详细设置数字格式，则需要在“设置单元格格式”对话框的“数字”选项卡中操作，如图 4－4－2 所示。

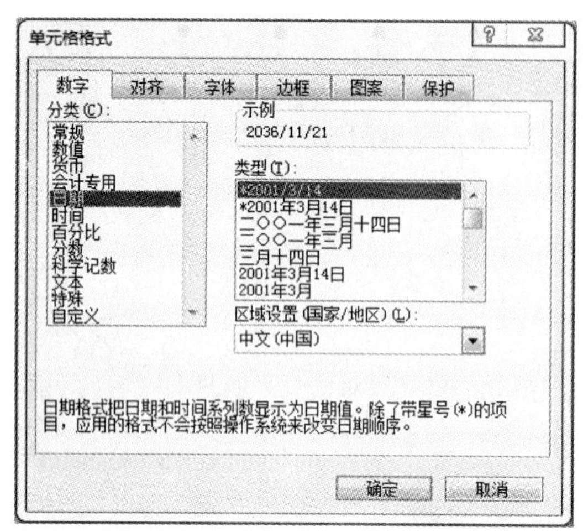

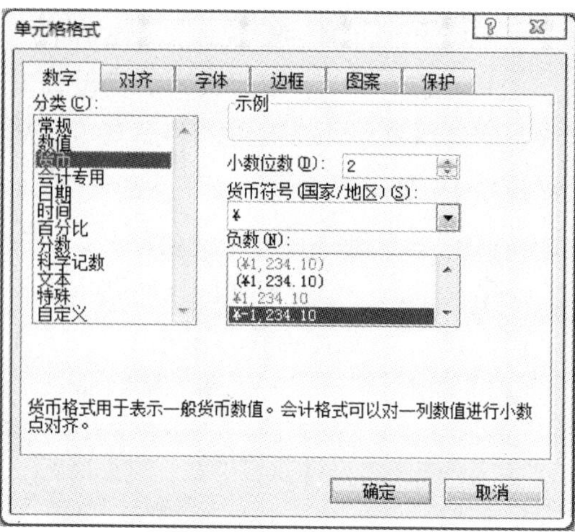

图4-4-2　设置单元格数字格式

4.4.1.3　设置字体格式

为了使工作表中的某些数据醒目和突出，也为了使整个版面更为丰富，通常需要对不同的单元格设置不同的字体。

1. 设置字体、大小和颜色。

改变字体有两种方法：使用菜单命令和使用格式工具。使用菜单命令设置数据的字体、大小和颜色的操作步骤如下：

（1）选定要改变字体的单元格。

（2）单击“格式”→“单元格”命令，调出“单元格格式”对话框，单击“字体”选项卡，如图4-4-3所示。

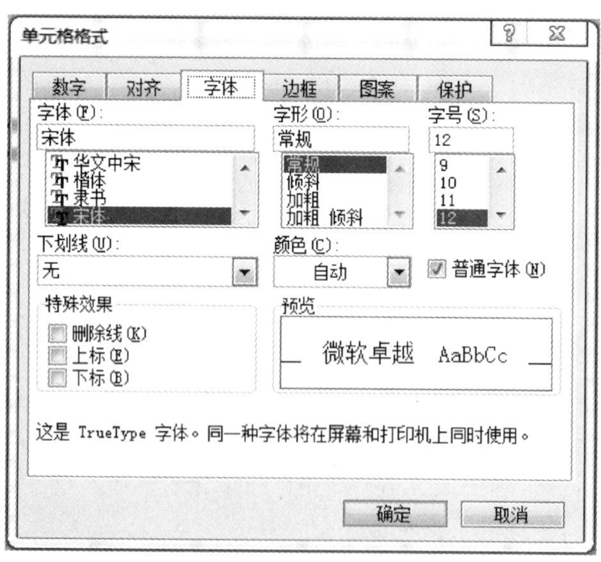

图4-4-3　设置字体格式

（3）在“字体”列表框中选择所需要的字体，例如“楷体”（默认字体为宋体）。

（4）如果要改变所选字体的字形，则从“字形”列表框中选择所需要的字形（默认字形为常规形）。

（5）如果要改变字体的大小，在“字号”列表框中选择需要的尺寸（默认尺寸为 12 号）。

（6）在“颜色”下拉列表框中选择字体要使用的色彩。

2. 设置默认字体和大小。

如果在工作中经常使用某种字体，可以将其设定为默认字体和大小，其操作步骤如下：

（1）单击“工具”→“选项”命令，调出“选项”对话框，如图 4－4－4 所示。单击“常规”选项卡。

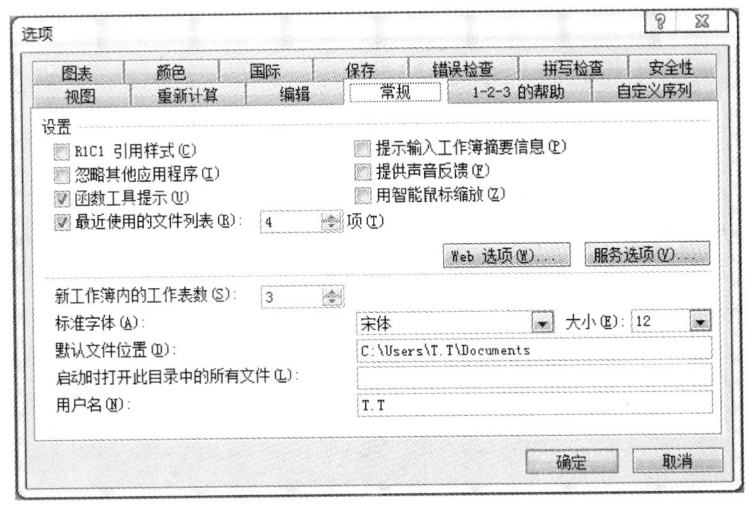

图 4－4－4　“常规”选项卡

（2）单击“标准字体”右边的向下箭头，在弹出的字体下拉列表框中指定需要的字体。

（3）单击“大小”右边的向下箭头，在弹出的字号下拉列表框中指定字体的大小。

（4）单击“确定”按钮完成设定。

这样在以后的输入中，文本就会以此设定的字体和大小作为默认值。

3. 设置字体的特殊效果。

Excel 2003 中字体的特殊效果有下划线、上标和下标 3 种，其中上标和下标不能同时使用。

在 Excel 2003 中除了有一般的下划线还会有会计用下划线，设置下划线的方法如下：

（1）选中要设置下划线的单元格。

（2）单击“格式”→“单元格”命令，调出“单元格格式”对话框，单击“字体”选项卡。

（3）单击“下划线”下拉列表框，如图 4－4－5所示，从中选择一种选项。

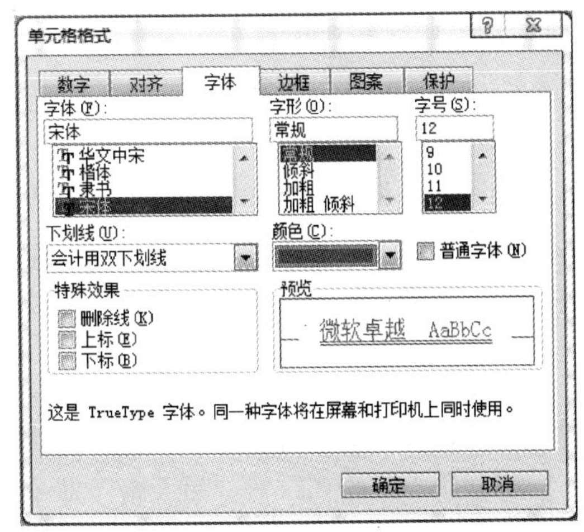

图 4－4－5　设置下划线

（4）单击“确定”按钮，就可以为字体设置下划线。

选择了下划线以后，在“预览”窗口可以显示下划线的形式。

4.4.1.4 设置对齐方式

所谓对齐，是指单元格中的内容在显示时相对单元格上下左右的位置。默认情况下，单元格中的文本靠左对齐，数字靠右对齐，逻辑值和错误值居中对齐。在 Excel 2003 中，对于单元格中数据的对齐方式，除了提供基本的水平对齐方式和垂直对齐方式外，还提供了任意角度的对齐方式，如图 4－4－6 所示。

1. 水平对齐。

设置水平对齐的方法有两种：使用菜单命令和使用格式工具。使用格式工具设置时先选定单元格区域，然后在“格式”工具栏中单击相应的对齐按钮，如“左对齐”按钮、“居中”按钮或“右对齐”按钮。

使用菜单命令设置水平对齐方式的操作步骤如下：

（1）选定单元格区域。

（2）单击“格式”→“单元格”命令，调出“单元格格式”对话框，单击“对齐”选项卡，如图 4－4－7 所示。

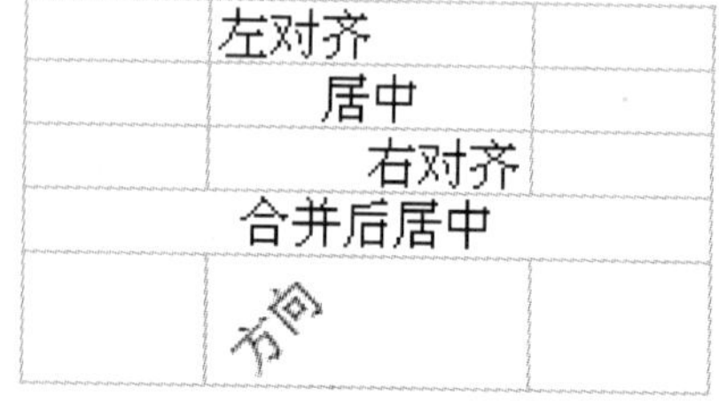

图 4－4－6 对齐方式

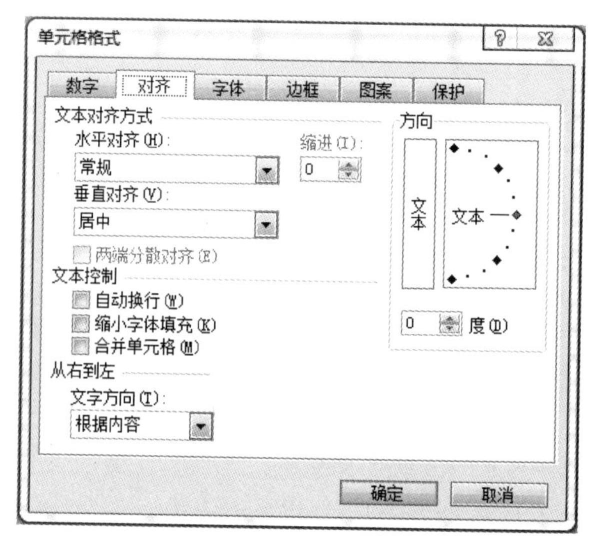

图 4－4－7 “对齐”选项卡

（3）在“水平对齐”下拉列表框中选择需要的对齐方式。

（4）单击“确定”按钮完成数据的水平对齐设置。

2. 垂直对齐。

设置垂直对齐的操作步骤如下：

（1）选择要对齐的单元格区域。

（2）单击“格式”→“单元格”命令，调出“单元格格式”对话框，单击“对齐”选项卡。

（3）在“垂直对齐”下拉列表框中选择需要的对齐方式。

（4）单击“确定”按钮完成数据的垂直对齐设置。

3. 文字的旋转。

在 Excel 2003 中，可以对单元格中的内容进行任意角度的旋转，其操作步骤如下：

（1）选定要旋转的文字所在的单元格区域。

（2）单击“格式”→“单元格”命令，调出“单元格格式”对话框，单击“对齐”选项卡。

（3）在“方向”框中拖动红色的按钮达到目标角度，如图 4－4－8 所示。如果要精确设定可以在“方向”数值选择框中输入或选择文字旋转的度数。

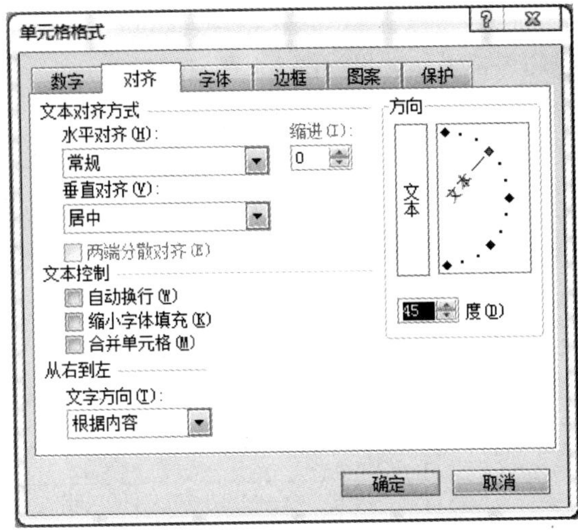

图 4－4－8 “单元格格式”对话框

4.4.1.5 设置单元格边框

默认情况下，Excel 并不为单元格设置边框，工作表中的框线在打印时并不显示出来。但在一般情况下，用户在打印工作表或突出显示某些单元格时，都需要添加一些边框以使工作表更美观和容易阅读。如果要让表格加上边框线可进行下面的设置。

1. 使用菜单命令为表格加上边框线。

使用菜单命令为表格加上边框线的操作步骤如下：

（1）选定要加上边框线的单元格区域。

（2）单击“格式”→“单元格”命令，调出“单元格格式”对话框，如图 4－4－9 所示。单击“边框”选项卡。

（3）在“线条”样式中指定外边框的线型。

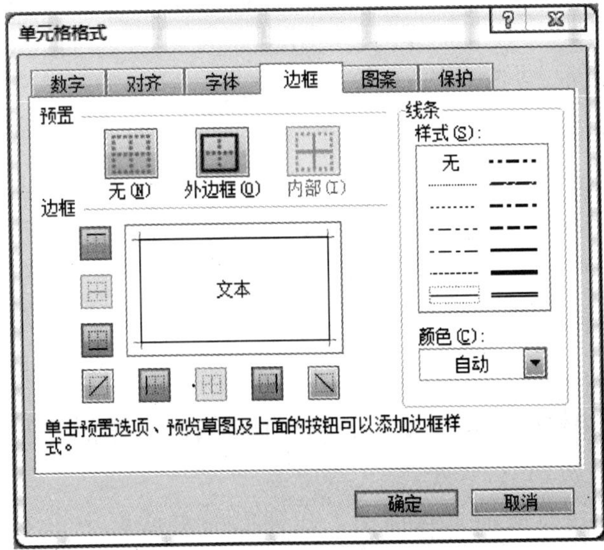

图 4－4－9 设置单元格边框

(4) 在“颜色”下拉列表中指定外边框的颜色。

(5) 重复 (2) 到 (4) 步骤设置表格线，单击“确定”按钮，即可为表格加上外边框线和表格线，效果如图 4－4－10 所示。

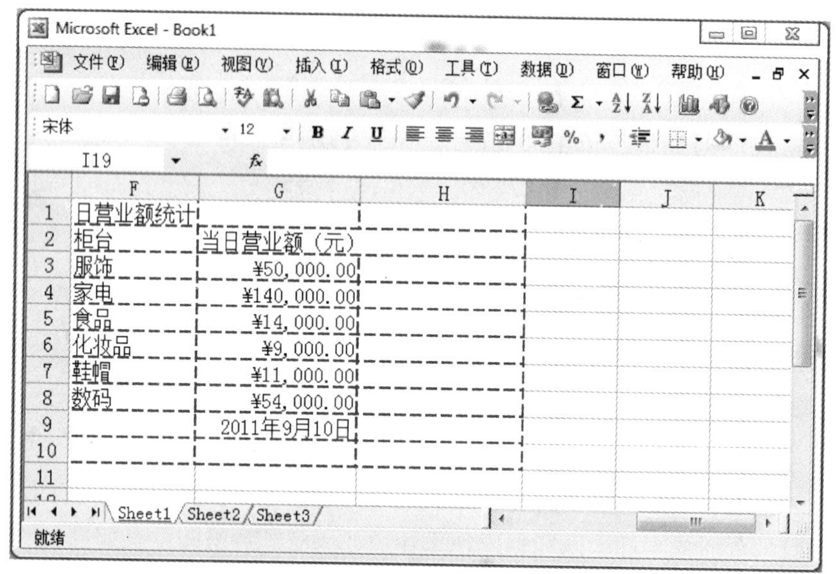

图 4－4－10　设置边框线后表格效果

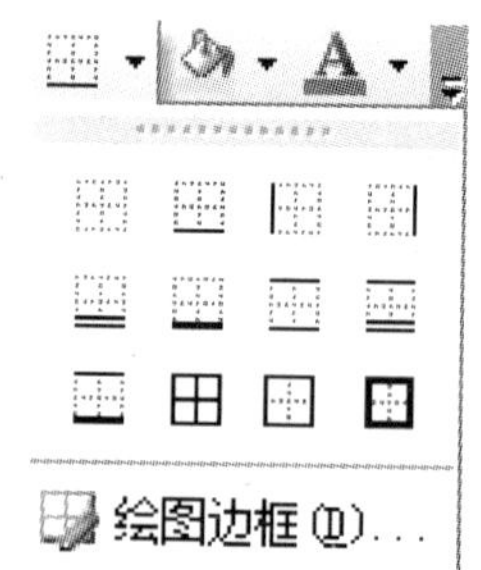

图 4－4－11　选择绘图边框

2. 使用格式工具为表格加上边框线。

使用格式工具为表格加上边框线的操作步骤如下：

(1) 选定要加上边框线的单元格区域。

(2) 在“格式”工具栏中单击“边框”按钮右边的向下按钮，出现一个边框线列表框，如图 4－4－11 所示（拖曳该面板上鼠标所指示位置的虚线，可以将其变为浮动面板）。

(3) 在需要的边框线上单击，就可以看到选定的单元格采用了指定的边框线。

4.4.1.6　设置单元格颜色与底纹

为单元格添加背景颜色与底纹，可以使电子表格突出显示重点内容，区分工作表不同部分以及使工作表更加美观和容易阅读。用户可以根据需要为单元格设置不同的颜色和底纹。

1. 用格式工具填充颜色。

利用“格式”工具栏上的“填充颜色”按钮可改变所选定的单元格区域的颜色，其具体操作步骤如下：

(1) 选定要改变颜色的单元格区域。

(2) 在“格式”工具栏中单击“填充颜色”按钮右边的向下按钮，调出如图 4－4－12 所示的“填充颜色”色板。

(3) 单击“图案”右侧的下拉箭头，在弹出的对话框中设置单元格底纹，如图 4－4－13所示。

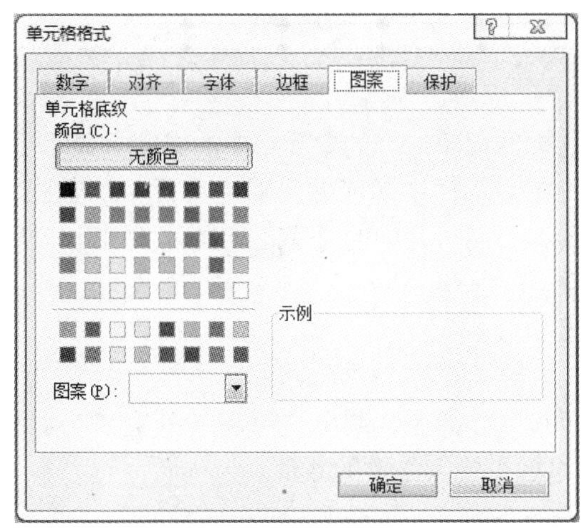

图 4－4－12　“图案”选项卡

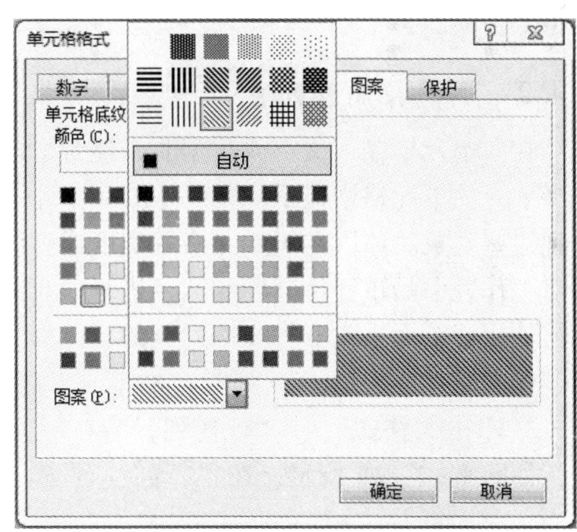

图 4－4－13　单元格底纹设置

（4）在该对话框色板中选择所需要的颜色，单击“确定”按钮即可为单元格填充颜色，效果如图 4－4－14 所示。

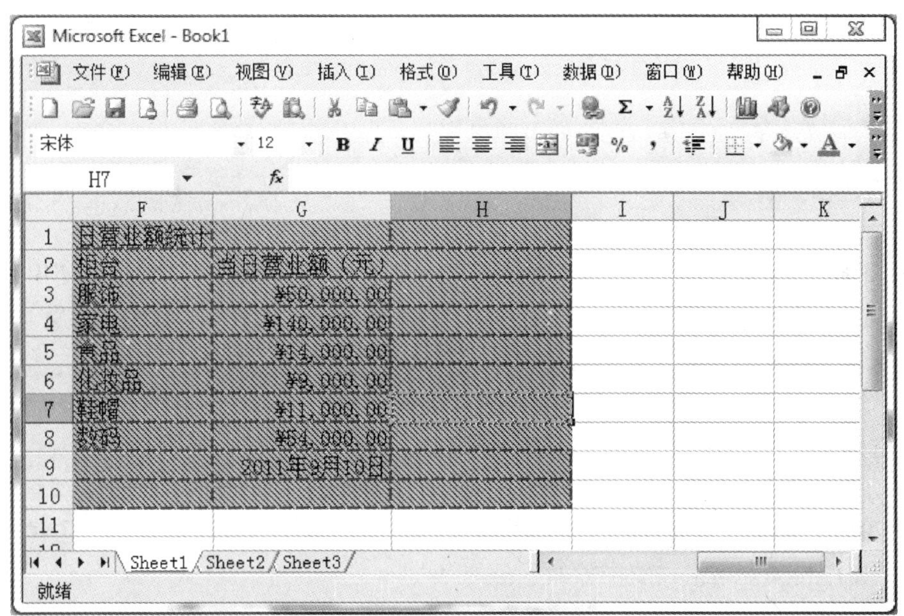

图 4－4－14　设置底纹后表格效果

2. 用菜单命令填充单元格颜色。

用菜单命令填充单元格颜色的操作步骤如下：

（1）选定要改变颜色的单元格区域。

（2）单击“格式”→“单元格”命令，调出“单元格格式”对话框，选择“图案”选项卡。

（3）在该对话框色板中选择所需要的颜色，就可以为单元格填充颜色。

如果要取消已经填充的颜色，可单击“图案”选项卡中的“无颜色”按钮，就可以恢复无填充色状态。

4.4.2 调整行高和列宽

在向单元格输入文字或数据时，经常会出现这样的现象：有的单元格中的文字只显示了一半、有的单元格中显示的是一串“#”符号，而在编辑栏中却能看见对应单元格的数据。出现这些现象的原因在于单元格的宽度或高度不够，不能将其中的文字正确显示。因此，需要对工作表中的单元格高度和宽度进行适当的调整。

使用菜单命令改变行高和列宽的具体操作步骤如下。

1. 选定要改变行高（列宽）的单元格区域。

2. 单击“格式”→“行（列）”→“行高（列宽）”命令，调出“行高（列宽）”对话框，如图4－4－15所示，在“行高（列宽）”文本框中输入需要的数值。

图4－4－15 调整单元格高度和宽度

4.4.3 使用“格式刷”和自动套用格式

1. 使用“格式刷”。

复制一个单元格或单元格区域的格式是经常使用的操作之一。例如，用户已经建立并设置了一个工作表，如果在其他工作表中的单元格也要使用相同的格式，就可以使用复制格式操作，其操作步骤如下：

（1）选定含有要复制格式的单元格或单元格区域。

（2）单击“常用”工具栏中的“格式刷”按钮。

（3）选定要设置新格式的单元格或单元格区域，即完成了格式的复制。

2. 自动套用格式。

Excel 2003 内带有一些很精美的表格格式，可将用户制作的报表格式化，这就是表格的自动套用。使用自动套用格式的步骤如下：

（1）选定要格式化的单元格区域。

（2）单击“格式”→“自动套用格式”命令调出“自动套用格式”对话框，如图4－4－16所示。

（3）单击“确定”按钮，则确定的单元格区域以选定的格式对表格进行格式化。

格式化的项目包含数字、边框、字体、图案、对齐以及列宽（行高），在使用中可以根据实际情况选用其中的某些项目，而没有必要每一项都进行格式化。在“自动套用格式”对话框中，单击“选项”按钮，则出现6种“应用格式种类”。若没有选中某复选框，则在套用表格格式时就不会使用该项。例如：若清除“行高（列宽）”复选框，则在套用表格格式时，就可以调整行高和列宽。

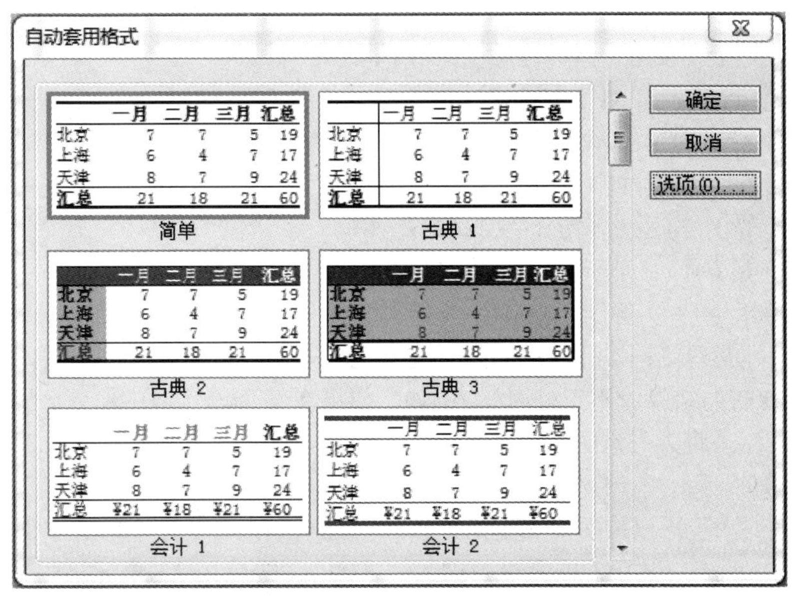

图 4－4－16　“自动套用格式”对话框

4.5　处理电子表格中的数据

在使用电子表格时，常常会需要计算表格中的数据，例如制作统计表格以及财务表格等。为了帮助用户快速并准确地计算表格中的数据，Excel 2003 提供了强大的数据计算功能。本节就将详细介绍使用公式与函数来计算电子表格数据的方法。

4.5.1　公式的运算符

在 Excel 2003 中，公式遵循一个特定的语法或次序：最前面是等号“＝”，后面是参与计算的数据对象和运算符。每个数据对象可以是常量数值、单元格或引用的单元格区域、标志、名称等。运算符用来连接要运算的数据对象，并说明进行了哪种公式运算。

4.5.1.1　运算符的类型

运算符对公式中的元素进行特定类型的运算。Excel 2003 中包含了 4 种类型的运算符：算术运算符、比较运算符、文本运算符与引用运算符。

1. 算术运算符。

算术运算符用于完成基本的数学运算，主要包括以下几种：

＋（加号）：加，如 3＋4。

－（减号）：减号或负号，如 2－1 或－4。

＊（乘号）：乘号，如 3＊4。

/（除号）：除号，如 3/4。

%（百分号）：百分比，如 20%。

∧（乘幂）：乘幂符，如 4∧2（4 的 2 次方）。

2. 比较运算符。

比较运算符用于比较两个值，主要包括以下几种：

= （等号）：等于，如 A1 = B1。

> （大于号）：大于，如 A1 > B1。

< （小于号）：小于，如 A1 < B1。

> = （大于等于号）：大于等于，如 A1 > = B1。

< = （小于等于号）：小于等于，如 A1 < = B1。

< > （不等于号）：不等于，如 A1 < > B1。

与一般的算术运算不同，比较的结果是逻辑值“TRUE”（当比较的结果为正确时）或“FALSE”（当比较的结果为不正确时）。例如，如果在某个单元格中输入公式“ =2 <1”，单元格中显示的结果将为逻辑值“FALSE”。

3. 文本串联符。

文本串联符“&”可以将两个文本值连接或串起来产生一个连续的文本值，例如在 A1 单元格中输入“Excel”，在 A2 单元格中输入“2002”，然后在 A3 单元格中输入公式“ = A1&A2”，则 A3 单元格中会出现“Excel2002”。

4. 引用操作符。

引用操作符用于对单元格区域的表述，主要包括以下两个：

冒号：表示两个单元格之间的所有单元格，如“B5：B9”表示多个单元格 B5、B6、B7、B8、B9。

逗号：表示将多个引用的单元格区域合并为一个，例如公式“ = sum （A1，A3：A5）”表示计算单元格 A1、A3、A4、A5 的和。

空格：表示对同时隶属于两个单元格区域的单元格（两个区域的重叠部分）的引用，例如公式“ = sum （A1：A3 A2：A4）”表示计算单元格 A2 和 A3 的和。

4.5.1.2 运算符优先级

如果公式中同时用到多个运算符，Excel 2003 将会依照运算符的优先级来依次完成运算。如果公式中包含相同优先级的运算符，例如公式中同时包含乘法和除法运算符，则 Excel 将从左到右进行计算。Excel 2003 中的运算符优先级见下表所示。其中，运算符优先级从上到下依次降低，见表 4 -5 -1。

表 4 -5 -1 运算符的优先级

运算符	说　明	运算符	说　明
：（冒号）（单个空格），（逗号）	引用运算符	* 和 /	乘和除
-	负号	+ 和 -	加和减
%	百分比	&	连接两个文本字符串
^	乘幂	= < > < = > = < >	比较运算符

4.5.2 在表格中使用公式

在电子表格中输入数据后，可通过 Excel 2003 中的公式对这些数据进行自动、精确、高速的运算处理，从而节省用户大量的时间。

4.5.2.1 公式的基本操作

在学习应用公式时，首先应掌握公式的基本操作，包括在电子表格中输入、修改、显示、复制以及删除公式等操作。

在 Excel 2003 中输入公式的方法与输入文本的方法类似，有以下两种方法可以实现公式的输入。

1. 直接输入公式。

在单元格中直接输入公式的操作步骤如下：

（1）选中要输入公式的单元格，键入“=”表示开始输入公式。

（2）键入包含要计算的单元格地址以及相应的操作符（如 G3 + H3）。

（3）按 Enter 键或单击“编辑栏”中的输入按钮，然后输入公式内容，就可完成输入。

完成输入后在单元格中显示的是公式计算的结果，其公式内容显示在编辑栏中，效果如图 4-5-1 所示。

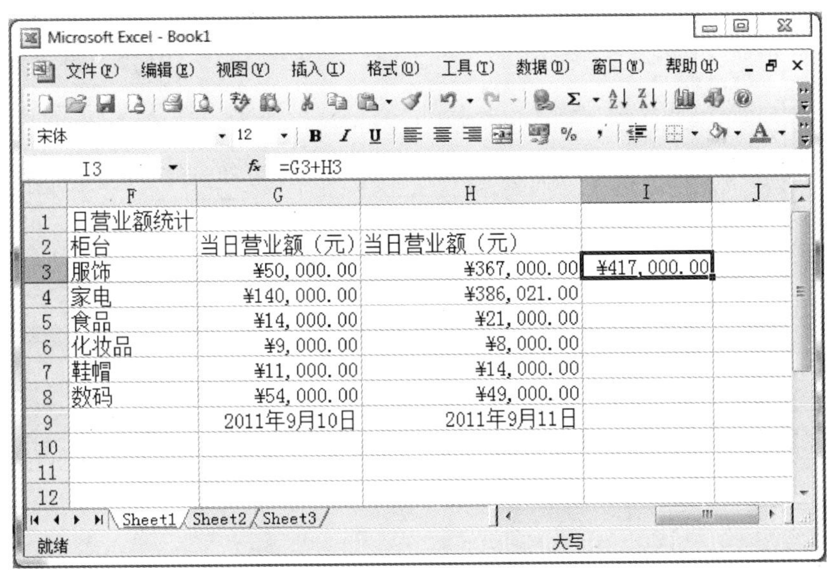

图 4-5-1

2. 选择单元格地址输入公式。

（1）选中要输入公式的单元格，键入“=”表示开始输入公式。

（2）用鼠标单击要在公式中加入的单元格地址，如上例中的 G3 单元格，此时单元格周围出现虚线框，同时 G3 出现在等号后面，如图 4-5-2 所示。

（3）输入运算符和公式中的数字，如“+”，单击 H3 单元格，这时 H3 单元格被一虚线框所包围，如图 4-5-3 所示。

（4）按 Enter 键或单击“编辑栏”中的“输入”按钮，就可完成输入。

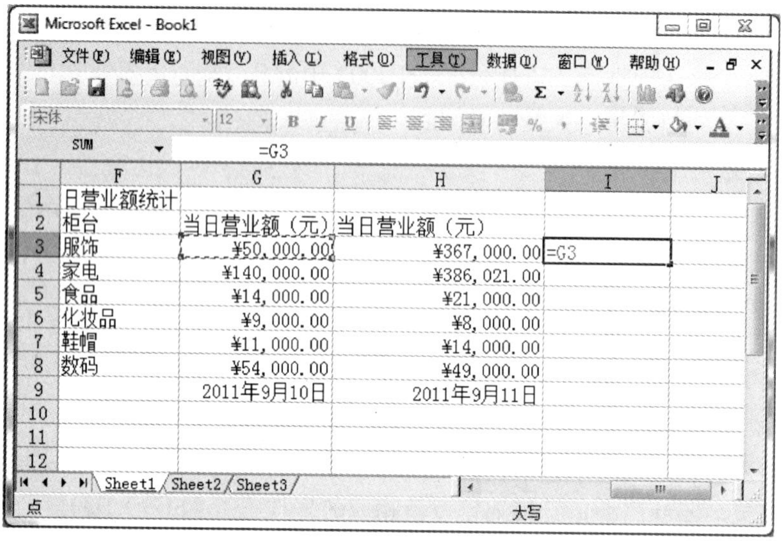

图 4－5－2

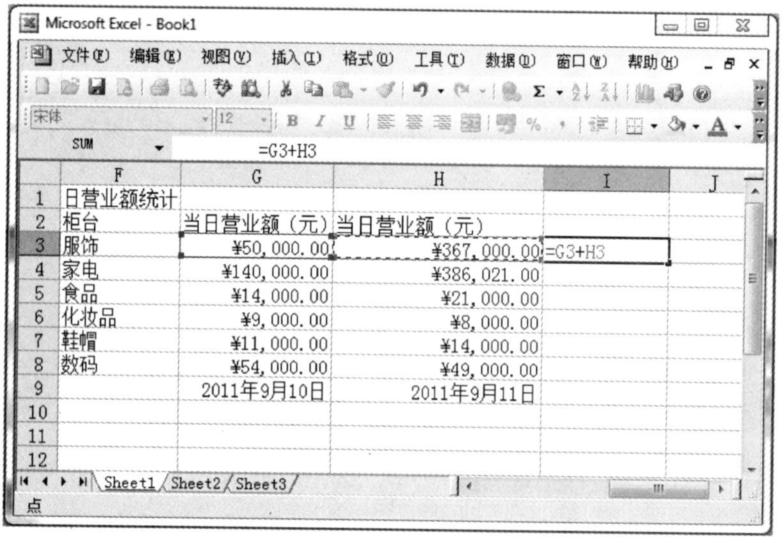

图 4－5－3

4.5.2.2 单元格的引用

公式的引用就是对工作表中的一个或一组单元格进行标识，从而告诉公式使用哪些单元格的值。通过引用，可以在一个公式中使用工作表不同部分的数据，或者在几个公式中使用同一单元格的数值。在 Excel 2003 中，引用公式的常用方式包括相对引用、绝对引用与混合引用。

1. 相对引用。

如果在 Excel 2003 的默认状态下复制公式，公式中引用的单元格与复制位置的单元格保持一致，进行了相应改变，则所进行的引用称为“相对引用”。下面以“学生成绩统计表”为例，解释相对引用的概念。

如图 4－5－2 所示，在计算 10 号和 11 号两天的服饰总营业额时，在 I3 单元格中输入公式“G3＋H3”计算出服饰的总营业额。在本工作表中一共有 6 类，如果为每类商品的总营业额都输入一次公式，其工作量是很大的，Excel 提供的相对引用功能，可减少繁琐的公式输入功能。

在公式中用到单元格地址时如果直接写其地址，例如“G3”，这种格式在 Excel 2003 中被称为相对引用。

2. 绝对引用。

在单元格的引用过程中，有时不希望相对引用，而是希望公式复制到别的单元格时，公式中的单元格地址不随活动单元格发生变化，这时就要用到绝对引用。在 Excel 2003 中的行号和列号前加“$”表示绝对引用。

例如，在 J3 单元格中输入公式“＝$G$3＋$G$4”，当把 J3 中的公式复制到 J4 中时，公式并没有发生变化，如图 4－5－4 所示。当其复制到 K2 单元格时，也没有发生变化，如图 4－5－5 所示。实际上绝对引用更多的是用在数据处理时对数据的引用中。

图 4－5－4

图 4－5－5

3. 混合引用。

混合引用是指在公式中用到单元格地址时，参数中行采用相对引用，列采用绝对引用，如 $G3；或正好相反，列采用绝对引用，行采用相对引用，如 G$3。当公式单元因插入、复制等原因引起行、列地址变化时，公式中相对地址随公式发生变化，绝对地址不随公式发生变化。

4.5.3 输入函数

Excel 2003 将具有特定功能的一组公式组合在一起以形成函数。与直接使用公式进行计算相比较，使用函数进行计算的速度更快，同时减少了错误的发生。函数一般包含 3 个部分：等号、函数名和参数，如“=SUM（A1：F10）”，表示对 A1：F10 单元格区域内所有数据求和。

1. 直接输入函数。

直接输入函数的方法同在单元格中输入一个公式的方法一样，下面以在单元格“I3”中输入一个函数“=SUM（G3：G5）”为例，介绍其操作步骤：

（1）选定要输入函数的单元格，例如“I3”单元格。

（2）在编辑框中输入一个等号“=”。

（3）输入函数本身，例如“=SUM（G3：G5）”。

（4）按 Enter 键或者单击“编辑栏”上的“确认”按钮。如图 4-5-6 和图 4-5-7 所示。

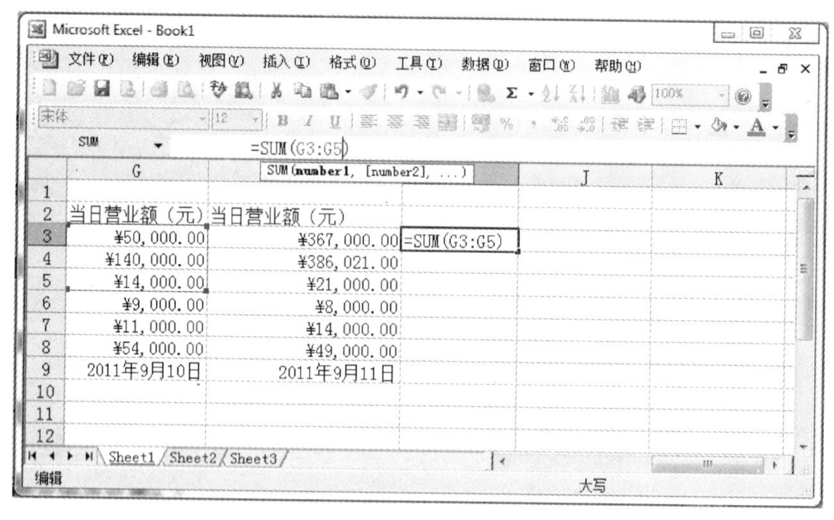

图 4-5-6

直接输入函数，适用于一些单变量的函数，或者一些简单的函数。对于参数较多或者比较复杂的函数，建议使用插入函数来输入。

2. 使用插入函数。

使用插入函数的操作步骤如下：

（1）选定要输入函数的单元格，例如选定单元格“K4”。

（2）单击“插入”→“函数”命令（或单击编辑栏中的“插入函数”按钮），调出

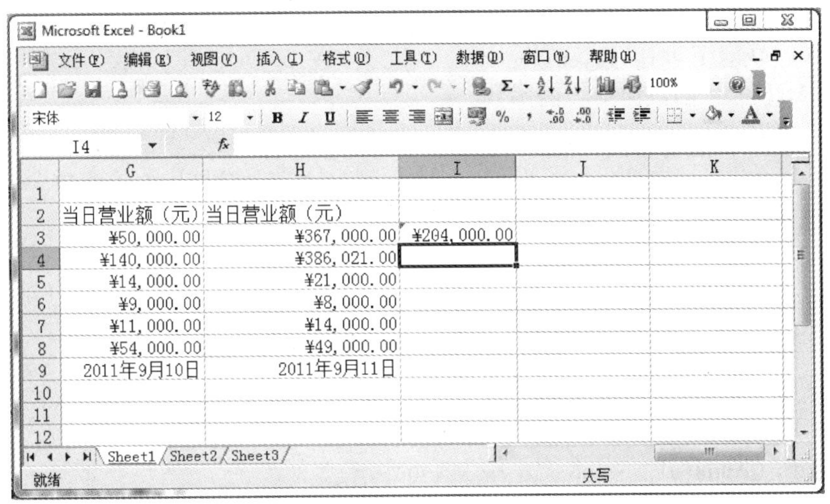

图 4－5－7

“插入函数”对话框，如图 4－5－8 所示。

（3）从“或选择类别”下拉列表框中选择要输入的函数分类，例如“常用函数”。

（4）从“选择函数”列表中选择所需要的函数。例如，选择求和函数“SUM”。

（5）单击“确定”按钮。

（6）单击“确定”按钮后，系统显示如图 4－5－9 所示的对话框。要求输入相关参数。

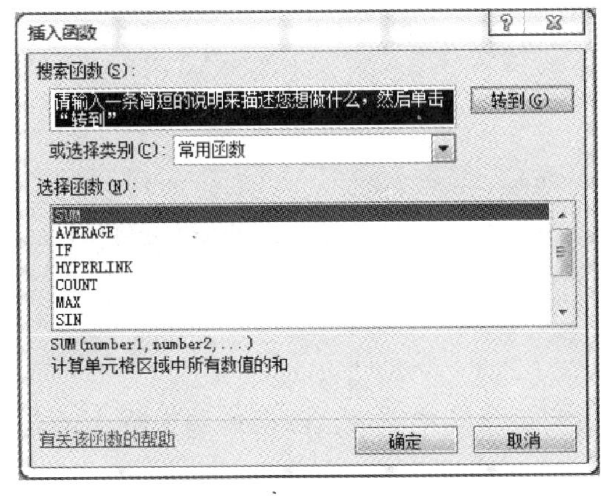

图 4－5－8 “插入函数”对话框

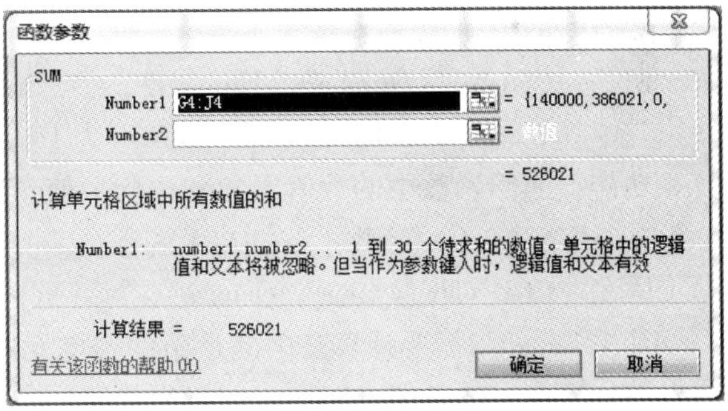

图 4－5－9

4.5.4 常用函数介绍

Excel 的函数有 200 多个，本节列出了比较常用的 Excel 函数及其参数，并且进行了解释、说明和举例。

4.5.4.1 简单的常用函数

在前面几个实例中已经使用过的是下面的几个函数，它们的基本语法如下所述。

1. SUM（）函数：求和函数。

语法：SUM（Number1，Number2，…，Numbern）。

其中 Number1、Number2、…、Numbern 为 1 到 n 个需要求和的参数。

功能：返回参数中所有数值之和。

2. AVERAGE（）函数：平均值函数。

语法：AVERAGE（Number1，Number2，…，Numbern）。

其中 Number1、Number2、…、Numbern 为 1 到 n 个需要求平均值的参数。

功能：返回参数中所有数值的平均值。

3. MAX（）函数：最大值函数。

语法：MAX（Numberl，Number2，…，Numbern）。

其中 Numberl、Number2、…、Numbern 为 1 到 n 个需要求最大值的参数。

功能：返回参数中所有数值的最大值。

4. MIN（）函数：最小值函数。

语法：MIN（Numberl，Number2，…，Numbern）。

其中 Numberl、Number2、…、Numbern 为 1 到 n 个需要求最小值的参数。

功能：返回参数中所有数值的最小值。

5. IF（）：判断函数。

语法：IF（logical－test，value－if－true，value－if－false）。

其中 logical－test 是任何计算结果为 TRUE 或 FALSE 的数值或表达式；value－if－true 是 logical－test 为 TRUE 时函数的返回值，如果logical－test为 TRUE 时并且省略 value－if－true，则返回 TRUE；value－if－false 是 logical－test 为 FALSE 时函数的返回值，如果 logical－test 为 FALSE 时并且省略 value－if－false，则返回 FALSE。

功能：指定要执行的逻辑检验。

6. COUNT（）函数：技术函数。

语法：COUNT（Numberl，Number2，…，Numbern）。

其中 Numberl、Number2、…、Numbern 为 1 到 n 个参数，但只对数值类型的数据进行统计。

功能：返回参数中的数值参数和包含数值参数的个数。

7. COUNTIF（）函数：条件技术函数。

语法：COUNTIF（range，criteria）。

其中 range 为需要计算其中满足条件的单元格书目的单元格区域；criteria 确定哪些单元格将被计算在内的条件，其形式可以为数字、表达式或文本。

功能：计算满足给定条件的区间内的非空单元格个数。

8. SUMIF（）函数：条件求和函数。

语法：SUMIF（range，criteria，sum－range）。

其中 range 是用于条件判断的单元格区域；criteria 为单元格区域求和的条件；sum－range 是需要求和的实际单元格。

功能：按给定条件的若干单元格求和。

4.5.4.2 查找和引用函数

1. ADDRESS（）。

用途：以文字形式返回对工作簿中某一单元格的引用。

语法：ADDRESS（row_num，column_num，abs_num，a1，sheet_text）

参数：Row_num 是单元格引用中使用的行号；Column_num 是单元格引用中使用的列标；Abs_num 指明返回的引用类型（1 或省略为绝对引用，2 绝对行号、相对列标，3 相对行号、绝对列标，4 是相对引用）；A1 是一个逻辑值，它用来指明是以 A1 或 R1C1 返回引用样式。如果 A1 为 TRUE 或省略，函数 ADDRESS 返回 A1 样式的引用；如果 A1 为 FALSE，函数 ADDRESS 返回 R1C1 样式的引用。Sheet_text 为一文本，指明作为外部引用的工作表的名称，如果省略 sheet_text，则不使用任何工作表的名称。

实例：公式“=ADDRESS（1，4，4，1）”返回 D1。

2. AREAS（）。

用途：返回引用中包含的区域个数。

语法：AREAS（reference）。

参数：Reference 是对某一单元格或单元格区域的引用，也可以引用多个区域。注意：如果需要将几个引用指定为一个参数，则必须用括号括起来，以免 Excel 将逗号作为参数间的分隔符。

实例：公式“=AREAS（A2：B4）”返回 1，“=AREAS（（A1：A3，A4：A6，B4：B7，A16：A18））”返回 4。

3. CHOOSE（）。

用途：可以根据给定的索引值，从多达 29 个待选参数中选出相应的值或操作。

语法：CHOOSE（index_num，value1，value2，...）。

参数：Index_num 是用来指明待选参数序号的值，它必须是 1 到 29 之间的数字、或者是包含数字 1 到 29 的公式或单元格引用；Value1，value2，... 为 1 到 29 个数值参数，可以是数字、单元格，已定义的名称、公式、函数或文本。

实例：公式“=CHOOSE（2，“电脑”，“爱好者”）返回“爱好者”。公式“=SUM（A1：CHOOSE（3，A10，A20，A30））”与公式“=SUM（A1：A30）”等价（因为 CHOOSE（3，A10，A20，A30）返回 A30）。

4. COLUMN（）。

用途：返回给定引用的列标。

语法：COLUMN（reference）。

参数：Reference 为需要得到其列标的单元格或单元格区域。如果省略 reference，则假定函数 COLUMN 是对所在单元格的引用。如果 reference 为一个单元格区域，并且函数 COLUMN 作为水平数组输入，则 COLUMN 函数将 reference 中的列标以水平数组的形式返回。

实例：公式“=COLUMN（A3）”返回 1，“=COLUMN（B3：C5）”返回 2。

5. COLUMNS（）。

用途：返回数组或引用的列数。

语法：COLUMNS（array）。

参数：Array 为需要得到其列数的数组、数组公式或对单元格区域的引用。

实例：公式“=COLUMNS（B1：C4）”返回 2，=COLUMNS（{5，4；4，5}）返回 2。

6. HLOOKUP（）。

用途：在表格或数值数组的首行查找指定的数值，并由此返回表格或数组当前列中指定行处的数值。

语法：HLOOKUP（lookup_value，table_array，row_index_num，range_lookup）。

参数：Lookup_value 是需要在数据表第一行中查找的数值，它可以是数值、引用或文字串；Table_array 是需要在其中查找数据的数据表，可以使用对区域或区域名称的引用，Table_array 的第一行的数值可以是文本、数字或逻辑值。Row_index_num 为 table_array 中待返回的匹配值的行序号。Range_lookup 为一逻辑值，指明函数 HLOOKUP 查找时是精确匹配，还是近似匹配。

实例：如果 A1：B3 区域存放的数据为 34、23、68、69、92、36，则公式“=HLOOKUP（34，A1：B3，1，FALSE）”返回 34；“=HLOOKUP（3，{1，2，3;"a","b","c","d","e","f"}，2，TRUE）”返回“c”。

7. HYPERLINK（）。

用途：创建一个快捷方式，用以打开存储在网络服务器、Intranet（Internet）或本地硬盘的其他文件。

语法：HYPERLINK（link_location，friendly_name）。

参数：Link_location 是文件的路径和文件名，它还可以指向文档中的某个更为具体的位置，如 Excel 工作表或工作簿中特定的单元格或命名区域，或是指向 Word 文档中的书签。路径可以是存储在硬盘驱动器上的文件，或是 Internet 或 Intranet 上的 URL 路径；Friendly_name 为单元格中显示的链接文字或数字，它用蓝色显示并带有下划线。如果省略了 Friendly_name，单元格就将 link_ location 显示为链接。

实例：HYPERLINK（"http：//www. mydrivers. com/"，"驱动之家"）会在工作表中显示文本“驱动之家”，单击它即可连接到“http：//www. mydrivers. com/”。公式“=HYPERLINK（"D：\ README. TXT"，"说明文件"）”在工作表中建立一个的蓝色“说明文件”链接，单击它可以打开 D 盘上的 README. TXT 文件。

8. INDEX（）。

用途：返回表格或区域中的数值或对数值的引用。函数 INDEX（）有两种形式：数组和引用。数组形式通常返回数值或数值数组，引用形式通常返回引用。

语法：INDEX（array，row_num，column_num）。返回数组中指定的单元格或单元格数组的数值。INDEX（reference，row_num，column_num，area_num）返回引用中指定单元格或单元格区域的引用。

参数：Array 为单元格区域或数组常数；Row_num 为数组中某行的行序号，函数从该行返回数值。如果省略 row_num，则必须有 column_num；Column_num 是数组中某列的列序号，函数从该列返回数值。如果省略 column_num，则必须有 row_num。Reference 是对一个或多个单元格区域的引用，如果为引用输入一个不连续的选定区域，必须用括号括起来。Area_num 是选择引用中的一个区域，并返回该区域中 row_num 和 column_num 的交叉区域。选中或输入的第一个区域序号为 1，第二个为 2，以此类推。如果省略 area_num，则 INDEX 函数使用区域 1。

实例：如果 A1=68、A2=96、A3=90，则公式“=INDEX（A1：A3，1，1）”返回 68，“=INDEX（A1：A3，1，1，1）”返回 68。

9. INDIRECT ( )。

用途：返回由文字串指定的引用。此函数立即对引用进行计算，并显示其内容。当需要更改公式中单元格的引用，而不更改公式本身，即可使用 INDIRECT 函数。

语法：INDIRECT (ref_text, a1)。

参数：Ref_text 是对单元格的引用，此单元格可以包含 A1 样式的引用、R1C1 样式的引用、定义为引用的名称或对文字串单元格的引用；A1 为一逻辑值，指明包含在单元格 ref_text 中的引用的类型。如果 a1 为 TRUE 或省略，ref_text 被解释为 A1 样式的引用。如果 a1 为 FALSE，ref_text 被解释为 R1C1 - 样式的引用。

实例：如果单元格 A1 存放有文本 B1，而 B1 单元格中存放了数值 68.75，则公式 " = INDIRECT ($A$1)" 返回 68.75。

10. LOOKUP ( )。

用途：返回向量（单行区域或单列区域）或数组中的数值。该函数有两种语法形式：向量和数组，其向量形式是在单行区域或单列区域（向量）中查找数值，然后返回第二个单行区域或单列区域中相同位置的数值；其数组形式在数组的第一行或第一列查找指定的数值，然后返回数组的最后一行或最后一列中相同位置的数值。

语法 1（向量形式）：LOOKUP (lookup_value, lookup_vector, result_vector)。

语法 2（数组形式）：LOOKUP (lookup_value, array)。

参数 1（向量形式）：Lookup_value 为函数 LOOKUP 在第一个向量中所要查找的数值。Lookup_value 可以为数字、文本、逻辑值或包含数值的名称或引用。Lookup_vector 为只包含一行或一列的区域。Lookup_vector 的数值可以为文本、数字或逻辑值。

参数 2（数组形式）：Lookup_value 为函数 LOOKUP 在数组中所要查找的数值。Lookup_value 可以为数字、文本、逻辑值或包含数值的名称或引用。如果函数 LOOKUP 找不到 lookup_value，则使用数组中小于或等于 lookup_value 的最大数值。Array 为包含文本、数字或逻辑值的单元格区域，它的值用于与 lookup_value 进行比较。

注意：Lookup_vector 的数值必须按升序排列，否则 LOOKUP 函数不能返回正确的结果，参数中的文本不区分大小写。

实例：如果 A1 = 68、A2 = 76、A3 = 85、A4 = 90，则公式 " = LOOKUP (76, A1:A4)" 返回 2，" = LOOKUP (" bump", {" a", 1;" b", 2;" c", 3})" 返回 2。

11. MATCH ( )。

用途：返回在指定方式下与指定数值匹配的数组中元素的相应位置。如果需要找出匹配元素的位置而不是匹配元素本身，则应该使用 MATCH 函数。

语法：MATCH (lookup_value, lookup_array, match_type)。

参数：Lookup_value 为需要在数据表中查找的数值，它可以是数值（或数字、文本或逻辑值）、对数字、文本或逻辑值的单元格引用。Lookup_array 是可能包含所要查找的数值的连续单元格区域，Lookup_array 可以是数组或数组引用；Match_type 为数字 - 1、0 或 1，它说明 Excel 如何在 lookup_array 中查找 lookup_value。如果 match_type 为 1，函数 MATCH 查找小于或等于 lookup_value 的最大数值。如果 match_type 为 0，函数 MATCH 查找等于 lookup_value的第一个数值。如果 match_type 为 - 1，函数 MATCH 查找大于或等于 lookup_ value 的最小数值。注意：MATCH 函数返回 lookup_array 中目标值的位置，而不是数值本身。如果 match_type 为 0 且 lookup_value 为文本，lookup_value 可以包含通配符（“*”和“?”）。星号可以匹配任何字符序列，问号可以匹配单个字符。

实例：如果 A1 =68、A2 =76、A3 =85、A4 =90，则公式“=MATCH（90，A1：A5，0）”返回3。

12. OFFSET（）。

用途：以指定的引用为参照系，通过给定偏移量得到新的引用。返回的引用可以是一个单元格或单元格区域，并可以指定返回的行数或列数。

语法：OFFSET（reference，rows，cols，height，width）。

参数：Reference 是作为偏移量参照系的引用区域，它必须是单元格或相连单元格区域的引用；Rows 是相对于偏移量参照系的左上角单元格，上（下）偏移的行数。如果使用 5 作为参数 Rows，则说明目标引用区域的左上角单元格比 reference 低 5 行。行数可为正数（代表在起始引用的下方）或负数（代表在起始引用的上方）；Cols 是相对于偏移量参照系的左上角单元格，左（右）偏移的列数。如果使用 5 作为参数 Cols，则说明目标引用区域的左上角的单元格比 reference 靠右 5 列。列数可为正数（代表在起始引用的右边）或负数（代表在起始引用的左边）；Height 是要返回的引用区域的行数，Height 必须为正数；Width 是要返回的引用区域的列数，Width 必须为正数。

实例：如果 A1 =68、A2 =76、A3 =85、A4 =90，则公式“=SUM（OFFSET（A1：A2，2，0，2，1））”返回 177。

13. ROW（）。

用途：返回给定引用的行号。

语法：ROW（reference）。Reference 为需要得到其行号的单元格或单元格区域。

实例：公式“=ROW（A6）”返回 6，如果在 C5 单元格中输入公式“=ROW（）”，其计算结果为 5。

14. ROWS（）。

用途：返回引用或数组的行数。

语法：ROWS（array）。

参数：Array 是需要得到其行数的数组、数组公式或对单元格区域的引用。

实例：公式“=ROWS（A1：A9）”返回 9，=ROWS（{1，2，3；4，5，6；1，2，3}）返回 3。

15. RTD（）。

用途：从支持 COM 自动化的程序中返回实时数据。

语法：RTD（ProgID，server，topic1，[topic2]，...）。

参数：ProgID 是已安装在本地计算机中，经过注册的 COM 自动化加载宏的 ProgID 名称，该名称用引号引起来。Server 是运行加载宏的服务器的名称。如果没有服务器，程序是在本地计算机上运行，那么该参数为空白。topic1，topic2，...21 为 1 到 28 个参数，这些参数放在一起代表一个唯一的实时数据。

16. TRANSPOSE（）。

用途：返回区域的转置（所谓转置就是将数组的第一行作为新数组的第一列，数组的第二行作为新数组的第二列，以此类推）。

语法：TRANSPOSE（array）。参数：Array 是需要转置的数组或工作表中的单元格区域。

实例：如果 A1 = 68、A2 = 76、B1 = 85、B2 = 90，那么公式“｛= TRANSPOSE（A1：B1)｝”返回 C1 = 56、D1 = 98、C2 = 90、D2 = 87。

17. VLOOKUP（)。

用途：在表格或数值数组的首列查找指定的数值，并由此返回表格或数组当前行中指定列处的数值。当比较值位于数据表首列时，可以使用函数 VLOOKUP 代替函数 HLOOKUP。

语法：VLOOKUP（lookup_value，table_array，col_index_num，range_lookup）。

参数：Lookup_value 为需要在数据表第一列中查找的数值，它可以是数值、引用或文字串。Table_array 为需要在其中查找数据的数据表，可以使用对区域或区域名称的引用。Col_index_num 为 table_array 中待返回的匹配值的列序号。Col_index_num 为 1 时，返回 table_array 第一列中的数值；col_index_num 为 2，返回 table_array 第二列中的数值，以此类推。Range_lookup 为一逻辑值，指明函数 VLOOKUP 返回时是精确匹配还是近似匹配。如果为 TRUE 或省略，则返回近似匹配值，也就是说，如果找不到精确匹配值，则返回小于 lookup_value 的最大数值；如果 range_value 为 FALSE，函数 VLOOKUP 将返回精确匹配值。如果找不到，则返回错误值#N/A。

实例：如果 A1 = 23、A2 = 45、A3 = 50、A4 = 65，则公式“= VLOOKUP（50，A1：A4，1，TRUE)”返回 50。

4.5.4.3 统计函数

1. AVERAGE（)。

用途：计算所有参数的算术平均值。

语法：AVERAGE（number1，number2，…，number30）。

参数：Number1、number2、…、number30 是要计算平均值的 1 ~ 30 个参数。

实例：如果 A1：A5 区域命名为分数，其中的数值分别为 100、70、92、47 和 82，则公式“= AVERAGE（分数)”返回 78.2。

2. COUNT（)。

用途：返回数字参数的个数。它可以统计数组或单元格区域中含有数字的单元格个数。

语法：COUNT（value1，value2，…，value30）。

参数：Value1、value2、…、value30 是包含或引用各种类型数据的参数（1 ~ 30 个），其中只有数字类型的数据才能被统计。

实例：如果 A1 = 90、A2 = 人数、A3 = "　　"、A4 = 54、A5 = 36，则公式“= COUNT（A1：A5)”返回 3。

3. COUNTIF（)。

用途：计算区域中满足给定条件的单元格的个数。

语法：COUNTIF（range，criteria）。

参数：Range 为需要计算其中满足条件的单元格数目的单元格区域。Criteria 为确定哪些单元格将被计算在内的条件，其形式可以为数字、表达式或文本。

4. RANK（）。

用途：返回一个数值在一组数值中的排位（如果数据清单已经排过序了，则数值的排位就是它当前的位置）。

语法：RANK（number，ref，order）。

参数：Number 是需要计算其排位的一个数字；Ref 是包含一组数字的数组或引用（其中的非数值型参数将被忽略）；Order 为一数字，指明排位的方式。如果 order 为 0 或省略，则按降序排列的数据清单进行排位。如果 order 不为零，ref 当做按升序排列的数据清单进行排位。注意：函数 RANK 对重复数值的排位相同。但重复数的存在将影响后续数值的排位。如在一列整数中，若整数 60 出现两次，其排位为 5，则 61 的排位为 7（没有排位为 6 的数值）。

实例：如果 A1 = 78、A2 = 45、A3 = 90、A4 = 12、A5 = 85，则公式“ = RANK（A1，$A$1：$A$5)”返回 5、8、2、10、4。

5. SUM（）。

用途：返回某一单元格区域中所有数字之和。

语法：SUM（number1，number2，…，number30）。

参数：Number1、number2、…、number30 为 1 到 30 个需要求和的参数。

说明：直接键入到参数表中的数字、逻辑值及数字的文本表达式将被计算。如果参数为数组或引用，只有其中的数字将被计算。数组或引用中的空白单元格、逻辑值、文本将被忽略。

6. SUMIF（）。

用途：根据指定条件对若干单元格求和。

语法：SUMIF（range，criteria，sum - range）。

说明：Range 为用于条件判断的单元格区域；Criteria 为确定哪些单元格将被相加求和的条件，其形式可以为数字、表达式或文本；Sum - range 是需要求和的实际单元格。只有在区域中相应的单元格符合条件的情况下，sum - range 中的单元格才求和。如果忽略了 sum - range，则对区域中的单元格求和。

4.5.5 添加求和数据

4.5.5.1 使用自动求和按钮

利用常用工具栏中的“自动求和”按钮，可以对工作表中所设定的单元格自动求和。“自动求和”按钮实际上代表了工作表函数中的“SUM（）”函数，利用该函数可以将一个累加公式转换为一个简洁的公式。例如，将单元格定义为公式“ = A1 + A2 + A3 + A4 + A5 + A6”，通过使用“自动求和”按钮可以将之转换为“ = SUM（A1：A6)”。

事实上，在 Excel 2003 中自动求和的实用功能已经被扩充为包含了大部分常用函数的下拉列表。例如，单击列表中的“平均值”可以计算选定区域的平均值，或者连接到“函数向导”以获取其他选项。

4.5.5.2 对行或列相邻单元格的求和

对行或列相邻单元格的求和的操作非常简便，其操作步骤如下：

1. 选定要求和的行或者列。请注意，选定操作中要包含目标单元格。

2. 单击“自动求和”按钮即可。

例如，对单元格“D4：F4”求和，并将结果放到单元格“G4”中，其操作步骤如下：

1. 选定单元格“D4：F4”，如图 4－5－10 所示。

2. 单击“自动求和”按钮，就可以看到结果，如图 4－5－11 所示。

	B	C	D	E	F	G
1	Flsah学生成绩统计表					
2						
3	学号	姓名	平时	期中	期末	总分
4	1	李青	78	78	58	
5	2	谢红	56	65	46	
6	3	陈小娟	89	38	89	

图 4－5－10

	B	C	D	E	F	G
1	Flsah学生成绩统计表					
2						
3	学号	姓名	平时	期中	期末	总分
4	1	李青	78	78	58	214
5	2	谢红	56	65	46	
6	3	陈小娟	89	38	89	

图 4－5－11

4.5.5.3 自动计算

有时用户可能会要求快速查看某些数值，如某个范围内的最大值、最小值、平均值和计数等，如果使用公式就显得比较繁琐，这时，可以使用 Excel 2003 中“自动求和”按钮组中的自动计算功能。

例如，计算所选单元格区域中的平均值，其操作步骤如下：

1. 选定单元格的计算区域。

2. 单击“自动求和”按钮的下拉箭头。

3. 这时系统会弹出一个下拉列表框，在列表中单击“平均值”命令，则会自动在下一个单元格填充平均值公式并求出值，用鼠标拖曳选择数据区域，如图 4－5－12 所示，就可以完成平均分的计算。

SUM =AVERAGE(D4:G4)

	B	C	D	E	F	G	H	I	J	K
1	Flsah学生成绩统计表									
2										
3	学号	姓名	平时	期中	期末	总分	平均分			
4	1	李青	78	78	58	214	=AVERAGE(D4:G4)			
5	2	谢红	56	65	46	167	AVERAGE(number1, [number2], ...)			
6	3	陈小娟	89	38	89	216				
7	4	张依	35	94	77	206				
8	5	钟昱	17	72	45	134				
9	6	林林	86	84	62	232				
10	7	姚文	56	64	74	194				

图 4－5－12

4.6 管理电子表格中的数据

在 Excel 2003 电子表格中，不仅可以增加、删除和移动数据，而且能够对电子表格中的数据进行排序、筛选、汇总等操作，帮助用户更容易地管理电子表格中的数据。本节就将详细介绍在 Excel 2003 中管理电子表格数据的各种方法。

4.6.1 数据清单

Excel 2003 对数据进行筛选等操作的依据是数据清单，所谓数据清单是包含列标题的一组连续数据行的工作表。从定义上可以看出数据清单是一种有特殊要求的表格，它必须要由两部分构成，即表结构和纯数据。

在 Excel 2003 中对数据清单执行查询、排序和汇总等操作时，自动将数据清单视为数据库，数据清单中的列示数据库中的字段，数据清单中的列标志是数据库中的字段名称，数据清单中的每一行对应数据库中的一个记录。

4.6.1.1 建立数据清单的规则

表结构是数据清单中的第一行列标题，Excel 将利用这些标题名进行数据的查找、排序和筛选等。纯数据部分则是 Excel 2003 实施管理功能的对象，不允许有非法数据出现。因此，在 Excel 创建数据清单要遵守一定的规则。

1. 在同一个数据清单中列标题必须是唯一的。

2. 列标题与纯数据之间不能用分隔线或空行分开。如果要将数据在外观上分开，可以使用单元格边框线。

3. 同一列数据的类型、格式等应相同。

4. 在同一个工作表上避免建立多个数据清单。因为数据清单的某些处理功能，每次只能在一个数据清单中使用。

5. 尽量避免将关键数据放到数据清单的左右两侧。因为这些数据在进行筛选时可能会被隐藏。

6. 在纯数据区不允许出现空行。

7. 在工作表的数据清单与其他数据之间至少留出一空白行或空白列。

4.6.1.2 使用记录单建立数据清单

用记录单建立数据清单的具体操作步骤如下：

1. 新建一个工作簿，将 Sheet1 工作表命名为“销售统计”，在数据清单的首行一次输入各个字段。

2. 在要加入记录的数据清单中选定任一个单元格。

3. 单击“数据”→“记录单”命令。

4. 如果没有数据，则屏幕上会出现如图 4-6-1 所示的提示对话框，请用户自习阅读对话框的内容，然后单击“确定”按钮（本例中已经输入了公式所以不会出现该对话框）。

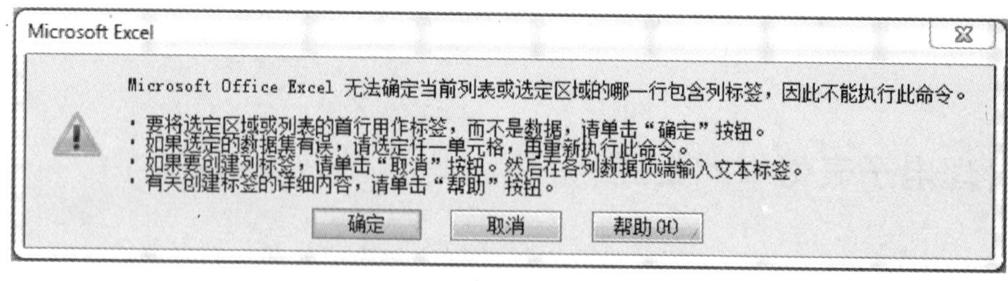

图 4-6-1

5. 这时屏幕上出现了如图 4-6-2 所示的对话框，该对话框标题栏上的名字是工作表的名字。在各个字段中输入新记录的值，要移动到下一个字段中，请按 Tab 键。

6. 当输完所有的记录内容后，按 Enter 键（或单击“新记录”按钮）即可加入一条记录，同时出现等待新记录的记录单。

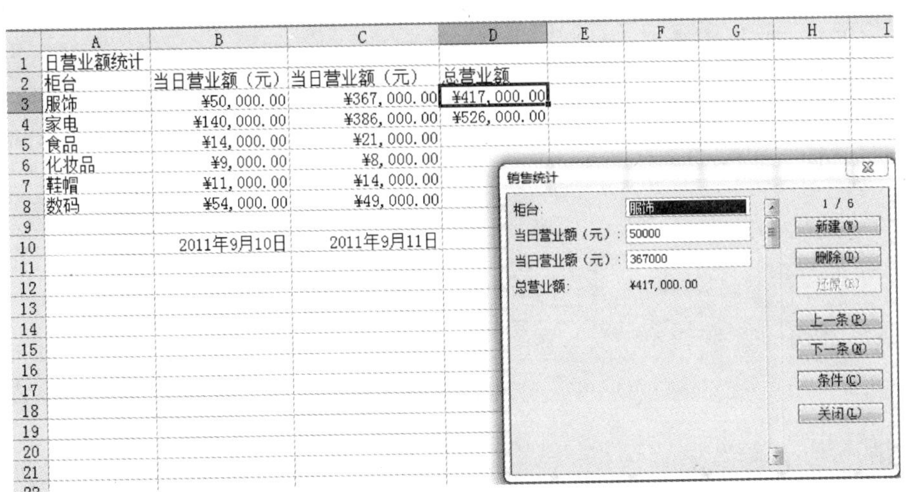

图 4－6－2

7. 重复操作步骤（5）、（6）输入更多的记录。

8. 当输入所有记录后，单击“关闭”按钮，就会看到在清单底部加入了新增的记录。

4.6.1.3 修改数据清单

1. 追加新的记录。追加新记录有两种方法，一种是直接在单元格中输入，另一种是使用记录单。

直接再单元格中输入的方法：在要插入记录的行号下方选中某一单元格，单击“插入”→“行”菜单命令，插入新的一行，在此行中输入数据。

使用记录单的方法：单击“数据”→“记录单”命令，弹出记录单的对话框，用新建数据清单相同的方法可以输入追加的新记录。

2. 修改记录。修改数据清单中的记录有两种方法，一种是直接在相应的单元格中进行修改，另一种是使用记录单进行修改。

使用记录单修改记录的具体操作时，单击数据清单中的任一单元格，然后单击“数据”→“记录单”命令，则弹出记录单对话框，如图4－6－3所示。单击“下一条”按钮查找并显示出要修改数据的记录，修改该记录的内容。修改完毕，单击“关闭”按钮，退出记录单对话框。

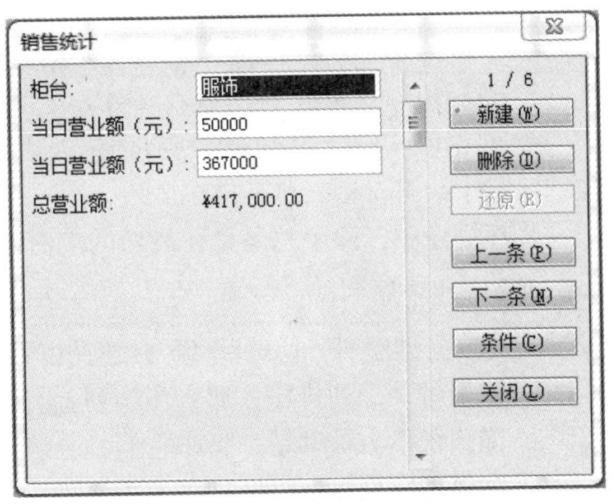

图 4－6－3 “记录清单”对话框

3. 删除记录。删除记录有两种方法，一种是直接在相应的单元格中进行删除操作，另一种是使用记录单进行删除。

使用记录单删除一条记录的具体操作方法是：单击数据清单中的任一单元格，单击“数据”→“记录单”命令，则弹出一个记录单对话框（图 4－6－4），单击“上一条”或

“下一条”按钮查找要删除的记录，单击“删除”按钮，则屏幕上弹出一个提示对话框，单击“确定”按钮，在记录单中显示的记录被删除。

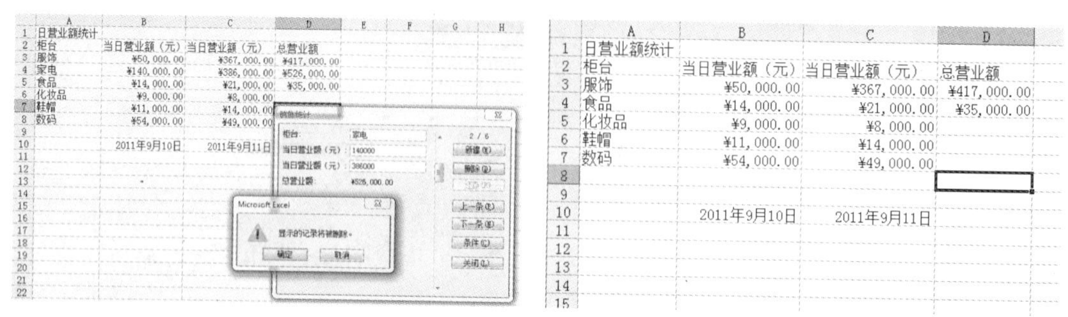

图 4-6-4

4.6.2 排序电子表格中的数据

数据排序是指按一定规则对数据进行整理、排列，这样可以为数据的进一步处理做好准备。Excel 2003 提供了多种方法对数据清单进行排序，可以按升序、降序的方式，也可以由用户自定义排序。

4.6.2.1 Excel 2003 的默认顺序

Excel 2003 是根据排序关键字所在列数据的值来进行排序，而不是根据其格式来排序。在升序排序中，它默认的排序顺序如下所述：

1. 数值。数字是从最小负数到最大正数，日期和时间则是根据它们所对应的序数值排序。

2. 文字。文字和包括数字的文字排序次序如下：

0 1 2 3 4 5 6 7 8 9（空格）!"# $%&' ( ) *
+ , -, / : ; < : > ? @" \ "^_ ' { → } ~

3. 逻辑值。逻辑值 FALSE 在 TRUE 之前。

4. 错误值。Error Values，所有的错误值都是相等的。

5. 空格。Blanks，总是排在最后。

降序排序中，除了总是排在最后的空白单元格之外，Excel 将顺序反过来。

4.6.2.2 排序原则

当对数据排序时，Excel 2003 会遵循以下的原则：

1. 如果对某一列排序，那么在该列上有完全相同项的行将保持它们的原始次序。

2. 隐藏行不会被移动，除非它们是分级显示的一部分。

3. 如果按一列以上进行排序，主要列中完全相同项的行会根据用户指定的第三列进行排序。

4.6.2.3 简单排序

在“常用”工具栏中提供了两个排序按钮：“升序排序”（从小到大排序）和“降序排序”（从大到小）排序。步骤如下：

1. 选中要排序的某一列单元格。

2. 根据需要，可以单击“常用”工具栏中的“升序排序”或“降序排序”按钮。例如，单击“降序排序”按钮，将得到如图 4－6－5 所示的结果。

C
当日营业额（元）
¥367,000.00
¥21,000.00
¥8,000.00
¥14,000.00
¥49,000.00

C
当日营业额（元）
¥367,000.00
¥49,000.00
¥21,000.00
¥14,000.00
¥8,000.00

图 4－6－5　降序排序

4.6.2.4　自定义排序。

在 Excel 中，可以利用“自定义序列”作为排序依据，操作步骤如下：

1. 选择数据清单中的任一单元格。

2. 单击“数据”→“排序”命令，调出“排序”对话框，如图 4－6－6 所示。

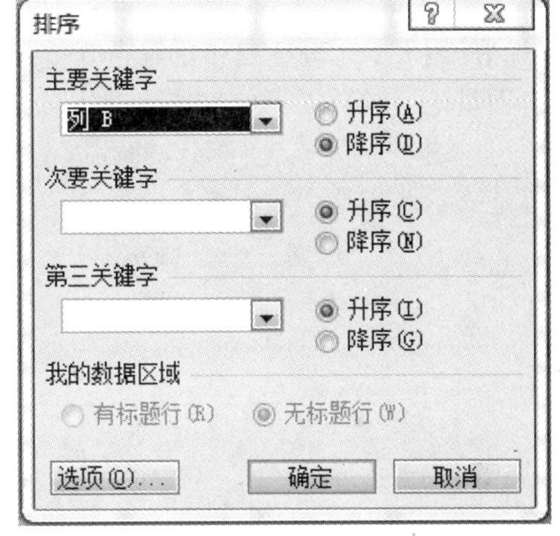

图 4－6－6　“排序”对话框

3. 单击“排序”对话框中的“选项”按钮，调出“排序选项”对话框，如图 4－6－7 所示。

4. 用鼠标单击“自定义排序次序”下拉列表框，如图 4－6－8 所示，从中选择任一序列作为排序依据。

5. 单击“确定”按钮返回到“排序”对话框中，再次单击“确定”按钮则按指定的排序方式进行排序。

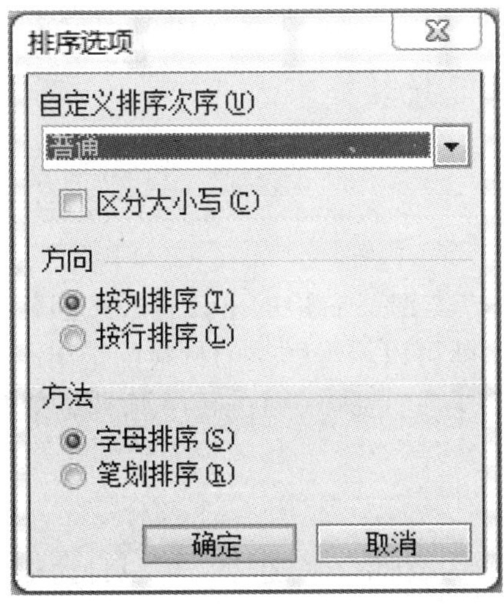

图 4－6－7　“排序选项”对话框

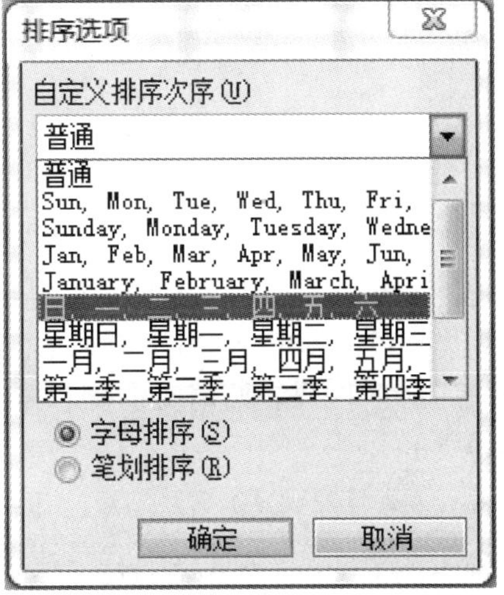

图 4－6－8　“排序选项”对话框

4.6.2.5 排序数据顺序的恢复

数据清单内的数据，在经过多次排序后，它的顺序变化比较大，如果要让数据回到原来的排列次序，可以用下面的方法解决这个问题。

在创建数据清单时，加上一个序号字段，并输入连续的记录编号，在需要回复原来的排列顺序时，单击选中这一列中的任一个单元格，单击格式工具栏中的“升序”按钮，就可使数据排列的次序恢复原状。

4.6.3 筛选电子表格中的数据

数据清单创建完成后，对它进行的操作通常是从中查找和分析具备特定条件的记录，而筛选就是一种用于查找数据清单中数据的快速方法。经过筛选后的数据清单只显示包含指定条件的数据行，以供用户浏览、分析。在 Excel 中提供了“自动筛选”和“高级筛选”命令来进行筛选。

4.6.3.1 自动筛选

使用 Excel 2003 自带的筛选功能，可以快速筛选表格中的数据。筛选为用户提供了在具有大量记录的数据清单中快速查找符合某种条件记录的功能。具体操作步骤如下：

1. 首先打开要进行筛选的数据清单，然后在数据清单中选中一个单元格，这样做的目的是表示选中整个数据清单。

2. 单击“数据”→“筛选”→“自动筛选”命令。在列标题的右边就会出现自动筛选箭头，如图 4－6－9 所示。

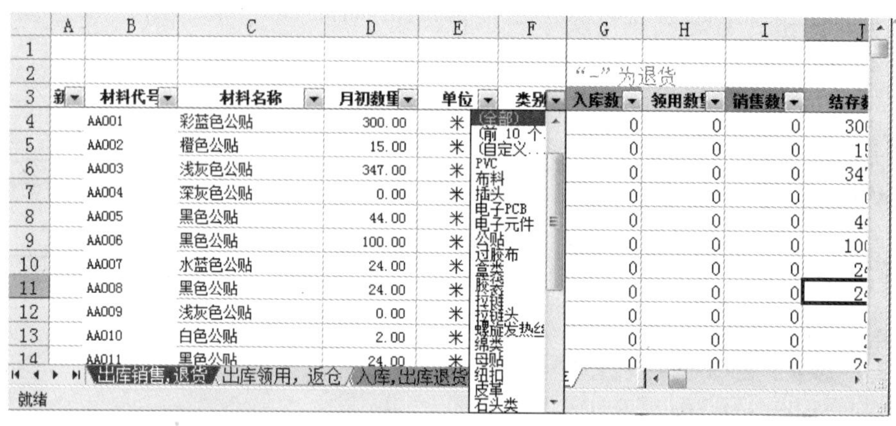

图 4－6－9　数据筛选

3. 单击字段名右边的下拉列表按钮，例如单击“类别”右边的下拉列表按钮，出现一个下拉列表，单击要显示的项，例如单击“母贴”，就可以将母贴类的材料筛选出来。所筛选的这一列的下拉列表按箭头的颜色发生变化，以标记是哪一列进行了筛选，效果如图 4－6－10所示。

4.6.3.2 自动筛选前 10 个

在自动筛选的下拉列表框中有一项是“前 10 个”，利用这个选项，可以自动筛选出列为数字的前几名，操作方法如下：

F3　类别

“-”为退货

行	新	材料代号	材料名称	月初数量	单位	类别	入库数	领用数量	销售数	结存数量
32		AB001	白色母贴	90.00	米	母贴	0	0	0	90.00
33		AB002	彩蓝色母贴	1022.00	米	母贴	0	0	0	1022.00
34		AB003	黑色母贴	100.00	米	母贴	0	0	0	100.00
35		AB004	水蓝色母贴	24.00	米	母贴	0	0	0	24.00
36		AB005	浅灰色母贴	395.00	米	母贴	0	0	0	395.00
37		AB006	黑色母贴	24.00	米	母贴	0	0	0	24.00
38		AB007	白色母贴	73.00	米	母贴	0	0	0	73.00
39		AB008	浅灰色母贴	0.00	米	母贴	0	0	0	0.00
40		AB009	深灰色母贴	30.00	米	母贴	0	0	0	30.00
41		AB010	黑色母贴	96.00	米	母贴	0	0	0	96.00
42		AB011	白色母贴	0.00	米	母贴	24	0	0	24.00
43		AB012	土黄色母贴	54.00	米	母贴	0	0	0	54.00
44		AB013	浅灰色母贴	552.00	米	母贴	0	8	0	544.00
45		AB014	深灰色母贴	0.00	米	母贴	0	0	0	0.00
46		AB015	黑色母贴	174.00	米	母贴	0	0	0	174.00
47		AB016	白色母贴	56.00	米	母贴	0	0	0	56.00
48		AB017	米黄色母贴	84.00	米	母贴	0	0	0	84.00
49		AB018	土黄色母贴	264.00	米	母贴	0	48	0	216.00
50		AB019	黑色母贴	542.00	米	母贴	312	293	0	561.00
51		AB020	浅灰色母贴	139.00	米	母贴	0	31	0	108.00
52		AB021	浅灰色母贴	610.00	米	母贴	792	128	0	1274.00
53		AB022	土黄色母贴	364.00	米	母贴	0	0	0	364.00
54		AB023	铁红色母贴	0.00	米	母贴	0	0	0	0.00
55		AB024	黑色母贴	221.00	米	母贴	0	0	0	221.00
56		AB025	啡色母贴	0.00	米	母贴	0	0	0	0.00
57		AB026	黑色母贴	29.00	米	母贴	0	0	0	29.00
58		AB027	黑色母贴	20.00	米	母贴	0	0	0	20.00
59		AB028	黑色母贴	48.00	米	母贴	0	0	0	48.00
60		AB029	米黄色母贴	300.00	米	母贴	0	0	0	300.00

出库领用，返仓　入库，出库退货　原材料库存

图 4-6-10

1. 按照上面的方法进行自动筛选，使自动筛选的下拉箭头出现在列标题的右侧，单击此箭头，出现下拉列表框，如图 4-6-11 所示。

2. 单击“前 10 个”选项，调出“自动筛选前 10 个”对话框，如图 4-6-12 所示。

图 4-6-11

图 4-6-12　“自定义筛选前 10 个”对话框

4.6.3.3　多个条件的筛选

从多个下拉列表框中选择了条件后，这些被选中的条件具有“与”的关系。如果对筛选所提供的筛选条件不满意，则可进行如下操作：

1. 单击自动筛选的下拉箭头，在出现的下拉列表框中单击“自定义选项”。弹出“自定义自动筛选方式”对话框，如图 4-6-13 所示。

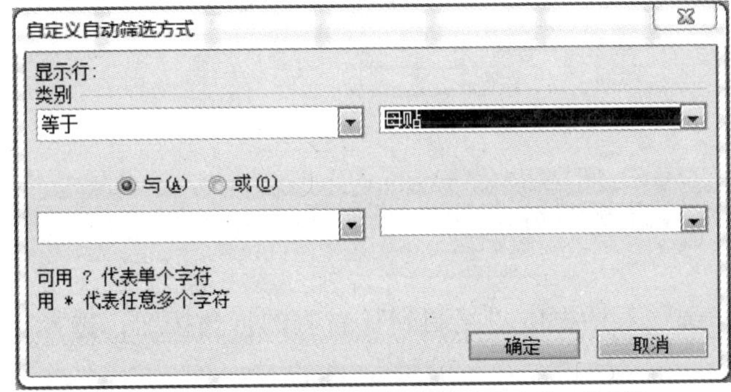

图 4-6-13　“自定义自动筛选方式”对话框

2. 在弹出的“自定义自动筛选方式”对话框中选择所需要的条件，单击“确定”按钮，就可以完成条件的设置，同时完成筛选。

4.6.3.4　高级筛选

如果数据清单中的字段比较多，筛选的条件也比较多，自定义筛选就显得十分麻烦。对筛选条件较多的情况，可以使用高级筛选功能来处理。

在“自动筛选”中，筛选的条件采用列表的方式放在标题栏上，而“高级筛选”的条件是要在工作表中写出来的。建立这个条件的要求包括：在条件区域中首行所包含的字段名必须拼写正确，与数据清单上的字段名相同，在条件区域内不必包含数据清单中所有的字段名，在条件区域的字段名下必须至少有一行输入查找要满足的条件。

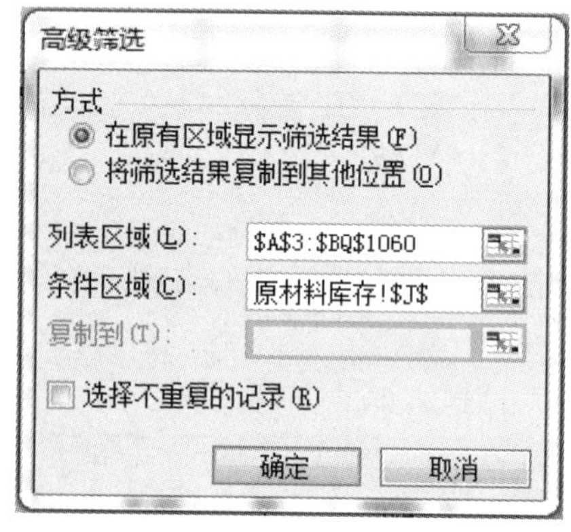

图 4-6-14　“高级筛选”对话框

要执行高级筛选操作，数据清单必须有列标记。执行高级筛选时，准备进行筛选的数据区域称为“列表区域”；筛选的条件写在一区域，称为“条件区域”；筛选的结果放的区域称为“复制到”。进行高级筛选的步骤如下：

1. 打开要进行筛选的数据清单，在数据清单中选中一个单元格。

2. 单击“数据”→“筛选”→“高级筛选”命令，弹出“高级筛选”对话框，并在“列表区域”和“条件区域”填上要筛选的区域，如图 4-6-14 所示。

3. 单击“高级筛选”对话框中的“条件区域”右侧的折叠按钮，选择条件区域，如图 4-6-15 所示。

	A	B	C	D	E	F	G	H
1	姓名	性别	年龄	学历	工龄	婚姻状况		
2	明华文	男	32	本科	8	已婚		
3	王平	男	28	专科	5	否		
4	张丽	女	30	本科	7	已婚		
5	彭娟	女	26	本科	3	否		
6	李明	男	25	专科	2	否		
7	罗朋	男	35	本科	10	已婚		
8	廖莲	女	33	专科				
9	孙大海	男	27	本科				
10	郭敏	女	31	本科				
11	朱蕾	女	29	专科	6	否		
12	陈小红	女	24	本科	3	否		
13								
14		学历	性别					
15		本科	女					
16								
17								

高级筛选 - 条件区域:
筛选!$B$14:$C$15

员工档案表 / 职工情况表 / 排序 / 筛选

图 4-6-15　选择条件区域

4. 单击“高级筛选”对话框中“复制到”右侧的折叠按钮，选择复制到的位置，如图 4-6-16 所示。

	A	B	C	D	E	F	G	H
3	王平	男	28	专科	5	否		
4	张丽	女	30	本科	7	已婚		
5	彭娟	女	26	本科	3	否		
6	李明	男	25	专科	2	否		
7	罗朋	男	35	本科	10	已婚		
8	廖莲	女	33	专科	9	已婚		
9	孙大海	男	27	本科	5	否		
10	郭敏	女	31	本科				
11	朱蔫	女	29	专科				
12	陈小红	女	24	本科				
13								
14		学历	性别					
15		本科	女					
16								
17								
18								
19								

高级筛选 － 复制到:

筛选!$A$16:$F$19

员工档案表 / 职工情况表 / 排序 / 筛选

图 4－6－16　选择复制位置

5. 筛选效果如图 4－6－17、图 4－6－18 所示。

	A	B	C	D	E	F	G	H
3	王平	男	28	专科	5	否		
4	张丽	女	30	本科	7	已婚		
5	彭娟	女	26	本科	3	否		
6	李明	男	25	专科	2	否		
7	罗朋	男	35	本科	10	已婚		
8	廖莲	女	33	专科	9	已婚		
9	孙大海	男	27	本科	5	否		
10	郭敏	女	31	本科	9	已婚		
11	朱蔫	女	29	专科	6	否		
12	陈小红	女	24	本科	3	否		
13								
14		学历	性别					
15		本科	女					
16	姓名	性别	年龄	学历	工龄	婚姻状况		
17	张丽	女	30	本科	7	已婚		
18	彭娟	女	26	本科	3	否		
19	郭敏	女	31	本科	9	已婚		
20	陈小红	女	24	本科	3	否		
21								

员工档案表 / 职工情况表 / 排序 / 筛选

图 4－6－17　“与”条件筛选结果

4.6.3.5　清除筛选

用户在对电子表格中的数据进行筛选或者排序操作后，如果想要清除操作重新显示电子表格的全部内容，其操作步骤如下：

1. 单击设定筛选条件的列旁边的下拉列表按钮，从下拉列表中单击“全部”选项，即可移去列的筛选。

2. 单击“数据”→“筛选”→“全部显示”命令，即可重新显示筛选数据清单中的所有行。

如果要删除数据清单中的筛选箭头，可选择“数据”→“筛选”→“自动筛选”菜单。

	A	B	C	D	E	F	G
1	姓名	性别	年龄	学历	工龄	婚姻状况	
2	明华文	男	32	本科	8	已婚	
3	王平	男	28	专科	5	否	
4	张丽	女	30	本科	7	已婚	
5	彭娟	女	26	本科	3	否	
6	李明	男	25	专科	2	否	
7	罗朋	男	35	本科	10	已婚	
8	廖莲	女	33	专科	9	已婚	
9	孙大海	男	27	本科	5	否	
10	郭敏	女	31	本科	9	已婚	
11	朱蒿	女	29	专科	6	否	
12	陈小红	女	24	本科	3	否	
13							
14		学历	性别				
15		本科					
16			女				
17	姓名	性别	年龄	学历	工龄	婚姻状况	
18	明华文	男	32	本科	8	已婚	
19	张丽	女	30	本科	7	已婚	
20	彭娟	女	26	本科	3	否	
21	罗朋	男	35	本科	10	已婚	
22	廖莲	女	33	专科	9	已婚	
23	孙大海	男	27	本科	5	否	
24	郭敏	女	31	本科	9	已婚	
25	朱蒿	女	29	专科	6	否	
26	陈小红	女	24	本科	3	否	

员工档案表 / 职工情况表 / 排序 / 筛选

图 4－6－18　“或”条件筛选结果

4.6.4　分类汇总表格中的数据

分类汇总是对数据清单进行数据分析的一种方法。分类汇总对数据库中指定的字段进行分类，然后统计同一类记录的有关信息。统计的内容可以由用户指定，也可以统计同一类记录的记录条数，还可以对某些数值段求和、求平均值、求极值等。

4.6.4.1　创建分类汇总

1. 建立分类汇总的方法。

建立分类汇总的具体操作步骤如下：

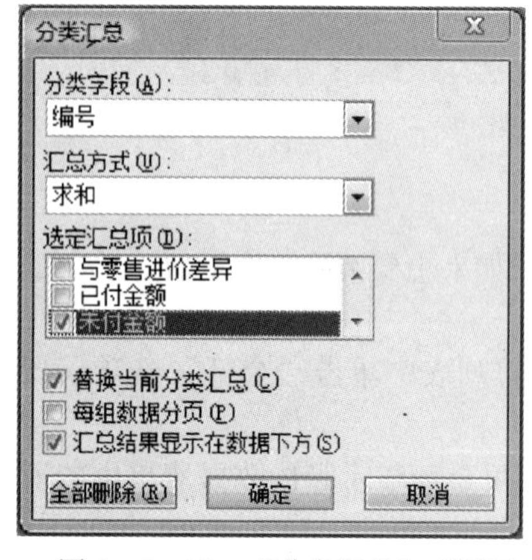

图 4－6－19　“分类汇总”对话框

(1) 将数据清单，按要进行分类汇总的列进行排序，单击数据清单中的某一数据。

(2) 单击“数据”→“分类汇总”命令，弹出“分类汇总”对话框，如图 4－6－19 所示。在“分类”字段下拉列表框中选择某一分类的关键字段。

(3) 在“汇总方式”下拉列表框中选择汇总方式。

(4) 在“选定汇总项”列表中选择汇总项，可指定对其中哪些字段进行汇总。

(5) 可根据标出的功能选用对话框底部的 3 个可选项。

(6) 设定后单击“确定”按钮，效果如图4－6－20 所示。

行	编号	日期	客户单号	入库/出库退货	客户	入库单号	材料代码	材料名称	材料备注	单位
27		6月1日		入库	鑫达	18968	JD012	电极贴片		片
28	*	6月1日		入库	华建印刷	18968	FS D018/D076	锗玉床垫说明书		张
29	*	6月1日		入库	华建印刷	18968	FS D044/D074	锗石床垫说明书		张
30	*	6月1日		入库	华建印刷	18968	FS D074/D075	纳米远红外能量床垫说明书		张
31	*	6月1日		入库	华建印刷	18968	FS D072/D062	锗石床垫说明书		张
32	* 汇总									
33		6月1日		入库	零散客户	18978	WA037	三卡端子		粒
34		6月5日		入库	零散客户	18945	XC015	电热水袋专用插头线		条
35		6月5日		入库	零散客户	18945	G011	白色840DTPU过胶布		码
36		6月5日		入库	零散客户	18945	S016	棕色锗石		个
37		6月5日		入库	零散客户	18945	S012	黑色面包形锗石		个
38		6月5日		入库	零散客户	18945	JG002	2MM热缩管		米
39		6月5日		入库	零散客户	18945	PU006	金黄色镜面PU皮革		码
40		6月5日		入库	零散客户	18945	PV018	深灰色PVC水次底皮革		码
41		6月5日		入库	零散客户	18945	JG013	1.5MM热缩管		米
42		6月5日		入库	零散客户	18946	XA012	105° C PVC电子线		米
43		6月6日		入库	零散客户	18948	JS006	70度硅胶		KG

出库领用，返仓 / 入库，出库退货 / 原材料库存

图 4－6－20　分类汇总的结果

2. 分类汇总的嵌套。

有时要对多项指标汇总，这时就需要嵌套分类汇总，操作步骤如下：

(1) 单击数据清单中的任一单元格，然后，单击“数据”→“分类汇总”命令，如图 4－6－21、图 4－6－22 所示。

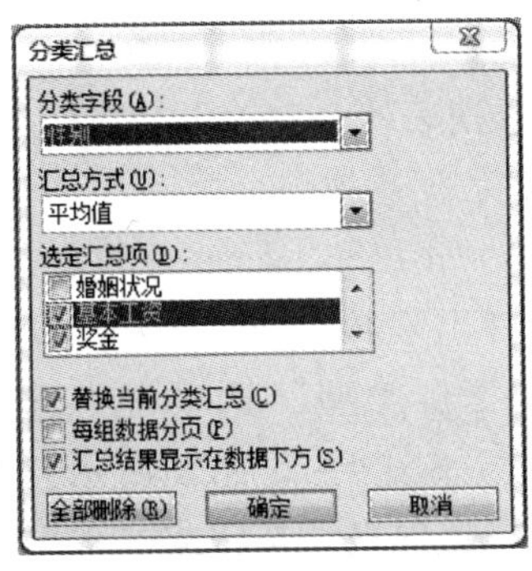

图 4－6－21　“分类汇总”对话框

行	姓名	性别	年龄	学历	工龄	婚姻状况	基本工资	奖金
2	孙大海	男	27	本科	5	否	4000	360
3	明华文	男	32	本科	8	已婚	4500	280
4	罗朋	男	35	本科	10	已婚	5000	460
5	李明	男	25	专科	2	否	2800	350
6	王平	男	28	专科	5	否	3600	300
7		男 平均值					3980	350
8	陈小红	女	24	本科	3	否	3500	320
9	彭娟	女	26	本科	3	否	3900	480
10	张丽	女	30	本科	7	已婚	4600	420
11	郭敏	女	31	本科	9	已婚	4600	390
12	朱蕉	女	29	专科	6	否	4000	400
13	廖莲	女	33	专科	9	已婚	4400	370
14		女 平均值					4166.667	396.6667
15		总计平均值					4081.818	375.4545
16								

图 4－6－22　设置外部分类汇总

(2) 再次打开“分类汇总”对话框并设置条件，进行第二次分类汇总，即分类汇总的嵌套，效果如图 4－6－23、图 4－6－24 所示。

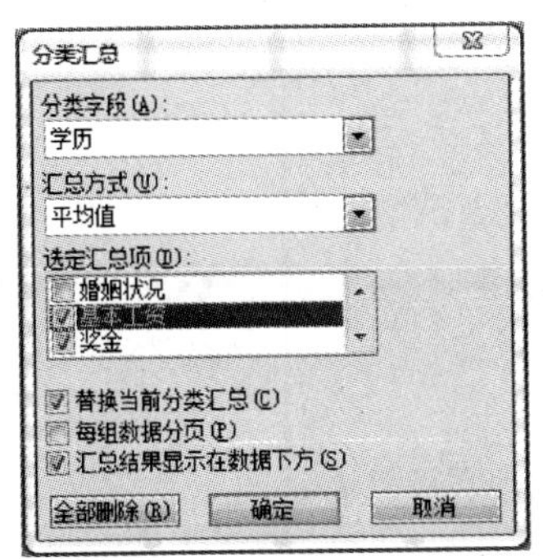

图 4－6－23　“分类汇总”对话框

行	姓名	性别	年龄	学历	工龄	婚姻状况	基本工资	奖金
2	孙大海	男	27	本科	5	否	4000	360
3	明华文	男	32	本科	8	已婚	4500	280
4	罗朋	男	35	本科	10	已婚	5000	460
5				本科 平均值			4500	366.6667
6	李明	男	25	专科	2	否	2800	350
7	王平	男	28	专科	5	否	3600	300
8				专科 平均值			3200	325
9		男 平均值					3980	350
10	陈小红	女	24	本科	3	否	3500	320
11	彭娟	女	26	本科	3	否	3900	480
12	张丽	女	30	本科	7	已婚	4600	420
13	郭敏	女	31	本科	9	已婚	4600	390
14				本科 平均值			4150	402.5
15	朱蕉	女	29	专科	6	否	4000	400
16	廖莲	女	33	专科	9	已婚	4400	370
17				专科 平均值			4200	385
18		女 平均值					4166.667	396.6667
19				总计平均值			4081.818	375.4545
20		总计平均值					4081.818	375.4545

图 4－6－24　第二次分类汇总

4.6.4.2 删除分类汇总

对已经进行分类汇总的工作表，单击“表格”→“分类汇总”菜单命令，弹出“分类汇总”对话框，选择“全部删除”按钮，就可以将当前的全部分类汇总删除，如图 4－6－25 所示。

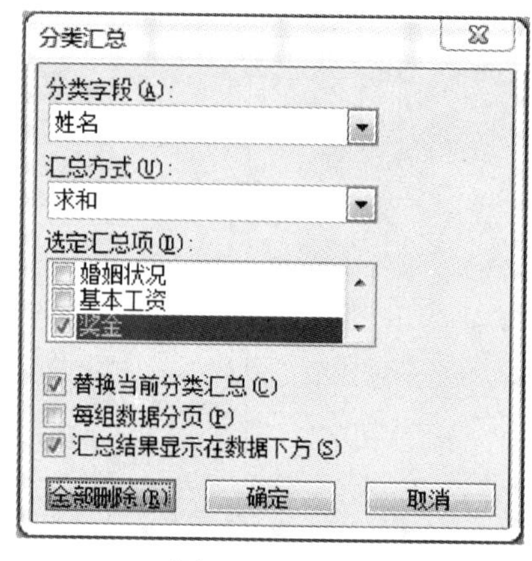

图 4－6－25

4.6.5 建立数据透视表

Excel 提供了一种简单、形象、实用的数据分析工具——数据透视表，使用数据透视表可以全面地对数据清单进行重新组织和统计数据。

数据透视表是一种对大量数据进行快速汇总和建立交叉列表的交互式表格，它不仅可以转换行和列以显示源数据的不同汇总结果，也可以显示不同页面以筛选数据，还可以根据用户的需要显示区域中的细节数据。

4.6.5.1 建立数据透视表

使用数据透视表有以下几个优点：

1. Excel 提供了向导功能，易于建立数据透视表。
2. 真正地按用户设计的格式来完成数据透视表的建立。
3. 当原始数据更新后，只需单击“更新数据”按钮，数据透视表就会自动更新数据。
4. 当用户认为已有的数据透视表不理想时，可以方便地修改数据透视表。

下面是建立一张数据透视表的具体操作步骤：

1. 单击“数据”→“数据透视表和数据透视图”命令，将弹出“数据透视表和数据透视图向导—3 步骤之 1”对话框。在“请指定待分析数据的数据源类型”选项区中选中“Microsoft Excel 数据列表或数据库”按钮（该项为默认设置），如图 4－6－26 所示；在“所需创建的报表类型”选项区中，用户可以根据需要选中“数据透视表”按钮或“数据透视图”按钮。

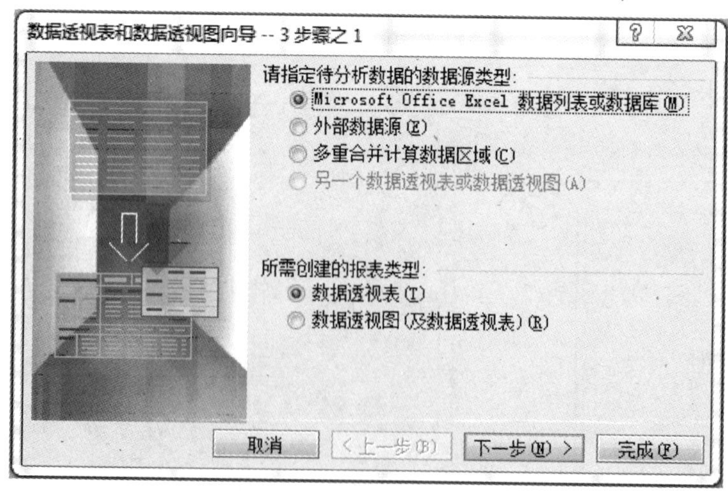

图 4－6－26 “数据透视表和数据透视图向导—3 步骤之 1”对话框

2. 单击“下一步”按钮，将弹出“数据透视表和数据透视图向导—3 步骤之 2”对话框，此对话框要求用户选定建立数据透视表的数据区域，如图 4 -6 -27 所示。

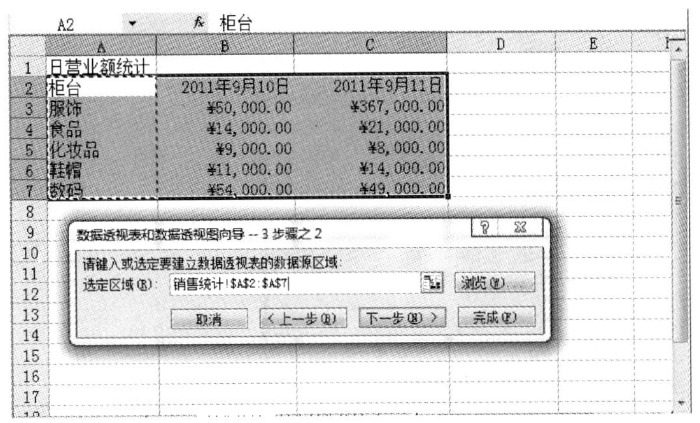

图 4 -6 -27　“数据透视表和数据透视图向导—3 步骤之 2”对话框

3. 单击“下一步”按钮，弹出“数据透视表和数据透视图向导—3 步骤之 3”对话框，如图 4 -6 -28 所示。在其中单击“布局”按钮，在弹出的对话框中对数据透视表的板式进行设置，如图 4 -6 -29 所示。

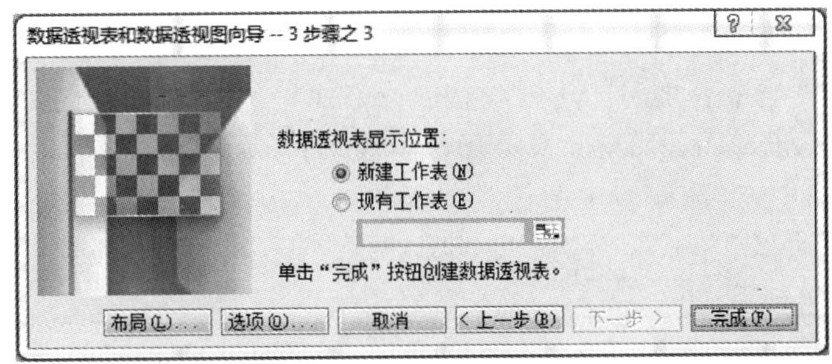

图 4 -6 -28　“数据透视表和数据透视图向导—3 步骤之 3”对话框

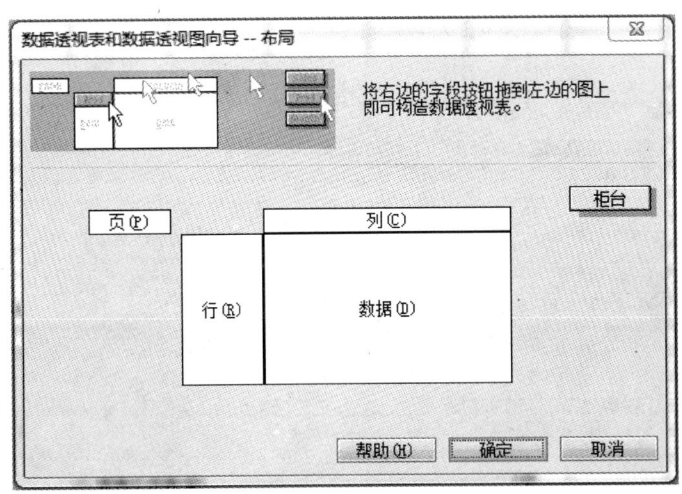

图 4 -6 -29　设置数据透视表的板式

4. 单击“确定”按钮，返回到“数据透视表和数据透视图向导—3 步骤之 3”对话框，在“数据透视表显示位置”选项区中选中“新建工作表”单选钮，如图 4-6-30 所示。

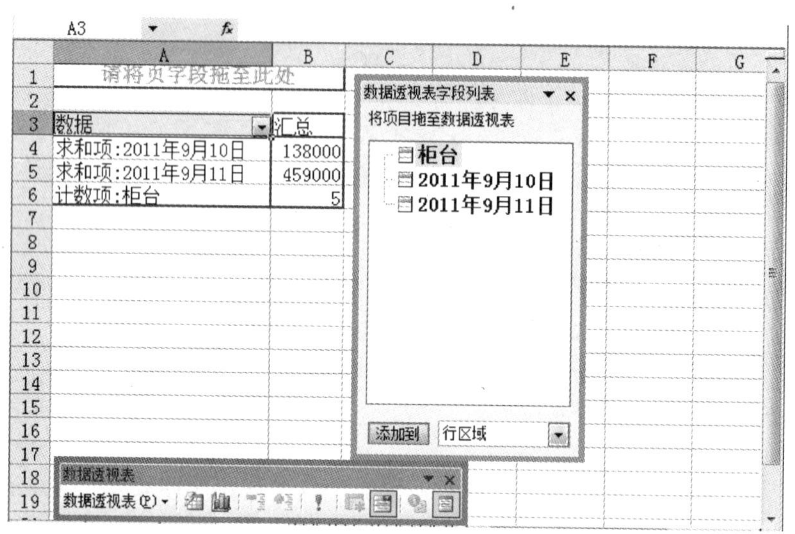

图 4-6-30　数据透视表

4.6.5.2　格式化数据透视表

用户建立了数据透视表之后，还可对其进行格式化，如修改字段的颜色、设置三维效果、对小数的位数进行统一设置等，具体操作步骤如下：

1. 选定已建立的数据透视表中的任意单元格，单击“格式”→“自动套用格式”命令，在弹出的“自动套用格式”对话框中选择“报表 2”格式，如图 4-6-31 所示。

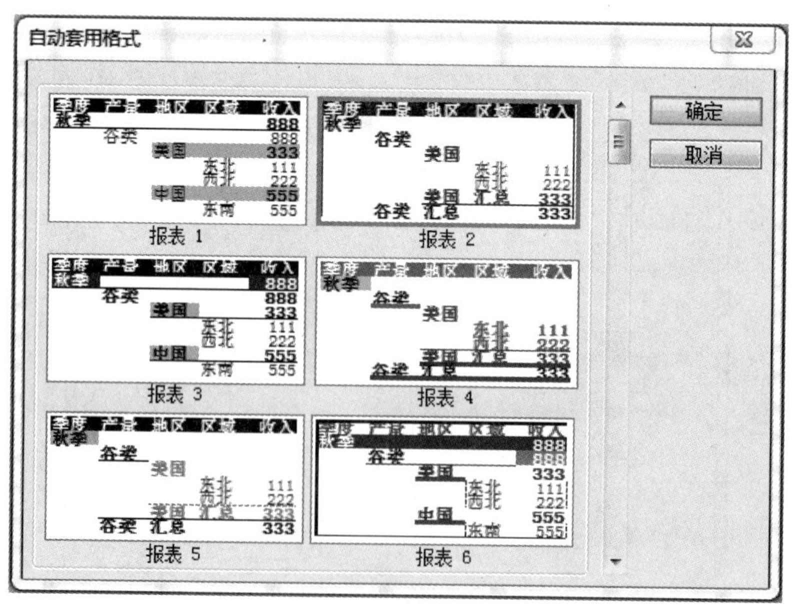

图 4-6-31　选择格式

2. 单击“确定”按钮，结果如图 4－6－32 所示。

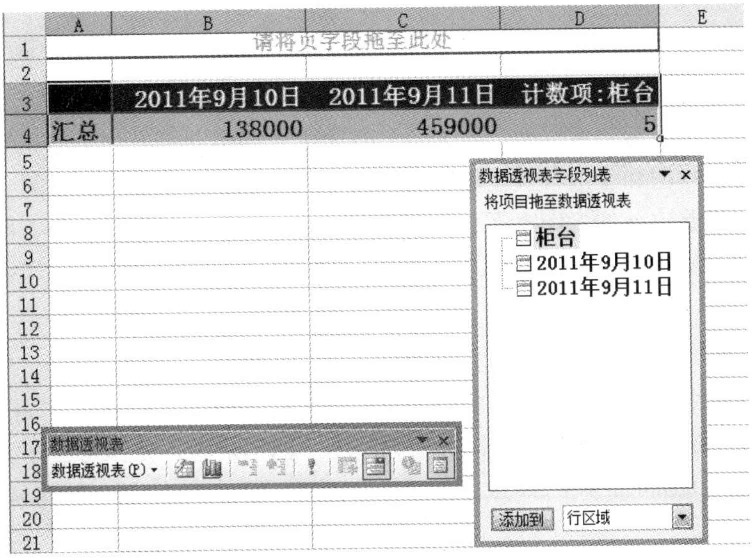

图 4－6－32 格式化后的数据表

3. 选定单元格区域 B4:D4，单击“格式”→“单元格”命令，在弹出的“单元格格式”对话框中单击“对齐”选项卡，在“水平对齐”下拉列表框中选择“居中”选项，如图 4－6－33 所示。

4. 单击“确定”按钮，结果如图 4－6－34 所示。

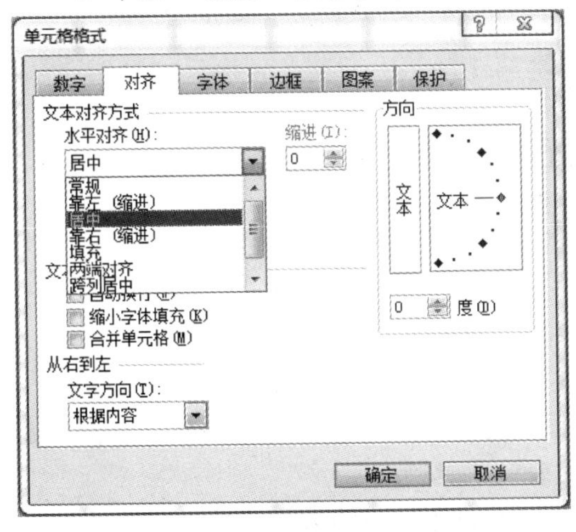

图 4－6－33 “单元格格式”对话框

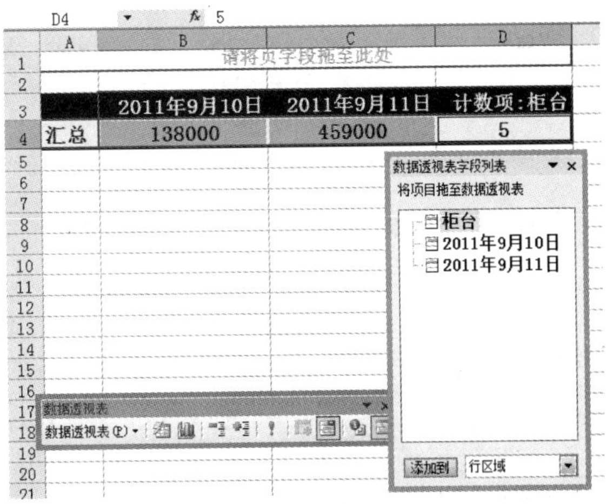

图 4－6－34 格式化后的数据透视表

4.7 插入图表

在 Excel 2003 电子表格中，通过插入图表可以更直观地表现表格中数据的发展趋势或分布状况。Excel 2003 预设了多种样式的图表类型，并且图表相关操作十分简单、直观，用户可以轻松地完成各种图表的创建、编辑和修改工作。

4.7.1 认识图表

为了能更加直观地表达电子表格中的数据，用户可将数据以图表的形式来表示，由此可见图表在制作电子表格时的重要性。在 Excel 2003 中有两类图表，如果建立的图表和数据时放置在一起的，这样图和表结合就比较紧密、清晰、明确，更便于对数据的分析和预测，称为内嵌图表。如果要建立的工作表不和数据放在一起，而是单独占用一个工作表，称为图表工作表，也叫独立工作表。本节就将介绍关于 Excel 2003 图表的一些基础知识，帮助用户更全面的认识图表。

4.7.1.1 图表的工作界面

在 Excel 2003 电子表格中，图表的存在方式通常有两种：一种是嵌入式图表，另一种是图表工作表。其中嵌入式图表就是将图表看作是一个图形对象，并作为工作表的一部分进行保存，如图 4－7－1 所示。

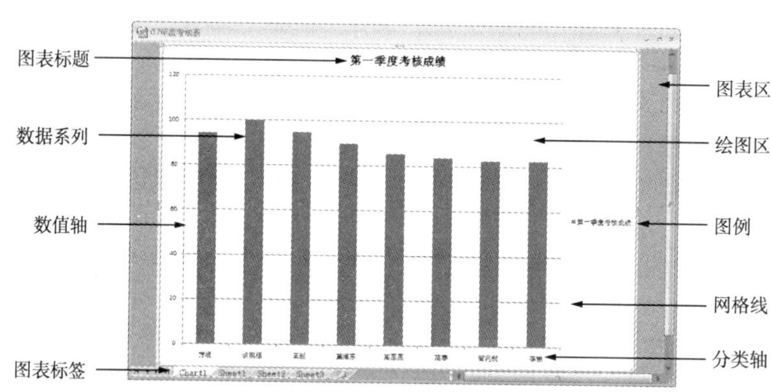

图 4－7－1　图表工作界面

4.7.1.2 图表的创建

在 Excel 2003 中可以使用多种方法建立图表，下面介绍其中几种。

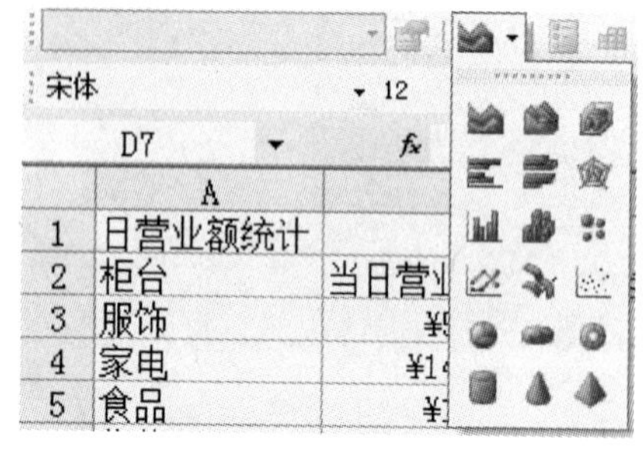

图 4－7－2

1. 用“图表”工具栏建立图表。

用“图表”工具栏建立图表的操作步骤如下：

（1）单击“视图”→“工具栏”→“图表”命令，调出“图表”工具栏。

（2）选择用于创建图表的数据，单击“图表”工具栏中的“图表类型”按钮。

（3）单击“图表”工具栏中的“图表类型”按钮的向下箭头，如图 4－7－2 所示。

（4）选择所需要的图表类型，就创建一个嵌入式图表，如图 4－7－3 所示。

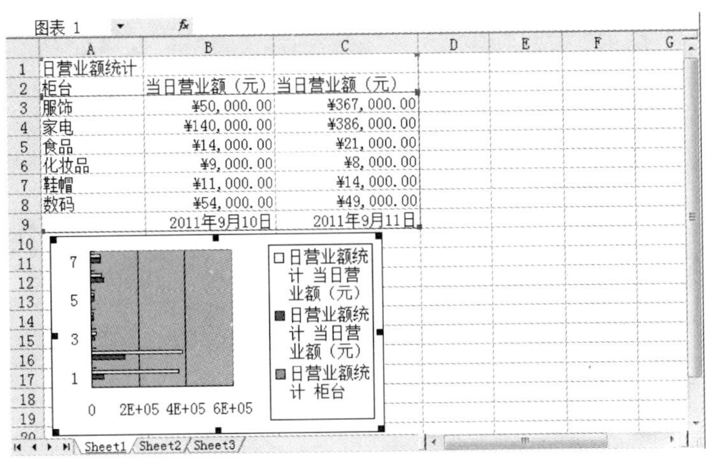

图 4－7－3

2. 使用图表向导创建图表。

如果想使用图表向导创建一个图表，可按照下述步骤进行：

（1）选择用于创建图表的数据。

（2）单击“插入”→“图表”命令，调出“图表向导”对话框如图 4－7－4 所示。

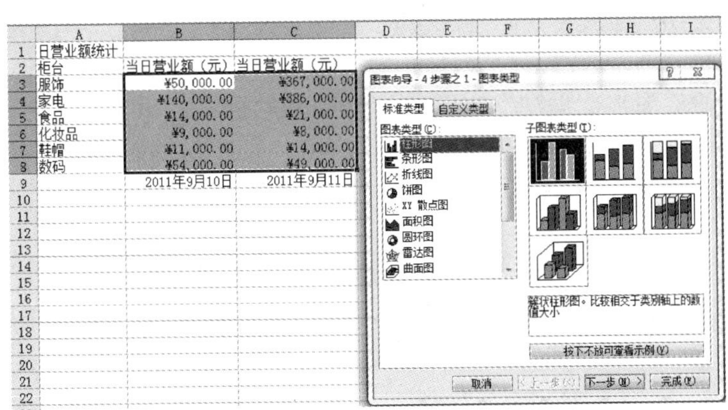

图 4－7－4 “图表向导”

（3）单击“下一步”按钮，在弹出“图表位置”对话框时，选择“作为新工作表插入”命令。即可创建一个内嵌式图表，如图 4－7－5 所示。

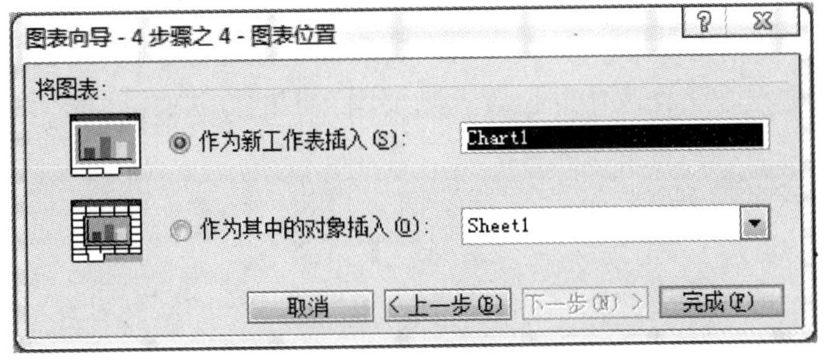

图 4－7－5 “图表位置”对话框

4.7.1.3 添加和删除图表中的数据

1. 使用菜单添加图表数据。

使用菜单添加图表数据的操作如下：

(1) 先在工作表内输入要添加的数据，然后将其选定。

(2) 单击图表，使其处于选定状态。

(3) 单击“图表”→“添加数据”命令，调出“添加数据”对话框，如图4-7-6所示。

(4) 在“选定区域”文本框中输入数据的区域，或单击“折叠对话框”按钮选择区域。

(5) 单击“确定”按钮。

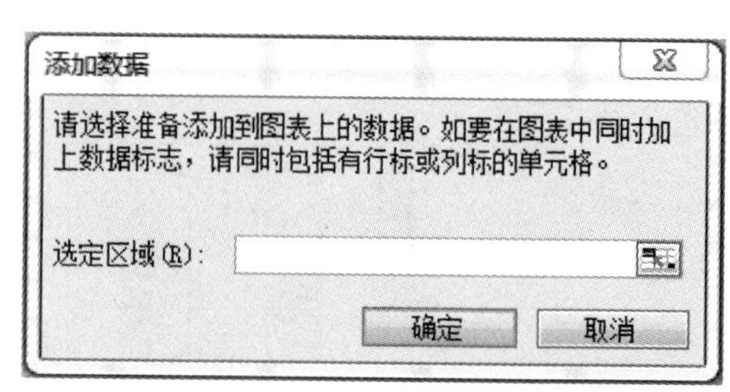

图4-7-6 “添加数据”对话框

上述操作完成后，数据就被添加到图表中了。

2. 使用图表向导添加图表数据。

使用图表向导添加图表数据的操作如下：

(1) 先在工作表内输入要添加的数据。

(2) 单击图表，使其处于选定状态。

(3) 单击“常用”工具栏中的“图表向导”按钮。

(4) 在出现的“图表数据源”对话框中，单击“下一步”按钮。

(5) 在出现的“图表数据源”对话框中，单击“折叠对话框”按钮，打开“数据区域”对话框，重新选择数据区域。

(6) 完成数据区域的选择后，再次单击“折叠对话框”按钮，回到“图表数据源”对话框。

(7) 单击“完成”按钮，即完成将数据添加到图表中的操作。

3. 删除数据。

如果要在删除工作表中数据的同时，改变图表中的数据可使用如下方法：

(1) 在工作表中，选定要删除的数据。

(2) 单击鼠标右键，在出现的快捷菜单中单击“删除”命令，则选定的数据被删除，同时图表中的数据也被删除。

4. 删除图表中的数据。

对于不必要在图表中出现的数据，可以从图表中将其删除而不改变工作表中的数据。如果要删除图表中的数据位于图表的最底端时，可以向上拖动选定柄，将数据区中的图表数据区移走即可。如果数据在工作表中间位置，则要用下面的方法：

(1) 单击图表，使其处于选中状态。

(2) 选定要删除的序列。

(3) 单击“编辑”→“清除”→“系列”菜单命令。

这时图表中选定的序列已被删除。请注意，虽然图表中的序列已经清除，但工作表中的数据并未被清除掉。

如果用户在工作表中已生成图表的单元格区域内增加或删除工作表中的数据，Excel 2003

会自动更新已有图表。

4.7.2　图表设计

选定插入的图表，可以打开“图表工具”的“设计”选项卡，在其中可以更改图表的相关设计选项，如图表类型、图表数据、图表整体布局、图表样式以及图表位置等。

4.7.2.1　图表的类型

Excel 2003 包含了 14 种基本图表类型，在这些图表类型中，有些可以叠放在一起形成组合图表，以区分不同数据所代表的意义。用户还可以使用不同的颜色、间距、图例、网格以及其他特征使同一类型的图表在外观上有所差别，下面介绍一些常用的图表类型。

1. 柱形图。

柱形图用来显示不同时间内数据的变化情况，或者用于对各项数据进行比较，是最普通的商用图表种类。柱形图中的分类位于横轴，数值位于纵轴，如图 4 -7 -7 所示。

2. 条形图。

条形图用于比较不连续的无关对象的差别情况，它淡化数值项随时间的变化，突出数值项之间的比较。条形图中的分类位于纵轴，数值位于横轴，如图 4 -7 -8 所示。

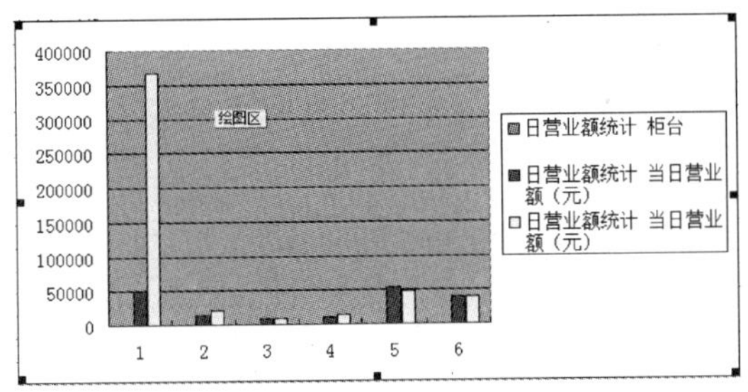

图 4 -7 -7　柱形图

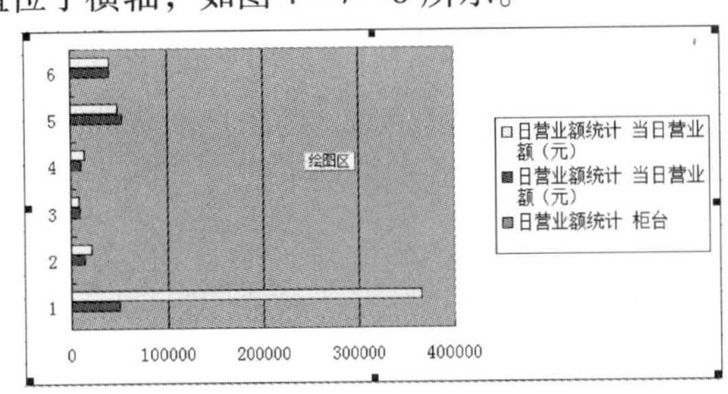

图 4 -7 -8　条形图

3. 折线图。

折线图用于显示某个时期内的数据在相等时间间隔内的变化趋势。折线图与面积图相似，但它更强调变化率，而不是变化量，如图 4 -7 -9 所示。

4. 饼图。

饼图用于显示数据系列中每一项占该系列数值总和的比例关系，它通常只包含一个数据系列，用于强调重要的元素，这对突出某个很重要的项目中的数据是十分有用的，如图 4 -7 -10所示。

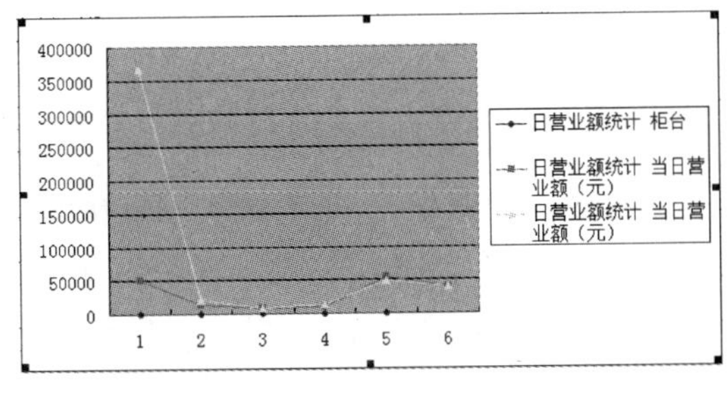

图 4 -7 -9　折线图

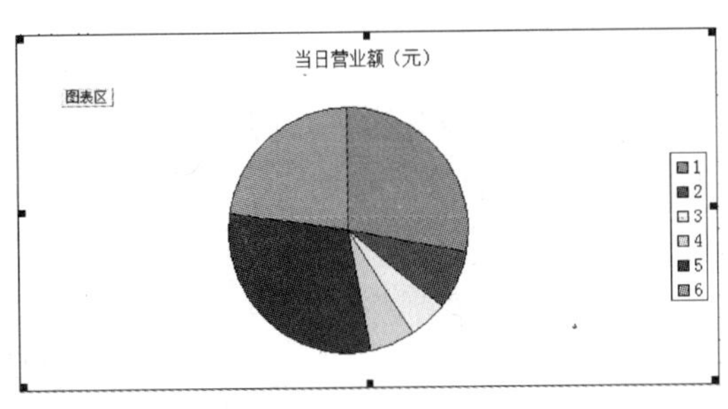

图 4 -7 -10　饼图

5. XY 散点图。

XY 散点图既可用来比较几个数据系列中的数值，也可将两组数值显示为 XY 坐标系中的一个系列，如图 4-7-11 所示。

6. 面积图。

面积图强调的是变化量，而不是变化的时间和变化率，它通过曲线（即每一个数据系列所建立的曲线）下面区域的面积来显示数据的总和、说明各部分相对于整体的变化，如图 4-7-12 所示。

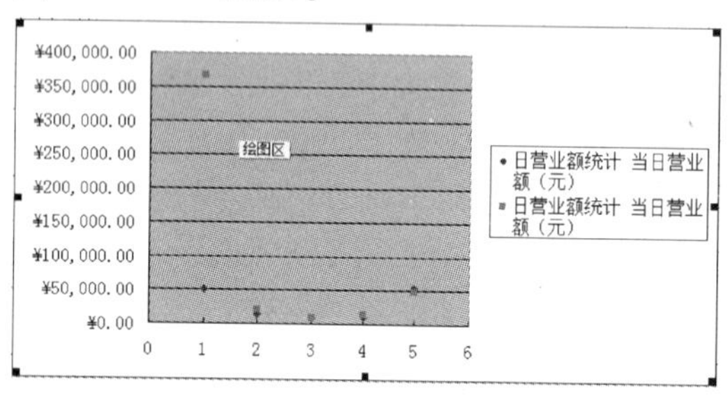

图 4-7-11　XY 散点图

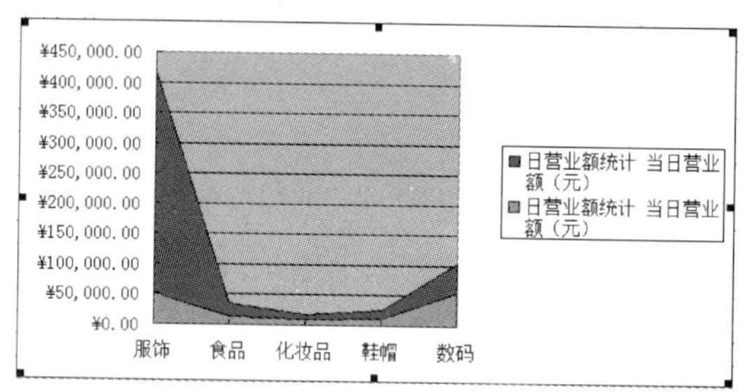

图 4-7-12　面积图

7. 圆环图。

圆环图与饼图相似，用来显示部分与整体的关系，与饼图相比，圆环图能显示多个数据系列，而饼图仅能显示一个数据系列，如图 4-7-13 所示。

8. 雷达图。

在雷达图中，每个分类都拥有自己的数值坐标轴，这些坐标轴中的点向外辐射，并由折线将同一系列中的值连接起来。使用雷达图可以显示独立的数据系列之间以及某个特定的系列与其他系列之间的关系，如图 4-7-14 所示。

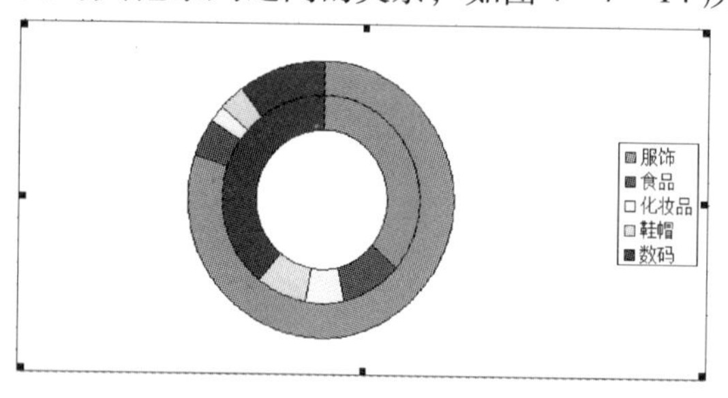

图 4-7-13　圆环图

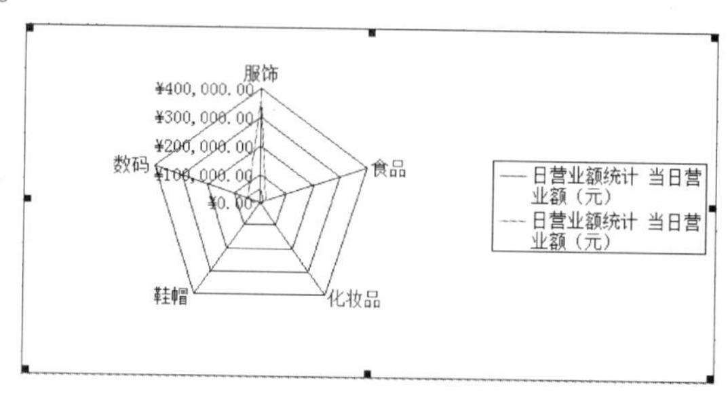

图 4-7-14　雷达图

9. 曲面图。

曲面图使用不同的颜色和图案来只是在同一取值范围的区域，适合在寻找两组数据之间的最佳组合时使用，如图 4-7-15 所示。

10. 气泡图。

气泡图是一种特殊类型的 XY 散点图，数据标记的大小表示出数据组中第三个变量的值。在组织数据时，可将 X 值放置于一行或一列中，在相邻的行或列中输入相关的 Y 值和气泡大小，如图 4-7-16 所示。

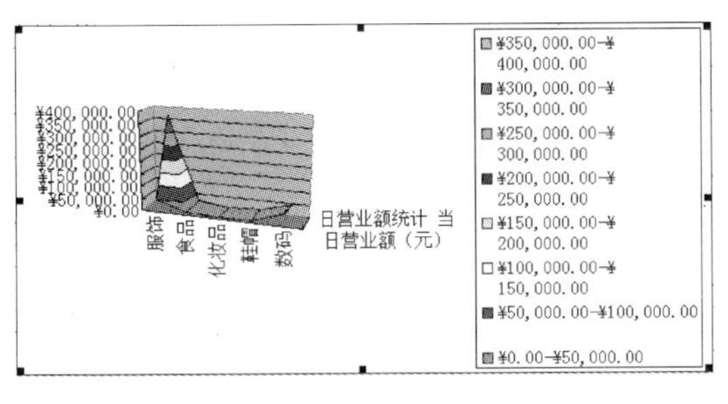

图 4-7-15 曲面图

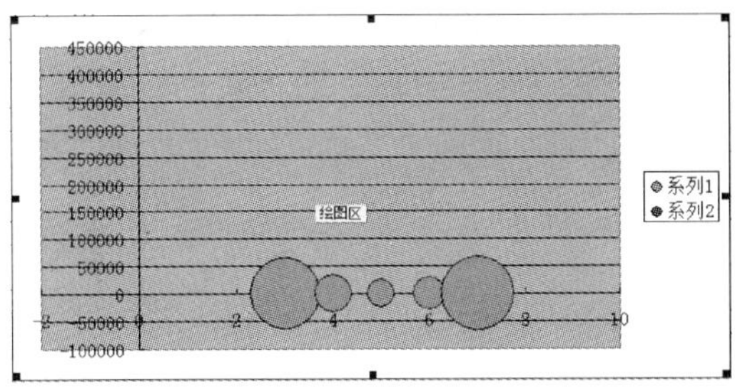

图 4-7-16 气泡图

11. 股价图。

股价图经常用来描绘股票的价格走势，也可用于科学数据，如随温度变化的数据。生成股价图时，必须以正确的顺序组织数据，其中，计算成交量的股价图有两个数值标轴，一个代表成交量，另一个代表股票价格，在股价图中可以包含成交量，如图 4-7-17 所示。

12. 圆柱、圆锥和棱锥图。

圆柱、圆锥和棱锥图可以使三维柱形图和条形图产生很好的效果，分别如图 4-7-18、图 4-7-19、图 4-7-20 所示。

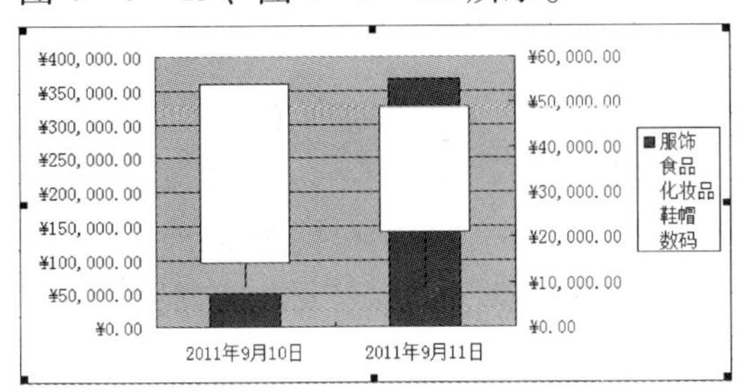

图 4-7-17 股价图

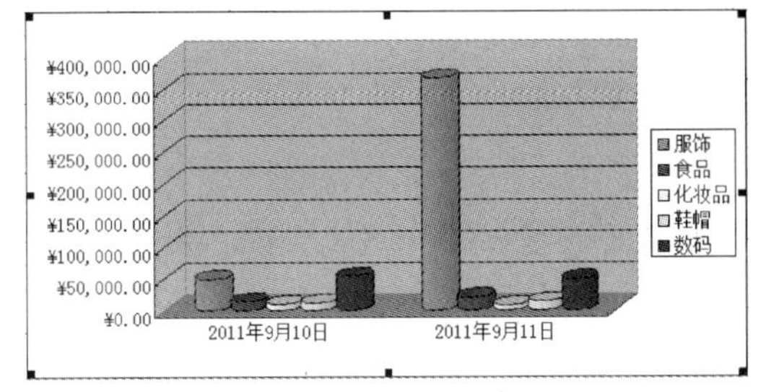

图 4-7-18 圆柱图

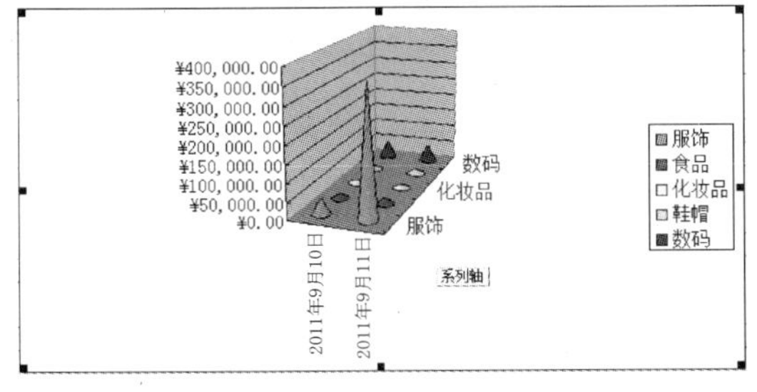

图 4-7-19 圆锥图

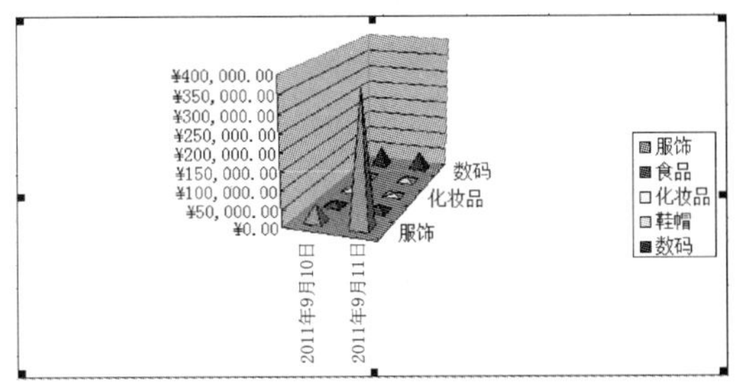

图 4-7-20 棱锥图

4.7.2.2 更改图表的数据源

在图表上更改数据系列名称或图例文字的具体操作如下：

1. 选定需要更改数据系列名称或图例文字的图表。

2. 单击“图表”→“源数据”命令，在弹出的“源数据”对话框中单击“系列”选项卡。

3. 在“系列”列表框中选定要修改的系列名，在“值”文本框中指定要用作图例的文字或数据系列名称的单元格区域，如图 4-7-21 所示。如果在“名称”文本框中直接输入了文字，则图例文字或数据系列名称将不再与工作表中的单元格链接。

4. 单击“确定”按钮，结果如图 4－7－22 所示。

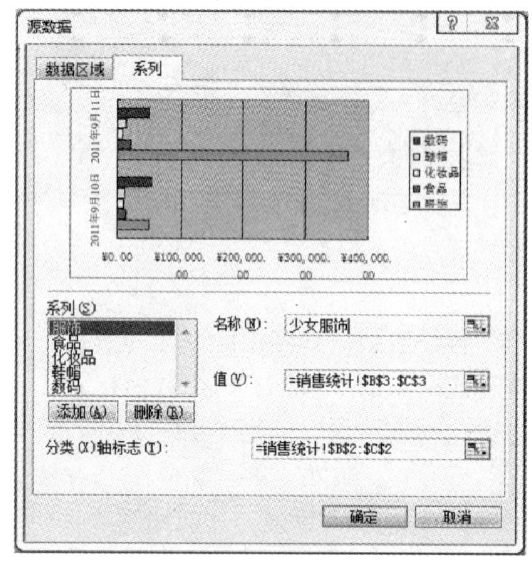

图 4－7－21　“源数据”对话框

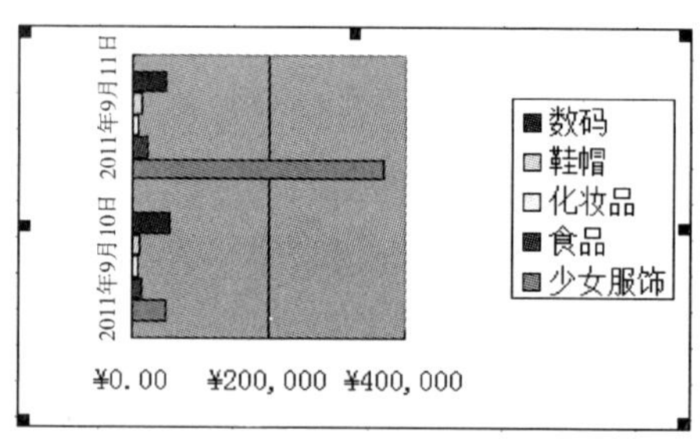

图 4－7－22　效果图

4.7.2.3　更改图表类型

用户在实际使用图表的过程中，有时候需要将图表转换成另一种类型。在中文版 Excel 2003 中，对于大部分二维图表，既可以修改数据系列的图表类型，也可以修改整个图表的类型；对于大部分三维图表，可以改为圆锥、圆柱或棱锥等类型的图表，具体操作步骤如下：

1. 选定需要修改类型的图表。

2. 单击“图表”→“图表类型”命令，在弹出的“图表类型”对话框中单击“标准类型”选项卡，在“图表类型”列表框和“子图表类型”选项区中选择一种图表类型，如图 4－7－23 所示。

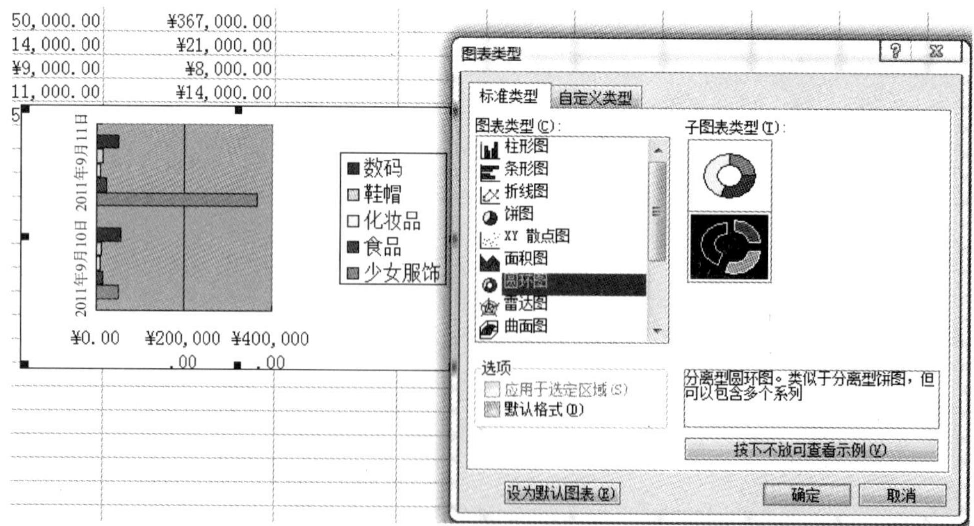

图 4－7－23　修改图表类型

3. 单击“完成”按钮，效果如图 4 –7 –24 所示。

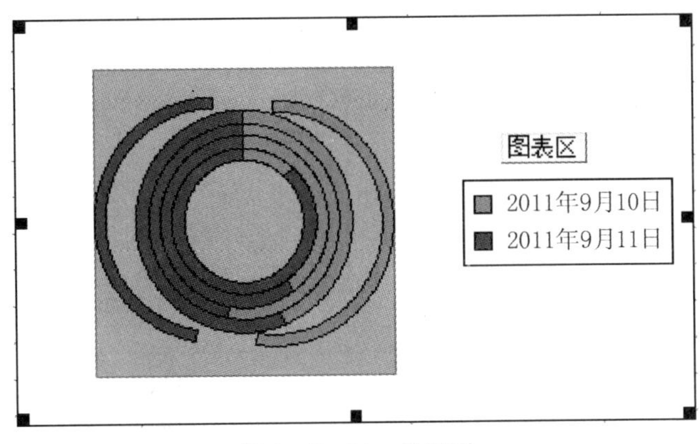

图 4 –7 –24 效果图

4.7.3 图表格式化

在 Excel 2003 中，用户还可以对图表进行格式化操作，如修改数据格式、设置图表填充效果、修改文本格式、设置坐标轴格式以及设置三维格式等。

4.7.3.1 设置数据格式

修改数据格式包括修改二维和三维的数据标记、图表区、网格线、坐标轴、刻度线标示、二维图表中的误差线和三维图表中的三维背景等，具体操作步骤如下：

1. 双击需要修改的图表项的数据系列。
2. 在弹出的“数据系列格式”对话框中单击“图案选项卡”，如图 4 –7 –25 所示。

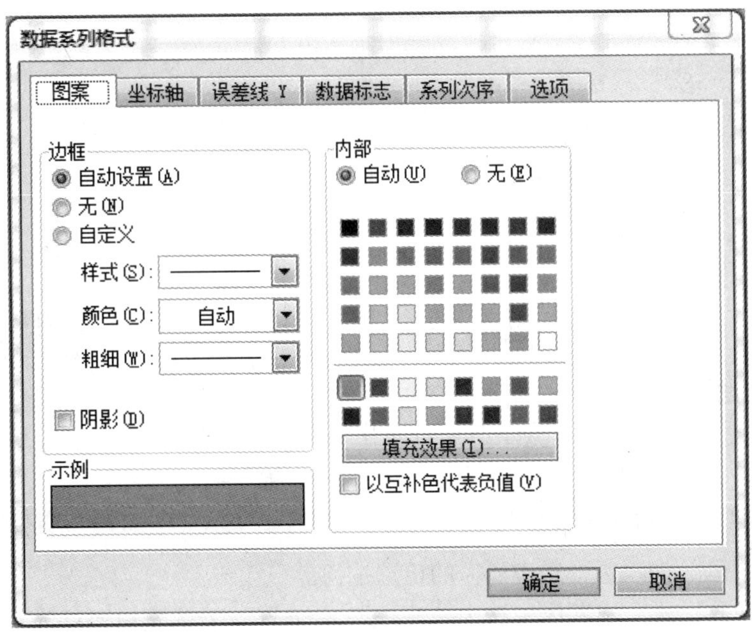

图 4 –7 –25 “数据系列格式”对话框

3. 在“边框”选项区中选中“自定义”单选按钮，然后设置“样式”、“颜色”及“粗细”，在“内部”选项区中设置内部颜色。

4. 单击“确定”按钮，效果如图 4－7－26 所示。

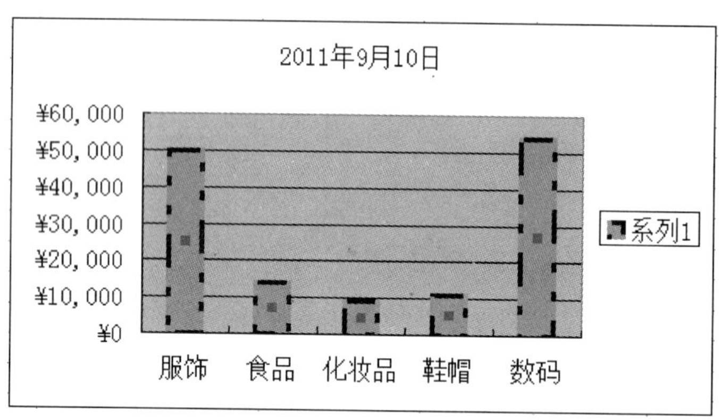

图 4－7－26　图表格式化效果图

4.7.3.2　设置图表背景

为了使图表更加清晰美观，可以通过为图表设置填充效果来改变图表背景。

设置图表渐变填充效果的具体操作步骤如下：

（1）双击需要设置渐变填充效果的图表。

（2）在弹出的“数据系列格式”对话框中单击“图案”选项卡，在“内部”选项区中单击“填充效果”按钮，如图 4－7－27 所示。

（3）在弹出的“填充效果”对话框中单击“渐变”选项卡，如图 4－7－28 所示。

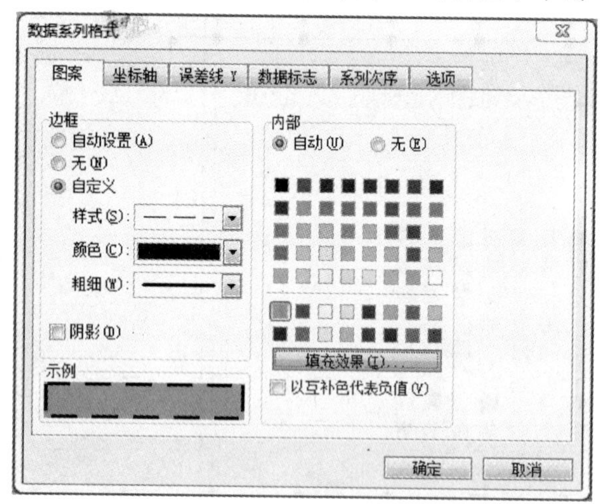

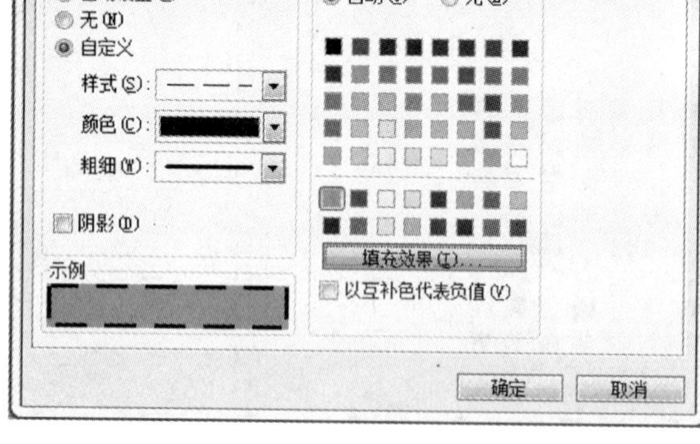

图 4－7－27　“数据系列格式”对话框

图 4－7－28　“填充效果”对话框

（4）在“颜色”选项区中选中所需的单选按钮。

（5）在“底纹样式”选项区中选中“水平”、“垂直”等渐变填充样式对应的按钮，然后在图 4－7－28 中“变形”选项区中选择一种变形样式。

（6）依次单击“确定”按钮完成设置，效果如图 4－7－29 所示。

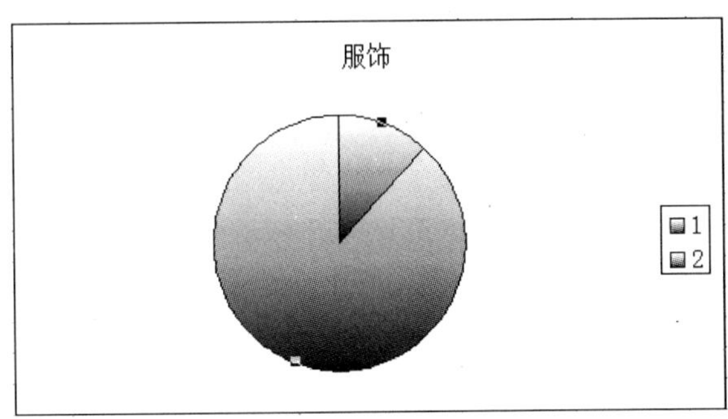

图 4－7－29 填充效果

重复上述步骤可为图表设置渐变填充、纹理填充、图案填充和图片填充等。

4.7.3.3 设置坐标轴格式

除饼图和雷达图外，其余图表类型都需要使用坐标轴。对大多数图表来说，数值沿 Y 坐标轴绘制，数据分类沿 X 轴坐标绘制。建立图表时，坐标轴会自动出现，可以隐藏主坐标轴或次坐标轴、改变坐标轴显示的图案或颜色等。

设置坐标轴和刻度线格式的具体操作步骤如下：

1. 双击图表中要格式化的坐标轴。

2. 在弹出的“坐标轴格式”对话框中单击“图案”选项卡，如图 4－7－30 所示。用户可在其中设置坐标轴和刻度线的样式、颜色和粗细，主、次刻度线的类型和刻度线标签的显示。

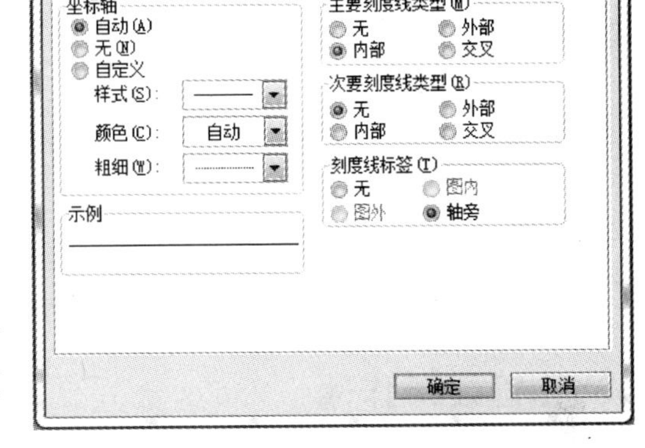

图 4－7－30 “坐标轴格式”对话框

3. 单击“确定”按钮，效果如图 4－7－31 所示。

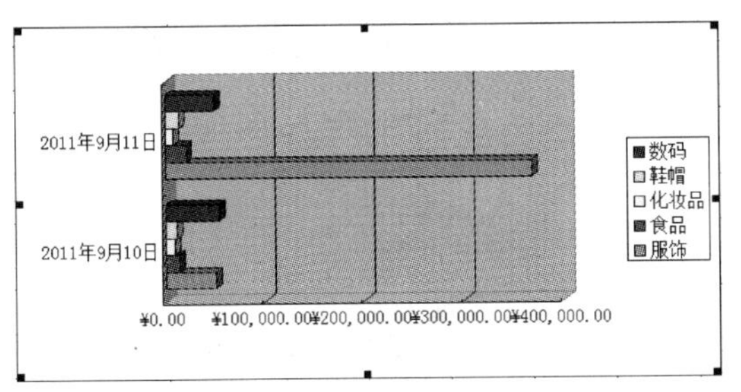

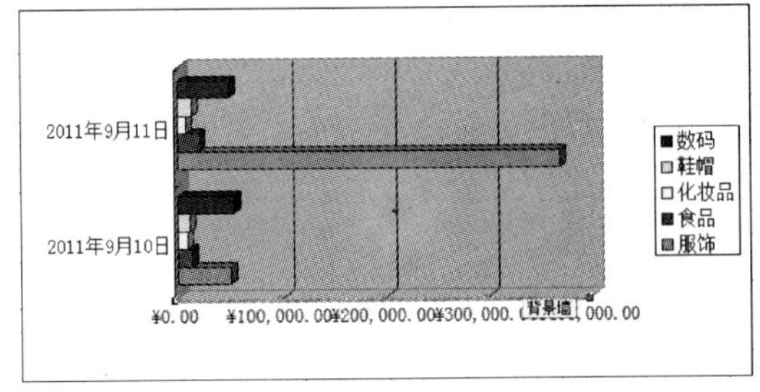

图 4－7－31 效果对比图

4.7.4 趋势线

趋势线和误差线是 Excel 2003 在进行数据分析时的一种重要手段。趋势线能够以图形的方式显示某个系列中数据的变化趋势。

趋势线应用于预测分析，也称回归分析。利用回归分析可以在图表中生成趋势线，根据实际数据向前或向后模拟数据的走势。趋势线只能预测某一个特殊的数据系列而不是整张图表，所以在添加趋势线之前应先选定要添加趋势线的数据系列。

添加趋势线的具体操作步骤如下：

1. 选定要添加趋势线的数据系列。

2. 单击“图表”→“添加趋势线”命令，将弹出“添加趋势线”对话框，在“类型”选项卡的“趋势预测/回归分析类型”选项区中选择“移动平均”类型，如图4－7－32所示。

3. 单击“确定”按钮，效果如图4－7－33所示。

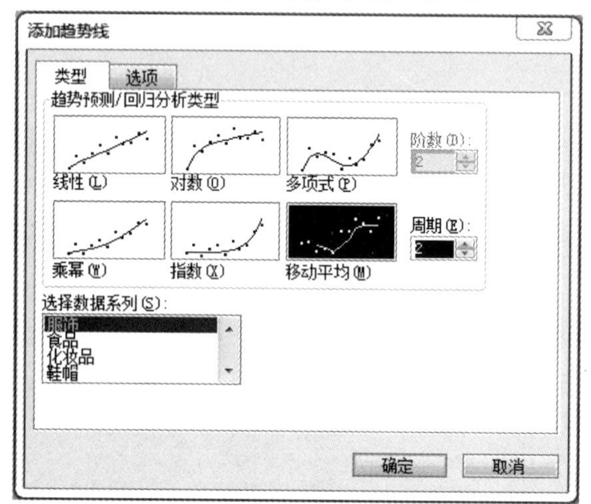

图4－7－32　“添加趋势线”对话框

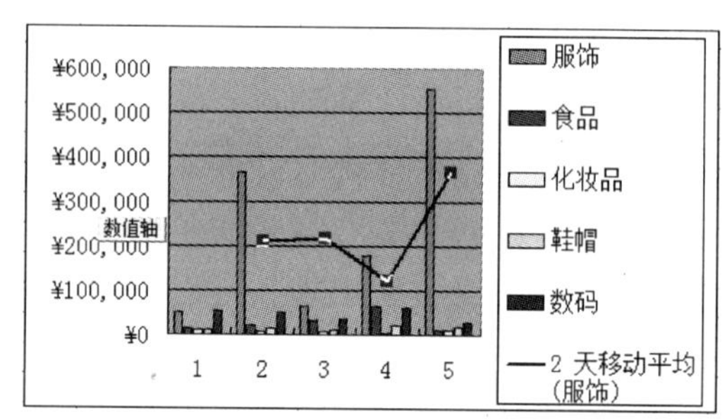

图4－7－33　趋势线效果图

要删除趋势线，只要选定要删除的趋势线，并按Delete键即可。

4.8　管理工作簿

Excel 2003是一个功能非常强大的电子表格数据处理软件，被广泛应用于财务、统计、预算等诸多领域，因此，防止其重要数据的泄露和被非授权修改就变得非常重要。Excel 2003提供了多种保护工作簿的措施，可以对用户查看或修改工作簿和工作簿中的数据进行限制。

4.8.1　限制工作簿改动

通过限制对整个工作簿的改动，可以防止他人查看其中的隐藏工作表，还可以防止他人改变工作簿窗口的大小和位置。

1. 单击“工具”→“保护”→“保护工作簿”命令，将弹出“保护工作簿”对话框，如图4－8－1所示。

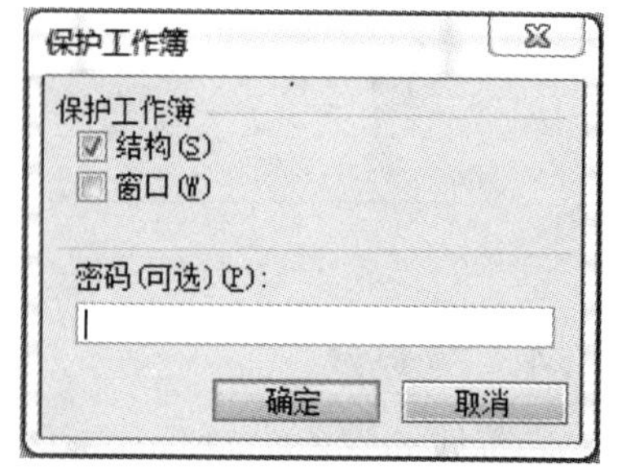

图4－8－1　“保护工作簿”对话框

2. 选中“保护工作簿”选项区中的“结构”复选框，以保护工作簿的结构，从而禁止对工作表进行删除、移动、隐藏/取消隐藏或重命名等操作，而且禁止插入新的工作表。

3. 选中“保护工作簿”选项区中的“窗口”复选框，以保护工作簿的窗口不被移动、缩放、隐藏/取消隐藏或关闭。

如果要防止他人取消工作簿保护，则在“密码”文本框中输入密码，单击“确定”按钮，在弹出的“确认密码”对话框中再次输入同一密码即可。

4.8.2 设置工作簿密码

用户对工作簿设置密码，不仅可以防止其中的重要数据被他人修改、复制，还可以保护工作簿中有价值的部分或保密的公式不被他人看到。

对于重要的工作簿，可以在保存时为其设置打开权限密码和修改权限密码，具体操作步骤如下：

1. 打开需要保护的工作簿。

2. 单击“文件”→“另存为”命令，将弹出“另存为”对话框，单击“工具”按钮，在弹出的下拉菜单中选择“常规选项”，如图 4－8－2 所示。

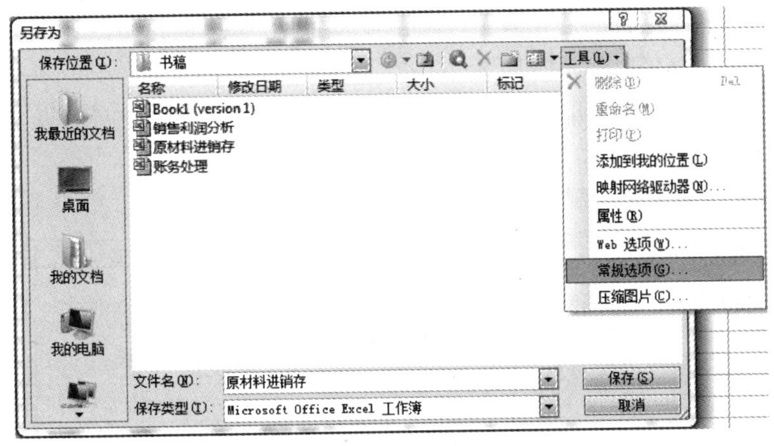

图 4－8－2 选择“常规选项”选项

3. 弹出“保存选项”对话框，如图 4－8－3 所示，在其中选择需要的保护级别，分别是：打开权限密码、修改权限密码和建议只读。这里“打开权限密码”文本框中输入一个密码，单击“确定”按钮，会弹出“确认密码”对话框，要求重复输入刚刚设置的密码，如图 4－8－4 所示。

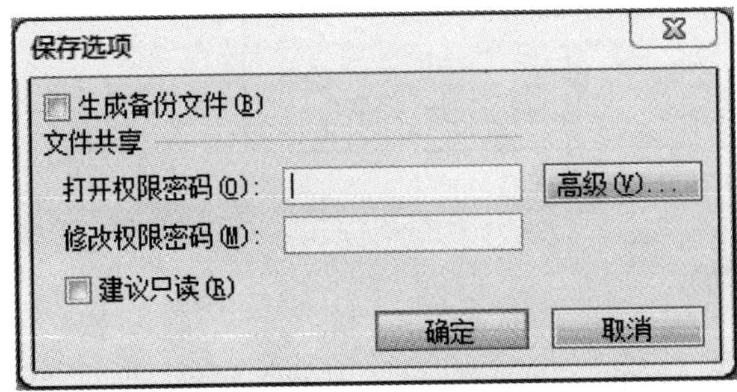

图 4－8－3 “保存选项”对话框

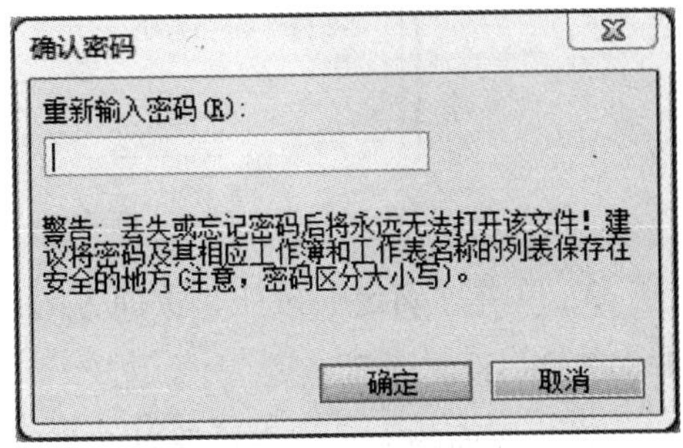

图 4－8－4 “确认密码”对话框

4. 重复输入密码后，单击“确定”按钮，返回到“另存为”对话框，单击“保存”按钮完成操作。

4.9 工作簿的打印及共享

当电子表格制作完成后，通常要做的下一步工作就是把它打印出来。利用 Excel 2003 提供的设置页面、设置打印区域、打印预览等打印功能，可以对制作好的电子表格进行打印设置，美化打印的效果。本节将介绍打印电子表格的相关操作。

4.9.1 设置页面

在打印工作表之前，可根据需要对工作表进行一些必要的设置，如页面方向、纸张大小、页眉或页脚和页边距等。

4.9.1.1 设置页面方向

设置页面方向就是设置页面是以横向打印还是以纵向打印。若文件的行较多而列较少则可以使用纵向打印；若文件的列较多而行较少时则可以使用横向打印。

设置页面方向的具体操作步骤如下：

1. 单击“文件”→“页面设置”命令，在弹出的“页面设置”对话框中单击“页面”选项卡。

2. 在“方向”选项区中选中“横向”或“纵向”按钮，如图 4-9-1 所示。

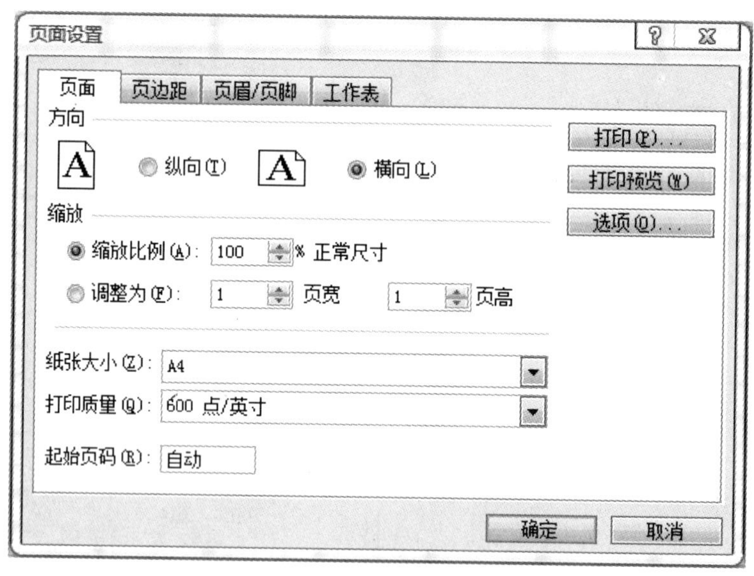

图 4-9-1 “页面设置”对话框

3. 单击“确定”按钮，页面方向设置完成。

4.9.1.2 设置页面大小

设置页面的大小就是设置以多打的纸张进行打印，如 A4、A5，具体操作步骤如下：

1. 单击“文件”→“页面设置”命令，在弹出的“页面设置”对话框中单击“页面”

选项卡。

2. 在“纸张大小”下拉列表框中选择所需的纸张大小，如图 4－9－2 所示。

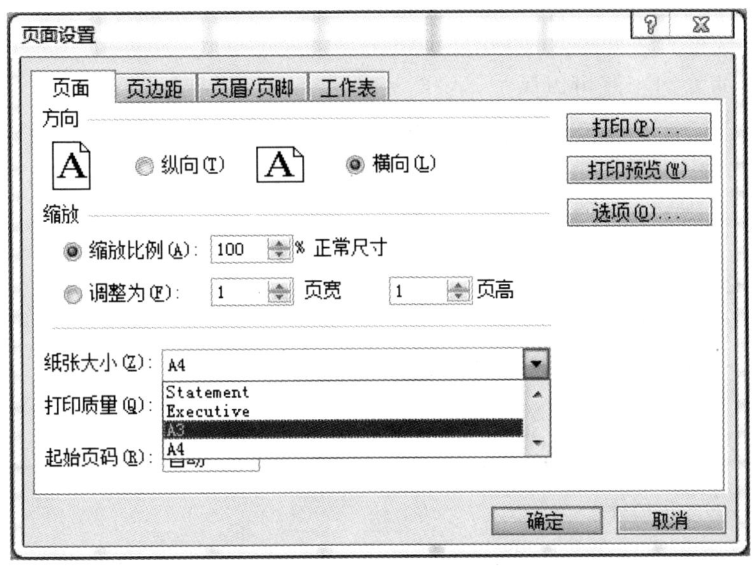

图 4－9－2 设置纸张大小

3. 单击“确定”按钮，纸张大小设置完成。

4.9.1.3 设置页边距

在“页面设置”对话框中单击“页边距”选项卡，即可进行页边距的设置，如图 4－9－3所示。页边距包括上、下、左、右、页眉、页脚边距，其中页眉、页脚边距必须小于上、下页边距。另外，在该选项卡中还可以设置打印表格的居中方式。

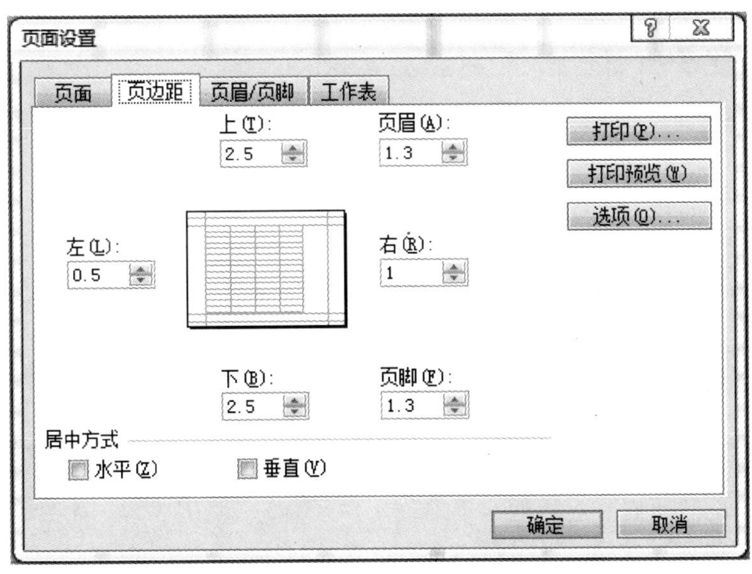

图 4－9－3 “页边距”选项卡

4.9.2 设置页眉和页脚

页眉就是在文档上端添加的附加信息，页脚就是在文档底端添加的附加信息。

4.9.2.1 添加页眉和页脚

添加页眉和页脚时，既可以添加系统默认的页眉和页脚，也可以添加用户自定义的页眉和页脚。

1. 添加系统默认的页眉和页脚。

添加页眉和页脚的具体操作步骤如下：

（1）打开要添加页眉和页脚的工作表。

（2）单击“文件”→“页面设置”命令，在弹出的“页面设置”对话框中单击“页眉/页脚”选项卡。

（3）分别在“页眉”、“页脚”下拉列表框中选择所需的页眉和页脚，如图 4－9－4 所示。

（4）单击“确定”按钮，返回文档，然后单击“常用”工具栏中的“打印预览”按钮，效果如图 4－9－5 所示。

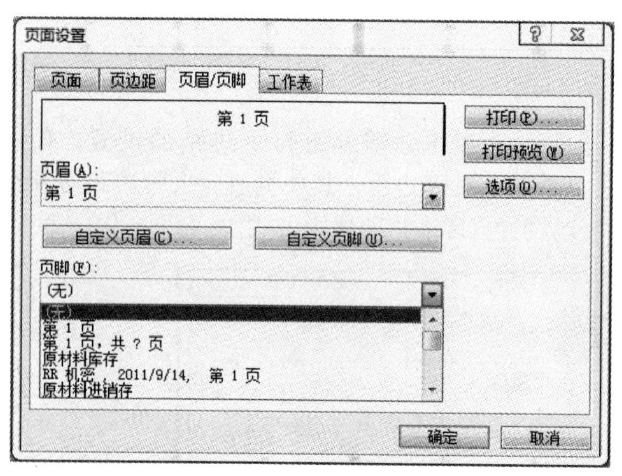

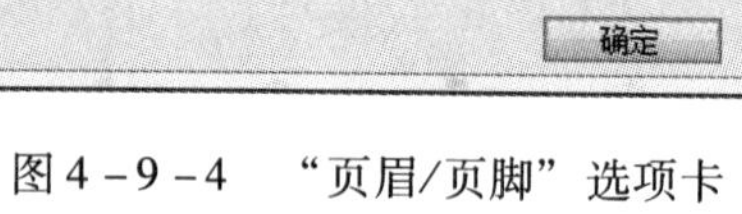

图 4－9－4 “页眉/页脚”选项卡

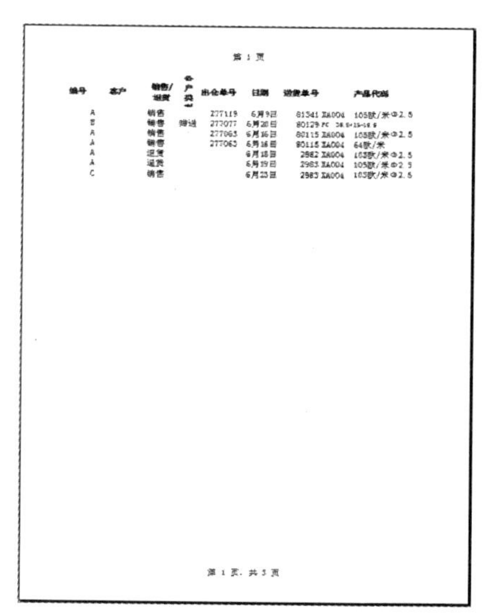

图 4－9－5 打印预览效果图

2. 添加自定义页眉页脚。

若对系统默认的页眉和页脚不满意，用户可以自定义页眉和页脚，具体操作步骤如下：

（1）选择要添加页眉和页脚的工作表。

（2）单击“文件”→“页面设置”命令，弹出“页面设置”对话框，“页眉/页脚”选项卡中单击“自定义页眉”按钮，如图 4－9－4 所示。

（3）在弹出的“页眉”对话框的“中”文本区中输入页眉内容，如图 4－9－6 所示。

（4）单击“确定”按钮，返回到“页眉设置”对话框，这时在“页眉”下拉列表框中会出现自定义的页眉，如图 4－9－7 所示。

（5）用同样的方法添加自定义的页脚，如图 4－9－7 所示。

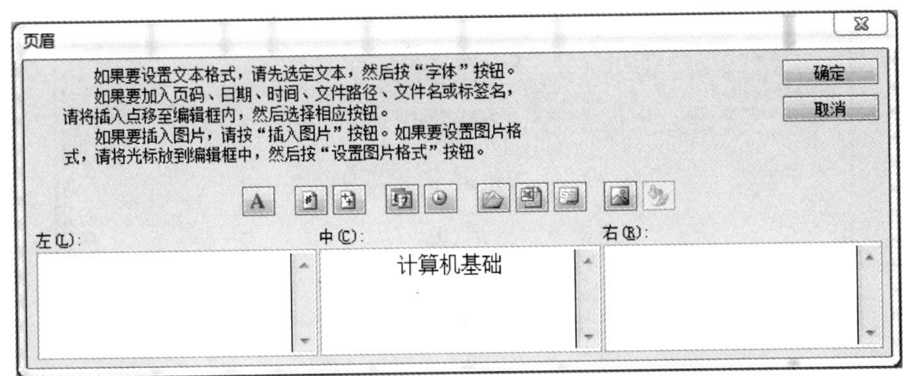

图 4－9－6　输入页眉内容

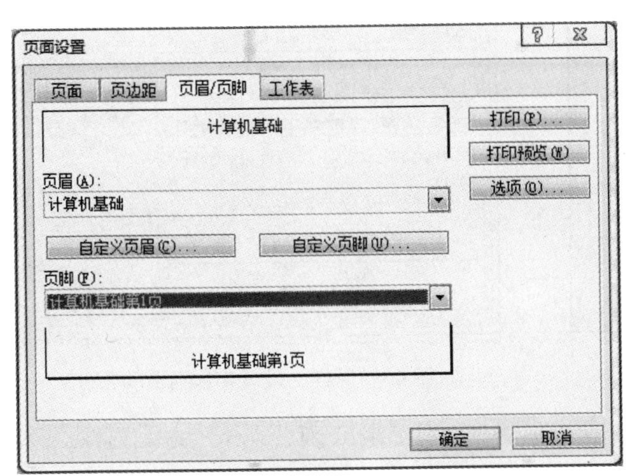

图 4－9－7　添加自定义页眉页脚

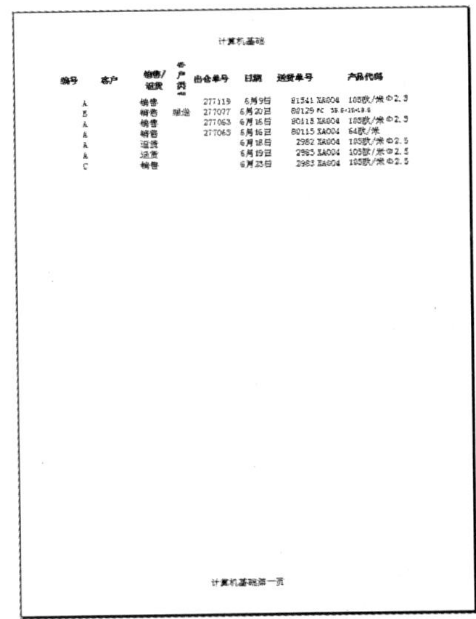

图 4－9－8　打印预览效果图

（6）单击“页面设置”对话框中的“确定”按钮，返回到文档，然后单击“常用”工具栏中的“打印预览”按钮，效果如图 4－9－8 所示。

4.9.2.2　设置文字格式

添加了自定义页眉和页脚后，用户还可以设置页眉和页脚的文字格式，包括字体、字形、大小、下划线和特殊效果等。

设置页眉和页脚文字格式的具体操作步骤如下：

1. 打开要添加页眉和页脚的工作表。

2. 单击“文件”→“页面设置”命令，弹出“页面设置”对话框，在“页眉/页脚”选项卡中单击“自定义页眉”按钮。

3. 在弹出的“页眉”对话框的“中”文本区中输入页眉内容，然后单击“字体”按钮，如图 4－9－9 所示。

4. 在弹出的“字体”对话框的“字体”列表框中选择“楷体”选项，在“字形”列表框中选择“加粗”选项，在“大小”列表框中选择“16”，如图 4－9－10 所示。

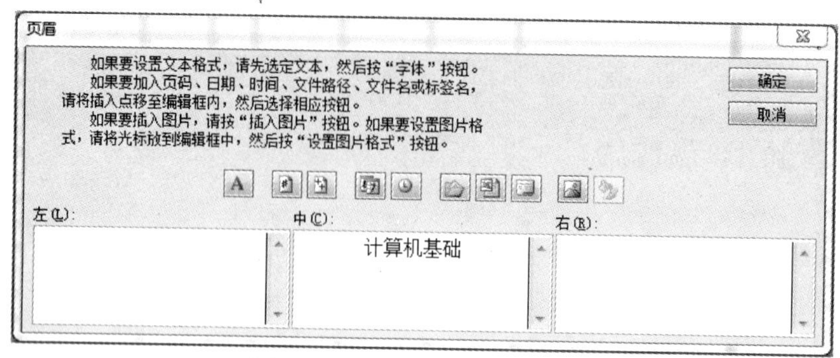

图 4 -9 -9　单击“字体”按钮

5. 依次单击“确定”按钮，返回到“页面设置”对话框，“页眉”下拉列表框中会显示自定义的页眉，如图 4 -9 -11 所示。

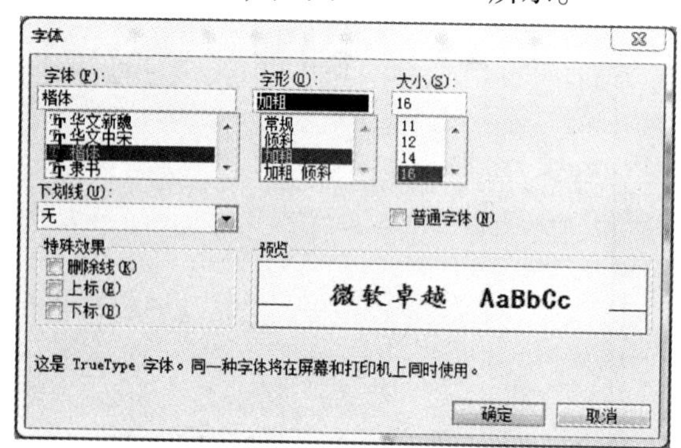

图 4 -9 -10　设置字号

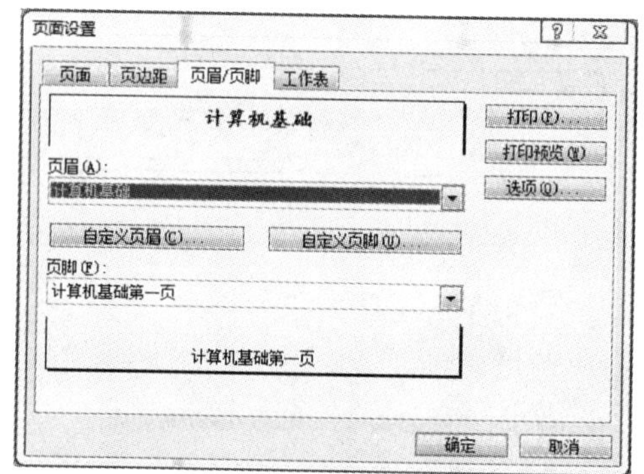

图 4 -9 -11　设置字体后的页眉

6. 用同样的方法设置页脚的“字体”为“隶书”，“字形”为“加粗”，“大小”为“18”，如图 4 -9 -12 所示。

7. 单击“确定”按钮，返回到文档，然后单击“常用”工具栏中的“打印预览”按钮，效果如图 4 -9 -13 所示。

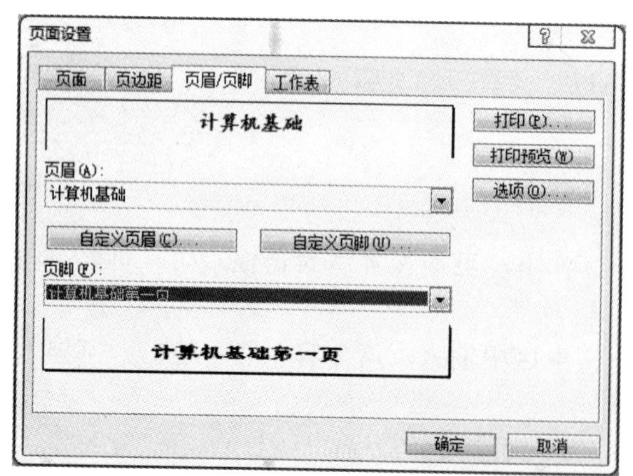

图 4 -9 -12　设置字体后的页脚

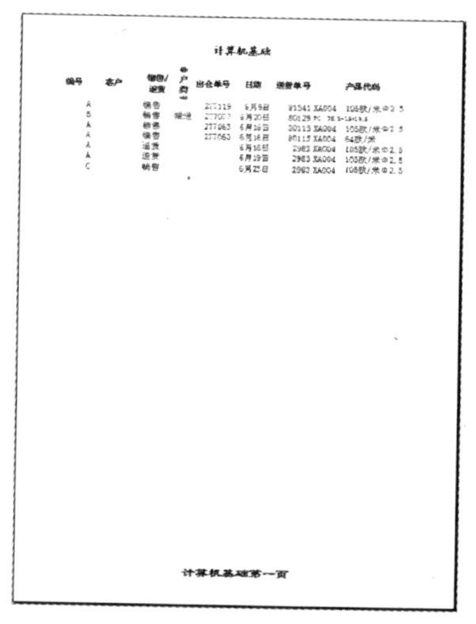

图 4 -9 -13　打印预览效果图

4.9.2.3　插入日期和时间

用户可以在页眉和页脚中插入日期和时间，该日期和时间可以是系统默认的日期和时间，也可以是用户输入的其他日期和时间。具体操作步骤如下：

1. 打开要在页眉和页脚中插入日期和时间的工作表。

2. 单击“文件”→“页面设置”命令，在弹出的“页面设置”对话框中单击“页眉/页脚”选项卡，然后单击“自定义页脚”按钮。

3. 在弹出的“页脚”对话框中选择适当的文本区，按需要单击“日期”按钮、“页码”或“时间”按钮，结果如图 4－9－14 所示。

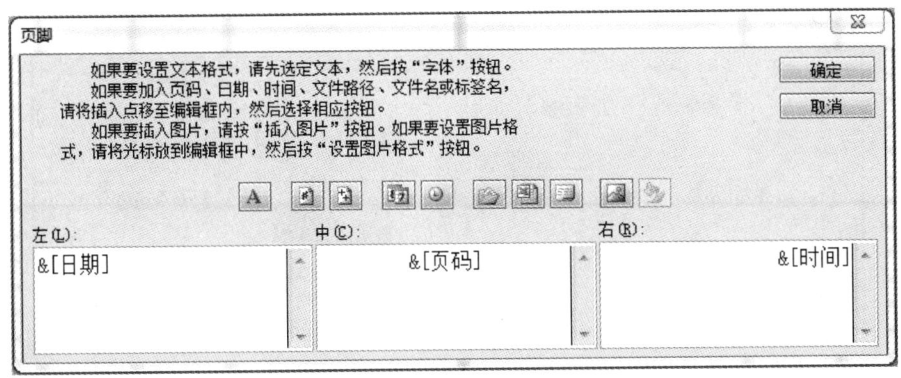

图 4－9－14　添加“日期”和“时间”

4. 单击“确定”按钮，返回到“页面设置”对话框，如图 4－9－15 所示。

5. 单击“确定”按钮，返回到文档，然后单击“常用”工具栏中的“打印预览”按钮，效果如图 4－9－16 所示。

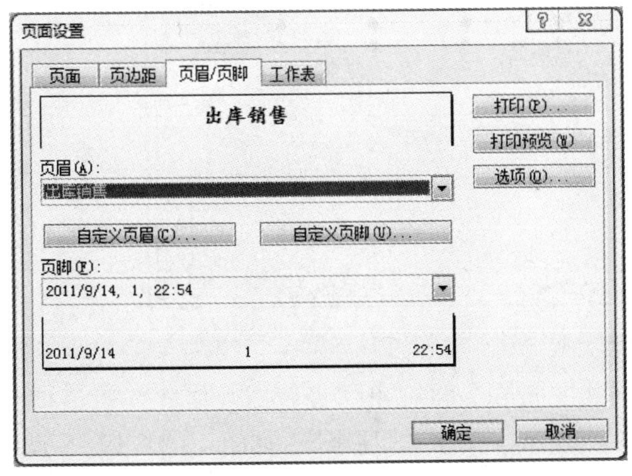

图 4－9－15　插入系统默认的日期和时间

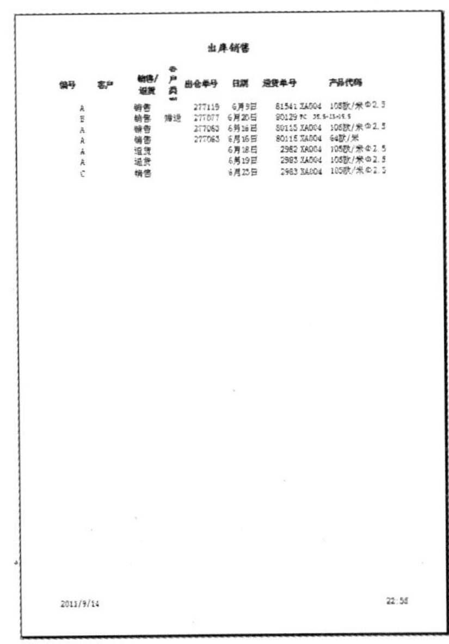

图 4－9－16　添加日期和时间

4.9.2.4 插入图片

在页眉和页脚中，不仅可以插入文字、日期和时间，而且还可以插入图片，用来美化页面。插入图片的具体操作步骤如下：

1. 打开要在页眉和页脚中插入图片的工作表。

2. 单击“文件”→“页面设置”命令，在弹出的“页面设置”对话框中单击“页眉/页脚”选项卡，然后单击“自定义页眉”按钮。

3. 在弹出的“页眉”对话框中选择适当的文本区，单击“插入图片”按钮。

4. 在弹出的“插入图片”对话框中选择需要的图片，如图 4－9－17 所示。

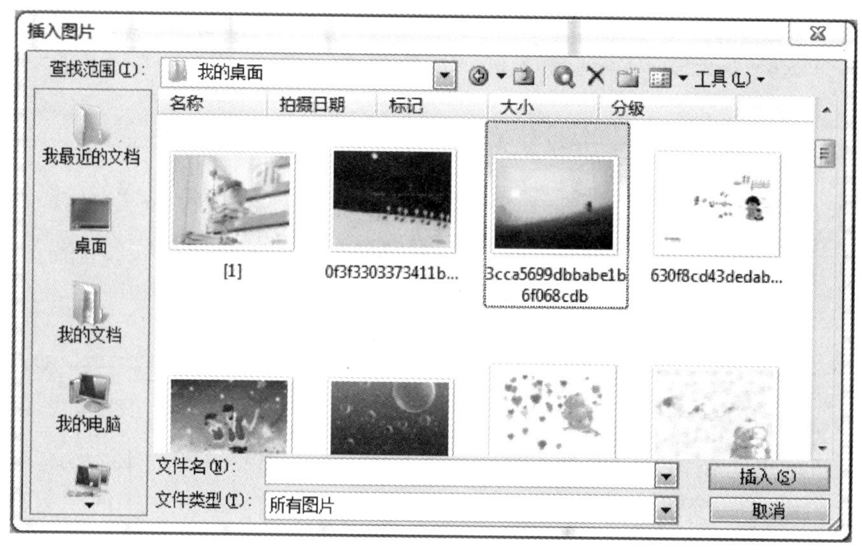

图 4－9－17 选择图片

5. 单击“插入”按钮，返回“页眉”对话框，如图 4－9－18 所示。

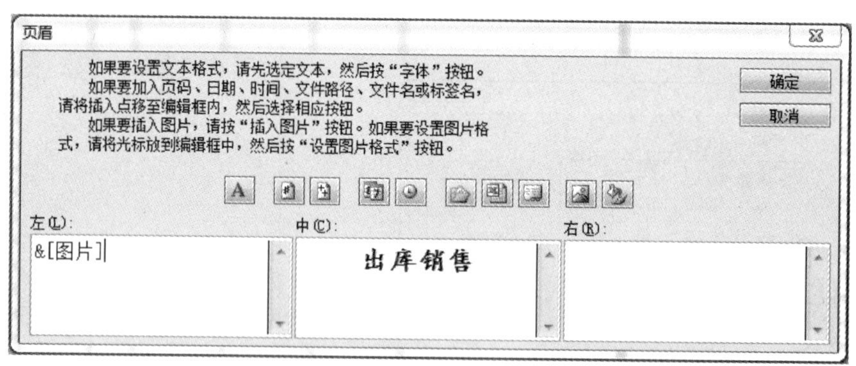

图 4－9－18 插入图片

6. 对图片进行设置。单击“设置图片格式”按钮，将弹出“设置图片格式”对话框，在“大小和转角”选项区中设置“高度”和“宽度”都为“3 厘米”，如图 4－9－19 所示。

7. 依次单击“确定”按钮，返回到文档，然后单击“常用”工具栏中的“打印预览”按钮，效果如图 4－9－20 所示。

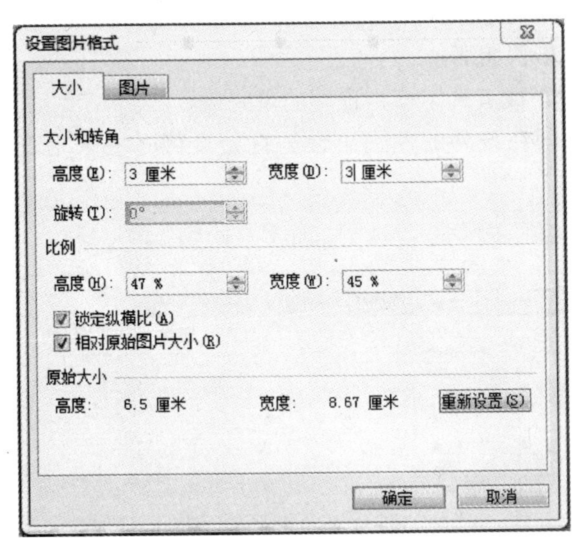

图 4-9-19　设置图片大小

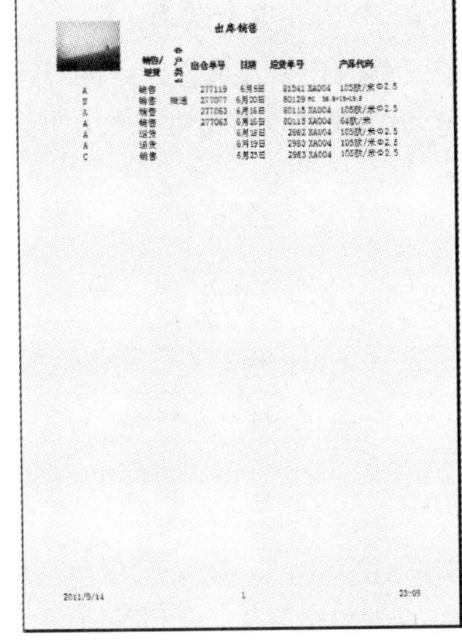

图 4-9-20　在页眉中插入图片后的效果

4.9.3　设置分页

如果需要打印的文档内容超过一页，Excel 会自动进行分页，并在分页处添加分页符。有时，自动分页符会出现在不合适的位置，此时可以通过手动插入分页符来调整其位置，插入水平分页符可以改变页面上数据行的数量，插入垂直分页符可以改变页面上数据列的数量。

4.9.3.1　插入水平分页符

在工作表中插入水平分页符的具体操作步骤如下：

1. 单击要在该行上面插入分页符的行号，或者选定该行最左边的单元格。

2. 单击“插入”→“分页符”命令，即在该行的上方出现水平分页符（一条水平虚线），如图 4-9-21 所示。

	名称框	B	C	D	E	F	G	H	I	
1										
2							“-”为退货			
3	新	材料代号	材料名称	月初数量	单位	类别	入库数	领用数量	销售数	结存
4		AA001	彩蓝色公贴	300.00	米	公贴	0	0	0	3
5		AA002	橙色公贴	15.00	米	公贴	0	0	0	
6		AA003	浅灰色公贴	347.00	米	公贴	0	0	0	3
7		AA004	深灰色公贴	0.00	米	公贴	0	0	0	
8		AA005	黑色公贴	44.00	米	公贴	0	0	0	
9		AA006	黑色公贴	100.00	米	公贴	0	0	0	1
10		AA007	水蓝色公贴	24.00	米	公贴	0	0	0	
11		AA008	黑色公贴	24.00	米	公贴	0	0	0	
12		AA009	浅灰色公贴	0.00	米	公贴	0	0	0	
13		AA010	白色公贴	2.00	米	公贴	0	0	0	
14		AA011	黑色公贴	24.00	米	公贴	0	0	0	
15		AA012	白色公贴	91.00	米	公贴	0	0	0	
16		AA013	土黄色公贴	72.00	米	公贴	0	0	0	
17		AA014	浅灰色公贴	194.00	米	公贴	0	31	0	1
18		AA015	浅灰色公贴	360.00	米	公贴	0	8	0	3
19		AA016	黑色公贴	120.00	米	公贴	0	0	0	1
20		AA017	黑色公贴	342.50	米	公贴	312	150	0	5
21		AA018	白色公贴	38.00	米	公贴	0	0	0	

出库销售，退货　出库领用，返仓　入库，出库退货　原材料库存

图 4-9-21　插入水平分页符

4.9.3.2 插入垂直分页符

在工作表中插入垂直分页符的具体操作步骤如下：

1. 单击要在该列左边插入分页符的列标，或者选定该列顶端的单元格。

2. 单击“插入”→“分页符”命令，即在该列的左边出现垂直分页符（一条垂直虚线），如图 4－9－22 所示。

	A	B	C	D	E	F	G	H	I	
1										
2							“-”为退货			
3	剑	材料代号	材料名称	月初数量	单位	类别	入库数	领用数量	销售数量	结存
4		AA001	彩蓝色公贴	300.00	米	公贴	0	0	0	3
5		AA002	橙色公贴	15.00	米	公贴	0	0	0	
6		AA003	浅灰色公贴	347.00	米	公贴	0	0	0	3
7		AA004	深灰色公贴	0.00	米	公贴	0	0	0	
8		AA005	黑色公贴	44.00	米	公贴	0	0	0	
9		AA006	黑色公贴	100.00	米	公贴	0	0	0	
10		AA007	水蓝色公贴	24.00	米	公贴	0	0	0	1
11		AA008	黑色公贴	24.00	米	公贴	0	0	0	
12		AA009	浅灰色公贴	0.00	米	公贴	0	0	0	
13		AA010	白色公贴	2.00	米	公贴	0	0	0	
14		AA011	黑色公贴	24.00	米	公贴	0	0	0	
15		AA012	白色公贴	91.00	米	公贴	0	0	0	
16		AA013	土黄色公贴	72.00	米	公贴	0	0	0	
17		AA014	浅灰色公贴	194.00	米	公贴	0	31	0	1
18		AA015	浅灰色公贴	360.00	米	公贴	0	8	0	3
19		AA016	黑色公贴	120.00	米	公贴	0	0	0	1
20		AA017	黑色公贴	342.50	米	公贴	312	150	0	5
21		AA018	白色公贴	38.00	米	公贴	0	0	0	

出库销售，退货 / 出库领用，返仓 / 入库，出库退货 / 原材料库存

图 4－9－22 插入垂直分页符

4.9.3.3 移动分页符

在分页预览视图中，可以用鼠标拖动分页符来改变其在工作表中的位置。单击“视图”→“分页预览”命令，即可切换到分页预览视图，如图 4－9－23 所示。

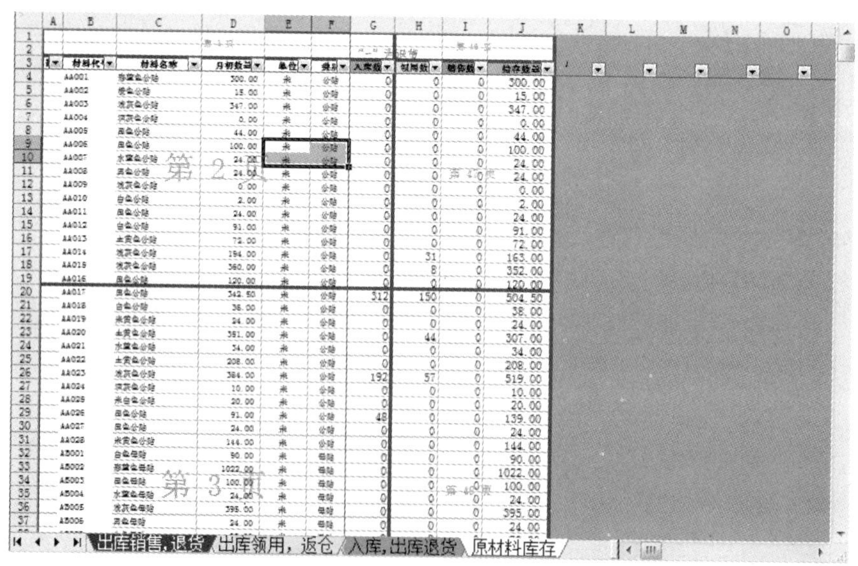

图 4－9－23 分页预览视图

4.9.3.4　删除分页符

删除一个手工分页符的具体操作步骤如下：

1. 选定与水平分页符相邻的下边一个单元格或与垂直分页符相邻的右边一个单元格，如图 4－9－24 所示。

2. 单击“插入”→“删除分页符”命令，则相应的分页符被删除，如图 4－9－25 所示。

图 4－9－24　选定单元格

图 4－9－25　删除水平分页符

如果要删除所有手工设置的分页符，可用鼠标单击行号与列标交叉处的按钮，以选定整个工作表，然后单击“插入”→“重置所有分页符”命令即可。

4.9.4　打印工作簿

在设置完成所有的打印选项后就可以进行打印了，在打印前用户还可以预览一下打印效果。

4.9.4.1　打印预览

通过打印预览，用户可以预览所设置的打印选项的实际打印效果，对打印选项进行最后的修改和调整，如图 4－9－26 为 Excel 2003 的打印预览窗口。

实现打印预览的具体操作步骤如下：

1. 打开要进行打印预览的工作表。

2. 单击“文件”→“打印预览”命令，即可实现打印预览。

也可用通过单击“常用”工具栏中的“打印预览”按钮实现打印预览。

4.9.4.2　打印工作簿

用户对打印预览中显示的效果满意后就可进行打印输出了，单击“文件”→“打印”命令，弹出“打印内容”对话框，如图 4－9－27 所示。

根据实际需要对各项设置完毕后，单击“确定”按钮即可开始打印。

用户也可单击“常用”工具栏中的“打印”按钮进行打印，但是用该按钮不允许用户设置打印方式，而是按系统默认的方式一次性打印所选的内容并且只打印一份。

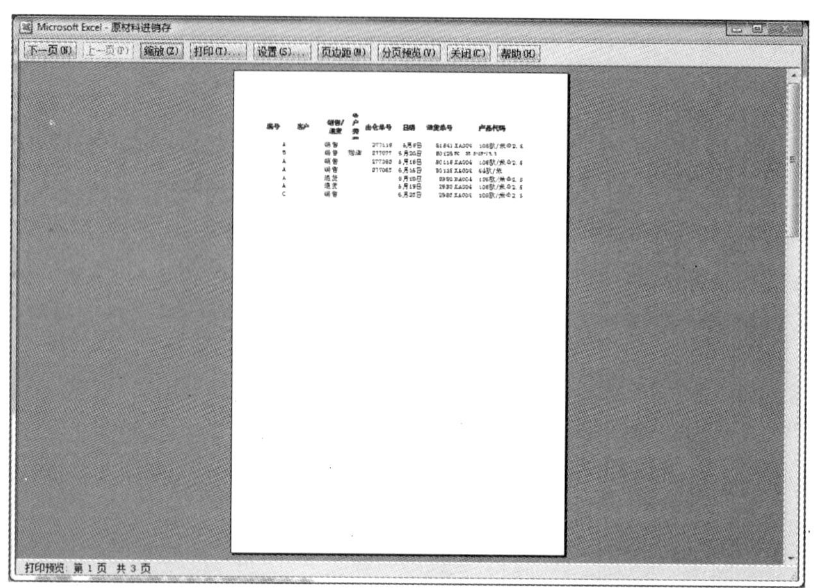

图 4 – 9 – 26　打印预览窗口

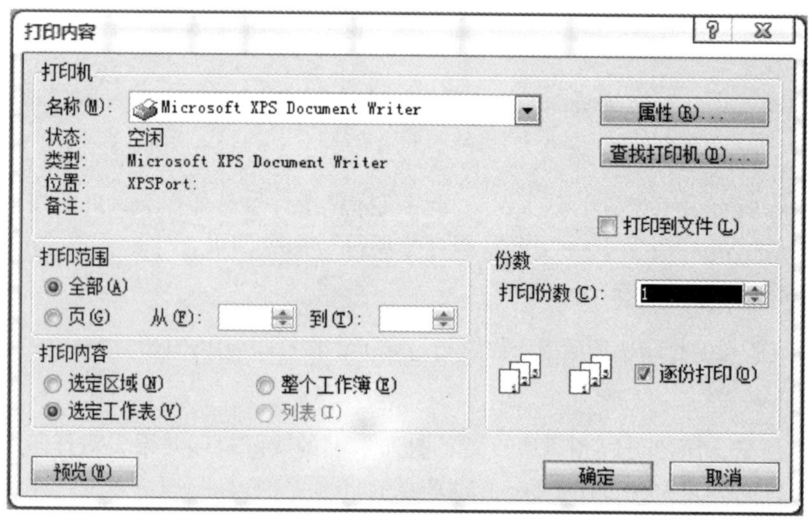

图 4 – 9 – 27　“打印内容”对话框

4.9.5　共享工作簿

Excel 2003 提供了共享工作簿的功能，若用户的计算机已经连接到了一个网络上，就可以使用该功能来共享工作簿。

4.9.5.1　在网络上打开工作簿

如果用户的计算机已经连接到了一个网络上，那么就可以打开保存在网络共享文件夹中的工作簿文件。在网络上打开工作簿的具体操作步骤如下：

1. 单击“文件”→“打开”命令，将弹出“打开”对话框，在“查找范围”下拉列表框中选择“网上邻居”选项，再从列表中选择网络计算机、共享文件夹或共享文件。

2. 选中需要打开的工作簿文件后单击“打开”按钮，即可将文件打开。

当用户要打开的工作簿正在被另一个用户访问时，系统会弹出“文件正在使用”对话框。

4.9.5.2　设置共享工作簿

将工作簿设置为共享工作簿以供其他用户使用的具体操作步骤如下：

1. 打开要共享的工作簿。

2. 单击“工具”→“共享工作簿”命令，将弹出“共享工作簿”对话框，如图 4－9－28所示。

3. 在“编辑”选项卡中选中“允许多用户同时编辑，同时允许工作簿合并”复选框。

4. 单击“高级”选项卡，如图 4－9－29 所示，用户可根据需要在其中进行设置，如保存修订记录的天数、自动更新的时间间隔等。

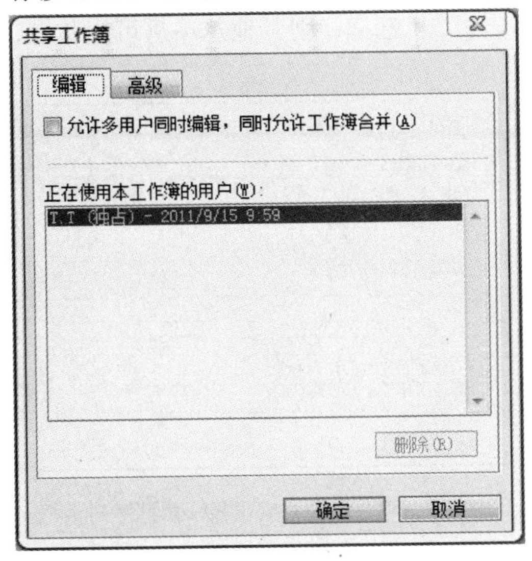

图 4－9－28　“共享工作簿”对话框

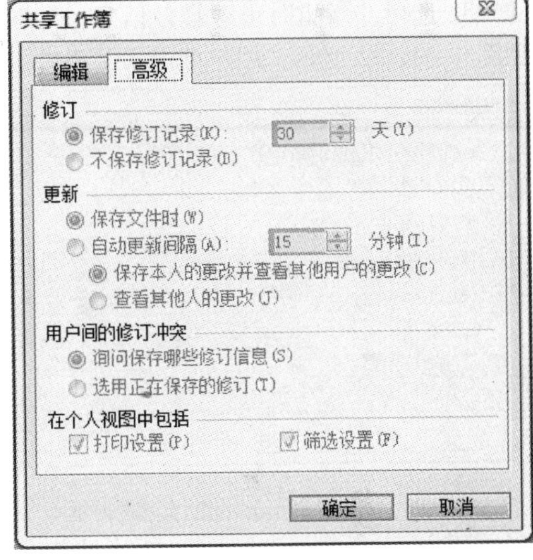

图 4－9－29　“高级”选项卡

5. 单击“确定”按钮，并将共享工作簿保存在其他用户可以访问的共享资源中即可。

4.9.5.3　保护共享工作簿

任何能够访问保存有共享工作簿的网络资源的用户，都可以访问共享工作簿，并且具有相同的权限。为了防止共享工作簿的共享状态被修改，需要对其进行保护，具体操作步骤如下：

1. 打开要保护的共享工作簿。

2. 单击“工具”→“保护”→“保护共享工作簿”命令，将弹出“保护共享工作簿”对话框，如图4－9－30所示。

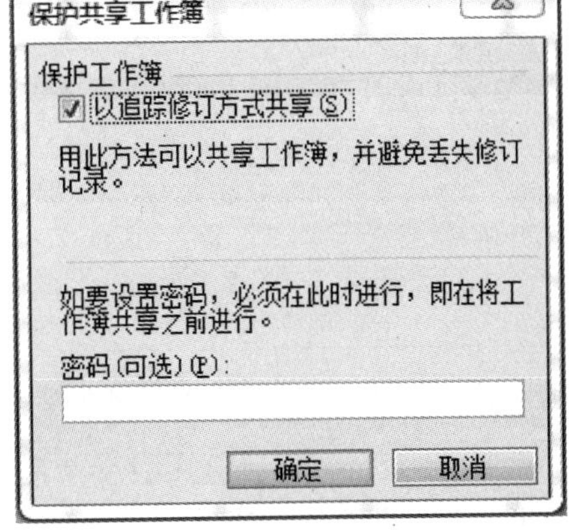

图 4－9－30　“保护共享工作簿”对话框

3. 选中“以追踪修订方式共享”复选框，这样可以为工作簿提供共享保护，其他用户就不能撤销该工作簿的共享状态或者关闭冲突日志，除非输入共享工作簿密码。

4. 单击“确定”按钮完成操作。

4.9.5.4 编辑和查看共享工作簿

用户在对共享工作簿进行操作的同时，其他用户也可能正在对这个文件进行修改，但是在保护该文件之前，用户看不到其他用户对共享工作簿所做的修改。保存该文件时，若其他用户修改过该文件，用户将看到一条消息：其他的用户已经对该文件进行了修改，而且将显示在工作表上。

为了查看工作簿中的所有修改内容，具体操作步骤如下：

1. 打开想要编辑和查看的共享工作簿。

2. 单击“工具”→“修订”→“突出显示修订”命令，将弹出“突出显示修订”对话框，如图 4 -9 -31 所示。

3. 选择“编辑时跟踪修订信息，同时共享工作簿”复选框，则其他选项呈可用状态，如图 4 -9 -32 所示，用户可根据需要进行设置。

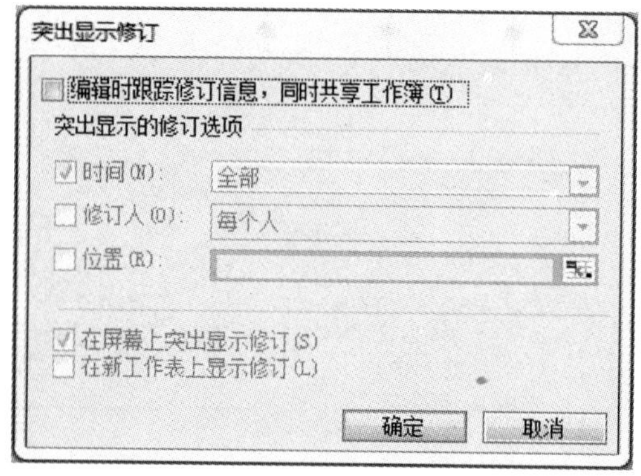

图 4 -9 -31 “突出显示修订”对话框

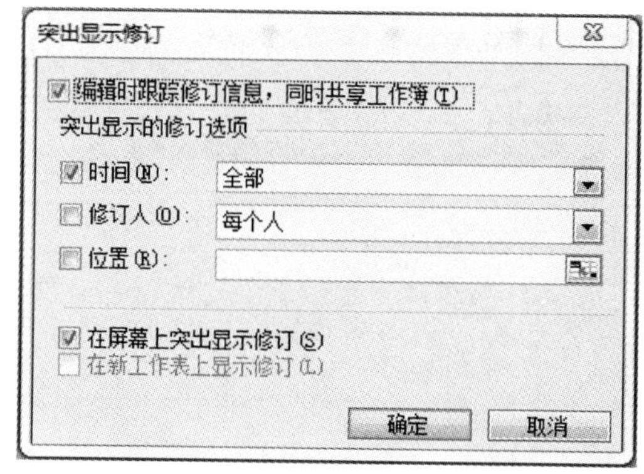

图 4 -9 -32 设置“突出显示修订”对话框

图 4 -9 -33 “共享工作簿”对话框

4. 设置完毕后，单击“确定”按钮。

此时，Excel 2003 将修改过的内容突出显示，从而使用户能够方便地查看共享工作簿中所做的修改。如果要查看修改的详细内容，可将鼠标指针悬停在突出显示的单元格上，Excel 会用批注的形式告知用户是谁对这个单元格做的修改、修改时间、如何修改等信息。

4.9.5.5 撤销工作簿的共享状态

如果不再需要其他用户对共享工作簿进行更改，则可以撤销该工作簿的共享状态，具体操作步骤如下：

1. 打开要撤销共享的工作簿。

2. 单击“工具”→“共享工作簿”命令，将弹出“共享工作簿”对话框，如图4 -9 -33 所示。

3. 在“编辑”选项卡中取消选择“允许多用户同时编辑，同时允许工作簿合并”复选框，并单击“确定”按钮即可。

习题四

一、选择题

1. 用 Excel 2003 创建的工作簿文件扩展名是______。

A. . doc　　B. . xls　　C. . xlsx　　D. . exl

2. 退出 Excel 2003 可使用组合键是______。

A. Alt + F4　　B. Ctrl + F4　　C. Alt + F5　　D. Ctrl + F5

3. Excel 2003 工作簿的工作表数量为______。

A. 1 个　　B. 128 个　　C. 3 个　　D. 1 ~255 个

4. 在 Excel 2003 中，用键盘选择一个单元格区域的操作步骤是首先选择单元格区域左上角的单元格，然后再进行的操作是______。

A. 按住 Ctrl 键并按向下和向右光标键，直到单元格区域右下角的单元格

B. 按住 Ctrl 键并按向下和向右光标键，直到单元格区域右下角的单元格

C. 按住 Ctrl 键并按向左和向右光标键，直到单元格区域右下角的单元格

D. 以上都不是

5. Excel 2003 每个单元格中最多可输入的字符数为______。

A. 8 个　　B. 256 个　　C. 32000 个　　D. 640K

6. 在 Excel 中，输入当天的日期可按组和键______。

A. Shift + ;　　B. Ctrl + ;　　C. Shift + :　　D. Ctrl + Shift

7. 在 Excel 中，输入当前时间可按组和键______。

A. Ctrl + ;　　B. Shift + ;　　C. Ctrl + Shift + ;　　D. Ctrl + Shift + ;

8. 默认情况下，Excel 新建工作簿的工作表数为______。

A. 3 个　　B. 1 个　　C. 64 个　　D. 255 个

9. 在 Excel 2003 中，文字数据默认的对齐方式是______。

A. 左对齐　　B. 右对齐　　C. 居中对齐　　D. 两端对齐

10. 在 Excel 中，工作表的拆分分为______。

A. 水平拆分和垂直拆分

B. 水平拆分和、垂直拆分和水平、垂直同时拆分

C. 水平、垂直同时拆分

D. 以上均不是

11. 在 Excel 中，工作表窗口冻结包括______。

A. 水平冻结　　B. 垂直冻结

C. 水平、垂直同时冻结　　D. 以上全部

12. 在 Excel 中，创建公式的操作步骤是______。

①在编辑栏键入“=”　②键入公式　③按 Enter 键　④选择需要建立公式的单元格

A. ④③①② B. ④①②③ C. ④①③② D. ①②③④

13. 在 Excel 中，单元格地址绝对引用的方法是______。

A. 在单元格地址前加“ $ ”

B. 在单元格地址后加“ $ ”

C. 在构成单元格地址的字母和数字前分别加“ $ ”

D. 在构成单元格地址的字母和数字之间加“ $ ”

14. Excel 中，一个完整的函数包括______。

A. “ = ” 和函数名 B. 函数名和变量

C. “ = ” 和变量 D. “ = ”、函数名和变量

15. Excel 的数据类型包括______。

A. 数值型数据 B. 字符型数据 C. 逻辑型数据 D. 以上全部

16. Excel 的单元格中输入一个公式，首先应键入______。

A. 等号“ = ” B. 冒号“ : ” C. 分号“ ; ” D. 感叹号“ ! ”

17. 已知 Excel 工作表中 A1 单元格和 B1 单元格的值分别为“电子科技大学”、“信息中心”，要求在 C1 单元格显示“电子科技大学信息中心”，则在 C1 单元格中应键入的正确公式为______。

A. = “电子科技大学” + “信息中心” B. = A1$B1

C. = A1 + B1 D. = A1&B1

18. Excel 每张工作表最多可容纳单元个数为______。

A. 256 个 B. 65536 个 C. 16333216 个 D. 1000 个

19. 启动 Excel 后，默认情况下工具栏为______。

A. 常用工具栏 B. 格式工具栏

C. 常用工具栏和格式工具栏 D. 以上都不是

20. 在 Excel 中，利用填充功能可以自动快速输入______。

A. 文本数据 B. 数字数据

C. 公式和函数 D. 具有某种内在规律的数据

21. 在 Excel 2003 中，在单元格中输入 = 12 > 24，确认后，此单元格显示的内容为______。

A. FALSE B. = 12 > 24 C. TRUE D. 12 > 24

22. 在 Excel 中，修改单元格数据的方法有______。

A. 2 种 B. 3 种 C. 4 种 D. 8 种

23. 在 Excel 中，已知某单元格的格式为 000.00，值为 23.385，则显示的内容为______。

A. 23.38 B. 23.39 C. 23.385 D. 023.39

24. 一般情况下，Excel 默认的显示格式右对齐的是______。

A. 数值型数据 B. 字符型数据 C. 逻辑型数据 D. 不确定

25. 一般情况下，Excel 默认的显示格式居中对齐的是______。

A. 数值型数据 B. 字符型数据 C. 逻辑型数据 D. 不确定

26. 在 Excel 2003 中，删除工作表中与图表链接的数据时，图表将______。

A. 被删除　　B. 必须用编辑器删除相应的数据点

C. 不会发生变化　　D. 自动删除相应的数据点

27. 已知某工作表的 F10 单元格中输入了八月，再拖动该单元格的填充柄住上移动，请问 F9，F8，F3 单元格出现的内容是______。

A. 八月，八月，八月　　B. 九月，十月，十一月

C. 五月，六月，七月　　D. 七月，六月，五月

28. 引用不同工作簿中的单元格称为 ______。

A. 远程引用　　B. 绝对引用　　C. 外部引用　　D. 内部引用

29. 如果要引用单元格区域应输入引用区域左上角单元格的引用、______和区域右下角的单元格的引用。

A. !　　B. [　]　　C. :　　D. ,

30. 在 Excel 状态下，先后按顺序打开了 A1. xls、A2. xls、A3. xls、A4. xls 四个工作簿文件后，当前活动的窗口是______工作簿的窗口。

A. A1. xls　　B. A2. xls　　C. A3. xls　　D. A4. xls

31. 在下列操作可以使选定的单元格区域输入相同数据的是______。

A. 在输入数据后按 Ctrl + 空格　　B. 在输入数据后按回车键

C. 在输入数据后按 Ctrl + 回车　　D. 在输入数据后按 Shift + 回车

32. 在 Excel 的完整路径最多可包含______字符。

A. 256　　B. 255　　C. 218　　D. 138

33. 下列符号中不属于比较运算符的是______。

A. < =　　B. = <　　C. < >　　D. >

34. 下列运算符中，可以将两个文本值连接或串起来产生一个连续的文本值的是______。

A. +　　B. ^　　C. &　　D. *

35. 选择含有公式的单元格，然后单击“编辑公式”（=）可以显示______。

A. 公式模板　　B. 公式结果　　C. 公式选项板　　D. 粘贴函数命令

36. 当移动公式时，公式中的单元格的引用将______。

A. 视情况而定　　B. 改变　　C. 不改变　　D. 公式引用不存在了

37. 在 Excel 中，对数据清单进行排序的操作，应当使用的菜单是______。

A. “工具”菜单　　B. “文件”菜单　　C. “数据”菜单　　D. “编辑”菜单

38. 下列操作中可以移动工作表的位置是______。

A. 拖动工作表标签　　B. 单击工作表标签后，再单击目的位置

C. 按 Ctrl 拖动工作表标签　　D. 按 Shift 键拖动工作表标签

39. 在 Excel 2003 中，在对单元的内容进行替换的操作，应当使用的菜单是______。

A. Office 按钮　　B. “开始”菜单　　C. “数据”菜单　　D. “编辑”菜单

40. 单元格 A1，A2，B1，B2，C1，C2 分别为 1、2、3、4、3、5，公式 SUM（a1 : b2，b1 : c2）=______。

A. 18　　B. 25　　C. 11　　D. 3

41. 当在函数或公式中没有可用数值时，将产生错误值______。

A. #VALUE!　　B. #NUM!　　C. #DIV/O!　　D. #NAME?

42. 生成一个图表工作表，在缺省状态下该图表的名字是______。

A. 无标题　　B. Sheet1　　C. Bool1　　D. 图表 1

43. Excel 工作表的最后一列的列标是______。

A. IV　　B. JV

C. IZ　　D. JZ

44. 一般来说，用户最近编辑的 Excel 工作簿的文件名将会记录在 Windows 的“开始”菜单中______子菜单中。

A. “文档”　　B. “程序”　　C. “设置”　　D. “查找”

45. 在 Excel 中，菜单项中“…”表示______。

A. 该菜单项下有子菜单　　B. 该菜单下有快捷键

C. 该菜单项下有对话框　　D. 该菜单项暂时不能使用

46. 在 Excel 中，______菜单下的子菜单可以改变默认的工作目录。

A. 文件　　B. 编辑　　C. 格式　　D. 工具

47. 工作表被删除后，下列说法正确的是______。

A. 数据还保存在内存里，只不过是不再显示

B. 数据被删除，可以用“撤销”来恢复

C. 数据进入了回收站，可以去回收站将数据恢复

D. 数据被全部删除，而且不可用“撤销”来恢复

48. 执行如下操作：当前工作表是 Sheet1，按住 Shift 键单击 Sheet2，在 A1 中输入 100，并把它的格式设为斜体，正确的结果是______。

A. 工作表 Sheet2 中的 A1 单元没有任何变化

B. 工作表 Sheet2 中的 A1 单元出现正常体的 100

C. 工作表 Sheet2 中的 A1 单元出现斜体的 100

D. 工作表 Sheet2 中的 A1 单元没有任何变化，输入一个数后自动变为斜体

49. 下面是“把一个单元区域的内容复制到新位置”的步骤，______步的操作有误。

A. 选定要复制的单元或区域

B. 执行“编辑/剪切”命令，或单击“剪刀”工具

C. 单击目的单元或区域的左上角单元

D. 执行“编辑/粘贴”命令或单击“粘贴”工具

50. Excel 数据清单的列相当于数据库中的______。

A. 记录　　B. 字段　　C. 记录号　　D. 记录单

二、填空题

1. 具有完整结构的表格更容易读取和理解表格内容，表格的结构通常包括以下几个部分：______、______和表体数据，这 3 个部分组成了一个完整的表格。

2. 在 Excel 中，要得到复杂的表格格式，通常情况下会使用“合并与拆分”单元格功

能，要快速地合并单元格可以单击______工具栏中的______按钮。

3. 在 Excel 中字号的度量值为磅，磅值越______，字号越大。

4. 当工作簿包含多个工作表时，可以为工作表重新命名，方法是：鼠标右键单击要重新命名的工作表标签，在弹出的快捷菜单中选择______命令。

5. 当用户选择了活动单元格后，单元格以黑色外边框反白显示，其右下角的小黑点称为______，使用填充柄可以快速填充内容。

6. Excel 在默认的情况下，数字在单元格中居______对齐，文字居左对齐。也可以使用“常用”工具栏中的对齐按钮进行更改。

7. 单击“格式”菜单中的______命令，然后继续选择并单击“隐藏”命令，可以将选中的行隐藏起来。

8. 要想清除工作表背景，需再次选择______菜单中的“工作表”命令，然后在子菜单中选择______命令就可以了。

9. 选中要创建的图表数据以后，单击______菜单中的“图表”命令就可以创建图表了。

10. 创建完成的图表，可以选择两种放置的位置，分别为______和______插入。

11. 图表使用______的方式引用了单元格中的数据，因此当表格中的数据发生变化时，图表也会自动更新，以保持数据的一致性。

12. 如果想要删除图表，可以选中图表，按______键就可以直接将其删除。

13. 在公式中的______优先级最高。

14. 在 Excel 中输入的公式或函数，总是以______开始的。

15. 公式“ = B5 * 3”中的 B5 引用类型是______。

16. 单击“插入”菜单中的______命令，可以在弹出的“函数”对话框中，选择需要使用的函数。

17. 按键盘中的______键，可以快速地更改公式中的引用类型。

18. 要定义单元格的名称，可以单击“插入”菜单中的“名称”命令，继续选择______命令。

19. 在定义完的名称中，其单元格的引用类型为______。

20. 向创建完成的数据清单添加记录的命令是位于______菜单中的“数据清单”命令。

21. 在 Excel 中排序时，最多可以设置______级排序。

22. 在 Excel 中提供了两种筛选方式，分别是______和______。

23. 要在工作表中删除所有包含“海”的记录时，可以使用通配符进行筛选，筛选条件应为______。

24. 执行分类汇总之前，必须要将分类的依据字段进行______。

25. 要创建数据透视表，可以执行______菜单中的“数据透视表和数据透视图”命令。

三、上机操作题

1. 请练习单元格的合并与拆分操作。

2. 请练习设置表格标题的格式。

3. 使用 Excel 提供的条件格式功能可以根据预先设置的不同条件，使单元格格式自动变化。请试着进行设置条件格式。

4. 请手动创建一个条形图、圆锥图、圆柱图和棱锥图图表。
5. 请利用 Excel 提供的自动计算功能，进行数值计算。
6. 练习使用冻结窗格的功能。

参考答案

一、选择题

1. B	2. A	3. D	4. D	5. C	6. B	7. C	8. A	9. A	10. B
11. D	12. B	13. C	14. D	15. D	16. A	17. D	18. C	19. C	20. D
21. A	22. A	23. D	24. A	25. C	26. D	27. D	28. C	29. C	30. D
31. C	32. B	33. B	34. C	35. C	36. C	37. C	38. A	39. D	40. B
41. D	42. B	43. A	44. A	45. C	46. D	47. D	48. C	49. B	50. B

二、填空题

1. 表题，表头
2. 常用，合并及居中
3. 大
4. 重命名
5. 填充柄
6. 右
7. 行
8. 格式，删除背景
9. 插入
10. 作为新工作表插入，作为其中对象插入
11. 绝对引用
12. Delete
13. 括号
14. 等号
15. 相对引用
16. 函数
17. F4
18. 定义
19. 绝对引用
20. 数据
21. 3
22. 自动筛选和高级筛选
23. * 海 *
24. 排序
25. 数据

三、略

5　幻灯片制作软件 PowerPoint 2003

PowerPoint 是一款专门用来制作演示文稿的应用软件，也是 Microsoft Office 系列软件中的重要组成部分。使用 PowerPoint 可以制作出集文字、图形、图像、声音以及视频等多媒体元素为一体的演示文稿，让信息以更轻松、更高效的方式表达出来。PowerPoint 2003 在继承以前版本的强大功能的基础上，更以全新的界面和便捷的操作模式引导用户制作图文并茂、声形兼备的多媒体演示文稿。

5.1　PowerPoint 2003 基础

5.1.1　PowerPoint 2003 简介

PowerPoint 2003 是一个专门用于制作、播放演示文稿的软件，是 Microsoft 公司继 PowerPoint 2002 后推出的版本，它是 Office 2003 中文版重要的组件之一。

演示文稿类似于以前使用的幻灯片（实际上 PowerPoint 中就将每一页演示文稿称为一个幻灯片，PowerPoint 的工作原理就是模仿传统的幻灯机进行演示），用户可以在 PowerPoint 中制作好演示文稿文件，然后在需要的时候逐页播放。

相对于传统的幻灯片，PowerPoint 演示软件具有非常大的优势，只要有一台电脑和 PowerPoint，用户就可以很容易地制作和播放演示文稿，而且所制作的演示文稿可以随时修改。

演示文稿广泛地应用在会议、教学、产品演示、等场合。例如，在会议上作报告时，可以事先将一些有关报告的内容制作为一个演示文件，然后在报告过程中利用投影仪逐页地播放演示文件。

5.1.2　启动 PowerPoint 2003

当用户安装完 Office 2003（典型安装）之后，PowerPoint 2003 也将成功安装到系统中，这时启动 PowerPoint 2003 就可以使用它来创建演示文稿。常用的启动方法有：常规启动、通过创建新文档启动和通过现有演示文稿启动。

5.1.2.1　常规启动

常规启动是在 Windows 操作系统中最常用的启动方式，即通过“开始”菜单启动。单击“开始”按钮，选择“程序”→ Microsoft Office → Microsoft Office PowerPoint 2003 命令，即可启动 PowerPoint 2003，如图 5 - 1 - 1 所示。

5.1.2.2　通过创建新文档启动

成功安装 Microsoft Office 2003 之后，在桌面或者“我的电脑”窗口中的空白区域右击，将弹出如图 5 - 1 - 2 所示的快捷菜单，此时选择“新建”→“Microsoft Office PowerPoint 演

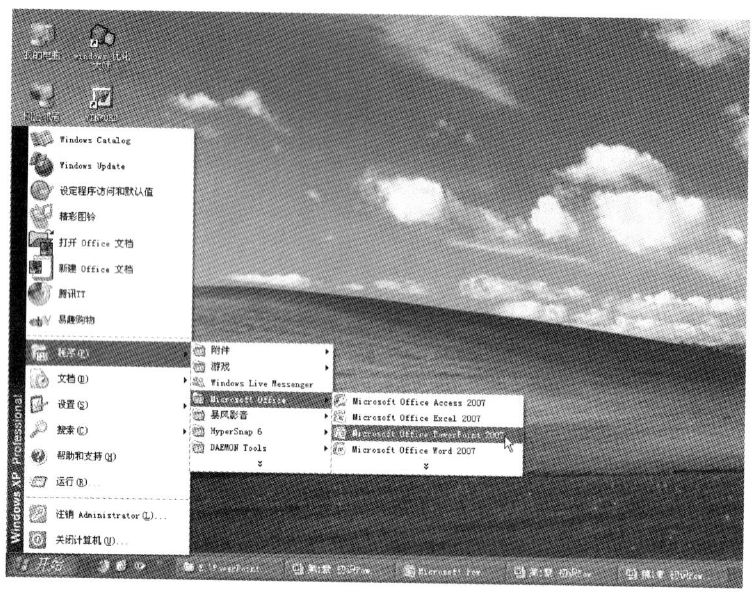

图 5－1－1　启动 PowerPoint 2003 界面

示文稿”命令，即可在桌面或者当前文件夹中创建一个名为“新建 Microsoft Office PowerPoint 演示文稿”的文件。此时可以重命名该文件，然后双击文件图标，即可打开新建的 PowerPoint 2003 文件，如图 5－1－2 所示。

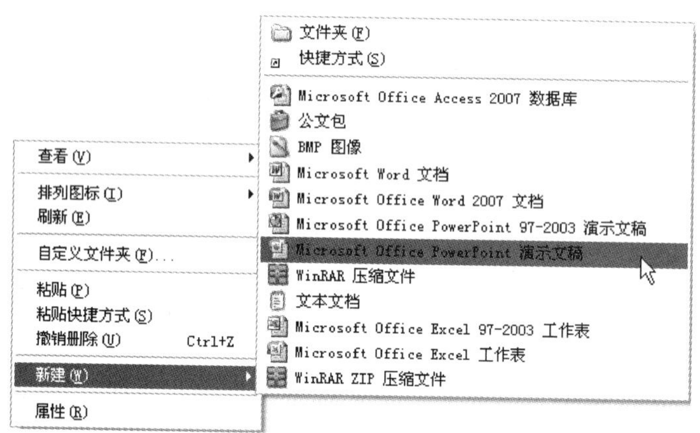

图 5－1－2　新建 PowerPoint 2003 文件界面

5.1.2.3　通过现有演示文稿启动

用户在创建并保存 PowerPoint 演示文稿后，可以通过已有的演示文稿启动 PowerPoint。通过已有演示文稿启动可以分为两种方式：直接双击演示文稿图标和在“文档”中启动。

5.1.3　PowerPoint 2003 的界面组成

PowerPoint 2003 的安装与启动过程跟其他应用软件一样，在此不作详细的讲述，启动 PowerPoint 2003 后，屏幕上出现如图 5－1－3 所示的程序窗口。

除开“工具栏、菜单栏”等普通软件都具备的元素，PowerPoint 2003 程序窗口中比较

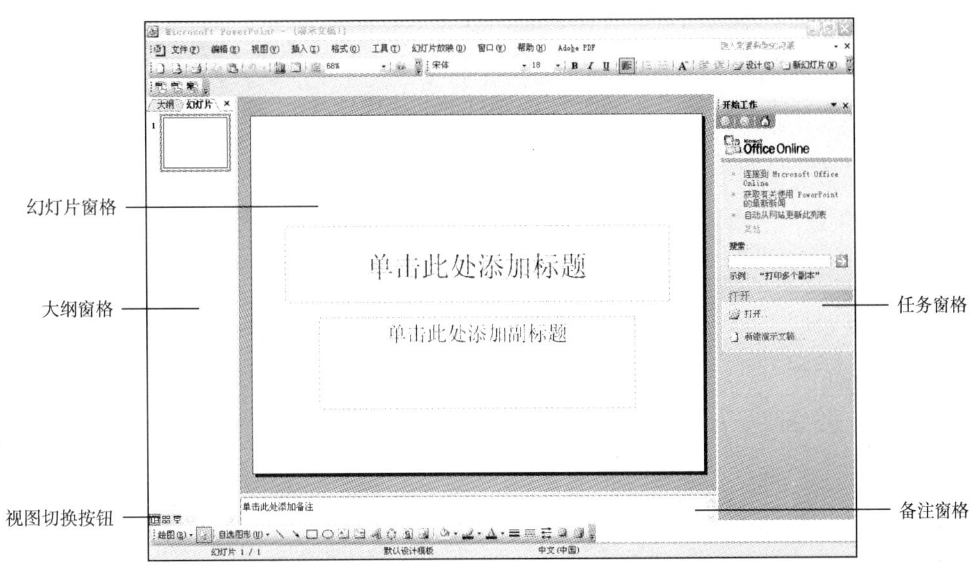

图 5－1－3　PowerPoint 2003 操作界面

重要的是“大纲窗格、视图切换按钮、任务窗格”这三种元素。其中大纲窗格中有两个标签，“大纲”标签中显示各幻灯片的具体文本内容，“幻灯片”标签中显示各幻灯片的缩略图。

1. 大纲窗格。大纲以缩略图的形式列出了演示文稿中的所有幻灯片，用于组织和开发演示文稿中的内容，可以在大纲视图中对幻灯片进行简单的编辑，如键入文字，重新排列项目符号点、段落和幻灯片等。

2. 幻灯片窗格。该窗格中显示的是大纲窗格中选中的幻灯片，用户可以在这里详细地查看、编辑每张幻灯片。

3. 备注窗格。该窗格用于添加幻灯片的备注信息。

4. 任务窗格。跟 office 其他组件中的任务窗格功能一样，PowerPoint 2003 的任务窗格也是为了方便用户操作而设计的。PowerPoint 2003 中的任务窗格包括“开始工作”、“共享工作区”、“帮助”、“剪贴板”、“剪贴画”、“幻灯片切换”等几个组。

5. 视图切换按钮。PowerPoint 2003 共有两种视图方式，分别是：普通视图与幻灯片浏览视图。

5.1.4　视图简介

为例方便用户编辑演示文稿的各组成部分和放映幻灯片，PowerPoint 2003 设置了多种视图。在不同的视图中，PowerPoint 2003 按不同方式显示文稿，用户可在相应的视图中完成演示文稿的特定操作。

PowerPoint 2003 的视图主要包括：普通视图、浏览视图、放映视图和备注页视图等。

5.1.4.1　普通视图

PowerPoint 2003 默认的视图方式即是普通视图，在普通视图中主要进行编辑操作，可用于撰写或设计演示文稿。该视图有三个工作区域：左侧是用来切换以幻灯片文本显示的大纲视图状态和以缩略图显示的幻灯片视图状态的选项卡，如果选择了一种视图状态，在该窗格中将显示相应的文本或者缩略图；右侧是幻灯片窗格，用来显示当前幻灯片；底部是备注窗格。这些窗格使用户可以在同一位置使用演示文稿的各种特征，如图 5－1－4 所示。

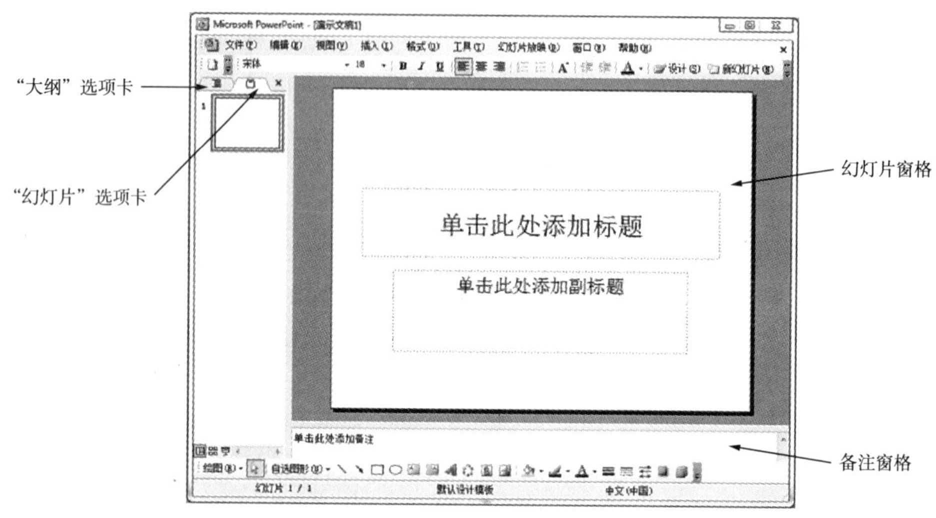

图 5－1－4　普通视图

5.1.4.2　幻灯片浏览

幻灯片浏览视图可以用来观察演示文稿的整体效果，在该视图中，将以缩小的形态、按编号从小到大的顺序、横排纵列地显示文稿中的所有幻灯片。这种缩小的幻灯片为幻灯片缩像，在每张幻灯片缩像的下方显示有该幻灯片的放映特征图标，如图 5－1－5 所示。

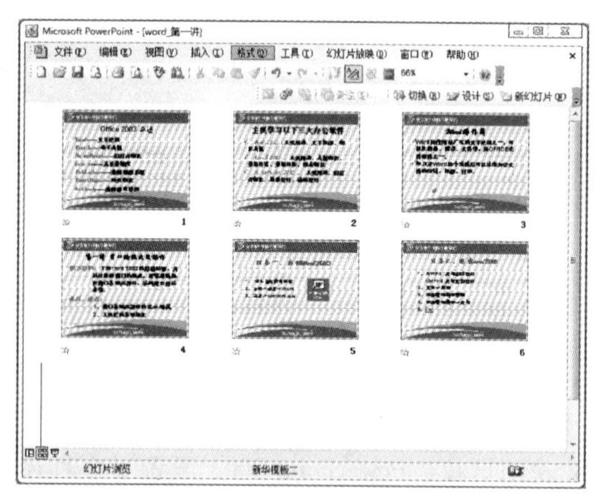

图 5－1－5　幻灯片浏览视图

在幻灯片浏览视图中，也可以修改文稿，但不是改变个别幻灯片的内容，而是改变幻灯片的总体布局。切换到幻灯片浏览视图的两种方法分别如下：

方法一：单击文稿窗口左下角的“幻灯片浏览视图”按钮。

方法二：单击“视图”→“幻灯片浏览”命令。

1. 摘要幻灯片。

摘要幻灯片是对其后的一组幻灯片的简要说明，其主题部分是由这组幻灯片的各个标题生成的一组有层次的小标题。

建立摘要幻灯片的具体操作步骤如下：

（1）选择相应的一组幻灯片，如图 5－1－6 所示。

（2）单击“幻灯片浏览”工具栏中的“摘要幻灯片”按钮，所建立的摘要幻灯片便自动插入到这组幻灯片的前面，如图 5－1－7 所示。

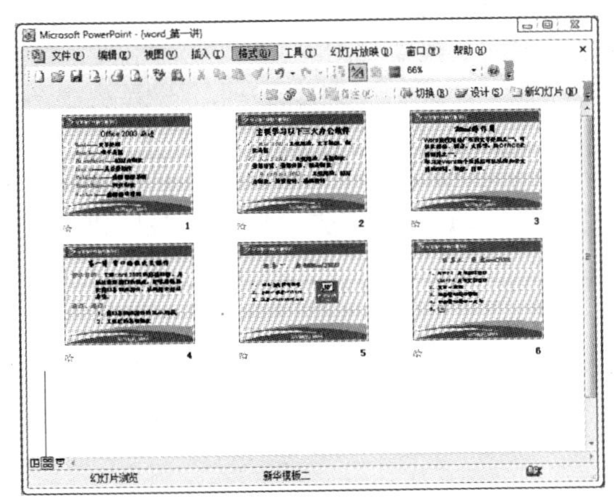

图 5 – 1 – 6　选定一组幻灯片

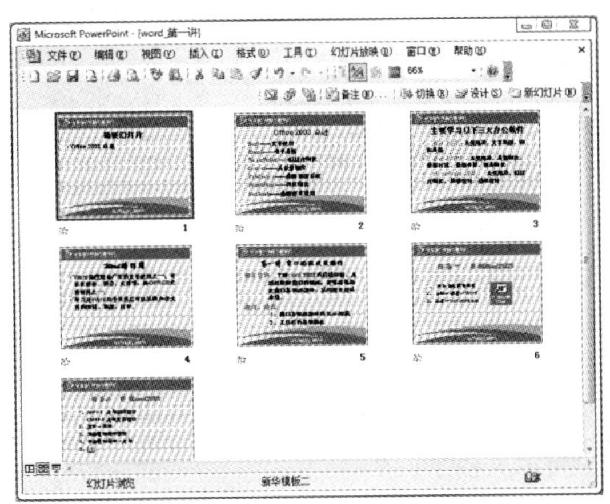

图 5 – 1 – 7　摘要幻灯片

2. 幻灯片操作。

在幻灯片浏览视图中，很多幻灯片的操作都变得非常直观和方便，如更改幻灯片背景、重新排列幻灯片顺序、复制幻灯片等。

选择幻灯片有以下三种方法：

（1）选择单个幻灯片。单击需要选择的幻灯片即可。

（2）选择一组幻灯片。按住“Shift”键并单击要选择的各个幻灯片即可（适合于选择相邻的幻灯片）；按住“Ctrl”键并单击要选择的各个幻灯片即可（适合于选择不相邻的幻灯片）。

（3）全选。单击“编辑”→“全选”命令或按“Ctrl + A”组合键，可选择全部幻灯片。

在幻灯片浏览视图中选择一组幻灯片并执行了“背景”命令后，可在“背景”对话框中选中或取消选择“忽略母版的背景图形”复选框来显示或隐藏背景图形。

在幻灯片浏览视图中，单击“格式”→“背景”命令，可以在弹出的对话框中更改幻灯片的背景颜色、图案和图形对象。“背景”命令在幻灯片浏览视图和普通视图的幻灯片窗格中的用法和功能相同。

3. 改变版式。

幻灯片浏览视图是更改幻灯片的模板、配色方案和背景这类操作的理想场所，因为在这个视图中可以显示出这些更改的整体效果。

在幻灯片浏览视图中，可修改一组幻灯片的模板和配色方案。为此，可先选定这组幻灯片，然后使用与幻灯片窗格中相同的方法和操作步骤进行。

改变了某些幻灯片的配色方案后，可将改变后的配色方案复制到文稿中的其他幻灯片。复制版式的具体操作步骤如下：

（1）选定具备所需配色方案的幻灯片。

（2）如果执行复制一次版式，则单击“常用”工具栏中的“格式刷”按钮；如果想多次复制版式，则双击“格式刷”按钮，此时鼠标指针变成 🖌 形状。

（3）选择要接受该配色方案的幻灯片，在第（2）步操作中，如果单击“格式刷”按钮，使用一次后鼠标指针自动回复原状；如果是双击“格式刷”按钮，则在多次复制版式结束后按“Esc”键，使鼠标指针恢复原样。

5.1.4.3　放映视图

在前面几种视图中完成演示文稿的基本制作后，应该在幻灯片放映视图中进行预览放映，以查看演示文稿实际播放的效果。在使用黑白播放器时，可以先使用黑白视图进行预览，以及时发现问题。

1. 放映幻灯片。

制作完演示文稿后，可以在屏幕上查看演示文稿的放映效果，其方法是单击工作窗口左下角的“幻灯片放映”按钮，切换到幻灯片浏览视图，这样就可以在屏幕上播放用户制作的演示文稿了。

放映幻灯片的具体操作步骤如下：

（1）拖动工作窗口中的滚动条至需要放映的幻灯片位置。

（2）单击工作窗口左下角的“幻灯片放映”按钮或者单击“视图”→“幻灯片放映”命令，PowerPoint 2003 即开始在屏幕上放映幻灯片，如图 5－1－8 所示。

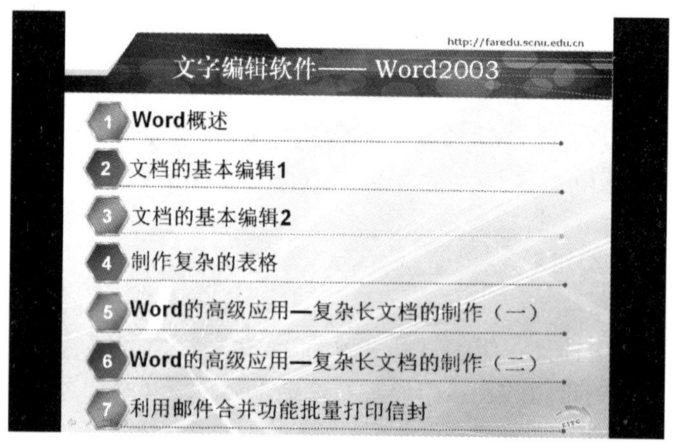

图 5－1－8　幻灯片放映视图

（3）单击鼠标左键，PowerPoint 2003 就会播放下一幅幻灯片，继续单击鼠标左键，直到放映完所有幻灯片，最后自动返回当前的视图。

2. 灰度和纯黑白视图。

在灰度或纯黑白视图上预览的效果和打印机输出的效果类似，如果要在黑白打印机上输出演示文稿，可以现在屏幕上通过灰度或纯黑白视图预览输出的效果，看一看文字与背景是否容易区分。根据幻灯片在黑白视图上的显著效果，可以决定是否调整幻灯片的颜色和背景。

选择幻灯片视图的具体步骤如下：

（1）在幻灯片浏览视图中单击鼠标右键，将弹出一个快捷菜单。

（2）选择“屏幕”→“黑屏”选项，系统会按照黑屏方式显示幻灯片；选择“屏幕”→“白屏”选项，系统会按照白屏方式显示幻灯片；选择“下一张”选项，可以查看下一张幻灯片。

5.1.4.4　备注页视图

演示文稿的每张幻灯片中，都有一个称为备注页的特殊类型的输出页，它用来记录演示文稿设计者的提示信息和注解。备注页分为两部分：上半部分是幻灯片的一副缩小图像，下半部分是文本预留区，相当于普通视图中的备注窗格。单击预留区上的文字占位符，可以在备注页内输入幻灯片的备注。单击“视图”→“备注页”命令，将弹出备注页视图，如图5－1－9所示。

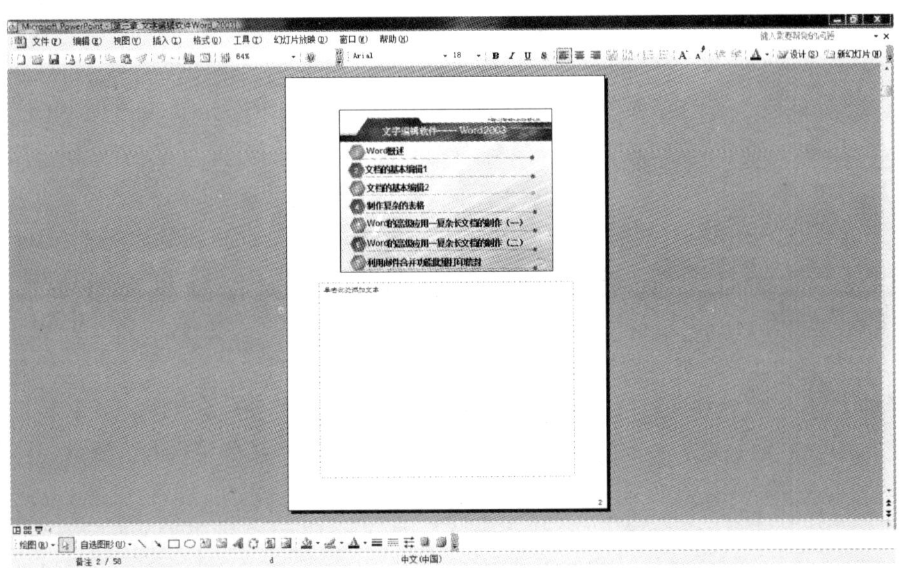

图5－1－9　备注页视图

1. 在备注页视图中输入文本。

在备注页视图中输入文本的具体操作步骤如下：

（1）选定要加入注释的幻灯片。

（2）备注页视图中的备注框显示用于添加备注文字的占位符。单击“常用”工具栏中的“显示比例”按钮可调整合适的比例直至看清文字占位符。

（3）单击备注框中的“单击此处添加文本”位置处的文本占位符输入文本。

（4）要在演示文稿的下一张幻灯片中输入演讲者备注，可单击“后一个幻灯片”按钮或按“Page Down”键。

（5）在演示文稿的备注页中输入文本后，再次将文稿存盘，以保证该文本作为文稿内容的一部分存储起来。

2. 格式化备注文本。

格式化备注文本的具体步骤如下：

（1）选定要格式化的文本。

（2）单击“格式”→“行距”命令，在弹出的“行距”对话框中设置备注中各段落内的行间距或各段落之间的距离。

（3）设置完成后，单击“确定”按钮。

5.2 使用 PowerPoint 创建演示文稿

演示文稿是用于介绍和说明某个问题和事件的一组多媒体材料，也就是 PowerPoint 生成的文件形式。演示文稿中可以包含幻灯片、演讲备注和大纲等内容，而 PowerPoint 则是创建和演示播放这些内容的工具。本节主要介绍创建、放映与保存演示文稿的方法和编辑幻灯片的基本操作。

5.2.1 快速建立空演示文稿

在 PowerPoint 中，存在演示文稿和幻灯片两个概念。使用 PowerPoint 制作出来的整个文件叫做演示文稿，而演示文稿中的每一页叫做幻灯片。每张幻灯片都是演示文稿中既相互独立又相互联系的内容。

由于工作性质和想要编写的文稿内容常有变化，PowerPoint 2003 的内容提示向导提供的文稿模型并不总能满足用户的要求，因此按照自己的思路，从一个空白文稿出发建立新文稿是非常有必要的。

从空白幻灯片创建演示文稿的具体步骤如下：

1. 启动 PowerPoint 2003，将在窗口右侧弹出“开始工作”任务窗格。

2. 单击任务窗格标题栏右侧的下拉按钮，在弹出的下拉菜单中选择“幻灯片版式”选项，弹出“幻灯片版式”任务窗格，如图 5－2－1 所示。

3. 用户可通过拖动滚动条在“幻灯片版式”任务窗格中选择所需的版式，单击该版式右侧的下拉按钮，将弹出一个下拉菜单，如图 5－2－2 所示。利用该菜单，用户可以把所选版式应用于所选幻灯片。

图 5－2－1 “幻灯片版式”任务窗格

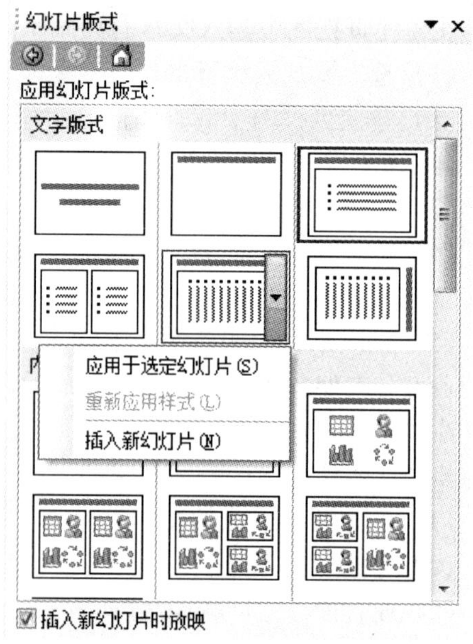

图 5－2－2 应用幻灯片版式

4. 将所选版式应用于选定的幻灯片后，进入幻灯片视图，应用该版式的新幻灯片出现在窗口中，在幻灯片中或“大纲”选项卡中输入所需的文本即可，如图 5－2－3 所示。

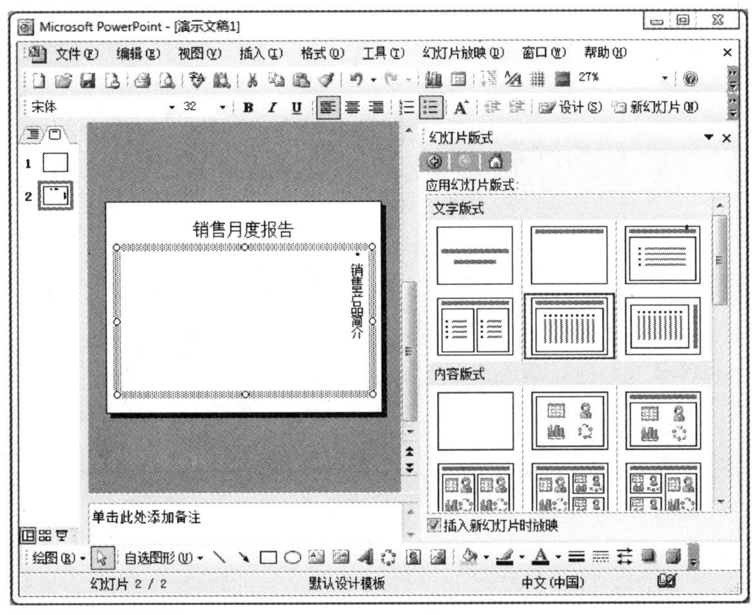

图 5－2－3 改变幻灯片版式

5.2.2 用现有演示文稿新建演示文稿

现有演示文稿是已经书写和设计过的演示文稿，利用现有演示文稿新建演示文稿可以创建现有演示文稿的副本，以在原有基础上对演示文稿进行设计或更改。

利用现有演示文稿创建演示文稿的具体步骤如下：

1. 如果“新建演示文稿”任务窗格中没有显示已有的文稿，可单击“新建”选项区中的“根据现有演示文稿...”超链接，如图 5－2－4 所示，此时将弹出“根据现有演示文稿新建”对话框，如图 5－2－5 所示。

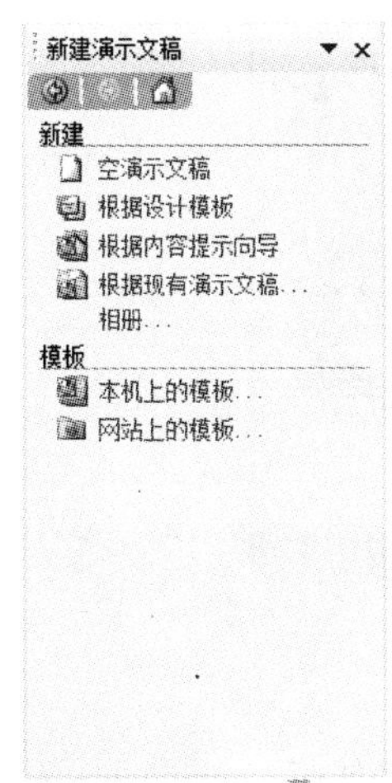

图 5－2－4 单击相应超链接

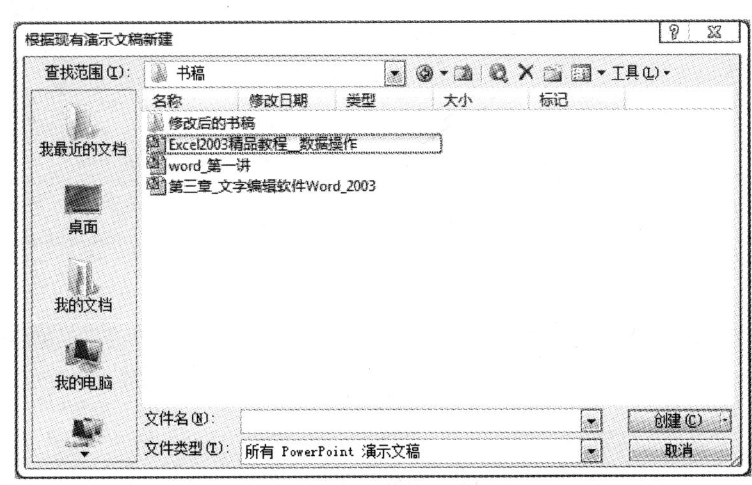

图 5－2－5 “根据现有演示文稿新建”对话框

2. 在该对话框中选择所需的演示文稿，以基于它创建新的幻灯片。

3. 单击“创建”按钮，创建的演示文稿如图 5－2－6 所示。

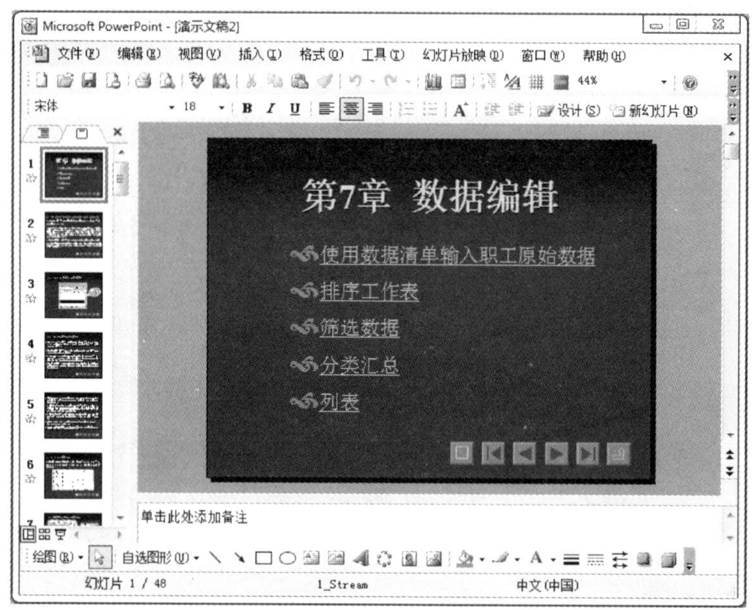

图 5－2－6 创建的演示文稿

4. 在“大纲”选项卡中，选中编号为 1 的内容，使文字高亮度显示，如图 5－2－7 所示。

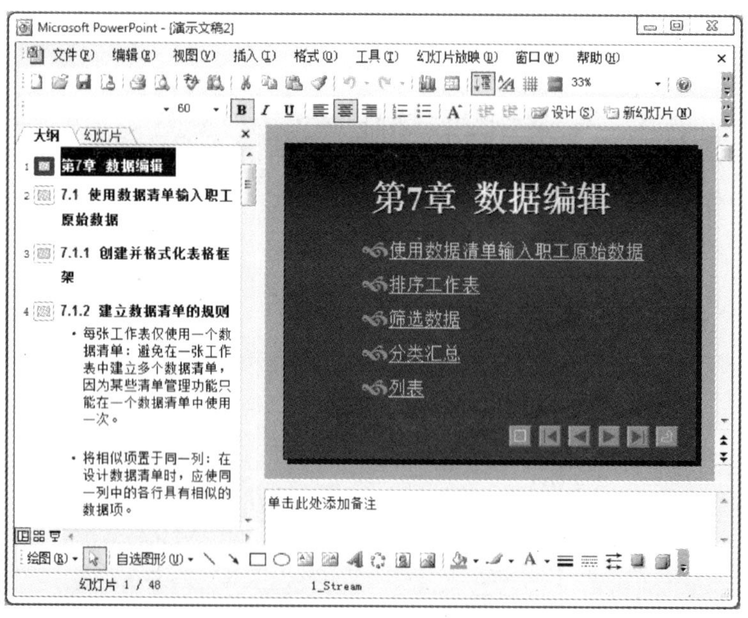

图 5－2－7 选中内容

5. 直接从键盘输入替换文本的内容，该内容将替换原来的默认内容，如图 5－2－8 所示。

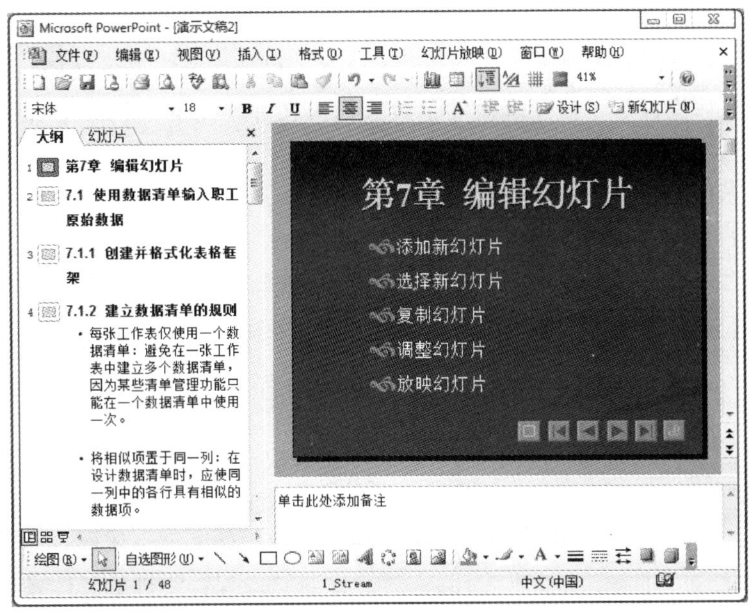

图 5－2－8　替换内容

6. 按照步骤（4）、（5）的操作把原幻灯片上的内容替换原来默认的内容，然后单击“文件”→“另存为”命令，将其保存即可。

如果用户不想从大纲视图中输入文本，也可用直接从幻灯片视图中输入文本。

5.2.3　保存演示文稿

保存就是将制作出的幻灯片文件储存于存储介质中，完成一张幻灯片的制作后应立即存盘。在实际工作中一定要养成经常保存自己工作成果的习惯。在制作一部幻灯片的过程中，存盘的次数越多，因意外事故造成的损失就越小。

5.2.3.1　首次保存文件

首次保存文件的具体步骤如下：

1. 单击“文件”→“保存”命令，将弹出“另存为”对话框，如图 5－2－9 所示。

图 5－2－9　“另存为”对话框

2. 由于是第一次保存文件，此时文件使用的是系统默认的“演示文稿 1”文件名，用户在“文件名”下拉列表框中输入一个新的文件名即可使用自定义的文件名。

3. 单击“保存位置”下拉列表框的下拉按钮，在弹出的下拉列表中选择文件要保存的位置。

4. 单击“保存类型”下拉列表框的下拉按钮，在弹出的下拉列表中选择文件要保存的格式，然后单击“保存”按钮即可。

5.2.3.2 自动保存文件

如果计算机不太稳定，常常死机或经常停电，那么设置自动保存时很有必要的，而在不断地停下编辑工作时，手工保存文件，显然很麻烦。“自动保存”解决了这个问题，它可以每隔一段时间自动保存一次文件，即使停电或死机，再次启动时，保存过的文件内容也依然存在。

让系统自动保存文件的具体操作步骤如下：

1. 单击“工具”→“选项”命令，在弹出的“选项”对话框中单击“保存”选项卡，如图 5-2-10 所示。

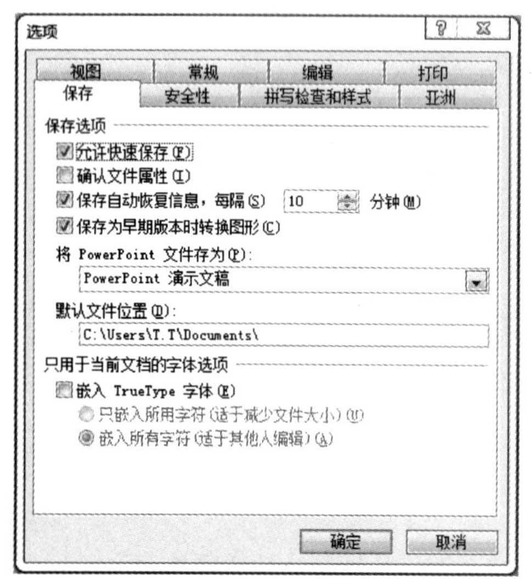

图 5-2-10 “保存”选项卡

2. 在“保存选项”选项区中选中“保存自动恢复信息”复选框，然后在“每隔”数值框中输入保存文件的时间间隔（系统默认的设置为每 10 分钟保存一次）。设置完成后，单击“确定”按钮。

5.3 文本处理功能

5.3.1 文本的编辑

在幻灯片中简单地输入文本后，要使幻灯片的文字更具有吸引力，更加美观，还必须对输入的文本进行各种编辑操作，以制作出符合用户需要的演示文稿。对文本的基本编辑操作包括选定、移动、撤销、查找、折叠和展开等操作。

5.3.1.1 选定和复制文本

选定文本是一切文本编辑操作的基础，为了对文本进行大面积的编辑操作，首先应选定文本。

1. 选定文本。

选定文本操作可以在“大纲”选项卡和“幻灯片”选项卡中进行。

选定文本有以下几种方法：

（1）单击幻灯片图标。鼠标左键单击幻灯片图标，则整个幻灯片被选定。

（2）单击幻灯片编号。鼠标左键单击幻灯片编号，则整个幻灯片被选定。

（3）单击层次小标题的项目符号。单击层次小标题的项目符号，则选登该层次小标题及其下面层次的全部文本。

（4）用鼠标拖动。将插入点置于预期选择区的第一个字符的左侧，然后拖曳鼠标到预期选择区的最后一个字符右侧为止，则鼠标指针经过的文本被选定。

（5）使用键盘和鼠标。先将插入点定位到要选择文本的起始为止，在按住 Shift 键，并在要选择文本的末尾单击鼠标左键，即可选定该文本。

2. 复制文本。

如果用户在创建一个新的演示文稿时，发现以前有类似的文稿，则可利用复制命令来复制他们相同的部分来免去一些重复的操作。

复制文本的具体步骤如下：

（1）如果要在两个演示文稿之间复制文本，可同时打开这两个演示文稿，然后单击“窗口”→“全部重排”命令来重排演示文稿的窗口。

（2）在幻灯片中，选定要复制的文本，然后单击鼠标右键，在弹出的快捷菜单中选择“复制”选项，或直接按“Ctrl + C”组合键。

（3）定位文本所要粘贴的位置，然后单击鼠标右键，在弹出的快捷菜单中选择“粘贴”选项，或直接按“Ctrl + V”组合键。

5.3.1.2 查找和替换文本

使用“查找和替换”功能，可以查找和替换幻灯片中的文本、格式、段落标记、分页符和其他项目，并且还可以使用通配符和代码来扩展搜索。

1. 查找。

使用“查找”功能可以快速搜索演示文稿中要查找的单词或词组，可以通过“查找”对话框来对不同的视图内容进行查找。

（1）查找的基本过程。

单击“编辑”→“查找”，将弹出“查找”对话框，如图 5－3－1 所示。

图 5－3－1 “查找”对话框

（2）在普通视图中查找文本。

在普通视图中查找相同的文本，具体操作步骤如下：

①打开要查找内容的演示文稿，将插入点定位到“大纲”选项卡的大纲文档中，如图 5－3－2所示。

②单击“编辑”→“查找”命令，将弹出“查找”对话框，在“查找内容”下拉列表框中输入要查找的文本，如图 5－3－3 所示。

③单击“查找下一个”按钮，结果如图 5－3－4 所示。

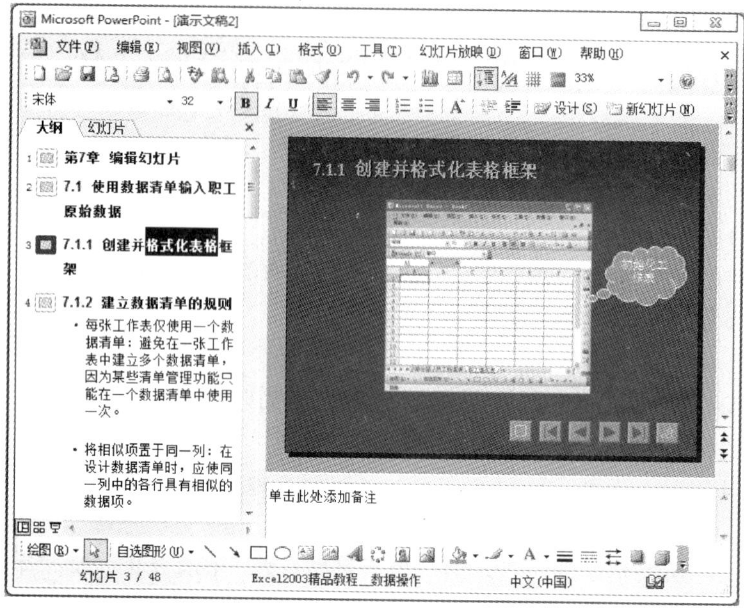

图 5－3－2 选中内容

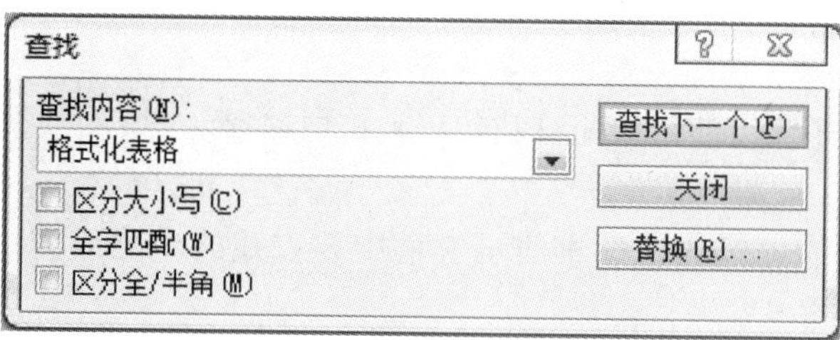

图 5－3－3 输入查找内容

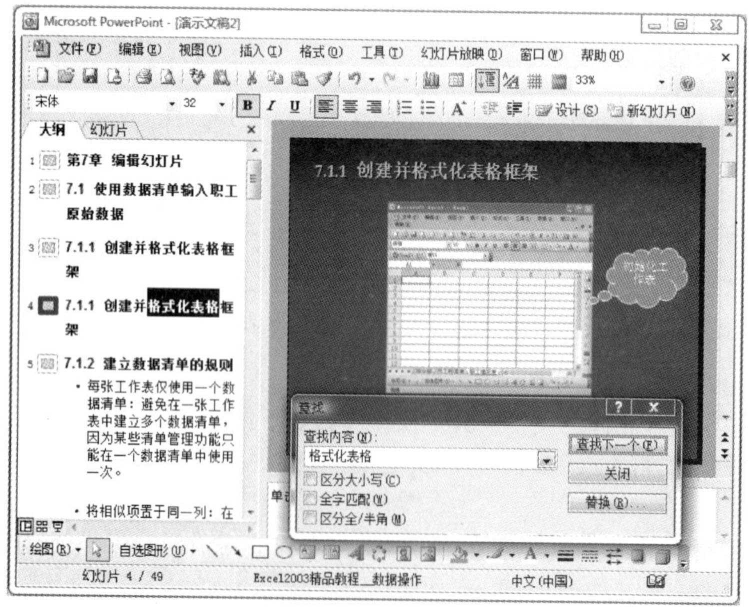

图 5－3－4 查找结果

④查找完毕后，单击“确定”按钮，返回到“查找”对话框；单击“关闭”按钮，即可完成对幻灯片的查找操作。

2. 替换。

要使用新的文本替换幻灯片中的指定文本，可以利用“替换”功能。

单击“编辑”→“替换”命令，将弹出“替换”对话框，如5－3－5所示。

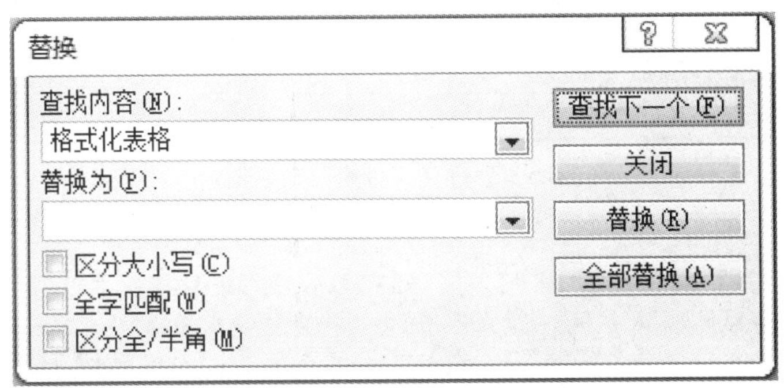

图5－3－5　“替换”对话框

在普通视图中替换文本的具体操作步骤如下：

(1) 打开要替换文本的演示文稿，将插入点置于“大纲”选项卡的大纲文档中，如图5－3－6所示。

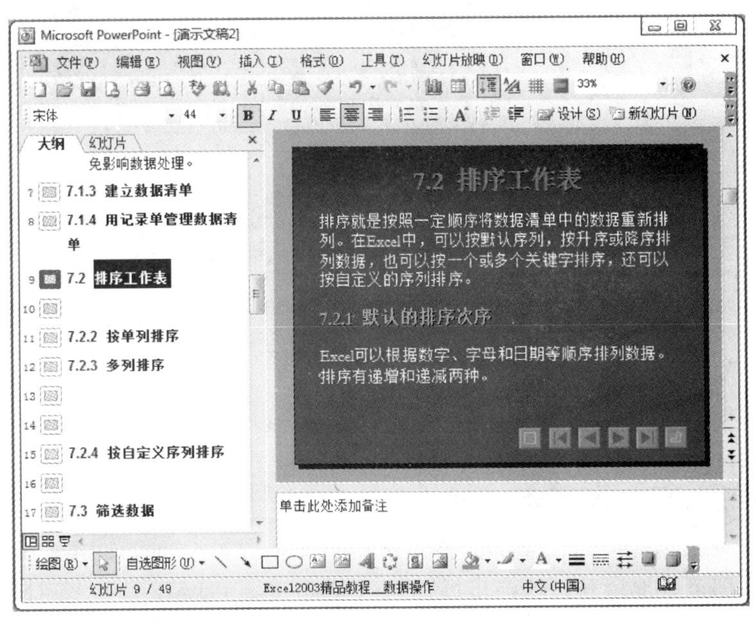

图5－3－6　选中内容

(2) 单击“编辑”→“替换”命令，将弹出“替换”对话框，输入要替换的内容，单击“全部替换”按钮，如图5－3－7所示。

(3) 替换完毕后，单击“确定”按钮，返回到“替换”对话框；单击“关闭”按钮，即可完成对幻灯片的替换操作。结果如图5－3－8所示。

替换
查找内容(N):
排序工作表
替换为(P):
简单排序工作表
区分大小写(C)
全字匹配(W)
区分全/半角(M)
查找下一个(F)
关闭
替换(R)
全部替换(A)

图5－3－7 “替换”对话框

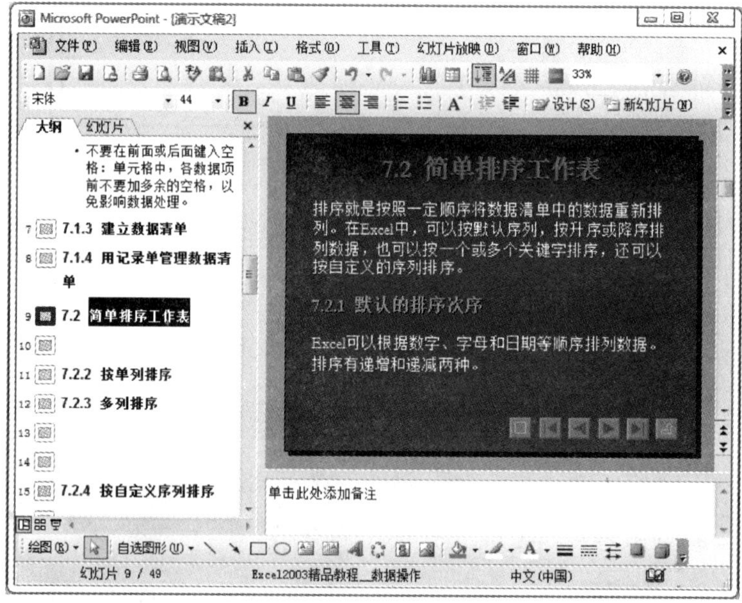

图5－3－8 替换文本后的结果

5.3.1.3 折叠或展开文本

当处理普通视图中大纲内的文本时，可以折叠文本以便在编辑处理的同时仅查看第一级大纲，也就是幻灯片标题，也可以在任何时候再次展开文本。

折叠、展开所有文本的操作方法如下：

单击“常用”工具栏中的“全部折叠”按钮，文本即可全部折叠起来；单击“全部展开”按钮，文本即可全部展开。这一步操作可在折叠文本和展开文本之间进行切换。全部折叠文本和全部展开文本的快捷键分别为“Alt + Shift + 1”和“Alt + Shift + 9”。

大纲文本的全部折叠效果如图5－3－9所示。

5.3.2 文本的插入

5.3.2.1 在占位符中输入文本

幻灯片版式包含多种组合形式的文本和对象占位符。占位符是带有虚线或影线标记边框

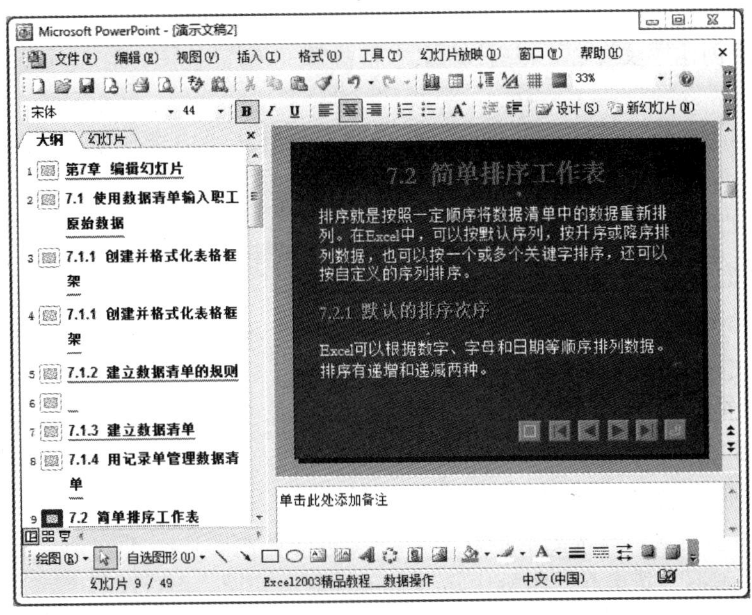

图 5-3-9 大纲文本的全部折叠效果

的矩形框，它是绝大多数幻灯片版式的组成部分。这些矩形框可容纳标题、正文以及对象。

当新建一个空白的幻灯片时，在文档窗口中就默认显示了标题和副标题占位符，如 5-3-10 所示，可以直接在这些占位符中输入幻灯片的标题和副标题，另外还可以在其他的占位符中输入文本。输入文本后，还可以调整占位符的大小并移动它们，并且可以用边框线条和颜色设置其格式。

要在占位符内输入文本，只需在文本占位符内单击鼠标左键，然后直接输入标题或正文文本即可，也可粘贴从其他位置和文档中拷贝的文本。

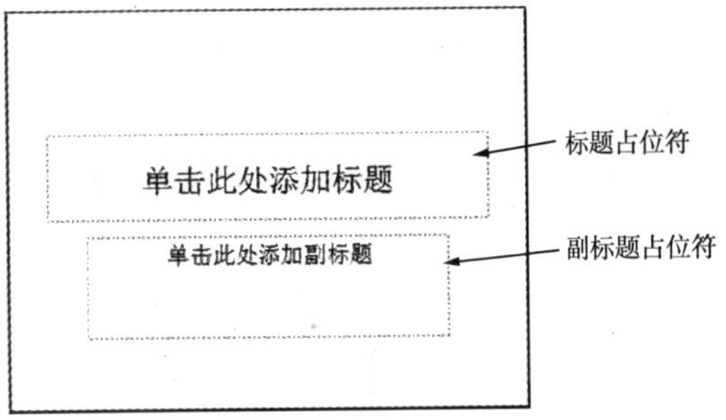

单击此处添加标题

标题占位符

单击此处添加副标题

副标题占位符

图 5-3-10 占位符

对于输入到占位符中的文本，如标题和项目符号列表，可在“幻灯片”选项卡或“大纲”选项卡中进行编辑，并且可将其从“大纲”选项卡导出到 Microsoft Word 中。默认情况下，PowerPoint 2003 会随输入而调整文本大小以适应占位符。

5.3.2.2 在文本框中添加文字

使用文本框可以将文本放置到幻灯片的任何位置，如占位符中。例如，可以创建文本框并将它放在图片旁来为图片添加标题。文本框具有边框、填充、阴影或三维效果等属性，所以可以更改它的形状。

向文本框中添加文本的具体操作步骤如下：

1. 单击“绘图”工具栏中的“文本框”按钮。
2. 根据需要选择以下操作：

（1）如果要添加单行文本，将鼠标指针指向幻灯片中要添加文本框的位置，然后单击鼠标左键，即创建了文本框，并且该文本框处于可编辑状态，在其中输入或粘贴文本即可。

（2）如果要添加换行文本，可将鼠标指针指向幻灯片中要添加文本框的位置，然后单击鼠标左键创建文本框，并用鼠标拖动该文本框的边框到所需大小后，再输入或者粘贴文本即可。

5.3.2.3 在自选图形中添加文本

在自选图形中添加文本信息，有时更能完整地表达一项内容，并且添加的文本被附加到图形中，可以随图形移动或旋转。

要在自选图形中添加文本，则其方法如下：

1. 如果要添加的文本为图形一部分的并在移动图形的同时移动文本，可以首先选中幻灯片中的自选图形，然后右击该图形，选择“添加文本”命令来实现。

2. 如果要添加独立于自选图形的文本并且在移动自选图形时不移动文本，则必须在自选图形中添加文本框，然后在文本框中输入文本。

5.3.3 设置文本的基本属性

为了使演示文稿更加美观、清晰，通常需要对文本属性进行设置。文本的基本属性设置包括字体、字形、字号及字体颜色等设置。在 PowerPoint 2003 中，当幻灯片应用了版式后，幻灯片中的文字也具有预先定义的属性。但在很多情况下，用户仍然需要按照自己的要求对它们重新进行设置。

5.3.3.1 设置字体和字号

1. 格式化字体。

格式化字体的具体操作步骤如下：

（1）选中单个字符，也可将插入点置于一个单词中来格式化整个单词，还可以选中几个单词或句子，如图 5－3－11 所示。

（2）单击“格式”→“字体”命令，将弹出“字体”对话框，在“中文字体”下拉列表框中选择要设置的字体，如图 5－3－12 所示。

图 5－3－11 选中要格式化的内容

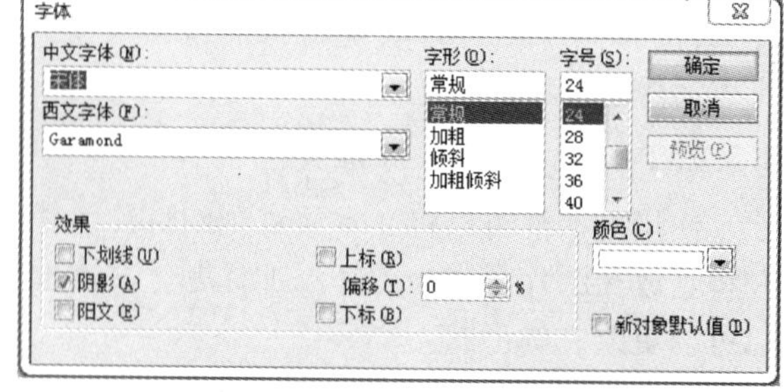

图 5－3－12 “字体”对话框

（3）单击“确定”按钮，结果如图 5－3－13 所示。

2. 设置字号。

设置演示文稿字号的方法如下：

(1) 单击“格式”→“字体”命令，在弹出的“字体”对话框中进行设置。

(2) 在“格式”工具栏中的“字号”下拉列表框中选择字号。

(3) 单击“格式”工具栏中的“增大字号”按钮或“减小字号”按钮改变字号。

改变演示文稿中字号的具体操作步骤如下：

(1) 可以选中单个字符，也可将插入点置于一个单词中来格式化整个单词，还可以选中几个单词或句子，如图 5－3－14 所示。

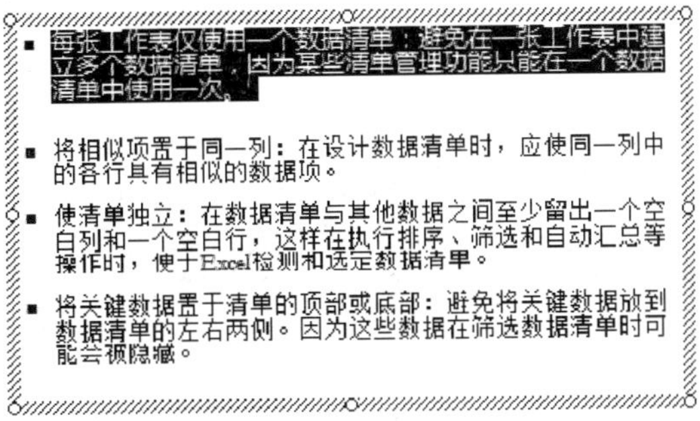

■ 每张工作表仅使用一个数据清单：避免在一张工作表中建立多个数据清单，因为某些清单管理功能只能在一个数据清单中使用一次。
■ 将相似项置于同一列：在设计数据清单时，应使同一列中的各行具有相似的数据项。
■ 使清单独立：在数据清单与其他数据之间至少留出一个空白列和一个空白行，这样在执行排序、筛选和自动汇总等操作时，便于Excel检测和选定数据清单。
■ 将关键数据置于清单的顶部或底部：避免将关键数据放到数据清单的左右两侧。因为这些数据在筛选数据清单时可能会被隐藏。

图 5－3－13 改变字体

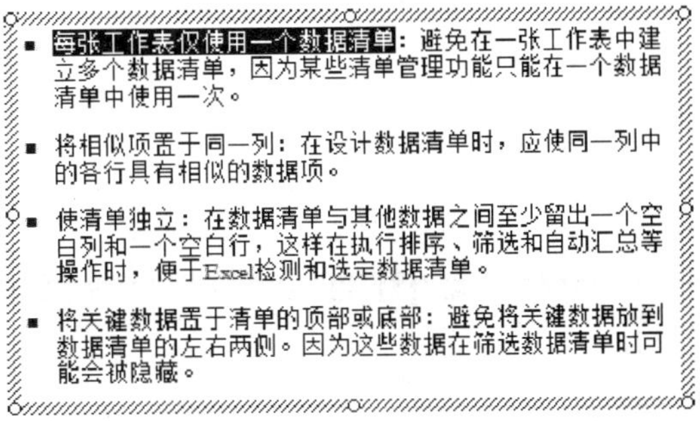

■ 每张工作表仅使用一个数据清单：避免在一张工作表中建立多个数据清单，因为某些清单管理功能只能在一个数据清单中使用一次。
■ 将相似项置于同一列：在设计数据清单时，应使同一列中的各行具有相似的数据项。
■ 使清单独立：在数据清单与其他数据之间至少留出一个空白列和一个空白行，这样在执行排序、筛选和自动汇总等操作时，便于Excel检测和选定数据清单。
■ 将关键数据置于清单的顶部或底部：避免将关键数据放到数据清单的左右两侧。因为这些数据在筛选数据清单时可能会被隐藏。

图 5－3－14 选中内容

(2) 在“格式”工具栏中的“字号”下拉列表框中选择“32”，效果如图 5－3－15 所示。

5.3.3.2 设置文本颜色

对于演示文稿中的文本颜色，可以在“字体”对话框中进行设置。

在演示文稿中设置文本颜色的具体操作步骤如下：

1. 选中要设置颜色的文本，如图 5－3－16 所示。

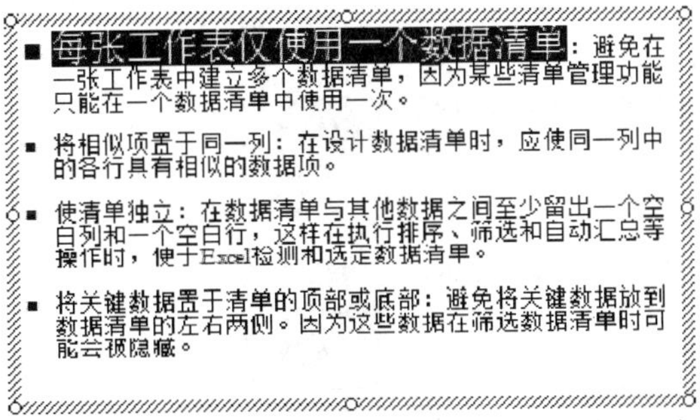

■ 每张工作表仅使用一个数据清单：避免在一张工作表中建立多个数据清单，因为某些清单管理功能只能在一个数据清单中使用一次。
■ 将相似项置于同一列：在设计数据清单时，应使同一列中的各行具有相似的数据项。
■ 使清单独立：在数据清单与其他数据之间至少留出一个空白列和一个空白行，这样在执行排序、筛选和自动汇总等操作时，便于Excel检测和选定数据清单。
■ 将关键数据置于清单的顶部或底部：避免将关键数据放到数据清单的左右两侧。因为这些数据在筛选数据清单时可能会被隐藏。

图 5－3－15 改变字号

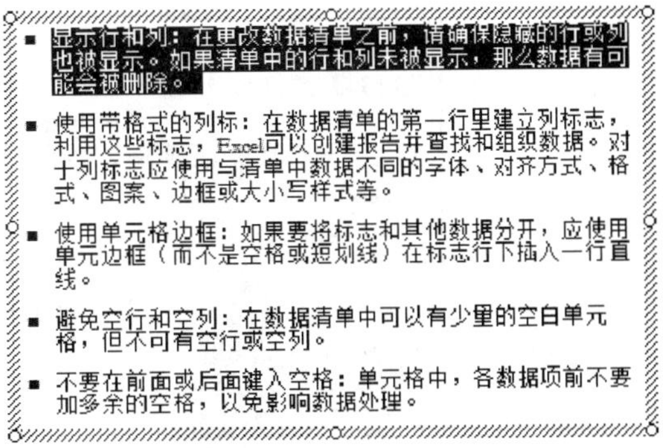

■ 显示行和列：在更改数据清单之前，请确保隐藏的行或列也被显示。如果清单中的行和列未被显示，那么数据有可能会被删除。
■ 使用带格式的列标：在数据清单的第一行里建立列标志，利用这些标志，Excel可以创建报告并查找和组织数据。对于列标志应使用与清单中数据不同的字体、对齐方式、格式、图案、边框或大小写样式等。
■ 使用单元格边框：如果要将标志和其他数据分开，应使用单元边框（而不是空格或短划线）在标志行下插入一行直线。
■ 避免空行和空列：在数据清单中可以有少量的空白单元格，但不可有空行或空列。
■ 不要在前面或后面键入空格：单元格中，各数据项前不要加多余的空格，以免影响数据处理。

图 5－3－16 选中内容

2. 单击“格式”→“字体”命令，将弹出“字体”对话框。单击“颜色”下拉列表框的下拉按钮，在弹出的选项板中选择合适的颜色，如图 5－3－17 所示。

3. 单击“确定”按钮，结果如图 5－3－18 所示。

5.3.4 插入符号和公式

在编辑演示文稿时，有时需要向文稿中输入一些特殊的符号和字符，这时可以单击

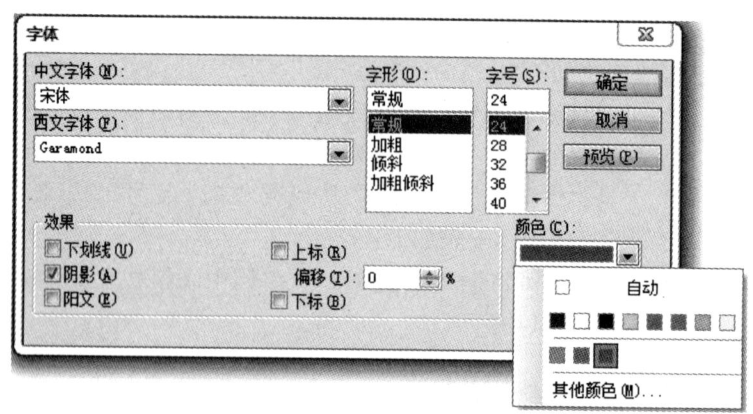

图 5－3－17 设置颜色

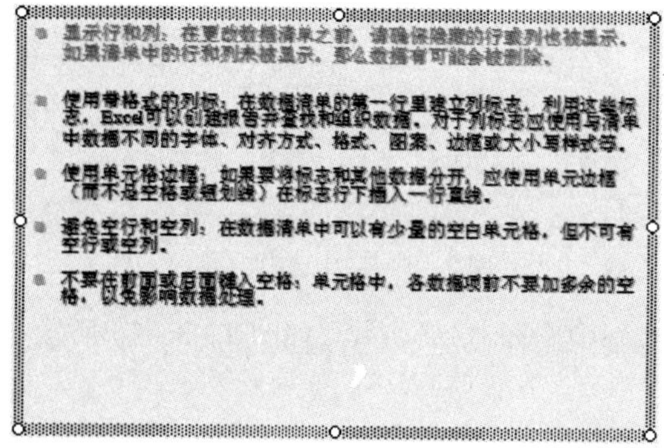

图 5－3－18 改变颜色

"插入"→"符号"命令，利用弹出的"符号"对话框，在演示文稿中输入特殊符号和字符。

5.3.4.1 插入符号和字符

在幻灯片中，经常需要输入一些不常用的符号，如一些特殊的标点符号、单位符号和数字符号等。

插入符号的具体操作步骤如下：

1. 在普通视图中将鼠标指针移动到幻灯片的"大纲"选项卡或文本占位符中，如图5－3－19所示。

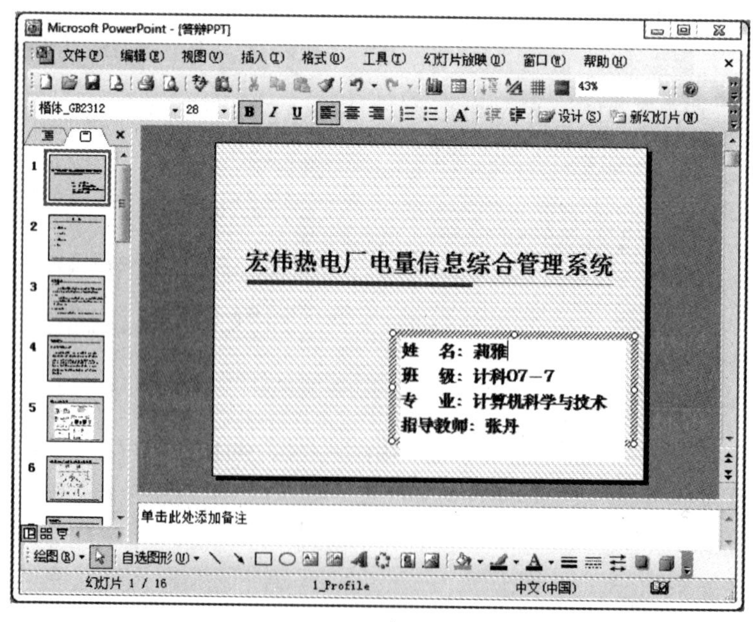

图 5－3－19 移动插入点到合适位置

2. 单击“插入”→“符号”命令，将弹出“符号”对话框，在其中选中需要的符号，如图 5－3－20 所示。

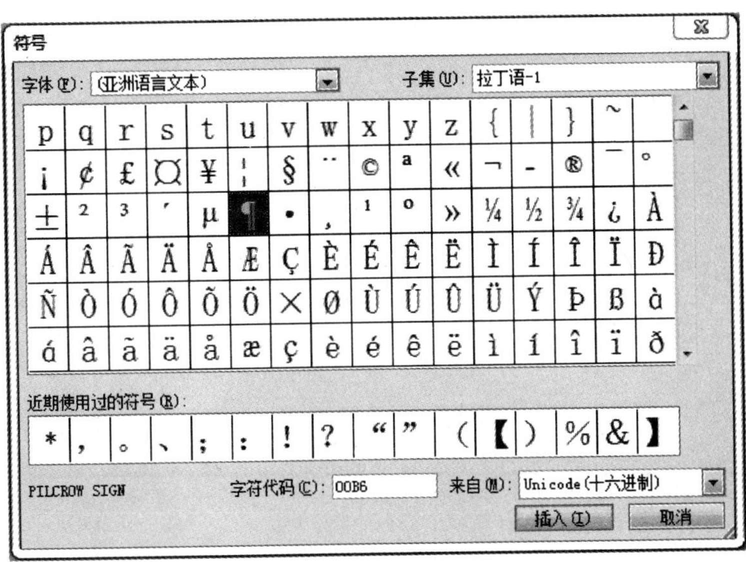

图 5－3－20　“符号”对话框

3. 单击“插入”按钮或者双击要插入的符号，然后单击“关闭”按钮，所需符号即被插入到指定位置，结果如图 5－3－21 所示。

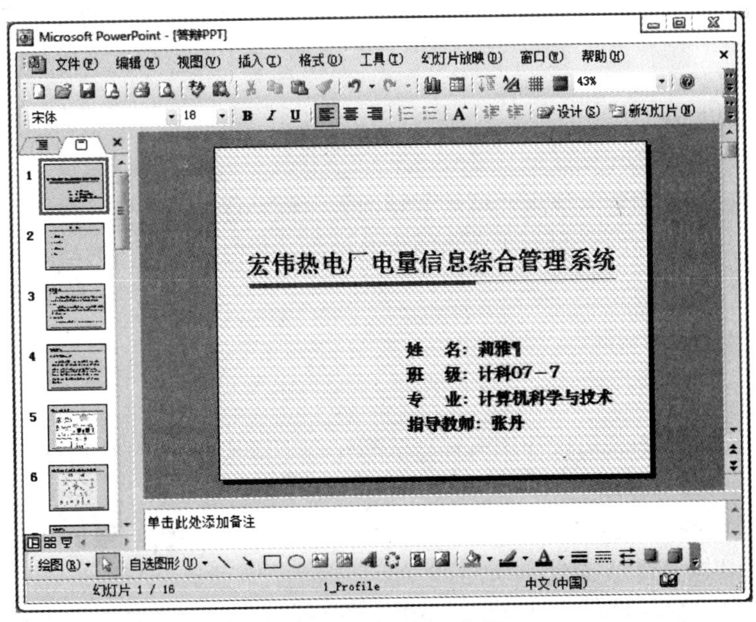

图 5－3－21　插入符号

5.3.4.2　插入公式

在制作一些专业技术性演示文稿时，常常需要在幻灯片中添加一些复杂的公式，可以利用“公式编辑器”来制作。

插入公式的具体操作步骤如下：

1. 执行“插入”→“对象”命令，打开“插入对象”对话框，如图5－3－22所示。

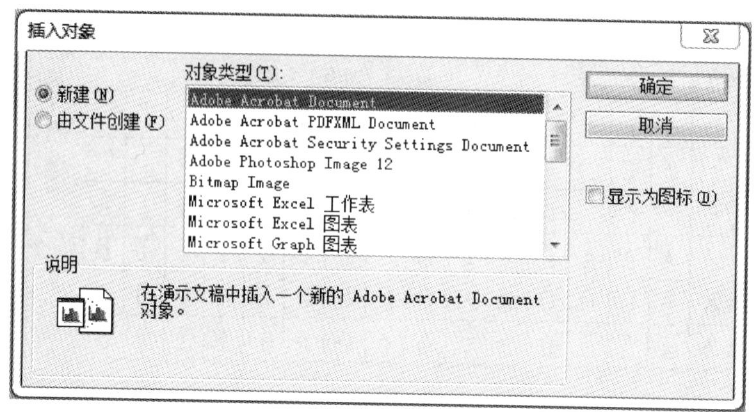

图5－3－22　“插入对象”对话框

2. 在“对象类型”下面选中“Microsoft 公式3.0”选项，确定进入“公式编辑器”状态下。

注意：默认情况下，“公式编辑器”不是Office安装组件，在使用前需要通过安装程序进行添加后，才能正常使用。

3. 利用工具栏上的相应模板，即可制作出相应的公式。

4. 编辑完成后，关闭“公式编辑器”窗口，返回幻灯片编辑状态，公式即可插入其中。

5. 调整好公式的大小，并将其定位在合适位置上。

5.4　幻灯片处理功能

编辑幻灯片就是使创建的演示文稿具有特别的配色、背景和风格，包括如何向演示文稿中插入幻灯片以及幻灯片的复制、移动和删除等操作，并以易于表达的动画方式连续地显示出来。

5.4.1　编辑幻灯片

5.4.1.1　移动幻灯片

在PowerPoint 2003中，可以使用多种方法来实现幻灯片的前后顺序的移动。

要移动幻灯片，可以根据操作习惯选择以下方法中的任意一种。

1. 在“普通”视图中的“大纲”选项卡中，选中一张或多张要移动位置的幻灯片前的图标，用鼠标将其拖动到要放置的新位置即可。

2. 在“普通”视图中的“幻灯片”选项卡中，选中要移动位置的一个或多个幻灯片缩略图，用鼠标将其拖动到要放置的新位置即可。

3. 在“幻灯片浏览”视图中，选中一个或多个幻灯片缩略图，然后用鼠标将其拖动到要放置的新位置即可。

5.4.1.2　复制幻灯片

在 PowerPoint 2003 中，可以将一个演示文稿中的某一张幻灯片或某几张幻灯片，复制到同一个演示文稿或其他演示文稿中，用这种方法可以制作出与原来幻灯片完全相同的幻灯片。

要复制幻灯片，可以根据操作习惯选择以下方法中的任意一种。

1. 在“普通”视图中的“大纲”选项卡中，将鼠标指针移动到要进行复制的幻灯片的图标上，鼠标指针变成十字箭头形状后，单击鼠标左键即可选中该幻灯片，如果要按顺序选取多张幻灯片，可以按住“Shift”键的同时单击要选中的第一个和最后一个幻灯片图标。此时，选中的幻灯片中的所有文本都高亮度显示。选中幻灯片后，单击“插入”→“幻灯片副本”命令，即可重新复制一份选中的幻灯片，如图 5－4－1 所示。

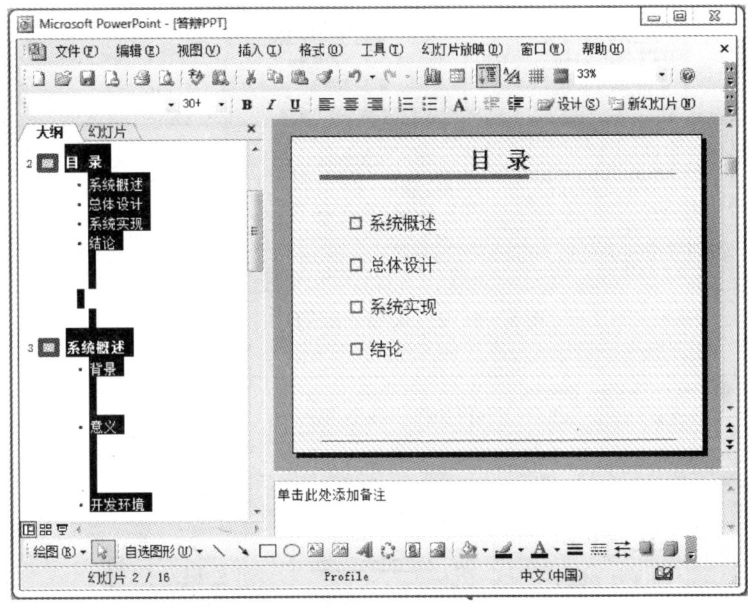

图 5－4－1　复制幻灯片

2. 在“普通”视图中的“大纲”选项卡中，执行上面的操作选中要复制的幻灯片后，单击“插入”→“符号”命令，然后在要放置所复制的幻灯片的位置放置插入点，并单击“编辑”→“粘贴”命令，即可插入复制的幻灯片。

3. 在“幻灯片浏览”视图中，选中要复制的一个或多个幻灯片缩略图，然后在选中的幻灯片上单击鼠标右键，在弹出的快捷菜单中选中“复制”选项，移动鼠标指针，将插入点放置在要插入复制的幻灯片的位置，单击鼠标右键，在弹出的快捷菜单中选中“粘贴”选项即可。

4. 在“幻灯片浏览”视图中，选中一个或多个幻灯片缩略图，然后按住鼠标右键不放拖动到放置的新位置，释放鼠标，在弹出的快捷菜单中选中“复制”选项即可。

5.4.1.3　删除幻灯片

如果要将演示文稿中的某些幻灯片删除，则具体操作步骤如下：

1. 打开演示文稿，选中要删除的幻灯片。

2. 单击鼠标右键，在弹出的快捷菜单中选择“删除幻灯片”选项，如图 5－4－2 所示，效果如图 5－4－3 所示。

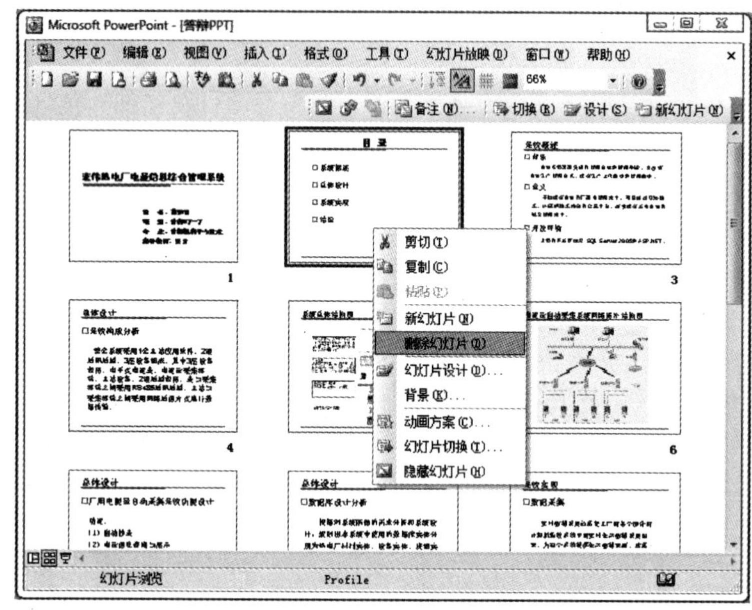

图 5－4－2　选择删除幻灯片选项

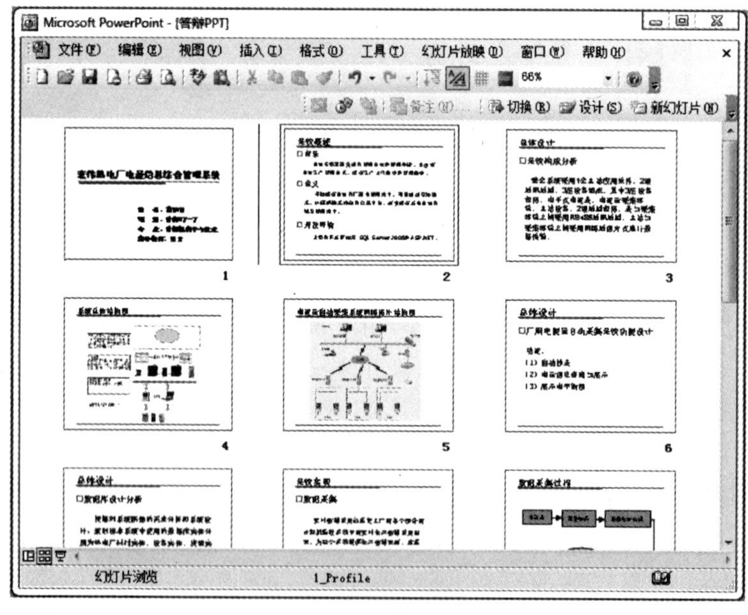

图 5－4－3　删除幻灯片

5.4.1.4　插入幻灯片

如果要做当前演示文稿中插入新的幻灯片，可以选择一些方法中的任意一种。

1. 单击“格式”工具栏中的“新幻灯片”按钮，即可插入一张新的空白幻灯片，每单击一次将插入一张空白的幻灯片。

2. 在“普通”视图的“大纲”选项卡中，将插入点移动到某一张幻灯片的标题前，按“Enter”键，即可在该幻灯片前面插入一张新的空白幻灯片。

3. 在“普通”视图的“幻灯片”选项卡中，选择某一张幻灯片，然后按“Enter”键，即可在该幻灯片后面插入一张新的空白幻灯片。

4. 在“普通”视图的“大纲”选项卡或“幻灯片”选项卡中，单击“格式”→“幻灯片版式”命令，在弹出的“幻灯片版式”任务窗格中单击任意一种版式右侧的下拉按钮，在弹出的下拉菜单中选择“插入新幻灯片”选项即可。

5.4.1.5　插入原有幻灯片

在演示文稿中插入一张原有的幻灯片，可以在“普通”视图中使用“幻灯片搜索器”对话框插入，也可以在“幻灯片浏览视图”中直接用鼠标拖动的方法插入。

要在“普通”视图中使用“幻灯片搜索器”对话框在演示文稿中插入幻灯片，其具体操作步骤如下：

1. 打开一篇演示文稿，将插入点置于要插入幻灯片的位置。

2. 单击“插入”→“幻灯片（从文件）”命令，将弹出“幻灯片搜索器”对话框，如图5-4-4所示。单击“搜索演示文稿”选项卡，在“文件”文本框中输入要插入的幻灯片的路径和文件名称，或单击“浏览”按钮，在弹出的“浏览”对话框中查找并定位要插入的幻灯片，如图5-4-5所示。

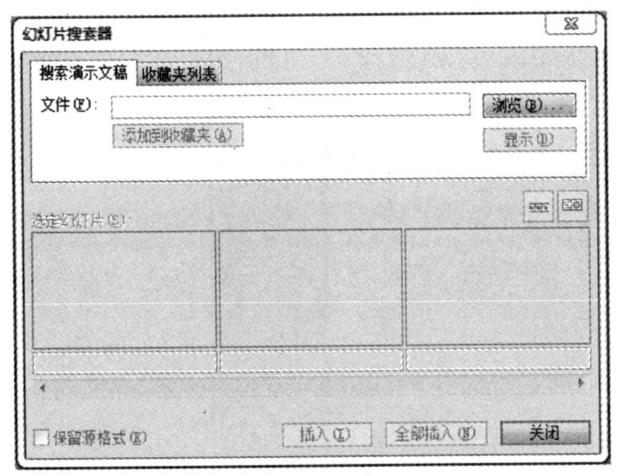

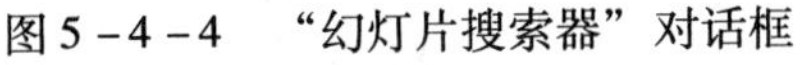
图5-4-4　“幻灯片搜索器”对话框

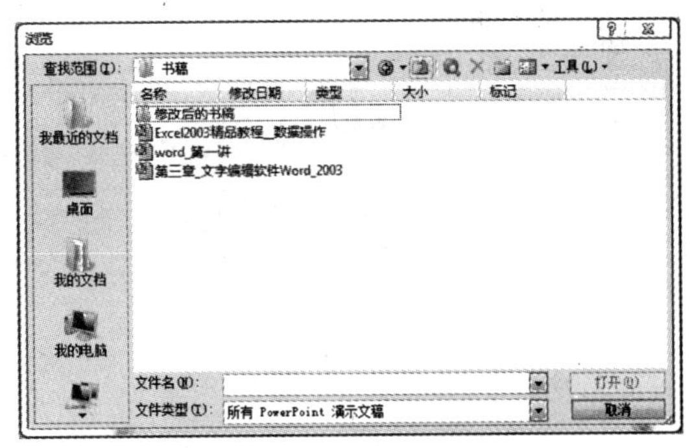

图5-4-5　“浏览”对话框

3. 双击要插入的演示文稿图标，此时在“幻灯片搜索器”对话框中就添加了该演示文稿的幻灯片，其中“文件”文本框中显示了该演示文稿的路径和文件名称，如图5-4-6所示。

4. 用户可以根据需要选择某张幻灯片插入或者是全部插入。完成插入操作后，单击“关闭”按钮，关闭“幻灯片搜索器”对话框。

5.4.2　设置幻灯片

在 PowerPoint 2003 中，为了使制作的演示文稿更加漂亮，可更改幻灯片的备注以及讲

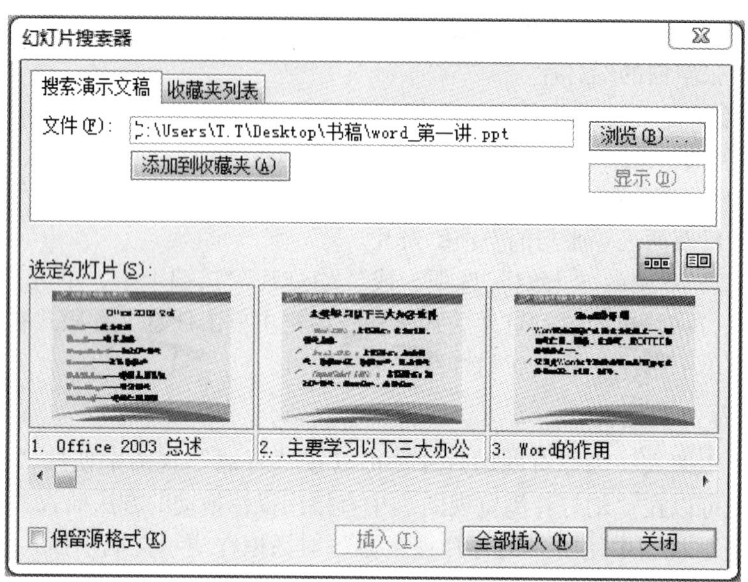

图 5-4-6　添加幻灯片

义的背景颜色或背景效果。

5.4.2.1　设置幻灯片背景颜色

设置幻灯片背景颜色的具体操作步骤如下：

1. 打开一篇需要设置背景的演示文稿，如图 5-4-7 所示。

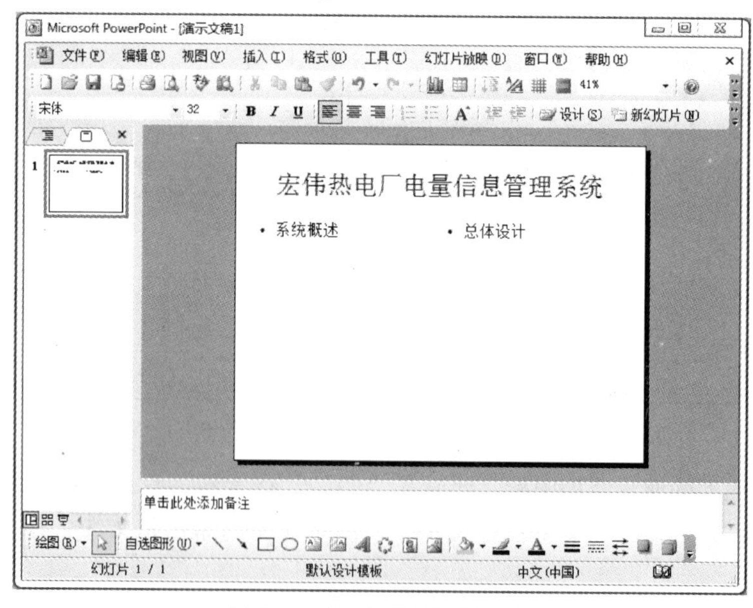

图 5-4-7　打开的演示文稿

2. 单击“格式”→“背景”命令，将弹出“背景”对话框，单击“背景填充”下拉列表框的下拉按钮，将弹出选项板，如图 5-4-8 所示。用户可以根据需要选择选项板中的颜色或者在“标准”选项卡的“颜色”调色板中选择需要的颜色，如图 5-4-9 所示。

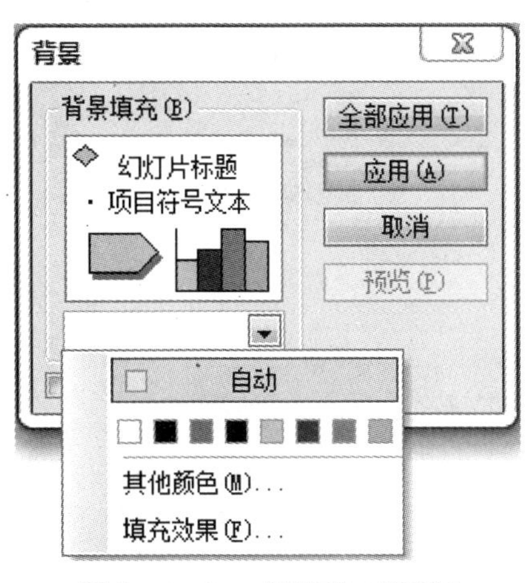

图 5 -4 -8　“背景”对话框

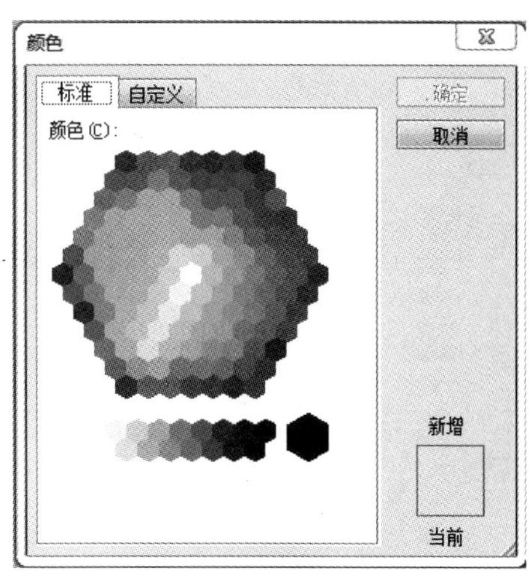

图 5 -4 -9　“颜色”对话框

3. 单击“确定”按钮，返回到“背景”对话框，单击“应用”或者“全部应用”按钮，结果如 5 -4 -10 所示。

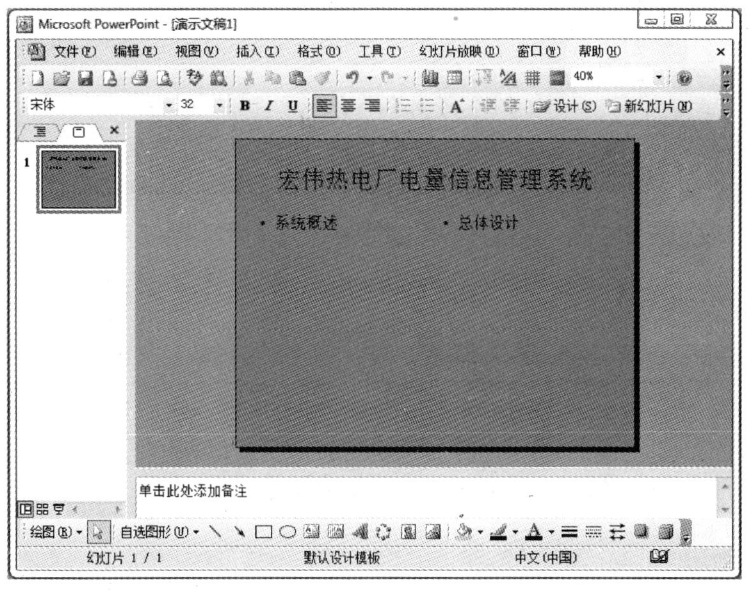

图 5 -4 -10　改变背景颜色

5. 4. 2. 2　设置过渡色填充效果

为幻灯片设置过渡色填充效果的具体操作步骤如下：

1. 打开一篇需要设置过渡色填充效果的演示文稿，如图 5 -4 -7 所示。

2. 单击“格式”→“背景”命令，将弹出“背景”对话框，单击“背景填充”下拉列表框的下拉按钮，在弹出的选项板中选择“填充效果”选项，如图 5 -4 -11 所示。

3. 在弹出的“填充效果”对话框中单击“渐变”选项卡，用户可在其中进行相应设置，如图 5 -4 -12 所示。

图 5－4－11 “背景”对话框

图 5－4－12 “渐变”选项卡

4. 单击“确定”按钮，返回到“背景”对话框。单击“应用”按钮，效果如图 5－4－13 所示。

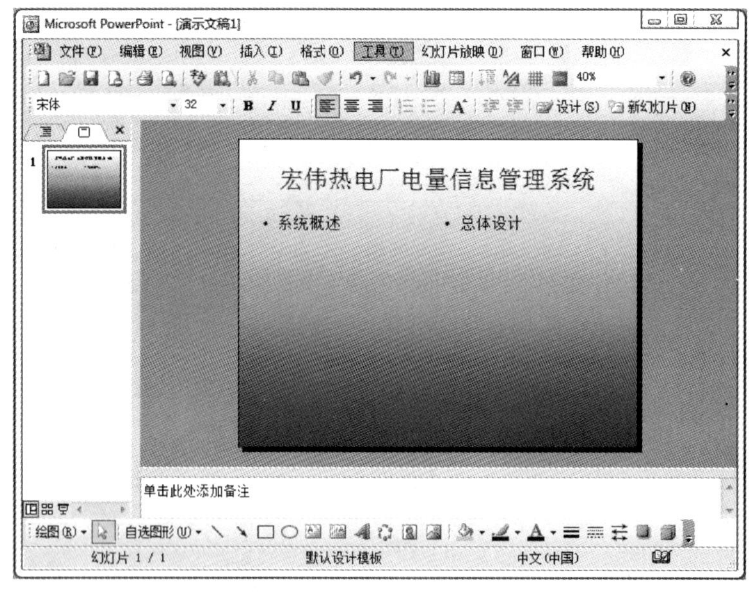

图 5－4－13 设置的渐变效果

5.4.2.3 设置纹理背景效果

为幻灯片设置纹理背景效果的具体操作步骤如下：

1. 打开一篇需要设置纹理背景效果的演示文稿，如图 5－4－7 所示。

2. 单击“格式”→“背景”命令，将弹出“背景”对话框，单击“背景填充”下拉列表框的下拉按钮，在弹出的选项板中选择“填充效果”选项，将弹出“填充效果”对话框，单击“纹理”选项卡，在“纹理”列表框中选择需要的纹理样式，如图 5－4－14 所示。

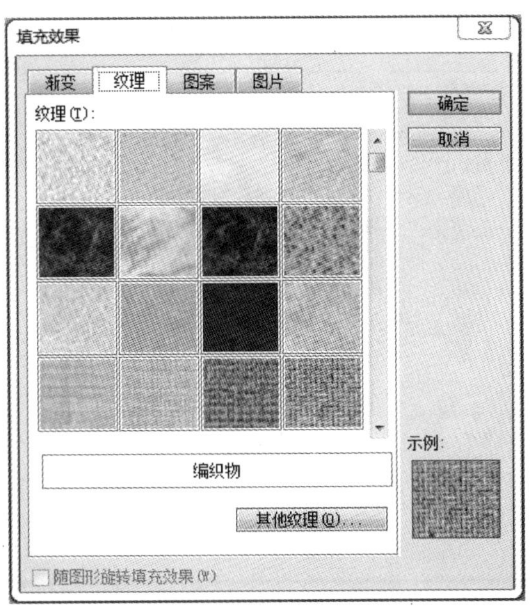

图 5－4－14 “纹理”选项卡

3. 单击“确定”按钮，返回到“背景”对话框。单击“应用”按钮，效果如图 5－4－15 所示。

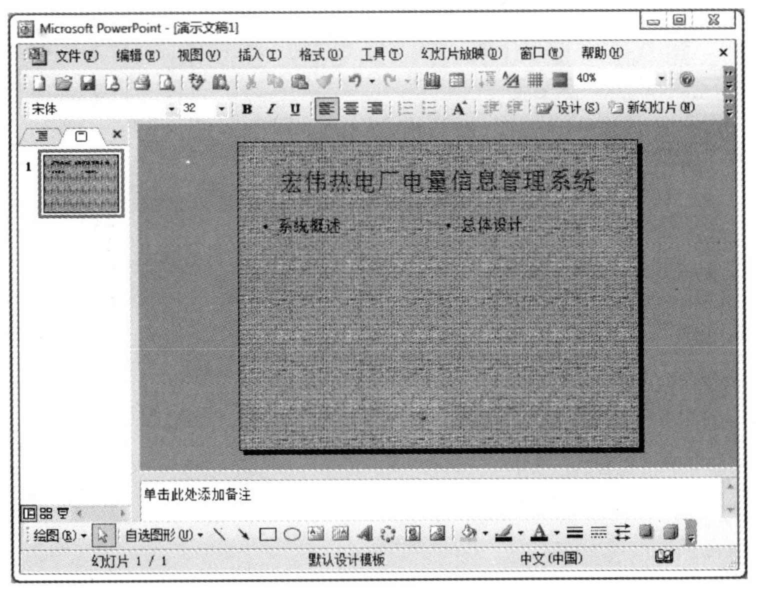

图 5－4－15 设置的纹理效果

5.4.2.4 设置图案背景效果

设置图案背景的具体操作步骤如下：

1. 打开一篇需要设置图案背景的演示文稿，如图 5－4－7 所示。

2. 单击“格式”→“背景”命令，将弹出“背景”对话框，单击“背景填充”下拉列表框的下拉按钮，在弹出的选项板中选择“填充效果”选项，将弹出“填充效果”对话框，单击“图案”选项卡，用户可以在其中进行相应设置，如图 5－4－16 所示。

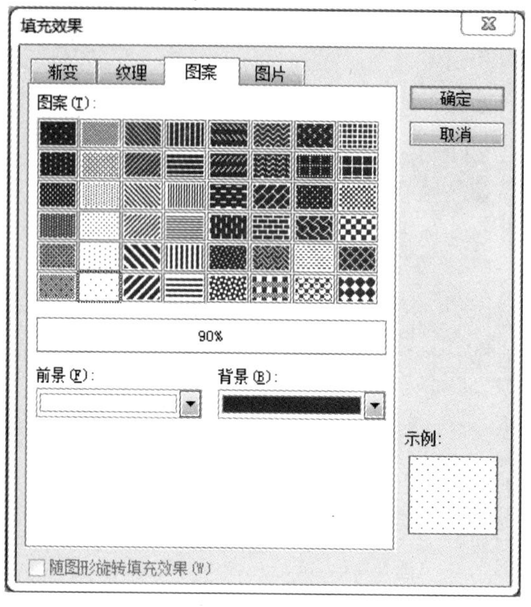

图 5－4－16　“图案”选项卡

3. 单击“确定”按钮，返回到“背景”对话框。单击“应用”按钮，效果如图 5－4－17 所示。

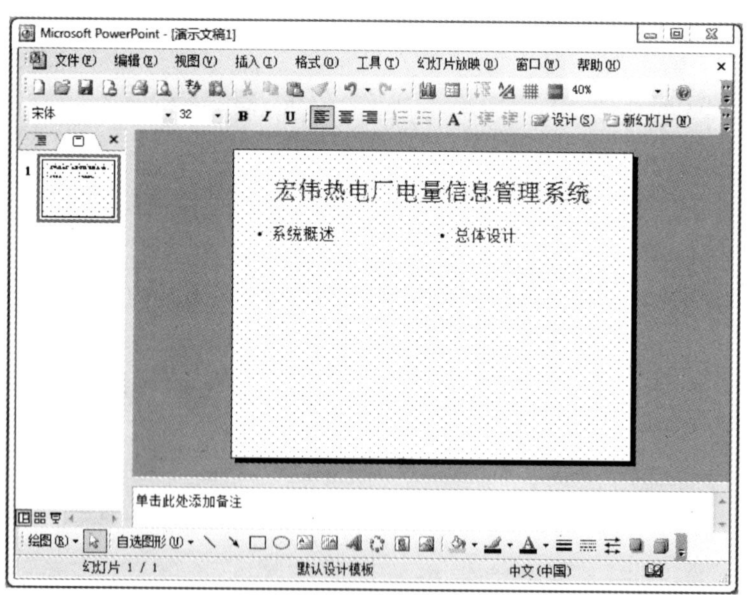

图 5－4－17　设置的图案效果

5.4.2.5　设置图片背景效果

为幻灯片设置图片背景的具体操作步骤如下：

1. 打开一篇需要设置图案背景的演示文稿，如图 5－4－7 所示。

2. 单击“格式”→“背景”命令，将弹出“背景”对话框，单击“背景填充”下拉列表框的下拉按钮，在弹出的选项板中选择“填充效果”选项，将弹出“填充效果”对话框，单击“图片”选项卡，再单击“选择图片”按钮，如图5－4－18所示。

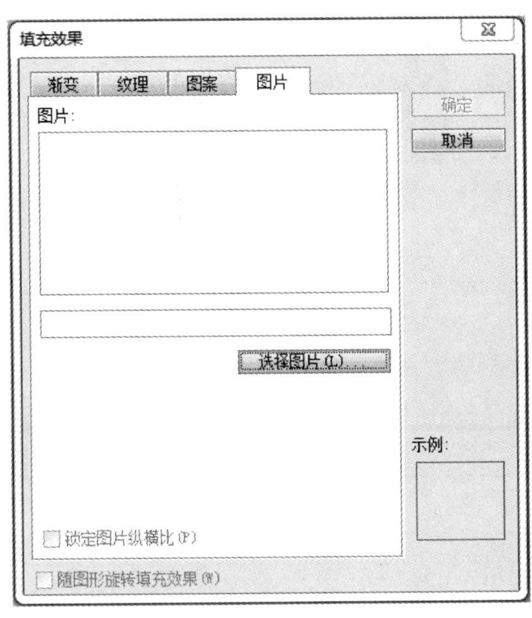

图5－4－18　“图片”选项卡

3. 在弹出的“选择图片”对话框中选择希望作为幻灯片背景的图片，如图5－4－19所示。

图5－4－19　“选择图片”对话框

4. 单击“插入”按钮，选中的图片即被插入到“图片”选项卡中的“图片”预览框中，如图5－4－20所示。

5. 单击“确定”按钮，返回到“背景”对话框。单击“应用”按钮，效果如图5－4－21所示。

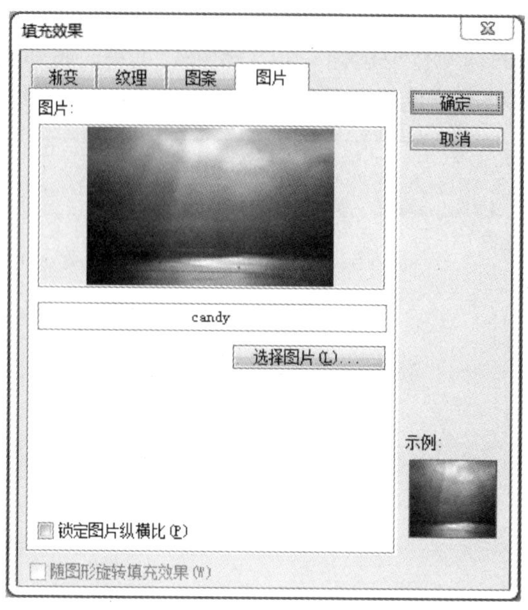

图 5－4－20　插入的图片

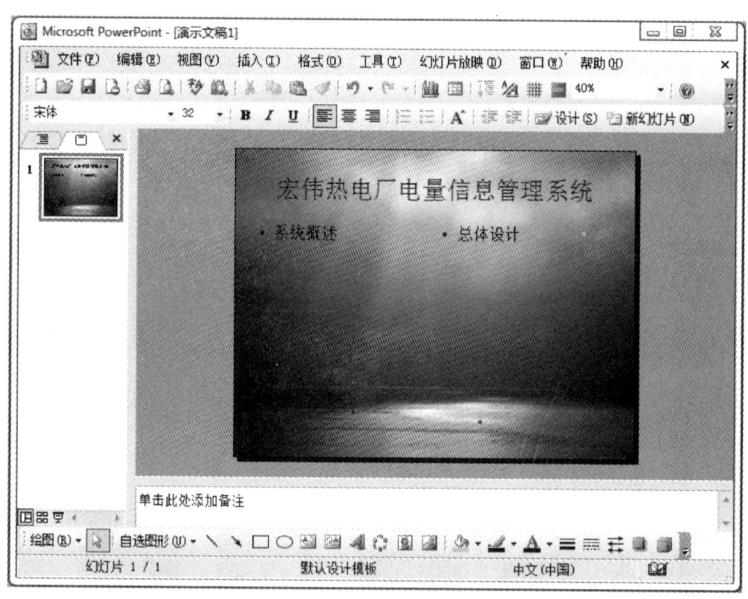

图 5－4－21　设置的图片效果

5.4.3　设置配色方案

配色方案由八种颜色组成，可分别应用于背景、文本、线条、阴影、标题文本、填充、强调和超链接等。演示文稿的配色方案由应用的设计模板决定，用户可以将配色方案应用于一张幻灯片、多张幻灯片或所有的幻灯片以及备注和讲义。

5.4.3.1　选择配色方案

选择配色方案的具体操作步骤如下：

1. 打开一篇需要选择配色方案的演示文稿，如图 5 - 4 - 22 所示。

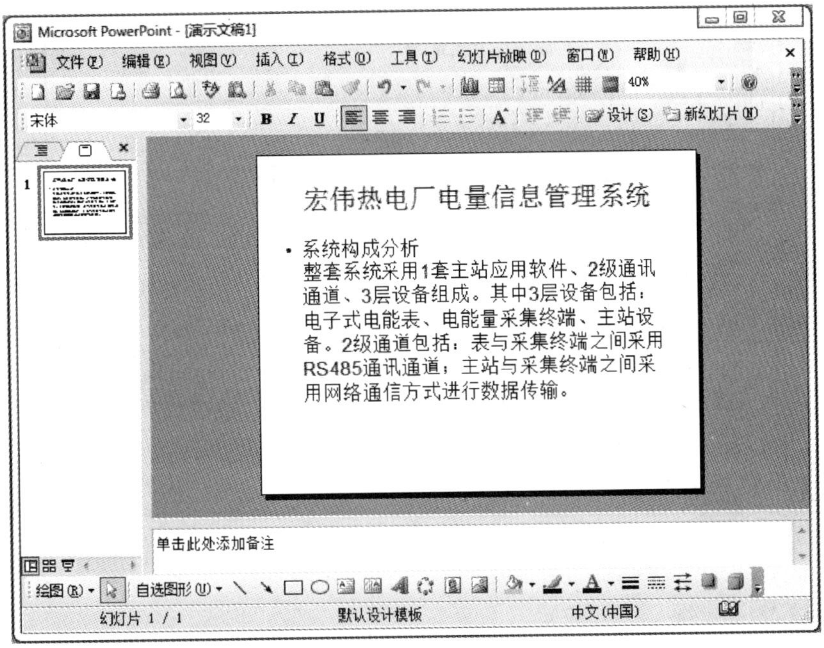

图 5 - 4 - 22　打开文稿

2. 单击“格式”→“幻灯片设计”命令，弹出“幻灯片设计”任务窗格。单击任务窗格标题栏下面的“配色方案”超链接，如图 5 - 4 - 23 所示。

3. 在弹出的“应用配色方案”列表框中选择需要的配色方案，并单击配色方案图标右侧的下拉按钮，在弹出的下拉菜单中选择“应用于所选幻灯片”选项（图5 - 4 - 24），效果如图 5 - 4 - 25 所示。

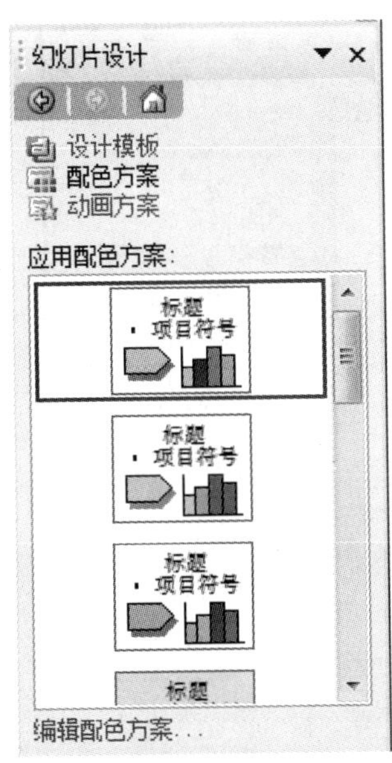

图 5 - 4 - 23　单击“配色方案”超链接

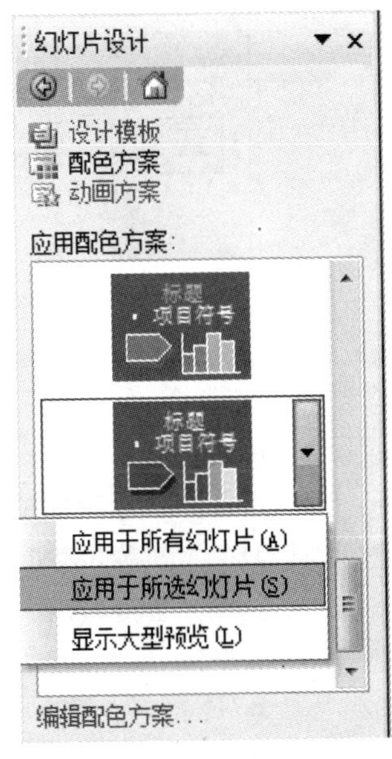

图 5 - 4 - 24　选择配色方案

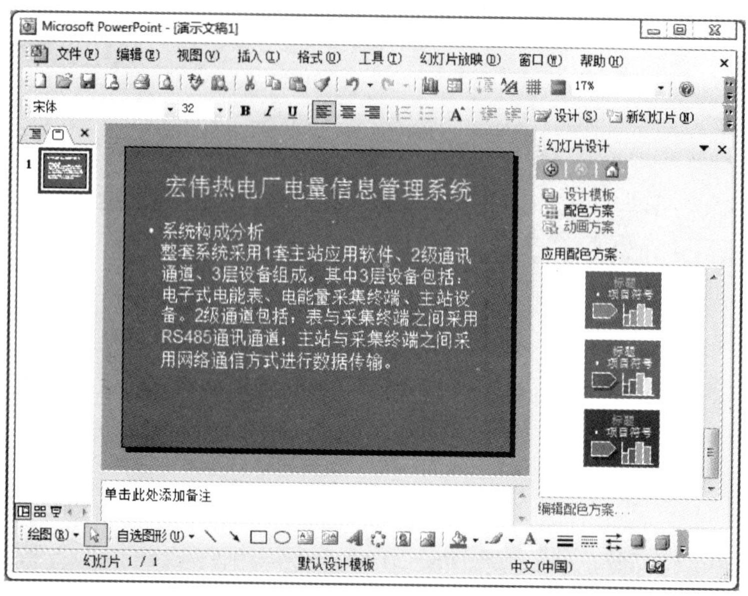

图 5－4－25　应用配色方案

5.4.3.2　修改配色方案

如果标准配色方案不能满足需要，或者原来的配色方案中某些颜色设置的不够贴切，用户也可修改原来的配色方案。

修改配色方案的具体操作步骤如下：

1. 打开演示文稿，选择要更改配色方案的幻灯片，单击“幻灯片设计”任务窗格底部的“编辑配色方案”超链接，如图 5－4－26 所示。

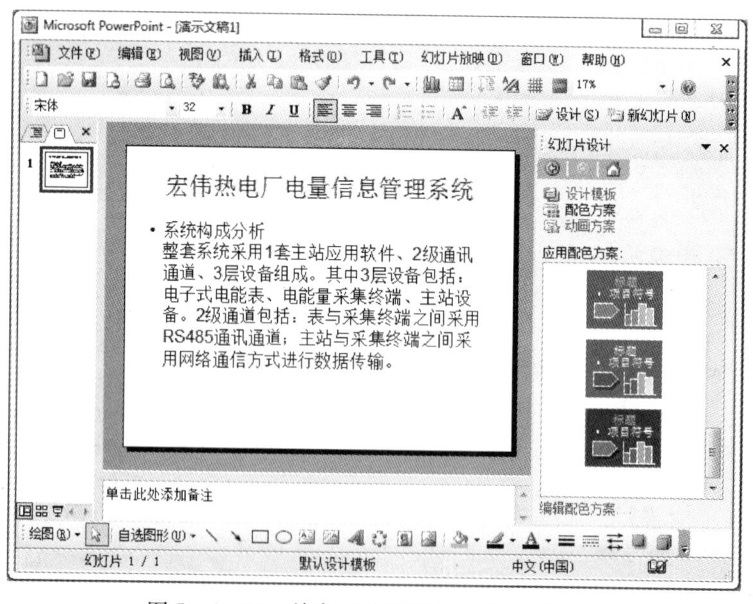

图 5－4－26　单击“编辑配色方案”超链接

2. 在弹出的“编辑配色方案”对话框中单击“自定义”选项卡，在“配色方案颜色”

选项区中选择“背景”选项，再单击“更改颜色”按钮，如图 5 -4 -27 所示。

3. 在弹出的“背景色”对话框中单击“标准”选项卡，在“颜色”调色板中选择需要的颜色，如图 5 -4 -28 所示。

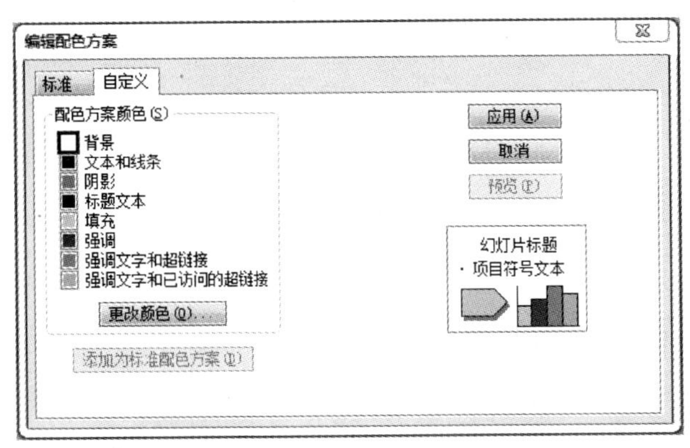

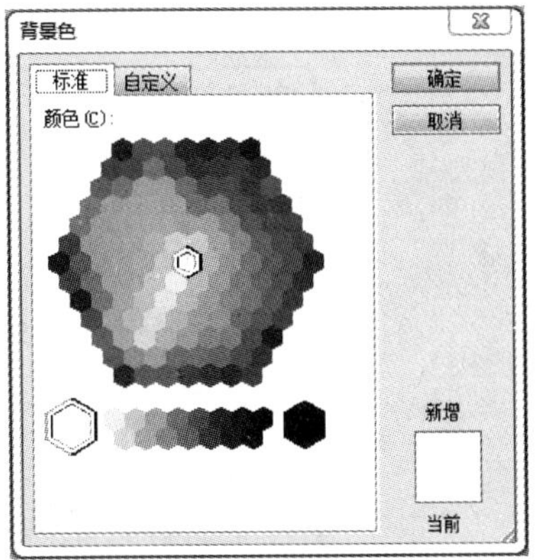

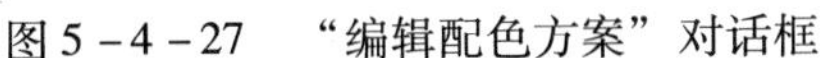

图 5 -4 -27 “编辑配色方案”对话框　　图 5 -4 -28 “背景色”对话框

4. 单击“确定”按钮，返回到“编辑配色方案”对话框。

(1) 如果要将配色方案联通演示文稿一起保存，则单击“添加为标准配色方案”按钮。

(2) 如果要将新的颜色应用到当前幻灯片，则单击“应用”按钮。

这里单击“应用”按钮，效果如图 5 -4 -29 所示。

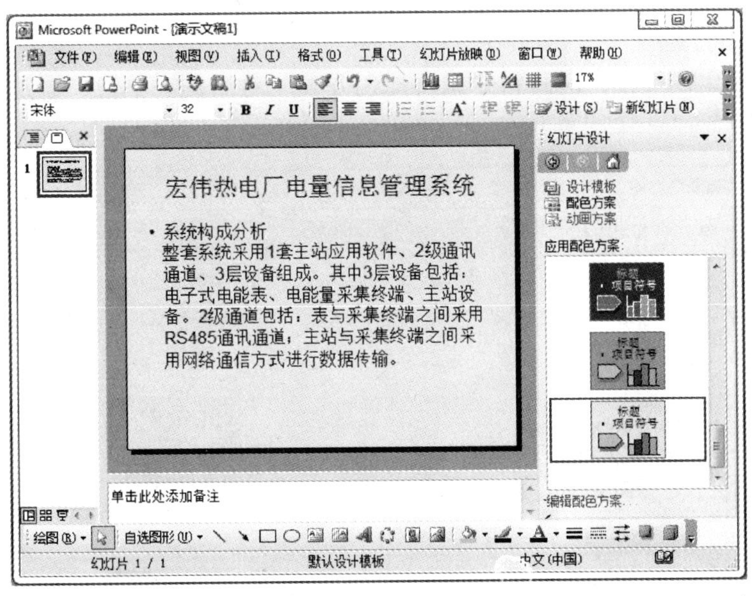

图 5 -4 -29 修改背景颜色

5. 4. 3. 3 创建配色方案

如果用户经常使用一种特殊的配色方案，就可以将其创建为新的配色方案，并把它添加到“编辑配色方案”对话框的“标准”选项卡中的“配色方案”列表框中，以便以后使用。

创建配色方案的具体操作步骤如下：

1. 打开一篇演示文稿，如图 5-4-26 所示。

2. 单击“幻灯片设计”任务窗格中的“编辑配色方案”超链接，在弹出的“配色方案”对话框中单击“标准”选项卡，在“配色方案”列表框中选择一种配色方案，如图 5-4-30 所示。

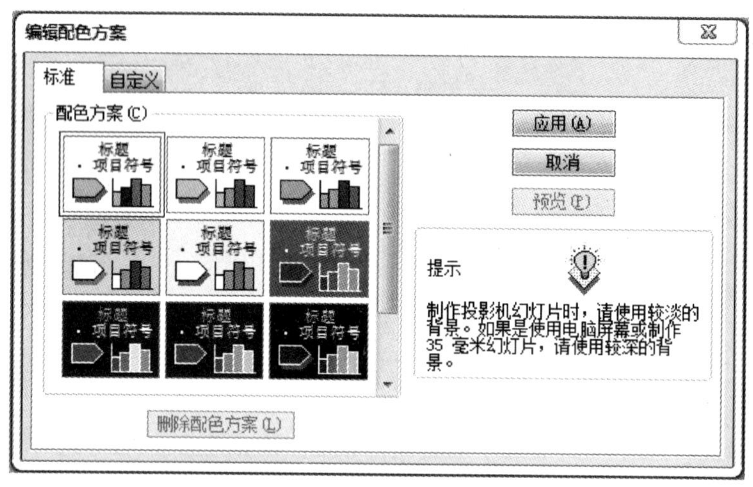

图 5-4-30　标准选项卡

3. 单击“自定义”选项卡，在“配色方案颜色”选项区中选择“背景”选项，再单击“更改颜色”按钮，在弹出的“背景色”对话框中单击“标准选项卡”，在“颜色”调色板中选择需要更改的颜色。

4. 单击“确定”按钮，返回到“编辑配色方案”对话框。单击“添加为标准配色方案”按钮，如图 5-4-31 所示。

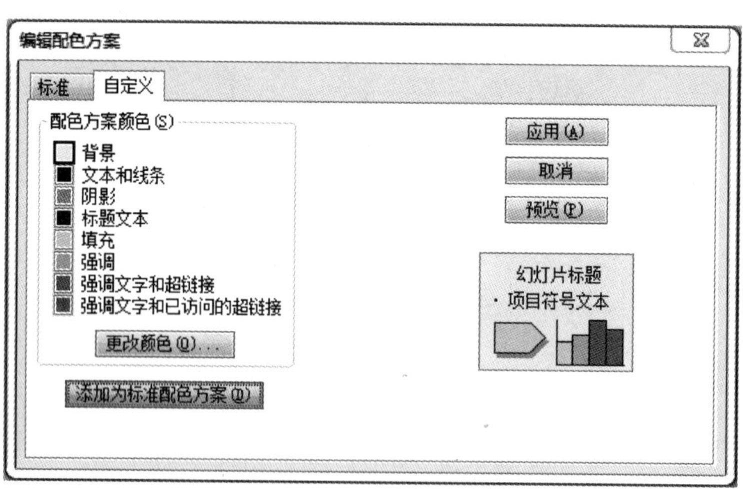

图 5-4-31　“编辑配色方案”对话框

5. 单击“标准”选项卡，就会看到在“配色方案”列表框中新增了自定义的配色方案，如图 5-4-32 所示。

6. 单击“应用”按钮，效果如图 5-4-33 所示。

图 5 - 4 - 32　新增的配色方案

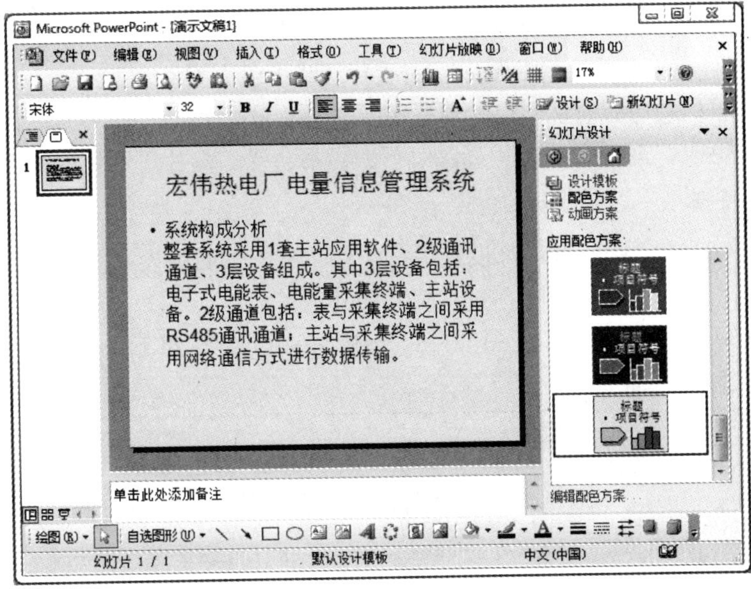

图 5 - 4 - 33　应用新增的配色方案

5.4.3.4　复制配色方案

对于幻灯片的配色方案，可以通过单击“常用”工具栏中的“格式刷”按钮复制，可将复制的配色方案用于同一文稿中的个别或一组幻灯片中，还可将其用于注释。

复制配色方案的具体操作步骤如下：

1. 选中一张具有所需配色方案的幻灯片。

2. 单击“格式”工具栏中的“格式刷”按钮，当鼠标指针变成刷子形状时单击要应用配色方案的幻灯片即可。

5.4.4　应用母版

母版控制演示文稿中的每个部件的形态。PowerPoint 2003 提供了幻灯片母版、讲义母版、备注母版和标题母版，分别应用于不同的视图。

5.4.4.1　标题母版

在标题母版中，可以设置标题幻灯片主标题和副标题的格式，且标题母版只作用于标题幻灯片，对其他版式的幻灯片没有影响。

用户可以使用标题母版更改演示文稿中使用“标题幻灯片”版式的幻灯片，“标题幻灯片”版式是“幻灯片版式”任务窗格中显示的第一个版式。

修改标题母版的具体操作步骤如下：

1. 选择要修改的标题母版。

2. 单机“视图”→“母版”→“幻灯片母版”命令，显示“幻灯片母版视图”工具栏。

标题幻灯片版式包含标题、副标题及页眉和页脚的占位符，在标题模板视图中可以像更改任何幻灯片一样更改标题母版。

在标题母版中可以修改的内容如下：

（1）标题、副标题及页脚文本的字形。

（2）占位符位置、格式和大小。

（3）向标题幻灯片中添加艺术图形、更改背景或配色方案。

默认情况下，标题母版会从幻灯片母版继承一些样式，如字体和字号。但是，如果直接对标题母版做了更改，这些更改会一直保留下去，不会受幻灯片母版更改的影响。

5.4.4.2　备注母版

PowerPoint 2003 为每张幻灯片都设置了一个备注页，供演讲人添加备注。备注母版用于控制注释的内容和格式，使多数注释具有统一的外观。

要现实备注母版，可单击“视图”→“母版”→“备注母版”命令，进入“备注母版”视图，如图 5－4－34 所示。

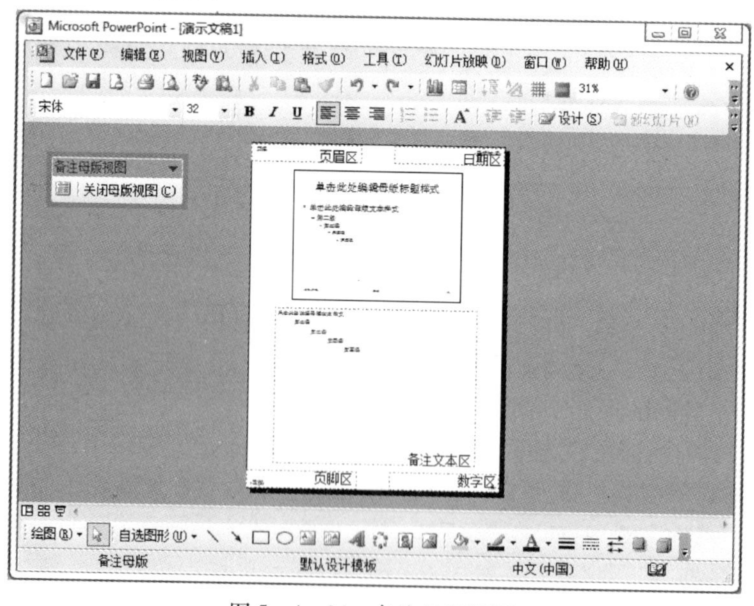

图 5－4－34　备注母版视图

在“备注母版”视图中，上方是幻灯片缩像，可用鼠标拖动该缩像改变其位置，也可改变其大小，幻灯片缩像的下方是报告人注释部分，用于输入相应幻灯片的附加说明，其余的空白处可加入背景对象。用户可用在备注母版上添加需要的项目，如剪贴画、文本、页眉和页脚、日期、时间或页码等。

5.4.4.3　讲义母版

如果要更改“讲义母版”中页眉和页脚内的文本、日期或页码的外观、位置和大小，就要更改讲义母版。在每页一张幻灯片的版式中，如果不希望页眉和页脚的文本、日期或幻灯片编号在幻灯片中显示，则只能将页眉和页脚应用于讲义而不是幻灯片中。

打开演示文稿，单击“视图”→“母版”→“讲义母版”命令，可进入“讲义母版”视图，用户可在其中进行相应设置，如图 5－4－35 所示。

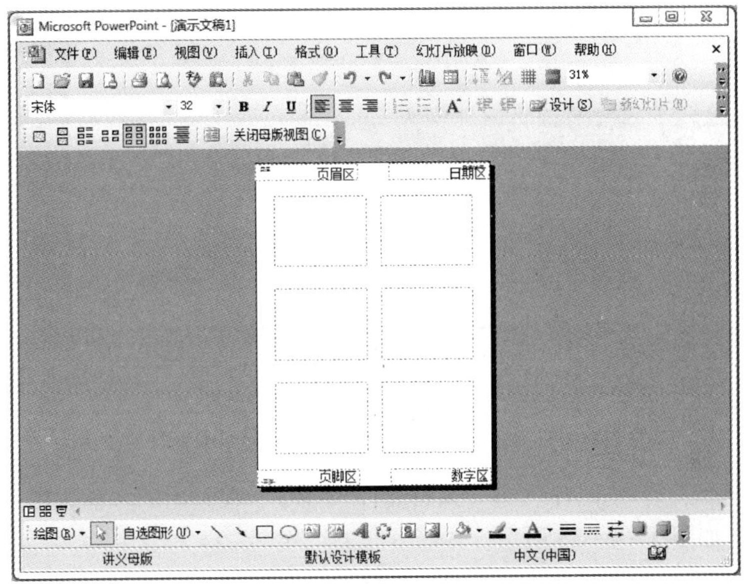

图 5－4－35　讲义母版视图

5.4.4.4　幻灯片母版

幻灯片母版是保存关于模板信息的设计模板，这些模板信息包括字形、占位符大小和位置、背景设计和配色方案。幻灯片母版的作用是使用户进行全局更改，并使该更改应用到演示文稿中所有的幻灯片。

打开演示文稿，单击“视图”→“母版”→“幻灯片母版”命令，进入“幻灯片母版”视图，如图 5－4－36 所示。

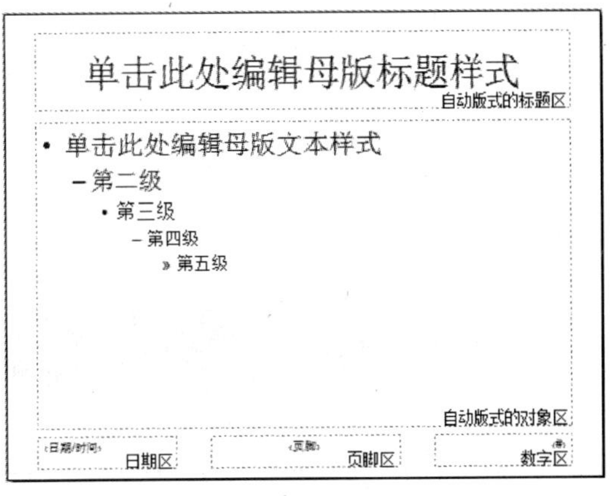

图 5－4－36　“幻灯片母版”视图

通常可以使用幻灯片母版更改字体或项目符号，插入要显示在多个幻灯片上的艺术图片，更改占位符的位置、大小和格式。如果需要某些文本或图形在每张幻灯片上都出现，公司的徽标和名称，用户可以将他们放在母版中，编辑一次就可以了。

在幻灯片母版中复制图片的具体操作步骤如下：

1. 单击“常用”工具栏中的“新建”按钮，新建一篇演示文稿。单击“视图”→“母版”→“幻灯片母版”命令，进入“幻灯片母版”视图，如图5-4-37所示。

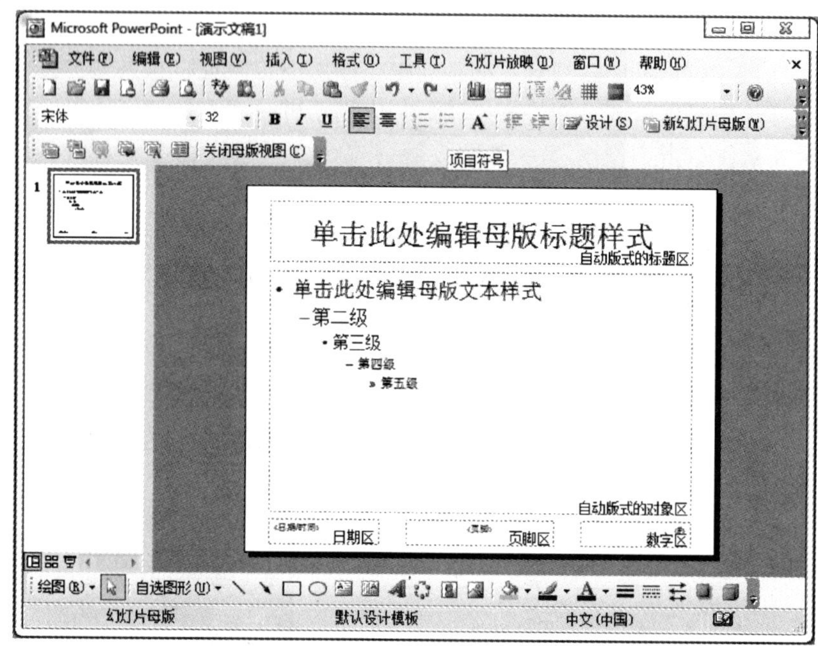

图5-4-37 进入“幻灯片母版”视图编辑状态

2. 单击“插入”→“图片”→“来自文件”命令，在弹出的“插入图片”对话框中选择需要的图片，如图5-4-38所示。

图5-4-38 选择图片

3. 单击“插入”按钮，该图片即被插入到幻灯片母版视图中，调整图片的位置和大小，如图 5 - 4 - 39 所示。

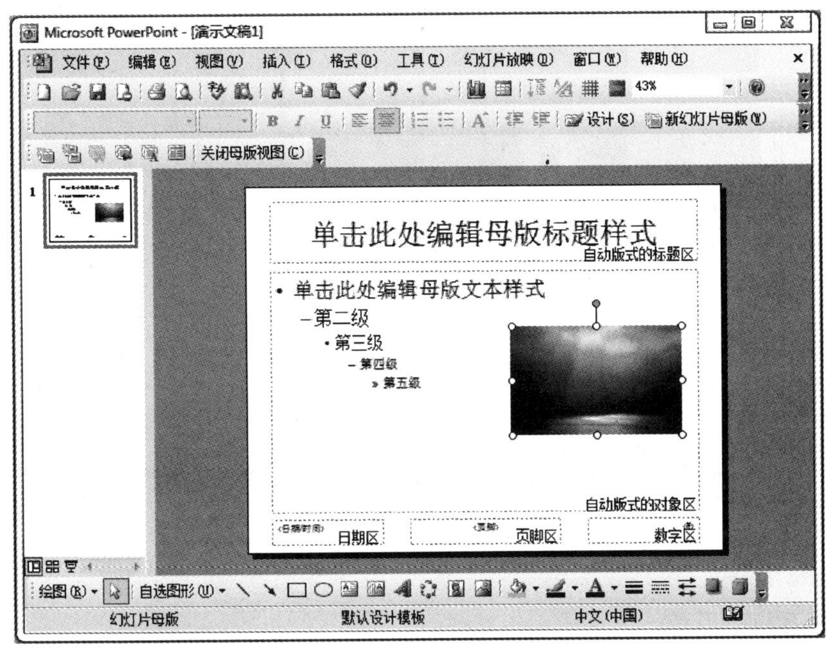

图 5 - 4 - 39　插入的图片

4. 选中该图片，单击鼠标右键，在弹出的快捷菜单中选择“显示‘图片’工具栏”选项（图 5 - 4 - 40），将弹出如图 5 - 4 - 41 所示的“图片”工具栏。

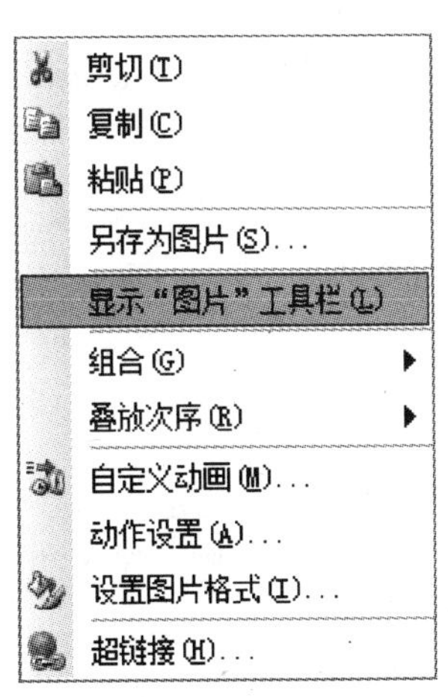

图 5 - 4 - 40　弹出的快捷菜单

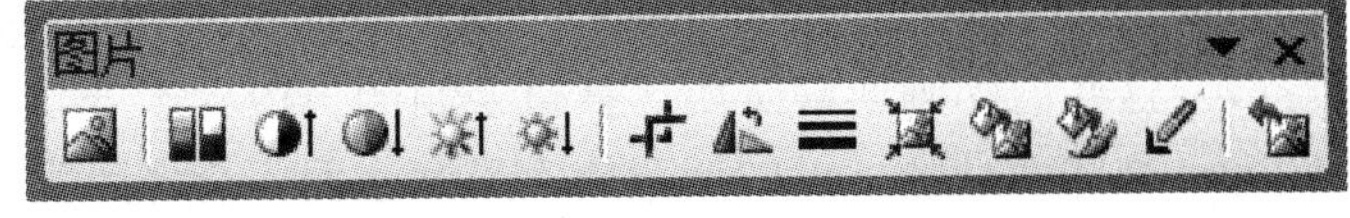

图 5 - 4 - 41　“图片”工具栏

用户可以使用“图片”工具栏对母版对象进行设置。

5. 设置完毕后，单击“幻灯片母版视图”工具栏中的“关闭母版视图”按钮，返回到当前的幻灯片制图中，用户会发现插入的每一张新幻灯片都带有所插入的标记，如图 5 - 4 - 42所示。

图 5-4-42　插入新的幻灯片

5.5　编辑图形图像

PowerPoint 2003 提供了大量实用的剪贴画，使用它们可以丰富幻灯片的版面效果。此外，用户还可以从本地磁盘插入图片到幻灯片中。使用 PowerPoint 2003 的绘图工具可以绘制各种简单的基本图形，这些基本图形可以组合成复杂多样的图案效果。使用艺术字和相册功能能够在适当主题下为演示文稿增色。本节分别介绍剪贴画、图片、图形、艺术字等图形对象的处理功能。

5.5.1　在幻灯片中插入图片及艺术字

在演示文稿中插入图片，可以更生动形象地阐述其主题和想要表达的思想。在插入图片时，要充分考虑幻灯片的主题，使图片和主题和谐一致。

5.5.1.1　插入剪贴画

PowerPoint 2003 中内置了大量扩展名为 WMF 的剪贴画文件，用户可以随意挑选、使用和修改。这些剪贴画通常是用计算机绘制的，内容十分丰富，包括地图、人物、建筑和景色等图像，这些剪贴画可以被任意放大或缩小而不会导致失真。

创建带剪贴画的幻灯片有两种方法：一种是利用含有剪贴画的版式创建，另一种是在演示文稿中插入剪贴画创建。利用含剪贴画的版式创建，可以制作出更适合的剪贴画幻灯片。

1. 利用幻灯片版式插入剪贴画。

利用幻灯片版式插入剪贴画的具体操作步骤如下：

(1) 单击“常用”工具栏中的“新建”按钮，新建一个演示文稿。单击“格式”→“幻灯片版式”命令，弹出“幻灯片版式”任务窗格。在“其他版式”选项区中，将鼠标指针移动到要插入的版式缩略图上，单击缩略图右侧的下拉按钮，在弹出的下拉菜单中选择“插入新幻灯片”选项，如图 5－5－1 所示。

（2）双击新幻灯片中的图标，在弹出的“选择图片”对话框中选中需要的图片，如图 5－5－2 所示。

图 5－5－1　选择“插入新幻灯片”

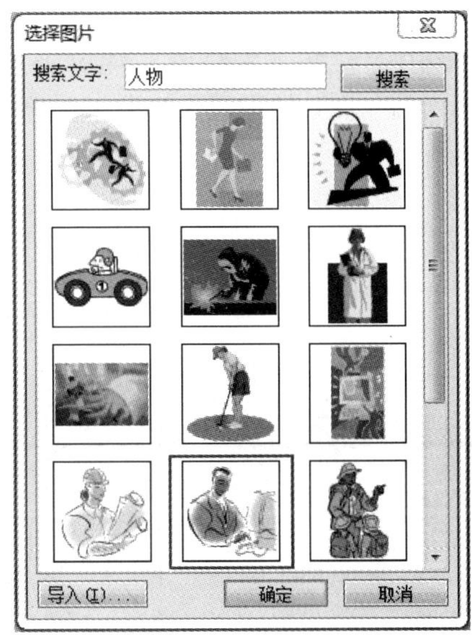

图 5－5－2　“选择图片”对话框

（3）单击“确定”按钮，剪贴画即被插入到幻灯片视图中，如图 5－5－3 所示。

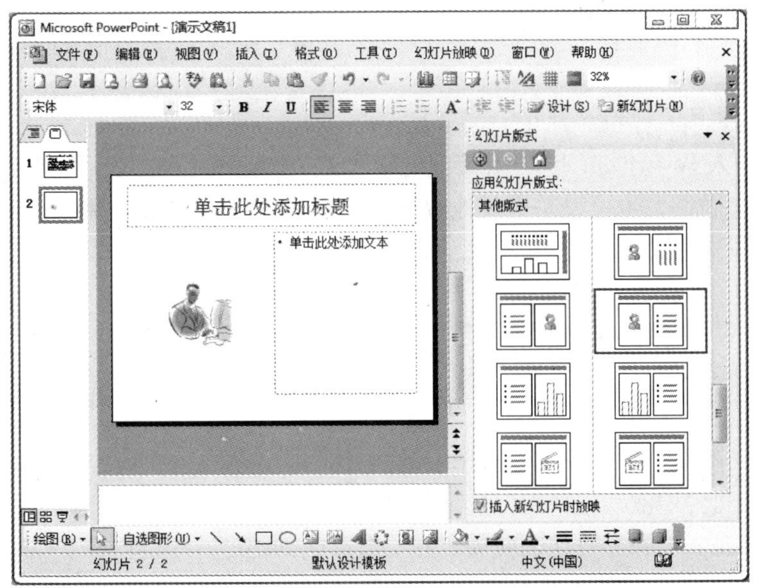

图 5－5－3　插入的剪贴画

2. 使用“剪贴画”任务窗格。

使用“剪贴画”任务窗格，可以快速并轻松地查找图片、图形、声音效果、音乐、视频和其他媒体文件，这些文件称为“剪辑”，可以在 Microsoft Office 幻灯片中使用。

使用“剪贴画”任务窗格的具体操作步骤如下：

（1）单击“常用”工具栏中的“新建”按钮，新建一篇演示文稿。

（2）单击“插入”→“图片”→“剪贴画”命令，弹出“剪贴画”任务窗格，在“搜索文字”文本框中输入需要的图片类型，并单击“搜索”按钮。将鼠标指针移动到搜索出的剪辑缩略图上，单击缩略图右侧的下拉按钮，在弹出的下拉菜单中选择“插入”选项（图 5－5－4），图片即被插入到演示文稿中，如图 5－5－5 所示。

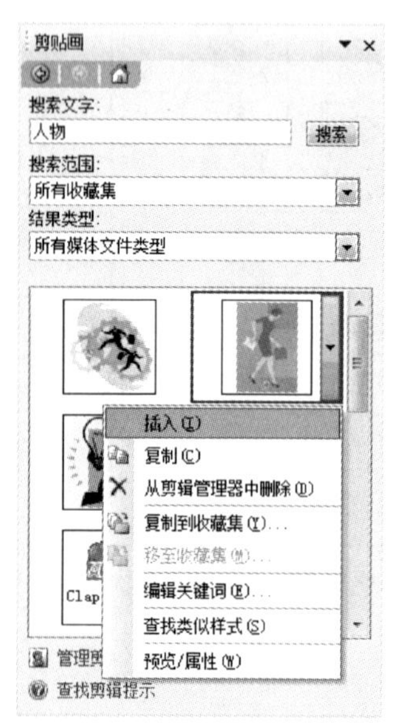

图 5－5－4　选择“插入”选项

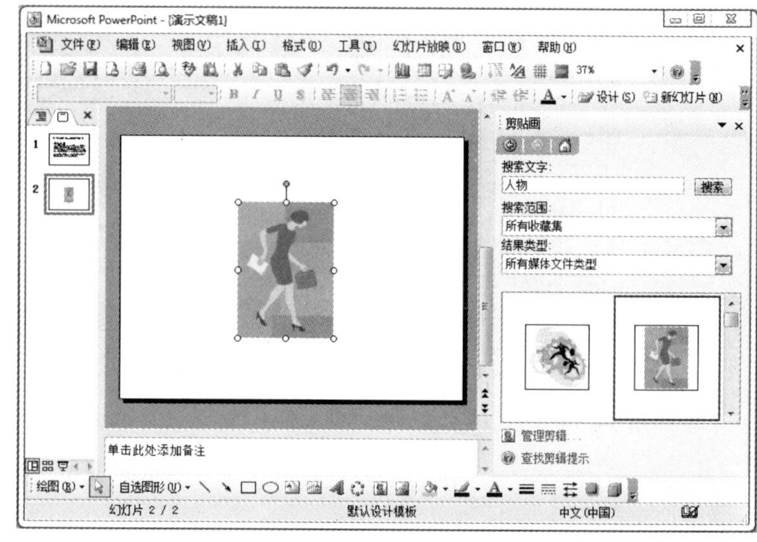

图 5－5－5　插入的图片

5.5.1.2　插入来自文件的图片

用户除了插入 PowerPoint 2003 附带的剪贴画之外，还可以插入计算机中的图片。这些图片可以是 BMP 位图，也可以是由其他应用程序创建的图片，从因特网下载的或通过扫描仪及数码相机输入的图片等。

插入图片的具体操作步骤如下：

1. 单击“常用”工具栏中的“新建”按钮，新建一篇演示文稿。

2. 单击“插入”→“图片”→“来自文件”命令，将弹出“插入图片”对话框，在该对话框中选中需要插入的图片，如图 5－5－6 所示。

（1）单击“插入”按钮或者双击选中的图片，即可在演示文稿中插入该图片。使用这种方法，将在幻灯片中嵌入选择的图片，插入的图片将成为幻灯片的一部分，当图片的源文件发生修改、移动、删除等变化的时候，并不会影响到幻灯片中的图片。

（2）单击“插入”按钮，在弹出的下拉菜单中选择“链接文件”选项。使用这种方法，将把选择的图片以链接的方式插入到幻灯片中，当图片的源文件发生变化时，幻灯片中的图片也将随之变化。

3. 单击“插入”按钮，效果如图 5－5－7 所示。

图 5-5-6 选中图片

5.5.1.3 插入艺术字

为了美化演示文稿，除了可对文本设置多种字体外，还可以使用具有多种特殊艺术效果的艺术字。

插入艺术字的具体操作步骤如下：

1. 单击“常用”工具栏中的“新建”按钮，新建一篇演示文稿。

2. 单击“插入”→“图片”→“艺术字”命令，弹出“艺术字库”对话框，用户可在其中选择所需的艺术字样式，如图 5-5-8 所示。

图 5-5-7 插入图片

3. 单击“确定”按钮，将弹出“编辑‘艺术字’文字”对话框。用户可在该对话框中进行相应设置，如图 5-5-9 所示。

图 5-5-8 “艺术字库”对话框

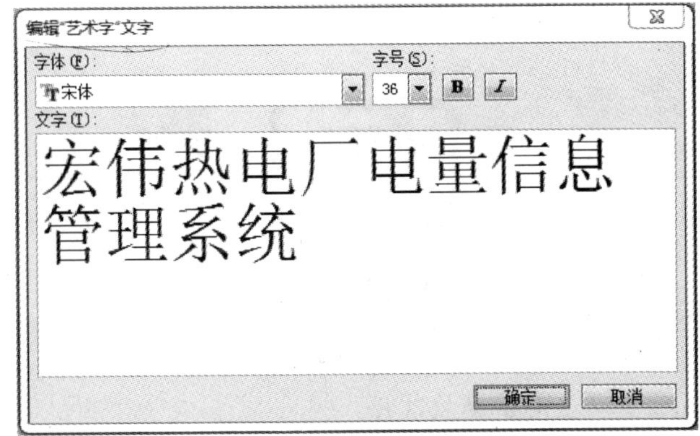

图 5-5-9 “编辑‘艺术字’文字”对话框

4. 单击“确定”按钮，效果如图 5-5-10 所示。

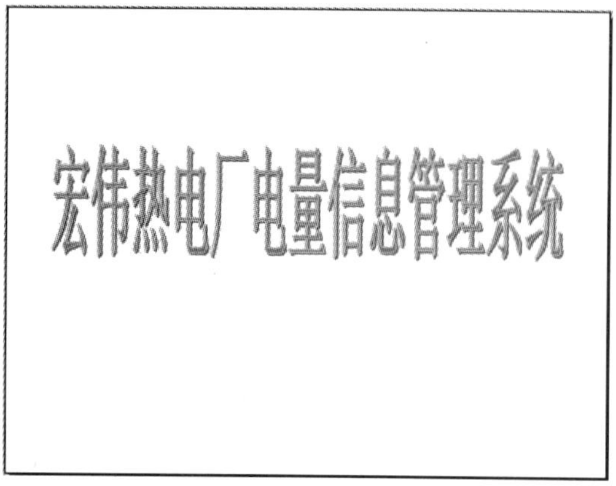

宏伟热电厂电量信息管理系统

图 5 - 5 - 10　插入艺术字

5.5.2　编辑图形

要对图形对象进行编辑操作首先要选定图形，然后才能进行组合、调整叠放次序、改变形状以及旋转或反转图形等操作，用户还可以通过“绘图”工具栏中的按钮或相应的菜单命令对图形进行编辑。

5.5.2.1　组合图形对象

如果经常对多个图形对象进行同种操作，可将这些图形对象组合在一起，组合在一起的对象称为组合对象。组合对象将作为单个对象对待，可以同时对组合后的所有对象进行反转、旋转及调整大小或比例等操作。

组合图形对象的具体操作步骤如下：

1. 单击“绘图”工具栏中的“选择对象”按钮，选中需要组合的图形，如图 5 - 5 - 11 所示。

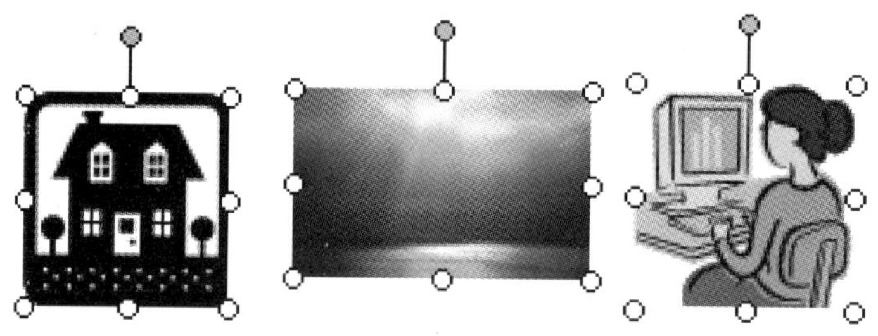

图 5 - 5 - 11　选中图形对象

2. 单击“绘图”工具栏中的“绘图”下拉按钮，在弹出的下拉菜单中选择“组合”选项，即可将选中的图形对象组合，此时用户单击其中任何一个图形对象，即选择该组合对象中所有图形对象，如图 5 - 5 - 12 所示。

图 5 - 5 - 12　选中组合图形的对象

5.5.2.2　调整叠放次序

在同一区域绘制多个图形时，最后绘制的图形的部分或全部将自动覆盖前面图形的部分或全部，即重叠的部分会被遮掩。如果要查看被覆盖的图形对象，可以按“Tab”键向前循环或者按“Shift + Tab”组合键向后循环显示，直到找到该对象。

调整叠放次序的具体操作步骤如下：

1. 选中要改变叠放次序的图形对象，如果该图形被覆盖在其他图形下面，可按“Tab”键或者按“Shift + Tab”组合键来查找该图形对象，如图 5 - 5 - 13 所示。

2. 单击“绘图”工具栏中的“绘图”下拉按钮，在弹出的下拉菜单中选择“叠放次序”→“置于顶层”选项，如图 5 - 5 - 14 所示。

3. 设置完成后，效果如图 5 - 5 - 15 所示。

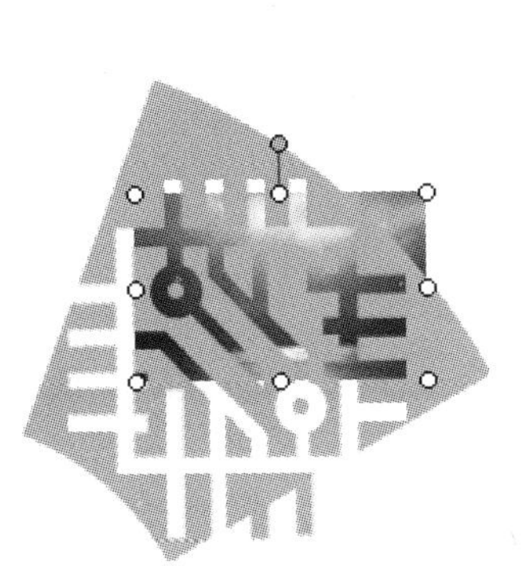

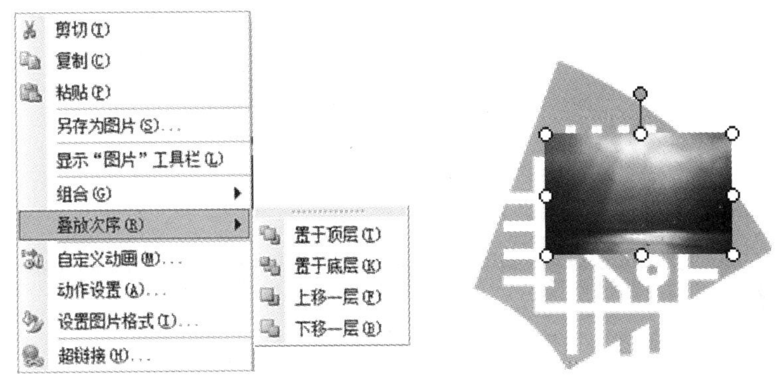

图 5 - 5 - 13　选中覆盖对象　　图5 - 5 - 14　选择“置于顶层”选项　　图 5 - 5 - 15　图形对象移动到顶层

5.5.2.3　旋转或翻转图形

在幻灯片中，对于用“绘图”工具栏绘制的自选图形，可以进行任意角度的自由旋转，或者对图形进行水平翻转或者垂直翻转操作，而不会改变图形的形状。

要旋转或翻转图形，首先在幻灯片中选中要进行旋转或翻转的图形对象，然后根据需要执行下列操作之一。

1. 要自由旋转图形，可以直接将鼠标指针放置到图形上方的旋转控制点上，当鼠标改变形状时，拖曳鼠标即可进行旋转。也可单击“绘图”工具栏中的“绘图”下拉按钮，在弹出的下拉菜单中选择“旋转或反转”→“自由旋转”选项，此时被选中图形的四个角将出现四个旋转控制点，此时，会显示一个虚线边框表明当前旋转状态下图形的位置和旋转状态。

2. 要使图形向左旋转 90 度，可单击“绘图”工具栏中的“绘图”下拉按钮，在弹出的下拉菜单中选择“旋转或反转”→“向左旋转 90 度”选项。

3. 要使图形向右旋转 90 度，可单击“绘图”工具栏中的“绘图”下拉按钮，在弹出的下拉菜单中选择“旋转或反转”→“向右旋转 90 度”选项。

5.5.3　美化图形

为了使幻灯片中绘制的图形更加美观，可以给图形添加不同的填充色，设置箭头、线条的样式，使用绘图对象边框，给图形添加阴影和三维效果等图形特效。

5.5.3.1　设置填充效果

在 PowerPoint 2003 的幻灯片中绘制自选图形时，默认状态下所绘制的图形对象将使用白色进行填充，用户也可以自定义图形的填充效果。

设置图形填充效果的具体操作步骤如下：

1. 在幻灯片中选中要设置填充效果的图形对象，如图 5－5－16 所示。

2. 单击“绘图”工具栏中的“填充颜色”下拉按钮，在弹出的选项板中选择合适的颜色（图 5－5－17），填充颜色后的结果如图 5－5－18 所示。

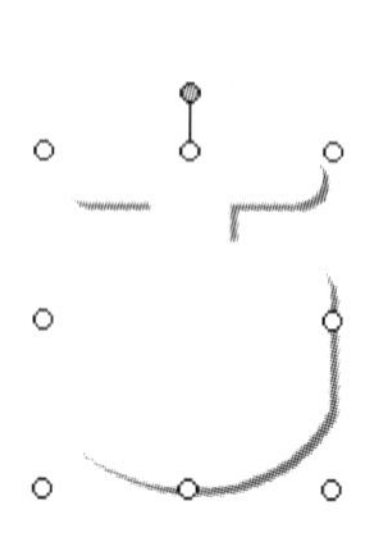

图5－5－16 选中图形

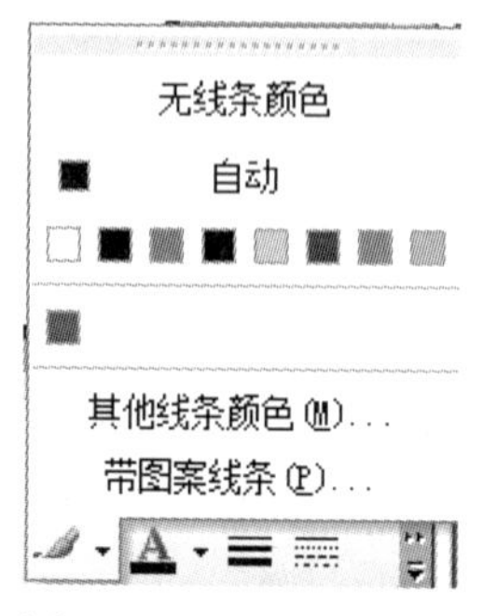

图5－5－17 选择颜色

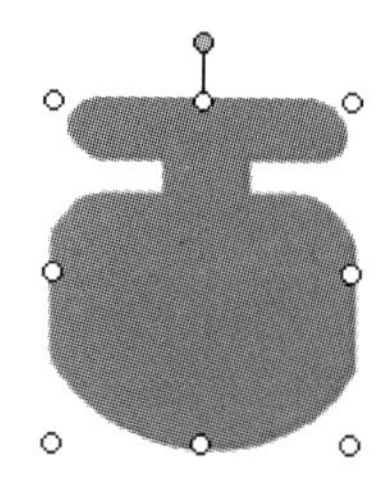

图 5－5－18 填充颜色

5.5.3.2 设置阴影效果

用户可以为幻灯片中绘制的图形对象添加阴影效果，并且可以改变阴影的方向和颜色。在改变阴影颜色时，只会改变阴影部分而不会改变图形对象本身。

1. 设置阴影效果。

设置阴影效果的具体操作步骤如下：

（1）在幻灯片中选中需要添加阴影效果的图形，如图 5－5－19 所示。

（2）单击“绘图”工具栏中的“阴影样式”按钮，在弹出的选项板中选择合适的阴影样式，如图 5－5－20 所示。设置完成后，结果如图 5－5－21 所示。

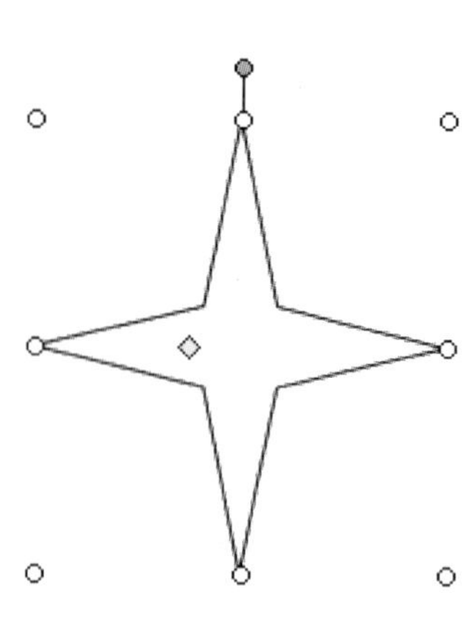

图 5－5－19 选中图片

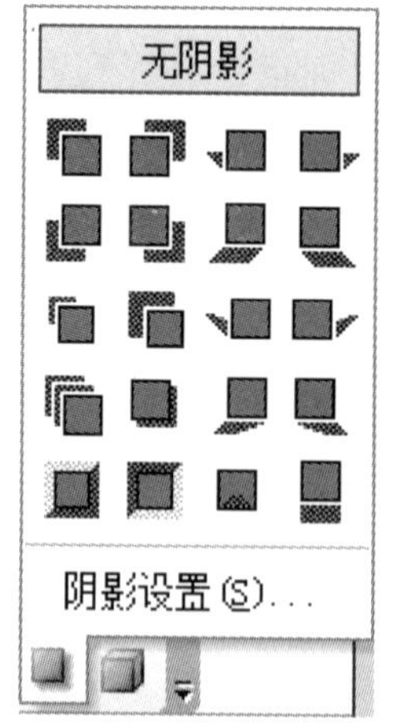

图 5－5－20 选择阴影样式

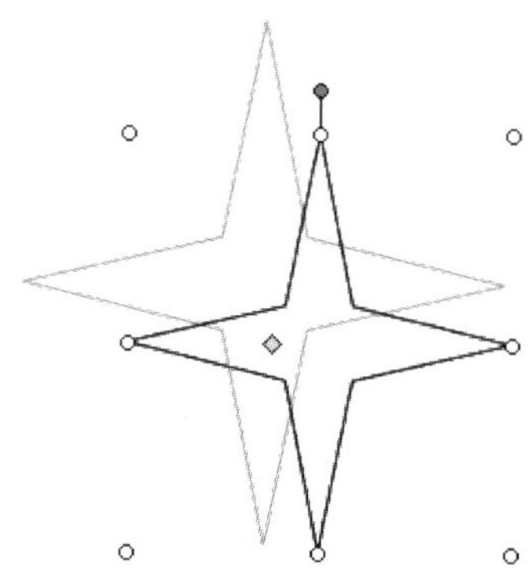

图 5－5－21 添加阴影样式

2. 调整阴影效果。

如果用户对“阴影样式”选项板中的样式都不满意，可以选择“阴影设置”选项，在弹出的“阴影设置”工具栏中设置需要的阴影参数，“阴影设置”工具栏如图 5－5－22 所示。

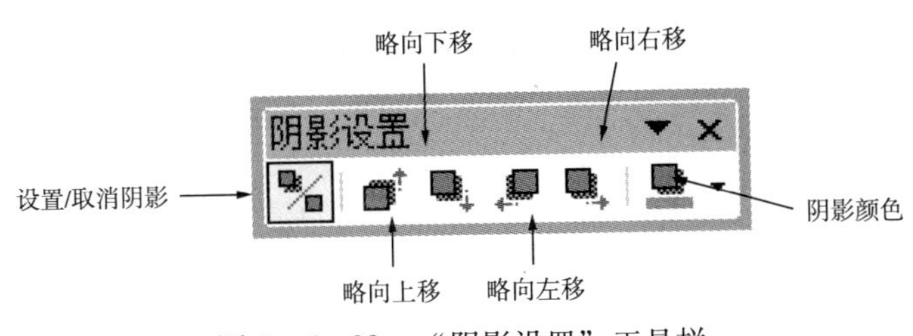

图 5－5－22　“阴影设置”工具栏

5.5.3.3　设置三维效果

在 PowerPoint 2003 中，用户可以给绘制的线条、自选图形、任意多边形和艺术字添加三维效果，并且还可以自定义延伸深度、照明颜色、旋转度、角度、方向和纹理等。在改变三维效果颜色时，只会影响对象的三维效果而不会影响对象本身。

1. 添加三维效果。

添加三维效果的具体操作步骤如下：

（1）在幻灯片中选中需要添加三维效果的图形，如图 5－5－23 所示。

（2）单击“绘图”工具栏中的“三维效果样式”按钮，在弹出的选项板中选择合适的三维效果样式，如图 5－5－24 所示。

（3）设置完成后，效果如图 5－5－25 所示。

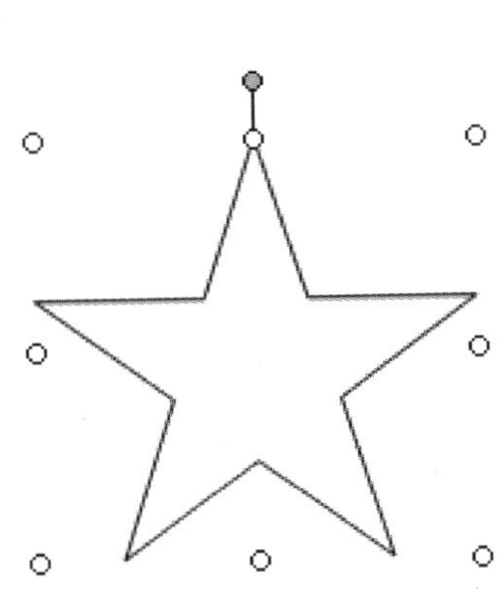

图 5－5－23　选中图形

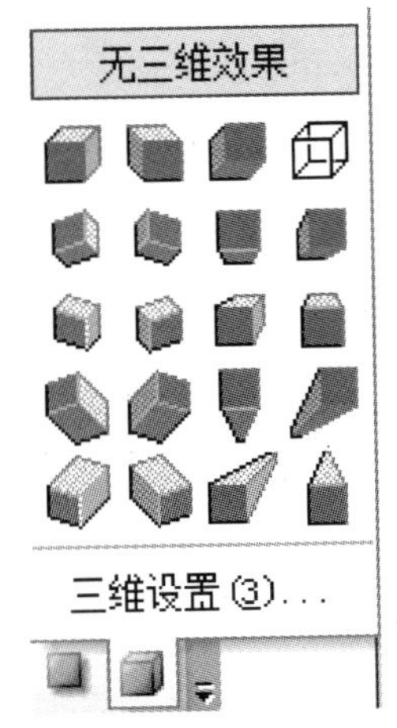

图 5－5－24　选择三维效果样式

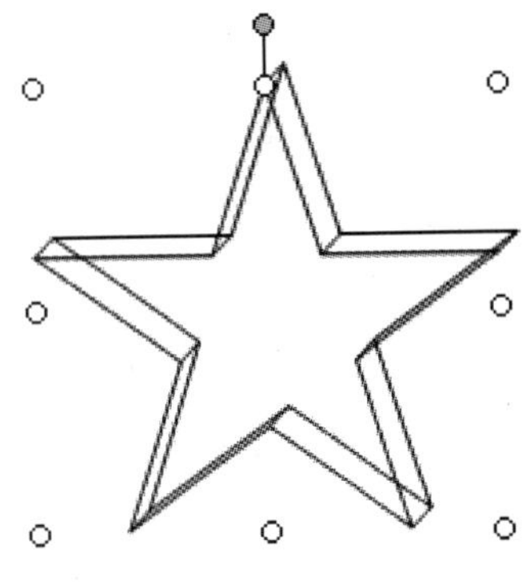

图 5－5－25　添加三维效果

2. 设置三维效果。

如果列出的三维效果用户都不满意，可以在“三维效果样式”的选项板中选择“三维设置”选项，在弹出的“三维设置”工具栏中设置需要的三维效果参数。“三维设置”工具栏如图 5－5－26 所示。

5.5.3.4　设置边框线条颜色

默认状态下，在 PowerPoint 2003 中绘制图形的边框线条为黑色单线，用户可以根据需要设置线条的颜色，具体操作步骤如下：

1. 选中需要设置边框颜色的图形，如图 5－5－27 所示。

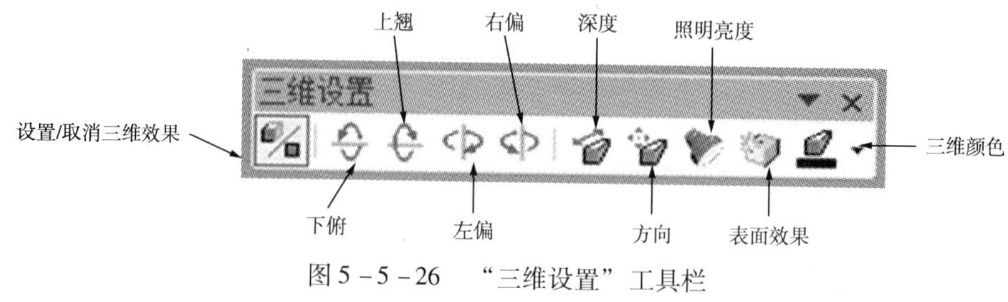

图 5-5-26 "三维设置"工具栏

2. 单击"绘图"工具栏中的"线条颜色"按钮，在弹出的选项板中选择合适的颜色，如图 5-5-28 所示。

3. 设置完成后，效果如图 5-5-29 所示。

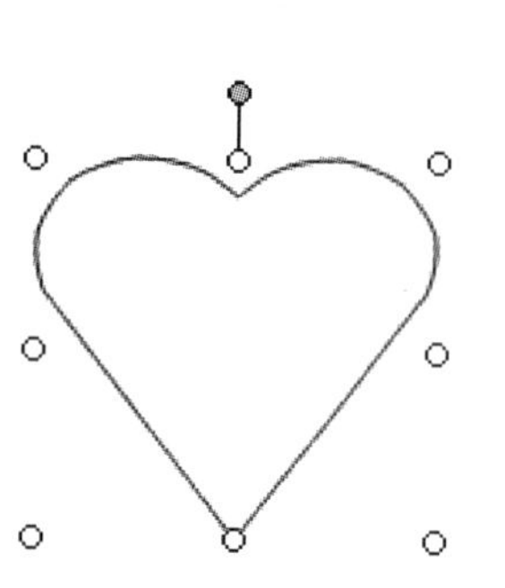

图 5-5-27 选中图形

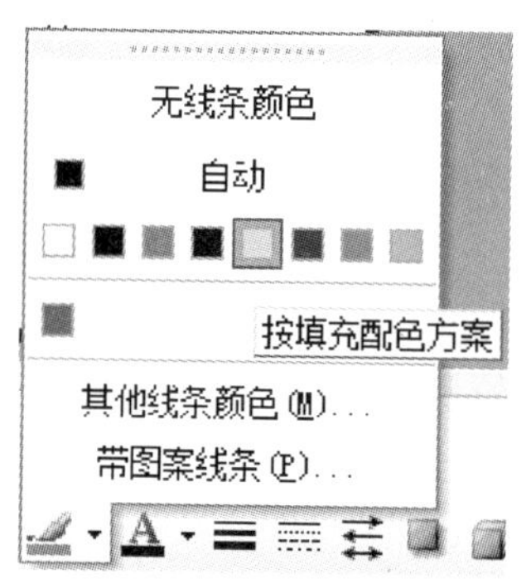

图 5-5-28 选择合适颜色

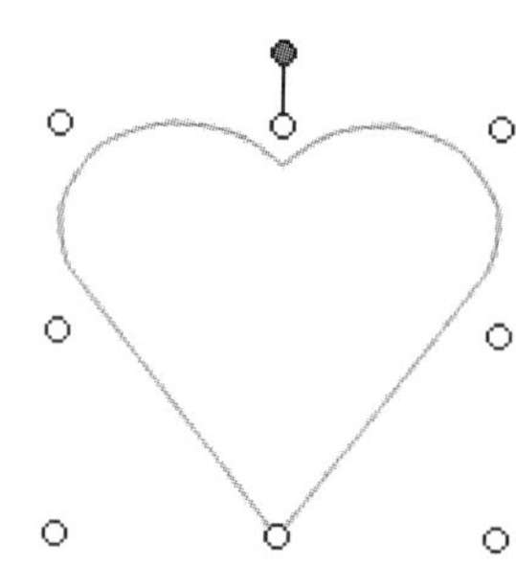

图 5-5-29 改变边框线条颜色

5.6 PowerPoint 的辅助功能

PowerPoint 除了提供绘制图形、插入图像等最基本的功能外，还提供了多种辅助功能，如绘制表格、插入图表等。使用这些辅助功能可以使一些主题表达更为专业化。本节将介绍了在幻灯片中绘制表格的方法，以及在幻灯片中插入与编辑 Excel 图表等内容。

5.6.1 Microsoft Graph

Microsoft Graph 是微软公司为用户提供的一个图表生成器软件，主要用于利用自身创建的数据表或从 Excel、Lotus1-2-3 等软件形成的电子表格和数据库中导入数据，并生成不同类型的图表。

Microsoft Graph 可以导入多种不同类型的电子数据文件，并可以简单地创建具有复杂功能和丰富界面的各种图表。

调用 Graph 窗口的操作方法如下：

1. 单击"常用"工具栏中的"插入图表"按钮。

2. 单击"插入"→"图表"命令。

3. 单击"插入"→"对象"命令，在弹出的"插入对象"对话框中选中"新建"单选按钮，在"对象类型"列表框中选择"Microsoft Graph 图表"选项，然后单击"确定"按钮，如图 5－6－1 所示。

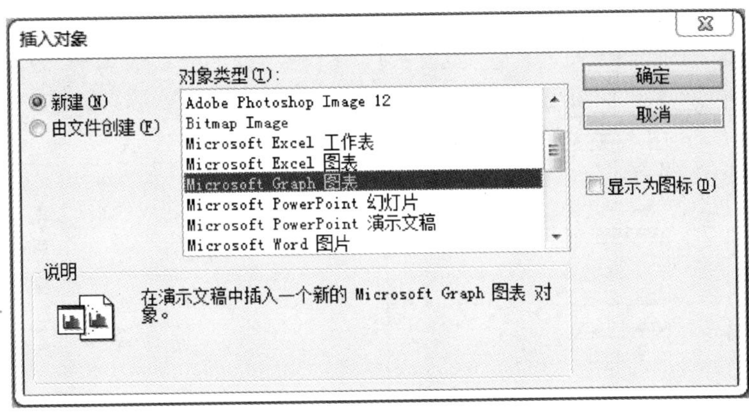

图 5－6－1　“插入对象”对话框

关闭 Graph 窗口，可返回 PowerPoint 2003 的文稿窗口，此时已建立的图表即成为文稿中的对象，并处于选中状态，此时可像对其他图形对象那样对其进行缩放、移动、复制、剪切或粘贴等操作。

5.6.2　在 PowerPoint 中编辑图表

使用 PowerPoint 制作一些专业型演示文稿时，通常需要使用表格。例如，销售统计表、个人简历表、财务报表等。表格采用行列化的形式，它与幻灯片页面文字相比，更能体现内容的对应性及内在的联系。表格适合用来表达比较性、逻辑性的主题内容。

5.6.2.1　创建图表

PowerPoint 支持多种插入表格的方式，例如可以在幻灯片中直接插入，也可以从 Word 和 Excel 应用程序中调入。自动插入表格功能能够方便地辅助用户完成表格的输入，提高在幻灯片中添加表格的效率。用户可以根据需要选择合适的创建方法。

1. 直接创建。

在幻灯片中直接创建图表时最方便也是最常用的方法。

直接创建图表的具体操作步骤如下：

（1）单击“常用”工具栏中的“新幻灯片”按钮，插入一张新幻灯片。

（2）单击“格式”→“幻灯片版式”命令，将弹出“幻灯片版式”任务窗格，选择含有图表样式的幻灯片版式，单击其右侧的下拉按钮，在弹出的下拉菜单中选择“应用于选定幻灯片”选项，如图 5－6－2 所示，效果如图 5－6－3 所示。

（3）双击图表样式图标，即可启动 Graph，并显示一个图表示例，如图 5－6－4 所示。

（4）在数据表中输入数据，每输入一个单元格中的数据，图表即进行相应的变化，单击图表区域外任意位置即可退出 Graph 程序，返回到 PowerPoint 2003 窗口，新建的图表将出现在幻灯片中的图表预留区中。

2. 插入创建。

插入创建就是在已有的幻灯片上创建图表，让幻灯片中的数据更具有说服力。

插入创建图表的具体操作步骤如下：

图5-6-2 “幻灯片版式”任务窗格

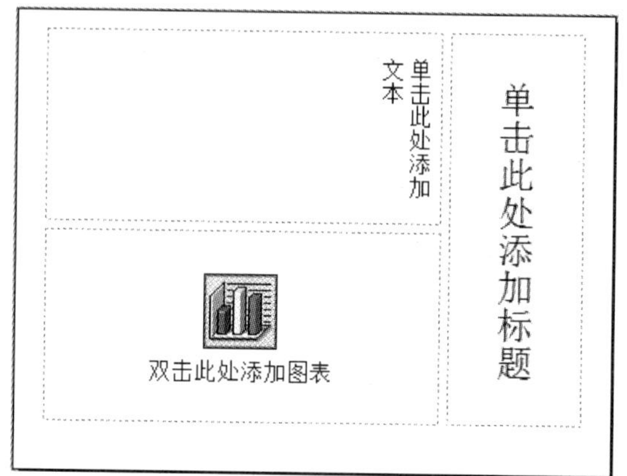

图5-6-3 应用图表版式

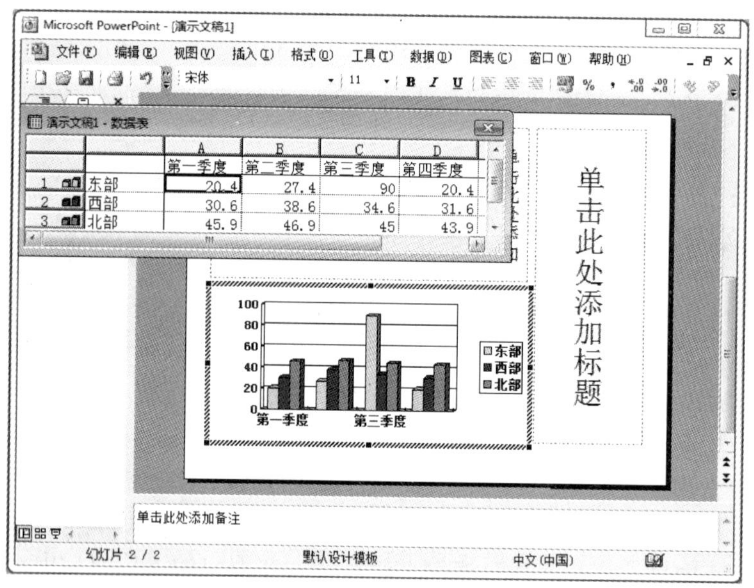

		A	B	C	D
		第一季度	第二季度	第三季度	第四季度
1	东部	20.4	27.4	90	20.4
2	西部	30.6	38.6	34.6	31.6
3	北部	45.9	46.9	45	43.9

图5-6-4 显示图表示例

(1) 打开需要插入统计图表的幻灯片，如图5-6-5所示。

(2) 单击“常用”工具栏中的“插入图表”按钮，即可启动Graph程序，并在当前幻灯片上中心位置显示一个默认的样本图表和一个数据表，如图5-6-6所示。

(3) 在数据表中输入数据，每输入一个单元格中的数据，图表即进行相应的变化，如图5-6-7所示。

(4) 单击图表区域外任意位置即可退出Graph程序，返回到PowerPoint 2003窗口，新建的图表将出现在幻灯片上图表预留区中。

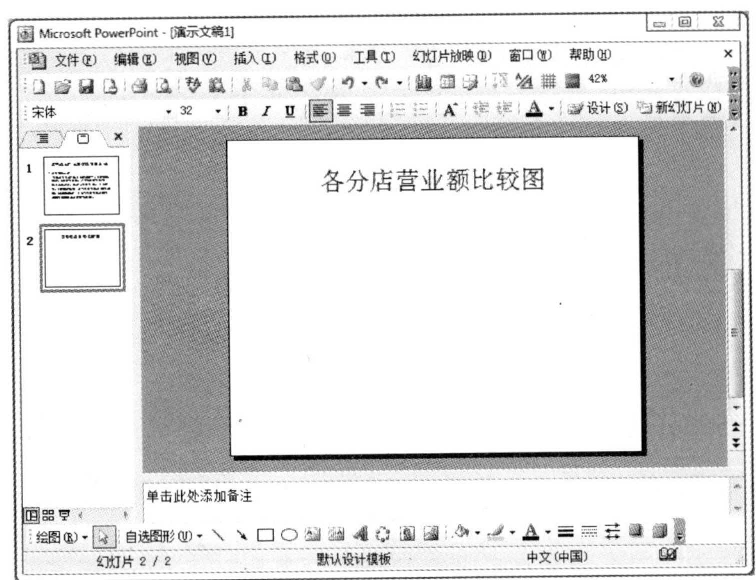

图 5－6－5　打开幻灯片

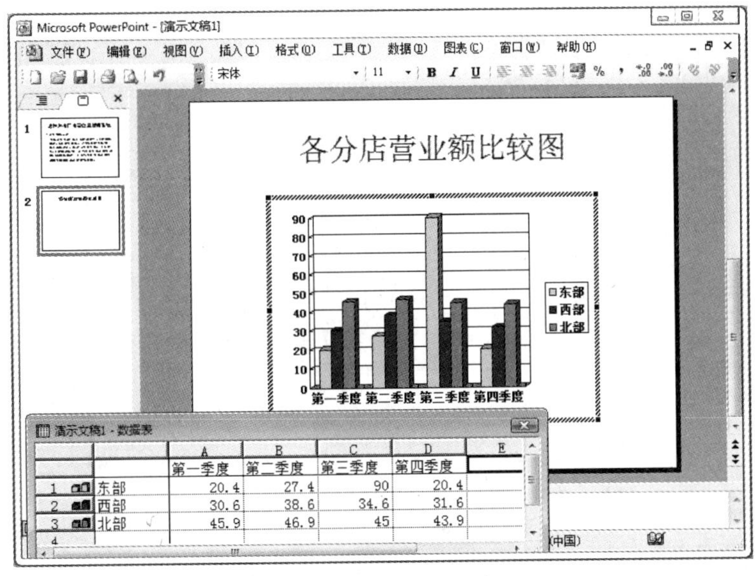

图 5－6－6　插入图表

5.6.2.2　导入 Excel 工作表

Graph 允许用户导入其他软件生成的数据或电子表格，生成统计图表。用户可以根据自己的需要选择导入文件的类型，以制作符合需求的图表。在 Graph 可导入的文件类型中最常见的就是 Excel 工作表。

导入 Excel 工作表的具体操作步骤如下：

1. 单击“常用”工具栏中的“查看数据工作表”按钮，切换到 Graph 的数据表窗口，如图 5－6－8 所示。

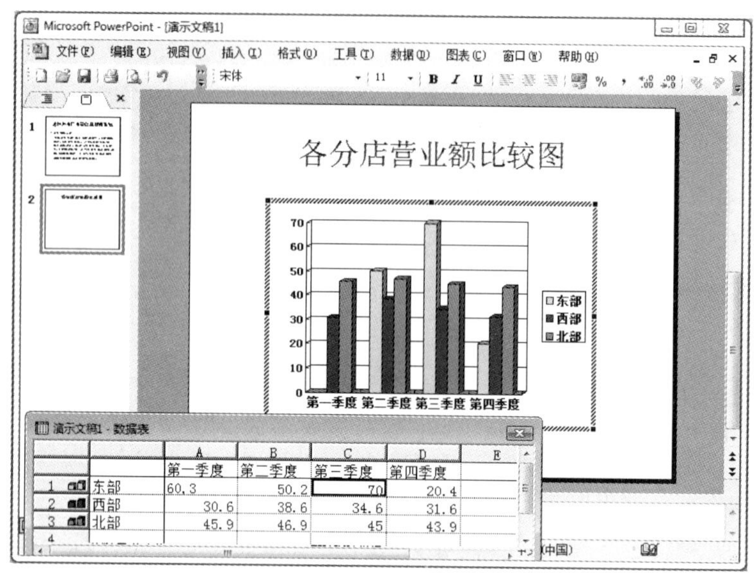

图 5－6－7　改变数据

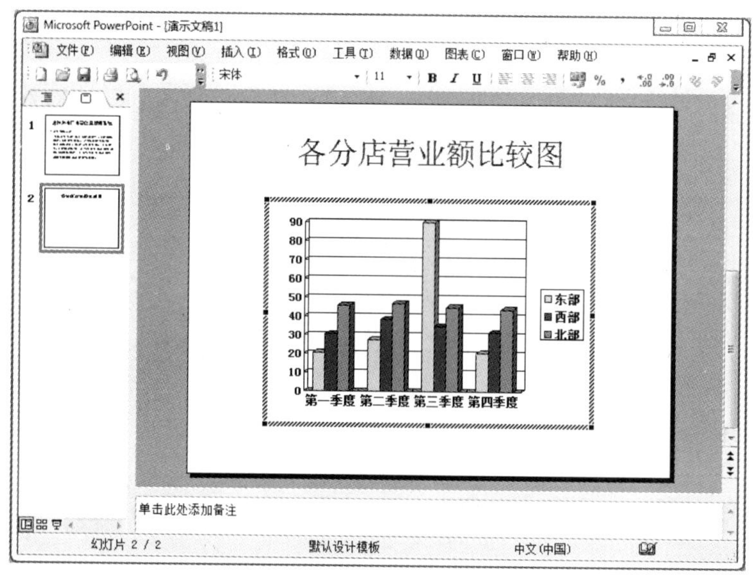

图 5－6－8　Graph 数据表窗口

2. 单击“常用”工具栏中的“导入文件”按钮，将弹出“导入文件”对话框。在“查找范围”下拉列表框中指定文本的路径，然后在文件列表中选中需要的文件，如图 5－6－9 所示。

3. 单击“打开”按钮，将弹出“导入数据选项”对话框，如图 5－6－10 所示。

4. 单击“确定”按钮，结果如图 5－6－11 所示。

5.6.2.3　组合图表

组合图表，就是在同一个图表中使用两种或两种以上的图表类型表示不同的数据系列。

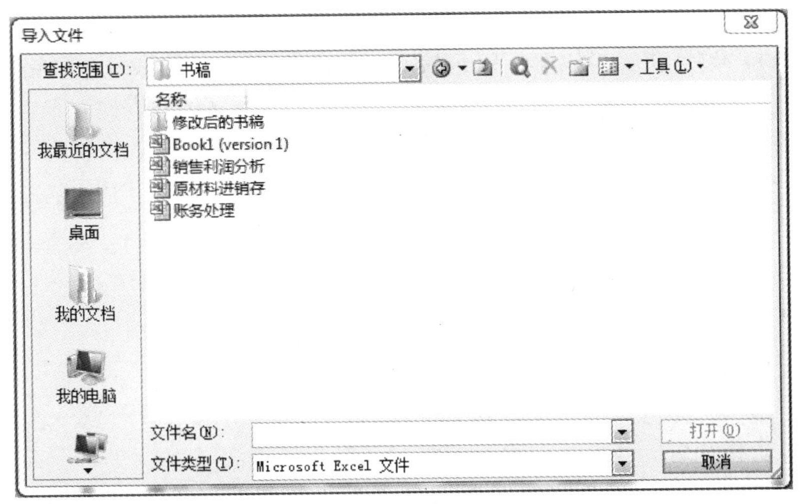

图 5-6-9 “导入文件”对话框

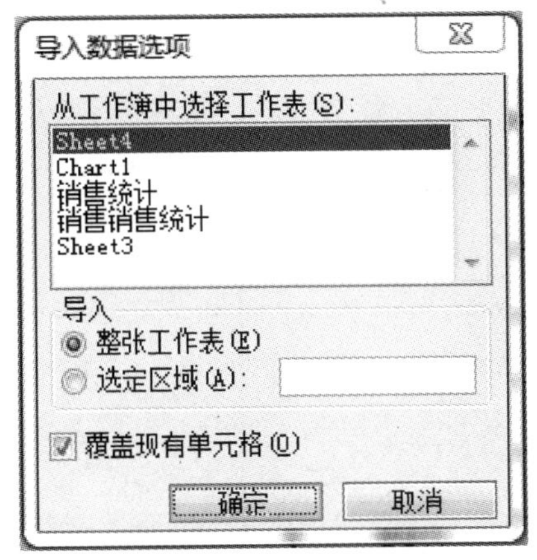

图 5-6-10 “导入数据选项”对话框

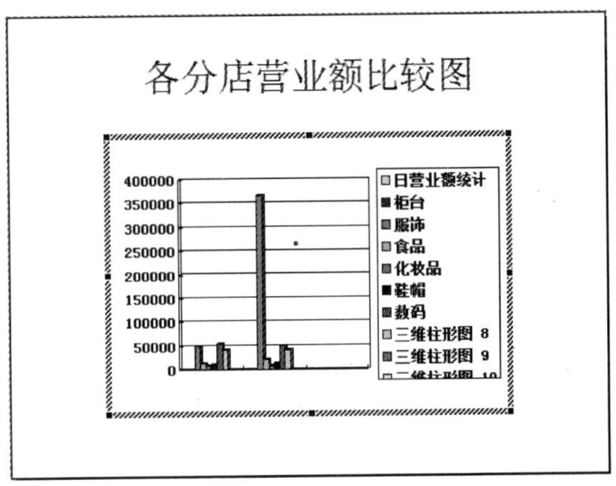

图 5-6-11 导入数据

组合图表的操作方法如下：

1. 逐个选择该图表中的数据系列，并逐个改变其图表类型（通过单击“常用”工具栏中的“图表类型”下拉按钮或单击“图表”→“图表类型”命令）。

2. 选择一种自定义图表类型。在“图表类型”对话框中的“自定义”选项卡中列有 PowerPoint 2003 内部自定义的 4 种组合图表类型：

（1）两轴线——柱图。这种图表中的一个数据系列用折线图表示，其他数据系列用柱形图表示，两种图表类型用不同的数值轴。

（2）两轴折线图。这种图表中的所有数据系列都用折线图表示，但使用两个数值轴。

（3）线——柱图。这种图表中的一个数据系列用折线图表示，其他数据系列用柱形图表示，但两种图表类型用同一个数值轴。

（4）柱状——面积图。这种图表中的一个数据系列用柱形图表示，其他数据系列用面积图表示，两种图表类型用同一个数值轴。

5.6.3 在 PowerPoint 中编辑表格及组织结构图

在 PowerPoint 2003 中，可以制作仅包含表格的幻灯片，也可将一个表格插入到已存在的幻灯片中，或者以链接对象或嵌入对象的方式添加其他程序中的表格。

组织结构图是由一系列图框和连线组成的，任何具有层次特征的事物都可用组织结构图来描述。PowerPoint 2003 不仅具有组织结构图绘制功能，还能扩展出其他的图示，在 PowerPoint 2003 中，可以利用这些图示来表示各种关系。

5.6.3.1 创建含表格的幻灯片

在幻灯片中创建表格主要有以下 4 种方法：

1. 单击“插入”→“表格”命令。
2. 单击“常用”工具栏中的“插入表格”按钮。
3. 单击“表格和边框”工具栏中的“绘制表格”按钮。
4. 在“幻灯片版式”任务窗格中选择含有表格缩略图的幻灯片版式。

下面介绍如何使用“插入表格”按钮和“幻灯片版式”任务窗格创建表格。

1. 使用“插入表格”按钮。

如果已经创建了幻灯片，需要为其添加表格，就可以单击“常用”工具栏中的“插入表格”按钮，迅速地创建一个表格。

使用“插入表格”按钮添加表格的具体操作步骤如下：

（1）打开要添加表格的幻灯片，如图 5－6－12 所示。

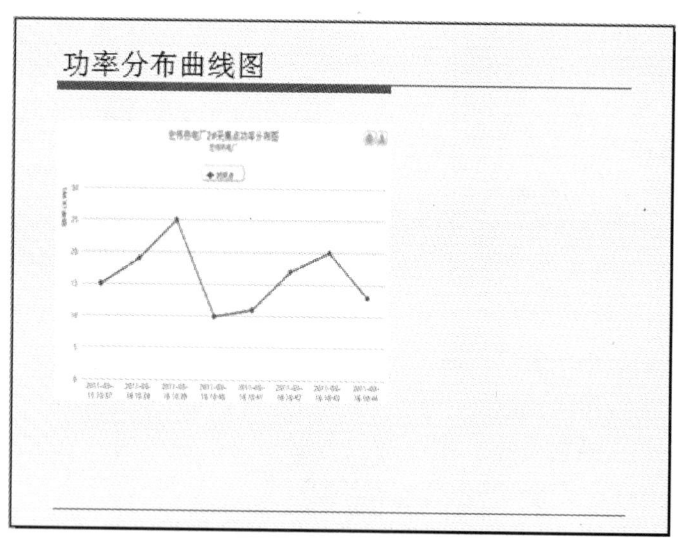

图 5－6－12　打开幻灯片

（2）单击“常用”工具栏中的“插入表格”按钮，在弹出的选项板中将鼠标指针指向左上角的单元格，按住鼠标左键不放并向右下角拖动鼠标，在该选项板的底部显示当前表格的行、列数，如图 5－6－13 所示。

（3）拖动鼠标到合适位置后释放鼠标，空表格即被添加到当前幻灯片中，如图 5－6－14 所示。

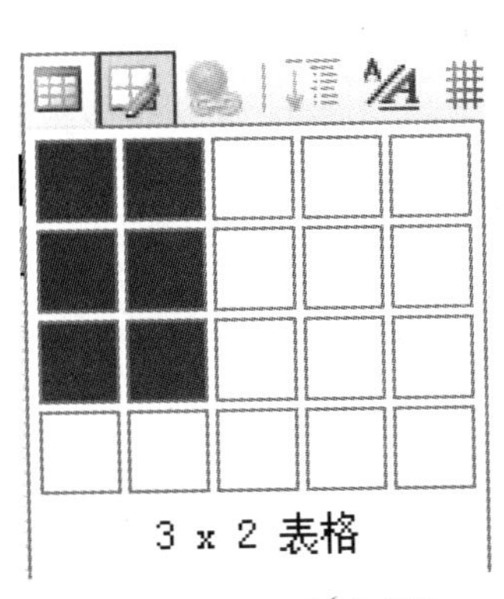

图5-6-13 创建表格

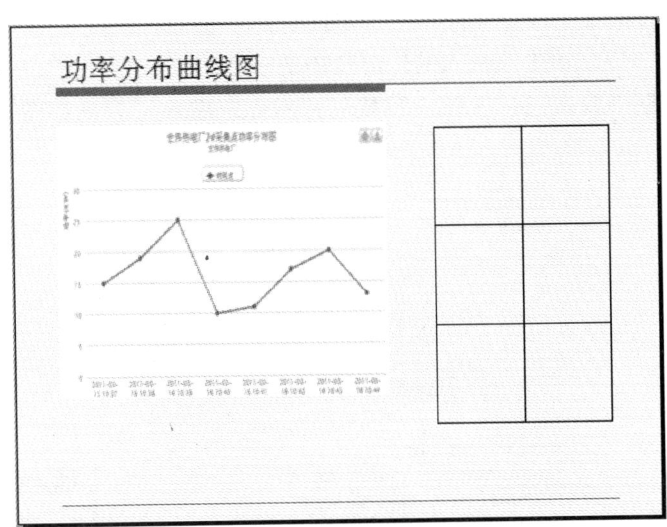

图5-6-14 插入表格

2. 使用“幻灯片版式”任务窗格创建表格。

PowerPoint 2003 提供了带有表格占位符的版式，利用它可以很方便地建立一个含表格的幻灯片。

使用任务窗格创建表格的具体操作步骤如下：

（1）单击“视图”→“普通”，切换到“普通”视图，并单击“幻灯片”选项卡。在其中指定要建立表格幻灯片的位置，单击“插入”→“新幻灯片”命令，插入一张新幻灯片，如图5-6-15所示。

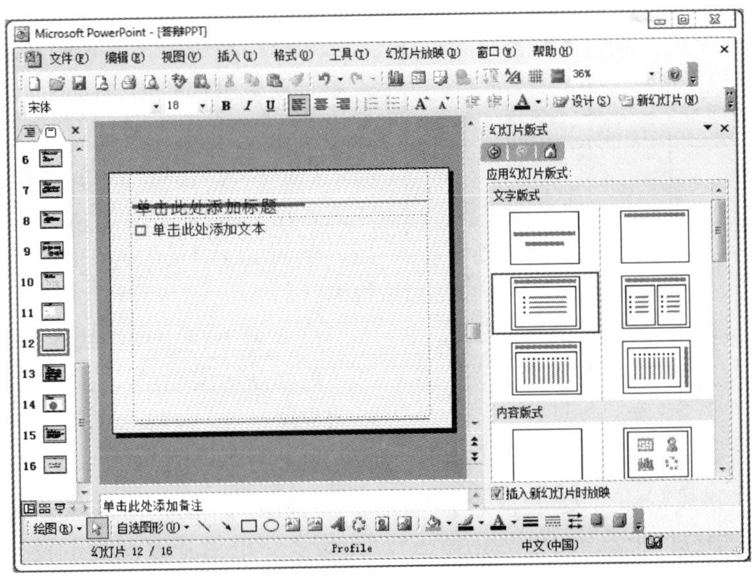

图5-6-15 插入幻灯片

（2）单击“格式”工具栏中的“版式”按钮，弹出“幻灯片版式”任务窗格，在“内容版式”选项区中选择含有表格缩略图的幻灯片版式，单击其右侧的下拉按钮，在弹出的下拉菜单中选择“应用于选定幻灯片”选项，如图 5－6－16 所示。

（3）单击刚插入的幻灯片中的表格图表，将弹出“插入表格”对话框，在“列数”数值框中输入“4”，在“行数”数值框中输入“2”，如图 5－6－17 所示。

图 5－6－16 选择幻灯片版式

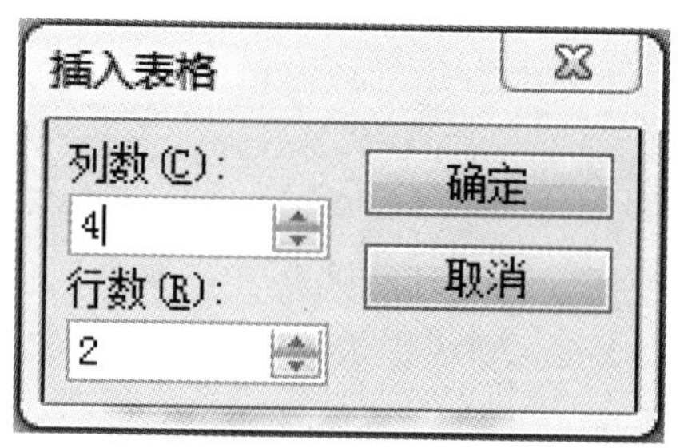

图 5－6－17 “插入表格”对话框

（4）单击“确定”按钮，效果如图 5－6－18 所示。

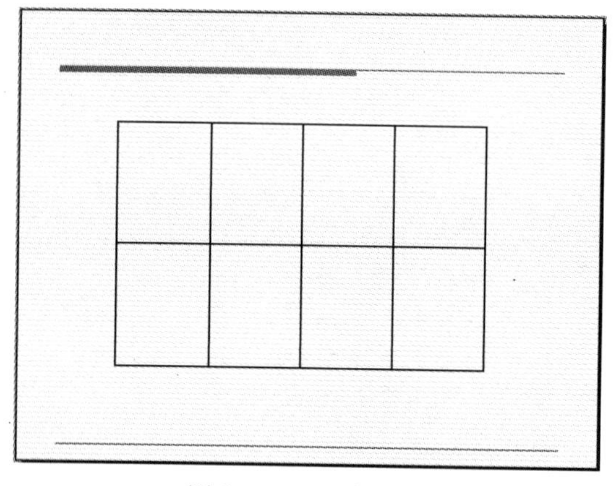

图 5－6－18 插入表格

5.6.3.2 插入组织结构图

组织结构图是由一系列的图框和连线组成的，组织结构图能使要说明对象的逻辑、从属关系直观地呈现在用户面前，清楚明了、易见易懂。

PowerPoint 2003 提供了组织结构图的自动版式，用户可以在创建新的幻灯片时进行选择，也可以在已有的幻灯片中插入组织结构图。

1. 创建新的组织结构图幻灯片。

创建新的组织结构图幻灯片的具体操作步骤如下：

（1）单击“常用”工具栏中的“新建”按钮，新建一张空白幻灯片。

（2）单击“格式”→“幻灯片版式”命令，将弹出“幻灯片版式”任务窗格。在“内容版式”选项区中选择含有组织结构图的幻灯片版式。单击其右侧的下拉按钮，在弹出的下拉菜单中选择“应用于选定幻灯片”选项，如图 5－6－19 所示。

（3）单击幻灯片中的组织结构图图标，将弹出“图示库”对话框。在“选择图示类型”选项区中选择“组织结构图”图示类型，如图 5－6－20 所示。

图 5－6－19　选择幻灯片版式

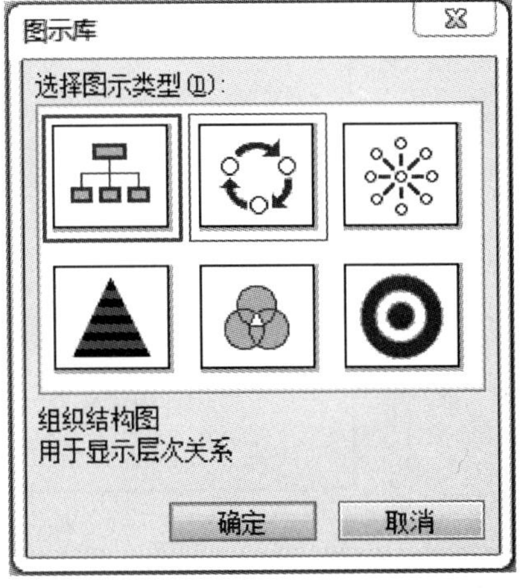

图 5－6－20　“图示库”对话框

（4）单击“确定”按钮，即可在幻灯片中插入组织结构图，如图 5－6－21 所示。

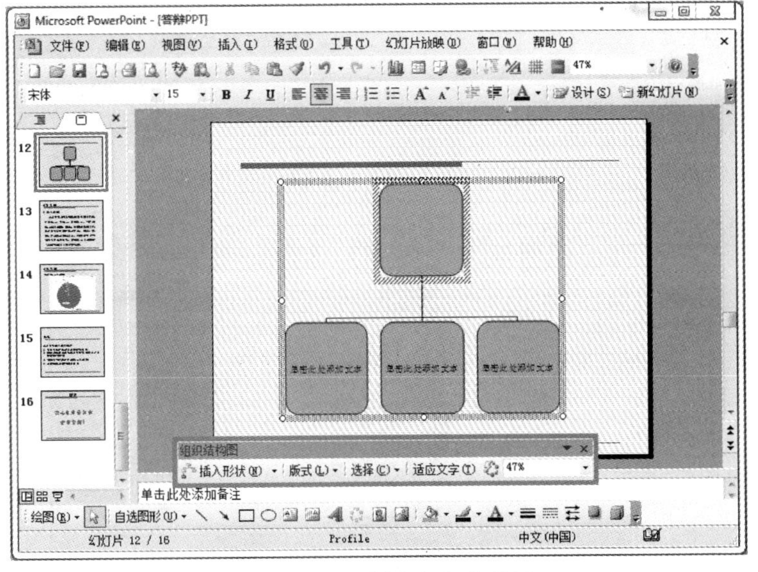

图 5－6－21　插入组织结构图

2. 添加图框。

对于内容比较多的演示文稿来说，系统默认创建的组织结构图并不能满足用户的需要，这样就需要添加图框。

添加图框的具体操作步骤如下：

（1）在组织结构图中选中要在其下方或旁边添加新形状的图框，其周围将出现 8 个小圆点，如图 5－6－22 所示。

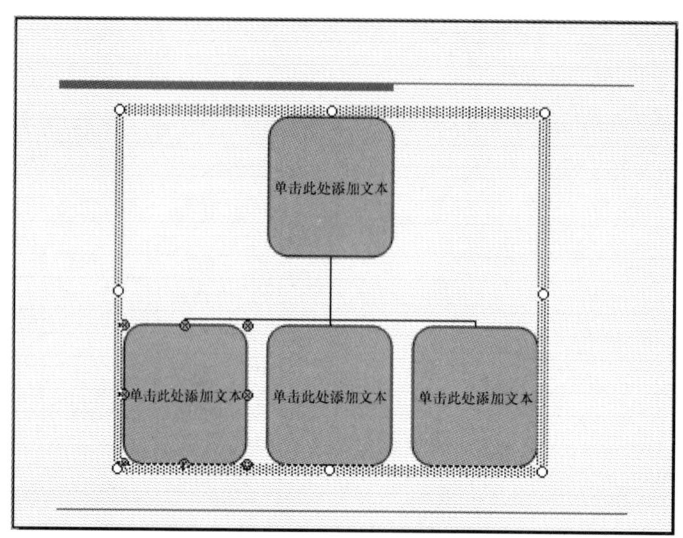

图 5－6－22　选中图框

（2）单击“组织结构图”工具栏中的“插入形状”下拉按钮，将弹出一个下拉菜单，如图 5－6－23 所示。

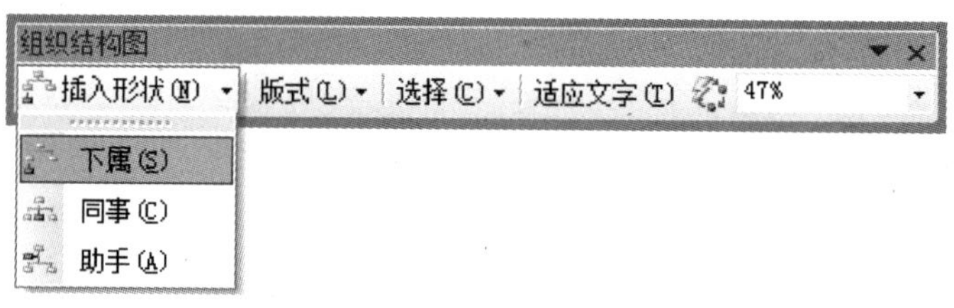

图 5－6－23　“插入形状”下拉菜单

本例中选择“下属”选项，并输入相关内容，结果如图 5－6－24 所示。

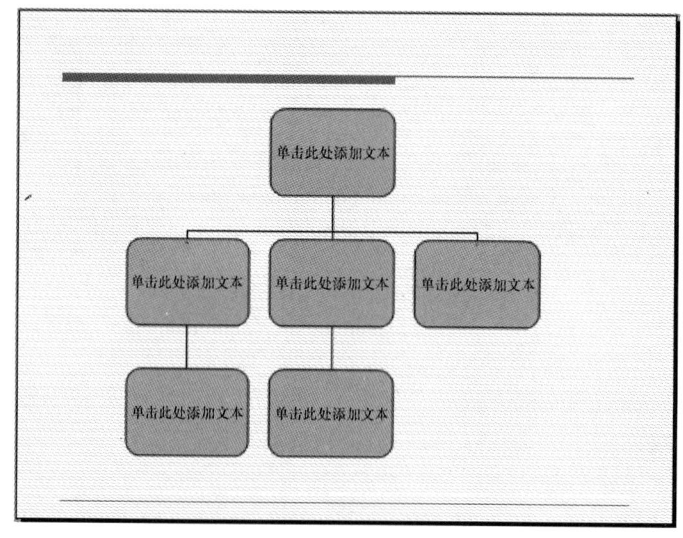

图 5－6－24　添加下属形状

5.7　PowerPoint 的动画功能

在 PowerPoint 中，用户可以为演示文稿中的文本或多媒体对象添加特殊的视觉效果或声音效果，例如使文字逐字飞入演示文稿，或在显示图片时自动播放声音等。PowerPoint 2003 提供了丰富的动画效果，用户不但可以为幻灯片设置动画效果，还可以为幻灯片中的对象设置动画效果。

5.7.1　设置幻灯片的放映效果

5.7.1.1　设置切换效果

幻灯片切换效果是指一张幻灯片如何从屏幕上消失，以及另一张幻灯片如何显示在屏幕上的方式。幻灯片切换方式可以是简单地以一个幻灯片代替另一个幻灯片，也可以使幻灯片以特殊的效果出现在屏幕上。可以为一组幻灯片设置同一种切换方式，也可以为每张幻灯片设置不同的切换方式。

设置切换效果的具体操作步骤如下：

1. 在幻灯片浏览视图中，选中要添加切换效果的幻灯片，如图 5－7－1 所示。

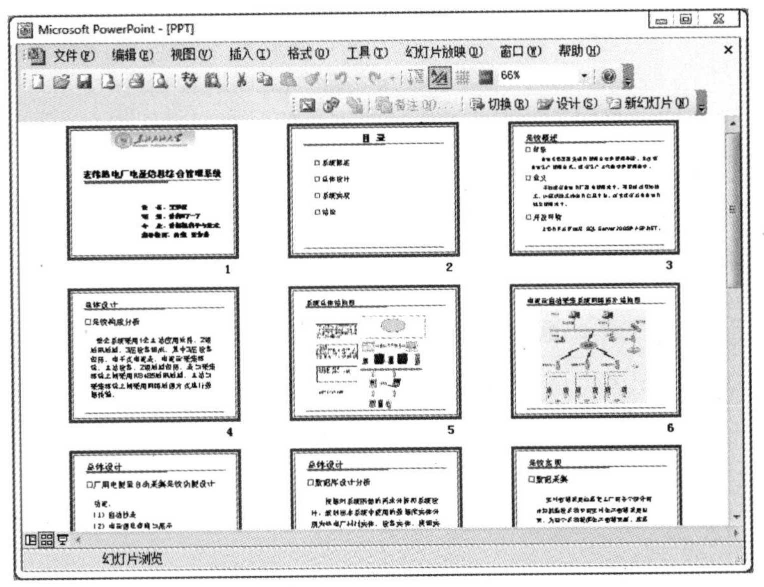

图 5－7－1　选中要添加切换效果的幻灯片

2. 单击“幻灯片放映”→“幻灯片切换”命令，将弹出“幻灯片切换”任务窗格，如图 5－7－2 所示。幻灯片切换可应用于当前幻灯片或所有选定的幻灯片，每次选择一个选项，都可以预览幻灯片切换的效果。

3. 在“修改切换效果”选项区中的“声音”下拉列表框中，列出了可以用于幻灯片切换时的配音，从中选择一个声音文件，并选中“循环播放，到下一声音开始时”复选框，将声音设置为“连续播放，直到开始播放下一个声音”。

4. 在“修改切换效果”选项区中的“速度”下拉列表框中分别选择“中速”、“快速”

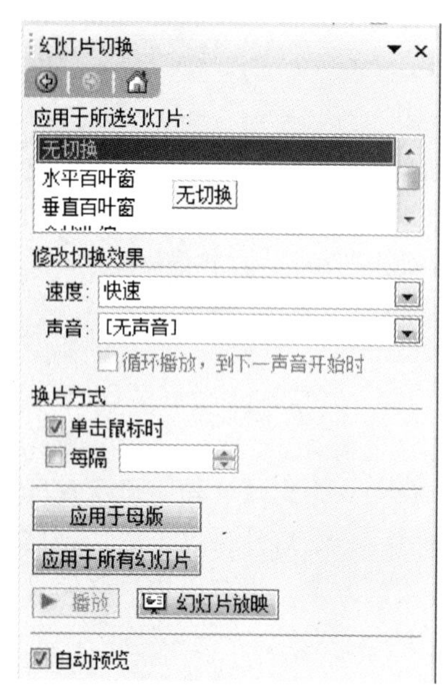

图5－7－2 “幻灯片切换”任务窗格

和“慢速”选项。每次选择一种速度，就可以预览选定幻灯片以该速度切换的效果，用户可根据需要选择所需的选项。

5. 在“换片方式”选项区中设置切换幻灯片的方式。选中“单击鼠标时”复选框，则单击鼠标左键时，演示文稿将切换到下一张幻灯片；选中“每隔”复选框，则可以在无人操作时，演示文稿定时切换到下一张幻灯片。用户可根据需要进行选择。

6. 单击“应用于所有幻灯片”按钮，将当前幻灯片的切换设置应用于演示文稿中的所有幻灯片。

7. 单击“播放”或“幻灯片放映”按钮，预览幻灯片播放的效果。

5.7.1.2 切换幻灯片设置

幻灯片播放时，从翻页、定位，到会议记录、指针选项等，都是在幻灯片放映过程中会遇到的。如果在放映过程中想切换到上一张、下一张幻灯片，可以按“Page Down”、“Page Up”键，也可以按方向键，还可以通过单击鼠标右键，在弹出的快捷菜单中选择“下一张”、“上一张”选项来实现。

对于每种切换类型，都有几种可选的方法，下面将分别进行介绍。

1. 切换到下一张幻灯片。

在放映演示文稿的过程中，需要切换到下一张幻灯片时，可以使用的方法如下：

（1）在幻灯片放映视图中单击鼠标左键。

（2）按键盘上的空格键或“Enter”键。

（3）在幻灯片放映视图中单击鼠标右键，在弹出的快捷菜单中选择“下一张”选项。

2. 切换到上一张幻灯片。

在放映演示文稿的过程中，需要切换到上一张幻灯片时，可以使用的方法如下：

（1）按键盘上的“Backspace”键。

（2）在幻灯片放映视图中单击鼠标右键，在弹出的快捷菜单中选择“上一张”选项。

3. 切换到指定的幻灯片。

在放映演示文稿的过程中，需要切换到指定幻灯片时，可以使用的方法如下：

（1）直接输入幻灯片编号，再按“Enter”键。

（2）在幻灯片放映视图中单击鼠标右键，在弹出的快捷菜单中选择“定位”选项，然后在级联菜单中选择所需的幻灯片的名称。

5.7.1.3 动作按钮应用

超链接的对象很多，包括文本、自选图形、表格、图表和图画等，可以利用动作按钮来创建超链接、PowerPoint 2003 带有一些已制作好的动作按钮，可以将这些动作按钮插入到演示文稿并为之定义超链接。

1. 插入动作按钮。

如果希望将超链接转到下一张、上一张、第一张和最后一张幻灯片，并想要通过简洁明了的符号表示这些动作时，只要选择代表相应意义的动作按钮即可实现这些动作效果。PowerPoint 2003 包含播放影片或声音的动作按钮，动作按钮常用于自动运行演示文稿放映方式中。

插入动作按钮的具体操作步骤如下：

（1）打开需要添加动作按钮的幻灯片，如图 5－7－3 所示。

（2）单击“幻灯片放映”→“动作按钮”命令，在弹出的级联菜单中单击“上一张”图标，如图 5－7－4 所示。

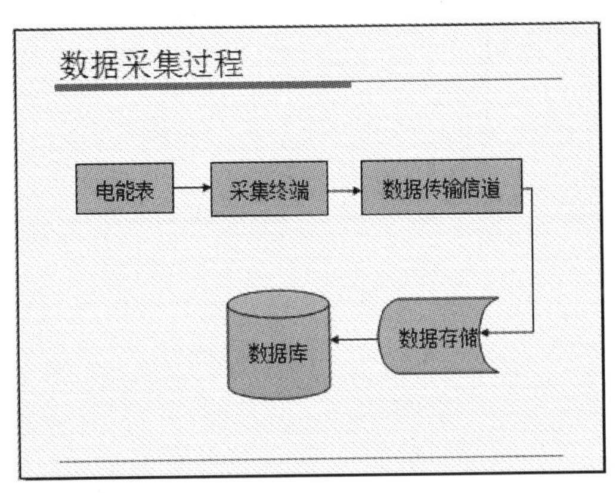

图 5－7－3　打开幻灯片

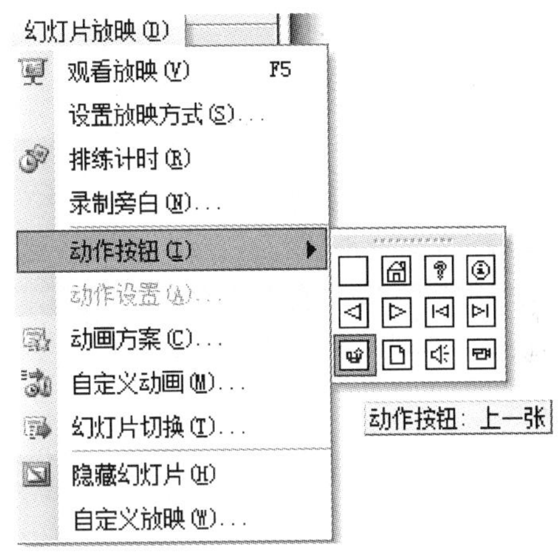

图 5－7－4　选择动作按钮

（3）将鼠标指针移动到幻灯片窗口中，当鼠标指针变成十字形状时，拖曳鼠标绘制一个动作按钮，绘制完的同时弹出“动作设置”对话框，系统在“超链接到”下拉列表框中给出了建议的超链接，用户也可以自定义所需的超链接，如图 5－7－5 所示。

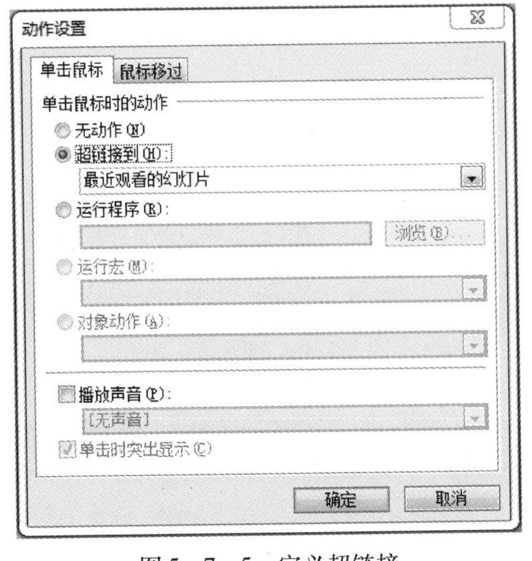

图 5－7－5　定义超链接

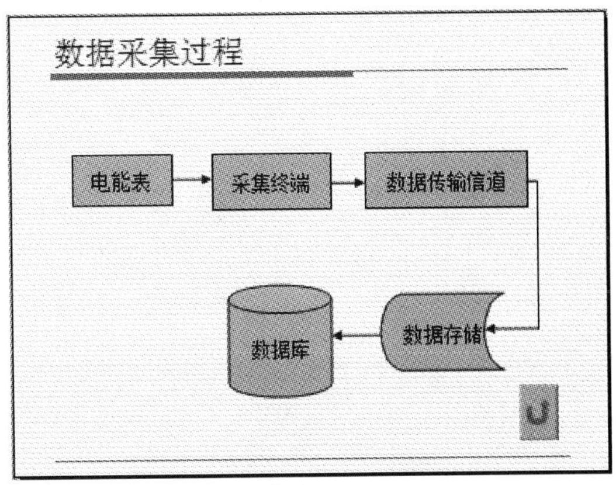

图 5－7－6　插入动作按钮

（4）单击“确定”按钮，即可完成动作按钮的设置，如图 5－7－6 所示。

（5）单击“播放”按钮，播放到该页时，将鼠标指针移到插入的动作按钮上，鼠标指针将变成手掌形状，单击该动作按钮，即可跳转到链接页。

2. 运行链接。

在 PowerPoint 中，超链接可以使从一张幻灯片到另一张幻灯片的链接、自定义放映的链接、Web 页或文件的链接，超链接本身也可能是文本或对象。

在 PowerPoint 2003 中，超链接可在运行演示文稿时激活，而不能在创建演示文稿时激活。如果链接指向另一张幻灯片，则目标幻灯片将显示在 PowerPoint 演示文稿中；如果它指向某个 Web 页、网络位置或不同类型文件，则系统会在适当的应用程序或 Web 浏览器中显示目标页或目标文件。

运行链接的操作步骤如下：

（1）运行要插入动作链接的演示文稿。

（2）当放映到插入动作按钮的幻灯片时，移动鼠标指针到超链接上，此时可以看到，鼠标指针变成手掌形状，表示此时可通过单击该超链接来打开另外一项内容。

表示超链接的文本用下划线突出显示，并且采用与配色方案一致的颜色，而图片、形状和其他超链接对象没有附加格式，可以为其添加声音和突出显示的动作设置来强调超链接。

5.7.1.4 应用动画方案

如果要简化动画设计，可以将预设的动画方案应用于所有幻灯片中的项目、选定幻灯片中的项目或幻灯片母版中的某些项目，也可以使用“自定义动画”任务窗格，在播放演示文稿的过程中控制项目在何时以何种方式出现在幻灯片中。

PowerPoint 2003 中的“动画方案”任务窗格为用户提供了一定的、预设的动画方案，如果用户只希望对一些幻灯片应用动画方案，其具体操作步骤如下：

1. 打开要添加动画的演示文稿，在“普通”视图下单击“幻灯片”选项卡，在该选项卡中选中将要添加预设方案的幻灯片，如图 5－7－7 所示。

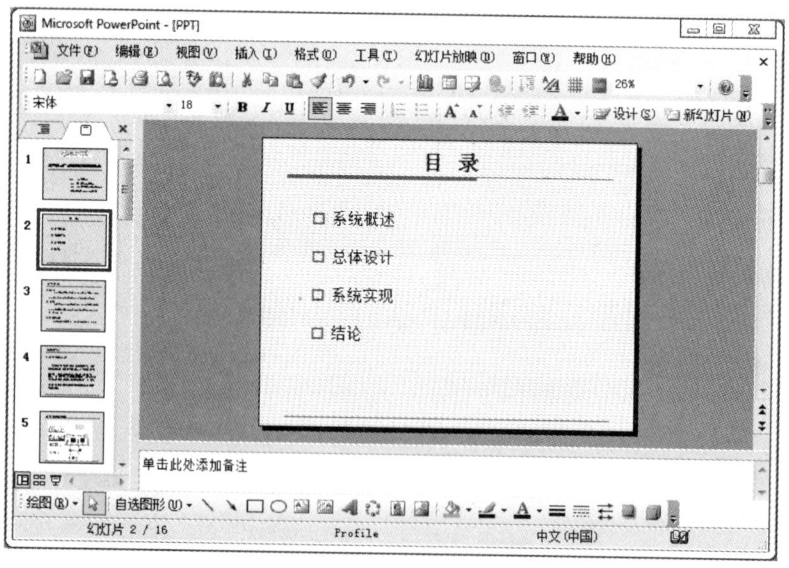

图 5－7－7　选择幻灯片

2. 单击“幻灯片放映”→“动画方案”命令，弹出“幻灯片设计”任务窗格，在“应用于所选幻灯片”列表框中选择一种动画方案，即可应用于选定的幻灯片，如图5-7-8所示。如果要将方案应用于所有幻灯片，单击“应用于所选幻灯片”按钮即可，设置完成后，单击“播放”按钮，可预览播放效果。

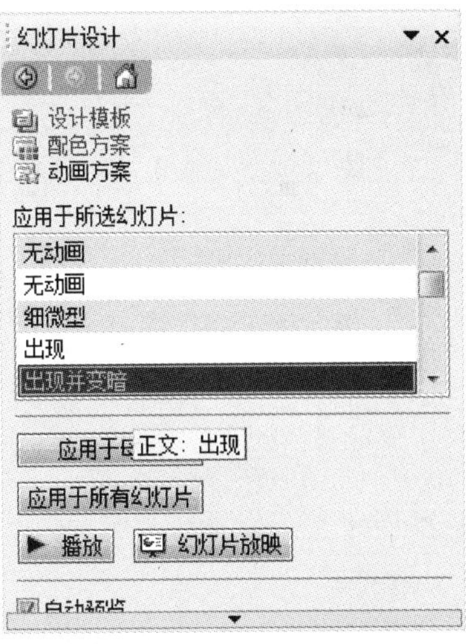

图5-7-8　“幻灯片设计”任务窗格

5.7.2　设置动画效果

在 PowerPoint 中，幻灯片除了可以切换动画外，还可以设置自定义动画。所谓自定义动画，是指为幻灯片内部各个对象设置的动画，它又可以分为项目动画和对象动画。其中项目动画是指为文本中的段落设置的动画，对象动画是指为幻灯片中的图形、表格等设置的动画。

5.7.2.1　设置自定义动画

进行自定义动画设置，用户可以更改幻灯片上对象的显示顺序以及每个对象的播放时间，以制作符合自己要求的动画效果。用户可以单击“幻灯片放映”→“自定义动画”命令，在弹出的“自定义动画”任务窗格中对当前幻灯片上的对象设置所需动画效果。

设置自定义动画的具体操作步骤如下：

1. 在普通视图中，打开要为其中对象设置动画效果的幻灯片。

2. 选定要设置动画的对象，单击“幻灯片放映”→“自定义动画”命令，或者在该对象上单击鼠标右键，在弹出的快捷菜单中选择“自定义动画”选项，将弹出“自定义动画”任务窗格，如图5-7-9所示。

3. 单击“添加效果”下拉按钮，在弹出的下拉菜单中列出了“进入”、“强调”、“退出”、“动作路径”四种动画类型，在每一个类型的级联菜单中都包含了多种相应的动画效果，如图5-7-10所示。

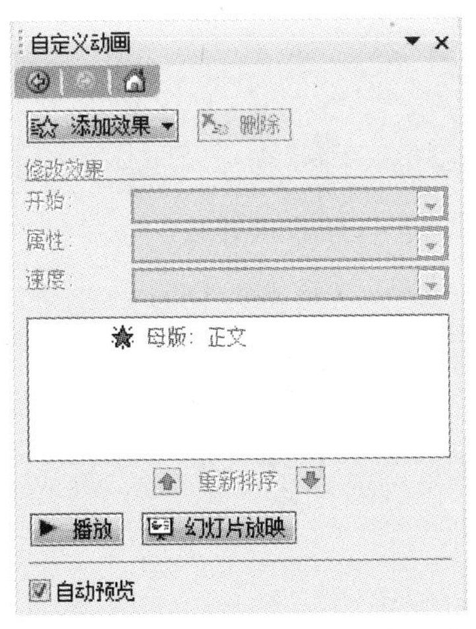

图5-7-9　“自定义动画”任务窗格

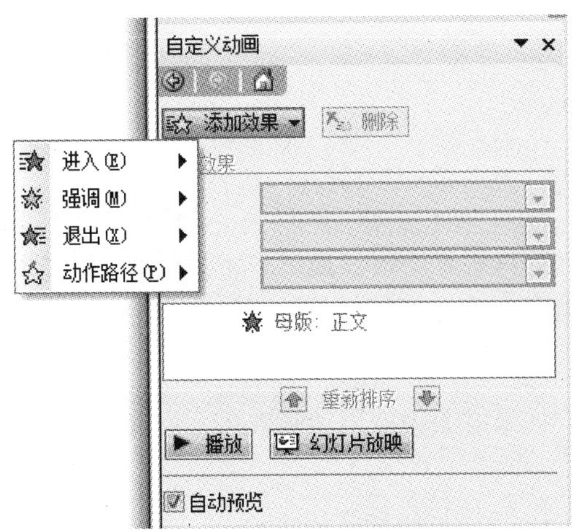

图5-7-10　“进入”级联菜单

4. 展开每项级联菜单，从各种效果中选择合适的效果，本例中选择进入效果为“飞

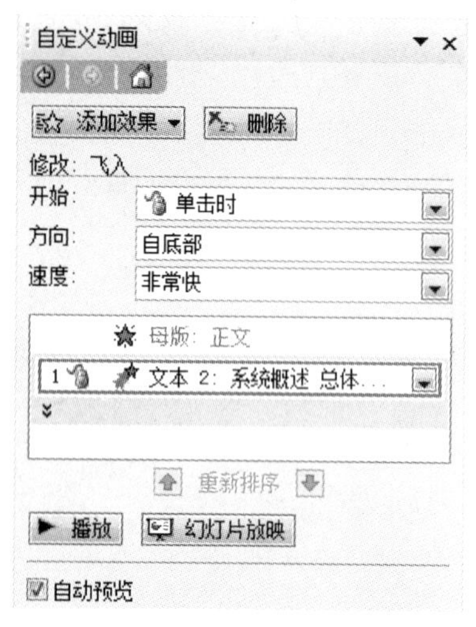

图 5－7－11　添加“飞入”动画效果后的任务窗格

入”，这时“自定义动画”任务窗格呈现的状态如图 5－7－11所示。

在其中用户可以看到刚才不能使用的按钮，现在都被激活成为可用状态。

5. 单击“播放”按钮来预览幻灯片的动画，此时不需要单击动画序列。如果用户想要通过单击动画序列来播放动画，则可以单击“幻灯片放映”按钮。

5.7.2.2　播放自定义动画

将动画添加到幻灯片时，可选择各种计时选项以确保动画的每个部分平稳飞入，并且看起来更加专业，使用开始时间或延迟时间、触发器、速度或持续时间、循环及自动返回选项，设置自定义动画或调整已应用的预设动画方案。

播放自定义动画的具体操作步骤如下：

在“自定义动画”任务窗格中显示的是用户为文本设置的动画效果，如图 5－7－12 所示。单击“播放”按钮，效果如图 5－7－13 所示。

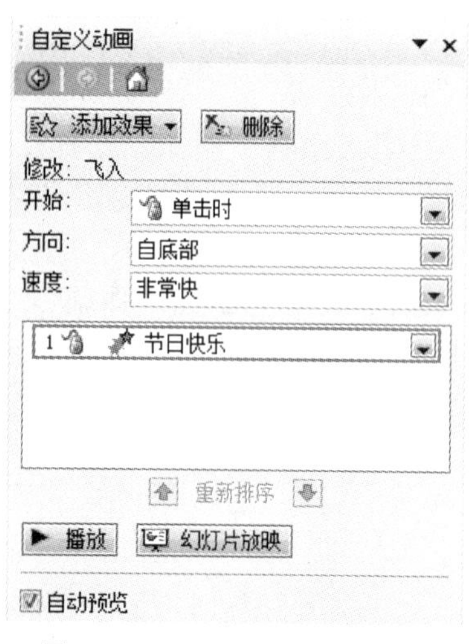

图 5－7－12　设置的动画效果

图 5－7－13　放映效果

如果用户不需要通过单击鼠标左键触发动画序列，可单击“播放”按钮来预览幻灯片的动画。单击“幻灯片放映”按钮，可以预览在单击指定项目时动画是如何播放的。

5.7.2.3　动画显示图表

如果对图表应用动画效果，可在“普通”视图中显示包含要动画显示的图表的幻灯片，并选中它。

1. 整体显示图表。

要将图表作为整体动画显示，具体操作步骤如下：

（1）在“普通”视图中，打开含有要动画显示的图表的幻灯片，并选中幻灯片中的图表。

（2）单击“幻灯片放映”→“自定义动画”命令，在弹出的“自定义动画”任务窗格中单击“添加效果”下拉按钮，在弹出的下拉菜单中选择需要的选项即可。

2. 动画显示图表元素。

要将动画应用于图表元素，具体操作步骤如下：

（1）将动画应用于图表，参照上面的步骤。

（2）在“自定义动画”任务窗格中的列表中，选择应用于图表的动画，单击其右侧的下拉按钮，在弹出的下拉菜单中选择“效果选项”，将弹出相应效果设置对话框，如图5－7－14所示。

（3）单击“图表动画”选项卡，在“组合图表”下拉列表框中选择一个选项，然后单击“确定”按钮。

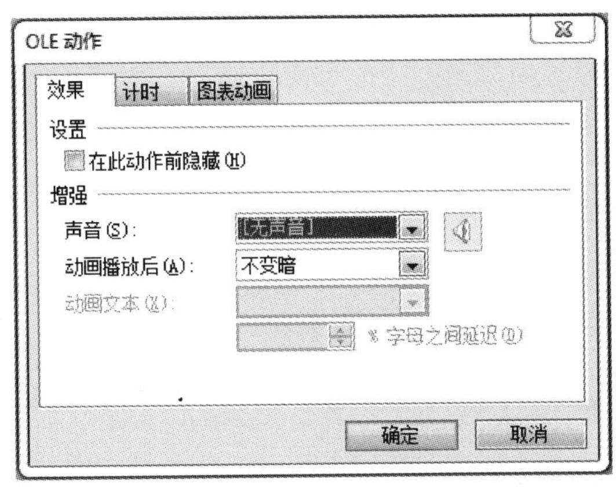

图5－7－14　效果设置对话框

5.7.2.4　播放效果控制

在幻灯片中添加进入、强调、退出或动作路径等播放效果后，还可以通过进一步设置按字母、字或段落动画显示文本的效果来控制播放效果。

要一步控制在幻灯片中添加的播放效果，其具体操作步骤如下：

1. 打开要添加动画的演示文稿。

2. 按照前面介绍的方法应用预设的方案和自定义动画，也可添加动作路径效果。

3. 在“自定义动画”任务窗格的自定义动画列表中，选中所需的动画显示文本项目，并单击其右侧的下拉按钮，此时将弹出一个下拉菜单，如图5－7－15所示。

4. 在下拉菜单中选择“效果选项”，将弹出设置所选动画效果的对话框，本例弹出“飞入”对话框，如图5－7－16所示。

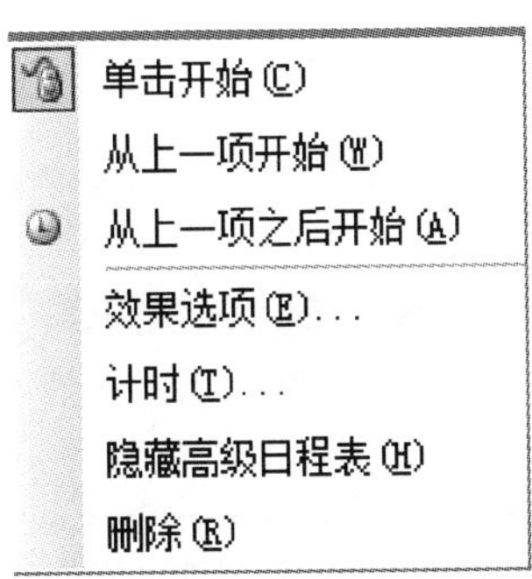

图5－7－15　下拉菜单

图5－7－16　“飞入”对话框

5. 在“效果”选项卡中，用户可以根据需要设置动画文本的效果。

6. 设置完成后，单击“确定”按钮关闭对话框。

5.7.2.5 更改删除动画效果

1. 更改动画序列。

更改动画序列的具体操作步骤如下：

（1）在普通视图中，显示包含要重新排序的动画的演示文稿。

（2）单击“幻灯片放映”→“自定义动画”命令，打开“自定义动画”任务窗格。可以发现，动画效果在自定义动画列表中按应用的顺序从上到下显示。

（3）在“自定义动画”任务窗格中，在列表中选择要移动的项目并将其拖到列表中的其他位置即可。还可以通过单击“Page Up”和“Page Down”来调整动画序列。

2. 删除动画效果。

删除动画效果的具体操作步骤如下：

（1）在幻灯片窗格中打开要删除动画效果的幻灯片，然后选择“幻灯片放映”菜单中的“自定义动画”命令，打开“自定义动画”任务窗格。

（2）在“自定义动画”任务窗格中，选择要删除的动画效果。

（3）单击“删除”按钮，即可删除选定的动画效果。

5.8 幻灯片放映

PowerPoint 2003 提供了多种放映和控制幻灯片的方法，如正常放映、计时放映、录音放映、跳转放映等。用户可以选择最为理想的放映速度与放映方式，使幻灯片放映结构清晰、节奏明快、过程流畅。另外，在放映时还可以利用绘图笔在屏幕上随时进行标示或强调，使重点更为突出。

5.8.1 演示文稿的放映

在 PowerPoint 中，用户可以为幻灯片中的文本、图形、图片等对象添加超链接或者动作。当放映幻灯片时，可以在添加了动作的按钮或者超链接的文本上单击，程序将自动跳转到指定的幻灯片页面，或者执行指定的程序。演示文稿不再是从头到尾播放的线形模式，而是具有一定的交互性，能够按照预先设定的方式，在适当的时候放映需要的内容，或做出相应的反映。

5.8.1.1 演示文稿的放映方式

幻灯片的放映方式是指放映时的播放类型和播放范围，主要是为了适应不同演讲场合的需求。

在 PowerPoint 2003 窗口中，打开需要放映的演示文稿后，选择“幻灯片放映”→“设置放映方式”命令，弹出如图 5－8－1 所示的“设置放映方式”对话框。用户可在此完成对幻灯片放映的相关设置。

5.8.1.2 启动放映

在保存演示文稿时，常用的保存类型有“演示文稿”型和“PowerPoint 放映”型。对于

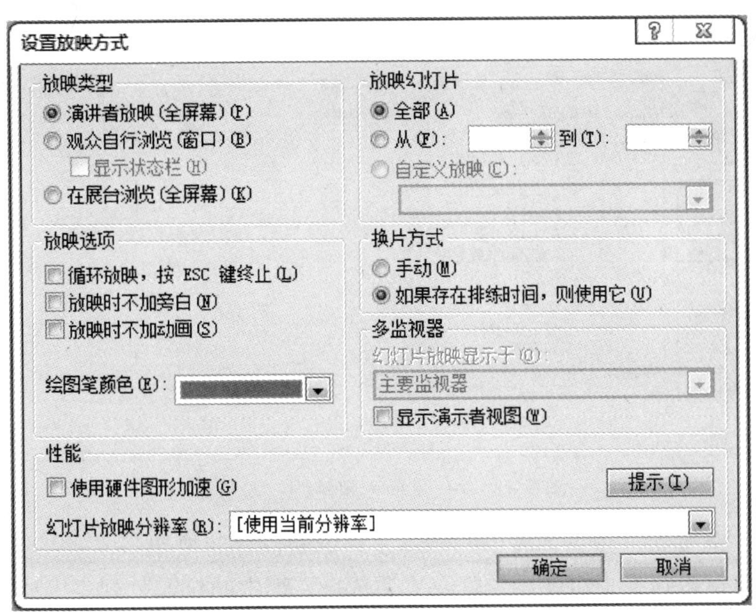

图 5-8-1 “设置放映方式”对话框

“演示文稿”型幻灯片（文件的扩展名为“.ppt”），只有将它打开以后，才能在 PowerPoint 2003 窗口中放映。在 PowerPoint 2003 窗口中，有以下放映方法。

1. 单击 PowerPoint 2003 窗口中的幻灯片放映视图按钮。

2. 选择“视图”→“幻灯片放映”命令。

3. 选择“幻灯片放映”→“观看放映”命令。

4. 按 F5 键。

用第 1 种方法，系统是从当前幻灯片开始放映；用后 3 种方法，系统是从第一张幻灯片开始放映。

对于“PowerPoint 放映”型幻灯片（文件的扩展名为“.pps”），无论在 PowerPoint 2003 中打开，还是在 Windows 资源管理器中打开，系统都会从第一张幻灯片开始放映。

5.8.1.3 添加超链接

超链接是指向特定位置或文件的一种连接方式，可以利用它指定程序的跳转的位置。超链接只有在幻灯片放映时才有效。在 PowerPoint 中，超链接可以跳转到当前演示文稿中的特定幻灯片、其他演示文稿中特定的幻灯片、自定义放映、电子邮件地址、文件或 Web 页上。

在 PowerPoint 2003 中，利用超链接控制幻灯片的播放顺序，有创建超链接和动作设置这两种方式。

1. 创建链接到本演示文稿的超链接。

在 PowerPoint 2003 中，只能为文本、文本占位符、文本框、图片建立超链接。在演示文稿中选定了作为超链接的对象后，可按下面任意一种方法建立超链接。

（1）在幻灯片窗格中，选择要作为超链接显示的文本或图形。

（2）选择“插入”→“超链接”命令，将弹出“插入超链接”对话框，如图 5-8-2 所示。

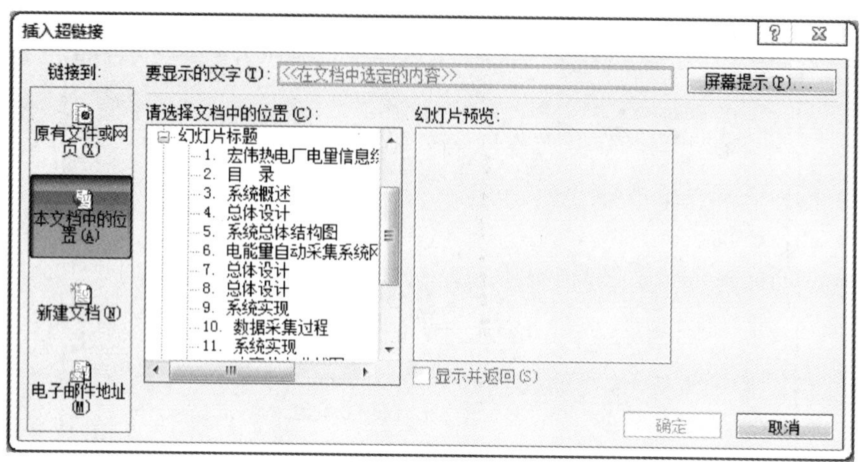

图 5－8－2 “插入超链接”对话框

（3）单击“链接到”项目列表中的“本文档中的位置”按钮。

（4）如果要跳转到某张幻灯片，单击“请选择文档中的位置”列表中相应的选项。

（5）单击“确定”按钮，即可完成超链接的创建。

2. 创建链接到新演示文稿的超链接。

（1）在幻灯片的窗格中，选择要作为超链接显示的文本或图形。

（2）单击“插入”→“超链接”命令，调出“插入超链接”对话框。

（3）单击“链接到”项目列表中的“新建文档”按钮，对话框如图 5－8－3 所示。

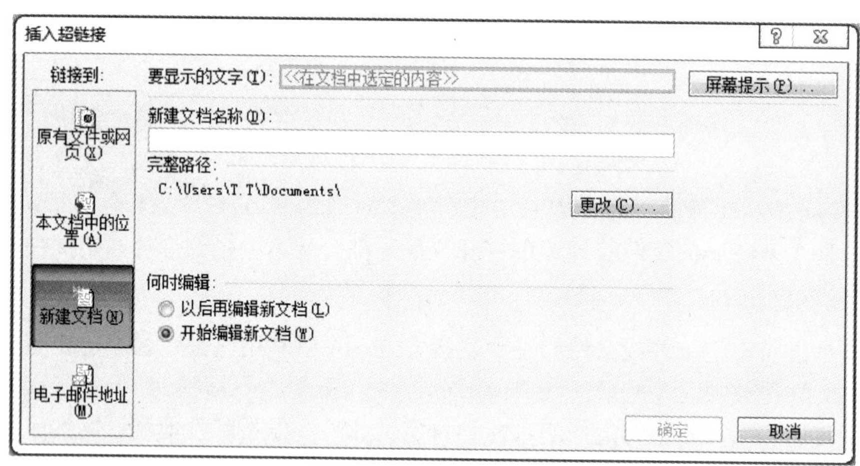

图 5－8－3 “新建文档”对话框

（4）在“新建文档名称”文本框中，输入新文档的名称。

（5）单击“更改”按钮，可以更改新演示文稿的路径。

（6）如果单击“以后再编辑新文档”单选钮，则 PowerPoint 只创建一个新演示文稿，但插入点仍在本演示文稿内；如果单击“开始编辑新文档”单选钮，则 PowerPoint 将创建一个新的演示文稿，并将插入点移到新的演示文稿中。

（7）单击“确定”按钮，即可完成超链接的创建。

3. 创建链接到电子邮件地址的超链接。

（1）在幻灯片的窗格中，选择要作为超链接显示的文本或图形。

（2）单击“插入”→“超链接”命令，调出“插入超链接”对话框，如图 5－8－4 所示。单击“链接到”项目列表中的“电子邮件地址”按钮。

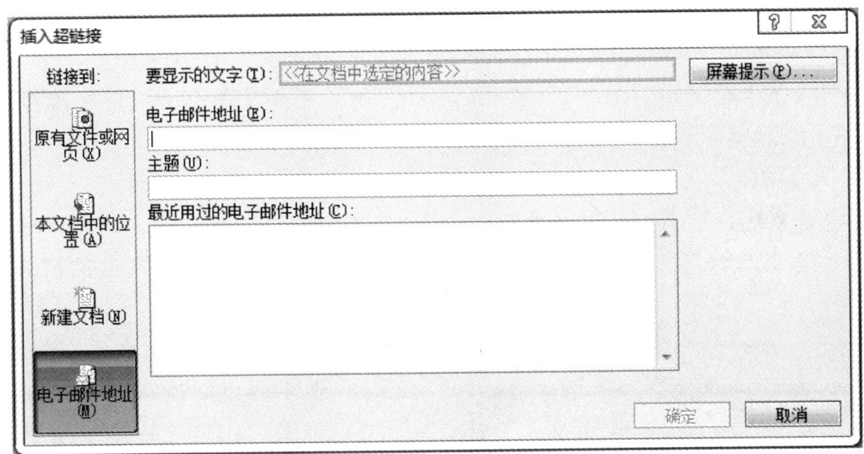

图 5－8－4　“电子邮件地址”对话框

（3）在“电子邮件地址”文本框输入一个电子邮件地址。

（4）在“主题”文本框中输入电子邮件的主题。

（5）单击“确定”按钮，即可完成超链接的创建。

4. 改变超链接文本。

要改变超链接的文本，应选中超链接，然后直接输入文字。用户也可以在超链接对象上右击，从弹出的快捷菜单中选择“编辑超链接”命令，在“要显示的文字”文本框中输入文字。

5. 改变超链接目标。

（1）在超链接对象上，从弹出的快捷菜单中选择“编辑超链接”命令，出现“编辑超链接”对话框，如图 5－8－5 所示。

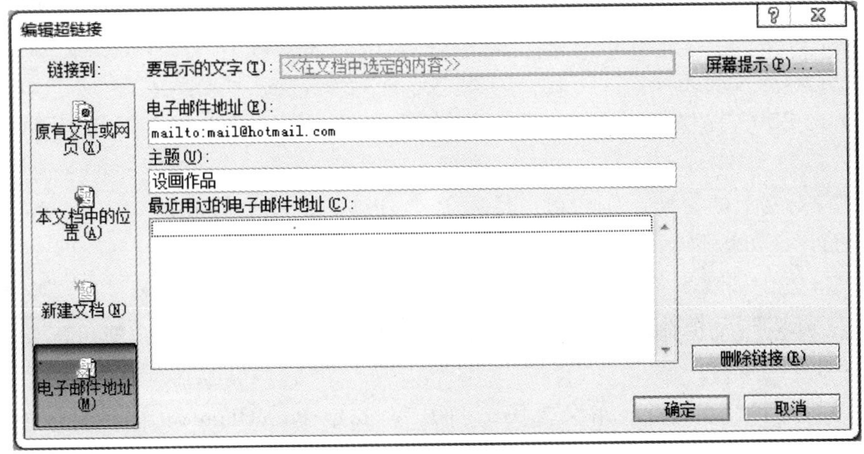

图 5－8－5　“编辑超链接”对话框

（2）单击“链接到”项目列表中的“文本档中的位置”按钮，在“请选择文档中的位置”列表框中，输入新的目标地址或跳转位置。

（3）单击“确定”按钮，即可完成设置。

6. 删除超链接。

如果仅删除超链接的关系，可鼠标右键单击链接对象，再单击弹出的快捷菜单中的“删除超链接”菜单命令即可。

如果要删除整个超链接对象，可以选的包含超链接文本或图形，然后按键盘上的“Delete”键，即可删除整个超链接及代表该超链接的文本或图形。

7. 创建动作按钮。

动作按钮是系统自定义的某种形状的图形（如左箭头和右箭头），这些图形可以建立超链接，用来链接某张幻灯片（如下一张、上一张、第一张、最后一张、最近观看的幻灯片等）。

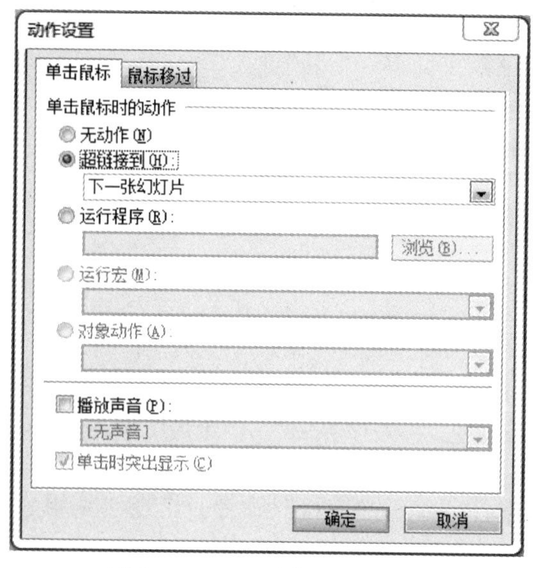

图5－8－6　“动作设置”对话框

创建动作按钮的具体操作步骤如下：

（1）选中要添加动作按钮的幻灯片。

（2）单击“幻灯片放映”→“动作按钮”命令，在子菜单中选择一个命令按钮后，鼠标指针变成十字状，在幻灯片中拖动鼠标，即可绘出相应大小的动作按钮。在幻灯片中单击鼠标，即可绘出默认大小的动作按钮。绘出动作按钮后，系统弹出如图5－8－6所示的“动作设置”对话框。

（3）设置完成后，单击“确定”按钮关闭对话框。

5.8.1.4　输出为网页

用户可以将演示文稿输出为其他形式，以满足用户多用途的需要。在PowerPoint中，可以将演示文稿输出为网页、多种图片格式、幻灯片放映以及RTF大纲文件。

PowerPoint 2003提供了比以前任何一种版本都强大的网络访问特性和Web创建功能。

1. 访问因特网上的文档。用户可以使用PowerPoint 2003打开和访问本地Web或因特网上的文档，而且还可以将文件保存到Web服务器。

PowerPoint 2003带有一个Web工具栏，它提供了访问因特网的基本工具。选择“视图”菜单中的“工具栏”菜单命令，从弹出的级联菜单中选择Web菜单，即可显示Web工具栏，如图5－8－7所示。

2. 打开因特网上的文档。如果要快速打开Web或PowerPoint文档，可以在工具栏的“地址”下拉列表中直接键入文件名或路径，例如输入http：//www.btvu.org，然后按回车键。另外，用户也可以直接选择以前用过的地址。

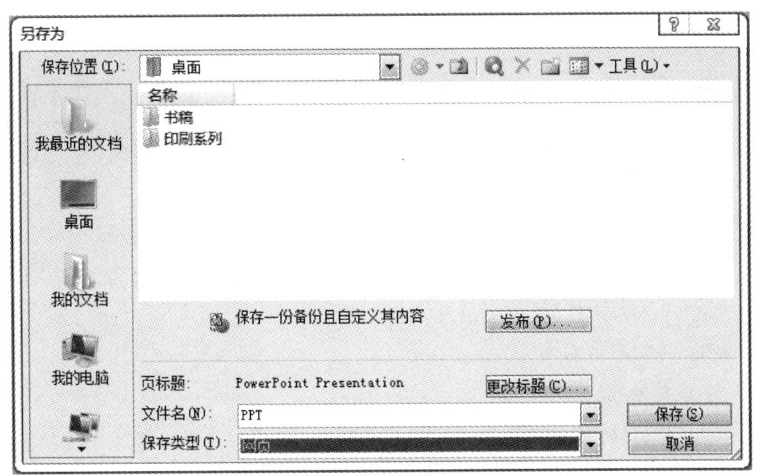

图 5-8-7 “另存为”对话框

3. 将演示文稿保存为 Web 页。在 PowerPoint 2003 中，用户可以将演示文稿以 Web 网页的形式保存在硬盘和局域网上，具体操作步骤如下：

（1）打开要保存的演示文稿，单击“文件”→“另存为”命令，调出“另存为”对话框，在其中的“保存类型”下拉列表框中选择“网页”类型，如图 5-8-7 所示。选择需要保存的 Web 网页的文件夹，并在“文件名”文本框中输入文件名。

（2）单击“更改标题”按钮，弹出如图5-8-8所示的“设置页标题”对话框，用户可以在“页标题”的文本框中更改 Web 页的标题，输入标题后，单击“确定”按钮，即可返回到“另存为”对话框。如果用户希望文档以 Web 页面的形式保存到硬盘上，则单击“保存”按钮即可。

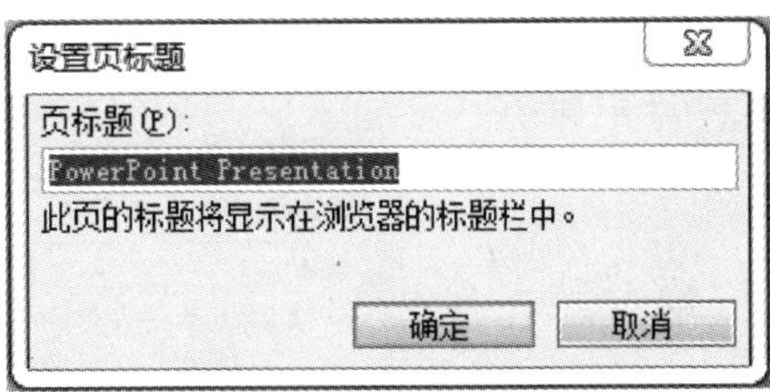

图 5-8-8 “设置页标题”对话框

5.8.1.5 隐藏幻灯片

如果通过添加超链接或动作按钮将演示文稿的结构设置得较为复杂时，并希望在正常的放映中不显示这些幻灯片，只有单击指向它们的链接时才会被显示。要达到这样的效果，就可以使用到幻灯片的隐藏功能。

隐藏幻灯片的具体操作步骤如下：

1. 在普通视图模式下，选择要隐藏的幻灯片。

2. 右击幻灯片预览窗口中的幻灯片缩略图，在弹出的快捷菜单中选择“隐藏幻灯片”命令，这样被隐藏的幻灯片只能通过链接查看，如图 5-8-9 所示。被隐藏的幻灯片编号上将显示一个带有斜线的灰色小方框，如图 5-8-10 所示。

5.8.2 设置演示文稿的放映方式

PowerPoint 2003 提供了多种演示文稿的放映方式，最常用的是幻灯片页面的演示控制，主要有幻灯片的人工控制放映、用鼠标控制放映以及设置幻灯片的定时自动循环放映等。

图5－8－9　隐藏幻灯片

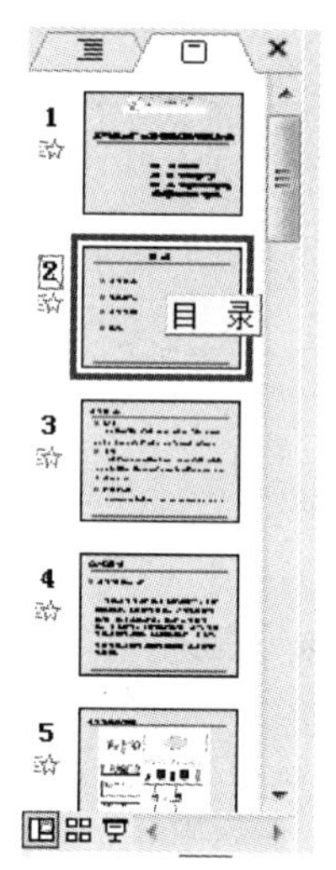

图5－8－10　完成隐藏

5.8.2.1　手动放映幻灯片

手动放映幻灯片的具体操作步骤如下：

1. 选中要放映的幻灯片。

2. 选择“幻灯片放映”→“设置放映方式”命令，即可打开“设置放映方式”对话框。使用该对话框可以对幻灯片的放映进行人工设置。“设置放映方式”对话框如图5－8－11所示。

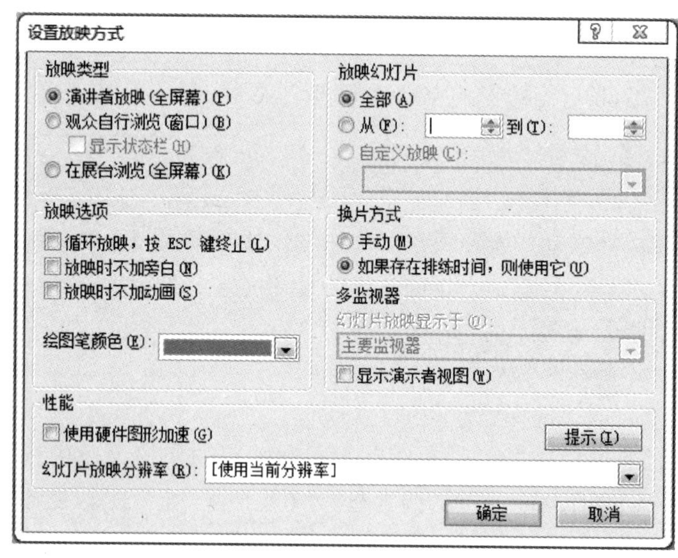

图5－8－11　“设置放映方式”对话框

3. 设置完成后，单击“确定”按钮关闭对话框。

5.8.2.2　用鼠标控制幻灯片放映

在幻灯片放映过程中，单击鼠标右键可以打开如图5－8－12所示的快捷菜单。利用这个快捷菜单可以对幻灯片的放映进行设置。

下面介绍这个菜单中的主要命令：

1. “定位至幻灯片”命令。

选择该命令从打开的子菜单中可以快速选择需要立即放映的幻灯片。

2. “上次查看过的”和“自定义放映”命令。

这两个命令只在制作动画时才会被用到，此时这两个命令为灰色，表示不能使用。

3. “指针选项”命令。

选择“指针选项”命令打开其子菜单，如图5－8－13所示，利用它可以在幻灯片放映时进行临时性地简单绘画和标注。

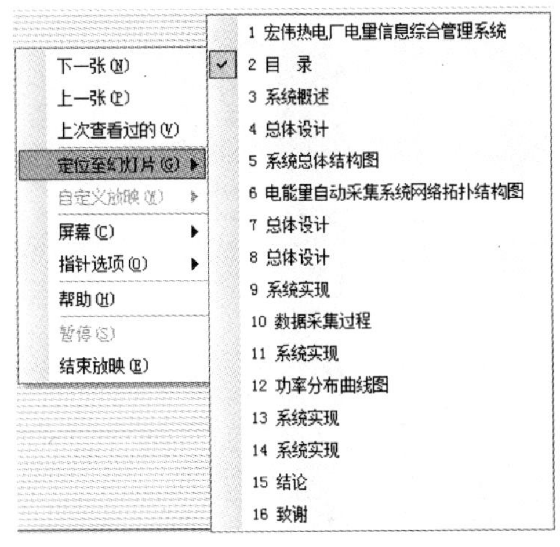

图5－8－12　“定位至幻灯片”子菜单

4. “屏幕”命令。

单击该命令可以弹出一个“屏幕”子菜单，如图5－8－14所示，其中包括一些关于屏幕操作的命令。用户可以在此进行相关设置。

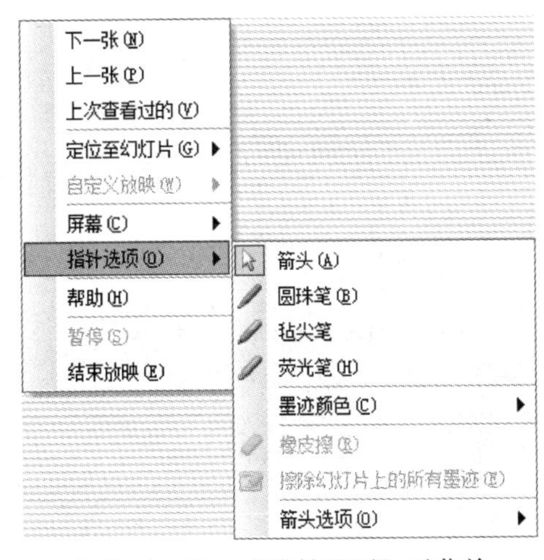

图5－8－13　“指针选项”子菜单

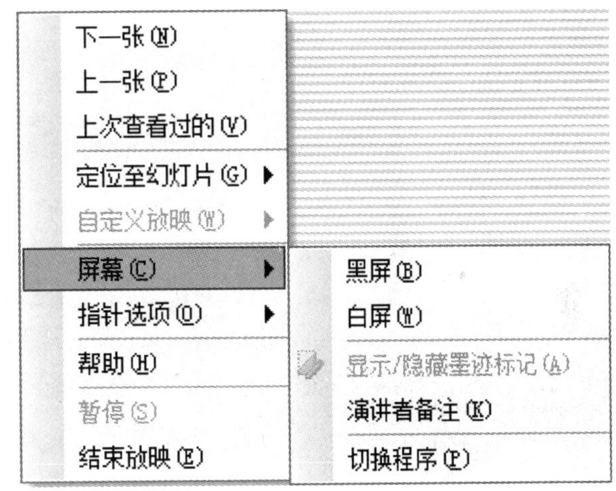

图5－8－14　“屏幕”子菜单

5.8.2.3　循环放映幻灯片

用户将制作好的演示文稿设置为循环放映，可以应用于如展览会场的展台等场合，让演示文稿自动运行并循环播放。

为幻灯片设置自动循环放映定时有两种方法：一种是直接指定时间，另一种是排练定时。对同一张幻灯片用不同方法多次定时后，仅最后的定时方式有效。

1. 自动循环放映定时。

设置自动循环放映定时的具体操作步骤如下：

（1）选择“幻灯片放映”→“排练计时”命令，即可进入幻灯片排练计时状态。第一张幻灯片开始放映，在屏幕左上角出现一个排练计时器，如图5－8－15所示。

（2）单击“暂停”按钮可以暂停计时，再单击一次恢复计时。

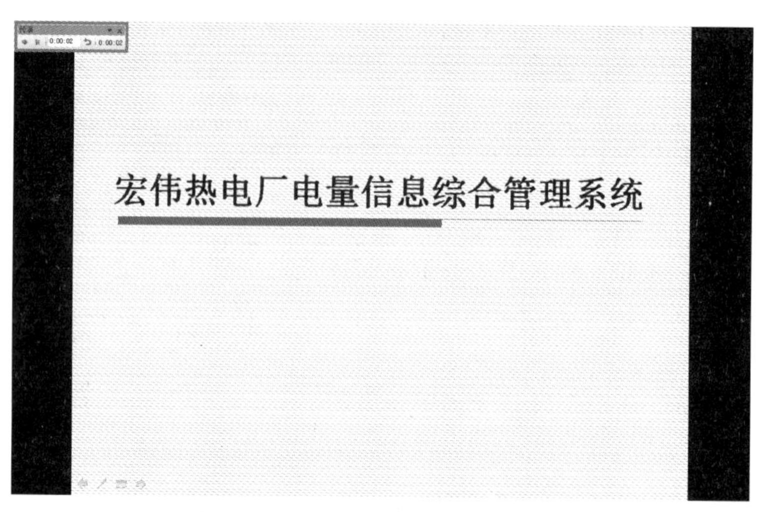

图 5－8－15　幻灯片排练计时状态

（3）当前计时结束后，可以人工进片。要想进入下一张幻灯片，可以单击鼠标左键，按 Enter 键或单击排练计时器上的箭头按钮。为下面的幻灯片进行计时后，可以单击排练计时器右上角的“关闭”按钮停止排练计时。

（4）停止排练计时后，出现如图 5－8－16 所示的信息提示框。

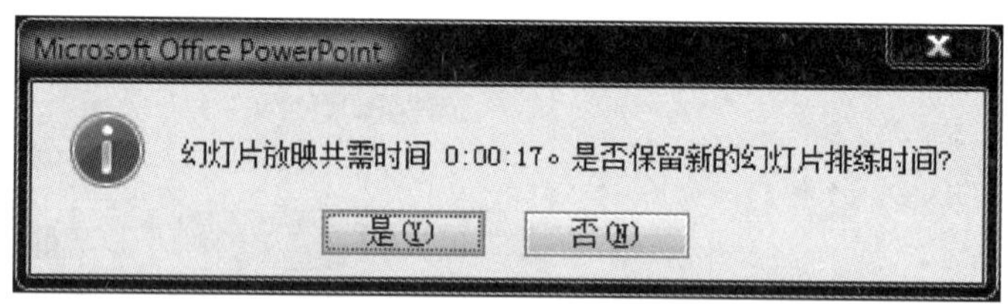

图 5－8－16　停止排练计时后的提示框

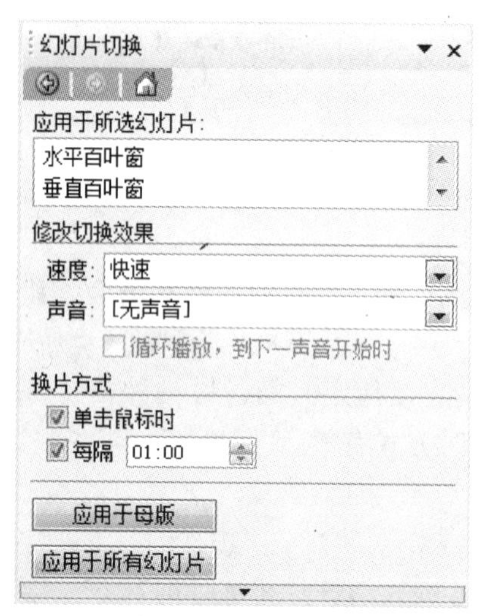

图 5－8－17　“幻灯片切换”任务窗格

（5）在提示框中单击“否”按钮可以将这些定时时间作废，单击“是”按钮则保留这次排练计时时间，并将每张幻灯片的定时时间都显示在幻灯片浏览视图中相应的幻灯片下方。

（6）选择“幻灯片放映”→“设置放映方式”命令，打开“设置放映方式”对话框。在其中的“换片方式”选项组中选择“如果存在排练时间，则使用它”按钮，然后单击“确定”按钮，即可完成这次排练计时方式的幻灯片放映定时。

2. 直接进行幻灯片放映定时。

设置直接进行幻灯片放映定时的具体操作步骤如下：

（1）选择“幻灯片放映”→“幻灯片切换”命令，打开如图 5－8－17 所示的任务窗格。

(2) 在该任务窗格中的“换片方式”选项组中选定“每隔”复选框，然后在定时微调框中设置每张幻灯片的放映时间。

(3) 单击“应用于所有幻灯片”按钮，这样可以设置所有的幻灯片具有意义的放映间隔时间。

5.8.2.4　自定义放映幻灯片

自定义放映是指用户可以自定义演示文稿放映的张数，使一个演示文稿适用于多种观众，即可以将一个演示文稿中的多张幻灯片进行分组，以便该特定的观众放映演示文稿中的特定部分。用户可以用超链接分别指向演示文稿中的各个自定义放映，也可以在放映整个演示文稿时只放映其中的某个自定义放映。

5.8.3　幻灯片放映工具的应用

幻灯片放映时，用户除了能够实现幻灯片切换动画、自定义动画等效果，还可以使用绘图笔在幻灯片中绘制重点，书写文字等。此外，可以通过“设置放映方式”对话框设置幻灯片的放映时的屏幕效果。

5.8.3.1　调用备注

在幻灯片的“普通”视图中，备注页上有演讲所需要的参考信息，可以用来在演讲过程中做记录，也可以在幻灯片放映过程中查看或添加演讲者备注，以便更有利于对幻灯片的放映控制。

调用备注的具体操作步骤如下：

1. 选择需要添加备注的幻灯片，单击“视图”→“备注页”命令，幻灯片将显示为备注页视图，在备注栏中输入备注内容，如图 5－8－18 所示。

2. 在幻灯片放映时，单击鼠标右键，在弹出的快捷菜单中选择“屏幕”→“演讲者备注”选项，将弹出“演讲者备注”对话框，如图 5－8－19 所示。

图 5－8－18　输入备注内容

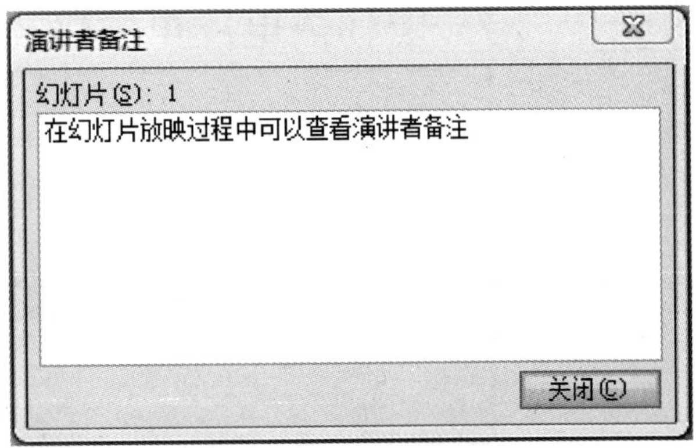

图 5－8－19　“演讲者备注”对话框

3. 在该对话框中，除了可以查看原有的备注内容外，用户还可以在该对话框中临时添加备注内容，然后单击“关闭”按钮。

5.8.3.2 插入批注

批注是为某些特殊的内容准备的，批注会显示在黄色的批注方框内。用户可以决定显示或隐藏幻灯片上的批注，并可以对批注文本和批注方框执行移动、调整大小以及重置格式等操作。

插入批注的具体操作步骤如下：

1. 在“普通”视图中，选中幻灯片中要添加批注的对象，如图 5－8－20 所示。

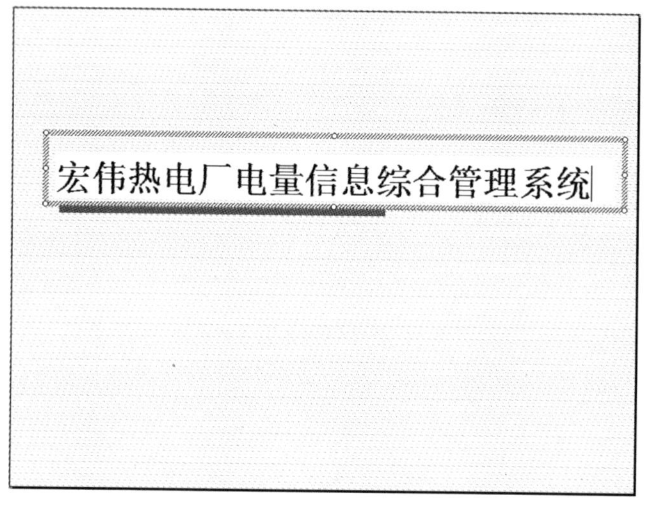

图 5－8－20　选中对象

2. 单击“插入”→“批注”命令，将弹出一个黄色的批注方框，同时弹出“审阅”工具栏，如图 5－8－21 所示。

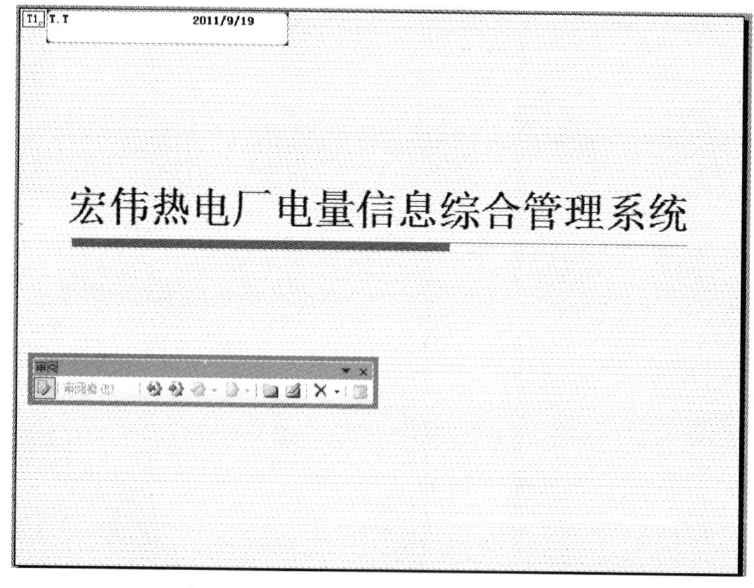

图 5－8－21　显示批注方框及工具栏

3. 在批注方框中输入相关内容，如图 5－8－22 所示。

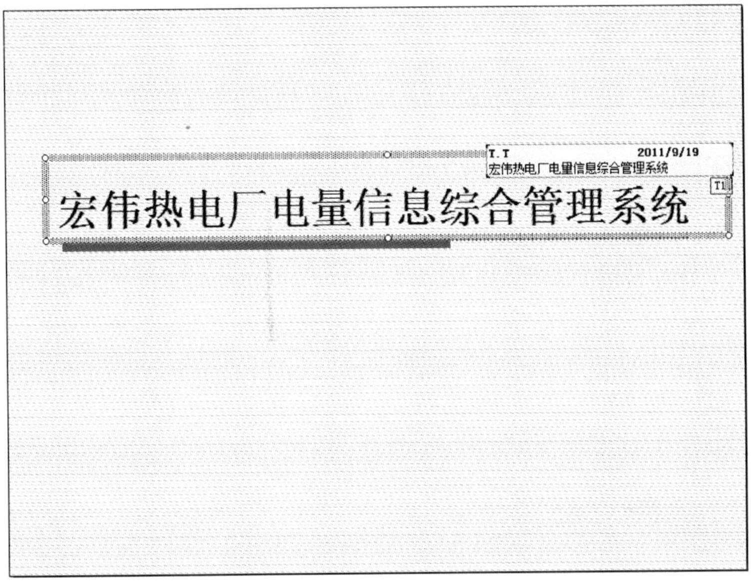

图 5－8－22　输入内容

4. 单击“审阅”工具栏中的“显示/隐藏标记”按钮，即可将幻灯片上的所有批注隐藏起来，再次单击此按钮则将批注重新显示出来。

5.8.3.3　标记幻灯片

在幻灯片放映的过程中，有时为了引起用户的注意，或者为了着重强调某一重点，可以运用绘图笔在幻灯片上做标记，例如，为某一段文本添加下划线或在某一处画图形等。

1. 启用绘图笔。

在放映幻灯片时，单击鼠标右键，在弹出的快捷菜单中选择“指针选项”→“毡尖笔”选项，如图 5－8－23 所示。

这时，鼠标指针变成了铅笔形状，用户可以在幻灯片上直接书写或绘图。

2. 放映时清除绘图笔标注。

用绘图笔做标注的时候，不会修改幻灯片本身的内容那个，如果要清除绘图笔标注，则其方法如下：

在放映过程中单击鼠标右键，在弹出的快捷菜单中选择“指针选项”→“擦除幻灯片上的所有墨迹”选项，如图 5－8－24 所示。

3. 放映时显示隐藏指针。

在不需要进行绘图笔操作时，可以在放映时单击鼠标右键，在弹出的快捷菜单中选择“箭头选项”→“自动”选项（图 5－8－25），则鼠标指针在休止状态 15 秒后隐藏，移动鼠标时指针会再次显示；选择“箭头选项”→“可见”选项，鼠标指针即恢复为箭头状；选择“箭头选项”→“永远隐藏”选项，将在放映的过程中隐藏鼠标指针。

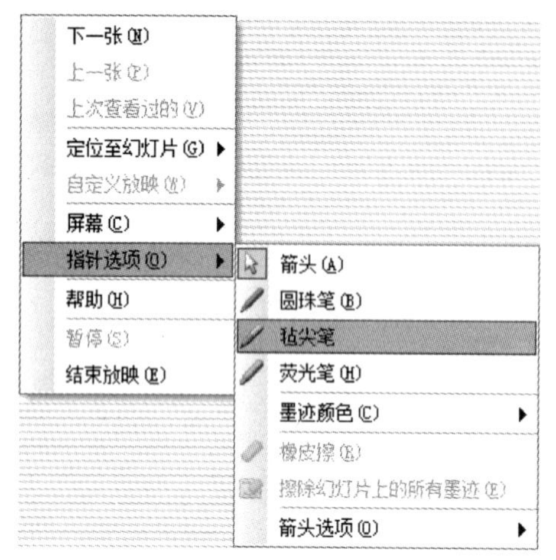

图 5-8-23　选择绘图笔

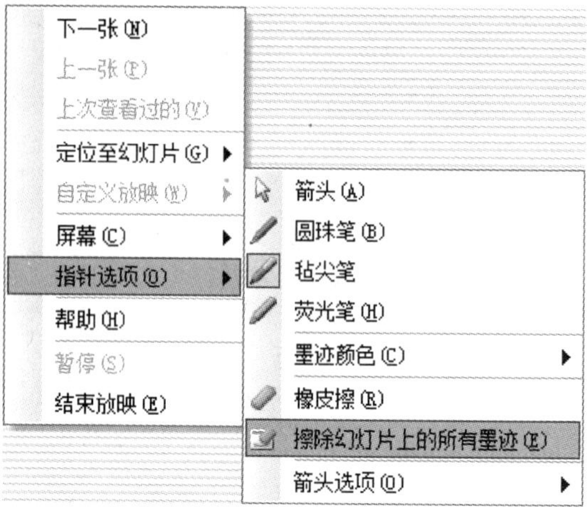

图 5-8-24　清除墨迹

图 5-8-25　选择“箭头选项”→“自动”选项

5.9　打印和输出演示文稿

PowerPoint 提供了多种保存、输出演示文稿的方法，用户可以将制作出来的演示文稿输出为多种形式，以满足在不同环境下的需要。

5.9.1　演示文稿的页面设置

在打印演示文稿前，可以根据自己的需要对打印页面进行设置，使打印的形式和效果更符合实际需要。如果不想设置打印参数，只要单击“常用”工具栏中的“打印”按钮就可以打印了。

1. 默认的页面设置。

用户可以使用 PowerPoint 2003 默认的页面设置，其具体操作步骤如下：

（1）单击“文件”→“页面设置”命令，将弹出“页面设置”对话框，如图 5-9-1 所示。

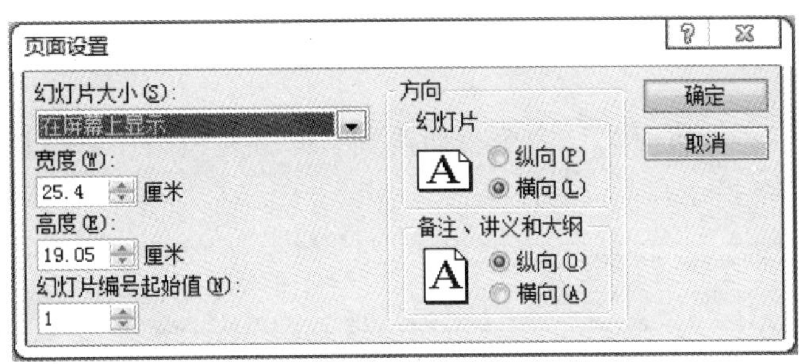

图 5－9－1　“页面设置”对话框

（2）单击“幻灯片大小”下拉列表框的下拉按钮，在弹出的下拉列表中选择合适的选项，如图 5－9－2 所示。

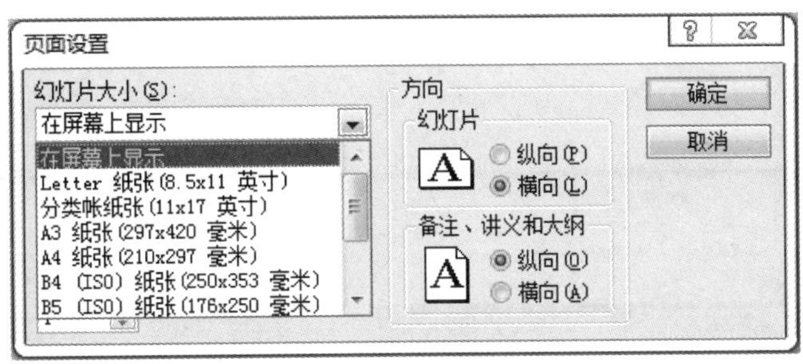

图 5－9－2　设置幻灯片大小

（3）在“方向”选项区中，用户可根据需要选中“纵向”或“横向”按钮，显示幻灯片的外形，然后单击“确定”按钮，应用所进行的设置。

2. 自定义页面设置。

如果默认的类型都不能满足用户的要求，而需要特殊的页面设置，那么用户可以在“幻灯片大小”下拉列表框中选择“自定义”选项，然后在“宽度”和“高度”数值框中输入具体的宽度和高度数值，设置打印方向等。

也可以不用再下拉列表框中选择“自定义”选项，只要直接改变第一张幻灯片的宽度和高度即可，具体操作步骤如下：

（1）单击“文件”→“页面设置”命令，将弹出“页面设置”对话框，在“幻灯片编号起始值”数值框中设置幻灯片的编号从几开始，默认值为“1”。

（2）在“宽度”和“高度”数值框中设置纸张大小。

（3）在“方向”选项区中自定义演示文稿的方向，演示文稿中所有幻灯片必须维持在同一个方向上。即使幻灯片设置为横向，也可以纵向打印备注页、讲义和大纲。

（4）根据需要设置相应的参数值后，单击“确定”按钮即可。

5.9.2　打印演示文稿

在 PowerPoint 中可以将制作好的演示文稿通过打印机打印出来。在打印时，根据不同的目的将演示文稿打印为不同的形式，常用的打印稿形式有幻灯片、讲义、备注和大纲视图。

5.9.2.1　打印预览

在开始打印文档之前，可以使用 PowerPoint 2003 提供的打印预览功能预览打印效果，以便检查可能存在的格式等错误，以及时修改。从而可以避免打印错误而造成不必要的浪费和重复工作。

单击“文件”→“打印预览”命令，切换到打印预览窗口中，默认的是幻灯片打印预览视图，如图 5-9-3 所示。

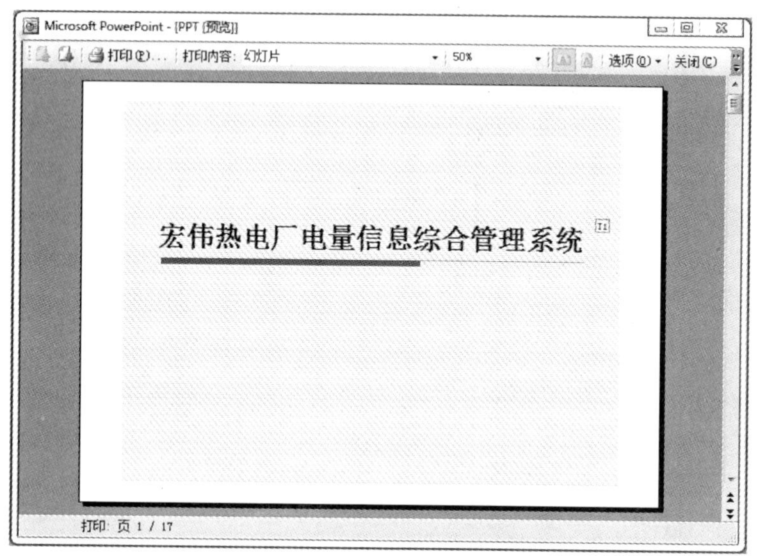

图 5-9-3 打印预览

5.9.2.2 开始打印

对当前的打印设置及预览效果满意后，可以连接打印机开始打印演示文稿，如果单击“常用”工具栏中的“打印”按钮，则按照默认的方式来打印，即直接打印。

单击“文件”→“打印”命令（或按 Ctrl+P 组合键），将弹出“打印”对话框，如图 5-9-4 所示。

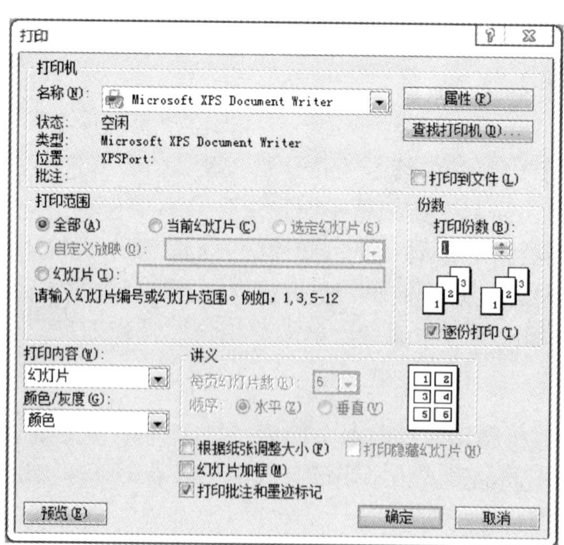

图 5-9-4 “打印”对话框

单击“确定”即可打印演示文稿。

习题五

一、选择题

1. 下列各项中哪些不属于 PowerPoint 工作界面的组成部分？______。

A. 菜单栏　　B. PowerPoint 帮助系统

C. 状态栏　　D. 任务窗格

2. PowerPoint 默认显示的工具栏包括______。

A. “格式”工具栏　　B. “图片”工具栏

C. “文本”工具栏　　D. “表格”工具栏

3. 下列哪种方法不能用来创建新演示文稿？______。

A. 空演示文稿　　B. 根据设计模板

C. 根据内容提示向导　　D. 根据幻灯片母版

4. 使用 PowerPoint 帮助最便捷的方法是______。

A. 使用 Office 助手　　B. 使用“帮助”任务窗格

C. 使用“键入需要帮助的问题”文本框　　D. 使用 Internet

5. 下列方法中，不能用于插入一张新幻灯片的是______。

A. 单击“插入”→“新幻灯片”命令　　B. 按 Ctrl + M 组合键

C. Ctrl + N 组合键　　D. 直接按 Enter 键

6. 一般在哪种视图方式下查看幻灯片中是否有错误______。

A. 普通视图　　B. 浏览视图　　C. 大纲视图　　D. 备注页视图

7. PowerPoint 默认的演示文稿扩展名是______。

A. ptt　　B. doc　　C. poc　　D. ppt

8. 在放映幻灯片时，经常会对其切换时间进行设置，以下哪种表达方式是指在显示当前幻灯片 3 秒钟后自动切换到下一张幻灯片______。

A. 00：03　　B. 00：30　　C. 03：00　　D. 30：00

9. 在对演示文稿进行循环放映时一般可以直接按下键盘上的______键来中止演示文稿的循环放映。

A. Enter　　B. Esc　　C. Tab　　D. F5

10. 在幻灯片中插入的动作按钮具有______作用。

A. 播放幻灯片　　B. 暂停播放幻灯片

C. 链接播放幻灯片　　D. 结束播放幻灯片

二、填空题

1. 单击“视图”→“母版”→______命令，即可在 PowerPoint 工作窗口中打开当前演示文稿所使用的幻灯片母版。

2. 要浏览当前演示文稿，可以单击“视图”→______命令，这样将显示出当前演示文稿的幻灯片浏览视图。

3. 要创建一个新的幻灯片模板，可以单击“文件”→“另存为”命令，弹出______对话框，在“保存类型”下拉列表框中，选择______即可。

4. 在演示文稿中插入“相册”的命令是：单击“插入”→“图片”→______命令。

三、上机操作题

1. 请在“练习项目”菜单上选择“演示文稿软件使用”，完成下面的内容：

打开练习文件夹下打开一演示文稿，按下列要求完成对此文稿的修饰并保存。

（1）将最后一张幻灯片向前移动，作为演示文稿的第一张幻灯片，并在副标题处键入“领先同行业的技术”文字，设置字体字号为：宋体、加粗、倾斜、44 磅。将最后一张幻灯片的版式更换为“垂直排列标题与文本”。

（2）使用“场景型模板”演示文稿设计模板修饰全文。全文幻灯片切换效果设置为“从左下抽出”，第二张幻灯片的文本部分动画设置为“底部飞入”。

2. 请在“练习项目”菜单上选择“演示文稿软件使用”，完成下面的内容：

打开练习文件夹下的演示文稿，按下列要求完成对此文稿的修饰并保存。

（1）在幻灯片的标题区中键入“中国的 DXF100 地效飞机”，字体字号设置为：红色（注意：请用自定义标签中的红色“255”，绿色“0”，蓝色“0”）、黑体、加粗、54 磅。插入一版式为“项目清单”的新幻灯片，作为第二张幻灯片。输入第二张幻灯片的标题内容：“DXF100 主要技术参数。”输入第二张幻灯片的文本内容：“可载乘客 15 人，装有两台 300 马力航空发动机。”

（2）第二张幻灯片的背景预设颜色为“海洋”，底纹样式为“横向”，全文幻灯片切换效果设置为“从上抽出”。

3. 请在“练习项目”菜单上选择“演示文稿软件使用”，完成下面的内容：

打开练习文件夹下的演示文稿，按下列要求完成对此文稿的修饰并保存。

（1）将第三张幻灯片版式改变为“垂直排列标题与文本”，将第一张幻灯片背景填充纹理为“羊皮纸”。

（2）将文稿中的第二张幻灯片加上标题“项目计划过程”，设置字体字号为：隶书、48 磅。然后将该幻灯片移动到文稿的最后，作为整个文稿的第三张幻灯片。全文幻灯片的切换效果都设置成“垂直百叶窗”。

4. 请在“练习项目”菜单上选择“演示文稿软件使用”，完成下面的内容：

打开练习文件夹下的演示文稿，按下列要求完成对此文稿的修饰并保存。

（1）将全部幻灯片切换效果设置成“剪切”，整个文稿设置成“领带型模板”。

（2）将第一张幻灯片版式改变为“垂直排列标题与文本”，该幻灯片动画效果均设置成“左侧飞入”。然后将文稿中最后一张幻灯片移到文稿的第一张幻灯片之前，键入标题“软件项目管理”，设置字体字号为：楷体_GB2312、48 磅、右对齐。

5. 请在“练习项目”菜单上选择“演示文稿软件使用”，完成下面的内容：

打开练习文件夹下的演示文稿，按下列要求完成对此文稿的修饰并保存。

（1）将第三张幻灯片版式改变为“垂直排列标题与文本”，将第一张幻灯片背景填充预设颜色为“薄雾浓云”，底纹样式为“横向”。

（2）第三张幻灯片加上标题“计算机硬件组成”，设置字体字号为：隶书、48 磅，然后将该幻灯片移为整个文稿的第二张幻灯片。全文幻灯片的切换效果都设置成“盒状展开”。

6. 请在“练习项目”菜单上选择“演示文稿软件使用”，完成下面的内容：

打开练习练习文件夹下的演示文稿，按下列要求完成对此文稿的修饰并保存。

（1）将第三张幻灯片版面改变为“项目清单”，把第一张幻灯片向后移动，作为演示文稿的最后一张幻灯片，并将最后一张幻灯片的动画效果设为“溶解”。

（2）使用“狂热型模板”演示文稿设计模板修饰全文，全部幻灯片的切换效果设置为“垂直百叶窗”。

7. 请在“练习项目”菜单上选择“演示文稿软件使用”，完成下面的内容：

打开练习文件夹下的演示文稿，按下列要求完成对此文稿的修饰并保存。

（1）将第三张幻灯片版面改变为“文字垂直排列”，把第三张幻灯片移动成整个演示文稿的第二张幻灯片。第三张幻灯片的对象部分动画效果设置为“盒状展开”。

（2）全部幻灯片的切换效果都设置成“垂直百叶窗”，第一张幻灯片背景填充纹理设置为“水滴”。

8. 请在“练习项目”菜单上选择“演示文稿软件使用”，完成下面的内容：

打开练习文件夹下的演示文稿，按下列要求完成对此文稿的修饰并保存。

（1）将第一张幻灯片加标题“形势报告会”，字体设置为加粗，并改变这张幻灯片版面为“垂直排列标题与文本”，然后把这张幻灯片移为第二张幻灯片。

（2）使用“彗星型模板”演示文稿设计模板修饰全文，幻灯片切换效果设置为“从左下抽出”。

9. 请在“练习项目”菜单上选择“演示文稿软件使用”，完成下面的内容：

打开幻灯文件夹下的演示文稿，按下列要求完成对此文稿的修饰并保存。

（1）将第二张幻灯片版面设置为“对象在文本之上”，把这张幻灯片移为第三张幻灯片。将第二张幻灯片的文本部分动画效果设置为“底部飞入”。

（2）使用“热切型模板”演示文稿设计模板修饰全文，幻灯片切换效果全部设置为“剪切”。

10. 请在“练习项目”菜单上选择“演示文稿软件使用”，完成下面的内容：

打开练习文件夹下的演示文稿，按下列要求完成对此文稿的修饰并保存。

（1）将第三张幻灯片版面改变为“文本在对象之上”，第二张幻灯片版面改变为“垂直排列标题与文本”，第一张幻灯片的动画效果设置为“螺旋”。

（2）全文幻灯片的切换效果都设置成“纵向棋盘式”，第二张幻灯片背景填充纹理为“白色大理石”。

参考答案

一、选择题

1. B　2. A　3. D　4. D　5. C　6. B　7. D　8. A　9. B　10. C

二、填空题

1. “幻灯片母版”

2. “幻灯片浏览”

3. “另存为”“演示文稿设计模板（. ppt）”

4. “新建相册”

三、略

6 计算机网络基础知识

6.1 计算机网络概述

6.1.1 计算机网络的形成与发展

计算机网络出现在20世纪50年代中期，美国的半自动地面防空系统（SAGE）被认为是计算机技术和通信技术相结合的最初尝试。当时SAGE系统将远距离的雷达和测控设备的信息经过通信线路汇集到一台IBM计算机上进行处理和控制。

世界上公认的第一个最成功的远程计算机网络产生于1969年，是由美国高级研究计划局（Advanced Research Project Agency，ARPA）组织和成功研制的ARPANET网络。美国高级研究计划局的ARPANET网络在1969年建成了具有4个节点的试验网络，于1971年2月建成了具有15个节点、23台主机的计算机网络并投入使用，这就是世界上最早出现的可用的计算机网络之一。

由于现代计算机网络的许多概念和方法都来源于它，因此，人们通常认为它就是计算机网络的起源，同时也是Internet的起源。计算机网络的形成与发展进程分为以下4代。

6.1.1.1 第一代——面向终端的计算机通信网络

计算机技术与通信技术结合，形成了计算机网络的雏形。此时的计算机网络是指以单台计算机为中心的远程联机系统，也称之为面向终端的计算机通信网络，如图6－1－1所示。

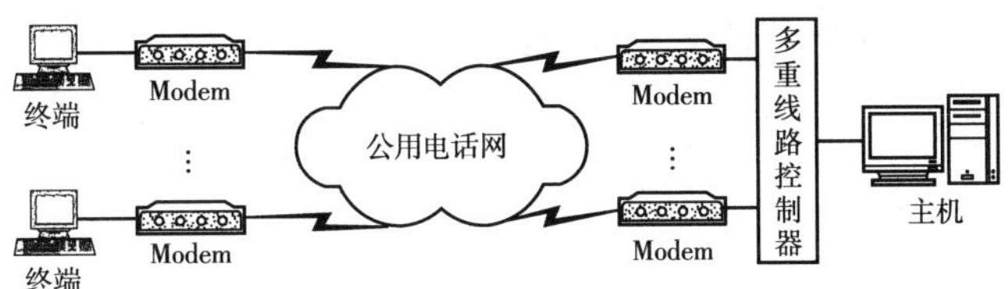

图6－1－1 面向终端的计算机通信网络

6.1.1.2 第二代——初级计算机网络

在计算机通信网络的基础上，完成了计算机网络体系结构与协议的研究，形成了计算机网络，此时的计算机网络一般称为初级计算机网络，如图6－1－2所示。

6.1.1.3 第三代——开放式的标准化计算机网络

第三代的计算机网络指的是20世纪70年代末至90年代形成的开放式的标准化计算机网络。这里指的“开放式”是相对于那些只能符合独家网络厂商要求的各自封闭的系统而言的。

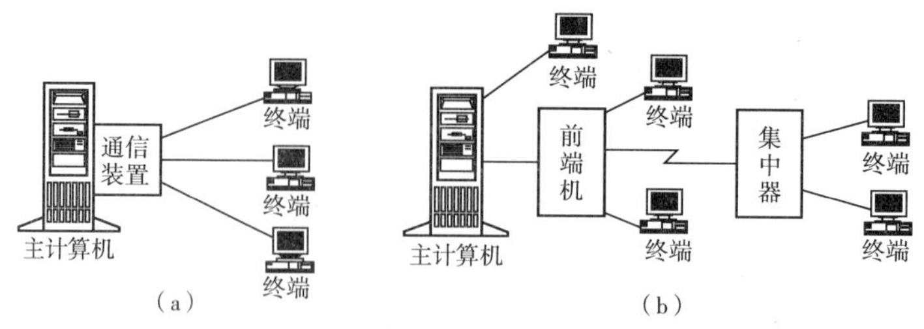

图6-1-2　初级计算机网络

6.1.1.4　第四代——新一代的计算机网络

由于因特网（Internet）的进一步发展将面临着带宽（即网络传输速率和流量）的限制、网上安全管理、多媒体信息（尤其是视频信息）传输的实用化和因特网上地址紧缺等各种困难，因此新一代计算机网络必须满足高速、大容量、综合性的、数字信息传递等多方位需求。

6.1.2　计算机网络的定义和组成

6.1.2.1　计算机网络的定义

人们通常对计算机网络的定义是：为了实现计算机之间的通信、资源共享和协同工作，采用通信手段，将地理位置分散、各自具备自主功能的一组计算机有机地联系起来，并且由网络操作系统进行管理的计算机复合系统就是计算机网络。

（1）计算机网络是用通信线路把分散布置的多台独立计算机用专用外部设备互连，并配以相应的网络软件所构成的系统。

（2）建立计算机网络的主要目的是实现计算机资源的共享，使广大用户能够共享网络中的所有硬件、软件和数据等资源。

（3）联网的计算机必须遵循全网统一的协议，可以为本地用户或远程用户提供服务。

6.1.2.2　计算机网络系统的组成

计算机网络在逻辑功能上可以划分为两部分，一部分的主要工作是对数据信息的收集和处理；另一部分则专门负责信息的传输。ARPANET 把前者称为资源子网，后者称为通信子网（图6-1-3）。

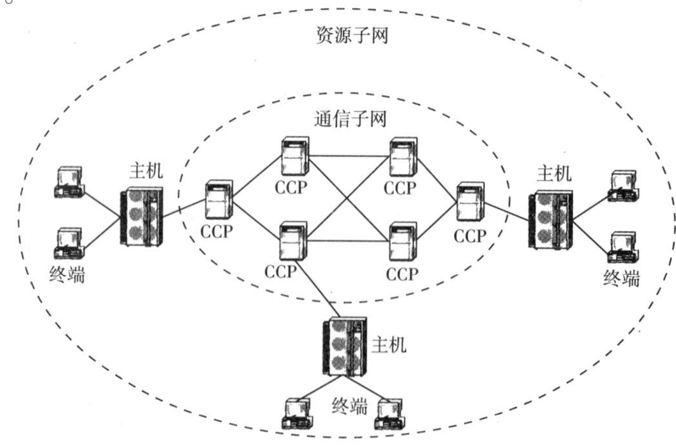

图6-1-3　计算机网络系统的组成

1. 资源子网。

资源子网主要是对信息进行加工和处理，面向用户，接受本地用户和网络用户提交的任务，最终完成信息的处理。它包括访问网络和处理数据的软硬件设施，主要有主机、终端和终端控制器、计算机外设、有关软件和共享的数据等。

2. 通信子网。

通信子网主要负责计算机网络内部信息流的传递、交换、控制以及信号的变换和通信中的有关处理工作，间接地服务于用户。通信子网主要包括网络节点、通信链路、交换机和信号变换设备等软硬件设施。

如果从软硬件的角度来描述计算机网络的组成，计算机网络都必须包括硬件和软件两大部分。网络硬件提供的是数据处理、数据传输和建立通信通道的物质基础，而网络软件是真正控制数据通信的。软件的各种网络功能需依赖于硬件去完成，二者缺一不可。计算机网络的基本组成主要包括如下 4 部分，常称为计算机网络的 4 大要素：

1. 计算机系统。

建立两台以上具有独立功能的计算机系统是计算机网络的第一个要素，计算机系统是计算机网络的重要组成部分，是计算机网络不可缺少的硬件元素。计算机网络连接的计算机可以是巨型机、大型机、小型机、工作站（或微机）以及笔记本电脑或其他数据终端设备（如终端服务器）。

计算机系统是网络的基本模块，是被连接的对象。它的主要作用是负责数据信息的收集、处理、存储、传播和提供共享资源。在网络上可共享的资源包括硬件资源（如巨型计算机、高性能外围设备、大容量磁盘等）、软件资源（如各种软件系统、应用程序、数据库系统等）和信息资源。服务器是在网络中提供资源和特定服务的计算机。在其上运行网络操作系统，是网络控制的中心。应选用高档次的机型，其工作速度、磁盘容量和内存容量的指标都有较高要求。按功能分，服务器又分为文件服务器、域名服务器、打印服务器、通信服务器和数据库服务器等多种。

2. 通信线路和通信设备。

计算机网络的硬件部分除了计算机本身以外，还要有用于连接这些计算机的通信线路和通信设备，即数据通信系统。通信线路分有线通信线路和无线通信线路。有线通信线路指的是传输介质及其介质连接部件，包括光纤、同轴电缆、双绞线等；无线通信线路是指以无线电、微波、红外线和激光等作为通信线路。通信设备指网络连接设备、网络互联设备，包括网卡、集线器（Hub）、中继器（Repeater）、交换机（Switch）、网桥（Bridge）、路由器（Router）以及调制解调器（Modem）等其他的通信设备。使用通信线路和通信设备将计算机互联起来，在计算机之间建立一条物理通道，以传输数据。通信线路和通信设备负责控制数据的发出、传送、接收或转发，包括信号转换、路径选择、编码与解码、差错校验和通信控制管理等，以完成信息交换。通信线路和通信设备是连接计算机系统的桥梁，是数据传输的通道。

3. 网络协议。

协议是指通信双方必须共同遵守的约定和通信规则，如 TCP/IP 协议、NetBEUI 协议、

IPX/SPX 协议。它是通信双方关于通信如何进行所达成的协议。比如，用什么样的格式表达、组织和传输数据，如何校验和纠正信息传输中的错误以及传输信息的时序组织与控制机制等。现代网络都是层次结构，协议规定了分层原则、层次间的关系、执行信息传递过程的方向、分解与重组等约定。在网络上通信的双方必须遵守相同的协议，才能正确地交流信息，就像人们谈话要用同一种语言一样，如果谈话时使用不同的语言，就会造成相互间谁都听不懂谁在说什么的问题，那么将无法进行交流。因此，协议在计算机网络中是至关重要的。

一般说来，协议的实现是由软件和硬件分别或配合完成的，有的部分由联网设备来承担。

4. 网络软件。

网络软件是一种在网络环境下使用和运行或者控制和管理网络工作的计算机软件。根据软件的功能，计算机网络软件可分为网络系统软件和网络应用软件两大类型。

（1）网络系统软件。

网络系统软件是控制和管理网络运行、提供网络通信、分配和管理共享资源的网络软件，它包括网络操作系统、网络协议软件、通信控制软件和管理软件等。

网络操作系统（Network Operating System，NOS）是指能够对局域网范围内的资源进行统一调度和管理的程序。它是计算机网络软件的核心程序，是网络软件系统的基础。

网络协议软件（如 TCP/IP 协议软件）是实现各种网络协议的软件。它是网络软件中最重要的核心部分，任何网络软件都要通过协议软件才能发生作用。

（2）网络应用软件。

网络应用软件是指为某一个应用目的而开发的网络软件（如远程教学软件、电子图书馆软件、Internet 信息服务软件等）。网络应用软件为用户提供访问网络的手段、网络服务、资源共享和信息的传输。

6.1.3　计算机网络的分类

计算机网络可按不同的标准进行分类。

6.1.3.1　从网络的作用范围进行分类

按照网络覆盖的地理范围的大小，可以将网络分为局域网、城域网和广域网三种类型。这也是网络最常用的分类方法。

1. 局域网。

局域网（Local Area Network，LAN）是将较小地理区域内的计算机或数据终端设备连接在一起的通信网络。局域网覆盖的地理范围比较小，一般在几十米到几千米之间。它常用于组建一个办公室、一栋楼、一个楼群、一个校园或一个企业的计算机网络。局域网可以由一个建筑物内或相邻建筑物的几百台至上千台计算机组成，也可以小到连接一个房间内的几台计算机、打印机和其他设备。局域网主要用于实现短距离的资源共享。图 6－1－4 所示的是一个由几台计算机和打印机组成的典型局域网。

2. 城域网。

城域网（Metropolitan Area Network，MAN）是一种大型的 LAN，它的覆盖范围介于局域网和广域网之间，一般为几千米至几万米，城域网的覆盖范围在一个城市内，它将位于一个城市之内不同地点的多个计算机局域网连接起来实现资源共享。城域网所使用的通信设备和网络设备的功能要求比局域网高，以便有效地覆盖整个城市的地理范围。一般在一个大型城市中，城域网可以将多个学校、企事业单位、公司和医院的局域网连接起来共享资源。图6-1-5所示的是不同建筑物内的局域网组成的城域网。

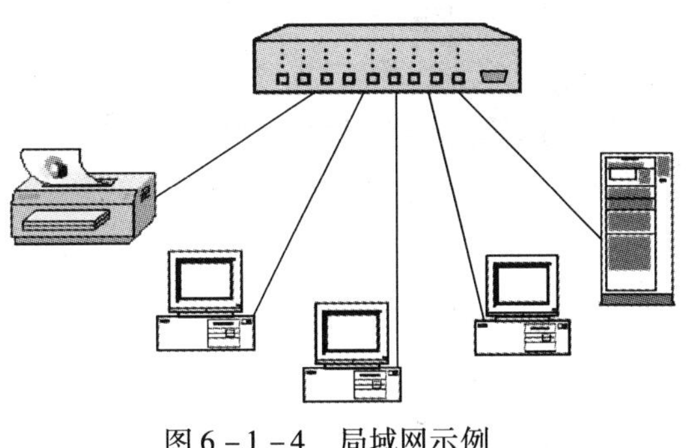

图6-1-4 局域网示例

3. 广域网。

广域网（Wide Area Network，WAN）是在一个广阔的地理区域内进行数据、语音、图像信息传输的计算机网络。由于远距离数据传输的带宽有限，因此广域网的数据传输速率比局域网要慢得多。广域网可以覆盖一个城市、一个国家甚至于全球。因特网（Internet）是广域网的一种，但它不是一种具体独立性的网络，它将同类或不同类的物理网络（局域网、广域网与城域网）互联，并通过高层协议实现不同类网络间的通信。图6-1-6所示的是一个简单的广域网。

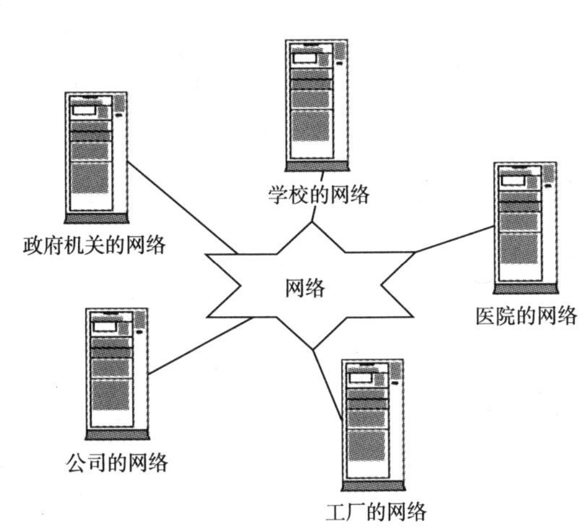

图6-1-5 城域网示例

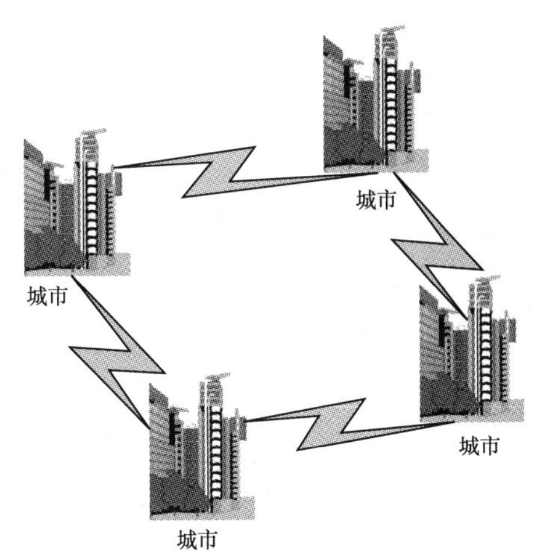

图6-1-6 广域网示例

6.1.3.2 从所使用的传输技术进行分类

根据所使用的传输技术，可以将网络分为广播式网络和点对点网络：

1. 广播式网络。

在广播式网络中仅使用一条通信信道，该信道由网络上的所有结点共享。在传输信息时，任何一个结点都可以发送数据分组，传到每台机器上，被其他所有结点接收。这些机器根据数据包中的目的地址进行判断，如果是发给自己的则接收，否则便丢弃它。总线型以太网就是典型的广播式网络。

2. 点对点网络。

与广播式网络相反，点对点网络由许多互相连接的结点构成，在每对机器之间都有一条专用的通信信道，因此在点对点的网络中，不存在信道共享与复用的情况。当一台计算机发送数据分组后，它会根据目的地址，经过一系列的中间设备的转发，直至到达目的结点，这种传输技术称为点对点传输技术，采用这种技术的网络称为点对点网络。

6.1.3.3 从计算机网络的拓扑结构进行分类

网络的拓扑结构是抛开网络物理连接来讨论网络系统的连接形式，网络中各站点相互连接的方法和形式称为网络拓扑。拓扑图给出网络服务器、工作站的网络配置和相互间的连接。它的结构主要有星状结构、总线型结构、树状结构、环状结构、网状结构：

1. 星状拓扑。

星状拓扑（图6-1-7）是由中央节点和通过点到点的链路接到中央节点的各站点组成。

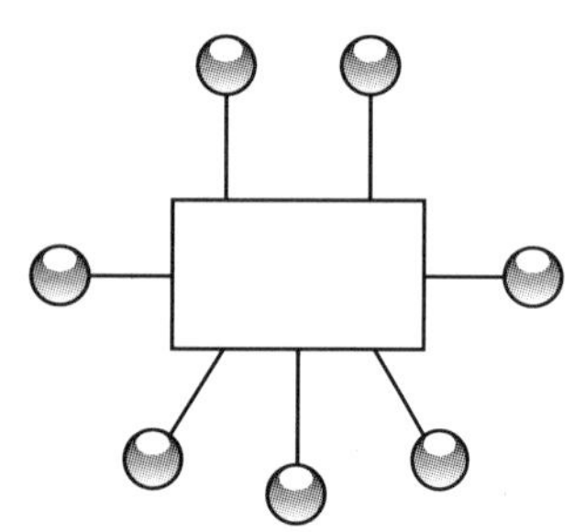

图6-1-7 星状拓扑结构

星状拓扑结构的优点如下：

（1）中央节点和中间接线盒都放在一个集中的场所，可方便地提供服务和重新配置。

（2）每个连接只接入一个设备，当连接点出现故障时不会影响整个网络。

（3）故障易于检测和隔离，可很方便地将有故障的站点从系统中删除。

（4）访问协议简单。

星状拓扑结构的缺点如下：

（1）由于每个站点直接和中央节点相连，需要大量的电缆且布线复杂。

（2）过于依赖中央节点。当中央节点发生故障时，整个网络将不能工作。

2. 总线型拓扑。

总线型拓扑（图6-1-8）结构采用单根传输线作为传输介质，所有站点都通过相应的硬件接口直接连接到传输介质（或称为总线）上。

总线型拓扑的优点如下：

（1）电缆长度短，易于布线。

（2）可靠性高。

（3）易于扩充。

总线型拓扑的缺点如下：

（1）故障诊断和隔离困难。

（2）终端必须是智能的。

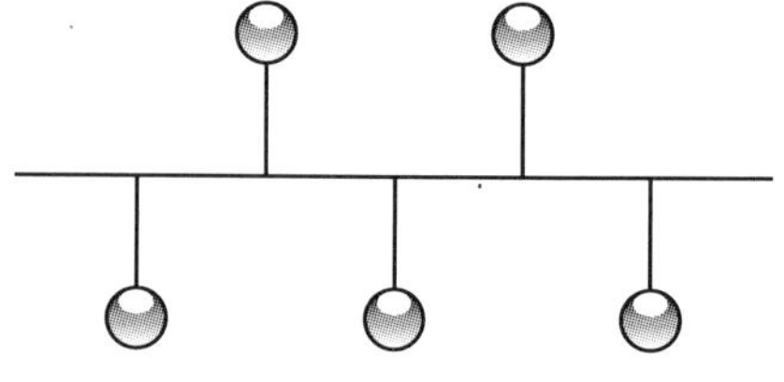

图6-1-8 总线型拓扑结构

3. 环状拓扑。

环状拓扑（图6-1-9）的网络由中继器和连接中继器的点到点的链路组成一个闭合环。

环状拓扑的优点如下：

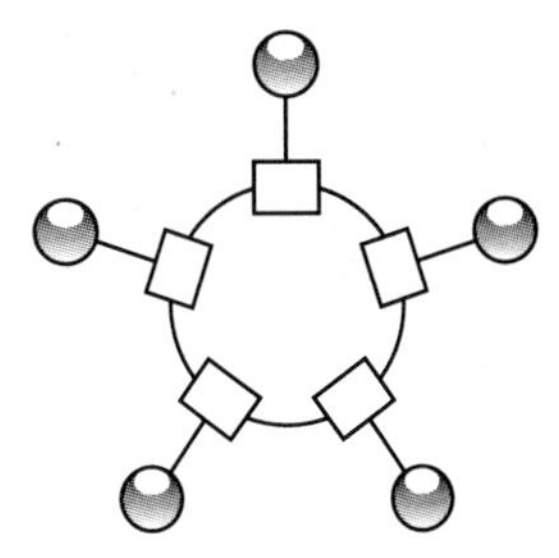
图 6－1－9　环状拓扑结构

（1）电缆长度短。

（2）不需要接线盒。

（3）适用于光缆。

环状拓扑的缺点如下：

（1）灵活性小，增加新工作站困难。

（2）非集中式管理，诊断故障十分困难。

4. 树状拓扑。

树状拓扑（图 6－1－10）是由总线拓扑演变而来的。在这种拓扑结构中，有一个带分支的根，每个分支还可以延伸出子分支。

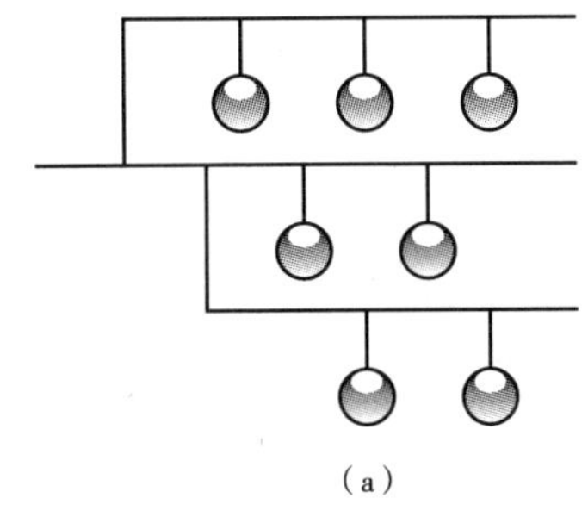
（a）

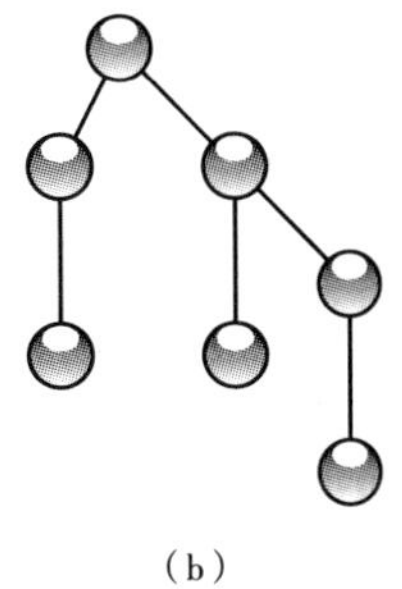
（b）

图 6－1－10　树状拓扑结构

树状拓扑的优缺点大多和总线型拓扑的优缺点相同，但也有特殊之处。例如这种拓扑易于扩展，因为其分支还可延伸出子分支，所以要加入新的节点或分支很容易；易于故障隔离，如果某一分支上的节点发生故障，很容易将此分支和整个网络隔离开来。

树状拓扑的缺点是对根的依赖太大，如果根发生故障，则整个网络不能正常工作。这种网络的可靠性问题和星状拓扑结构相似。

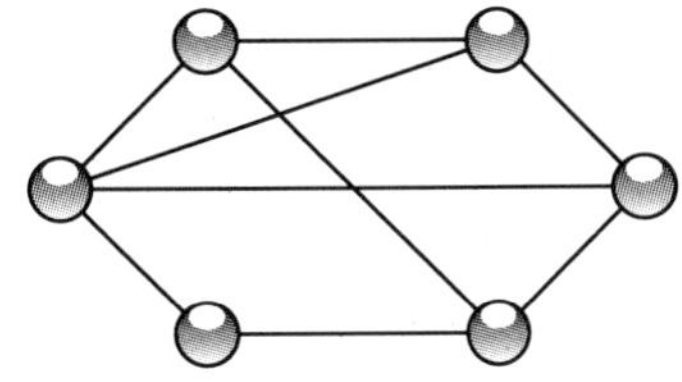
图 6－1－11　网状拓扑结构

5. 网状拓扑结构。

在网状拓扑结构（图 6－1－11）中，网络的每台设备之间均有点到点的链路连接。这种连接不经济，只有每个站点都要频繁发送信息时才使用这种方法。它的安装也复杂，但系统可靠性高，容错能力强，有时也称为分布式结构。

6.1.3.4　从计算机网络信号的传输速率进行分类

从计算机网络的传输速率进行分类可以分为宽带网与窄带网。

宽带网和窄带网是一个相对的概念。宽带网具有较高的数据传输速率，一般主干网在 100Mbps 以上，终端数据传输速率一般在 1Mbps 以上。数据传输速率是衡量网络传输数据快慢的最重要参数，其定义是单位时间内传输的二进制数据位数，其单位是比特每秒（bps 或 b/s）。1bit 可以理解为对应一个二进制数据 0 或 1。桌面数据传输速率是指连入网络的每个电脑所能使用的平均数据传输速率。

6.1.3.5　从计算机网络的使用范围进行分类

从网络的使用范围可分为公用网和专用网两种。

公用网（Public Network）一般是国家的邮电部门建造的网络。“公用”的意思就是所有愿意按邮电部门规定交纳费用的人都可以使用。因此，公用网也可以称为公众网。

专用网（Private Network）是某个部门为本单位的特殊工作的需要而建造的网络。这种网络不向本单位以外的人提供服务。例如，军队、电力等各系统均有本系统的专用网。

6.1.3.6 从连接网络的传输介质进行分类

按连接网络的传输介质可分为有线网络和无线网络。有线网络主要指连接网络的传输介质是看得见的，如光缆、双绞线、同轴电缆等，在这些网络中，电磁波沿着固定的传输介质进行传播；无线网络是指连接网络的传输介质是自由空间，如无线电、地面微波、卫星微波、红外线等。无线网络的特点是接入网络的设备可以移动，它不受地域的限制，如手机。

6.2 计算机网络的体系结构（OSI）和网络协议（TCP/IP 体系结构）

计算机网络是计算机与通信技术相结合的产物。计算机网络技术涉及许多新的概念和新的技术，内容广泛而不太集中，是一种实用技术。它采用了层次化结构的方法来描述复杂的计算机网络，以便于将复杂的网络问题分解成许多较小的、界限比较清晰而又简单的部分来处理。通常层次结构和协议的集合便被称为网络体系结构。

6.2.1 计算机网络体系结构的基本概念

网络体系结构是为了完成计算机间的通信合作，把各个计算机互联的功能划分成定义明确的层次，规定了同层次进程通信的协议和相邻层之间的接口服务。这些同层进程通信的协议及相邻层接口统称为网络体系结构。网络协议 3 要素：语义、语法、时序。

事实上，人与人之间的交互所使用的通信规则无处不在。例如：在使用邮政系统发送信件时，信封必须按照一定的格式书写（如收信人和发信人的地址必须按照一定的位置书写），否则信件可能到达不了目的地；同时信件的内容也必须遵守一定的规则（如使用中文书写），否则收信人就不可能理解信件的内容。

与人和人之间的交互相类似，由于计算机网络中包含了多种计算机系统，它们的硬件和软件系统各异，要使得它们之间能够相互通信，就必须有一套通信管理机制使得通信双方能正确地接收信息，并能理解对方所传输信息的含义。也就是说，当用户应用程序、文件传输信息包等互相通信时，它们必须事先约定一种规则。

网络系统中，每个节点都必须遵守一些事先约定好的通信规则。这些为网络数据交换而制定的规则、约定与标准被称为网络协议。网络协议由语法、语义和时序 3 部分组成。

1. 语法：定义怎么做，确定协议元素的格式，即规定数据与控制信息的结构和格式。

2. 语义：定义做什么，确定协议元素的类型，即规定确定通信双方通信时数据报文的格式，指定通信双方要发出何种控制信息、完成何种动作以及做出何种应答。

3. 时序：定义何时做，规定事件实现顺序的详细说明，即确定通信状态的变化和过程，如通信双方的应答关系。

为了减少网络协议设计的复杂性，网络的通信规则也不是一个网络协议可以描述清楚的。协议的设计者并不是设计一个单一、巨大的协议来为所有形式的通信规定完整的细节，而是采用把复杂的通信问题按一定层次，划分为许多相对独立的子功能，然后为每一个子功能设计一个单独的协议，即每层对应一个协议。因此，在计算机网络中存在多种协议，每一种协议都有其设计目标和需要解决的问题，同时每一种协议也有其优点和使用限制。这样做的主要目的是使协议的设计、分析、实现和测试简单化。

协议的划分应保证目标通信系统的有效性和高效性。为了避免重复工作，每个协议应该处理没有被其他协议处理过的那部分通信问题，同时这些协议之间也可以共享数据和信息，例如，有些协议是工作在较低层次上，保证数据信息通过网卡到达通信电缆；而有些协议工作在较高层次上，保证数据到达对方主机上的应用进程。这些协议相互作用协同工作，共同完成整个网络的信息通信，处理所有的通信问题和其他异常情况。

协议是分层的，协议是计算机间通信的关键。协议的优劣将直接影响到网络的性能，因此，协议的制定和实现是计算机网络的重要组成部分。

6.2.2 OSI/RM 开放系统互连参考模型

开放系统互连参考模型（OSI/RM），OSI 模型最初是用来作为开发网络通信协议族的一个工业参考标准。通过严格遵守 OSI 模型，不同的网络技术之间可以轻易地实现互操作。7 层模型（从下至上）：物理层、数据链路层、网络层、传输层、会话层、表示层、应用层。在网络数据通信的过程中，每一层完成一个特定的任务。当传输数据的时候，每一层接收到上面层格式化后的数据，对数据进行操作，然后把它传给下面的层。当接收数据的时候，每一层接收到下面层传过来的数据，对数据进行解包，然后把它传给上一层，从而实现对等层之间的逻辑通信。

OSI 模型的一个关键概念是虚电路。OSI 模型的网络中每一部分都不知道其上面层和下面层的行为和细节，它只是向上和向下传输数据。就模型的层次而言，每一层都有一虚电路直接连接目的主机上的对应层。就每一层而言，它的数据在目的层被解包的方式和被打包的方式是完全一样的。它们不知道传输数据的实际细节，它们只知道数据是从周围层中传过来的。

OSI 模型的有关术语：服务数据单元（Service Data Unit，SDU）指的是第 n 层待传送和处理的数据单元；协议数据单元（Protocol Data Unit，PDU）指的是同等层水平方向传送的数据单元；接口数据单元（Interface Data Unit，IDU）指的是在相邻层接口间传送的数据单元，它是由 SDU 和一些控制信息组成。服务访问点（Service Access Point，SAP）：相邻层间的服务是通过其接口界面上的服务访问点 SAP 进行的，n 层 SAP 就是 $n+1$ 层可以访问 n 层的地方。每个 SAP 都有一个唯一的地址号码。

OSI 参考模型示意图如图 6－2－1 所示。

6.2.2.1 物理层

是 OSI 的最低层，是网络物理设备之间的接口，目的是在通信设备 DTE/DCE 之间提供透明的比特流传输。物理层提供的服务有物理连接、物理服务数据单元、顺序化（接收物理实体收到的比特顺序，与发送物理实体所发送的比特顺序相同）、数据电路标识。

6.2.2.2 数据链路层

主要用途是为在相邻网络实体之间建立、维持和释放数据链路连接，以及传输数据链路服务数据单元。数据链路层的功能是数据链路连接的建立与释放、构成数据链路数据单元、

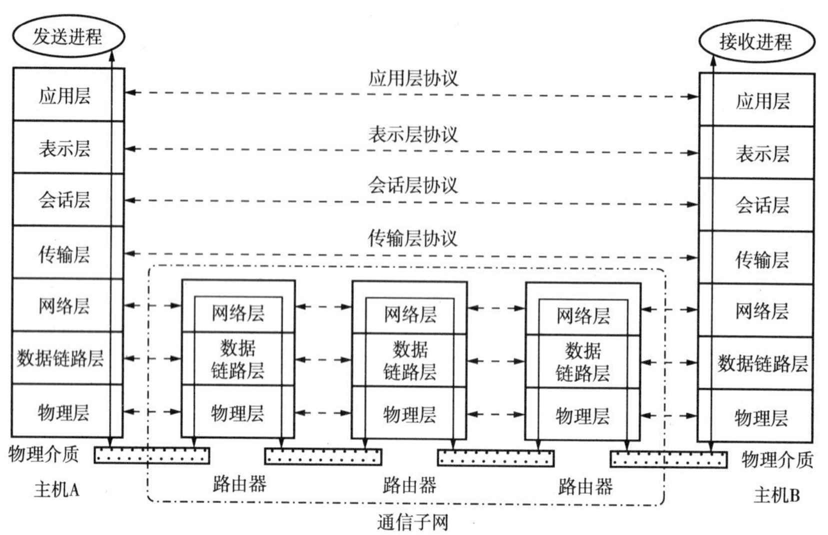

图 6－2－1　OSI 参考模型示意图

数据链路连接的分裂、定界与同步、顺序和流量控制、差错的检测和恢复。数据链路层协议是面向字符的通信规程和面向比特的通信规程。高级数据链路控制规程 HDLC 是典型的面向比特的通信规程。

6.2.2.3　网络层

以数据链路层提供的无差错传输为基础，为实现源 DCE 和目标 DCE 之间的通信而建立、维持和终止网络连接，并通过网络连接交换网络服务数据单元。它主要解决数据传输单元分组在通信子网中的路由选择、拥塞控制问题以及多个网络互联的问题。网络层的功能是建立和拆除网络连接、路径选择和中继、网络连接多路复用、分段和组块、服务选择、传输和流量控制。网络层的服务是数据报服务和虚电路服务。路由选择算法的要求为正确性、简单性、健壮性、稳定性、公平性和最优化。虚电路和数据报的比较如表 6－2－1 所示。

表 6－2－1　虚电路和数据报的比较

项　目	虚　电　路	数　据　报
目标地址	仅建立连接时需要	每个分组都需要
初始化设置	需要	不需要
分组顺序	由通信子网负责按序到达	不保证
差错控制	由通信子网负责	由主机负责
流量控制	通信子网提供	网络层不提供
连接的建立和释放	需要	不需要

6.2.2.4　传输层

传输层是资源子网与通信子网的界面与桥梁，它完成资源子网中两节点间的逻辑通信，实现通信子网中端到端的透明传输。传输层的功能是映像传输地址到网络地址、多路复用与分割、传输连接的建立与释放、分段与重新组装、组块与分块。传输层协议分类：A 类网络连接具有可接受的差错率和可接受的故障通知率，A 类服务是可靠的网络服务，一般指虚电路服务。C 类网络连接具有不可接受的差错率，C 类的服务质量最差，提供数据报服务或无线电分组交换网均属此类。B 类网络连接具有可接受的差错率和不可接受的故障通知率，B 类服务介于前两者之间，广域网多提供 B 类服务。

6.2.2.5 会话层

它利用传输层提供的端到端数据传输服务，具体实施服务请求者与服务提供者之间的通信，属于进程间通信范畴。会话层的功能是会话连接到传输连接的映射、数据传送、会话连接的恢复和释放、会话管理、令牌管理、活动管理。

6.2.2.6 表示层

目的是处理有关被传送数据的表示问题。对通信双方的计算机来说，一般有其自己的数据内部表示方式，表示层的任务是把发送方具有的内部格式结构编码为适合传输的位流，然后在目的端将其解码为所需的表示。表示层的功能是数据语法转换、语法表示、表示连接管理、数据加密和数据压缩。

6.2.2.7 应用层

它是 OSI/RM 的最高层，是直接面向用户的一层，是计算机网络与最终用户间的界面，目的是作为用户使用 OSI 功能的唯一窗口。从功能划分看，OSI 的下面 6 层协议解决了支持网络服务功能所需的通信和表示问题，而应用层则提供完成特定网络服务功能所需的各种应用协议。应用进程借助于应用实体（AE）、使用协议和表示服务来交换信息。应用实体由一个用户元素 UE 和一些应用服务元素组成。UE 是与用户有关的一组元素。OSI 参考模型的数据传输如图 6－2－2 所示。

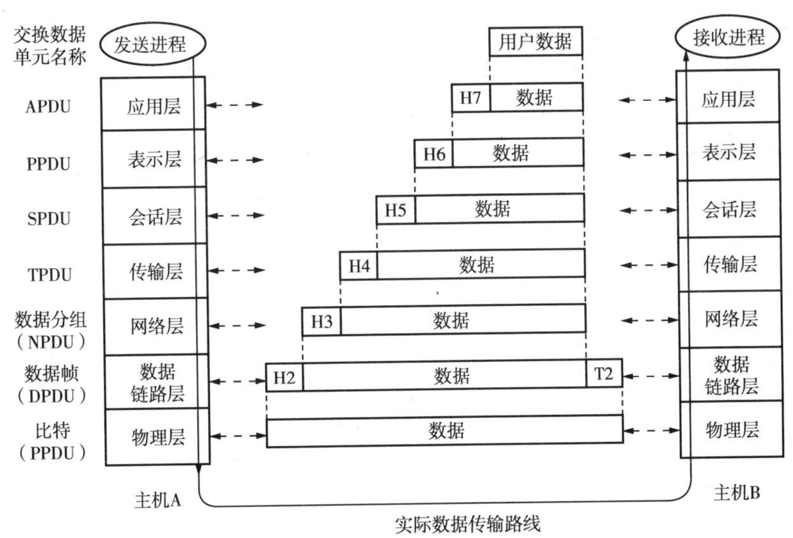

图 6－2－2 OSI 参考模型中的数据传输

6.2.3 网络协议（TCP/IP 体系结构）

OSI 参考模型的提出在计算机网络发展史上具有里程碑的意义，以至于提到计算机网络就不能不提 OSI 参考模型。但是，OSI 参考模型具有定义过于繁杂、实现困难等缺点。与此同时，TCP/IP 协议的提出和广泛使用，特别是因特网用户爆炸式的增长，使 TCP/IP 网络的体系结构日益显示出其重要性。

TCP/IP 协议是目前最流行的商业化网络协议，尽管它不是某一标准化组织提出的正式标准，但它已经被公认为目前的工业标准或“事实标准”。因特网之所以能迅速发展，就是因为 TCP/IP 协议能够适应和满足世界范围内数据通信的需要。

与 OSI 参考模型不同，TCP/IP 体系结构将网络划分为 4 层，它们分别是应用层（Application layer）、传输层（Transport layer）、互联层（Internet layer）和网络接口层（Network interface layer）。

TCP/IP 体系结构（图 6－2－3）及其与 ISO/OSI 参考模型的对应关系见图 6－2－4。

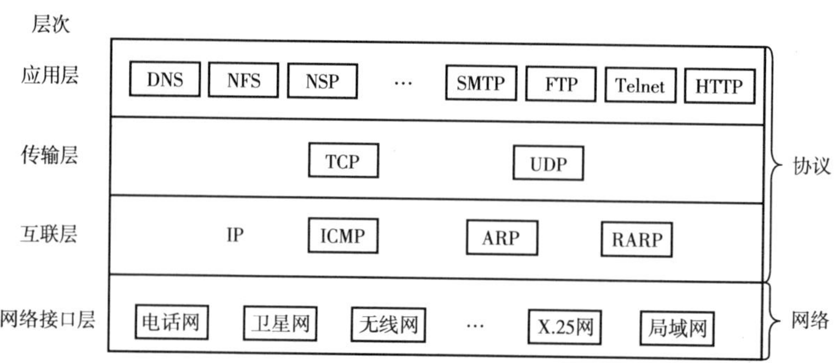

图 6－2－3　TCP/IP 参考模型示意图

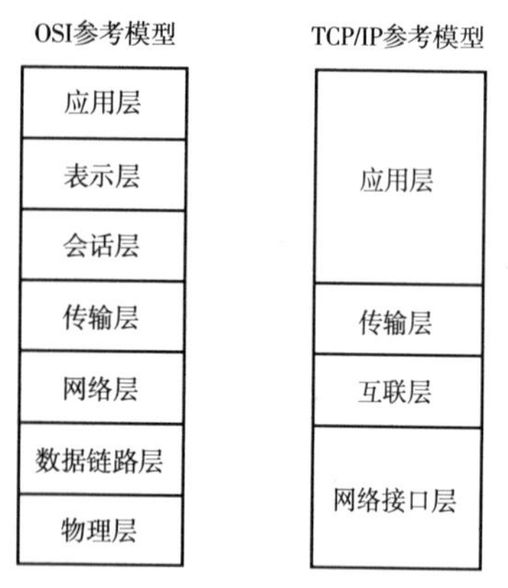

图 6－2－4　OSI 参考模型与 TCP/IP 参考模型

实际上，TCP/IP 的分层体系结构与 OSI/RM 参考模型有一定的对应关系，图 6－2－4 给出了这种对应关系。TCP/IP 体系结构的应用层与 OSI 参考模型的应用层、表示层及会话层相对应。TCP/IP 的传输层与 OSI 的传输层相对应。TCP/IP 的互联层与 OSI 的网络层相对应。TCP/IP 的网络接口层与 OSI 的数据链路层及物理层相对应。

6.2.3.1　网络接口层

在 TCP/IP 分层体系结构中，网络接口层又称为主机接口层，它是最底层，负责接收 IP 数据报并通过网络发送出去，或者从网络上接收物理帧，抽取数据报交给互联层。TCP/IP 体系结构并未对网络接口层使用的协议做出强硬的规定，它允许主机连入网络时使用多种现成的和流行的协议，如局域网协议或其他一些协议。

6.2.3.2　互联层

互联层又称为网际层，是 TCP/IP 体系结构的第二层，它实现的功能相当于 OSI 参考模型网络层的无连接网络服务。互联层负责将源主机的报文分组发送到目的主机，源主机与目的主机可以在一个网上，也可以在不同的网上。

互联层的主要功能包括以下几个方面。

（1）处理来自传输层的分组发送请求。在收到分组发送请求之后，将分组装入 IP 数据报，填充报头，选择发送路径，然后将数据报发送到相应的网络接口。

（2）处理接收的数据报。首先检查其合法性，然后进行路由。在接收到其他主机发送的数据报之后检查目的地址，如需要转发，则选择发送路径转发出去；如目的地址为本节点 IP 地址，则除去报头将分组送交传输层处理。

（3）处理 ICMP 报文、路由、流控与拥塞问题。

6.2.3.3 传输层

传输层位于互联层之上，它的主要功能是负责应用进程之间的端到端通信。在 TCP/IP 体系结构中，设计传输层的主要目的是在互联层中的源主机与目的主机的对等实体之间建立用于会话的端到端连接。因此，它与 OSI 参考模型的传输层相似。

6.2.3.4 应用层

应用层是最高层，它与 OSI 模型中的高 3 层的任务相同，都是用于提供网络服务，如文件传输、远程登录、域名服务和简单网络管理等。

6.3 计算机网络的通信传输介质和通信设备

6.3.1 通信传输介质

传输介质就是通信网络中发送端和接收端之间的物理通道。通过接口，双方可以通过传输介质传输模拟信号或数字信号。目前常用的传输介质有双绞线、同轴电缆、光纤和无线传输介质。

6.3.1.1 双绞线

双绞线（图 6－3－1）是最常用的一种传输介质，由两根具有绝缘保护层的铜导线组成。它既可以用于传输模拟信号，也可以用于传输数字信号。与其他传输介质相比，双绞线在传输距离、信道宽度和数据传输速度等方面都受到一定的限制，但由于它价格较便宜，仍被广泛使用。

6.3.1.2 同轴电缆

同轴电缆（如图 6－3－2 所示）由内外两个导体组成，内导体是芯线，外导体是一系列由内导体为轴的金属丝组成的圆柱纺织面，内外导体之间填充着支持物以保持同轴。同轴电缆一般安装在两个设备之间，在每个用户上安装了一个连接器，为用户提供接口。

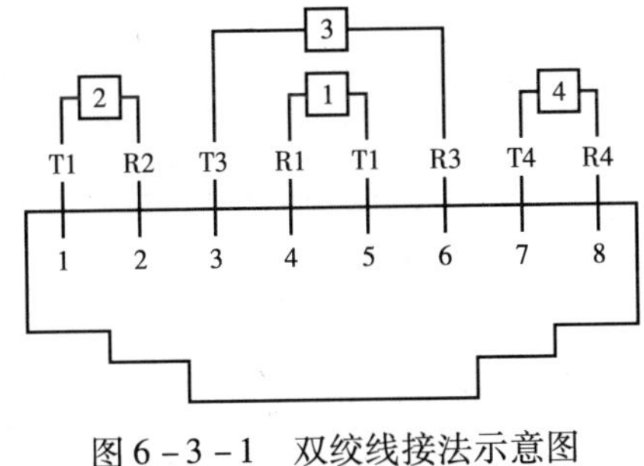

图 6－3－1　双绞线接法示意图

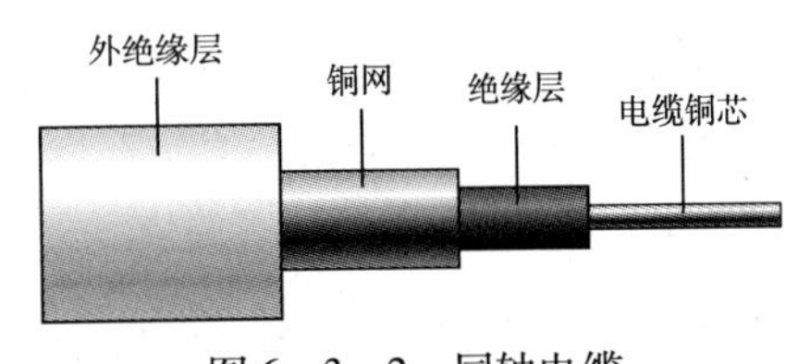

图 6－3－2　同轴电缆

6.3.1.3 光导纤维

光导纤维简称光纤，是目前发展最迅速、应用广泛的一种传输介质。它是一种能够传输光束的通信介质，一般由透明的石英玻璃拉成的细丝组成，由纤芯和包层构成双层的圆柱体，纤细而柔软。光纤具有频带宽、传输速率高、传输距离远的优点，而且抗干扰性好、数据保密性高、误码率低，因此越来越受到人们的青睐。

6.3.1.4 无线传输介质

无线传输介质不需要电缆或光纤，而是通过如微波、红外线、激光等传输。无线传输广泛地用于电话领域，现在已开始出现局域网无线传输介质，能在一定的范围内实现快速、高性能的计算机联网。

6.3.2 通信设备

6.3.2.1 网卡

网卡（图6－3－3）又称网络适配器，插在计算机的扩展槽上，用来实现与主机总线的通信连接，解释并执行主机的控制命令，实现物理层的功能（如对发送信号的传输驱动、对传进来信号的侦听与接收等）和数据链路层的功能（如形成数据帧、差错校验、发送接收等）。

6.3.2.2 调制解调器

调制解调器（图6－3－4）它的英文名称是 Modem，必须成对使用，用来实现数字信号与模拟信号的转换。在信号发送端，将数字信号调制为模拟信号；在接收端，将模拟信号解调成数字信号。

图6－3－3 网卡

图6－3－4 调制解调器

6.3.2.3 中继器

中继器是物理层的连接设备，用来连接具有相同物理层协议的局域网。它的主要作用是：在信号传输了一定距离后，对信号进行整形和放大。但是它不能对信号做校验处理，即不能消除信号中的错误信息和杂音。

6.3.2.4 集线器

集线器（Hub）如图6－3－5所示，它实际上就是一个多口的中继器，通常使用的集线器的前端有8个或16个插座，还有一个 BNC 插座可以通过 T 型头连接到同轴电缆上。集线器可以从任意一个端口上接收信号，经过整形放大，发送到与它连接的其他端口上。使用集线器可以很方便地对网络进行管理和维护。

图6-3-5　集线器

6.3.2.5　网桥

网桥用来实现不同类型网络之间的连接，它在数据链路层对信号进行存储和转发，与高层协议无关。

6.3.2.6　网关

网关也称为网间协议变换器，它工作在网络层上，实现不同网络之间的连接。

6.3.2.7　路由器

路由器是工作在网络层上的设备，它能将不同协议的网络进行连接，集网关、网桥、交换技术于一体，并能跨越 WAN 连接 LAN。它是一种面向协议的设备，能识别网络层地址，能很好地控制拥塞、隔离子网、强化管理。

6.3.2.8　交换机

交换机是基于网络交换技术的产品，它具有简单、低价、高性能和高端口密集的特点，体现了桥接技术的复杂交换技术，它工作在 OSI 参考模型的第二层（数据链路层）。交换机的任意两个端口之间都可以进行通信而不影响其他端口，每对端口都可以并发地进行通信而独占带宽，从而突破了共享式集线器同时只能有一对端口工作的限制，提高了整个网络的带宽。

6.4　Internet 服务及配置

6.4.1　Internet 简介

Internet 是一个信息资源的大海洋，为了更加充分利用 Internet 这个得天独厚的信息资源，人们发现和开发了各种各样的软件工具。从而，使 Internet 为人们提供的信息服务越来越完善。本部分主要介绍常用的网络功能和中国因特网的发展情况。

6.4.1.1　Internet 的作用

Internet 是一种国际互联网，它是通过分层结构实现的，包括物理网、协议、应用软件和信息 4 大部分。开始只是美国一个国家的网络，由于它的开放性及 20 世纪 80 年代末开始的网络逐步商业化，世界各国的网络纷纷与它相连，使它逐步成为一个互联网。美国的信息高速公路计划提出来后，Internet 就成为美国信息高速公路的主干网。现在，Internet 与信息高速公司几乎是同名词了。

物理网是 Internet 的基础，它包括了大大小小的不同拓扑结构的局域网、城域网和广域网。通过成千上万个路由器及各种通信线路进行连接而成。

Internet 上使用 TCP/IP 协议组，负责网上信息的传输和将传输的信息转换成用户能够识别的信息。Internet 正是依靠 TCP/IP 协议才能够实现各种网络的互联。可以说没有 TCP/IP

协议，就没有今天的 Internet。

应用软件是用户同 Internet 打交道的界面，通过应用软件可以获取 Internet 提供的某种服务。例如，通过 WWW 浏览器软件可以访问 Internet 上的 Web 站点，使用电子邮件软件可以实现信件交换和文件传递等。

Internet 上的资源是极为丰富的，可以说，人类知识的每一方面，都可以在网上找到。从文艺小说到科学论文，从菜谱到航天技术，从医疗保健到体育运动等，它把五彩缤纷的世界统统搬到用户家里，把偌大的一个地球纳入到计算机屏幕，Internet 就像人类可以共同享用永不关闭的全球图书馆。

Internet 的核心内容是全球信息共享，包括文本、声音、图像等多媒体信息，本质是高速数字化的通信网络。从用户角度看，Internet 是一个最大的互联网络，从 Internet 内部结构看，它由具体的各种物理网组成。

Internet 未来的发展将深入到社会的每个阶层和各个领域，将在教育、图书资源的使用、科学研究、商业及家庭等领域产生深远的影响。Internet 必将在世界范围内改变社会。

6.4.1.2　Internet 的功能和工作方式

Internet 上的资源分为信息资源和服务资源两类。其功能主要有 5 个方面：即网上信息查询、网上交流、电子邮件、文件传输和远程登录。

网上信息查询和网上交流包括了万维网（WWW，World Wide Web）、专题讨论（Usernet）、菜单式信息查询服务（Gopher）、广域信息服务系统（WAIS）、网络新闻组（Netnews）和电子公告栏（BBS）等。

电子邮件是通过网络技术收发以电子文件格式编写的邮件。

文件传输通过 FTP（File Transfer Protocol，文件传输协议）程序，用户可以将 Internet 上一台计算机内的文件复制到网上另一台计算机上。

远程登录通过 Telnet 或其他程序登录到 Internet 的一台主机上，使用户的计算机成为该台主机的远程终端，这样用户就可以使用主机上的资源。

Internet 采用客户机/服务器模式访问资源。当用户连接到 Internet 后，首先启动客户机软件，例如 Internet Explorer，Netscape 等，生成一个请求，通过网络将请求发送到服务器，然后等待回答。服务器由一些更为复杂的软件和硬件组成，它在接收到客户机发来的请求后将结果显示给用户。服务器必须一直运行，随时准备好接收请求，客户机可以任何时候访问服务器。

6.4.1.3　Internet 中国网概述

从 1988 年起国家在网络基础设施上已进行了大规模的投资。到 1994 年起，已形成了以 4 大骨干网络为主的 Internet 的全功能服务。

1. 中国公用计算机互联网（CHINANET）。CHINANET 是邮电部门经营管理的中国公用 Internet 网，是中国的 Internet 骨干网，向国内外所有的客户提供 Internet 接入服务。主要服务有电子邮箱 E－mail、Usernet 新闻和 WWW 等。

2. 中国国家计算机与网络设施（NCFC）。NCFC（The National Computing and Networking Facility of China）亦称中国科技网（CSTNET），由中国科学院主持。1993 年末完成中国最高

域名CN主服务器的设置，提供全方位的Internet服务。

3. 中国教育和科研计算机网（CERNET）。CERNET（China Education and Research Network）是1994年由国家计委和国家教委组建的一个全国性的教育科研基础设施。它主要面向中国的教育和科研单位、政府部门及非营利机构。CERNET分4级管理，分别是：全国网络中心、地区网络中心和地区结点、省教育科研网和校园网。CERNET全国网络中心设在清华大学，负责全国主干网的运行和管理。CERNET目前已有28条国际和地区性信道，与美国、加拿大、英国、德国、日本和中国香港特区联网。CERNET还是中国开展下一代互联网研究的试验网络，在全国第一个实现了与国际下一代高速网Internet 2的互联。

4. 中国国家公用经济信息通信网（CHINAGBN）。CHINAGBN（China Golden Bridge Net）又称金桥网，为配合中国的四金（金税－银行、金关－海关、金卫－卫生部、金盾－公安部）工程，于1993年开始建设。CHINAGBN以卫星综合数字业务网为基础，以光纤、无线移动等方式形成天地一体的网络结构，使天上卫星网和地面光纤网互联互通、互为备用，可覆盖全国所有地区。

6.4.2 IP地址

Internet是一个庞大的网络，在这样大的网络上进行信息交换的基本要求是网上的计算机都要有一个唯一可标识的地址，就像日常生活中朋友间通信必须写明通信地址一样。这样，网上的路由器才能将数据包由一台计算机转发到另一台计算机，准确地将信息由源方发送到目的方。

在Internet上为每台计算机指定的地址称为IP地址。IP地址规定Internet中每个结点都要有一个统一格式的32位地址，具体含义如下：

1. 它是Internet上通用的地址格式。Internet通过IP地址使得网上计算机能够彼此交换信息。它采用固定的32位二进制地址格式编码，按照先网络号，后主机号的顺序进行寻址。IP地址是基于协议的地址，能贯穿整个网络，而不管每个具体的网络是采用何种网络技术和拓扑结构。

2. Internet上的每台计算机，包括主机、路由器都必须有IP地址。IP地址是识别Internet上每台计算机的端口地址，凡是网上的计算机，都必须分配有IP地址，否则无法进行通信。

3. IP地址是唯一的。IP地址好比是人们的身份证号码，必须具有唯一性，因此，网上每台计算机的IP地址在全网中都是唯一的。

所有的IP地址都要由国际组织——NIC（Net Information Center）统一分配。目前全球共有3个这样的网络信息中心，它们分别是：

（1）Inter NIC负责美国及其他地区。

（2）ENIC负责欧洲地区。

（3）APNIC负责亚太地区。

在中国是由中国互联网络信息中心（CINIC）负责。具体申请办法可向国内的一些代理机构提出，目前国内大多数的ISP和一些院校机构都可代为用户申请IP地址。

6.4.2.1 IP地址的格式和分类

1. IP地址的格式。IP地址具有固定、规定的格式。TCP/IP协议规定，每个地址由32位二进制数组成，为了便于表达和识别，IP 地址是以点分十进制形式表示的，每 8 个二进制位为一组，用一个十进制数来表示，即 0 ~ 255。每组之间用“.”隔开。例如，202.4.143.10 即是某台计算机的 IP 地址。

2. IP 地址结构。在使用中，一般把 32 位的 IP 地址分成网络地址和主机地址两部分。这样做的目的是为了方便寻址。实际上，因特网是由若干个不同的小网络互连而成的。这些小网络分属于不同的企业或公司。用户把这些小网络称作子网。每个子网络都连接有若干个主机，即计算机。IP 地址的网络地址部分用于标明这些不同的子网，而主机地址部分用于标明每一个子网中的主机地址。因特网在把从某一台计算机中发出的数据送至另一台计算机中时，首先根据目的计算机的 IP 地址找出该计算机所属的子网，并将该数据送至该子网，然后再由该子网将数据送至目的计算机。这和邮政系统邮递邮件很相似。邮政系统首先将信件送至收信人所在城市的邮局，然后再由邮递员将信送至收信人的信箱。IP 地址的结构如图 6－4－1所示。

例如，设 IP 地址中的网络地址由 16 位二进制表示，若某主机的 IP 地址是 10.1.0.3，则该主机所属的子网地址是“10.1”，一般写作“10.1.0.0”，而主机地址是后 16 位，即“0.3”，一般写作“10.1.0.3”。图 6－4－2 中有标出了两个子网，分别是 10.1.0.0 和 10.2.0.0。两个子网中所连接的主机地址已标明在图中。

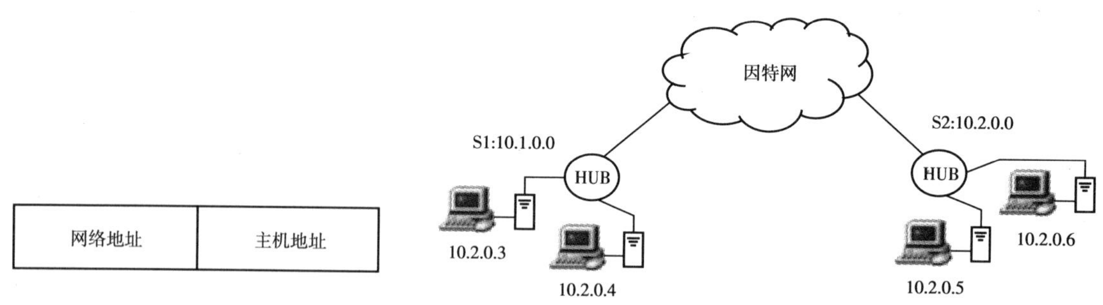

图 6－4－1　IP 地址结构

图 6－4－2　子网及数据转发

数据转发过程：假设主机 10.2.0.6 给主机 10.1.0.3 发送数据，因特网首先根据目的主机 IP 地址中的网络地址（10.1.0.0）将数据送至该目的主机所属的子网，然后由子网将数据送至该主机。这样做的目的是数据在转发的过程中（未到达目的子网前）不必关心主机地址，以提高转发的效率。

3. IP 地址编址方法。在使用过程中 IP 地址有两种编址方法，一种是分类 IP 地址方法，另一种是无分类编址方法。主要是根据 IP 地址中网络地址的长度进行分类。所谓“分类”就是将 IP 地址划分成为若干个固定类，每一类地址都由两个固定长度的字段组成，其中一个字段是网络地址，另一个是主机地址，申请 IP 地址时，根据网络规模的大小，即该子网中主机的数量选择合适的类别。例如，一个子网有 200 台主机，则可申请一个 C 类 IP 地址，而若某子网有 300 台主机，则需要申请一个 B 类 IP 地址，则造成 IP 地址的大量浪费。无分类编址方法消除了分类编址方法中每一类中必须用固定长度的二进制位表示网络地址的做法，而是根据子网的大小采用合适的二进制位来表示网络地址。这样，减少了 IP 地址的浪费问题。下面主要介绍分类 IP 地址。如图 6－4－3 所示，分类 IP 地址中 IP 地址主要分为 3

类：A类、B类、C类。

A	0	网络地址（7位）	主机地址（24位）
B	10	网络地址（14位）	主机地址（16位）
C	110	网络地址（21位）	主机地址（8位）

图6-4-3　IP地址分类

A类IP地址用8位来标识网络号，24位标识主机号，网络地址的最高位必须是“0”。这样A类IP地址所能表示的网络数范围为0~127，由于0和127有特殊用途，因此，有效的地址范围是1~126。每个A类地址可连接16777214台主机。

B类IP地址用16位来标识网络号，2个字节（16位）来标识主机地址，网络地址的最高位必须是“10”。因此，第一段数字范围128~191。每个B类地址可连接65535台主机，Internet有16384个B类地址。通常，B类IP地址适用于中等规模的网络，如各地区和网络管理中心。

C类地址用24位标识网络地址，1个字节（8位）标识主机地址。网络地址的最高位必须是“110”。因此第一段数字范围为192~223。每个C类地址可连接254台主机，Internet有2097152个C类地址。C类IP地址一般适用于校园网等小型网络。

当某个单位或公司申请IP地址时，实际上申请到的是一个网络号，而主机号由该单位或公司自行确定分配，只要无重复的主机号即可。

另外还有几种用作特殊用途的IP地址：

1. 主机号全部设为“0”的IP地址称为网络地址，如129.45.0.0就是B类网络地址。

2. 主机号部分全设为“1”（即255）的IP地址称之为广播地址，如129.45.255.255就是B类的广播地址。

3. 网络号不能以十进制“127”作为开头，在地址中数字127保留给诊断用。如127.0.0.1用于回路测试，同时网络号的第一个8位组也不能全置为“0”，全置“0”表示酵网络。网络号部分全为“0”和全部为“1”的IP地址被保留使用。

4. 私有网络IP地址：

10.0.0.0——10.255.255.255，表示1个A类地址；

172.16.0.0——172.31.0.0，表示16个连续的B类地址；

192.168.0.0——192.168.255.255，表示255个连续的C类网络地址。

6.4.2.2　子网掩码

子网掩码的作用是识别子网和判别主机属于哪一个网络。同样用一个32位的二进制表示，采用和IP地址一样的点十进制记法。当主机之间进行数据交换时，通过子网掩码与IP地址的逻辑与运算，可分离出网络地址，达到正确传输数据分组的目的。设置子网掩码的规则是：凡IP地址中表示网络地址部分的那些位，在子网掩码的对应位上置1，表示主机地址部分的那些位设置为0。

例如一个C类IP地址202.112.1.36，网络地址共3个字节，故其子网掩码是255.255.255.0。而一个B类IP地址的子网掩码是255.255.0.0，一个A类IP地址的子网掩

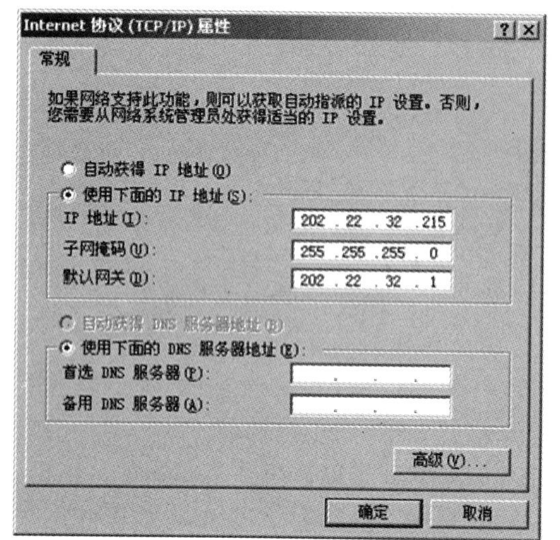

图 6－4－4　IP 地址和子网掩码的设置

码是 255. 0. 0. 0。

IP 地址和子网掩码的设置非常简单，在 Windows 2000 中，单击“控制面板”→“网络和拨号连接”→“本地连接”→“属性”→“Internet 协议（TCP/IP）”操作可打开“Internet 协议（TCP/IP）属性”对话框中进行设置。如图 6－4－4 所示。

6.4.3　域名系统 DNS 原理

在 Internet 上，对于众多的以数字表示的一长串 IP 地址，人们记忆起来是很困难的。为此，Internet 引入了一种字符型的主机命名机制即域名系统，用来表示主机的地址。

要把计算机接入 Internet，必须获得网上唯一的 IP 地址和对应的域名。按照 Internet 上的域名管理系统规定，在 DNS 中，域名采用分层结构。整个域名空间成为一个倒立的分层树形结构，每个节点上都有一个名字。这样一来，一台主机的名字就是该树形结构从树叶到树根路径上各个节点名字的一序列，如图 6－4－5 所示。很显然，只要一层不重名，主机名就不会重名。为方便书写及记忆，每个主机域名序列的节点间用“. ”分隔 ，典型的结构如下：

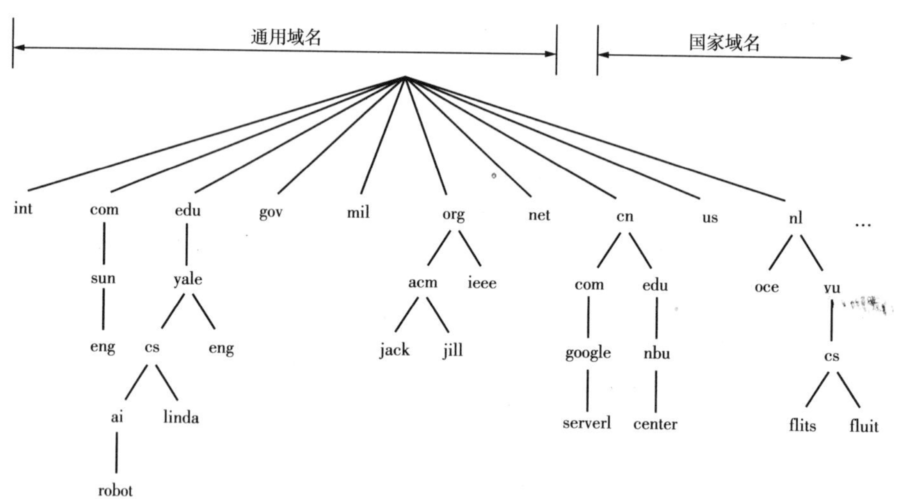

图 6－4－5　域名空间结构

计算机主机名．机构名．网络名．顶级域名。

例如主机“center”的域名是：center. nbu. edu. cn。

其中“center”表示这台主机的名称，“nbu”表示宁波大学，“edu”表示教育系统，“cn”表示中国。

Internet 上一般每一个子域都设有域名服务器，服务器中包含有该子域的全体域名和地址信息。Internet 每台主机上都有地址转换请求程序，负责域名与 IP 地址转换。域名和 IP 地址之间的转换工作称为域名解析，整个过程是自动进行的。有了 DNS 系统，凡域名空间中有定义的域名都可以有效地转换成 IP 地址，反之，IP 地址也可以等价地转换成域名。这样，用户就可以等价地使用域名和 IP 地址。

实际上，引入域名系统 DNS 的目的就是为了方便人们的使用，但在 Internet 中，主机间用来进行交换的数据分组中是用 IP 地址标明源主机和目的主机的。因此，每当用户输入一个域名后，主机都将利用 DNS 系统的域名解析程序将域名翻译成对应的 IP 地址后再填入要发送的数据分组中，最后才发送出去。

为保证域名系统的通用性，Internet 规定了一些正式的通用标准，从最顶层至最下层，分别称之为顶级域名，二级域名、三级域名等。

顶级域名目前采用两种划分方式：以所从事的行业领域作为顶级域名；以国家和地区代号作为顶级域名。表 6 –4 –1 列出了一些常用顶级域名。

表 6 –4 –1　一些常用的顶级域名

域名	含义	域名	含义	域名	含义
Au	澳大利亚	Gb	英国	Nl	荷兰
Br	巴西	Hk	中国香港	Nz	新西兰
Ca	加拿大	In	印度	Pt	葡萄牙
Cn	中国	Jp	日本	Se	瑞典
De	德国	Kr	韩国	Sg	新加坡
es	西班牙	Lu	卢森堡	Tw	中国台湾
Fr	法国	My	马来西亚	Us	美国
Com	商业类	Edu	教育类	Gov	政府部门
Int	国际机构	Mil	军事类	Net	网络机构
Org	非盈利组织	Arts	文化娱乐	Arc	康乐活动
Firm	公司企业	Info	信息服务	nom	个人
Stor	销售单位	Web	与 WWW 有关单位		

为确保 IP 地址与域名在 Internet 上的唯一性，统一由各级网络信息中心 NIC（Network Information Center）分配。中国互联网络信息中心负责中国境内的互联网络域名注册，IP 地址分配。其网站地址是：http：//www. cnnic. net. cn。

单位在建立网络并预备接入 Internet 时，必须事先向 CNNIC 申请注册域名和 IP 地址。需要注意的是，单位向 Internet 网络信息中心申请 IP 地址时，实际获得的是一个网络地址。

域名一般用英文字母和数字表示，域名长度一般不超过 20 个字符。中国已成功开发出中文域名系统，用户也可向 CNNIC 申请中文域名。

注册域名必须要有一台域名服务器，且主域名服务器必须在中国境内运行，并与互联网保持全连接，能对域名提供连续服务。在注册域名时，未经国家有关部门批准，不得使用含有 china、chinese、cn、national 等字样的域名，不得使用公众知晓的其他国家或地区名、国际组织名，不得使用县级以上行政区域名称，不得使用他人在中国注册过的企业名称或商标名称，不得使用对国家、社会或者公共利益有损害的名称。

6.4.4 Internet 服务

Internet 的信息服务方式可分为基本服务和扩充服务两种。基本服务方式有电子邮件、远程登录和文件传输；扩充服务方式有基于电子邮件的电子公告板和电子杂志、名录服务、查询服务、万维网（WWW）服务等。

6.4.4.1 万维网（WWW）

万维网（World Wide Web,WWW,Web 或 3W）是 Internet 上全球范围的超文本信息查找工具，可以利用 WWW 来浏览全球的信息。在 WWW 站点上，还可以建立具有自己特色的起始网页来吸引其他访问者。一个公司可以在此展现自己公司的面貌和进行产品介绍，还可以利用 WWW 网页来娱乐，传播各种信息。Web 允许用户根据关键词搜索来检验和显示数据，Web 功能强大的原因在于超文本的思想：数据包含了与其他数据的链接线索。当用户阅读这些信息时，会注意到某些词和短语被一种特殊的方式加了标记。用户可以从 Web 直接跳转到这些词中的一个，然后 Web 会根据这些链路从一个位置跳到另一个位置。

浏览器中所看到的画面叫做“网页”，也称为“Web 页”。多个相关的 Web 页合在一起，便组成一个 Web 站点。从硬件的角度看，把放置 Web 站点的计算机称为 Web 服务器；从软件的角度看，Web 站点指提供 WWW 功能的服务程序。可以将 WWW 看作 Internet 的一个大型的图书馆，Web 站点就像图书馆中的一本本书，而 Web 页则是书中的某一页。

一个 Web 站点上存放了许许多多页面，其中最受人注意的是主页（Home Page）。主页指一个 Web 站点的首页，从该页出发可以链接到本站点的其他页面，也可以连接到其他站点。这样，就可以方便地接通世界上任何一个 Internet 节点。主页文件名一般为“Index. htm”，有时也用“default. htm”来表示。

Web 网页采用超文本的格式，以超文本标注语言（Hypertext Markup Language，HTML）与超文本传输协议（Hypertext Transfer Protocol，HTTP）为基础，提供友好的信息查询口，用户仅需要提出查询要求，Web 网页即可自动完成信息查询。它除了包含有文本、图像、声音、视频等信息外，还含有指向其他 Web 页或页面本身某特定位置的超链接。

文本、图像、声音、视频等多媒体技术使 Web 页的画面生动活泼，超链接使文本按三维空间的模式进行组织，信息不仅可按线性方式搜索，而且可按交叉方式访问。超文本中的某些文字或图形可作为超链接。当鼠标指向超链接时，鼠标指针变成手指形，用户单击这些文字和图形时，可进入另一超文本文件。通过超链接可给用户带来更多与此相关的文字、图形等信息。

为了使客户程序能找到位于整个 Internet 范围的某个信息资源，WWW 系统使用统一的资源定位规范（Uniform Resource Locator，URL）。URL 由 3 部分组成，资源类型、存放资源的主机域名和资源文件名，如图 6－4－6 所示。

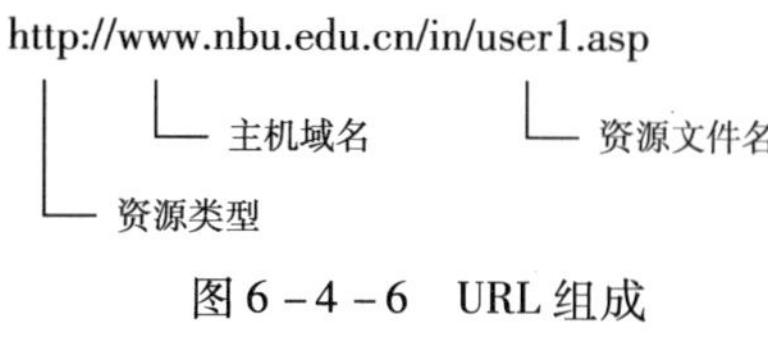

图 6－4－6　URL 组成

其中，“资源类型（协议）”是用于文件传输的 Internet 协议。IE（Internet Explorer）支持超文本传送协议“HTTP”、文件传输协议“FTP”等。

“HTTP”称为超文本传输协议。它是在客户机/服务器模型上发展起来的信息分布方式。客户通过程序向服务器发出请求，并访问服务器上的数据，服务器通过设定的公用网关接口（CGI）程序返回数据。常用的数据交换方法是 Get、Head 和 Post。客户机用 Get 向服务器发出请求，即可收到服务器指定地点返回的文档或文件；Head 请求的返回与 Get 请求的返回相比，仅少了文档主体；Post 请求则是要求服务器接收信息。

为使客户能很好地看到存储在 WWW 服务器上的网页形式的信息，必须要在客户端配置浏览器。浏览器是一种在客户端用于访问 WWW 服务器的软件。人们通过这种软件从自己的计算机终端上到 WWW 服务器进行检索、查询和获取各种信息。

最早的基于图形界面的浏览器软件 Mosaic 是由伊利诺斯大学美国国家计算机研究中心的 Marc Andreessen 于 1993 年成功开发的。1994 年，美国的 Netscape 公司又推出 Netscape Navigator 浏览器软件。Netscape 浏览器曾经被人们广泛使用。

1996 年夏天，微软公司开发成功新的浏览器软件 Internet Explorer，简称“IE”，并将 IE 捆绑在 Windows 系列操作系统上。从此，IE 便成了人们使用最多的浏览器工具软件。

6.4.4.2 文件传输（FTP）

文件传输 FTP 是最重要的 Internet 服务功能之一，Internet 的文件传输服务功能遵循此协议。FTP 允许 Internet 网上的用户将一台计算机上的文件传送到另一台计算机上，FTP 远程服务器称为 FTP 站点，分为注册用户 FTP 服务器和匿名用户 FTP 服务器两类。

FTP 服务是受 TCP/IP 的文件传输协议支持的。这是一种实时联机服务，在进行工作时，用户首先需登录到对方的计算机上，登录后才可进入文件搜索和文件传送等的有关操作。FTP 可传送文本文件、二进制文件、图像、声音以及数据压缩文件等。FTP 可以使用命令行模式和图形界面模式实现。

进行 FTP 使用命令行模式，其使用类似于 Telnet（远程登录）。FIP 的命令行格式为：ftp - v - d - i - n - g［主机名］；连接 FTP 服务器格式是：ftp［hostname/ip - address］。例如在 linux 命令行下输入：ftp 192. 168. 26. 66，服务器会询问用户名和口令，分别输入用户名和相应密码，待认证通过即可。

例如：ftp. zju. edu. cn。

匿名文件传输（Anonymous FTP）服务是不需要注册用户名和口令便可进入的免费系统。它允许用户从 Internet 上无自己账号的其他计算机系统上直接把所需要的信息文件和程序内容下载到自己的计算机上，但不允许上载。匿名 FTP 是专门将某些文件及软件提供给大家使用的开放的文件复制系统。用户可以通过用户名“Anonymous”使用这类计算机，一般没有口令，有的有口令，口令就是 E - mail 地址。

6.4.4.3 远程登录（Telnet）

远程登录服务用于在网络环境下实现资源的共享，它是在 Telnet 通信协议支持下，使用户的微机通过 Internet 成为远程主机的终端，从而该主机系统允许外部用户使用数据库和全部资源。世界上许多大学图书馆均通过 Telnet 对外提供联机检索服务。有些政府部门、研究机构也利用 Telnet 将其数据库对外开放。有些 Telnet 上的数据库还提供开放式远程登录服务，查询这些数据库不需要事先取得账号及口令，可使用该系统公开的公共用户号（Guest），许多远程登录的数据库是免费的。用户只需支付通信费用即可。

利用 Telnet 服务，用户可以与 Internet 上的任何一台远程计算机进行连接通信。用户建立连接之后，只要用户在该机器上有一个有效账号，就可以用自己的账号进行登录。因为大多数联网的计算机都使用 UNIX 操作系统。

网上用户只要在自己的主机上安装 TCP/IP 协议程序，就可以直接使用 Telnet 协议程序。Telnet 可用 DOS 或 UNIX 行命令形式实现，也可利用 WWW 浏览器实现。

用行命令实现 Telnet 的使用格式是：Telnet IP 地址或域名。如：Telnet Cernet. nbu. edu. cn。该命令表示登录到宁波大学服务器上，它的地址是 Cernet. nbu. edu. cn。

6.4.4.4 网络新闻（Usenet）

网络新闻（Usenet），又称 Netnews，它本身不是一个真正的网络，它是一个讨论组系统，各内容分布于整个世界。Usenet 拥有许多新闻组（Newsgroup），可以为每一位用户提供业余爱好、体育，乃至计算机等各领域的信息，同时还提供了可供大众交流思想、信息和看法的论坛。用户可以随时与新闻组通信，也可以转到其他新闻组去阅读别人谈论的话题，也可以提问、解答，或发表看法。

6.4.4.5 电子公告板 BBS

电子公告板 BBS（Bulletin Board System）是 Internet 常用的方式之一。可以利用它和未见面的朋友聊天、组织沙龙、谈问题、获得帮助，也可以为别人提供信息。

要使用电子公告板，必须通过因特网与电子公告板 BBS 的主机相连，所使用的软件是终端仿真程序 Telnet，这在装 TCP/IP 协议时已装载了，并要知道一些 BBS 的站点地址才能访问 BBS 的站点。进入一个 BBS 站点，先要在对方主机上进行登录，对方主机在确认用户的身份后才能让用户进入。进行网上聊天要先输入一个聊天代号，进入聊天室，在同一个聊天室用键盘输入方式输出内容和网友聊天。

6.4.4.6 IP 电话

IP 电话（Internet Phone）又称网络电话。它是在 Internet 上通过 TCP/IP 协议实时传送语音信息的应用，即分组话音通信。分组话音通信先将连续的话音信号数字化，然后将得到的数字编码进行打包、压缩成一个个话音分组，再发送到计算机网络上。

传统的模拟电话是以纯粹的音频信号在线路上进行传送，而 IP 电话是以数字形式作为传输媒体，占用资源小，所以成本很低，价格便宜。

IP 电话的通话有计算机与计算机、计算机与电话机、电话机与电话机之间的 3 种通话形式。在网络电话中的计算机要求是一台能连接到 Internet 带有语音处理设备（如话筒、声卡）的多媒体电脑，并且要安装 IP 电话的软件。网络电话软件有多种，例如：Vocal Tec 公司的 IP5. 0、微软的 NetMeeting 等。

电话机用户方，应当具备能拨号上本地网络的 IP 电话网关的功能。作为网络电话的网关，一定要有专线与 Internet 相连，即是 Internet 上的一台主机，通常由电信公司建立，提供 IP 电话接入服务。

计算机方呼叫远端电话的过程为：先通过 Internet 登录到 IP 电话网关，进行账号确认，提交被叫号码，然后由网关完成呼叫。

普通电话客户通过本地电话拨号连接到本地的 IP 电话网关，输入账号、密码，确认后键入被叫号码，使本地 IP 电话网关与远端的 IP 电话网关进行连接，无端的 IP 电话网关通过当地的电话网呼叫被叫用户，从而完成普通电话客户之间的电话通信。

6.4.4.7 网上寻呼机

网上寻呼机 ICQ 是基于 Internet 的即时寻呼软件。其最常用的功能是收发消息，当用户的寻呼软件上线以后，可以接收他人发来的消息或者发送、回复消息给他人。它也可以提供 BP 机短讯、聊天室、语音聊天等功能。

在网上下载 ICQ 软件后，可链接到 ICQ 服务器上申请此项服务并取得一个 ICQ 注册号码，如果在通信列表中加入相关对象的 ICQ 号，用户在上网时，ICQ 会自动工作，判别网友是否在线，用户能和网友们通过 Internet 聊天，并发送消息和文件给他人。

腾讯 QQ 是国内开发的著名的中文网络寻呼机软件。它不仅仅是 Internet 虚拟的网络寻呼机，更可与传统的无线寻呼网、GSM 移动电话的短消息系统互连，目前 QQ 和全国多家寻呼台、移动通信公司有业务合作。语音版 QQ 还可以方便地和网友进行 IP 通话。

6.4.5 网络配置

6.4.5.1 局域网配置网卡

局域网连接包括硬件连接和软件连接。硬件连接指网络适配器（网卡）的连接，软件连接指安装网卡驱动程序。

1. 添加网卡。

首先确定要联网的计算机有连接所需的以太网接口，目前大多数计算机的主板上都集成了网卡，若没有则须添加独立网卡。关闭计算机电源，把机箱打开，然后把网卡插入主板上的 PCI 插槽中，把螺丝拧紧，固定好网卡，最后把机箱盖好，再把网线插入网卡的 RJ45 接口中，网卡的添加就完成了，不过还要对它进行驱动。

2. 网卡的驱动和配置。

安装好网卡后，打开计算机，Windows XP 系统一般能自动识别并设置网卡。否则，可以打开“控制面板”，选择“添加/删除硬件”，利用向导将网卡添加到系统中，必要时还要使用网卡附带的驱动盘安装驱动程序。安装设置完成后，打开“设备管理器”，若网卡工作正常，则在“网络适配器”中能看到网卡的图标（注意，图标上必须既无“×”也无“!”，否则可能是被禁用或工作不正常）。

在计算机中安装了网络适配器硬件设备以及驱动程序后，用户还需要进行网络创建最重要的设置，即配置网络协议。对于 Windows XP 操作系统来说，在安装操作系统的过程中安装向导会自动完成 Microsoft 网络客户端、Microsoft 网络的文件和打印机服务、QoS 数据包计划程序和 Internet 协议（TCP/IP）组件的添加。下面以创建一个对等型局域网为例，说明具体的配置步骤。

配置网络协议的具体操作步骤如下：

1. 单击“开始”按钮，选择“控制面板”命令，打开“控制面板”窗口。

2. 在“控制面板”窗口中选择“网络连接”类别，打开“网络连接”窗口。

3. 在“网络连接”窗口中，选中“本地连接”图标，如图6－4－7所示。

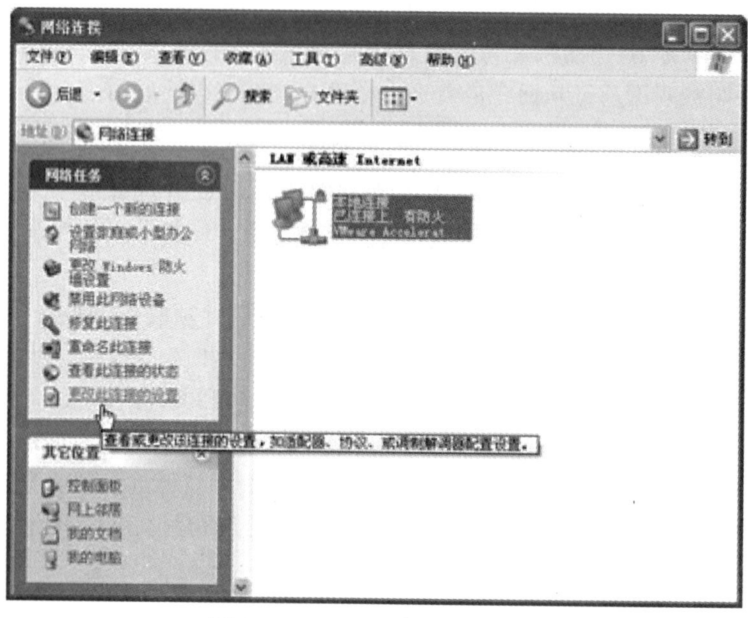

图6－4－7　“网络连接”窗口

4. 在左侧的“网络任务”列表中，选择“更改此连接的设置”命令，弹出“本地连接属性”对话框，如图6－4－8所示。

5. 在“本地连接属性”对话框中，选择“Internet 协议（TCP/IP）”项，并单击“属性”按钮，将打开如图6－4－9所示的对话框，该对话框在默认时显示“常规”选项卡。

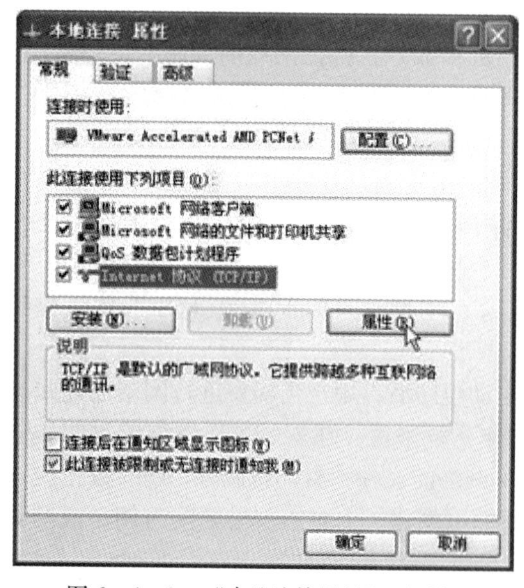

图6－4－8　“本地连接属性”对话框

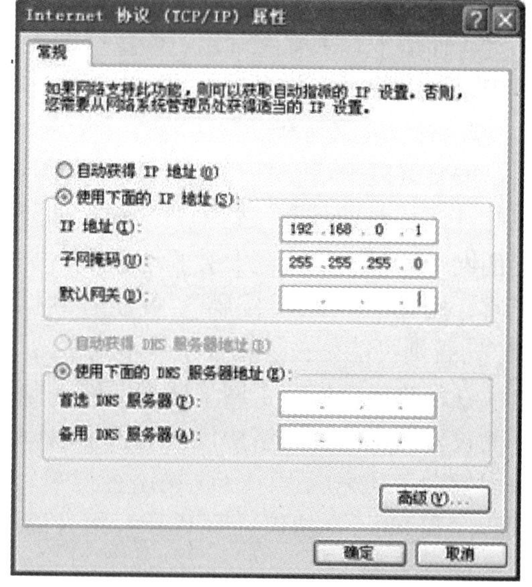

图6－4－9　“常规”选项卡

6. 由于创建的是对等型局域网，因此没有专用的 DHCP 服务器为客户机分配动态 IP 地址，用户必须手动指定一个 IP 地址。例如，用户可以输入一个常用的局域网 IP 地址：192.168.0.1，子网掩码：255.255.255.0。

按照上述步骤对网络中其他计算机进行 TCP/IP 协议的设置，需要注意的是其余计算机的 IP 地址也应设置为 192.168.0.×××，即所有的 IP 地址必须在一个网段中，×××的范围是 1 到 254，并且最后一位 IP 地址不能重复。

完成设置后网络即可连接，用户可以访问局域网上资源了。

6.4.5.2 拨号连接的设置

在用户使用浏览器浏览网页或是收发电子邮件之前，首先需要建立 Internet 连接，即所谓的登录 Internet。这部分工作主要分为两个步骤：第一个步骤是安装连接 Internet 的硬件设备，第二个步骤是根据 ISP 提供的用户账户和密码来创建连接。下面以现在流行的 ADSL 接入方式为例进行介绍。

1. 线路与硬件连接。

ADSL 技术是通过电话线进行接入的，电话线进入室内后，首先一分为二。其中一条接入 ADSL Modem 的电话线（RJ11）接口，再用一根双绞线从 Modem 上的 10Base T/MDI－X（RJ45）接口连接到计算机的网卡上；另外一条电话分线接入分离器（过滤器），再从分离器引出电话线跟电话机相连接，如图 6－4－10 所示。

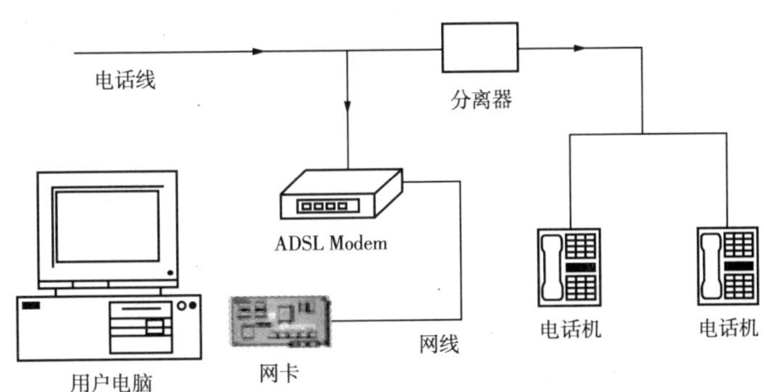

图 6－4－10　ADSL 线路连接示意图

ADSL Modem 无须安装驱动程序，插上电源打开开关即可工作。

2. 拨号连接设置与使用。

硬件安装完成后还不能访问网络，还须通过拨号操作才能连接 Internet。ADSL 拨号软件多种多样，在不同的操作系统中，各个拨号软件所表现出来的性能也不尽相同。在这里以 Windows XP 系统自带的拨号连接为例，创建一个名称为“大庆”，用户名和密码为“111111”的连接。

3. 创建连接。

（1）单击“开始”→“控制面板”→“网络和 Internet 连接”→“网络连接”，在打开的“网络连接”窗口左侧中的“网络任务”列表下选择“创建一个新的连接”命令。弹出“新建连接向导”对话框，如图 6－4－11 所示。

（2）按照“新建连接向导”的提示说明，选择相应选项后单击“下一步”按钮，设置完成后单击“完成”按钮。操作步骤如图 6－4－12 至图 6－4－18 所示。

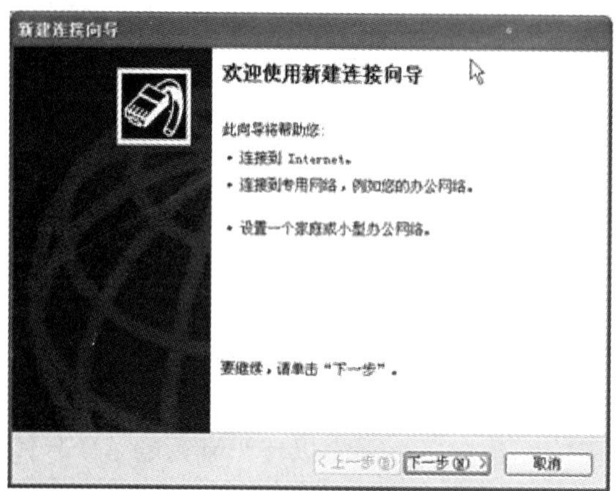

图 6－4－11　“新建连接向导”对话框

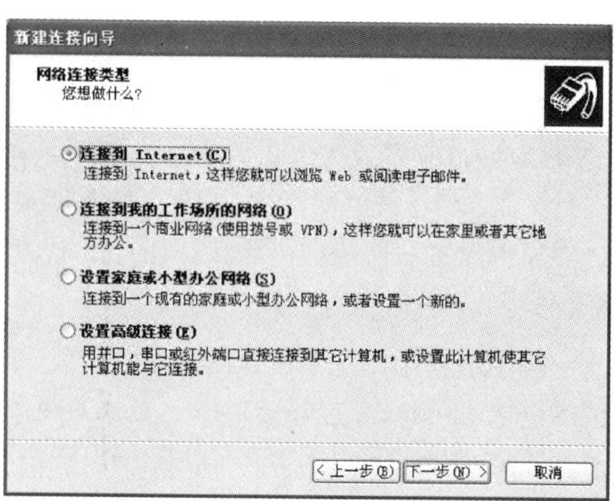

图 6－4－12　连接到 Internet

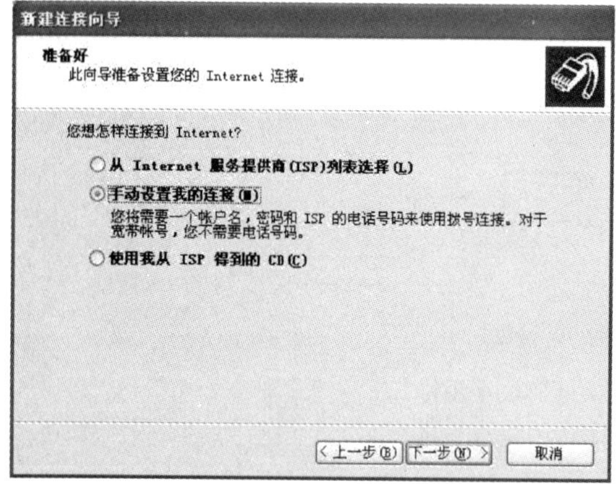

图 6－4－13　手动设置我的连接

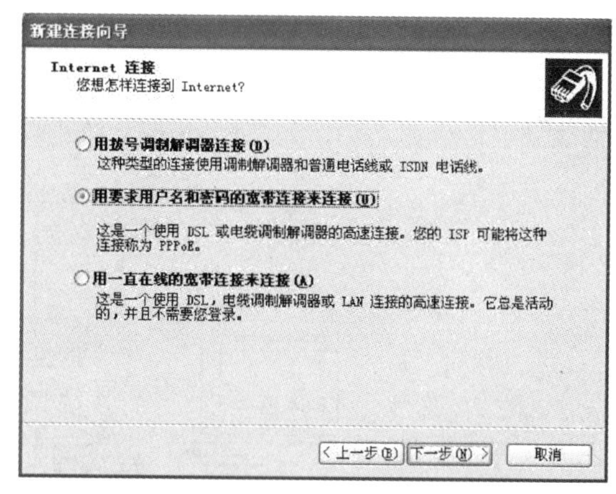

图 6－4－14　用户名和密码

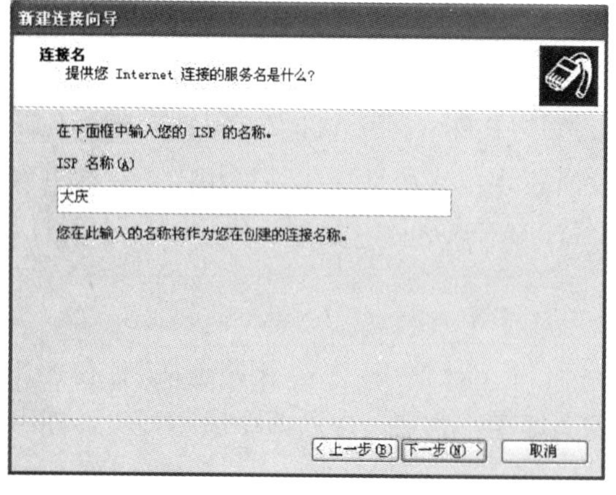

图 6－4－15　添加名称

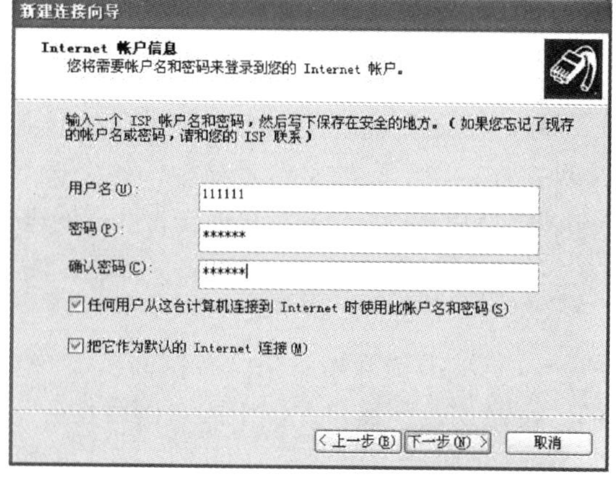

图 6－4－16　添加用户名和密码

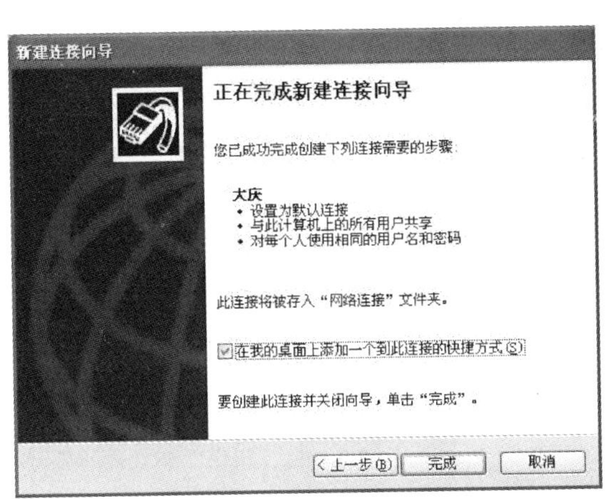

图 6-4-17　完成新建连接向导

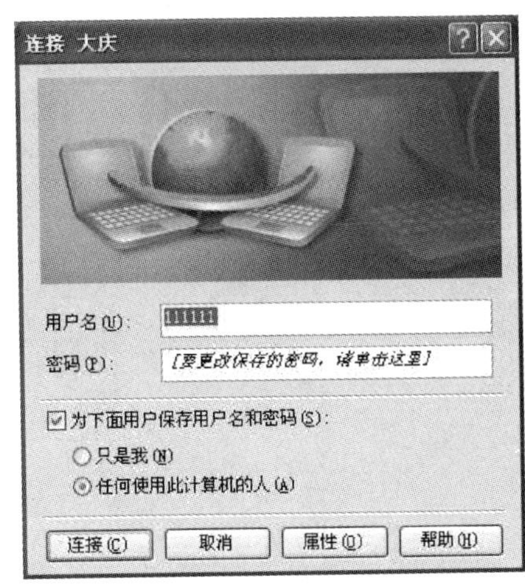

图 6-4-18　拨号连接窗口

(3) 双击桌面的"大庆"的图标。在弹出的窗口中单击"连接"即开始拨号连接网络,如果在"新建连接向导"中没有输入账号和密码,则须输入 ISP 提供的账号和密码(必须注意账号的格式和大小写),如图 6-4-18 所示。

6.5　网络浏览器 IE 6.0 的应用

6.5.1　IE6.0 简介

Internet Explorer 是微软公司提供的因特网浏览器,通常简写为"IE"。它与 Windows 系统捆绑在一起提供给用户使用,与 Windows 配合良好,是人们常用的上网浏览工具。

IE 实际上是一组套件,本部分介绍的版本为 IE6.0,是由几个软件包组合而成的。主要包括:

1. 用于 WWW 浏览的 IE 浏览器。
2. 用于管理电子邮件的"Outlook Express"。
3. 用于网上聊天的"Chat"。
4. 用于召开网上会议的"NetMeeting"。
5. 用于网上音频和视频播放的"Media Player"。

6.5.2　用户界面

双击桌面上的 Internet Explore 图标,或单击屏幕左下角的浏览器图标,则进入到 IE 浏览器的主界面,如图 6-5-1 所示。

6.5.3　属性设置

为了更好地使用 IE,可以对其进行设置。单击"工具"菜单中的"Internet 选项",即可进入浏览器设置窗口,如图 6-5-2 所示。

进入"Internet 选项"后将有 6 个活页选项卡,分别为:"常规"、"安全"、"内容"、"连接"、"程序"、"高级"。它们包含许多设置信息,下面介绍选项卡的设置方法。

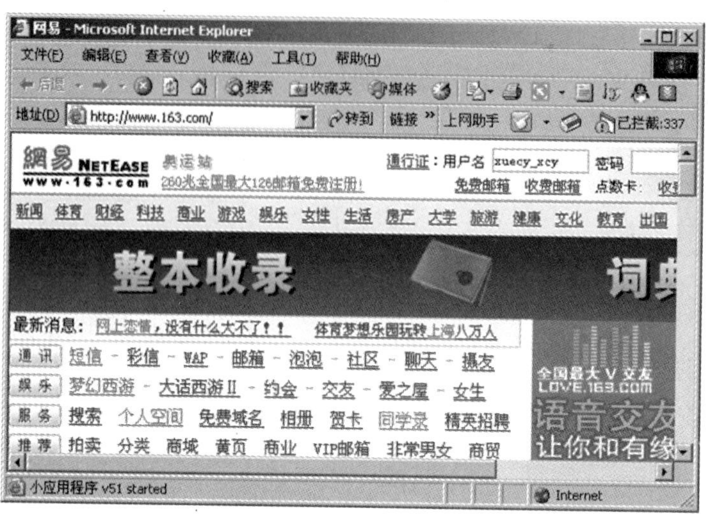

图 6－5－1　IE 浏览窗口

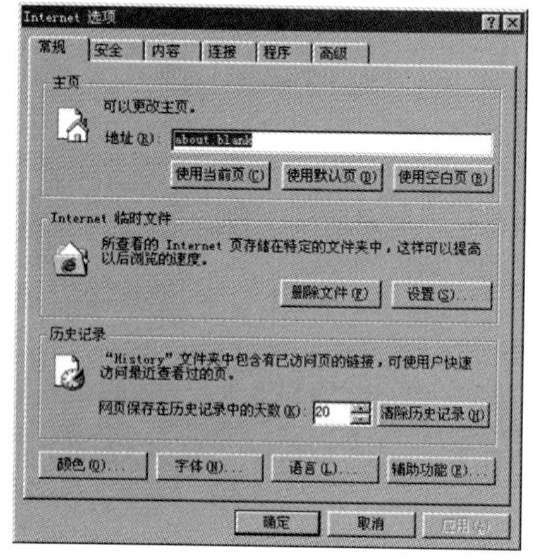

图 6－5－2　IE 的设置

6.5.3.1　“常规”选项卡的设置

1. 指定 IE 启动时的首页。

单击 Internet 选项后，进入到“常规”项中，“地址”一栏可以输入用户每次上网最先访问的站点，例如：http：//www.sohu.com。也可在访问某一站点时单击“使用当前页”按钮把该网页作为首页。单击“使用默认页”按钮，则会把微软的主页作为首页。也可单击“使用空白页”设置首页为空白，提高 IE 的启动速度。

2. Internet 临时文件。

用于设置 IE 保存临时文件的一些信息，如“是否检查所存网页的较新版本”、临时文件夹的位置、“使用的磁盘空间”的大小等。单击“删除文件”可清空临时文件夹中的内容。

3. 历史记录。

计算机中有个“History”文件夹包含了以前已访问页的链接，可以让用户快速访问已浏览过的网页。在此，可以设置和指定“网页保存的历史记录中的天数”，还可以“清除历史记录”将历史记录清空。

6.5.3.2　“高级”选项卡的设置

“高级”选项卡如图 6－5－3 所示。可设置的内容比较多，有“网络实名”、“HTTP1.1 设置”、“Microsoft VM”、“安全”、“从地址栏搜索”、“打印”、“多媒体”、“辅助功能”、“浏览”等内容。

6.5.3.3　“连接”选项卡

如图 6－5－4 所示，在“连接”选项卡中可设置的主要内容是设置拨号连接的有关内容和是否使用 Internet 连接向导连接到 Internet 等。

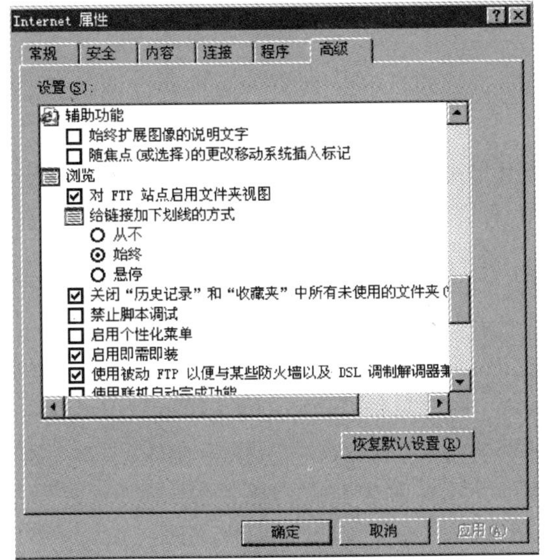

图 6-5-3　“Internet 属性”对话框的“高级”选项卡

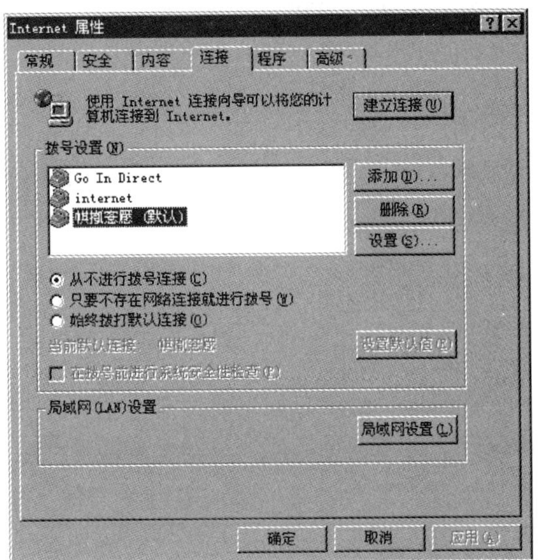

图 6-5-4　“Internet 属性”对话框的“连接”选项卡

6.5.3.4　“内容”选项卡

可以启用分级系统以帮助用户控制在计算机上看到的 Internet 内容，可使用“证书”以正确标识用户，以及查看 Internet 配置文件。

6.5.3.5　“安全”选项卡

可为不同区域的 Web 内容指定安全设置，对该区域的安全级别还可以自定义。

6.5.3.6　“程序”选项卡

可以指定 Windows 自动用于每个 Internet 服务的程序，重置 Web 设置。可以检查 Internet Explorer 是否为默认的浏览器。

6.5.4　浏览 WEB 页和浏览资源的保存

6.5.4.1　使用 IE 浏览网页

1. 在地址栏输入 URL。使用 IE 的一个主要用途就是浏览网页，要浏览一个网页，最简单的方法就是在地址栏中输入该网页的 URL，即网址。每个网站都有一个地址，以中国互联网络信息中心为例，其地址是：http：//www. cnnic. net。要注意地址中的每一个符号，包括“.”都不可以省略。

当在地址栏中输入 URL 并按回车键后，IE 将根据地址访问指定的服务器。某服务器的第一个信息页称为“主页”，其他页面为一般的 Web 页面，各窗口可以独立工作。

需要指出的是，IE 具有“智能感知”技术，输入时可以省略开头的 http：//或 ftp：//，如果是以前输入过的网址，则输入头几个字母后，它会自动显示以前的网址。如果用户输入有误，IE 还会自动纠正，例如将“htp：//”自动纠正为“http：//”。

2. 网页间浏览。在浏览网页时，鼠标的形状由箭头变成手指，在能变成手指的地方单击鼠标，会出现变化以后的页面，这就是“跳转”。依靠跳转可以随时在感兴趣的内容上单击，轻松而直观地获得所需要的信息。

IE 会在临时文件夹中自动保存用户浏览过的网页，因此，如果要再次查看以前已经看过的网页，无需再次上网，即可直接查看。

要查看刚才看过的网页，单击工具栏中的“后退”按钮。如要返回，单击“前进”按钮。

3. 编码的选择。使用 IE 浏览时，还可以选择不同的汉字编码来解决浏览海外站点时遇到的乱码问题。

方法是：单击“查看”菜单中的“编码”命令。

6.5.4.2 保存信息

在浏览过程中，如果找到自己感兴趣的信息和资料，可以十分方便地保存这些信息，以便断线后慢慢阅读。或者保存在其他文档中与他人共享。

1. 保存整个页面信息。单击“文件”菜单中的“另存为”命令，在弹出的对话框中输入文件名，并选择要保存的文件夹、保存类型，单击“保存”即可。这种方式可以保存网页上的文本、图片以及某些动画等。

2. 保存图片。如果要单独保存图片，可将鼠标移到要保存的图片上，单击鼠标右键，在弹出的快捷菜单中选择“图片另存为”命令，填好各项内容后，单击“保存”按钮即可。

6.5.5 添加、查看、整理收藏夹

如果要把自己喜欢的网站地址保存，可以使用 IE 提供的“收藏”功能，将网站地址放到专门的收藏夹中。收藏夹实际上就是文件夹，主要用来保存页面。单击菜单栏中的“收藏”或从工具栏上单击“收藏”按钮均可打开收藏夹，如图 6－5－5 所示。

图 6－5－5 打开收藏夹

6.5.5.1　将站点地址添加到收藏夹

将站点地址加入到收藏夹中。用户可将喜欢的站点的名字加到不同的收藏夹分类中，以后用户还想去该站点，只要进入此栏单击页面的名称，就可以访问这一页的信息了。

6.5.5.2　整理收藏夹

可以对所收藏的站点进行分类的管理，例如拷贝，删除，移动等。

1. 单击“收藏”菜单的“整理收藏夹”命令，弹出如图6－5－6所示的“整理收藏夹”对话框。

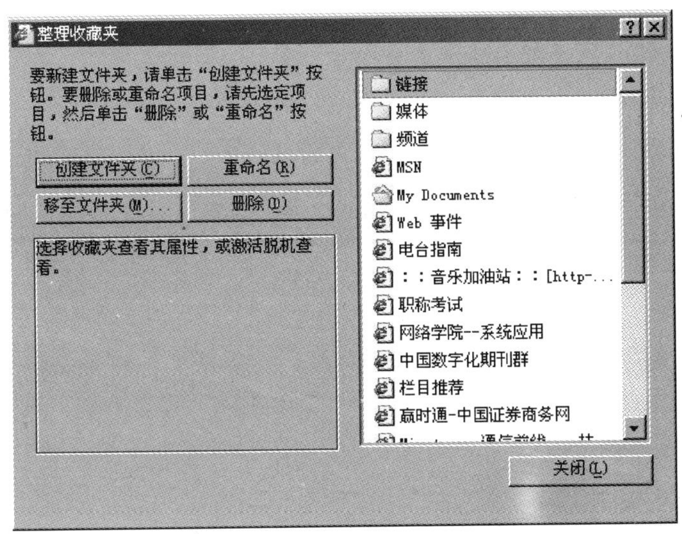

图6－5－6　“整理收藏夹”对话框

2. 按照提示，单击画有文件夹的按钮，在弹出的对话框中键入文件夹的名称，然后按回车键。

3. 单击“收藏”菜单，即可开始整理收藏夹。

6.5.6　IE的其他功能

6.5.6.1　快速显示web页

一般来说，网络上的网页会包含文本、图片及动画、音频视频等多媒体信息。这些信息的容量比较大，再加上拨号上网的速度比较慢，所以，如何提高IE的浏览速度是大家所关心的问题。屏蔽声音、图片和动画可以加快下载，在IE默认的情况下，用户打开一个网页时，网页上的图片、动画、声音和视频等多媒体信息都会被载入，这些都是影响网页下载速度的关键。很多时候，用户在网络上仅仅只查找文字信息，这样可以将多媒体信息屏蔽掉。

具体的操作方法：打开“工具”菜单，单击“Internet选项”，选择“高级”选项；在“设置”下面找到多媒体，将其下面的“播放动画”、“播放声音”、“播放视频”和“显示图片”前面的复选框取消。如果在浏览时要查看图片，可以在网页上的未显示的图片上单击鼠标右键，从右键菜单中选择“显示图片”命令，就可以显示该图片，如图6－5－7所示。

6.5.6.2　自动调整图像

网页上下载一些大型的图像时，解析度很多时候都会大于 Windows 桌面的大小。IE 6.0 能够自动调整网页中较大图像的大小，以适合浏览器窗口，打开浏览器，选择“高级”中的“启动自动图像大小调整”，在下载大型图像时就会自动调整成窗口的大小。

6.5.6.3　音频和视频信息的欣赏

用户浏览网页的时候，会发现有些网页上会有一些视频和音频，比如电影和歌曲，通过下面的操作就可以正常的欣赏到音频和视频信息。打开 IE 选项，然后在高级里设置允许播放网页中的动画、允许播放网页中的声音、允许播放网页中的视频。

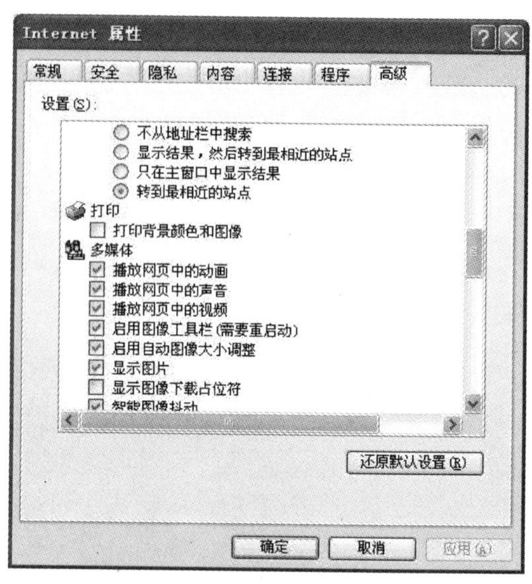

图 6-5-7　快速显示 web 页

6.5.6.4　下载文件

浏览网页的时候发现自己需要的文件，可以通过下载文件将该文件保存在自己的电脑中。操作：直接在下载链接处单击左键或右键“另存为”后会出现下载文件提示，用户可以选择自己想要保存的位置然后进行下载，文件就保存在电脑的硬盘中了，如图 6-5-8 及图 6-5-9 所示。

图 6-5-8　保存对话框

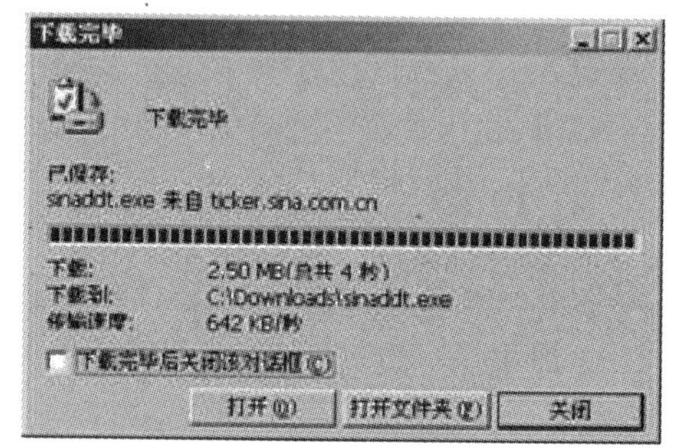

图 6-5-9　下载完成对话框

6.6　电子邮件应用基础

6.6.1　电子邮件的基本知识

6.6.1.1　概念

电子邮件服务是 Internet 最重要的服务之一。Internet 用户可以向 Internet 上的任何人发送和接收数据类型的信息。利用 E - mail 发送的信件可以在几秒到几分钟之内送往世界各地的邮件服务器中，那些拥有电子邮件地址的收件人可以随时取阅。这些信件可以是文本，也可以含有图片、声音，或者是其他程序产生的文件，还可以通过电子邮件订阅各种电子报刊，它们将定时投递到用户的电子信箱中。

6.6.1.2　一般格式

与普通信件一样，电子邮件也需要地址。电子邮件地址就是用户在 ISP（Internet Service Providers，因特网服务提供商）所开设的邮件账号加上服务器的域名，中间用“@”隔开。

如：jisuanji@ sina. com. cn。

“Jisuanji”表示用户在 ISP 所提供的服务器上注册的电子邮件账号，也就是用户名；“@”表示“at”，即“位于，在”的意思；“sina. com. cn”表示服务器的域名。

6.6.1.3　电子邮件服务器

邮件服务器是电子邮件系统的核心构件，其功能是发送和接收邮件，同时还要向发信人报告邮件传送的情况。邮件服务器需要使用两个不同的协议：SMTP（简单邮件传输协议），用于发送邮件；邮局协议 POP3（Post Office Protocol），用于接收邮件。

目前，许多网站都提供了免费电子邮件服务，容量有的已达到 3G，如搜狐（Sohu）、雅虎（Yahoo）、新浪（Sina）及谷歌（Google）等。

6.6.2　申请免费电子邮箱（演示）

如果用户想要一个免费的 E - mail 地址，国内有许多站点提供，如网易电子邮局（www. 163. com）、263 电子邮局（www. 263. net）。下面就以网易电子邮箱的申请为例。

1. 在 IE 的地址栏中输入 www. 163. com，进入网易主页，如图 6 - 6 - 1 所示。

2. 单击右上角的“申请”按钮后，将出现图 6 - 6 - 2 所示的画面，主要是每个网站的一些服务条款，用户只有无条件接受所有服务条款，才能继续申请，条款的内容用户要认真看清楚，如果认为自己无法遵守，可以单击“不同意”，这时将退出申请。

图 6 - 6 - 1　网易主页

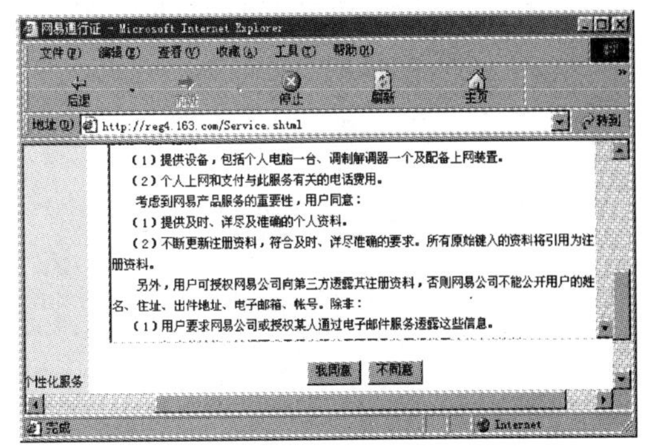

图 6 - 6 - 2　网易邮箱申请界面

3. 如果用户单击了“我同意”按钮，将会进入下一步，这时用户要选择一个用户名，用户名的要求下方已经列出。因为申请的人太多，经常会出现用户选择的用户名已经被别人用过，这时系统会提示用户再选另外一个用户名。

4. 当用户把用户名选择好以后，单击“确定”按钮，会进入下一个界面，在这个界面里，用户需要填写一些个人基本资料，其中有“*”的是必须填写的项。

5. 当用户把所有的信息填写完成后，单击“确定”按钮，这时系统会告诉用户邮箱申请成功，用户只要单击“立即激活”按钮，邮箱就能正常使用了。

6.6.3 用 Outlook Express 管理电子邮件（演示）

Microsoft 公司推出的 Outlook Express 是目前比较流行的电子邮件阅读、收发邮件的管理软件。在使用 Outlook Express 5.0 软件之前，要进行一些必要的参数设置（如邮件地址），这样才能通过远程邮件接收（POP3 或 IMAP）服务器、发送邮件（SMTP）的服务器正常地接收邮件，如图 6-6-3 所示。

6.6.3.1 Outlook Express 的特点

1. 提供了方便的信函编辑功能。在信函中可随意加入图片，文件和超级链接，如同在 Word 中编辑一样。

2. 多种发信方式。可立即发信，延时发信，信件暂存为草稿等方式。

3. 同时管理多个 E-mail 账号。如果用户有多个邮件账号，可以方便管理。

4. 可通过通信簿存储和检索电子邮件地址。

5. 提供信件过滤功能。

Outlook Express 窗口如图 6-6-3 所示，其中窗口介绍左边一栏中包含：

1. 收件箱：新收到的消息和尚未处理的信件。

2. 发件箱：准备发出的信件。

3. 已发邮件：已经发出的消息。

4. 已删除邮件：阅读后要删除的信件，但并未永久删除。

5. 草稿（已保存邮件）：包含写了但还没有完成的信件。

6.6.3.2 参数设置

单击“工具”→“选项”，便可进入邮件设置对话框，如图 6-6-4 所示。其中包括 10 个选项卡，可以根据实际需要进行设置。

图 6-6-3 Outlook Express 主画面

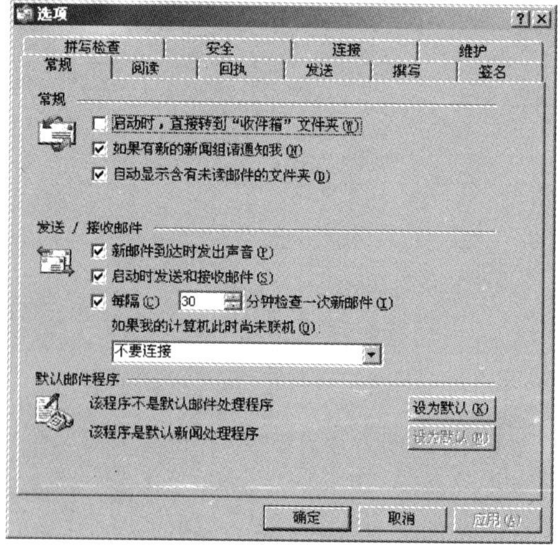

图 6-6-4 Outlook Express 的参数设置

6.6.3.3 账号设置

使用 Outlook Express 收发邮件之前必须要先设置账号，即设置收、发邮件服务器、电子邮件地址、回信地址以及邮件格式和调用的拨号器等参数。设置步骤如下：

1. 在“工具”菜单中选中“账号”，进入账号设置窗口，如图6-6-5所示。

2. 选中“邮件”选项卡，单击“添加”按钮，出现下拉式菜单，选择“邮件”。

3. 弹出账号设置向导，如图6-6-6所示，根据提示输入用户想显示的姓名，输入后单击“下一步”按钮。

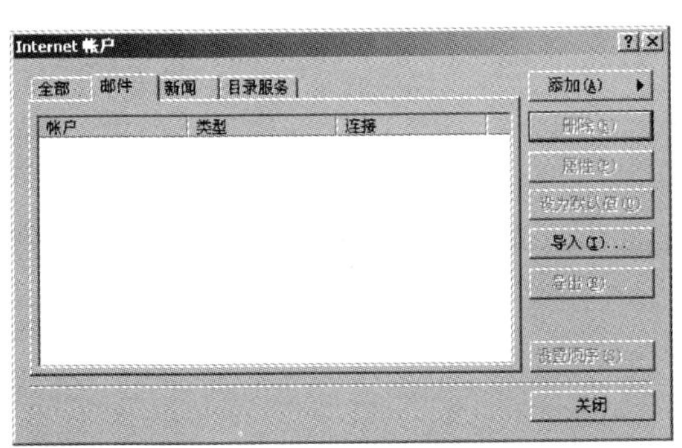

图6-6-5 账号设置窗口

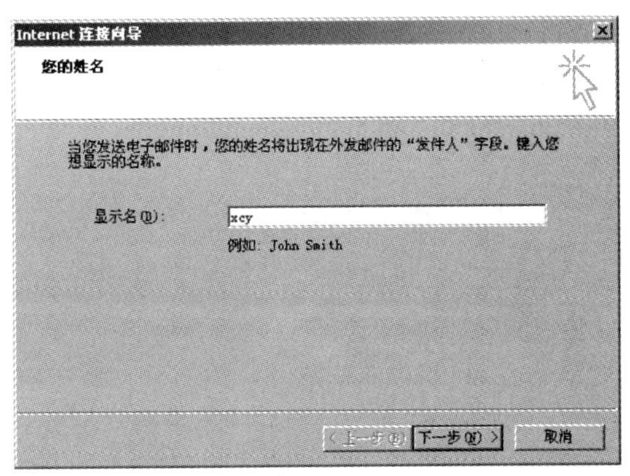

图6-6-6 设置发件人显示姓名

4. 输入个人电子邮件地址，单击“下一步”按钮。

5. 输入收信和发信邮件服务器地址的相关信息，此信息可以从该邮箱的提供者处获得。输入完成后，单击“下一步”按钮。

6. 输入个人账号及密码，单击“下一步”按钮。

7. 至此已成功地输入了设置账号所需的所有信息，单击“完成”按钮。在“Internet 账号”的“邮件”活页夹中会出现刚刚添加的账号信息。

若需添加第2个账户，则只需重复上述步骤的操作即可。

6.6.3.4 账号信息修改

用户还可以对已添加的账户进一步设置，在“Internet 账户”对话框（图6-6-7）中单击“属性”按钮，进入账号属性设置对话框，如图6-6-8所示，可以对原先定义的参数进行修改。

在此，可修改前面设置的各项参数，如用户名、邮件地址、服务器等。还可通过“连接”活页夹设置可调用的连接 Internet 方式。在高级选项活页夹中，可以定义在每次收信后，信件不从服务器删除，使用其他计算机还可以收取。

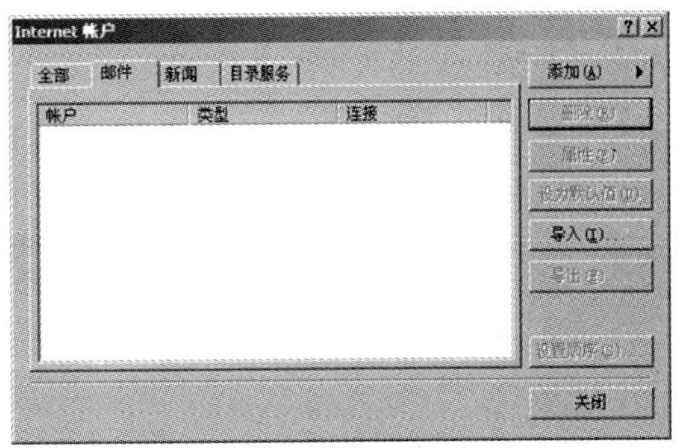

图6-6-7 设置账户信息

6.6.3.5 创建新邮件

进入 Outlook Express 窗口，在工具栏中最左边的按钮，就是“创建邮件”，用鼠标单击，即可出现写新邮件窗口，如图6－6－9所示。各部分介绍如下：

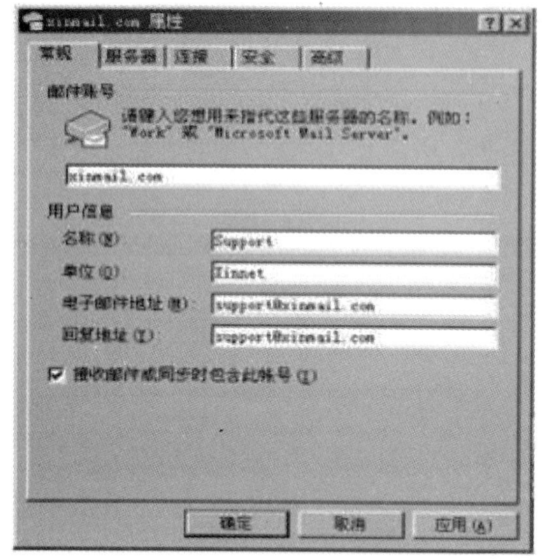

图6－6－8　设置账户名和密码

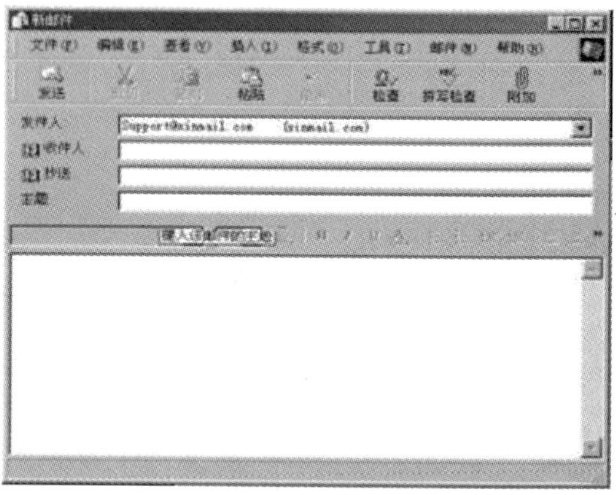

图6－6－9　写邮件窗口

1. 收件人：写入收信人的E－mail地址。

2. 抄送：可给多人同时发信，此处可写入其他人的E－mail地址，中间用逗号隔开，每一个收信人会看到其他收信人的地址。

3. 主题：邮件标题。

4. 文档区：在文档区中输入相关内容，可方便插入多种内容，如附件、图片、各种修饰符，还可设定颜色及选择信纸等。

写完信后有几种方式发送信件：

1. 单击工具栏中的“发送”按钮。如果在前面设置的邮件设置对话框里的“发送”选项卡中，没有选择立即发送邮件，将出现提示，告诉这封信将先放入“发件箱”中，在下次单击Outlook Express主窗口菜单中的“工具”中下拉菜单的第一项“发送和接收”邮件时再发送出去，如图6－6－10所示。

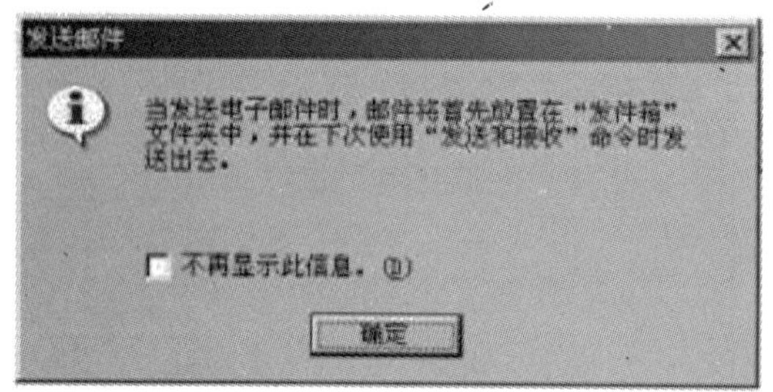

图6－6－10　发送邮件提示

如果在前面设置的邮件设置对话框里的“发送”选项卡中，选择的是立即发送邮件，将立即将此信发送出去，新邮件窗口自动关闭。

2. 单击“文件”菜单并选择“以后发送方式”，这就是所谓的延迟发送方式，此时邮件并没有发出去，而是发送到“发件箱”中，此时可以不必上网，即实现“离线写信”，需要发信时，可在上网后单击菜单中“工具”栏里“发送和接收”项，将信发出，并同时收取信箱中的新邮件。动用此种方法，可以做到分开写信最后集中发送的方式，既提高效率又节省上网时间。

3. 单击“文件”菜单并选择“保存”，信件发送到“草稿”文件夹中，此时邮件没有发走，可随时打开此邮件进行编辑修改，再完成发信工作。

4. 单击 Outlook Express 工具栏中的“发送和接收”按钮，可以同时完成发送和接收邮件工作。

6.6.3.6　通信簿的使用

1. 单击菜单栏中“工具”的下拉菜单中选择“通信簿”，进入如图 6－6－11 所示的“通信簿”设置界面。

2. 选择“新建”中的“新建联系人”输入相关个人信息，如图 6－6－12 所示。

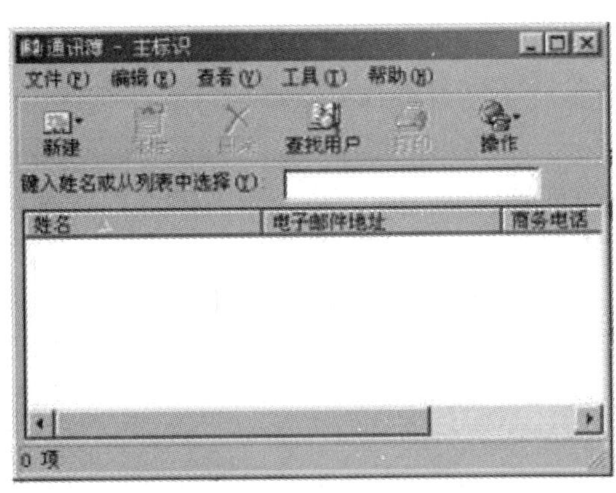

图 6－6－11　通信簿

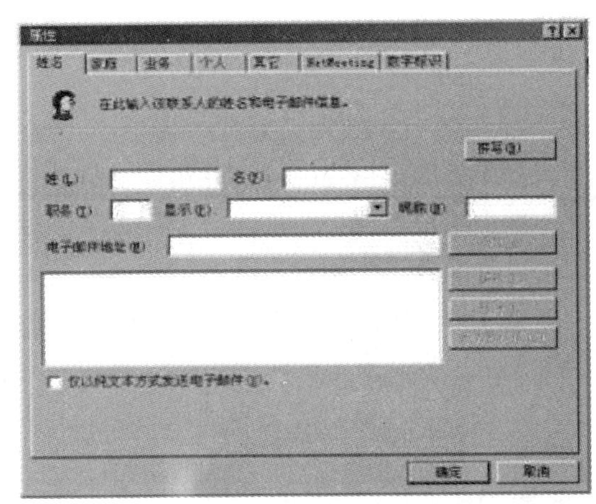

图 6－6－12　新建通信簿

3. 以后撰写新邮件时可方便地通过单击“收件人”，弹出“选定收件人”窗口，单击某一“收件人”后确定。在新邮件窗口中的“收件人”栏里就会出现刚选定的收件人姓名。

6.6.4　基于 WWW 的电子邮件的接收（演示）

电子邮箱申请成功后，用户可以开始收发邮件了。这里还是以网易电子邮箱为例，介绍电子邮件的收发过程。

在邮箱登录页面中，输入用户之前申请的用户名和密码，然后单击“登录”按钮，系统将进入用户的邮箱，如图 6－6－13 所示。

因为这个邮箱是刚申请的，所以里面并没有邮件。如果有邮件，可以单击“收件箱”，系统将进入收件箱，如图 6－6－14 所示。进入收件箱后，用户可以单击每封电子邮件的主题来查看其他用户发来的邮件。如果用户要发电子邮件，可单击左边“发信”选项，将进入写邮件界面，如图 6－6－15 所示。

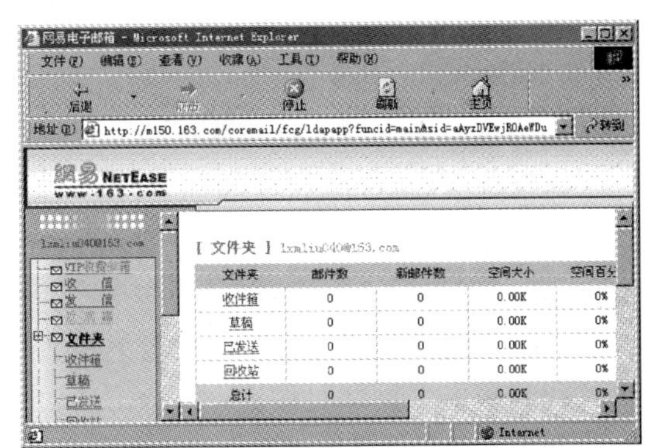

图 6－6－13　网易电子邮箱

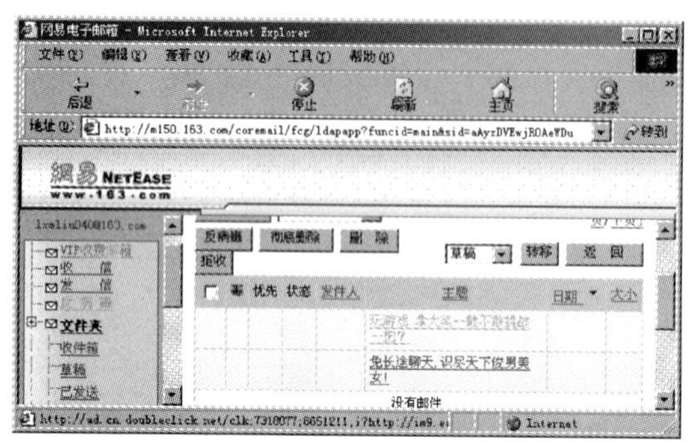

图 6－6－14　网易电子邮箱的收件箱

图 6－6－15　写邮件界面

在图 6－6－15 所示写邮件界面中，用户要把收件人的邮件地址正确地写入“收件人”文本框中，如果出现邮件地址错误，邮件将不能发送到用户想发送对象的邮箱里。“主题”文本框中用户可以把信件内容的主题写进去。在“发送”按钮下方有一个文本框，是用来写信件的内容，当用户把所有的内容写完后，单击“发送”按钮，系统将会把邮件准确地发送到收件人的邮箱里，如图 6－6－16 所示。

如果用户在发信的时候想把文件也发送给对方，用户只要单击“附件”文本框后面的“添加/编辑”按钮，将会出现发送附件界面，如图 6－6－17 所示。

图 6－6－16　邮件发送成功界面

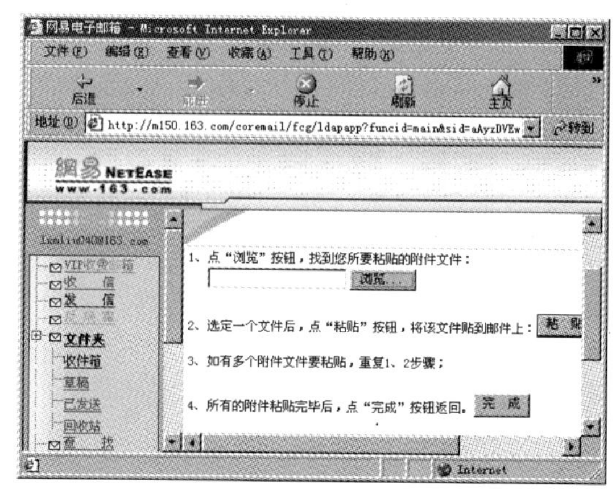

图 6－6－17　附件发送界面

添加所需发送的附件步骤如下：

（1）单击“浏览”按钮，将会出现如图 6－6－18 所示对话框，选择用户要发送的文件。

（2）单击“打开”按钮，将会出现如图 6－6－19 所示界面。

（3）单击“粘贴”按钮，将会出现如图 6－20 的界面。

如果还要发送其他的文件，则重复步骤（1）、（2）。如果所有的文件都粘贴好了，则单击“完成”按钮，系统将回到发送信件的界面，如图 6－6－21 所示，这时“附件”文本框中则会显示刚才粘贴的附件大小及文件类型。

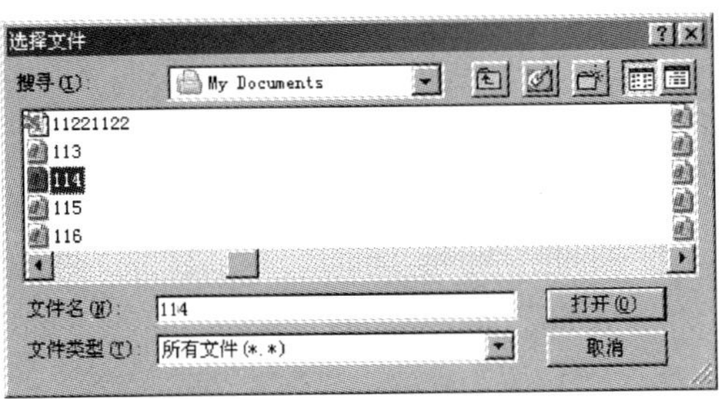

图 6-6-18　选择文件对话框

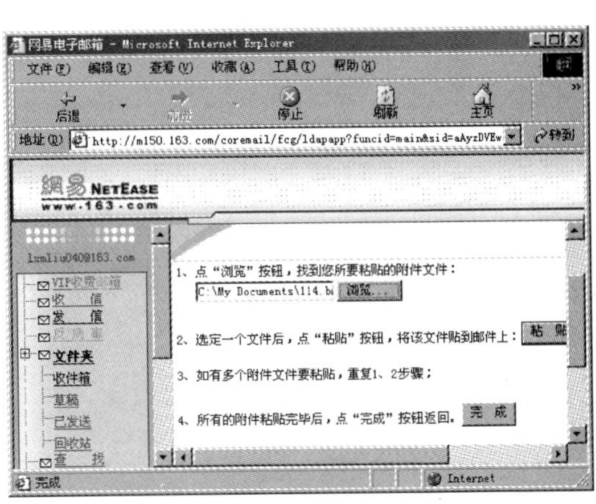

图 6-6-19　发送附件界面

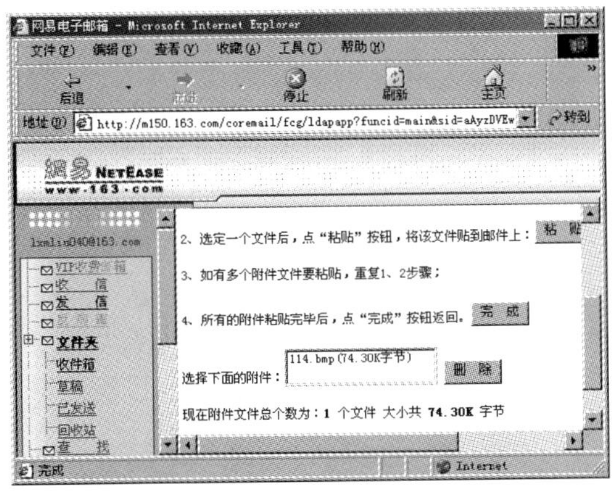

图 6-6-20　粘贴完成后的界面

图 6-6-21　粘贴“附件”后的发信界面

单击“发送”按钮，用户的邮件将会准确地发送出去，并且能把用户刚才粘贴的附件也发送给对方。

6.7　网上冲浪

6.7.1　搜索网上资源——搜索引擎的介绍和使用

搜索引擎（Search Engine）是某些网站提供的用于网上查询信息的搜索工具（程序）。自万维网诞生以后，Internet 上各种网站和网页以惊人的速度增加，为了方便用户查询信息，搜索引擎便应运而生。搜索引擎周期性地在 Internet 上收集信息，将信息分类存储在数据库中，用户搜索有关信息时实际上是借助搜索引擎在这些特定的数据库中进行查询。具有强大搜索引擎的网站称为“门户网站”，即能吸引众多用户一上网便访问其网站。

常用的搜索引擎包括：Yahoo、Google、百度、新浪、搜狐、网易等。

以 Yahoo 的中文平台使用为例，网站的主页如图 6-7-1 所示。

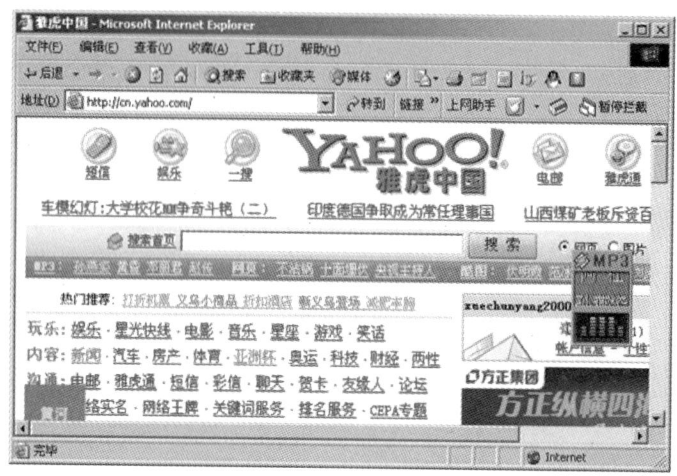

图6-7-1　Yahoo网站的主页

使用Yahoo进行查询，只要在Yahoo主页上的“搜索”文本框中输入要查找的关键字字符串，单击“搜索”按钮，便进入查询，不久就会返回搜索结果。在使用搜索引擎查找信息时，应该尽可能地缩小搜索范围。缩小范围的简单方法就是添加搜索词、指定网域或设置搜索类别。例如，要查找电影“泰山”有关的网页，可先设定分类搜索为“电影”，然后按搜索词“泰山”进行查找。否则直接按搜索词“泰山”进行查找，会找到迪士尼的“泰山”卡通等其他内容。

在搜索引擎中设置查询条件时，可以使用逻辑运算符。符号“&”代表逻辑“与”运算，符号“|”表示逻辑“或”运算，符号“!”代表逻辑“非”运算。

搜索引擎各有千秋，下面再简单介绍一下Google的特点。Google采用大型公共网页目录（Open Directory Project）的明细分类，在网页目录内收录了来自150个以上网站的网页。根据网页的引用频率来判定该网页的重要与否，并让网页依照其重要性先后排序列出。

例1. 使用搜索引擎Google，搜索Internet的文选资料。

启动IE后，在地址栏输入“http：//www. google. com”，进入到Google网站的主页，打开高级搜索窗，在各个文本框中填入相关条件，如图6-7-2所示。单击“Google搜索”按钮，即可列出搜索结果。

6.7.2　下载工具下载软件

6.7.2.1　DLExpert

DLExpert完全是由中国计算机专业人员编写的一个具有多线程、多文件、断点续传等功能的下载软件，最大限度地利用网络资源，以最快的速度从Internet上下载文件。

DLExpert可以把一个文件分为任意的多个部分，可达100个以上，而每个部分都由一个独立的线程下载，从而能够同时下载同一个文件的不同部分，极大地提高了下载速度。DLExpert支持Http和Ftp，以及Http和Ftp代理，同时提供自动拨号、自动挂断、定时下载和自动关机功能，使下载工作更加方便快捷。

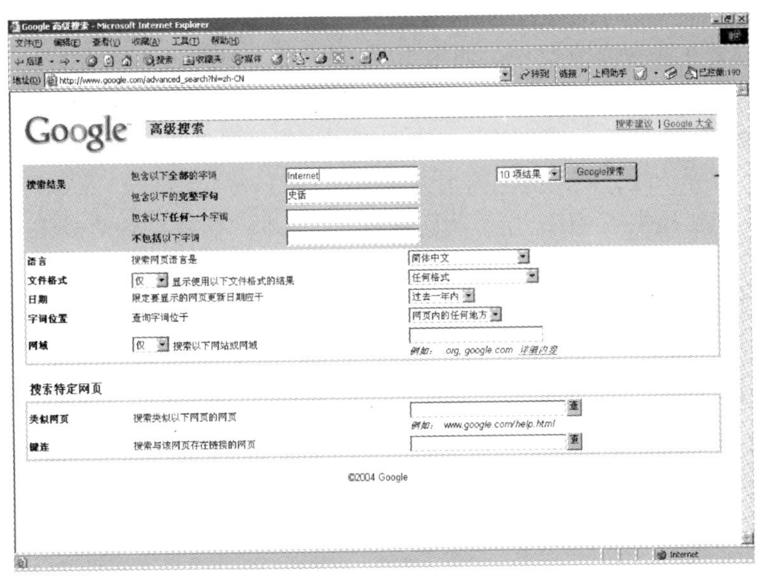

图 6-7-2 Google 高级搜索条件设置窗口

1. 设置 DLExpert。

在 DLExpert 的主窗口中打开“选择”选单的“设置”选单项，出现如图 6-7-3 所示的“设置”窗口。

此窗口共包括 6 个属性页：

(1) 下载设置：下载文件保存的路径以及 Http 和 Ftp 下载设置。

(2) 代理设置：DLExpert 支持 Http 和 Ftp 代理，在这里可以设置 Http 和 Ftp 代理服务器的 IP 地址、端口号、连接方式等。

(3) 超时设置：对在指定的时间内未能连接到服务器、接收或发送数据失败、没有接收到连接请求等信息进行报错提示。

(4) 功能设置：设置定时下载、下载参数以及一些可选功能。

(5) 指示设置：设置下载过程中各种指示信息，如接收和发送速度显示颜色、背景色、指示的速度单位等。

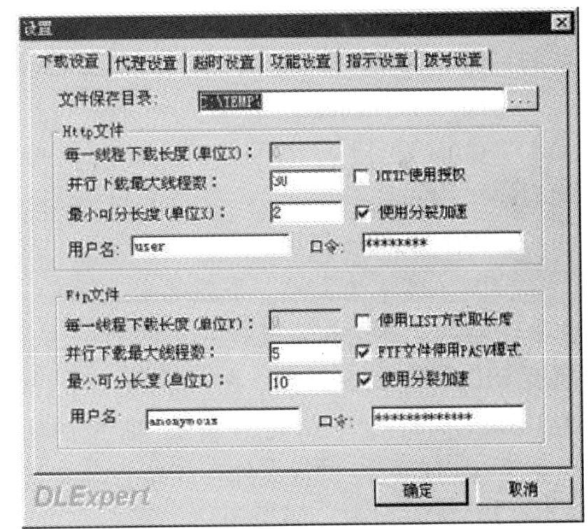

图 6-7-3 DLExpert 的设置窗口

(6) 拨号设置：可选择拨号网络、自动拨号以及自动挂机等功能。

2. DLExpert 的操作方式。

DLExpert 有两种操作方式用于下载文件：

(1) 打开主窗口“工作”选单下的“新建”选项，弹出新建工作窗口，在这个窗口中输入要下载文件的 URL，并设置下载属性，确定后，在主窗口的工作列中就新增了一个工作。

（2）在主窗口的“设置”选单下选择“拖放窗口”，则出现一个浮动窗口，在浏览器中把将要下载的文件拖到此窗口中。如果 URL 能下载，则把此 URL 加入到主窗口的工作列中。

DLExpert 在主窗口的工具条中对已加入的工作列提供了开始下载、暂停下载、删除下载以及修改下载参数等功能，使用起来简单方便。

另外，DLExpert 提供了 GB、Big5 以及英文三个版本，在每次启动 DLExpert 时都提示选择所需的版本。DLExpert 的确是一个非常适合国内 Internet 用户的下载工具，特别是通过电话线拨号上网的用户，DLExpert 独特的多线程多文件下载充分利用了上网客户机和访问到的服务器的资源，最大限度地提高了下载速度。

6. 7. 2. 2　NetAnts

网络蚂蚁作为中国计算机专业人员开发的下载工具软件，则后来居上，它利用了一切可以利用的技术手段，如多点连接、断点续传、计划下载等，使用户在现有的条件下，大大地加快了下载的速度。由于这是个下载软件，用蚂蚁搬家来象征它从网络上下载数据，因此就称为“网络蚂蚁”。

1. 安装与卸载。

“网络蚂蚁”在网上许多地方都提供了下载，用户按照安装向导提示的安装过程进行安装。用户首先要看软件许可协议，同意协议后，选择安装位置（推荐的缺省位置为 C：\ Program files \ netants）。在文件复制后，可选择在桌面上建立 Net Ants 的快捷方式以简化操作，并可选择是否查看“Readme”文件。如果浏览器已经运行的话，将提示重新启动浏览器，这将保证 Net Ants 与浏览器正确的整合。至此，安装过程即顺利地完成。

当用户不愿意再使用 Net Ants 时，可按照“开始”→“程序”→“NetAnts”→“Uninstall NetAnts”的顺序把 Net Ants 从系统中卸除。当然，用户也可以从控制面板的“添加/删除程序”中卸载。

2. 软件的初步使用。

（1）下载单个文件。下载单个文件时，往 NetAnts 添加任务有 5 种方法：在浏览器中单击要下载的文件；在要下载的文件上单击鼠标右键并选择“Download by NetAnts”来下载；拖曳 URL 到拖曳窗口中；在 NetAnts 中直接使用“添加任务”菜单指令或工具条按钮；单击 URL 的同时按下 Alt 键。当用户向 NetAnts 提交新任务时，“添加任务”对话框将出现，在对话框中用户可以设置文件存放位置和文件名等项目。

（2）导入列表。如果用户下载很多文件，可以把这些文件的 URL 编入一个文本文件中，该文件应该是纯文本文件，并且每行一个 URL。文件编好后，在 NetAnts 中单击“文件”→“导入列表”菜单项或相应工具条按钮，选择导入编好的文本文件，则“添加任务”对话框将弹出，可以选择下载的文件以及改变这些文件保存的目录。

（3）生成系列 URL。有时需要下载许多文件，它们的文件名是有顺序或是有规律的。

例如：http：//www4. netease. com/about/new_ 1. htm

http：//www4. netease. com/about/new_ 2. htm

http：//www4. netease. com/about/new_ 3. htm

……

http：//www4. netease. com/about/new_ 9. htm

（4）NetAnts 对这类 URL 提供了简化的添加任务方法。单击“文件”→“添加成批任务”菜单项或相应的工具条按钮，弹出“添加成批任务”对话框。在 URL 项的左面空白框中输入“http：//www4. netease. com/about/new_ ”，在右面空白框中输入“. htm”，其范围为 1 到 9，数字位数为 1。

注意：数字位数没有 0 位数，所以位数不能为“0”。如果系列 URL 中数字位数少于要求的位数，则在前面添加上一个“0”。

（5）从网页获取 URL。利用 NetAnts，用户可以从在线或本地的网页上导入 URL 列表。

①在网页上任意位置右击，选“Download all by NetAnts”。NetAnts 将从网页上寻找所有的 URL，并显示在“添加任务”对话框的“选择文件”标签页中，以便选择要求的文件。在此标签页的下面选择文件类型，单击“+”号可选定该类型文件，或在上面列表中，用手工一个一个的选定。从本地 HTML 文件导入 URL 时，单击“文件”→“处理网页”菜单项或相应的工具条按钮，然后利用“打开”对话框选定计算机上已有的 HTML 文件。下面的方法同在线导入 URL 列表类似。

②拖放窗口：在 NetAnts1. 10 中，拖放窗口更加方便适用，用户可以把所有要下载的文件拖放到该窗口中实现文件的下载。在拖放窗口中单击鼠标右键，用户可以轻松设置“浏览器整合”和“剪贴板监视器”，并可以添加新任务、显示主界面、设置 NetAnts 参数、退出 NetAnts。如果用户在选项设置中设置了分类保存的话，当用户拖放一个文件链接到拖放窗口中时，就会显示用户设置的文件类别，可以让用户轻松地把相应文件存在不同的文件夹中（艾草认为，这是 NetAnts1. 10 的最大优点之一，管理文件非常方便）。

6. 7. 2. 3 FlashGet

下载软件 FlashGet（网际快车）采用多线程技术，把一个文件分割成几个部分同时下载，从而成倍地提高下载速度。同时 FlashGet 可以为下载文件创建不同的类别目录，从而实现下载文件的分类管理，且支持拖拽、更名、查找等功能，令用户管理文件更加得心应手。

1. 安装。

请注意 FlashGet 有两个发行版本——国际版和中文特别版，虽说版本分别相当明晰，其实除了帮助文件的语种不同之外并没有任何差别。安装过程如图 6 - 7 - 4 所示。

2. 启动。

安装完毕后，只要有文件下载，不管用户习惯于哪种操作方式，都能快速地让 FlashGet 主动跳出来为用户服务。

（1）快捷菜单启动。

用户通过浏览器需要下载文件的时候，用鼠标右键单击该下载链接，弹出如图 6 - 7 - 5 所示的快捷菜单。

选择其中的“使用网际快车下载”可启动 FlashGet 开始下载。

（2）浏览器图标快速启动。

如果用户习惯于以拖拽方式进行下载，那也无妨。在安装 FlashGet 完毕后，用户的浏览器工具栏上多了一个 FlashGet 图标，即新版本的 FlashGet 将其图标集成到浏览器的工具按钮中，单击图标即可快速启动，如图 6 - 7 - 6 所示。

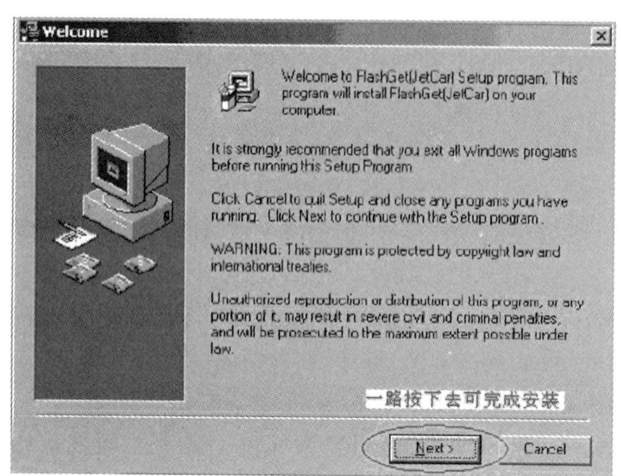

图 6－7－4　FlashGet 安装界面

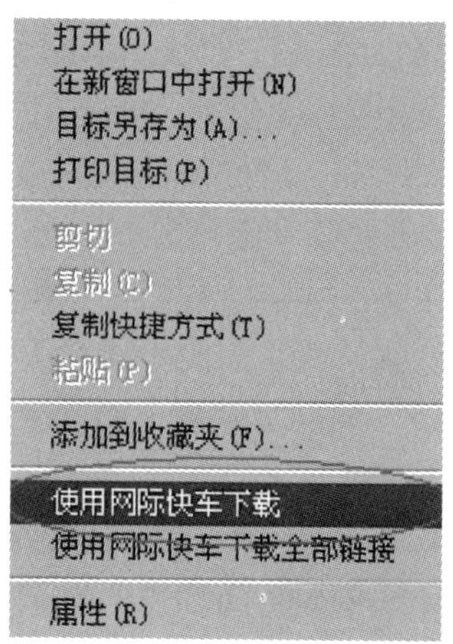

图 6－7－5　快捷菜单

图 6－7－6　FlashGet 图标

接下来就出现了 FlashGet 悬浮窗，把下载链接拖拽进去即可。

3. 下载。

（1）单击下载。平常用户从网络上下载文件，最常见的操作就是直接从浏览器中单击相应的链接进行下载。FlashGet 最大的便利之处在于它可以监视浏览器中的每个单击动作，一旦它判断出用户的单击符合下载要求，它便会激活该链接，并自动添加至下载任务列表中，如图 6－7－7 所示。

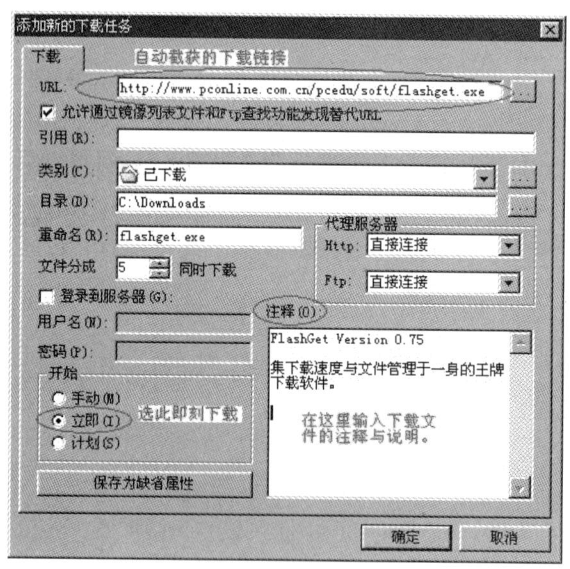

图 6－7－7　下载任务界面

（2）手动下载。有时用户通过其他途径获取了某个下载链接，比如说某本杂志介绍了一款软件，同时附上了下载链接，当遇到这种情况时，用户必须手工输入以方便 FlashGet 识别并下载，这种方法称为“手动下载”，如图 6－7－8 所示。

图6-7-8 手动下载

6.7.3 在线交易、在线学习和娱乐

6.7.3.1 在线交易

在线交易具体是指通过互联网进行的交易，其交易主要凭借虚拟货币完成各种实体物品、信息服务、虚拟产品的购买。随着电子信息时代的到来，从20世纪90年代开始，通过互联网完成的交易与日俱增，现在几乎所有物品均可在互联网上交易，例如网络购物、股票买卖等。

6.7.3.2 在线学习

在线学习是通过计算机互联网，或是通过手机无线网络，在一个网络虚拟教室进行网络授课、学习的方式。随着互联网的发展，教育行业在10年前就推广远程教育，通过互联网虚拟教室来实现远程视频授课，电子文档共享，从而让教师与学生在网络上形成一种授课与学习的互动。而现在3G时代的来临让更加方便地学习不仅可以通过笨重的计算机来实现，只要一个可以有大流量的手机，通过3G的快速网络推进，用户就能更方便地直接地通过手机等掌上工具在线学习。而无线网络使得人们的日常互动变得更加有效。

6.7.3.3 娱乐

在线娱乐是指通过互联网进行各种娱乐活动，如听音乐、看电视、看电影、下棋、玩牌、玩电子游戏等。

6.8 网络安全

6.8.1 网络安全概述

信息安全是指保护计算机中存放的信息资源，以防止不合法的使用所造成的信息泄露、更改或破坏。这些信息资源包括计算机设备、存储介质、软件和数据等。

信息安全可分为物理安全和逻辑安全。物理安全是指系统设备及相关设施受到物理保护，免于破坏、丢失等，保证系统能连续可靠正常地运行。逻辑安全主要包括信息的完整性、保密性、真实性和可用性。保密性是指高级别信息只有在授权情况下才能流向低级别的客体与主体；完整性是指信息不被非授权修改及信息保持一致性等；真实性也称为不可否认性，即在信息的交换传输过程中，所有的参与者都不可否认或抵赖曾经完成的操作或承诺；可用性是指合法用户的正常请求能及时、正确、安全地得到服务或响应。

信息安全所面临的威胁来自于很多方面，并且随着时间的变化而变化。这些威胁可以分为自然威胁和人为威胁两种。自然威胁来自于各种自然灾害、恶劣的场地环境、电磁辐射和电磁干扰以及设备老化等。人为威胁有偶然事故和恶意攻击两种情况，偶然事故如操作失误、意外损失（如911事件)、编程缺陷等。目前，信息系统的安全威胁主要来自于人的恶意攻击（黑客攻击)，如非授权访问、信息泄露和丢失、数据的完整性遭到故意破坏（如修改、删除一些重要信息)、拒绝服务攻击（对网络系统进行干扰，使之不能正常服务。如“电子邮件炸弹”，它能使用户在很短的时间内收到大量电子邮件，使用户系统不能处理正常业务，严重时会使系统崩溃、网络瘫痪)、病毒传播等。

信息安全的防范涉及的内容既有技术方面的问题，也有管理方面的问题，两方面相互补充，缺一不可。技术方面主要侧重于防范外部非法用户的攻击，管理方面则侧重于内部人为因素的管理。如何考虑有效地保护重要的信息数据、提高计算机网络系统的安全性已经成为所有计算机网络应用必须考虑和必须解决的一个重要问题。

6.8.2 危害网络安全的因素

随着网络的飞速发展，网络安全问题日趋凸显，目前的危害网络安全的因素主要有以下几种：

1. 计算机软件的漏洞。

每一个网络软件或操作系统的存在都不可能是没有缺陷、没有漏洞的，这就是说每一台计算机都是不安全的，只要计算机是连接入网的，都将可能成为众矢之的。

2. 相关软件配置不当。

对于没有做好安全配置的电脑同样会造成网络安全的漏洞。例如，如果防火墙软件配置不正确，那防火墙就起不到应有的作用。计算机上的某些网络应用程序，当打开它时，就相应地打开了一些安全缺口，与该软件捆绑在一起的应用软件也会被打开。除非用户不让该程序运行或对其进行正确配置，否则，计算机始终存在安全隐患。

3. 用户个人安全意识不强。

安全意识的问题主要针对用户本人，对与用户口令选择或将账号随意告知他人或与别人共享等，都会给计算机带来网络安全威胁。

4. 网络病毒。

目前计算机病毒是数据安全的头号大敌，它是制造者在计算机程序中植入的损坏计算机数据或功能，对计算机软硬件的正常运行造成影响并能够自我复制的计算机程序代码或指令。计算机病毒具有触发性、破坏性、寄生性、传染性、隐蔽性等特点。因此，针对计算机病毒的防范尤为重要。

5. 电脑黑客。

电脑黑客（Cracker）是对计算机数据安全构成威胁的另一个重要方面。电脑黑客利用系统中的安全漏洞非法进入他人系统，是一种甚至比病毒更危害的安全因素。

6.8.3 网络安全技术

6.8.3.1 防火墙

防火墙是指Internet之间通过预定的安全策略，对计算机内外网通信强制实施的访问控制的安全应用措施。它按照一定的安全策略对网络之间传输的数据包实施检查，以裁决网络之间的通信是否应该被允许，并监视网络运行状态。由于它透明度高且简单实用，目前被广泛应用。目前，市面上防火墙种类很多，有些厂商甚至把防火墙植入其硬件产品中。可以断定，防火墙技术将得到进一步发展。但是，防火墙也并非想象的那样安全。统计显示，曾被黑客入侵的网络用户中33%是有防火墙的，所以还必须有其他安全措施保证网络信息的安全，例如，对数据的加密处理。而且防火墙无法保护对企业内部网络的安全，只能针对外部网络的侵扰。

6.8.3.2 数据加密

数据加密是对数据信息重新编码，从而隐匿信息内容，让非法用户无法得知信息本身内容的手段。信息系统及数据的安全性和保密性主要手段之一就是数据加密。数据加密的种类有数据传输、数据完整性鉴别、数据存储以及密钥管理四种。

数据传输加密的目的是对传输中的数据流加密，常用的有线路加密和端口加密两种。数据完整性鉴别的目的是对介入信息传送、存取、处理人的身份和相关数据内容进行验证，达到保密的要求，系统通过对比验证对象输入的特征值是否符合预先设定的参数，来实现对数据的安全保护。数据存储加密是以防止在存储环节上的数据失密为目的，可分为密文存储和存取控制两种。数据加密技术现多表现为密钥的应用，密钥管理实际上是为了数据使用方便。密钥管理技术包括密钥的产生、分配保存、更换与销毁等各环节上的保密措施。另外，数字加密也广泛地被应用于数字签名、信息鉴别等技术中，这对系统的信息处理安全起到尤为重要的作用。

6.8.3.3 身份认证

身份认证是指计算机及网络系统确认操作者身份的过程。计算机系统和计算机网络是一个虚拟的数字世界，在这个数字世界中，一切信息包括用户的身份信息都是用一组特定的数据来表示的，计算机只能识别用户的数字身份，所有对用户的授权也是针对用户数字身份的授权。而生活的现实世界是一个真实的物理世界，每个人都拥有独一无二的物理身份。如何保证以数字身份进行操作的操作者就是这个数字身份合法拥有者，也就是说保证操作者的物理身份与数字身份相对应，就成为一个很重要的问题。身份认证技术的诞生就是为了解决这个问题。

信息系统中，仅通过一个条件的符合来证明一个人的身份称之为“单因子认证”。由于仅使用一种条件判断用户的身份容易被仿冒，可以通过组合两种不同条件来证明一个人的身份，称之为“双因子认证”。

身份认证技术从是否使用硬件可以分为软件认证和硬件认证。从认证需要验证的条件来看，可以分为单因子认证和双因子认证。从认证信息来看，可以分为静态认证和动态认证。身份认证技术的发展，经历了从软件认证到硬件认证，从单因子认证到双因子认证，从静态认证到动态认证的过程。现在计算机及网络系统中常用的身份认证方式主要有以下几种：

1. 用户名-密码方式。

用户名-密码身份认证是最简单也是最常用的身份认证方法，它是基于“你知道什么”的验证手段。每个用户的密码是由这个用户自己设定的，只有他自己才知道，因此只要能够正确输入密码，计算机就认为他就是这个用户。然而实际上，由于许多用户为了防止忘记密码，经常采用诸如自己或家人的生日、电话号码等容易被他人猜测到的有意义的字符串作为密码，或者把密码抄在一个自己认为安全的地方，这都存在着许多安全隐患，极易造成密码泄露。即使能保证用户密码不被泄露，由于密码是静态的数据，并且在验证过程中需要在计算机内存中和网络中传输，而每次验证过程使用的验证信息都是相同的，很容易被驻留在计算机内存中的木马程序或网络中的监听设备截获。因此用户名－密码方式是一种极不安全的身份认证方式，可以说基本上没有任何安全性可言。

2. IC 卡认证。

IC 卡是一种内置集成电路的卡片，卡片中存有与用户身份相关的数据，IC 卡由专门的厂商通过专门的设备生产，可以认为是不可复制的硬件。IC 卡由合法用户随身携带，登录时必须将 IC 卡插入专用的读卡器读取其中的信息，以验证用户的身份。IC 卡认证是基于“你有什么”的验证手段，通过 IC 卡硬件不可复制的特性来保证用户身份不会被仿冒。然而由于每次从 IC 卡中读取的数据还是静态的，通过内存扫描或网络监听等技术还是很容易截取到用户的身份验证信息。因此，静态验证的方式还是存在根本的安全隐患。

3. 动态口令。

动态口令技术是一种让用户的密码按照时间或使用次数不断动态变化，每个密码只使用一次的技术。它采用一种称之为“动态令牌”的专用硬件，内置电源、密码生成芯片和显示屏，密码生成芯片运行专门的密码算法，根据当前时间或使用次数生成当前密码并显示在显示屏上。认证服务器采用相同的算法计算当前的有效密码。用户使用时只需要将动态令牌上显示的当前密码输入客户端计算机，即可实现身份的确认。由于每次使用的密码必须由动态令牌来产生，只有合法用户才持有该硬件，所以只要密码验证通过就可以认为该用户的身份是可靠的。而用户每次使用的密码都不相同，即使黑客截获了一次密码，也无法利用这个密码来仿冒合法用户的身份。

动态口令技术采用一次一密的方法，有效地保证了用户身份的安全性。但是如果客户端硬件与服务器端程序的时间或次数不能保持良好的同步，就可能发生合法用户无法登录的问题。并且用户每次登录时还需要通过键盘输入一长串无规律的密码，一旦看错或输错就要重新来过，用户的使用非常不方便。

4. 生物特征认证。

生物特征认证是指采用每个人独一无二的生物特征来验证用户身份的技术。常见的有指纹识别、虹膜识别等。从理论上说，生物特征认证是最可靠的身份认证方式，因为它直接使用人的物理特征来表示每一个人的数字身份，不同的人具有相同生物特征的可能性可以忽略不计，因此几乎不可能被仿冒。

生物特征认证基于生物特征识别技术，受到现在的生物特征识别技术成熟度的影响，采用生物特征认证还具有较大的局限性。首先，生物特征识别的准确性和稳定性还有待提高，特别是如果用户身体受到伤病或污渍的影响，往往导致无法正常识别，造成合法用户无法登录的情况。其次，由于研发投入较大和产量较小的原因，生物特征认证系统的成本非常高，目前只适合于一些安全性要求非常高的场合如银行、部队等使用，还无法做到大面积推广。

5. USB Key 认证。

基于 USB Key 的身份认证方式是近几年发展起来的一种方便、安全、经济的身份认证技术，它采用软硬件相结合一次一密的强双因子认证模式，很好地解决了安全性与易用性之间的矛盾。USB Key 是一种 USB 接口的硬件设备，它内置单片机或智能卡芯片，可以存储用户的密钥或数字证书，利用 USB Key 内置的密码学算法实现对用户身份的认证。基于 USB Key 身份认证系统主要有两种应用模式：一是基于冲击 - 响应的认证方式，二是基于 PKI 体系的认证方式。

（1）基于冲击 - 响应的双因子认证方式。

当需要在网络上验证用户身份时，先由客户端向服务器发出一个验证请求。服务器接到此请求后生成一个随机数并通过网络传输给客户端（此为“冲击”）。客户端将收到的随机数通过 USB 接口提供给 ePass，由 ePass 使用该随机数与存储在 ePass 中的密钥进行 MD5 - HMAC 运算并得到一个结果作为认证证据传给服务器（此为“响应”）。与此同时，服务器也使用该随机数与存储在服务器数据库中的该客户密钥进行 MD5 - HMAC 运算，如果服务器的运算结果与客户端传回的响应结果相同，则认为客户端是一个合法用户。

密钥运算分别在 ePass 硬件和服务器中运行，不出现在客户端内存中，也不在网络上传输，由于 MD5 - HMAC 算法是一个不可逆的算法，即知道密钥和运算用随机数就可以得到运算结果，而知道随机数和运算结果却无法计算出密钥，从而保护了密钥的安全，也就保护了用户身份的安全。

（2）基于 PKI 体系的认证方式。

随着 PKI 技术日趋成熟，许多应用中开始使用数字证书进行身份认证与数字加密。数字证书是由权威公正的第三方机构即 CA 中心签发的，以数字证书为核心的加密技术，可以对网络上传输的信息进行加密和解密、数字签名和签名验证，确保网上传递信息的机密性、完整性，以及交易实体身份的真实性。签名信息的不可否认性，从而保障网络应用的安全性。

USB Key 作为数字证书的存储介质，可以保证数字证书不被复制，并可以实现所有数字证书的功能。

6.8.3.4 数据完整性

信息的完整性就是要保证数据没有丢失，没有被删除或篡改。信息的完整性在受到损害时，如果受损的部分是无关紧要的，那么有可能不影响信息的真实性。但是如果无从判断信息的完整性的受损部分究竟起多大的作用，那么信息的真实性就会受到怀疑。因此，保证信息的完整性应当是一个基本的要求。信息的传输渠道受到干扰，信息的存储媒介遭到破坏，操作错误造成数据文件的意外删改，病毒和黑客的攻击，都有可能破坏信息的完整性。

为了保证信息的完整性，通常采用数据备份的方法。一个完善的备份计划的确是保证信息完整性的一个有效的办法。但是也要注意到事情的另一个方面，如果用户备份的文件疏于管理，那么极有可能流失或失窃而危害信息的保密性。还有，如果用户先后备份了多份文件，这些备份文件因原始文件的随时改动而导致了它们的内容不尽相同，当原始文件损坏时，如果用户的备份文件没有电子的或物理的标签表明它们之中哪一份最接近于原始文件，那么这些彼此互相矛盾的数据将直接破坏信息的完整性。不完善的应用程序对数据库的直接操作也有可能引起数据库里信息的混乱，这也是信息完整性遭受破坏的一个例子。通常使用一种叫作“hash”的函数，来计算信息数据的特征，然后附加在信息数据之后，以便查对验证。

6.8.3.5 内容检查

内容检查技术提供对高层服务协议数据的监控能力，包括计算机病毒、恶意的 Java Applet 或 ActiveX 控件的攻击、恶意的电子邮件及不健康网页的过滤防护。

作用：1. 既能有效地防止外部恶意代码进入内网，也能控制内网用户对外部资源不良内容的访问及敏感信息的泄露。2. 利用一定智能的方式来分析数据，确保数据流的安全。内容安全威胁的形式有通过电子邮件和 Web 页面而传播的病毒，有电子邮件造成的机密信息泄露、散布的诽谤和谣言。3. 能认出数据的类型，同时提供相对应的处理功能。4. 提供在网络中防止欺骗和邮件轰炸的能力，允许用户防止一些人员利用邮件服务器来散发一些未经要求的邮件。

动态隔离与信息交换系统的内容检查机制主要针对：HTTP、FTP、邮件及文件交换等应用，包括 URL 过滤、关键字过滤、Cookie 过滤、文件类型检查及病毒查杀等操作。

6.8.3.6 虚拟专用网技术（VPN）

虚拟专用网络 VPN 被定义为通过一个公用网络（通常是因特网）建立一个临时的、安全的连接，是一条穿过混乱的公用网络的安全、稳定的隧道。使用这条隧道可以对数据进行几倍加密达到安全使用互联网的目的。虚拟专用网是对企业内部网的扩展。虚拟专用网可以帮助远程用户、公司分支机构、商业伙伴及供应商同公司的内部网建立可信的安全连接，并保证数据的安全传输。虚拟专用网可用于不断增长的移动用户的全球因特网接入，以实现安全连接；可用于实现企业网站之间安全通信的虚拟专用线路，用于经济有效地连接到商业伙伴和用户的安全外联网虚拟专用网。

VPN 可以通过特殊加密的通信协议连接到 Internet 上，在位于不同地方的两个或多个企业内部网之间建立一条专有的通信线路，就好比是架设了一条专线一样，但是它并不需要真正地去铺设光缆之类的物理线路。这就好比去电信局申请专线，但是不用给铺设线路的费用，也不用购买路由器等硬件设备。VPN 技术是路由器具有的重要技术之一，在交换机，防火墙设备或 Windows 2000 等软件里也都支持 VPN 功能。一句话，VPN 的核心就是在利用公共网络建立虚拟私有网。Vpn 的特点如下：

1. 费用低廉。

远程用户可以向当地的 ISP 申请账号登录到 Internet，以 Internet 作为通道与企业内部专用网络相连，大大降低了通信费用。而且，企业可以节省购买和维护通信设备的费用。

2. 安全性高。

虽然实现 VPN 的技术和方式很多，但所有的 VPN 均应保证通过公用网络平台传输数据的专用性和安全性。在安全性方面，由于 VPN 直接构建在公用网上，实现简单、方便、灵活，但同时其安全问题也更为突出。企业必须确保其 VPN 上传送的数据不被攻击者窥视和篡改，并且要防止非法用户对网络资源或私有信息的访问。

3. 支持最常用的网络协议。

VPN 不仅支持最常用的网络协议，而且支持任何支持远程访问的网络协议。

4. 服务质量保证（QoS）。

VPN 网应当为企业数据提供不同等级的服务质量保证。不同的用户和业务对服务质量保证的要求差别较大。在网络优化方面，构建 VPN 的另一重要需求是充分有效地利用有限的广域网资源，为重要数据提供可靠的带宽。广域网流量的不确定性使其带宽的利用率很低，在流量高峰时引起网络阻塞，使实时性要求高的数据得不到及时发送；而在流量低谷时又造成大量的网络带宽空闲。QoS 通过流量预测与流量控制策略，可以按照优先级分实现带宽管理，使得各类数据能够被合理地先后发送，并预防阻塞的发生。

5. 可扩充性和灵活性。

VPN 必须能够支持通过 Intranet 和 Extranet 的任何类型的数据流，方便增加新的节点，支持多种类型的传输媒介，可以满足同时传输语音、图像和数据等新应用对高质量传输以及带宽增加的需求。

6. 可管理性。

VPN 从用户角度和运营商角度应可方便地进行管理、维护。VPN 管理的目标为：减小网络风险、具有高扩展性、经济性、高可靠性等。事实上，VPN 管理主要包括安全管理、设备管理、配置管理、访问控制列表管理、QoS 管理等内容。

习题六

一、单项选择题

1. 用来补偿数字信号在传输过程中的衰减损失的设备是______。

A. 网络适配器　　B. 集线器

C. 中继器　　D. 路由器

2. TCP/IP 参考模型中的传输层对应于 OSI 中的______。

A. 会话层　　B. 传输层　　C. 表示层　　D. 应用层

3. 下列选项中属于集线器功能的是______。

A. 增加局域网络的上传速度　　B. 增加局域网络的下载速度

C. 连接各电脑线路间的媒介　　D. 以上皆是

4. 不属于 Windows 2003 网络本地连接属性的是______。

A. 网络客户端　　B. 网络文件和打印机共享

C. Internet 协议　　D. 共享文件

5. 下面叙述错误的是______。

A. 网卡的英文简称是 NIC

B. TCP/IP 模型的最高层是应用层

C. 国际标准化组织 ISO 提出的“开放系统互连参考模型（OSI）”有 7 层

D. Internet 采用的是 OSI 体系结构

6. 选择网卡的主要依据是组网的拓扑结构、网络段的最大长度、节点之间的距离和______。

A. 接入网络的计算机种类　　B. 使用的传输介质的类型

C. 使用的网络操作系统的类型　　D. 互联网络的规模

7. 计算机网络建立的主要目的是实现计算机资源的共享，计算机资源主要指计算机______。

A. 软件与数据库　　B. 服务器、工作站与软件

C. 硬件、软件与数据　　D. 通信子网与资源子网

8. 下面不属于 OSI 参考模型分层的是______。

A. 物理层　　B. 网络层　　C. 网络接口层　　D. 应用层

9. 下列______不属于“Internet 协议（TCP/IP）属性”对话框选项。

A. IP 地址　　B. 子网掩码　　C. 诊断地址　　D. 默认网关

10. 用户可以使用______命令检测网络连接是否正常。

A. Ping　　B. FTP　　C. Telnet　　D. Ipconfig

11. 以下选项中，不正确的是______。

A. 计算机网络物理上由计算机系统、通信链路和网络节点组成

B. 从逻辑功能上可以把计算机网络分成资源子网和通信子网两个子网

C. 网络节点主要负责网络中信息的发送、接收和转发

D. 资源子网提供计算机网络的通信功能，由通信链路组成

12. 申请免费电子信箱必需______。

A. 写信申请　　B. 电话申请　　C. 电子邮件申请　　D. 在线注册申请

13. ______不是网络协议的主要要素。

A. 语法　　B. 结构　　C. 时序　　D. 语义

14. bps 是______的单位。

A. 数据传输速率　　B. 信道宽度　　C. 信号能量　　D. 噪声能量

15. FTP 是 Internet 中______。

A. 发送电子邮件的软件　　B. 浏览网页的工具

C. 用来传送文件的一种服务　　D. 一种聊天工具

16. 有关集线器说法不正确的是______。

A. 集线器只能提供信号的放大功能，不能中转信号

B. 集线器可以堆叠级连使用，线路总长度不能超过以太网最大网段长度

C. 集线器只包含物理层协议

D. 使用集线器的计算机网络中，当一方在发送时，其他机器不能发送

17. 在 Windows 2003 中，用于检查 TCP/IP 网络中配置情况的是______。

A. Ipconfig　　B. Ping　　C. Ifconfig　　D. Ipchain

18. 局域网的英文缩写为______。

A. WAN　　B. MAN　　C. JAN　　D. LAN

19. 在计算机网络中，通信子网的主要作用是______。

A. 负责整个网络的数据处理业务　　B. 向网络用户提供网络资源

C. 向网络用户提供网络服务　　D. 承担全网的数据传输、加工和交换等

20. OSI 参考模型中，数据链路层负责在各个相邻结点间的线路上无差错地传送以______为单位的数据。

A. 帧　　B. 分组　　C. 二进制流　　D. 信息报文

21. 以下不属于以太网交换机主要功能的是______。

A. 错误校验　　B. 容错性　　C. 帧序列　　D. 物理编址

22. OSI 参考模型中，______的任务是选择合适的路由。

A. 传输层　　B. 物理层　　C. 网络层　　D. 会话层

23. 网桥是一种工作在______层的存储转发设备。

A. 数据链路　　B. 网络　　C. 应用　　D. 传输

24. 连接计算机到集线器的双绞线最大长度为______。

A. 10m　　B. 100m　　C. 500m　　D. 1000m

25. 利用双绞线联网的网卡采用的接口是______。

A. ST　　B. SC　　C. BNC　　D. RJ－45

26. 下列______不是典型的网络拓扑结构。

A. 树形　　B. 星形　　C. 发散型　　D. 总线型

27. 使用同样网络操作系统的两个局域网连接时，为使连接的网络数据从一个网段到另一个网段的选择性发送，连接时必须使用______。

A. 网桥　　B. 打印服务器　　C. 文件共享器　　D. 网络适配器

28. 在计算机网络中，有关 bps 的下列说法正确的是______。

A. bps 指的是数据每秒传输的字节数

B. bps 指的是数据每秒传输的计算机字数

C. bps 指的是数据每秒传输的比特数

D. bps 指的是数据每秒传输的指令数

29. 以下网络设备中，能够对传输的数据包进行路径选择的是______。

A. 网卡　　B. 网关　　C. 中继器　　D. 路由器

30. 以下网络类型中，______是按拓扑结构划分的网络分类。

A. 混合型网络　　B. 公用网　　C. 城域网　　D. 无线网

31. ______不是网络的有线传输介质。

A. 红外线　　B. 双绞线　　C. 同轴电缆　　D. 光纤

32. 网卡（网络适配器）的主要功能不包括______。

A. 将计算机连接到通信介质上　　B. 进行电信号匹配

C. 实现数据传输　　D. 网络互连

33. 不属于计算机网络中硬件组成的是______。

A. 网线　　B. 网卡　　C. 网络协议　　D. 调制解调器

34. 一般情况下，校园网属于______。

A. LAN　　B. WAN　　C. MAN　　D. Internet

35. 中国教育科研计算机网的英文简称是______。

A. CERNET　　B. INTERNET　　C. NCFC　　D. ISDN

36. 北京大学要建立 WWW 网站，其域名的后缀应该是______。

A. . com. cn　　B. . edu. cn　　C. . gov. cn　　D. . ac

37. 为了便于记忆，可将组成 IP 地址的 32 位二进制数分成______组，每组 8 位，用小数点将它们隔开，把每一组数翻译成相应的十进制数。

A. 3　B. 4　C. 5　D. 6

38. 210. 44. 8. 88 代表一个______类 IP 地址。

A. A　B. B　C. C　D. D

39. 目前大量使用的 IP 地址中，______地址的每一个网络的主机个数最多。

A. A　B. B　C. C　D. D

40. Cst 指的是中国四大互联网的______。

A. 中国教育和科研网　B. 中国科技网

C. 中国金桥信息网　D. 中国公用计算机互联网

41. 文件传输是使用下面的______协议。

A. SMTP　B. FTP　C. UDP　D. Telnet

42. 网络中实现远程登录的协议是______。

A. HTTP　B. FTP　C. POP3　D. TELNET

43. 下面的四个 IP 地址，属于 D 类地址的是______。

A. 10. 10. 5. 168　B. 168. 10. 0. 1　C. 224. 0. 0. 2　D. 202. 119. 130. 80

44. 计算机病毒是指能够侵入计算机系统并在计算机系统中潜伏、传播、破坏系统正常工作的一种具有繁殖能力的______。

A. 指令　B. 程序　C. 设备　D. 文件

45. 防火墙一般由分组过滤路由器和______两部分组成。

A. 应用网关　B. 网桥　C. 杀毒软件　D. 防病毒卡

46. 在下列传输介质中，错误率最低的是______。

A. 同轴电缆　B. 光缆　C. 微波　D. 双绞线

47. 如果某局域网的拓扑结构是______，则局域网中任何一个节点出现故障都不会影响整个网络的工作。

A. 总线型结构　B. 树型结构　C. 环型结构　D. 星型结构

48. 下面有几个关于局域网的说法，其中不正确的是______。

A. 局域网是一种通信网　B. 联入局域网的数据通信设备只包括计算机

C. 局域网覆盖有限的地理范围　D. 局域网具有高数据传输率

49. 通过电话线路拨号上网时必备的硬件是______。

A. 网卡　B. 网桥　C. 电话机　D. 调制解调器

50. 电子邮件是______。

A. 网络信息检索服务　B. 通过 Web 网页发布的公告信息

C. 通过网络实时交互的信息传递方式　D. 一种利用网络交换信息的非交互式服务

51. 在 Internet 网址“www. microsoft. com”中的“com”是表示______。

A. 访问类型　B. 访问文本文件　C. 访问商业性网站　D. 访问图形文件

52. WWW 客户与 WWW 服务器之间的信息传输使用的协议为______。

A. HTML　B. HTTP　C. SMTP　D. IMAP

53. Internet 的通信协议是______。

A. TCP/IP　　B. BBS　　C. WWW　　D. FTP

54. Internet 最先是由美国的______网发展和演化而来。

A. ARPANET　　B. NSFNET　　C. CSNET　　D. BITNET

55. 某用户在域名为"hnie. edu. cn"的邮件服务器上申请了一个账号，账号名为"huang"，则该用户的电子邮件地址是______。

A. wuyouschoo. edu. cn@ huang　　B. huang@ hnie. edu. cn

C. huang% huie. edu. cn　　D. hnie. edu. cn% huang

56. 下面有效的 IP 地址是______。

A. 202. 280. 130. 45　　B. 130. 192. 33. 45

C. 192. 256. 130. 45　　D. 280. 192. 33. 456

二、填空题

1. TCP/IP 协议有______层、______层、______层、______层组成。

2. 因特网中 URL 的中文意思是______。

3. 在安装了 Windows 的局域网中，只要打开 Windows 中的______，就可浏览网上工作组中的计算机。

4. 通过收藏夹，用户可以将收藏夹中收录的内容进行分类整理，方法是选择"收藏夹"菜单的______命令。

5. 要将 IE 的主页设置成空白页，可在"Internet 选项"对话框的"常规"卡片中，单击______按钮。

6. 利用 FTP 服务，可作为文件的______、______传送。

7. E - mail 地址由用户名和域名两部分组成，这两部分的分隔符为______。

8. 计算机网络分为广域网和局域网，因特网属于______。

9. 因特网中的每台主机至少有一个 IP 地址，而且这个 IP 地址在全网中必须是______的。

10. TCP 协议能够提供______的、面向连接的、全双工的数据流传输服务。

11. 有一种互联设备工作于网络层，它既可以用于相同或相似，网络间的互联，也可以用于异构网络间的互联，这种设备是______。

12. IEEE802. 3 标准规定的以太网的物理地址长度为______。

13. 计算机网络中广泛使用的交换技术是______。

14. Internet 是连接全球信息的重要网络，但它的骨干网的支持国家是______。

15. 局域网的拓扑结构主要有______、______、______、______。

16. 中国的四大骨干网络是______、______、______、______。

17. 一旦中心节点出现故障则整个网络瘫痪的局域网的拓扑结构是______。

18. 广域网覆盖的地理范围从几十千米到几千千米。它的通信子网主要使用______。

19. WWW 客户机与 WWW 服务器之间通信使用的传输协议是______。

20. 电子邮件应用程序实现 SMTP 的主要目的是______。

21. 在因特网域名中，". edu"通常表示______。

22. 一个校园网与城域网互联，它应该选用的互联设备为______。

23. 从技术角度上讲，因特网是一种______。

24. 信道的通信方式有单工、______、______。

25. 计算机网络拓扑是通过网中结点与通信线路之间的几何关系表示______。

26. TCP/IP 的互联层与 OSI 的______相对应。

27. 决定局域网与城域网特性的三个主要的技术要素是______、______、______。

28. WWW 服务使用的是______协议。

29. 计算机网络拓扑主要是指通信子网的拓扑构型。网络拓扑影响着网络的性能，以及______、______。

30. 联网计算机在相互通信时必须遵循统一的______。

参考答案

一、选择题

1. C	2. B	3. C	4. D	5. D	6. B	7. C	8. C	9. C	10. A
11. D	12. D	13. B	14. A	15. C	16. A	17. A	18. D	19. D	20. A
21. B	22. C	23. A	24. B	25. D	26. C	27. A	28. C	29. D	30. A
31. A	32. D	33. C	34. A	35. A	36. B	37. B	38. C	39. A	40. B
41. B	42. D	43. C	44. B	45. A	46. B	47. A	48. B	49. D	50. D
51. C	52. B	53. A	54. A	55. B	56. B				

二、填空题

1. 网络接口　网络　传输　应用
2. 统一资源定位器
3. 网上邻居
4. 整理收藏夹
5. 使用空白页
6. 上传　下载
7. @
8. 广域网
9. 唯一
10. 可靠
11. 路由器
12. 48bit
13. 分组交换
14. 美国
15. 总线型　环形　星型　树形
16. 中国公用计算机互联网　中国国家计算机与网络设施　中国国家公有经济信息通信网　中国教育和科研计算机网
17. 星型结构
18. 分组交换技术

19. HTTP
20. 发送邮件
21. 教育机构
22. 路由器
23. 互联网
24. 半双工　全双工
25. 网络结构
26. 网络层
27. 网络拓扑　传输介质与介质访问控制方法
28. HTTP
29. 系统可靠性　通信费用
30. 网络协议

7　常用电脑办公设备的使用

随着电脑以及外围办公设备的普及，打印机、扫描仪、投影仪等一些办公设备已经广泛使用，为人们的工作和生活带来方便。

7.1　打印机

7.1.1　打印机的安装

打印机的安装一般分为两个步骤：硬件安装和驱动程序安装。硬件的安装就是指将打印机和电脑用数据传输线连接上，驱动程序安装则是指根据打印机的型号给它安装上匹配的驱动软件。

7.1.1.1　打印机硬件安装

对于一台硬件设施完善的打印机，会有一条数据线和一条电源线。现在计算机硬件接口做得非常规范，如果插错了位置是连接不上的。所以在与计算机连接的时候，只需要把打印机的数据线连接在计算机的固定端口上便可。对于电源线，直接将其插入电源端口，打印机指示灯亮，就说明已经接通电源。

当这两条线全部连接完毕，打印机的硬件安装就已经结束。

7.1.1.2　驱动程序安装

当硬件正确连接后，就会在任务栏右侧弹出“发现新硬件”，并引导用户安装软件的过程。如果没有弹出或者想按照常规方式安装，用户需要按照如下步骤进行，以 Windows XP 系统为例。

1. 需要将驱动程序的光盘插入光驱（如果光驱已经遗失，根据打印机的型号，可以在网上下载）。

2. 打开控制面板，然后双击控制面板中的“打印机和传真”图标，如图 7－1－1 所示，弹出窗体如图 7－1－2 所示。

单击图 7－1－2 中左侧边栏中的“添加打印机”按钮，弹出“添加打印机向导”，如图 7－1－3 所示。

单击“下一步”，出现图 7－1－4 所示窗体后，继续单击“下一步”这时系统将会自动检测所连接的本地打印机类型，并且自动安装驱动程序，安装程序后，该打印机的驱动安装成功。

这里指出，如果没有自动安装驱动，会弹出如图 7－1－5 所示界面。

采用默认的端口，单击“下一步”。弹出窗体如图 7－1－6 中所示。

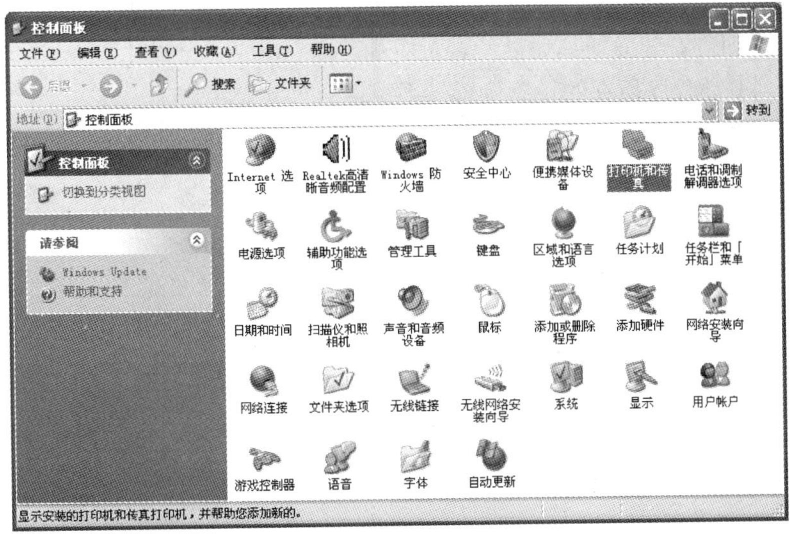

图 7－1－1　控制面板

图 7－1－2　打印机和传真

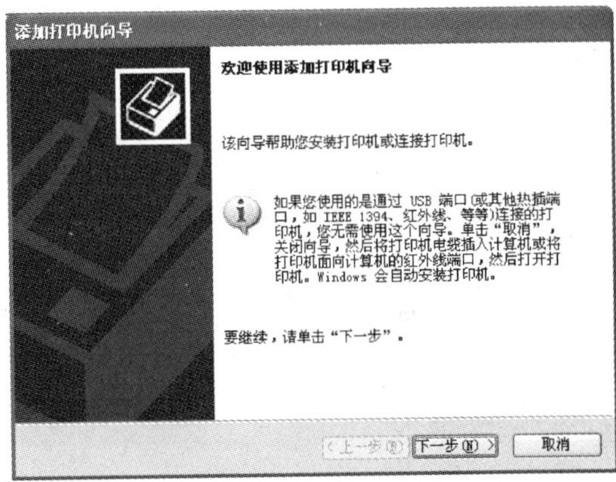

图 7－1－3　添加打印机向导之一

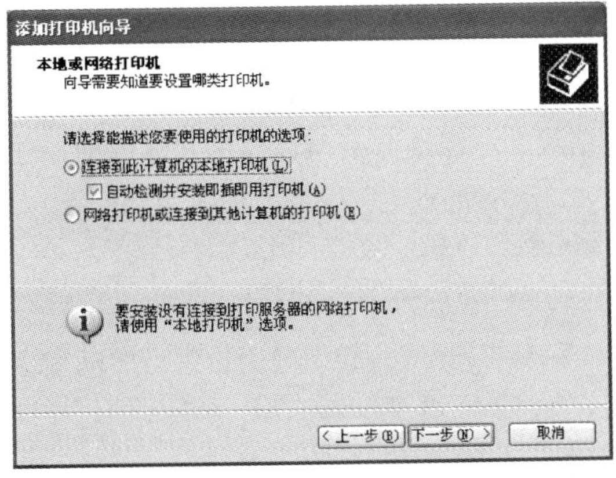

图 7－1－4　添加打印机向导之二

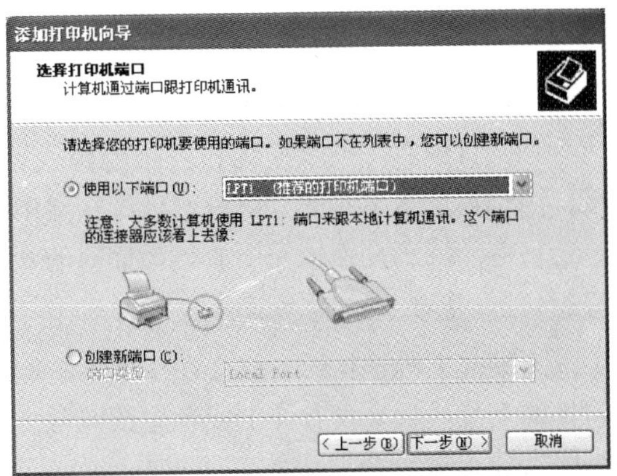

图 7－1－5　添加打印机向导之三

在图7-1-6中的左右列表中分别去找打印机所对应的厂商和打印机驱动。如果找到，单击“下一步”即可安装成功；如果没有对应的厂商和驱动，就单击“从磁盘安装”，在硬盘或光盘中找到驱动程序所在的正确位置，系统便会自动安装。

驱动程序正确安装后，会弹出打印测试页窗体，如图7-1-7所示。

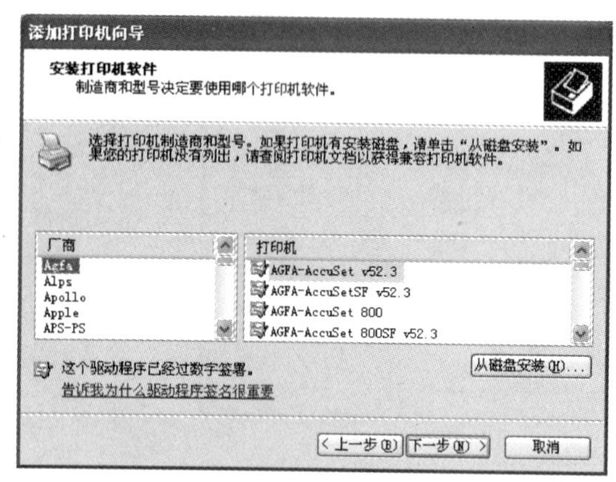

图7-1-6　添加打印机向导之四

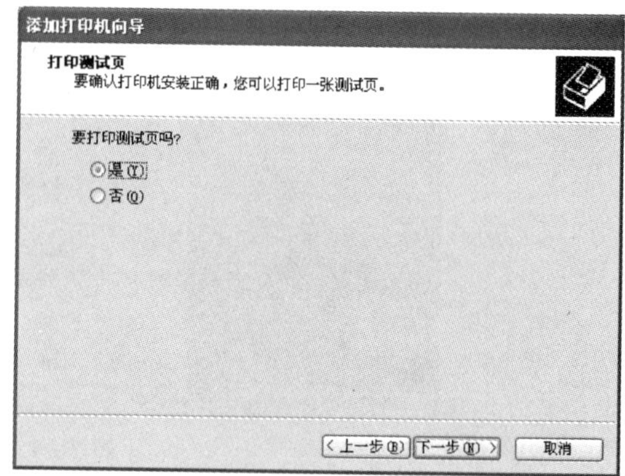

图7-1-7　添加打印机向导之五

当测试页被正确打印后，说明打印机安装完毕。

7.1.2　打印机的使用

在首次使用打印机进行打印时，需要先设置或检查一下默认打印机。设置时，需要先打开如图7-1-2所示页面，在想要使用的打印机图标上单击右键，然后在弹出的快捷菜单中选择“设为默认打印机”便可。

想要打印文件非常简单，直接打开所要打印页面，找到打印命令，当进行页面等设置后，直接单击打印，打印便可完成。

7.2　扫描仪

7.2.1　扫描仪的安装

扫描仪的安装和打印机的安装基本相同，也分为硬件安装和驱动程序安装两部分。

7.2.1.1　扫描仪硬件安装

扫描仪也有一条数据线和一条电源线。将数据线和电源线分别与计算机和电源插口连接，当扫描仪指示灯亮，就说明已经接通电源。

这两条线全部连接完毕后，扫描仪的硬件安装完毕。

7.2.1.2　驱动程序安装

当硬件正确连接后，就会在任务栏右侧弹出“发现新硬件”，会引导用户进行驱动程序软件的安装。如果没有弹出或者想按照常规方式安装，下面以 Windows XP 系统为例，详细讲解安装步骤。

打开控制面板，如图7-2-1所示。选择“扫描仪和照相机”图标，如图7-2-2

所示。

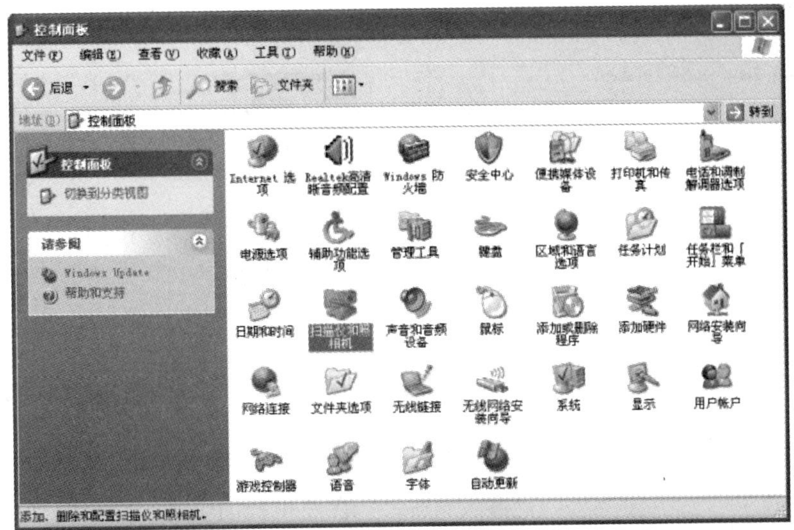

图 7－2－1　控制面板

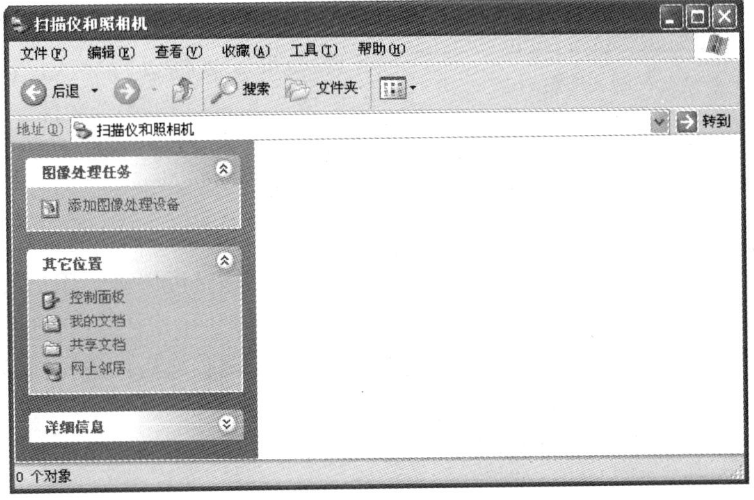

图 7－2－2　扫描仪和照相机

单击右侧侧边栏中“添加图像处理设备”按钮，如图 7－2－3 所示。

弹出“扫描仪和照相机安装向导”，如图 7－2－4 所示。

继续选择“下一步”，然后像图 7－1－6 中打印机中出现的列表一样，选择“厂商”和“型号”，单击“下一步”后，选择使用默认端口，继续单击“下一步”，一般选择使用默认扫描仪名称，单击“下一步”，驱动程序会自动读取，如图 7－2－5 所示窗口。

当任务栏中右侧不再有不可识别设备图标时，驱动程序安装完毕。

另外，还有一种安装驱动最简便的方法，就是使用扫描仪驱动光盘。将扫描仪驱动光盘插入光驱，找到里面的 EXE 文件，直接单击安装。这样可以直接安装好扫描驱动和使用扫描仪的应用软件。

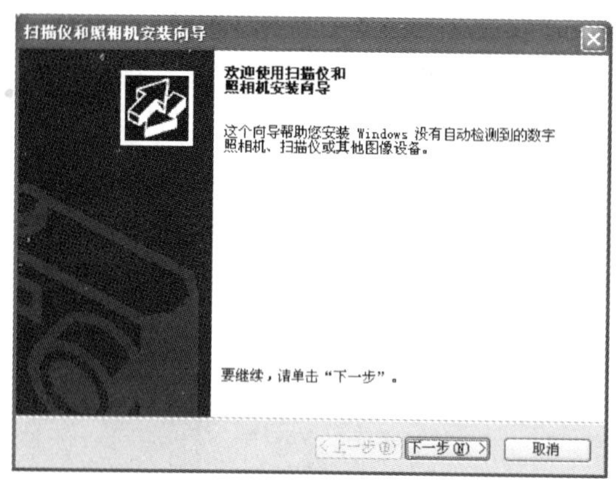

图 7-2-3　扫描仪和照相机安装向导之一

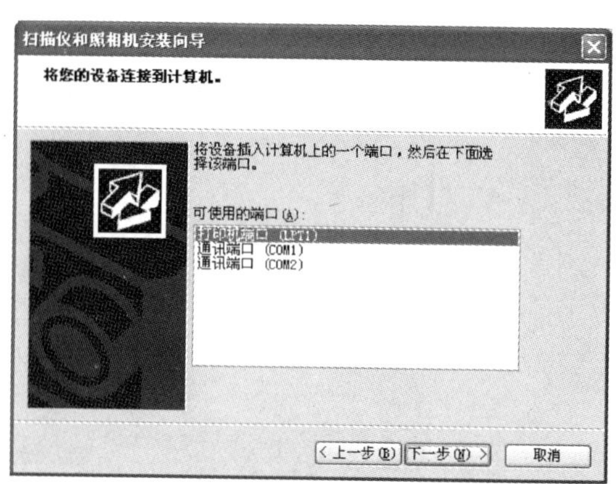

图 7-2-4　扫描仪和照相机安装向导之二

图 7-2-5　复制文件窗口

7.2.2　扫描仪的使用

在使用扫描仪时，需要用到扫描仪驱动盘中带有的应用软件。安装的应用软件在扫描仪驱动光盘内，或者在网上下载。

除了用这个应用软件进行扫描外，也可以用 PhotoShop 软件进行导入。使用方法如下：打开 PhotoShop，选择“文件”菜单下的“导入”，然后选择扫描，就会出现扫描窗口，然后进行扫描设定。

进行扫描设定时，主要考虑到下面几个参数。

1. 设定预扫描。

预扫描是保证扫描效果的非常必要的一步。通过预扫描，可以确定用户所需要扫描的区域，以减少扫描后对图像的处理工序。还可以通过观察预扫后的图像，看到图像的色彩、锐化等的直观效果，如不满意可对扫描参数重新进行设定、调整之后再进行扫描。

2. 选择扫描类型。

通常情况下，扫描仪可以为用户提供彩色、灰阶以及黑白三种扫描类型。

其中，“彩色”扫描类型适用于扫描带有颜色的图像，这种方式会生成较大尺寸的文件；“灰阶”扫描类型则常用于既有图片又有文字的图文混排稿样，文件大小尺寸适中；“黑白”扫描类型常见于白纸黑字的原稿扫描，这种方式生成的文件尺寸是最小的。

3. 调整亮度和对比度。

亮度和对比度可以影响扫描图像的效果。

通过拖动亮度滑块，使图像的亮度适中。同样，可以通过拖动对比度滑块或者设定级别，来调整对比度级别，直到用户的视觉效果满意为止。

4. 设置扫描分辨率。

分辨率是影响扫描图片清晰度的重要参数。设置扫描分辨率越大，扫描的图像越清晰；扫描分辨率越小，图像越不清晰。

设定好参数，选择“扫描”按钮，就可以实现文件或照片的扫描。

7.3　投影仪

投影仪是一种常用的多媒体设备，常用于多媒体教学或组建家庭影院。

7.3.1　投影仪的连接

在使用投影仪之前，需要先将投影仪和所要投影的设备连接起来。连接的方式和其他硬件连接方式基本相同，以笔记本为例说明。

1. 将笔记本电源切断，否则容易烧坏笔记本和投影仪的接口。

2. 将机箱上的蓝色插头（APG）插入笔记本上对应的APG接口上。如需要声音输出的笔记本电脑，将机箱上的音频线插入相应的接口。

3. 在所有接口连接后，打开电源。先开投影机，投影机开完后再将控制板上按钮单击到笔记本上，再打开电脑，以便投影机接收电脑信号。

此时，对投影仪的连接和配置完毕。

需要注意的是，如果在电脑打开后还是没有信号，就将信号进行切换。切换方法是：按住笔记本电脑的Fn功能键（功能键会因笔记本品牌的不同而有少许差异），然后同时按下标识为“LCD/CRT”或显示器图标的对应功能键，进行切换即可。

使用完成后，电脑和投影机可以一起关闭，然后在没有电的情况下将接头拔掉。

7.3.2　投影仪的使用

开投影机电源之前，需要确认连接投影机电缆正常连接，同时确保视频源已经正常输出。

在使用投影仪时，需遵循如下步骤进行：先将投影仪电源按钮打开，再按下投影仪操作面板上的“Lamp”按钮，等到闪烁的绿色信号灯停止闪烁时，开机完成。

使用完后，正确关机顺序为：先按下“Lamp”按钮，当屏幕出现是否真的要关机的提示时，再按一下“Lamp”按钮，随后投影仪控制面板上的绿色信号灯开始闪烁，等到投影仪内部散热风扇完全停止转动、绿色信号灯停止闪烁时，再将投影仪关闭，切断电源。

在使用投影仪器时候，尤其是在对屏幕输出端影像有较高要求时，需要对投影仪的分辨率进行一下简单的设置。

调整分辨率的主要目的就是为了使投影仪所支持的分辨率和视频源的分辨率相互吻合。目前电脑最长用的分辨率是1024×768，如果用户选择的投影机支持1024×768分辨率，基本就不需要调整了；但如果用户使用的投影机支持最高分辨率为800×600，而计算机设置的分辨率为1024×768甚至更高，在这种情况下投影机将自动采用压缩功能显示图像，虽然用户能够正常看见图像，但是画面的显示质量却品质不高。因此，要根据投影仪所支持的分辨率和视频源的分辨率的调节来获得最佳效果。

在投影仪的使用上，需要注意如下两点：

1. 在每次开、关机操作之间，最好保证有3分钟左右的间隔时间，目的是为了让投影仪充分散热。开、关机操作太频繁，容易造成投影仪灯泡炸裂或投影仪内部电器元件被损坏。

2. 投影仪镜头干净与否，将直接影响投影屏幕上内容的清晰程度，遇到屏幕上出现各种圆圈或斑点时，多半是投影镜头上的灰尘没有擦干净。同时，需要注意投影机镜头的使用寿命，在不用的时候需要盖好镜头盖。

8　常用工具软件

使用过计算机的人都知道，计算机除了需要学习、工作、娱乐的专门性软件外，还要用到的另一大类软件就是工具软件。工具软件功能强大、针对性强、实用性好且使用方便，能帮助用户更方便、更快捷地操作计算机，使计算机发挥出更大的效能。

本章将对一些常用的工具软件做一些介绍，如常用杀毒软件、压缩软件、图片浏览软件等。经过介绍，让用户对这些软件有一个整体认识，从而掌握常用工具软件的使用，为大家学习和使用其他工具软件起到抛砖引玉的效果。

8.1　常用杀毒软件

计算机病毒是指编制或者在计算机程序中插入的破坏计算机功能或者破坏数据，影响计算机使用并且能够自我复制的一组计算机指令或者程序代码。如果用户的计算机上感染了病毒，最直接有效的方法就是使用杀毒软件进行清除。国内比较知名的杀毒软件包括瑞星、金山毒霸等，国外比较知名的杀毒软件包括卡巴斯基、Norton Antivirus（诺顿）等。

8.1.1　瑞星杀毒软件概述

瑞星公司是国内最早的专业杀毒软件生产厂商之一，拥有自有知识产权的杀毒核心技术：病毒行为分析判断技术、文件增量分析技术、共享冲突文件杀毒技术、实时内存监控技术等。瑞星杀毒软件主要界面如图 8－1－1 所示。

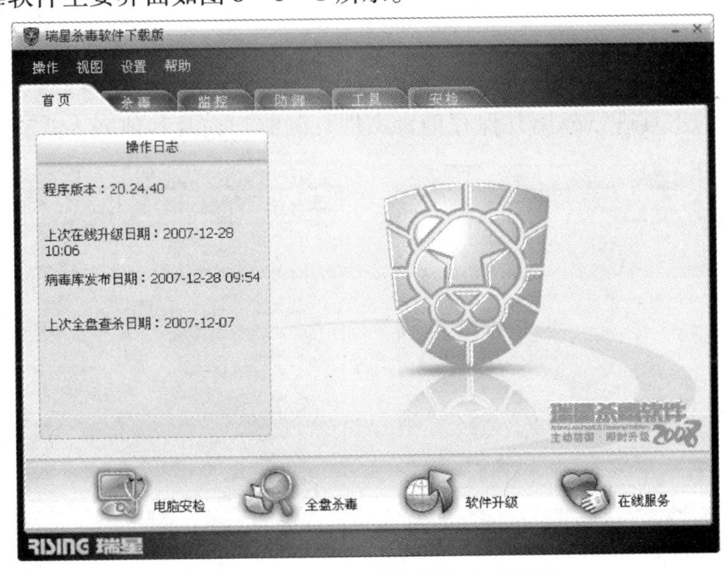

图 8－1－1　瑞星杀毒软件主要界面

瑞星杀毒软件具有多方面的功能，具体表现如下：

1. 采用第7代极速引擎，查杀毒速度提升30%。该引擎在2009版的基础上进行了改进，增加了对7－ZIP压缩格式以及多种壳的扫描，使查杀病毒更为细致、准确，且查毒速度在原版本的基础上提高了30%。

2. 未知病毒查杀。瑞星杀毒软件2010版采用“未知病毒查杀”专利技术，不仅可查杀DOS、邮件、脚本以及宏病毒等未知病毒，还可自动查杀Windows未知病毒。

3. 8大监控系统。瑞星杀毒软件2010版提供了文件、注册表、内存、网页、邮件发送、邮件接收、漏洞攻击、引导区等8大监控系统，给计算机提供完整全面的保护。

4. 主动漏洞扫描、修补。瑞星杀毒软件2010版可自动扫描出用户计算机上存在的漏洞及不安全设置，对用户计算机的安全状况进行评估。同时，它可以根据评估结果修补用户计算机上存在的安全漏洞并给出合理化建议。

5. 数据修复。瑞星杀毒软件2010版在原有的“超容压缩数据保护技术”的基础上进行了重新设计、改进，占用硬盘空间更少、效率更高。该功能将备份数据保存在硬盘中，当用户数据丢失时，可以进行极大限度的修复。

6. 快捷方式杀毒。用户可以轻松地自定义常用的硬盘分区和文件，选择需要的处理方式，创建相应的快捷方式。用户以后只需直接单击该快捷方式，即可快速杀毒。

7. 屏保杀毒。通过屏保杀毒功能，计算机会在运行屏幕保护程序的同时，启动瑞星杀毒软件进行后台杀毒，充分利用计算机空闲时间。

8.1.2 瑞星杀毒软件使用方法

瑞星杀毒软件的安装方法简单易学，只要下面介绍它的使用方法。

将瑞星杀毒软件安装到计算机上，在桌面上双击该软件的快捷图标，即可启动该软件，打开其工作窗口，如下图所示。其具体使用过程如下：

1. 在“查杀目标”列表框中选择要检测的磁盘或文件夹，单击“杀毒”按钮，即可开始查杀病毒。如果检测到病毒，会将其清除并在工作窗口下方的状态栏中显示病毒的数量，如图8－1－2所示。

2. 单击“工具列表”标签，打开“工具列表”选项卡，如图8－1－3所示。用户可以使用该选项卡中的工具进行隔离并保存染毒文件、漏洞扫描及其他嵌入式查杀等操作。

图8－1－2　瑞星杀毒软件工作窗口

图8－1－3　“工具列表”选项

3. 单击“安全中心”标签，打开“安全中心”选项卡，如图 8－1－4 所示。用户可在该选项卡中设置杀毒软件的监控项目，默认设置为全部监控。

4. 选择“设置”→“详细设置”命令，弹出“瑞星设置”对话框，如图 8－1－5 所示，用户可在该对话框中对该软件的属性、工作方式及其他相关参数进行设置。除此之外，用户还可以通过该菜单，对该软件的外观、语言、网络、密码等进行详细的设置。

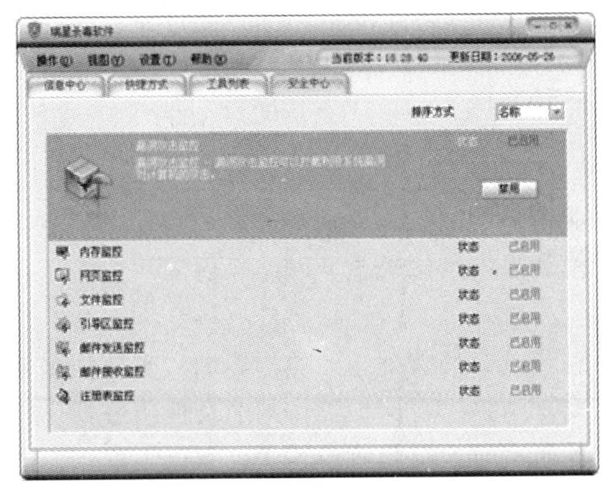

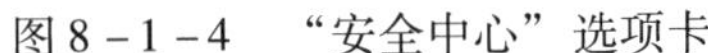

图 8－1－4　“安全中心”选项卡

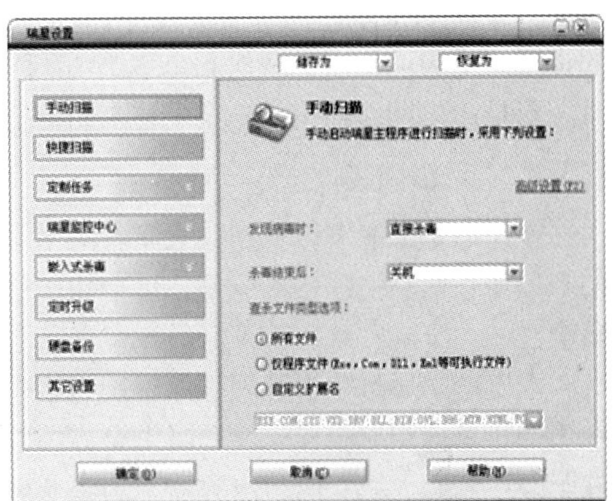

图 8－1－5　“瑞星设置”对话框

5. 如果用户的计算机接入了 Internet，可通过单击“信息中心”选项卡中的“升级”按钮，在弹出的对话框中输入用户名及密码，即可进行升级。

6. 瑞星 2010 提供了完美的帮助文件，如果用户遇到问题，都可以选择“帮助”→“帮助”命令，在打开的“瑞星杀毒软件 2010 版帮助”窗口中查找到相关的帮助文件。

8.1.3　金山毒霸

金山毒霸 2009 是金山公司推出的新一代反病毒产品，秉持了金山毒霸“以客户为中心，全面面向互联网”的一贯风格，在软件的易用性方面进行了精心的改进，采用独创的流行病毒查杀模式，2 分钟可查杀 40GB 硬盘。用户可以将查毒目标设置成快捷方式，随时应用，效率更高。金山毒霸可以随时利用电脑空闲时间，毒霸屏保启动后自动查杀病毒。金山毒霸融合了业界证明成熟可靠的反病毒技术，使其在查杀病毒种类、查杀病毒速度、未知病毒防治等多方面达到国内领先水平。首创的局域网同步升级，自定义的反垃圾邮件、漏洞扫描等都将毒霸又推向一个新的高峰。金山毒霸 2009 与以前版本的软件相比，具有以下 5 大特点：

1. 主动实时升级。无须用户做任何操作，当有最新的病毒库或者功能出现时，金山毒霸可将此更新自动下载安装。此功能保证用户在任何时刻都可以获得与全球同步的最新病毒特征库，防止被新病毒破坏感染，即使面对“冲击波”这样快速传播的病毒，金山毒霸 2006 也能极大程度地遏制病毒入侵用户计算机。

2. 抢先启动防毒系统。防毒胜于杀毒，抢先启动的防毒系统可保障在 Windows 未完全启动时就开始保护用户的计算机系统，早于一切开机自运行的病毒程序，使用户避免“带毒杀毒”的危险。

3. 主动漏洞修复。可扫描操作系统及各种应用软件的漏洞，当新的安全漏洞出现时，金山毒霸会下载漏洞信息和补丁，经扫描程序检查后自动帮助用户修补。此功能可确保用户的操作系统随时保持最安全状态，避免利用该漏洞的病毒侵入系统。另外，还会扫描系统中存在的诸如简单密码、完全共享文件夹等安全隐患。

4. 跟踪式反间谍。采用全新的网络程序校验策略。除了具有传统反黑、拦截木马等功能外，同时对普通应用程序进行跟踪监控。一旦应用程序的大小、内容等属性发生异常变化，系统将会提醒用户注意，有效防止木马、间谍软件“冒名顶替”盗取用户数据。

5. 木马防火墙。通过多种技术，实现对木马进程的查杀。系统中一旦有木马、黑客或间谍程序访问网络，会及时拦截该程序对外的通信访问，然后对内存中的进程进行自动查杀，保护用户网络通信的安全。这对防御盗取用户信息的木马、黑客程序特别有效。

8.1.4 卡巴斯基

卡巴斯基来源于俄罗斯，它是针对中小型企业用户的网络版反病毒软件。它使用了最新的卡巴斯基实验室的技术成果，可应用于任何规模和复杂结构的企业网络，保障用户的信息安全。

卡巴斯基通过集中管理程序管理网络中的所有节点，具有统一的操作界面，支持大多数常用操作系统和应用程序。它提供全方位的信息安全防护，可保护工作站、文件服务器、邮件服务器、防火墙、网站服务器，为企业网络内的所有节点提供病毒防护，并可根据用户的网络结构定制个性化的兼容防护体系。卡巴斯基在病毒的查杀上采用了先进技术，不足的方面是需要占用太多的系统资源。

8.2 压缩软件——WinRAR

8.2.1 WinRAR 概述

压缩与解压缩软件在常用工具软件中一直占有十分重要的地位，在计算机中应用非常广泛，压缩是将文件转化成一种相对节省存储空间的文件格式的过程，经过压缩后的数据是不能直接使用的，必须把它恢复原样后才能使用，恢复原样的过程就叫做“解压缩”。

WinRAR 是一个强大的压缩文件管理工具。它能将用户的文件进行压缩处理，使用户的文件尽可能少地占用计算机的存储空间，减少 E－mail 中附件的大小。WinRAR 能解压缩从 Internet 上下载的 RAR、ZIP 和其他格式的压缩文件，并能创建 RAR 和 ZIP 格式的压缩文件。WinRAR 的功能包括强力压缩、分卷、加密、备份等。

WinRAR 主要特点：

1. 对 RAR 和 ZIP 的压缩文件完全支持。

2. 支持 ARJ、CAB、LZH、ACE、TAR、GZ、UUE、BZ2、JAR、ISO 类型文件的解压。

3. 多卷压缩功能。

4. 创建自解压文件，可以制作简单的安装程序，使用方便。

5. 压缩文件大小可以达到 8589934 TB。

6. 锁定和强大的数据恢复记录功能，对数据的保护无微不至，新增的恢复卷的使用功能更强大。

7. 强大的压缩文件修复功能，最大限度恢复损坏的 RAR 和 ZIP 压缩文件中的数据，如果设置了恢复记录，甚至可能完全恢复。

8. 支持用户身份校验（AV 校验，必须先注册）。

9. 强大简易的备份功能。

10. 工业标准 AES 加密。

11. 提供固实格式的压缩算法，在很大程度上增加类似文件或减小文件的压缩率。

12. 在压缩前估计文件的压缩率的功能。

13. 可以保存 NTFS 数据流和安全数据。

14. 与资源管理器整合，操作简单快捷。

15. 支持 Unicode 编码文件名。

16. 强大的常规、文本、多媒体和可执行文件压缩。

8.2.2　WinRAR 的安装

WinRAR 的安装十分简单，用户只要双击下载后的安装文件，就会出现图 8－2－1 至图 8－2－3 的中文安装界面。

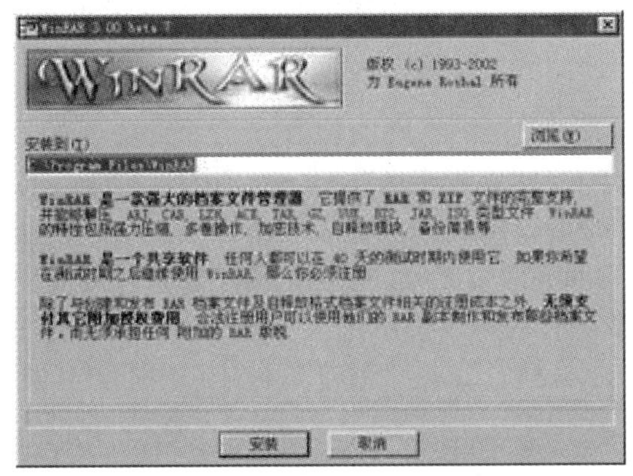

图 8－2－1　WinRAR 中文安装界面

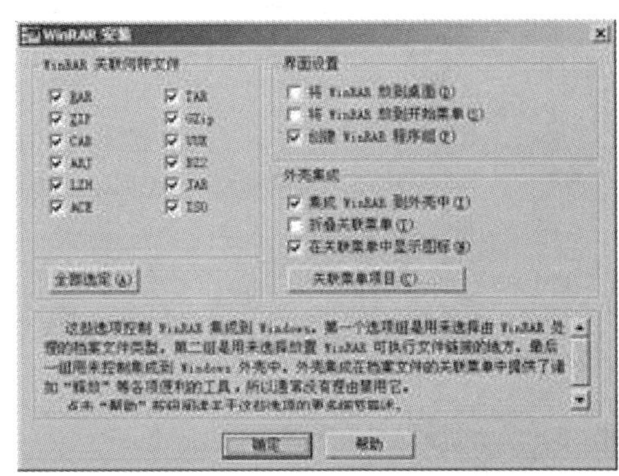

图 8－2－2　WinRAR 安装选项

在图 8－2－1 中通过单击“浏览”选择好安装路径后，单击“安装”就可以开始安装了。随即出现图 8－2－2 WinRAR 安装选项的画面（设置这些选项时，只需在相应选项前的方框内单击即可，若需取消相应选项，再单击选项前的复选框即可）。第一个选项组“WinRAR 关联何种文件”，是用来选择由 WinRAR 处理的压缩文件类型，选项中的文件扩展名就是 WinRAR 支持的多种压缩格式。第二个选项组“界面设置”是用来选择放置 WinRAR 可执行文件链接的地方，即选择 WinRAR 在 Windows 中的位置行。最后一个选项组“外壳集成”，是在右键菜单等处创建快捷方式。一般情况下按照安装的默认设置就可以

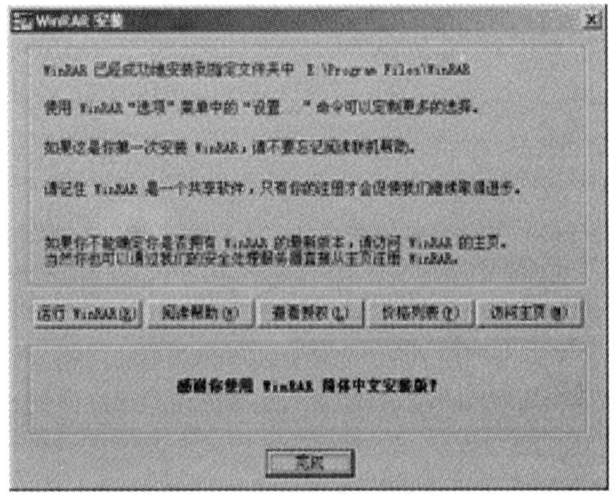

图 8－2－3　WinRAR 安装完成

了，设置完后点“确定”就会出现图8-2-3的画面。单击“完成”，整个 WinRAR 的安装就完成了。

8.2.3 WinRAR 的使用（压缩和解压）

8.2.3.1 压缩文件

当用户在文件上单击鼠标右键的时候，用户就会看见图8-2-4中用圆圈标注的部分。这部分就是 WinRAR 创建的快捷菜单。当选择“添加到压缩文件”菜单后，就会出现图8-2-5中“档案文件名字和参数”这个窗口。窗口中用户要进行的主要设置都在“常规”这栏内。

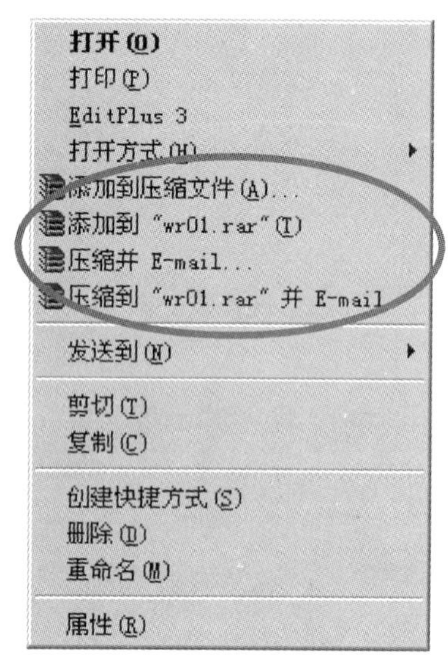

图8-2-4 在菜单栏中选择要执行的压缩操作

1. 档案文件名。

单击图8-2-5中的“浏览”按钮，用户可以选择生成的压缩文件保存在磁盘上的具体位置和名称（档案文件就是生成的压缩文件）。

2. 配置。

这里的配置是指根据不同的压缩要求，选择的不同压缩模式，不同的模式会提供不同的配置方式（自动配置图8-2-5中的各个选项）。单击图8-2-5中的“配置”按钮，就会在配置的下方出现一个扩展的画面（图8-2-6方框内）。这个画面分两个部分，上面两个菜单选项用做配置的管理，下面五个不同的菜单选项分别是不同的配置。比较常用的是“默认配置”和“创建1.44MB压缩卷”，图8-2-5就是“默认配置”的画面。

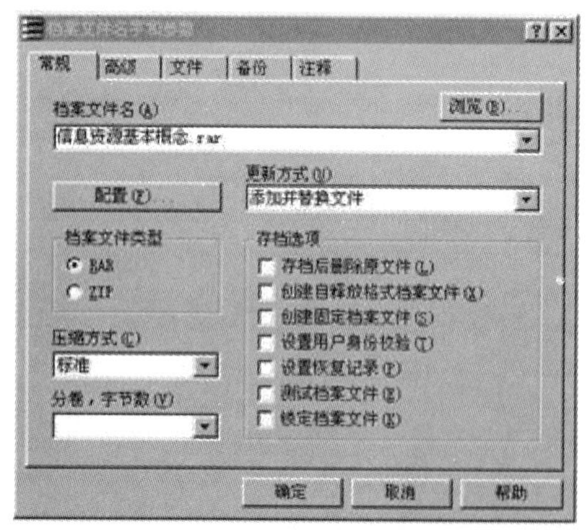

图8-2-5 命名新建的压缩文件

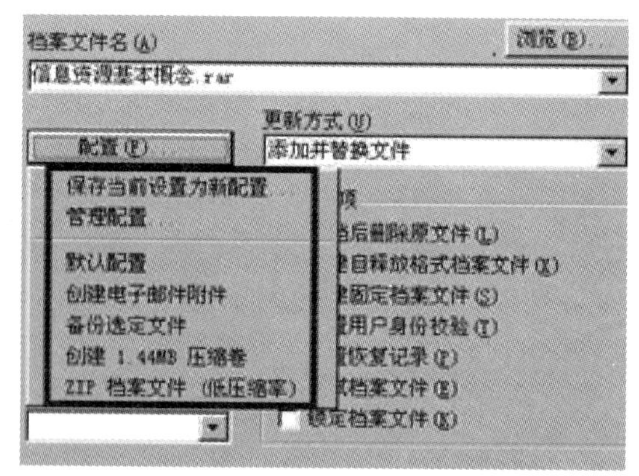

图8-2-6 对新建的档案文件进行配置

3. 档案文件类型。

选择生成的压缩文件是 RAR 格式（经 WinRAR 压缩形成的文件）或 ZIP 格式（经

WinZIP 压缩形成的文件)。

4. 更新方式。

这是关于文件更新方面的内容，一般用于以前曾压缩过的文件，现在由于更新等原因需要再压缩时进行的选项。

5. 存档选项。

存档选项组中最常用的是“存档后删除原文件”和“创建自释放格式档案文件”。前者是在建立压缩文件后删除原来的文件；后者是创建一个 EXE 可执行文件，以后在解压缩时，可以脱离 WinRAR 软件自行解压缩。

6. 压缩方式。

这里的选项是对压缩的比例和压缩的速度的选择，由上到下的选择压缩的比例越来越大，但速度越来越慢。

7. 分卷、字节数。

当压缩后的大文件需要用几张软盘存放的时候，就要选择压缩包分卷的大小。

8. 档案文件的密码设置。

用户有时对压缩后的文件有保密的要求。用户只要选择图 8－2－5 中的“高级”选项卡就出现图 8－2－7 中左面这个窗口，单击图 8－2－7 中“设置密码”按钮弹出图 8－2－7 中右面这个设置密码的窗口，设置完成单击“确定”退出。运行密码设置后的压缩文件，需要特定的保密才能解压缩。

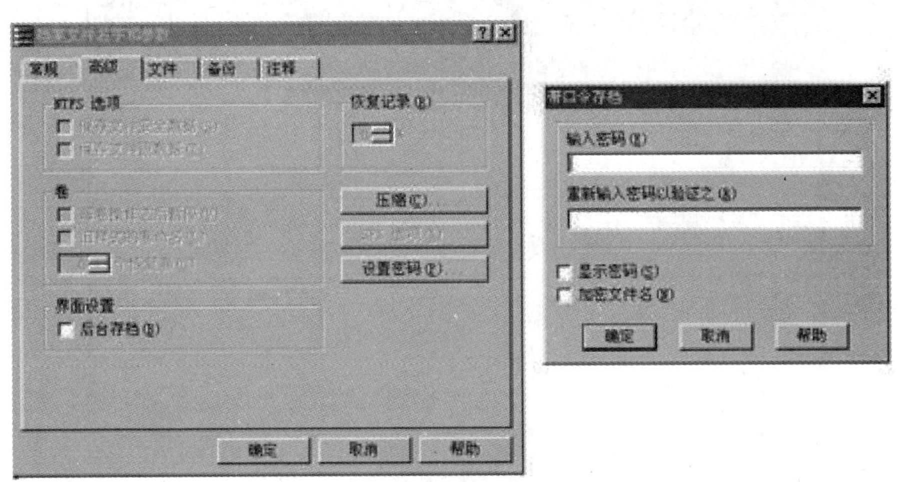

图 8－2－7　档案文件密码设置页面

8.2.3.2　解压缩文件

1. 方法一。

当用户在压缩文件上单击右键后，会有图 8－2－8 中画圈的选项出现，用户选择“解压文件”就可以进行解压缩了。选择“解压文件”后就会弹出图 8－2－9 这个画面。其中“目标路径”指的是解压缩后的文件存放在磁盘上的位置。“解压并替换文件”和“解压并更新文件”是在解压缩文件与目标路径中文件有同名时的一些处理选择。

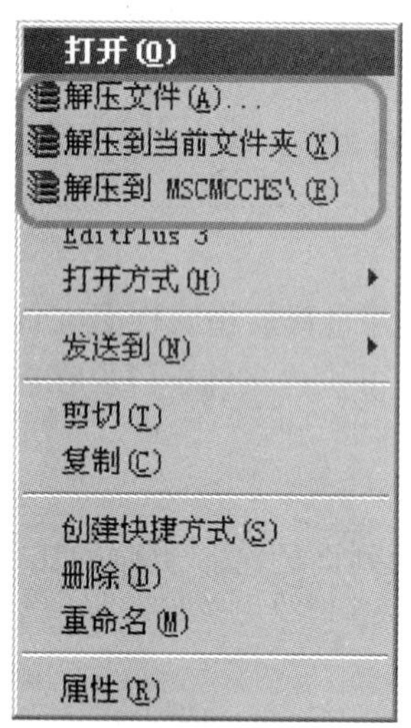

图 8－2－8　在菜单栏中选择要执行的解压操作

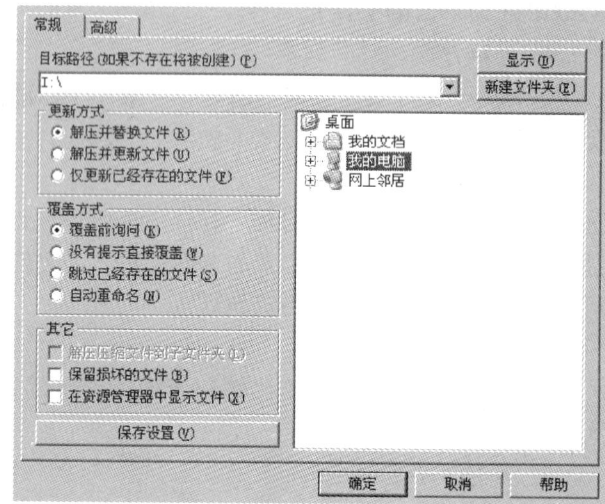

图 8－2－9　选择解压文件存放的位置

2. 方法二。

双击压缩文件就会出现 WinRAR 的主界面如图 8－2－10 所示。

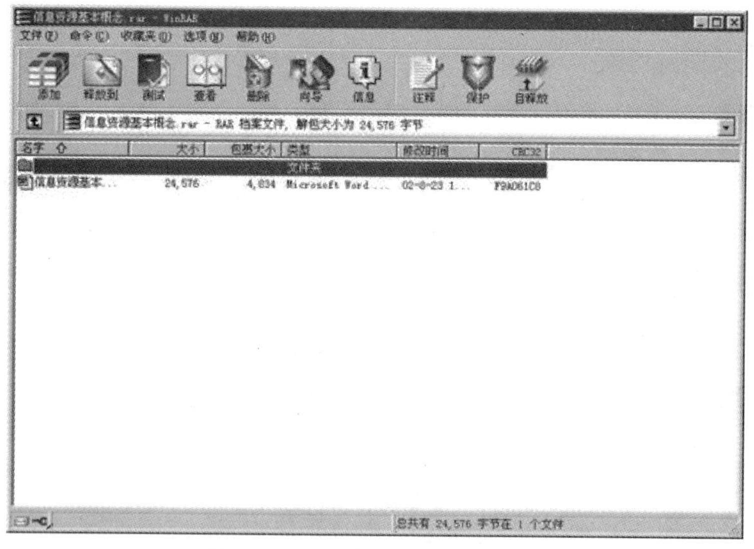

图 8－2－10　打开解压文件页面

图 8－2－10 中的矩形框内就是压缩文件中所包含的原文件（原文件的个数是一个，如果用户压缩时选择了 11 个文件，那么矩形框内显示的就是 11 个文件）。在图中，单击“释放到”后，接下来的操作步骤就如同方法一。在图 8－2－10 中，用户可以进行的操作有很多，如单击“添加”按钮就可以向压缩包内增加需压缩的文件。单击“自释放”可生成 EXE 可执行文件（脱离 WinRAR 就可自行解压），其他的功能就不一一做翔实的说明了。

WinRAR 软件使用注意要点：

（1）WinRAR 软件的使用需注意软件的版本，应尽可能地使用高的版本，如果使用低版本的 WinRAR 可能不能解压缩由高版本的 WinRAR 压缩的文件。

（2）WinRAR软件在压缩时设置的密码，安全性并不是最高，通过专门的破解软件有破译密码可能性，所以在设置密码时，密码最好由“字母+数字+标点符号”组成（其他密码设置也可采用此组码方案）。

（3）虽然WinRAR软件已基本兼容WinZIP生成的压缩文件，但有某些ZIP文件可能用WinRAR解不开，此时不妨用最新版的WinZIP试试。

（4）有关联设置的文件如DOC、XLS文件在如图8-2-10所示的WinRAR主界面下，虽然无需解压，双击矩形框内所包括的文件即可打开相应文件，但这时打开的文件是写保护状态的，在这种状态对打开文件所做操作若以原文件存盘，将不会保存修改的结果，除非将修改后的内容另存为其他相应的DOC或XLS文件。

（5）WinRAR软件是一款共享软件，一般有30天至40天的使用时间限制，若用户不注册，过期之后不能再使用，此时可以卸载WinRAR后重装或安装更新版本的WinRAR。

8.2.4 WinRAR的卸载

卸载只要在“控制面板”→“添加/删除程序”→“WinRAR压缩专家”→“添加/删除”就可以了。

8.3 ACDSee

ACDSee是目前非常流行的看图工具之一。它提供了良好的操作界面，简单人性化的操作方式，优质的快速图形解码方式，支持丰富的图形格式，强大的图形文件管理功能等。ACDSee是使用最为广泛的看图工具软件，大多数电脑爱好者都使用它来浏览图片，它的特点是支持性强，它能打开包括ICO、PNG、XBM在内的二十余种图像格式，并且能够高品质地快速显示它们，甚至近年在互联网上十分流行的动画图像档案都可以利用ACDSee来欣赏。它还有一个特点是“快”，与其他图像处理软件比较，ACDSee打开图像档案的速度无疑是快的。

ACDSee共分为两个版本。普通版和专业版。普通版面向一般客户，能够满足一般人的相片和图像查看编辑要求，而专业版则是面向摄影师的，在功能上各方面都有很大增强。

8.3.1 安装卸载

找到装有ACDSee软件的文件夹后，双击“ACDSee”文件，安装开始。按照系统的提示设置安装的路径、文件夹名称后，系统便会将ACDSee软件安装到指定的路径下。如果要卸载掉ACDSee程序，只需单击“开始”→“程序”→“ACDSee”→“Uninstall”，系统便自动进行卸载。

8.3.2 ACDSee的功能

ACDSee作为专业数字图像处理软件，它能广泛应用于图片的获取、管理、浏览、优化甚至和他人的分享。使用ACDSee，用户可以从数码相机和扫描仪高效获取图片，并进行便捷的查找、组织和预览。下面以ACDSee相片管理器2009具体介绍它的功能。

8.3.2.1 使用ACDSee浏览打印图片

1. 双击桌面上的ACDSee快捷图标，打开ACDSee浏览窗口。

2. 单击浏览工具栏中的文件夹，在下面的树型目录中找到要浏览图片的文件夹，文件列表窗口中将显示文件夹中所有图片。

3. 单击一幅图片，预览面板中将显示图片内容。

4. 要打印图片，可以先在文件列表中单击选中图片，再单击主工具栏的“打印”按钮，即可进入打印程序，如图 8－3－1、图 8－3－2 所示。

图 8－3－1　在 ACDSee 文件菜单中选择打印命令

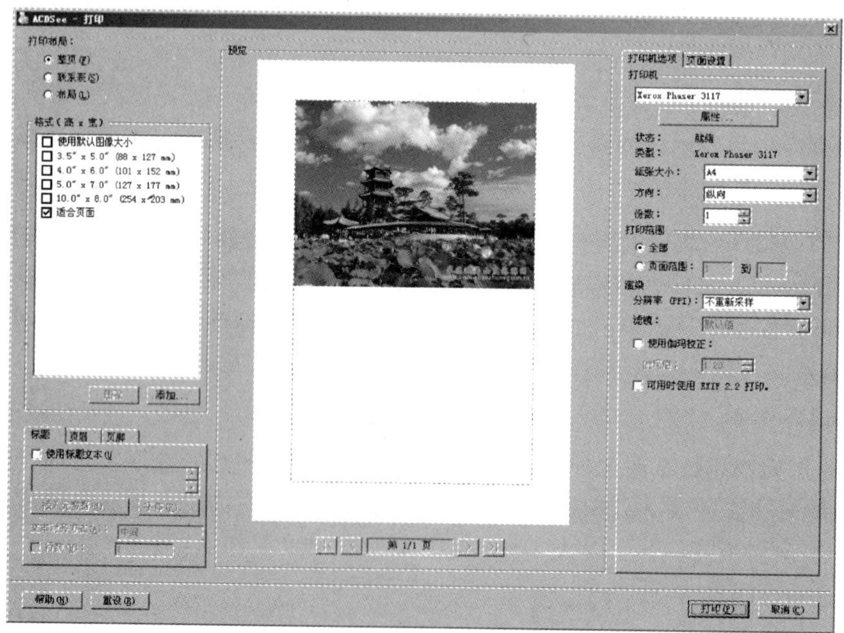

图 8－3－2　ACDSee 文件打印界面

5. 选择“打印”按钮，即完成图片的浏览与打印。

8.3.2.2 使用 ACDSee 查看图片

使用 ACDSee 查看图片的步骤如下：

1. 单击桌面上的 ACDSee 图标启动 ACDSee，此时是浏览模式。

2. 单击浏览工具栏中的文件夹，在下面的树型目录中找到要浏览图片的文件夹，文件列表窗口中将显示文件夹中所有图片。

3. 双击选中的图片，ACDSee 将进入查看窗口，如图 8－3－3 所示。

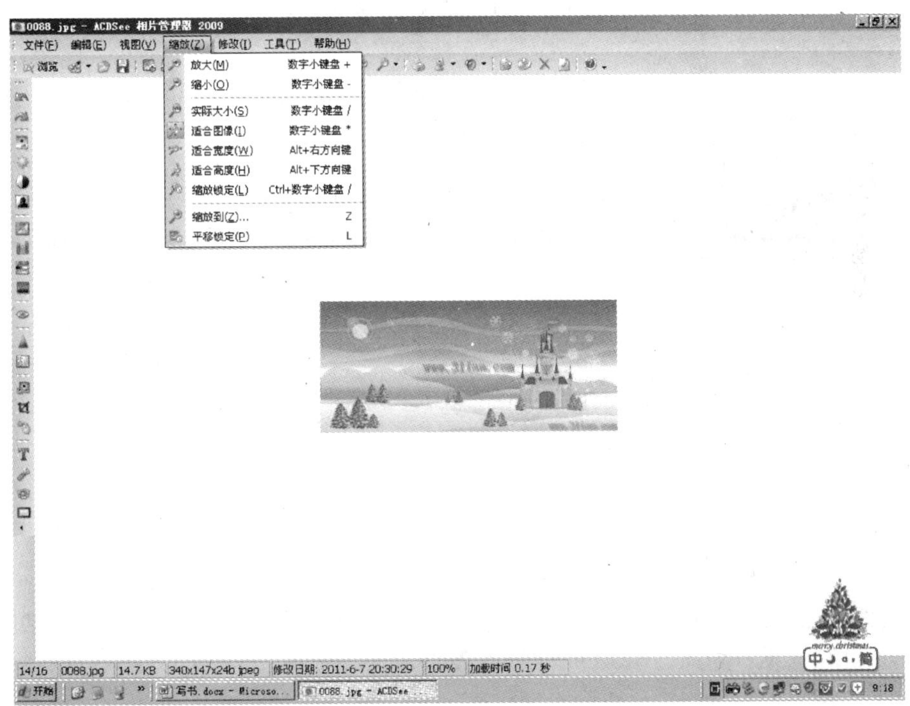

图 8－3－3 ACDSee 图片查看界面

4. 单击工具栏上的“放大”、“放小”按钮可以放大或缩小图片。

5. 单击工具栏上的“上一个”、“下一个”按钮可以浏览同文件夹下的前一幅或后一幅图片。

8.3.2.3 使用 ACDSee 进行图片自动播放

使用 ACDSee 进行图片自动播放的步骤如下：

1. 双击桌面上的 ACDSee 快捷图标，打开 ACDSee 缺省的浏览窗口。

2. 单击浏览工具栏中的文件夹，在下面的树型目录中找到要浏览图片的文件夹，文件列表窗口中将显示文件夹中所有图片。

3. 在文件列表窗口中按住 Ctrl 键，单击选中要自动播放的所有图片。

4. 在工具菜单中选择“自动播放”，进入连续播放的设置对话框，设置播放的模式、时间间隔及顺序。

5. 在上述对话框中单击“开始”按钮，执行自动播放功能，如图 8－3－4 所示。

图 8－3－4 在 ACDSee 工具菜单中选择自动播放命令

8.4 RealPlayer

“RealPlayer”这个工具原先是播放小巧玲珑的 RM 音乐文件的，随着 RealPlayer 在不断地优化发展，目前已作为网络广播的工具。播放网络广播网站的实时音乐节目，也可以播放网络电视节目和电影，因此，RealPlayer 已经发展成为一个多元化的因特网节目播放工具。

8.4.1 RealPlayer 下载和安装

RealPlayer 是共享软件，可以到 RealNetWorks 公司的网站（http://www.real.com）下载该软件的试用版。下载过程较为麻烦，需要填写一大堆个人信息。RealPlayer 完全版实际上是一个多媒体工具箱，除了 RealPlayer 播放器，还有一个多媒体文件管理器 RealJukebox，另外还有众多插件，如打开图片、播放 MP3 音乐、Flash 动画的插件等。

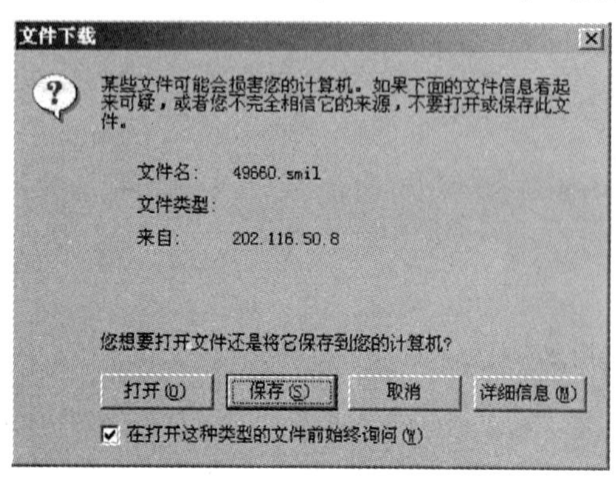

图 8－4－1 文件下载对话框

RealPlayer 的安装稍微复杂一点。

1. 运行从网上下载的安装文件保存。

2. 双击下载后的 RealPlayer 图标，出现图 8－4－2界面，单击“接受”。

3. 接下来，开始安装 RealPlayer。

4. 下面选择 RealPlayer 可以播放的媒体类型，单击“完成”，完成安装。如图 8－4－3 所示。

图 8－4－2　安装 RealPlayer 界面

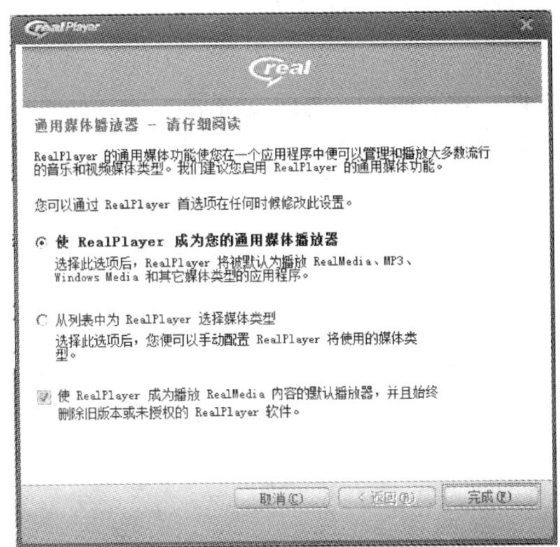

图 8－4－3　安装 RealPlayer 界面

安装完成后，RealPlayer 将自动启动（以后也将随系统启动而自动启动，随时监视网络连接情况自动播放多媒体数据流），并在桌面上建立名为“RealPlayer”的快捷启动方式，如图 8－4－4 所示。

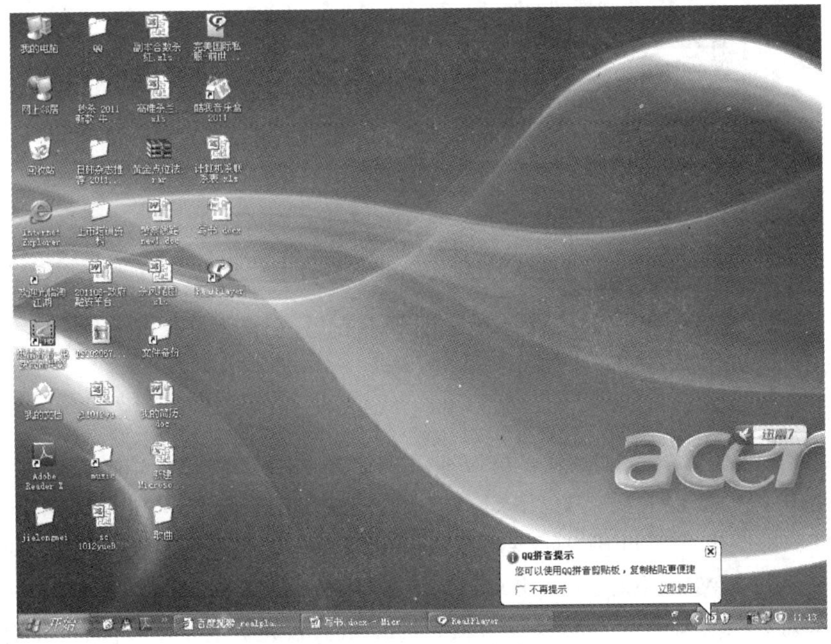

图 8－4－4　RealPlayer 桌面图标

8.4.2　RealPlayer 的使用

8.4.2.1　播放 RM 音乐

使用 RealPlayer 播放 RM 音乐和 MP3 音乐很简单。启动程序后，选择菜单中的“文件”，在弹出的文件打开窗口中选择要播放的媒体文件。可以看到，RealPlayer 可以播放的媒体文件非常多，除了常规的 MP3、RM、WAV 等声音文件之外，还有 Real 格式影像文件、MOV（苹果公司的动画文件格式）文件、AVI 动画文件、Flash 动画文件等，甚至还有 MP3 列表文件、JPG 和 GIF 图像文件等。选择好文件之后，程序即开始自动播放。RM 格式的音乐可以到网上众多的 MP3 网站里去找，也可以使用 Real Producer 等工具自己制作。

RealPlayer 安装好后，将关联上所有支持的文件，因此，直接在 Windows 的资源管理器中双击被 RealPlayer 关联的程序图标（带有“Real”字样的蓝色图标），就可以自动启动程序播放。

播放的工具按钮参见图 8-4-5，RealPlayer 的播放操作没有 WinAmp 那么丰富和方便，但还是可以满足大多数情况下的需要。最新版的 RealPlayer 改进了很多，可以调节音频均衡、播放时进行录音以及音质分析等。

图 8-4-5　RealPlayer 播放音乐界面

另外，如果要播放列表音乐，就必须用记事本自己制作列表音乐文件，然后再用 RealPlayer 播放，也可以用 WinAmp 来制作列表文件。

8.4.2.2　播放网上音乐

RealPlayer 最吸引人的功能，就是可以通过网络来收听广播和音乐。现在网络广播的网站越来越多，中国大陆也开播了好几家广播网站，如南京音乐台（http：//www. nmuradio. ilonline. com）、佛山电台（http：//www. radiofoshan. com. cn）等，用户可以上网搜索一下，可以找到很多的中文网络广播电台。RealPlayer 本身就带有很多的广播电台和电视台的频道，并且分门别类地列出，如果要欣赏某类节目，可以很方便地连接到网络电台收听网络广播。方法为：在 RealPlayer 的地址栏中填入网络广播的地址，如南京音乐台的网址，然后单击播放按钮（或者选择菜单“File/Play”），RealPlayer 就开始连接该网址，连接成功后，就开始实时播放音乐了。如果网络的速度比较慢，可能需要一定的缓冲时间，等数据传输量足够了后，再开始播放。另外，可以单击地址栏旁边的“搜索”按钮，打开浏览器查找广播网站。

如果要播放 RealPlayer 列出的广播频道，可以通过单击界面中的频道栏中某个著名频道，程序即开始自动连接播出，如新闻、体育、聊天等，如图 8-4-6 所示。

图8－4－6　RealPlayer播放频道界面

8.4.2.3　播放电影和实时影像

通过RealPlayer实时播放电影和电视，由于接收带宽的限制，效果还非常糟糕。因此建议使用下载软件将影像文件先下载到硬盘上，再用RealPlayer播放，播放方法和播放音乐文件完全相似。播放的时候，可以通过单击菜单中的“视图”改变播放屏幕的大小。

如果要实时播放，例如收看中央电视台的《新闻联播》节目，可以先进入中央电视台的网站“http：//www.cctv.com”，然后进入新闻直播网页，选择好要播放的新闻日期，如十月一号，然后单击“播放”按钮，在网页上即可看到该天的新闻了（图8－4－7）。

图8－4－7　网页上的播放窗口

8.5 Windows 优化大师

Windows 优化大师同时适用于 Windows 98/Me/2000/XP/2003/Vista/7 等操作系统平台，能够为用户的系统提供全面有效、简便安全的优化、清理和维护手段，让用户的电脑系统始终保持在最佳状态。随着 Windows 的 Vista 版本的推出，最新的优化大师版本已经可以兼容 Vista，主设计师是鲁锦。因为近来流氓软件的猖獗，优化大师特推出“流氓软件清除大师”，不定期地升级特征库，可以查杀卸载近 300 种流氓软件及恶意软件。其主要构成有：Windows 优化大师、Wopti 流氓软件清除大师、Wopti 进程管理大师、Wopti 内存整理、Wopti 文件加密、Wopti 文件粉碎、用户手册等，从系统信息检测到维护、从系统清理到流氓软件清除，Windows 优化大师都为用户提供比较全面的解决方案。深受广大用户的喜爱。它具有系统优化、网络优化、系统清理等功能。

1. 桌面菜单优化。此功能可以让用户加速各菜单显示的速度，如图 8－5－1 所示。

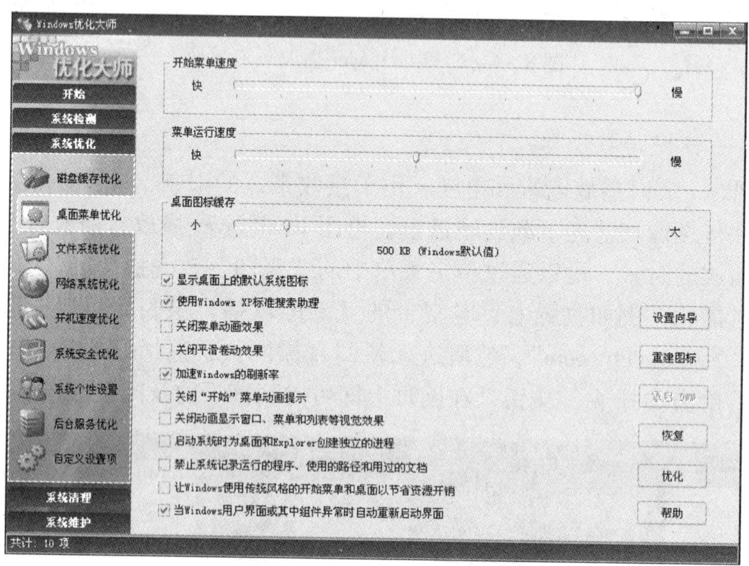

图 8－5－1　Windows 优化大师功能界面

“开始菜单速度”的优化可以加快开始菜单的运行速度，建议将该值调到最快。

“菜单运行速度”的优化可以加快所有菜单的运行速度，建议将该值调到最快。

“桌面图标缓存”的优化可以提高桌面上图标的显示速度，建议将该值调整到 768kB。

另外，建议用户选择“加速 Windows 刷新率”，这样可以让 Windows 具备自动刷新功能。还有选择“关闭开始菜单动画效果”和“关闭开始菜单动画效果”，因为这些华而不实的效果降低 Windows 的运行速度。

2. 文件系统优化（图 8－5－2）。

用户可以通过调整光驱缓存和预读文件大小来调整 CD－ROM 的性能。光驱缓存的大小 Windows 优化大师根据用户的内存大小进行推荐：64MB 以上（包括 64MB）内存为 2048kB，64MB 以下内存为 1536kB。光驱预读文件大小 Windows 优化大师根据 CD－ROM 速度进行推荐：8 速为 448kB，16 速为 896kB，24 速为 1344kB，32 速以上为 1792kB。

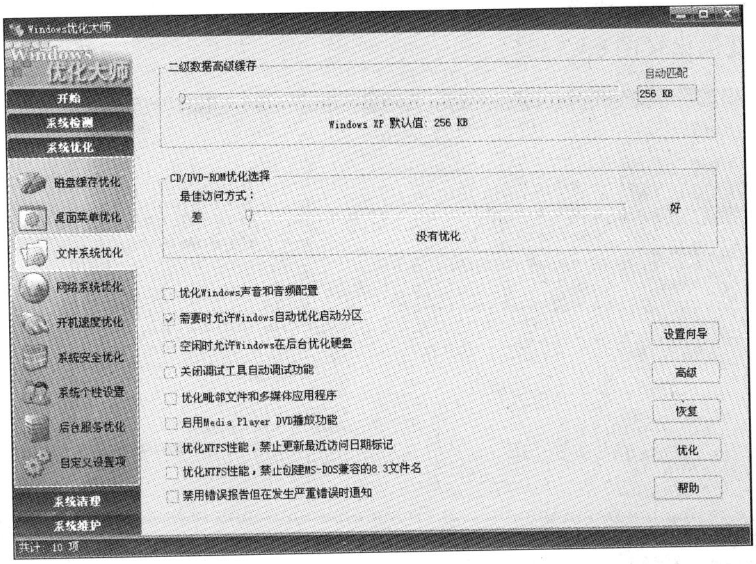

图 8-5-2　Windows 优化大师文件系统优化界面

此外，选中“优化毗邻文件和多媒体应用程序”可以提高多媒体文件的性能。

3. 网络系统优化（图 8-5-3）。

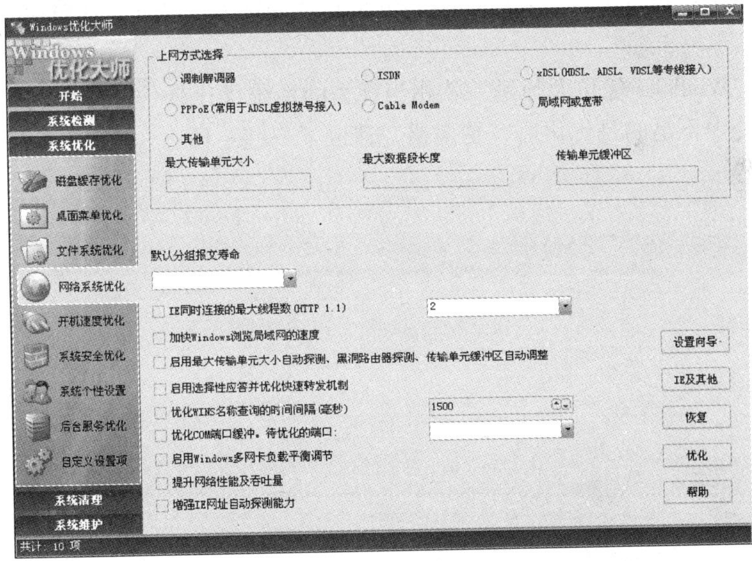

图 8-5-3　Windows 优化大师网络系统优化界面

在网络系统优化窗口中，用户可以对很多项目进行优化。

例如，优化 COM 端口缓冲。这是为 Modem 所在的 COM 端口设置的缓冲大小。选中该项，Windows 优化大师会根据用户电脑的内存大小设置相应的缓冲大小（内存小于 64M，缓冲区为 1024kB；内存大于或等于 64M，缓冲区为 2048kB）。同时，Windows 优化大师还将端口的波特率设置为 115200bps。注意，Windows 优化大师将自动查找系统中 Modem 个数，对每一个配置了的 Modem 及其端口，都将自动查找 TCP/IP 入口进行优化，因此，如果系统中有使用的 Modem，建议选择该项。

4. 开机速度优化（图 8－5－4）。

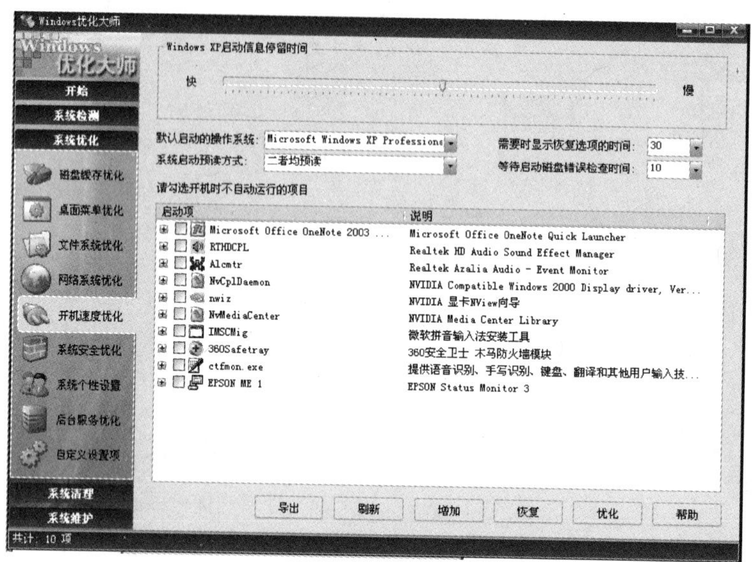

图 8－5－4　Windows 优化大师开机速度优化界面

在该窗口中，用户可以对引导信息的停留时间进行修改。另外，还可以禁止一些程序在开机时运行。

总的来说，Windows 优化大师是一款相当优秀的系统优化软件，全面的功能赢得广大用户的青睐。但美中不足的是优化后容易出错，造成了一些不便。

参 考 文 献

[1] 谢希仁. 计算机网络 [M]. 第5版. 北京：电子工业出版社，2008
[2] 王群. 计算机网络教程 [M]. 北京：清华大学出版社，2005
[3] 刘兵. 计算机网络实验教程 [M]. 北京：中国水利水电出版社，2005
[4] 李秀等. 计算机文化基础 [M]. 第5版. 北京：清华大学出版社，2005
[5] 冯博琴. 大学计算机 [M]. 北京：中国水利水电出版社，2005
[6] June jamrich Parsons，Dan Oja [M]. 计算机文化. 北京：机械工业出版社，2001
[7] 杨振山，龚沛曾. 大学计算机基础 [M]. 第4版. 北京：高等教育出版社，2004
[8] 张胜涛，赖亚非. 中文版 Windows XP 实用教程 [M]. 北京：清华大学出版社，2005
[9] 唐志兆. 计算机应用基础教程 [M]. 北京：人民邮电出版社，2011
[10] 王移芝. 大学计算机基础教程 [M]. 北京：高等教育出版社，2004
[11] 卢湘鸿. 计算机应用教程 [M]. 第3版. 北京：清华大学出版社，2005
[12] 刘晖. 精通 Windows XP [M]. 北京：电子工业出版社，2007
[13] http：//wenku. baidu. com/view/bfa3d01a10a6f524ccbf8549. html
[14] http：//www. doc88. com/p－97133817359. html
[15] http：//www. jingpinke. com/course/area/details？uuid＝6c461a71－129b－1000－0b45－00f8fbf4139d
[16] http：//jpkc. hbue. edu. cn/xj/dxjsjjc/Course/Index. htm
[17] http：//baike. baidu. com/view/2345. htm
[18] http：//baike. baidu. com/view/55705. htm
[19] http：//baike. baidu. com/view/7818. htm
[20] http：//baike. baidu. com/view/7836. htm